Jürgen Zeitler
Günter Simon

PHYSIK
für Techniker

Abgeleitete SI-Einheiten mit eigenen Namen

Einheitenzeichen	Einheit	Größe	Physikalische Beziehung zu den SI-Einheiten
A	Ampere	elektrische Stromstärke	Basiseinheit
Bq	Becquerel	Aktivität	$1\ \mathrm{Bq} = 1\ \mathrm{s}^{-1}$
C	Coulomb	elektrische Ladung	$1\ \mathrm{C} = 1\ \mathrm{A} \cdot \mathrm{s}$
°C	Grad Celsius	Temperatur	$0\ °\mathrm{C} = 273{,}15\ \mathrm{K}$
F	Farad	elektrische Kapazität	$1\ \mathrm{F} = 1\ \mathrm{A} \cdot \mathrm{s} \cdot \mathrm{V}^{-1}$
Gy	Gray	Energiedosis	$1\ \mathrm{Gy} = 1\ \mathrm{J} \cdot \mathrm{kg}^{-1}$
H	Henry	Induktivität	$1\ \mathrm{H} = 1\ \mathrm{V} \cdot \mathrm{s} \cdot \mathrm{A}^{-1}$
Hz	Hertz	Frequenz	$1\ \mathrm{Hz} = 1\ \mathrm{s}^{-1}$
J	Joule	Energie, Arbeit	$1\ \mathrm{J} = 1\ \mathrm{N} \cdot \mathrm{m} = 1\ \mathrm{W} \cdot \mathrm{s}$
K	Kelvin	Temperatur	Basiseinheit
N	Newton	Kraft	$1\ \mathrm{N} = 1\ \mathrm{m} \cdot \mathrm{kg} \cdot \mathrm{s}^{-2}$
Ω	Ohm	elektrischer Widerstand	$1\ \Omega = 1\ \mathrm{V} \cdot \mathrm{A}^{-1}$
Pa	Pascal	Druck, Spannung	$1\ \mathrm{Pa} = 1\ \mathrm{N} \cdot \mathrm{m}^{-2}$
S	Siemens	elektrischer Leitwert	$1\ \mathrm{S} = 1\ \Omega^{-1}$
Sv	Sievert	bewertete Dosis	$1\ \mathrm{Sv} = 1\ \mathrm{J} \cdot \mathrm{kg}^{-1}$
T	Tesla	magnetische Flussdichte	$1\ \mathrm{T} = 1\ \mathrm{V} \cdot \mathrm{s} \cdot \mathrm{m}^{-2}$
V	Volt	elektrische Spannung	$1\ \mathrm{V} = 1\ \mathrm{W} \cdot \mathrm{A}^{-1}$
W	Watt	Leistung	$1\ \mathrm{W} = 1\ \mathrm{J} \cdot \mathrm{s}^{-1} = 1\ \mathrm{V} \cdot \mathrm{A}$
Wb	Weber	magnetischer Fluss	$1\ \mathrm{Wb} = 1\ \mathrm{V} \cdot \mathrm{s}$

Physikalische Konstanten (gerundet)

Bezeichnung	Größe = Zahlenwert · Einheit
Atommassenkonstante	$m_u = 1\ \mathrm{u} = 1{,}6605 \cdot 10^{-27}\ \mathrm{kg}$
AVOGADRO-Konstante	$N_A = 6{,}022 \cdot 10^{23}\ \mathrm{mol}^{-1}$
BOLTZMANN-Konstante	$k = 1{,}381 \cdot 10^{-23}\ \mathrm{J} \cdot \mathrm{K}^{-1}$
Elektronenmasse (Ruhmasse)	$m_e = 9{,}10948 \cdot 10^{-31}\ \mathrm{kg}$
Elektron, relative Atommasse	$A_{re} = 0{,}54868 \cdot 10^{-3}$
Elektrische Feldkonstante	$\varepsilon_0 = 8{,}8546 \cdot 10^{-12}\ \mathrm{F} \cdot \mathrm{m}$
Elementarladung	$e = 1{,}6022 \cdot 10^{-19}\ \mathrm{C}$
Fallbeschleunigung (Normwert)	$g = 9{,}81\ \mathrm{m} \cdot \mathrm{s}^{-2}$
Gaskonstante, molare	$R = 8{,}314\ \mathrm{J} \cdot \mathrm{mol}^{-1} \cdot \mathrm{K}^{-1}$
Gravitationskonstante	$G = 6{,}674 \cdot 10^{-11}\ \mathrm{N} \cdot \mathrm{m}^2 \cdot \mathrm{kg}^{-2}$
Lichtgeschwindigkeit im Vakuum	$c_0 = 2{,}997 \cdot 10^8\ \mathrm{m} \cdot \mathrm{s}^{-1}$
LOSCHMIDT-Konstante	$n_0 = 2{,}687 \cdot 10^{25}\ \mathrm{m}^{-3}$
Magnetische Feldkonstante	$\mu_0 = 4\pi \cdot 10^{-7}\ \mathrm{H} \cdot \mathrm{m}^{-1}$
Molares Volumen	$V_m = 22{,}41 \cdot 10^{-3}\ \mathrm{m}^3 \cdot \mathrm{mol}^{-1}$
Neutronenmasse (Ruhmasse)	$m_n = 1{,}675 \cdot 10^{-27}\ \mathrm{kg}$
Neutron, relative Atommasse	$A_{rn} = 1{,}0087$
PLANCKsches Wirkungsquantum	$h = 6{,}626 \cdot 10^{-34}\ \mathrm{J} \cdot \mathrm{s}$
Protonenmasse (Ruhmasse)	$m_p = 1{,}6726 \cdot 10^{-27}\ \mathrm{kg}$
Proton, relative Atommasse	$A_{rp} = 1{,}0073$
Standard-Atmosphärendruck	$p_{St} = 101\,325\ \mathrm{Pa}$
STEFAN-BOLTZMANN-Konstante	$\sigma = 5{,}670 \cdot 10^{-8}\ \mathrm{W} \cdot \mathrm{m}^{-2} \cdot \mathrm{K}^{-4}$
WIEN-Konstante	$b = 2{,}898 \cdot 10^{-3}\ \mathrm{m} \cdot \mathrm{K}$

Jürgen Zeitler • Günter Simon

PHYSIK

für Techniker

6., neu bearbeitete Auflage
Mit 417 Bildern, 203 Beispielen, 26 Tabellen
und 328 Aufgaben mit Lösungen

Fachbuchverlag Leipzig
im Carl Hanser Verlag

Dr. rer. nat. Jürgen Zeitler, Magdeburg
Dipl.-Phys. Günter Simon, Apolda

Bibliografische Information der Deutschen Nationalbibliothek
Die Deutsche Nationalbibliothek verzeichnet diese Publikation in der Deutschen Nationalbibliografie; detaillierte bibliografische Daten sind im Internet über http://dnb.d-nb.de abrufbar.

ISBN 978-3-446-41879-0

Einbandbild: Laser-Pulver-Schmelzverfahren für Oberflächenveredelungen zur Steigerung der Verschleißfestigkeit von Motorkomponenten aus Aluminium und Magnesium (DLR Institut für Technische Physik)

Fachbuchverlag Leipzig im Carl Hanser Verlag

www.hanser.de
Projektleitung: Dipl.-Phys. Jochen Horn
Herstellung: Renate Roßbach
Umbruch: Werksatz Schmidt & Schulz GmbH, Gräfenhainichen
Druck und Bindung: Druckhaus „Thomas Müntzer“ GmbH, Bad Langensalza
Printed in Germany

VORWORT

Die Aus- und Fortbildung in einem technischen Beruf macht es erforderlich, die Schulkenntnisse in Physik aufzufrischen, zu erweitern und zu vertiefen. Das vorliegende Buch soll dafür eine Hilfe darstellen. Es soll aber auch den Lesern als Grundlage dienen, die sich zusätzlich während und nach der Schulzeit mit physikalischen Erscheinungen und Gesetzen beschäftigen wollen oder müssen.

Die Autoren haben versucht, wichtige physikalische Gesetzmäßigkeiten im Hinblick auf technische Anwendungen in anschaulicher, leicht verständlicher Weise zu vermitteln. Dieses Anliegen wird durch viele Bilder und Beispiele unterstützt. Anstelle umfangreicher Ableitungen werden die in „Formeln" zum Ausdruck kommenden physikalischen Inhalte ausführlich erläutert sowie die Abhängigkeiten und Zusammenhänge diskutiert, die in ihnen enthalten sind. Dabei konnte auf Erfahrungen aus 35-jähriger Lehrtätigkeit in der Ingenieurausbildung zurückgegriffen werden.

⚠ **Hinweise**
In der Randspalte finden Sie neben vielen Abbildungen und Tabellen auch die Bezeichnungen der wichtigen Gesetze und Gleichungen. An manchen Stellen steht wie hier zusätzlicher Text.

Dem Leser dieses Buches bieten sich umfangreiche Übungsmöglichkeiten durch zahlreiche Aufgaben mit unterschiedlichem Schwierigkeitsgrad. Zu jeder Aufgabe werden die allgemeinen und die speziellen Lösungen, deren Zahlenwerte sinnvoll gerundet wurden, angegeben. Anleitung zum Lösen von physikalischen Aufgaben geben die Beispiele im Text. Diese zeigen, wie die in einer Aufgabe gestellten Probleme erkannt, Lösungsansätze aufgestellt und Ergebnisse gefunden werden.

Für Anregungen zur Verbesserung des Buches sind wir dankbar. Allen Leserinnen und Lesern des Buches wünschen wir Erfolg bei der beruflichen Entwicklung. Möge dabei „Physik für Techniker" von Nutzen sein.

Autoren und Verlag

Beispiele und Aufgaben:

In solchen Kästen finden Sie vollständig durchgerechnete *Beispiele* zur Erläuterung der Gesetze und Gleichungen. Die ausführlichen *Musterlösungen* vermitteln dabei die typischen Lösungsideen, Lösungsstrategien und Lösungswege für solche Probleme.

Im Anhang finden Sie Aufgaben zum Üben, in deren Lösungsteil zur Kontrolle jeweils Ansatz, allgemeine und spezielle Lösung angegeben sind.

Am Anfang jedes Kapitels stehen Fragen und Probleme zum nachfolgenden Text, am Ende jedes Kapitels stehen *Zusammenfassungen*. Sie sollen das Verständnis prüfen sowie vertiefen.

INHALTSVERZEICHNIS

TECHNIK UND PHYSIK

MECHANIK

THERMODYNAMIK

ELEKTRIK

SCHWINGUNGEN UND WELLEN

QUANTEN UND ATOME

TECHNIK UND PHYSIK

Die Technik liefert uns die materiellen Mittel und Verfahren, um produzieren und wirtschaften zu können. In Industrie und Landwirtschaft, im Bauwesen, im Transport- und Nachrichtenwesen sind Techniker tätig. Sie arbeiten mit an der Entwicklung und Konstruktion oder der Bedienung und Instandhaltung von Maschinen, Anlagen und Geräten, um Rohstoffe zu gewinnen, sie zu Werkstoffen zu verarbeiten und fertige Erzeugnisse herzustellen. Dazu gehören auch Informationsgewinnung und -verarbeitung. Die Anfänge der Technik reichen bis in die Altsteinzeit zurück. Die Menschen begannen, sich Steingeräte zurechtzuschlagen, um sie als Werkzeuge zu benutzen. Im Mittelalter wurden verschiedene Techniken als „Künste“ bezeichnet. So hieß die technische Nutzung der Wasserkraft „Wasserkunst“. Dies deutet darauf hin, dass die Technik des Mittelalters fast ausschließlich auf handwerklichem Können und praktischer Erfahrung beruhte. Auch die Beherrschung unserer modernen Technik erfordert Können und Erfahrung. Das allein aber reicht nicht aus. Moderne Technik setzt die bewusste Nutzung wissenschaftlicher Erkenntnisse und Gesetzmäßigkeiten voraus. Der Techniker des 21. Jahrhunderts benötigt deshalb eine fundierte wissenschaftliche Ausbildung.

Die Physik ist eine der wichtigsten Wissenschaften als Grundlage der Technik. Die Richtigkeit physikalischer Theorien und Gesetze zeigt sich nicht zuletzt darin, dass die auf ihnen basierende Technik auch wirklich funktioniert. Klassische Mechanik, Thermodynamik und Elektrik bilden nach wie vor in weiten Bereichen die Grundlagen der Technik. Moderne Technologien nutzen durch Anwendung der Mikroelektronik, der Optoelektronik, der Lasertechnik und der Kernenergie neueste physikalische Erkenntnisse z. B. aus der Festkörperphysik, der nichtlinearen Optik und der Kernphysik. Ein Techniker muss physikalische Begriffe, Definitionen und Gesetze, aber auch Denk- und Arbeitsmethoden der Physik kennen, sie verstehen und anwenden können. Kenntnisse erwerben Sie durch Lernen, Verständnis durch eigenes Denken, Anwendungsbereitschaft durch Üben.

1 Physikalische Größen und Einheiten

1.1 Größenarten und Größen

Wenn Sie aufgefordert würden, **physikalische Größenarten** zu nennen, so fallen Ihnen sicher gleich eine Vielzahl davon ein, etwa Kraft, Leistung, Spannung usw. Sie wissen auch, dass hierfür zur Abkürzung Formelzeichen verwendet werden, z. B. F für Kraft, P für Leistung, U für Spannung. Größenarten kennzeichnen *qualitative* Eigenschaften und Zustände von physikalischen Objekten sowie deren Veränderungen bei physikalischen Prozessen. Deren quantitative Bestimmung erfolgt durch Angabe der jeweiligen **Größe** als Produkt aus **Zahlenwert und Einheit**, z. B. $F = 10$ N, $P = 500$ W, $U = 220$ V.

$$\text{Größe} = \text{Zahlenwert} \times \text{Einheit}$$

Das Multiplikationszeichen zwischen Zahlenwert und Einheit wird bei Angabe der Größe nicht mitgeschrieben. Für die Einheiten gelten gleiche Rechengesetze wie für Zahlen. Im Allgemeinen wollen wir dabei zwischen multiplikativ verknüpften Einheiten jeweils einen Punkt als Multiplikationszeichen setzen. Beachten Sie beim Rechnen mit Einheiten besonders die Regeln der Bruch- und Potenzrechnung! Summen und Differenzen lassen sich nur von Größen *gleicher* Größenart bilden. 2 m und 3 m lassen sich addieren, nicht aber 2 m und 3 s. Bei *skalaren* Größen wie Zeit, Druck, Temperatur reicht die Angabe des Betrages der Größen aus Zahlenwert und Einheit aus. Bei *vektoriellen* Größen wie Geschwindigkeit und Kraft ist zur vollständigen Charakterisierung neben der Angabe des Betrages auch die Angabe der Richtung erforderlich. Grafisch lassen sich Vektoren durch Pfeile darstellen, deren Länge dem Betrag und deren Pfeilspitze der Richtung der vektoriellen Größe entspricht. Beispiele für den Umgang mit Vektoren finden Sie in 2.1.1.5 und 3.1.4.

1.2 Einheiten und Internationales Einheitensystem (SI)

Die Bestimmung physikalischer Größen setzt die Messbarkeit der betreffenden Eigenschaften oder Zustände voraus. Zur Messung ist ein geeignetes Messverfahren und die Festlegung einer entsprechenden Einheit erforderlich. Der Zahlenwert ist der Faktor, mit dem die Einheit multipliziert werden muss, um den Wert der Größe zu erhalten.

Der Gebrauch von Einheiten im geschäftlichen Verkehr ist durch das Gesetz über Einheiten im Messwesen geregelt. Durch die Einheitenverordnung wird das **Internationale Einheitensystem** (SI) verbindlich eingeführt. Sie lässt daneben nur in begrenztem Umfang SI-fremde Einheiten zu. Grundlage des SI sind 7 **Basiseinheiten**. Sie sind durch Mess- bzw. Zählvorschriften oder Maßverkörperungen eindeutig festgelegt.

Für die entsprechenden Basisgrößen gelten folgende Basiseinheiten des SI:

– Länge l	$[l]$ = m	(Meter)	(s. 1.4)
– Zeit t	$[t]$ = s	(Sekunde)	(s. 1.5)
– Masse m	$[m]$ = kg	(Kilogramm)	(s. 3.1.5)
– Stromstärke I	$[I]$ = A	(Ampere)	(s. 10.1)
– Temperatur T	$[T]$ = K	(Kelvin)	(s. 7.3)
– Stoffmenge n	$[n]$ = mol	(Mol)	
– Lichtstärke I_v	$[I_v]$ = cd	(Candela)	(s. 15.6.2.2)

Die eckige Klammer um das Symbol der Größe bedeutet „Einheit von …" und wird im Folgenden stets in dieser Bedeutung gebraucht. Alle weiteren SI-Einheiten lassen sich aus den die zugehörigen Größen definierenden Größengleichungen ableiten. **Abgeleitete Einheiten** können wir als Produkte von Potenzen der Basiseinheiten ausdrücken, wobei kein von 1 verschiedener Umrechnungsfaktor auftritt. Wichtige abgeleitete Einheiten haben außerdem eigene Namen, z. B.

– Kraft F	$[F] = \mathrm{kg \cdot m \cdot s^{-2} = N}$	(Newton)	(s. 3.1.6)
– Leistung P	$[P] = \mathrm{kg \cdot m^2 \cdot s^{-3} = W}$	(Watt)	(s. 3.2.4.1)
– Spannung U	$[U] = \mathrm{kg \cdot m^2 \cdot s^{-3} \cdot A^{-1} = V}$	(Volt)	(s. 10.2)

Lernen Sie die Namen abgeleiteter Einheiten im Zusammenhang mit den zugehörigen Größengleichungen!

Um zu kleine oder zu große Zahlenwerte zu vermeiden, können von Einheiten mit eigenem Namen dezimale Teile und Vielfache durch *Vorsätze* gebildet werden, z. B.

10^{-3} m = 1 mm	(Millimeter)	10^3 W = 1 kW	(Kilowatt)
10^{-6} m = 1 µm	(Mikrometer)	10^6 W = 1 MW	(Megawatt)
10^{-9} m = 1 nm	(Nanometer)	10^9 W = 1 GW	(Gigawatt)

Eine Ausnahme ist das Kilogramm, das als Basiseinheit bereits einen Vorsatz besitzt.

Lernen Sie, die Vorsätze sicher zu handhaben! Dabei werden Vorsätze für solche Zehnerpotenzen bevorzugt, deren Exponenten durch 3 teilbar sind. Andere Vorsätze sind nur in Einzelfällen erlaubt, z. B.

10^{-2} m = 1 cm (Zentimeter) 10^2 Pa = 1 hPa (Hektopascal)

Darüber hinaus sind auch einige SI-*fremde* Einheiten zugelassen. Wichtigste SI-fremde Einheiten sind

– die Zeiteinheiten	Minute	(1 min = 60 s)
	Stunde	(1 h = 3600 s)
– die Volumeneinheit	Liter	(1 l = 10^{-3} m)
– die Masseneinheit	Tonne	(1 t = 10^3 kg)
– die Druckeinheit	Bar	(1 bar = 10^5 Pa)

sowie daraus abgeleitete Einheiten wie 1 km · h^{-1} für die Geschwindigkeit oder 1 t · m^{-3} für die Dichte.

1.3 Größengleichungen

Physikalische Definitionen, Gesetze und Theorien machen Aussagen über qualitative und quantitative Zusammenhänge und Abhängigkeiten zwischen Größen. Quantitative Aussagen lassen sich in der Sprache der Mathematik ausdrücken. Die weitgehende mathematische Durchdringung der Physik begründet ihre Bedeutung als exakte Wissenschaft für die Technik. Damit wird Physik aber auch recht abstrakt. Wir müssen uns bemühen, einerseits Mathematik im notwendigen Umfang zu beherrschen, andererseits hinter den mathematischen Ausdrücken den qualitativen Gehalt der darin verschlüsselten physikalischen Aussagen zu verstehen und zu begreifen.

Die von uns benutzten „Formeln" sind Gleichungen zwischen physikalischen Größen. Sie heißen **Größengleichungen** und stellen die mathematische Formulierung der Ergebnisse experimenteller Untersuchungen und theoretischer Überlegungen dar. Mit ihrer Hilfe lassen sich funktionale Abhängigkeiten zwischen Größen relativ leicht erfassen und physikalisch-technische Probleme rechnerisch lösen.

Aus dem Ansatz zum Lösen einer Aufgabe in Form eines Systems von Größengleichungen erhalten Sie durch mathematische Operationen die allgemeine Lösung wieder als Größengleichung. Zur Ermittlung spezieller Ergebnisse müssen Sie in die Größengleichungen für die Größensymbole die entsprechenden Größen mit Zahlenwert *und* Einheit einsetzen. Die Form der Größengleichungen ist *unabhängig* von den für die einzelnen Größen gewählten Einheiten. Benutzen Sie nur SI-Einheiten, so sind keine weiteren Umrechnungen von Einheiten notwendig. Sie bekommen das Ergebnis wieder in einer SI-Einheit. Fehler beim Umformen der Gleichungen können Sie durch Kontrolle der Einheiten erkennen.

Häufig sind die Größen in SI-Einheiten mit Vorsätzen oder SI-fremden Einheiten gegeben oder gesucht. Dabei werden Umrechnungen von Einheiten notwendig. Eine sichere, wenn auch manchmal etwas umständliche Methode benutzt folgende Schritte:

- Setzen Sie zunächst die Größen mit den gegebenen Einheiten in die Größengleichung ein! Schreiben Sie dabei abgeleitete Einheiten möglichst einfach als Produkte oder Quotienten mit nur positiven Exponenten.
- Suchen Sie die Umrechnungsbeziehungen zwischen gegebenen und gewünschten Einheiten!
- Setzen Sie das Produkt aus Umrechnungsfaktor und gewünschter Einheit für die gegebene Einheit ein! Vereinfachen Sie den Ausdruck!

Beispiel 1.1

Rechnen Sie um:
a) $1\ \mathrm{km \cdot h^{-1}}$ in $\mathrm{m \cdot s^{-1}}$;
b) $1\ \mathrm{kW \cdot h}$ in MJ;
c) $1\ \mathrm{V/mA}$ in $\mathrm{k\Omega}$.

Lösung:
a) $1\ \mathrm{km} = 1000\ \mathrm{m} = 10^3\ \mathrm{m}$; $1\ \mathrm{h} = 3600\ \mathrm{s} = 3{,}6 \cdot 10^3\ \mathrm{s}$

$$1\,\frac{\mathrm{km}}{\mathrm{h}} = 1\,\frac{10^3\ \mathrm{m}}{3{,}6 \cdot 10^3\ \mathrm{s}} = 0{,}28\,\frac{\mathrm{m}}{\mathrm{s}}$$

b) $1\ \mathrm{kW} = 10^3\ \mathrm{W}$; $1\ \mathrm{h} = 3{,}6 \cdot 10^3\ \mathrm{s}$; $1\ \mathrm{W \cdot s} = 1\ \mathrm{J}$;
$1\ \mathrm{MJ} = 10^6\ \mathrm{J}$
$1\ \mathrm{kW \cdot h} = 10^3\ \mathrm{W} \cdot 3{,}6 \cdot 10^3 \cdot \mathrm{s} = 3{,}6 \cdot 10^6\ \mathrm{J} = 3{,}6\ \mathrm{MJ}$

c) $1\ \mathrm{mA} = 10^{-3}\ \mathrm{A}$; $1\ \mathrm{V/A} = 1\ \Omega$; $1\ \mathrm{k\Omega} = 10^3\ \Omega$

$$1\,\frac{\mathrm{V}}{\mathrm{mA}} = 1\,\frac{\mathrm{V}}{10^{-3}\ \mathrm{A}} = 10^3\ \Omega = 1\ \mathrm{k\Omega}$$

Größengleichungen ergeben auch Messvorschriften für die *indirekte* Messung von Größen, die in der betreffenden Gleichung vorkommen. So sagt uns z. B. das Ohmsche Gesetz in der Form $R = U/I$, dass sich elektrische Widerstände R durch Messung von Spannung U und Stromstärke I ermitteln lassen.

1.4 Länge, Fläche und Volumen

Die **Länge** als Basisgröße hat im SI die Basiseinheit Meter.

Das Meter ist die Länge der Strecke, die Licht im Vakuum während der Dauer von 1/299 792 458 s durchläuft.

Das Meter wird so auf die Vakuumlichtgeschwindigkeit c bezogen, die eine Naturkonstante darstellt und mit dieser Meterdefinition auf $c = 299\,792\,458\ \mathrm{m \cdot s^{-1}}$ festgelegt ist.

Längen können durch Anlegungen von Maßstäben gemessen werden. Wichtige betriebliche Längenmessmittel sind Messschieber und Messschraube.

Die Einheiten *geometrischer* Größen lassen sich aus der Längeneinheit ableiten. Den Inhalt einfach berandeter Flächen können wir aus den Längenabmessungen berechnen. Die **Fläche** A eines Quadrates der Seitenlänge a ergibt sich zu $A = a^2$, die eines Kreises mit dem Durchmesser d zu $A = (\pi/4) \cdot d^2$. Die Einheit der Fläche ist deshalb

$$[A] = \mathrm{m^2} \quad \text{(Quadratmeter)}$$

Wichtige Umrechnungen sind $1\ \mathrm{m^2} = (100\ \mathrm{cm})^2 = 10^4\ \mathrm{cm^2}$; $1\ \mathrm{m^2} = (10^3\ \mathrm{mm})^2 = 10^6\ \mathrm{mm^2}$.

Der Flächeninhalt unregelmäßig berandeter Flächen lässt sich mit einem Polarplanimeter ermitteln. Beim Umfahren der Flächenberandung läuft eine Messrolle mit und gibt über ein Zählwerk den Inhalt der umfahrenen Fläche an.

Der Rauminhalt regelmäßiger Körper lässt sich ebenfalls aus deren Längenabmessungen bestimmen. Das **Volumen** V eines Würfels der Kantenlänge a ergibt sich zu $V = a^3$, das einer Kugel mit dem Durchmesser d zu $V = (\pi/6) \cdot d^3$. Die Einheit des Volumens ist deshalb

$$[V] = \mathrm{m}^3 \quad \text{(Kubikmeter)}$$

Wichtige Umrechnungen sind $1\ \mathrm{m}^3 = (100\ \mathrm{cm})^3 = 10^6\ \mathrm{cm}^3$; $1\ \mathrm{m}^3 = (10\ \mathrm{dm})^3 = 10^3\ \mathrm{dm}^3 = 10^3\ \mathrm{l}$.

Das Volumen von Flüssigkeiten lässt sich mit Hohlmaßen wie Messkolben und Messzylinder leicht ermitteln. Das Volumen unregelmäßiger Festkörper ergibt sich z. B. indirekt durch Messung des verdrängten Flüssigkeitsvolumens oder des Auftriebs (s. 6.3.4.1) bei vollständigem Eintauchen in eine Flüssigkeit.

1.5 Zeit

Die **Zeit** als Basisgröße hat im SI die Basiseinheit Sekunde.

> Die Sekunde ist die Dauer einer definierten Anzahl von Perioden einer bestimmten elektromagnetischen Strahlung.

Wir wollen hier die Definition der Sekunde nicht genauer angeben. Sie zeigt jedoch das Prinzip der meisten Zeitmessverfahren, die auf der Zählung von Perioden bekannter Dauer bestimmter periodischer Vorgänge beruhen. Mechanische Uhren zählen die Perioden von Schwingungen eines Pendels oder der Drehschwingungen einer Unruh und zeigen die Zeit *analog* als Winkelstellung von Zeigern an. Elektronische Uhren zählen die Perioden eines Normalfrequenzgenerators, z. B. eines Quarzoszillators, und können die Zeit *digital* über Ziffernanzeigeelemente oder ebenfalls analog durch Zeiger anzeigen.

Zur Messung von Zeitspannen können auch einmalig ablaufende Vorgänge wie die Entladung eines Kondensators oder der Zerfall eines radioaktiven Nuklids genutzt werden. Bei derartigen Abklingvorgängen nimmt eine Größe wie die Kondensatorspannung oder die Aktivität eines radioaktiven Stoffes (s. 16.3.2.4) in gleichen Zeitspannen um den gleichen Bruchteil ab.

Physikalische Vorgänge verlaufen in Raum und Zeit. Viele physikalische Größen sind deshalb *zeitabhängig.* Ihr Wert ist eine Funktion der Zeit. Bei zeitabhängigen Größen müssen wir zwischen ihren *Momentanwerten,* die sie zu einem bestimmten *Zeitpunkt* haben, und ihrem *Durchschnittswert* als Mittel über eine *Zeitspanne* unterscheiden (s. 2.1.1.1).

Für viele Vorgänge ist es wichtig zu wissen, wie schnell sich Größen mit der Zeit ändern. So gibt z. B. die Geschwindigkeit an, wie schnell ein Körper seinen Ort ändert, und die Leistung ist ein Maß dafür, wie schnell eine Arbeit verrichtet wird. Unter gewissen Bedingungen finden wir bei Vorgängen aber auch Größen, die insgesamt im Zeitablauf konstant sind, so dass ihr Wert erhalten bleibt. Für solche *Erhaltungsgrößen* existieren *Erhaltungssätze.* Die Sätze von der Erhaltung der Energie, des Impulses, des Drehimpulses und der elektrischen Ladung spielen eine besonders wichtige Rolle.

MECHANIK

2 Kinematik

Fragen und Probleme: *Was versteht man unter Geschwindigkeit und Beschleunigung? Wie verläuft eine gleichmäßig beschleunigte Bewegung? Wie bewegt sich ein Körper beim freien Fall? Wie werden Bewegungen überlagert? – Durch welche Angaben wird eine Kreisbewegung charakterisiert? Welcher Zusammenhang besteht zwischen Winkelgrößen und Bahngrößen? Was bewirkt eine Radialbeschleunigung?*

Die Kinematik ist ein Teilgebiet der Mechanik. In der **Kinematik** beschäftigen wir uns mit der *Beschreibung* von **mechanischen Bewegungsvorgängen.** Wie alle physikalischen Vorgänge laufen Bewegungsvorgänge in Raum und Zeit ab. Bei der Bewegung eines Körpers ändern sich Ort und Lage des Körpers im Raum relativ zu anderen Körpern in Abhängigkeit von der Zeit. Aufgabe der Kinematik ist es, angeben zu können, *an welchem Ort* sich ein Körper *zu welcher Zeit* befindet. Dagegen ist die Frage nach der Ursache für die Bewegung eines Körpers nicht Gegenstand der Kinematik. Sie wird in der Dynamik untersucht (s. Abschnitt 3). Auch strömende Flüssigkeiten und Gase sollen später in einem gesonderten Abschnitt betrachtet werden (s. 6.2).

Die Bewegungen von Fahrzeugen, Fördergeräten, Maschinenteilen usw. können sehr kompliziert sein, so dass ihre Beschreibung große Schwierigkeiten zu machen scheint. Doch keine Angst! Oft können wir schwierige Probleme weitgehend vereinfachen.

Eine solche Möglichkeit besteht darin, dass sich *komplizierte* Bewegungen aus *einfachen* zusammensetzen lassen. Betrachten wir zum Beispiel die Bewegung eines Werkstückes am Kranhaken eines Portalkrans (Bild 2.1). Das Werkstück

Bild 2.1: Portalkran

kann sich durch das Hebewerk nach oben und unten bewegen und gleichzeitig mit der Laufkatze quer und durch das Fahrwerk längs zum Arbeitsbereich verlaufende Bewegungen ausführen. Diese gleichzeitig stattfindenden Bewegungen lassen sich so beschreiben, als würden sie voneinander unabhängig und nacheinander ausgeführt. Hier genügen also Kenntnisse über geradlinige Bewegungen, um komplizierte räumliche Bewegungen zu erfassen.

Weiterhin ist es möglich, reale Körper durch geeignete **Modelle** zu ersetzen, wobei für die Bewegung nebensächliche Eigenschaften der Körper vernachlässigt werden. So sind häufig innere Bewegungen durch Verformung des Körpers so gering, dass sie für die Gesamtbewegung des Körpers keine entscheidende Rolle spielen. Wir benutzen dann das Modell **„Starrer Körper"**, der sich nur als Ganzes bewegen kann, wobei sich seine Teile gegeneinander nicht verschieben lassen. Die Form des starren Körpers bleibt während der Bewegung unverändert. Jede Bewegung eines starren Körpers lässt sich dann in eine **Translation** längs einer bestimmten *Bahn* und in eine **Rotation** um eine bestimmte *Achse* zerlegen (s. 2.2). Sind die vom Körper zurückgelegten Wege groß gegenüber den Körperabmessungen, so spielt oft auch die Form des Körpers keine Rolle mehr. Wir können uns den Körper zu einem Punkt zusammengeschrumpft denken, der die Masse des Körpers in sich vereinigt. Wir kommen so zum Modell **„Punktmasse"** als einfachstes Körpermodell (s. 2.1).

Bei der Benutzung von Modellen müssen Sie sich davon überzeugen, ob reale Vorgänge durch das gewählte Modell mit für die Praxis hinreichender Genauigkeit beschrieben werden können. In den Fahrplänen des Eisenbahnverkehrs ist die Behandlung der Züge als Punktmassen ausreichend. Die Fahrstrecken sind wesentlich größer als die Zuglängen. Es ist für Sie als Reisenden nebensächlich, dass Lok und Wagen zeitlich nacheinander in einen Bahnhof einfahren und ihn auch wieder nacheinander verlassen. Dagegen ist beim Zusammenstellen eines Zuges aus einzelnen Waggons im Rangierbetrieb das Modell Punktmasse für den Zug ungeeignet.

2.1 Kinematik der Punktmasse

Wenn wir in Folgendem auch weiterhin von Körpern sprechen, so wollen wir im Abschnitt 2.1 stets das Modell der Punktmasse benutzen.

Körper bewegen sich auf **Bahnen** mit unterschiedlichen Formen der Bahnkurven. Der Kondensstreifen, den ein Düsenflugzeug hinter sich erzeugt, vermittelt die Form der vom Flugzeug durchflogenen Bahn. Ähnlich lassen sich die Bahnen elektrisch geladener Elementarteilchen in Nebel- oder Blasenkammern sichtbar machen (Bild 2.2). Den räumlichen Verlauf der Bewegung beschreibt die Bahnkurve.

Bild 2.2: Teilchenbahnen im Magnetfeld einer Blasenkammer

Die geometrische Form der Bahnkurve bestimmt die Bewegungsart des Körpers.

Besonders einfache, für die Praxis jedoch sehr wichtige Bewegungsarten sind die

- *geradlinige* Bewegung (s. 2.1.1), bei der die Bewegung auf gerader Bahn erfolgt, und die
- *kreisförmige* Bewegung (s. 2.1.2), bei der die Bewegung auf einer Kreisbahn erfolgt.

Die Bahnkurve eines Körpers zeigt uns zwar, auf welchem Weg sich der Körper bewegt. Sie sagt aber nichts über den zeitlichen Ablauf dieser Bewegung aus. Zu einer vollständigen Beschreibung benötigen wir den vom Körper bei der Ortsänderung zurückgelegten Weg in Abhängigkeit von der Zeit. Messen wir den Weg von einem Bezugspunkt der Bahn aus, so wird durch die *Weg-Zeit-Funktion* jedem Zeitpunkt der Ort auf der Bahn zugeordnet, an dem sich der Körper zu diesem Zeitpunkt befindet. Wir benutzen hier die Bezeichnung „Weg s" im Sinne einer Ortskoordinate, so wie die Kilometersteine an einer Straße den Ort an der Straße markieren. Die Weg-Zeit-Funktionen können als Kurven in einem Weg-Zeit-Diagramm dargestellt werden. Verwechseln Sie solche Kurven nicht mit den Bahnkurven!

Grafische Darstellungen haben den Vorteil großer Anschaulichkeit. Für Berechnungen jedoch eignet sich die Darstellung der Weg-Zeit-Funktionen in Form von Größengleichungen besser. Dazu bedarf es der Einführung der kinematischen Größen

- **Geschwindigkeit v,** die angibt, wie schnell sich ein Körper bewegt, und
- **Beschleunigung a,** die angibt, wie schnell sich seine Geschwindigkeit ändert.

Den zeitlichen Verlauf der Bewegung beschreibt die Weg-Zeit-Funktion, die als Tabelle, grafisch und als Gleichung dargestellt werden kann.

Die mathematische Form der Weg-Zeit-Funktion bestimmt die Bewegungsform des Körpers.

Besonders einfache, für die Praxis jedoch sehr wichtige Bewegungsformen sind die

- *gleichförmige* Bewegung (s. 2.1.1.2), bei welcher der Betrag der Geschwindigkeit konstant bleibt, und die
- *gleichmäßig beschleunigte* Bewegung (s. 2.1.1.3), bei welcher der Betrag der Beschleunigung konstant bleibt.

2.1.1 Bewegung auf gerader Bahn

Bewegt sich ein Körper auf gerader Bahn, so sind nur zwei Bewegungsrichtungen möglich, nämlich vorwärts und rückwärts, die sich durch entgegengesetzte Vorzeichen der Geschwindigkeit unterscheiden lassen. Andere Änderungen der Bewegungsrichtung treten nicht auf. Deshalb brauchen wir hier bei den vektoriellen Größen Geschwindigkeit und Beschleunigung nur deren Beträge zu untersuchen. Interessiert man sich andererseits bei krummlinigen Bewegungen nur für die Beträge dieser kinematischen Größen längs des Weges, so lassen sich auch diese Bewegungen wie auf gerader Bahn behandeln.

2.1.1.1 Geschwindigkeit und Beschleunigung

Zur Berechnung von Bewegungsvorgängen müssen wir die Geschwindigkeiten der Körper kennen.

Der Betrag der Geschwindigkeit v gibt an, wie schnell der Körper seinen Ort ändert.

Wir können die Geschwindigkeit als Durchschnittsgeschwindigkeit $\bar{v}$ aus dem bei einer Ortsänderung zurückgelegten Weg $\Delta s = s_2 - s_1$ und der dafür benötigten Zeitspanne $\Delta t = t_2 - t_1$ ermitteln:

Durchschnittsgeschwindigkeit

$$\bar{v} = \frac{s_2 - s_1}{t_2 - t_1} = \frac{\Delta s}{\Delta t} \quad [v] = \mathrm{m \cdot s^{-1}} \qquad (2.1)$$

Häufig werden Geschwindigkeiten in der SI-fremden Einheit $\mathrm{km \cdot h^{-1}}$ angegeben, d. h. Kilometer je Stunde (bitte nicht Stundenkilometer!).

Beginnt die Messung des Weges bei $s_1 = 0$ und setzt man die Stoppuhr bei $t_1 = 0$ in Gang, so kann der Index 2 auch weggelassen werden, und Gl. (2.1) vereinfacht sich zu

$$\bar{v} = \frac{s}{t} \qquad (2.2)$$

Beispiel 2.1

Welche Geschwindigkeit ist größer: $1\ \mathrm{m \cdot s^{-1}}$ oder $1\ \mathrm{km \cdot h^{-1}}$?

Lösung: Wir rechnen $\mathrm{m \cdot s^{-1}}$ in $\mathrm{km \cdot h^{-1}}$ um:

$$1\frac{\mathrm{m}}{\mathrm{s}} = \frac{\mathrm{km}}{1000} \cdot \frac{3600}{\mathrm{h}} = 3{,}6\,\frac{\mathrm{km}}{\mathrm{h}}$$

$1\ \mathrm{m \cdot s^{-1}}$ ist demnach 3,6-mal so groß wie $1\ \mathrm{km \cdot h^{-1}}$.

Ein 100-m-Läufer hat bei einer Laufzeit von 10,0 s eine mittlere Geschwindigkeit von $36\ \mathrm{km \cdot h^{-1}}$.

Beispiel 2.2

Wie groß ist die Durchschnittsgeschwindigkeit bei einer Autofahrt, die um 7.12 Uhr am Kilometerstein 87,3 km beginnt und um 7.58 Uhr am Kilometerstein 119,7 km endet?

Lösung: Der zurückgelegte Weg Δs beträgt 32,4 km bei einer Fahrtzeit von Δt = 46 min. Daraus ergibt sich eine Geschwindigkeit von

$$\bar{v} = \frac{\Delta s}{\Delta t} = \frac{32{,}4\ \mathrm{km}}{46\ \mathrm{min}} = \frac{32{,}4 \cdot 10^3\ \mathrm{m}}{46 \cdot 60\ \mathrm{s}} = 11{,}7\,\frac{\mathrm{m}}{\mathrm{s}} = 42{,}3\,\frac{\mathrm{km}}{\mathrm{h}}$$

Beispiel 2.3

Vergleichen Sie die Geschwindigkeiten zweier Körper *A* und *B*, deren Weg-Zeit-Funktionen in Bild 2.3 grafisch dargestellt sind!

Lösung: Als Zeitspanne wurde $\Delta t = t_2 - t_1, = 5\ \mathrm{s} - 2\ \mathrm{s} = 3\ \mathrm{s}$ gewählt. Für Körper *A* ergibt sich damit aus dem Diagramm ein Weg $\Delta s = s_2 - s_1 = 10\ \mathrm{m} - 4\ \mathrm{m} = 6\ \mathrm{m}$, für Körper *B* ist $\Delta s = 30\ \mathrm{m} - 12\ \mathrm{m} = 18\ \mathrm{m}$. Da Körper *B* in der gleichen Zeitspanne den größeren Weg zurücklegt, ist seine Geschwindigkeit größer. Nach Gl. (2.1) ergibt sich

$$v_A = \frac{6\ \mathrm{m}}{3\ \mathrm{s}} = 2\,\frac{\mathrm{m}}{\mathrm{s}} < v_B = \frac{18\ \mathrm{m}}{3\ \mathrm{s}} = 6\,\frac{\mathrm{m}}{\mathrm{s}}$$

Im Weg-Zeit-Diagramm erkennen Sie die höhere Geschwindigkeit von *B* am steileren Anstieg der Kurve, wobei in diesem Beispiel beide Kurven Geraden sind. Ermitteln Sie selbst die Geschwindigkeiten mit anders gewählten Zeitspannen! Sie erhalten die gleichen Ergebnisse. Bild 2.3 stellt zwei Bewegungen mit jeweils konstanter, aber unterschiedlicher Geschwindigkeit dar.

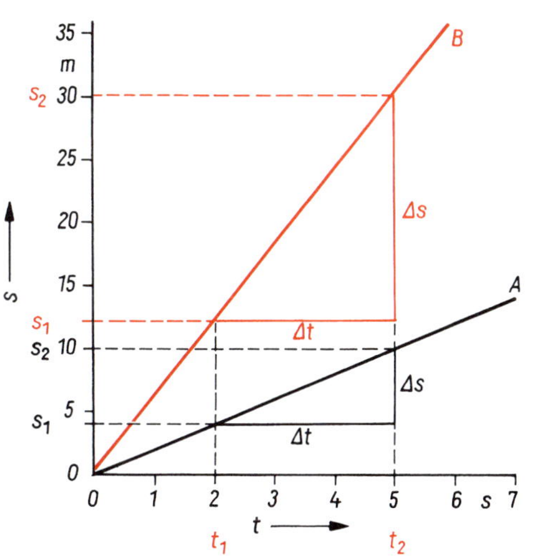

Bild 2.3: Weg-Zeit-Diagramm der Bewegung zweier Körper mit unterschiedlicher konstanter Geschwindigkeit

Beachten Sie bei Anwendung von Gl. (2.2), dass ein am Kilometerstein „25 km" eine Stunde lang parkendes Auto die Geschwindigkeit $v = 0$ und nicht etwa $25\ km \cdot h^{-1}$ hat.

Im Beispiel 2.2 haben wir nach Gl. (2.1) die Geschwindigkeit eines Autos mit $42{,}3\ km \cdot h^{-1}$ ermittelt. Kann der Fahrer dabei im Stadtverkehr wegen Überschreitung der Höchstgeschwindigkeit von $50\ km \cdot h^{-1}$ bestraft werden? Ja, das könnte sein. Bei Geschwindigkeitsmessungen nach Gl. (2.1) lassen sich nur Durchschnittsgeschwindigkeiten ermitteln.

Die Durchschnittsgeschwindigkeit ist die mittlere Geschwindigkeit innerhalb einer Zeitspanne Δt.

Zur Entscheidung obiger Frage benötigen wir jedoch die Momentangeschwindigkeiten, die während der Fahrt von der Tachometernadel angezeigt und evtl. von einem Fahrtenschreiber aufgezeichnet wurden und die nach oben und unten von der Durchschnittsgeschwindigkeit abweichen können.

Die Momentangeschwindigkeit ist die augenblickliche Geschwindigkeit v zu einem bestimmten Zeitpunkt t.

Nur wenn sich Körper mit konstanter Geschwindigkeit bewegen, sind Durchschnitts- und Momentangeschwindigkeiten gleich, wie es Beispiel 2.3 zeigt. Ändert sich die Geschwindigkeit mit der Zeit, etwa beim Anfahren oder Bremsen von Fahrzeugen, so sind Durchschnittsgeschwindigkeit und Momentangeschwindigkeit im Allgemeinen verschieden. Der Unterschied ist um so geringer, je kleiner man die Zeitspanne Δt und damit auch die Messstrecke Δs zur Geschwindigkeitsmessung nach Gl. (2.1) wählt.

Die Momentangeschwindigkeit v lässt sich auch *grafisch* aus dem Weg-Zeit-Diagramm ermitteln. In Beispiel 2.3 konnten Sie feststellen, dass sich der Betrag der Geschwindigkeit aus dem Anstieg der Kurve erkennen lässt. Diese Feststellung kann man verallgemeinern:

Die Geschwindigkeit entspricht dem Anstieg der Kurve im Weg-Zeit-Diagramm.

Mit Geschwindigkeit ohne weiteren Zusatz soll in Folgendem stets die Momentangeschwindigkeit gemeint sein. Unter dem Anstieg einer Kurve versteht man den **Anstieg der Tangente** an die Kurve, die diese im betreffenden Kurvenpunkt berührt (Bild 2.4).

Die Geschwindigkeit der in Bild 2.4 dargestellten Bewegung wird mit der Zeit größer. Dies erkennen Sie qualitativ an der immer steiler werdenden Kurve. Der Körper bewegt sich *beschleunigt*.

Die Beschleunigung gibt an, wie schnell sich die Geschwindigkeit eines Körpers ändert.

Wir können die Beschleunigung als Durchschnittsbeschleunigung $\bar{a}$ aus der Geschwindigkeitsänderung $\Delta v = v_2 - v_1$ und der dafür benötigten Zeitspanne $\Delta t = t_2 - t_1$ ermitteln:

Durchschnittsbeschleunigung

$$\bar{a} = \frac{v_2 - v_1}{t_2 - t_1} = \frac{\Delta v}{\Delta t} \qquad [a] = \mathrm{m \cdot s^{-2}} \qquad (2.3)$$

Beispiel 2.4

Wie groß ist die Geschwindigkeit zum Zeitpunkt $t = 3$ s, wenn die Weg-Zeit-Funktion durch folgende Tabelle gegeben ist?

t/s	0	1	2	3	4	5	6
s/m	0	1	4	9	16	25	36

Lösung:
Wir zeichnen das s-t-Diagramm (Bild 2.4). An den Punkt (3 s; 9 m) legen wir eine Gerade, die die Kurve in diesem Punkt gerade berührt, ohne sie zu schneiden. An die so erhaltene Tangente zeichnen wir ein Steigungsdreieck, dessen Katheten parallel zu den Koordinatenachsen verlaufen. Die Größe des Steigungsdreiecks kann beliebig gewählt werden. Es sollte aber zum Erreichen einer genügend großen Ablesegenauigkeit nicht zu klein sein. Am Steigungsdreieck lesen wir entsprechend den Koordinatenmaßstäben den Weg Δs = 17,5 m – 2,5 m = 15 m und die Zeit Δt = 4,5 s – 2,0 s = 2,5 s ab, deren Verhältnis als Anstieg die Geschwindigkeit ergibt: $v = \Delta s/\Delta t$ = 15 m/(2,5 s) = 6,0 m/s. Die Momentangeschwindigkeit nach 3 s beträgt 6 m · s^{-1} gegenüber der Durchschnittsgeschwindigkeit in den ersten 3 s von $\bar{v} = s/t$ = 9 m/(3 s) = 3 m · s^{-1}. (Die Ermittlung der Geschwindigkeit aus dem Anstieg der Kurve wird mathematisch exakter durch die Schreibweise $v = \mathrm{d}s/\mathrm{d}t$ zum Ausdruck gebracht.) Ermitteln sie zur Übung selbst die Geschwindigkeit für 2 s und 4 s, wofür Sie theoretisch 4 m · s^{-1} und 8 m · s^{-1} erhalten müssten.

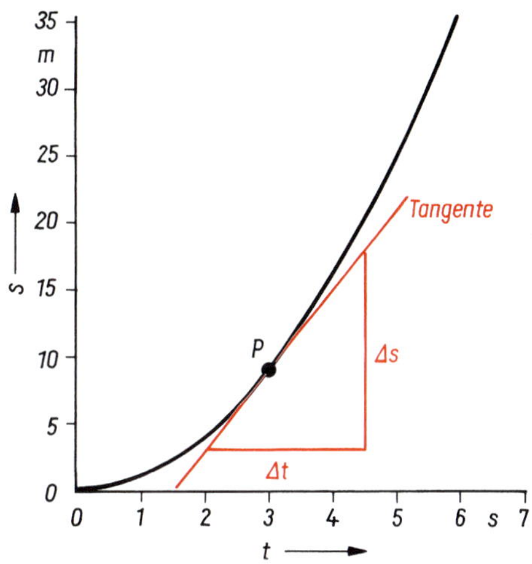

Bild 2.4: Grafische Ermittlung der Momentangeschwindigkeit

Beispiel 2.5

Wie groß ist die Beschleunigung bei der Bewegung nach Beispiel 2.4, deren Geschwindigkeits-Zeit-Diagramm in Bild 2.5 dargestellt ist?

Lösung:

$$\bar{a} = \frac{v_2 - v_1}{t_2 - t_1} = \frac{8\ \mathrm{m \cdot s^{-1}} - 4\ \mathrm{m \cdot s^{-1}}}{4\ \mathrm{s} - 2\ \mathrm{s}} = \frac{4\ \mathrm{m}}{2\ \mathrm{s \cdot s}} = 2\,\frac{\mathrm{m}}{\mathrm{s^2}}$$

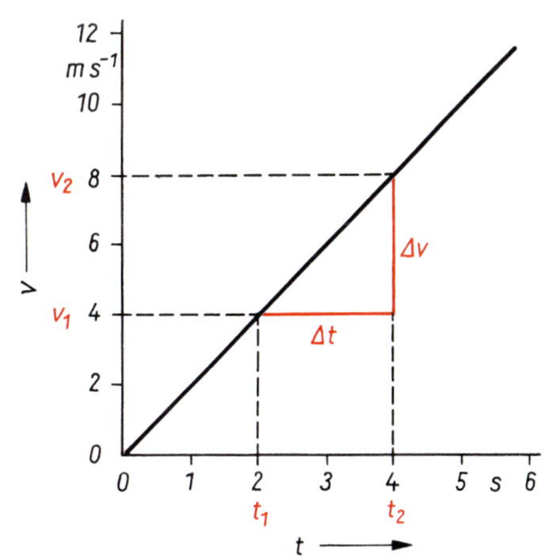

Bild 2.5: Grafische Ermittlung der Beschleunigung (a = konst.)

Eine Beschleunigung von 1 m · s^{-2} bedeutet, dass sich die Geschwindigkeit in 1 s um 1 m · s^{-1} erhöht. Bei einer verzögerten Bewegung ist die Beschleunigung negativ; die Geschwindigkeit nimmt ab.

Alle Ausführungen, die wir im Zusammenhang mit der Geschwindigkeit über Durchschnittswerte und Momentanwerte gemacht haben, treffen auch für die Beschleunigung zu, wenn jetzt anstelle der Weg-Zeit-Funktionen die Geschwindigkeits-Zeit-Funktionen betrachtet werden. So können wir zusammenfassend feststellen:

Geschwindigkeit ist der Quotient aus der Änderung des Weges und der dafür benötigten Zeit. Ihr Momentanwert entspricht dem Anstieg der Kurve im Weg-Zeit-Diagramm.

Beschleunigung ist der Quotient aus der Änderung der Geschwindigkeit und der dafür benötigten Zeit. Ihr Momentanwert entspricht dem Anstieg der Kurve im Geschwindigkeits-Zeit-Diagramm.

Wir wollen uns nun in den folgenden Abschnitten mit der Beschreibung einfacher Bewegungsvorgänge befassen. Zur Veranschaulichung betrachten wir zuerst die jeweiligen **Bewegungsdiagramme.** Wir zeichnen stets s-t-Diagramm, v-t-Diagramm und a-t-Diagramm untereinander. Dadurch ist im v-t-Diagramm der Anstieg der Kurve im darüberstehenden s-t-Diagramm, im a-t-Diagramm der Anstieg im darüberstehenden v-t-Diagramm dargestellt, was uns das Erkennen von Zusammenhängen erleichtert.

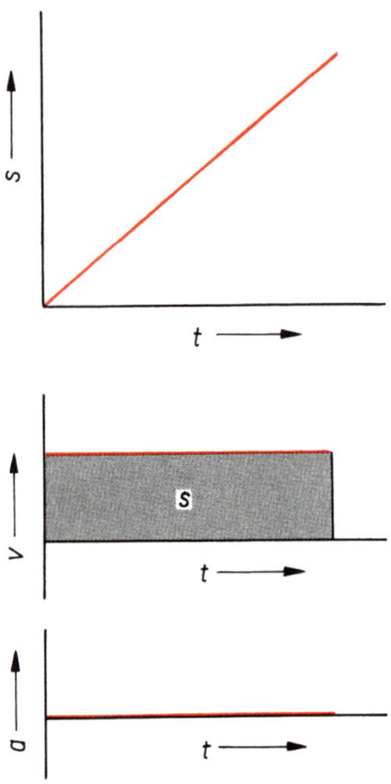

Bild 2.6: Bewegungsdiagramme einer gleichförmigen Bewegung

2.1.1.2 Gleichförmige Bewegung

In Bild 2.6 sind die Bewegungsdiagramme einer **gleichförmigen Bewegung** dargestellt. In *gleichen Zeitspannen* werden *gleiche Wegstrecken* zurückgelegt. Die Kurve im s-t-Diagramm stellt eine Gerade dar. Ihr Anstieg ist konstant, weil die Geschwindigkeit konstant ist. Im v-t-Diagramm ergibt sich eine Parallele zur t-Achse. Deren Anstieg ist null, weil sich die Geschwindigkeit nicht ändert und deshalb die Beschleunigung null ist. Die Kurve im a-t-Diagramm fällt deshalb mit der t-Achse zusammen.

Sie erinnern sich vielleicht, dass die Gleichung einer Geraden durch den Koordinatenursprung als lineare Funktion die Form $y = mx$ hat, wobei m der Anstieg der Geraden ist. Die Gleichung der Weg-Zeit-Funktion der gleichförmigen Bewegung hat mit $s = vt$ die gleiche mathematische Form. Der Weg ist der Zeit proportional, wobei die konstante Geschwindigkeit v den Proportionalitätsfaktor darstellt. Für die gleichförmige Bewegung gelten die Beziehungen

Gleichförmige Bewegung

$$s = vt \tag{2.4}$$
$$v = \text{konst.} \tag{2.5}$$
$$a = 0 \tag{2.6}$$

Gl. (2.4) erlaubt eine weitere geometrische Deutung. Die Gleichung zur Berechnung einer Rechteckfläche $A = lb$ hat als Produkt zweier Faktoren die gleiche Form wie $s = vt$. Deshalb entspricht die Fläche unter der Kurve im v-t-Diagramm dem Weg s. Diese Fläche ist in Bild 2.6 gerastert. Sie dürfen allerdings nun nicht etwa den Weg in cm^2 angeben, sondern müssen die Koordinatenmaßstäbe berücksichtigen. Entspricht z. B. 1 cm der v-Achse einer Geschwindigkeit von 10 m · s^{-1}, 1 cm der t-Achse 2 s, so entspricht eine Fläche von 1 cm² einem Weg von $10 \text{ m} \cdot \text{s}^{-1} \cdot 2 \text{ s} = 20 \text{ m}$. Eine grafische Ermittlung des Weges als Fläche im v-t-Diagramm ist auch bei *beliebigen* Bewegungsformen möglich, wenn die Flächen keine Rechtecke sind, sondern kompliziertere Umrandungen haben.

Beginnt die Bewegung des Körpers nicht bei $s = 0$, so muss in Gl. (2.4) die Koordinate s_0 des Weges zum Zeitpunkt $t = 0$ als Anfangsweg addiert werden:

$$s = vt + s_0 \tag{2.7}$$

Beschreiben wir die Bewegung eines einzelnen Körpers, so können wir das Koordinatensystem stets so wählen, dass die Kurve im s-t-Diagramm durch den Koordinatenursprung geht. Bei mehreren Körpern, die sich gleichzeitig von verschiedenen Orten aus bewegen, ist dies nicht möglich. In Bild 2.7 sind die Bewegungen zweier Körper dargestellt, die sich von zwei Orten aus aufeinander zu bewegen. Die Bewegung des Körpers in der der positiven s-Achse entgegengesetzten Richtung ergibt eine fallende Gerade, seine Geschwindigkeit ist negativ.

Beispiel 2.6

An welchem Ort und zu welcher Zeit treffen sich zwei Fahrzeuge 1 und 2, die zur gleichen Zeit von zwei 90 km entfernten Orten A und B aus starten und sich aufeinander zu bewegen? Ihre Geschwindigkeiten seien konstant $v_1 = 40 \text{ km} \cdot \text{h}^{-1}$ und $v_2 = -50 \text{ km} \cdot \text{h}^{-1}$.

Lösung:
Wenn Sie die beiden Bewegungen maßstabsgerecht in einem s-t-Diagramm darstellen, erhalten Sie Ort und Zeit des Treffens als Koordinaten des Schnittpunktes der beiden Geraden (Bild 2.7). Für die rechnerische Ermittlung ergeben sich als Ansatz die Gleichungen der beiden Geraden

$$s = v_1 t \tag{a}$$
$$s = v_2 t + s_0 \tag{b}$$

mit s_0 als Strecke AB. Dies ist ein lineares Gleichungssystem aus 2 Gleichungen mit den 2 Unbekannten s und t. Gleichsetzen von (a) und (b) ergibt $v_1 t = v_2 t + s_0$. Daraus erhält man den Zeitpunkt des Treffens

$$t = \frac{s_0}{v_1 - v_2} = \frac{90 \text{ km} \cdot \text{h}}{[40 - (-50)] \cdot \text{km}} = 1{,}0 \text{ h} \tag{c}$$

Einsetzen von (c) in (a) ergibt den Ort des Treffens

$$s = \frac{v_1}{v_1 - v_2} s_0 = \frac{40 \text{ km} \cdot \text{h}^{-1}}{90 \text{ km} \cdot \text{h}^{-1}} \cdot 90 \text{ km} = 40 \text{ km} \tag{d}$$

Die Fahrzeuge treffen sich nach 1,0 h 40 km von A entfernt. Dies stimmt mit der grafischen Lösung in Bild 2.7 überein.

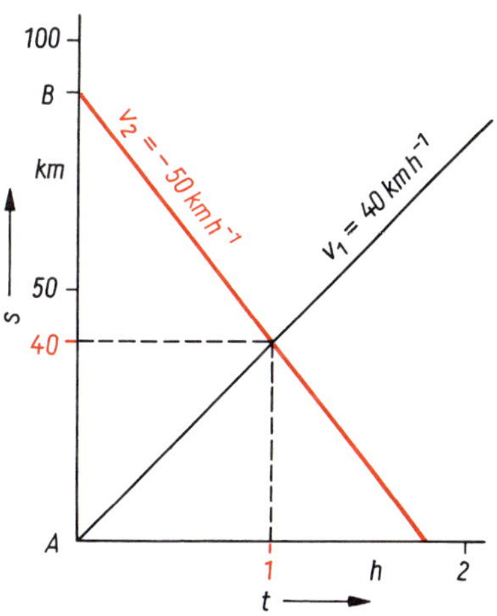

Bild 2.7: Weg-Zeit-Diagramm zweier sich begegnender Körper (v = konst.)

Bei manchen Maschinen- und Anlagenteilen ist es notwendig, dass sie sich mit großer Exaktheit gleichförmig zueinander bewegen. Dagegen ist das Einhalten konstanter Geschwindigkeiten bei Fahrzeugverkehr kaum möglich. Was ergibt sich nun, wenn Sie die für gleichförmige Bewegung gültige Gleichung $s = vt$ für *ungleichförmige* Bewegungen benutzen? Wegen der konstanten Geschwindigkeit bei gleichförmiger Bewegung sind Momentan- und Durchschnittsgeschwindigkeit gleich. Bei einer ungleichförmigen Bewegung ist dies jedoch nicht der Fall. Setzen

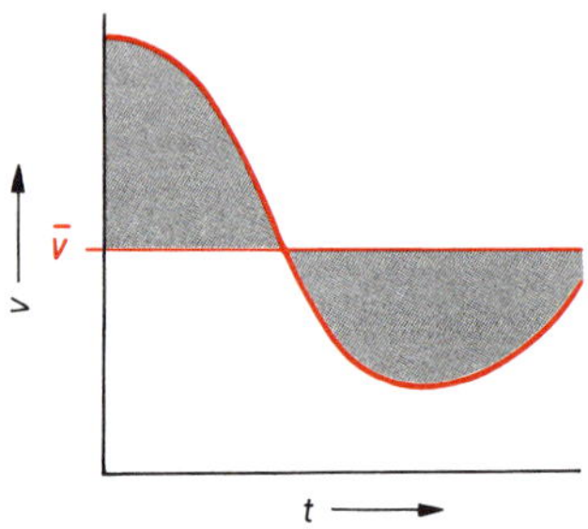

Bild 2.8: Grafische Ermittlung der Durchschnittsgeschwindigkeit

Sie die Momentangeschwindigkeit einer ungleichförmigen Bewegung in Gl. (2.4) ein, so machen Sie grobe Fehler. Sie können jedoch Gl. (2.4) anwenden, wenn Sie mit der Durchschnittsgeschwindigkeit rechnen. Dies lässt sich leicht durch die Deutung des Weges als Fläche unter der Kurve im v-t-Diagramm verstehen, indem Sie diese Fläche durch ein flächengleiches Rechteck ersetzen (Bild 2.8). Die Höhe dieses Rechtecks ist die Durchschnittsgeschwindigkeit. Sie können sich die Mittelwertbildung einer Funktion so vorstellen, als sei die zugehörige Kurve die obere Berandung des Querschnittes eines Sandhaufens, der nun mit einer Planierraupe eingeebnet wird. Die abgetragenen Sandberge müssen gerade die Täler ausfüllen. Die Höhe des Planums ist der gesuchte Mittelwert.

2.1.1.3 Gleichmäßig beschleunigte Bewegung

Bild 2.9 zeigt die Bewegungsdiagramme einer **gleichmäßig beschleunigten Bewegung** *ohne* Anfangsgeschwindigkeit ($v_0 = 0$), wie sie beim Start eines Körpers aus der Ruhelage heraus auftreten kann. In *gleichen Zeitspannen* werden immer *größere Wegstrecken* zurückgelegt. Die Kurve im s-t-Diagramm ist eine Parabel. Ihr Anstieg nimmt zu, weil die Geschwindigkeit wächst. Im v-t-Diagramm ergibt sich eine ansteigende Gerade, die wegen $v_0 = 0$ durch den Koordinatenursprung geht. Der Anstieg der Geraden ist konstant, weil die Geschwindigkeit gleichmäßig zunimmt und deshalb die Beschleunigung konstant ist. Die Kurve im a-t-Diagramm ist somit eine Parallele zur t-Achse.

Die Gleichung der linearen Geschwindigkeits-Zeit-Funktion ist die Gleichung einer Geraden der Form $v = at$. Die Geschwindigkeit ist der Zeit proportional, wobei die konstante Beschleunigung a den Proportionalitätsfaktor darstellt.

Die Gleichung der Weg-Zeit-Funktion können Sie aus der Fläche unter der Kurve im v-t-Diagramm ermitteln. Es handelt sich um die Fläche eines rechtwinkligen Dreiecks, also eines halben Rechtecks, wofür sich $s = (1/2)\,vt$ ergibt. Beachten Sie, dass s *nicht* proportional zu t ist, weil v nicht konstant, sondern selbst nochmals zeitabhängig ist. Setzen Sie nämlich für die Geschwindigkeit $v = at$ ein, so erhalten Sie die quadratische Funktion $s = (1/2)\,at^2$. Deren Graph stellt eine Parabel dar, die für $a > 0$ nach oben geöffnet ist. Die Tangente am Scheitelpunkt einer Parabel verläuft waagerecht, ihr Anstieg ist null. Wir finden deshalb den Scheitelpunkt der Parabel im s-t-Diagramm dort, wo gleichzeitig die Geschwindigkeit null ist. In Bild 2.9 ist dies wegen $v_0 = 0$ bei $t = 0$ der Fall.

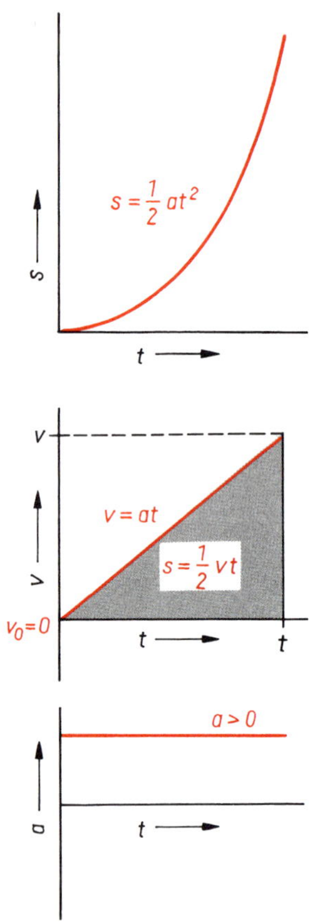

Bild 2.9: Bewegungsdiagramme einer gleichmäßig beschleunigten Bewegung ohne Anfangsgeschwindigkeit ($v_0 = 0$, $a > 0$)

Für eine gleichmäßig beschleunigte Bewegung ohne Anfangsgeschwindigkeit gelten die Beziehungen

$$s = \frac{a}{2}t^2 \tag{2.8}$$

$$v = at \tag{2.9}$$

$$a = \text{konst.} \tag{2.10}$$

sowie

$$s = \frac{v}{2}t \tag{2.11}$$

$$v = \sqrt{2as} \tag{2.12}$$

Die Wurzelfunktion (2.12) stellt die Abhängigkeit der Geschwindigkeit vom Weg dar. Leiten Sie Gl. (2.12) selbst her, indem Sie aus den Gln. (2.9) und (2.11) die Zeit eliminieren!

Bild 2.1 zeigt die Bewegungsdiagramme einer **gleichmäßig beschleunigten Bewegung** mit Anfangsgeschwindigkeit ($v_0 > 0$), wie sie auftritt, wenn eine bereits vorher erreichte Geschwindigkeit v_0 weiter erhöht wird. Diese Anfangsgeschwindigkeit v_0 ergibt sich aus dem Anstieg im s-t-Diagramm am Koordinatenursprung bei $t = 0$. Die Gerade im v-t-Diagramm schneidet die v-Achse bei v_0, so dass die zugehörige Geradengleichung hierfür $v = at + v_0$ lautet. Die Fläche unter der Kurve im v-t-Diagramm ist ein Trapez, für das sich $s = (1/2)\,(v + v_0)\,t$ ergibt. Der Faktor $(1/2)\,(v + v_0)$ ist die Durchschnittsgeschwindigkeit $\bar{v}$. Sie können die Trapezfläche auch erhalten, wenn Sie zur Rechteckfläche $v_0 t$ die Dreiecksfläche $(1/2)\,(v - v_0)\,t$ addieren. Setzen Sie für die Geschwindigkeit $v = at + v_0$ ein, so erhalten Sie nach kurzer Rechnung die quadratische Funktion $s = (1/2)\,at^2 + v_0 t$ als Gleichung der Parabel im s-t-Diagramm. Ihr Scheitelpunkt ist in der rückwärtigen Verlängerung der Kurven da zu suchen, wo die Gerade im v-t-Diagramm die t-Achse schneiden würde. Dort wäre die Geschwindigkeit gleich null.

Die gleichmäßig beschleunigte Bewegung mit Anfangsgeschwindigkeit lässt sich als Überlagerung einer gleichmäßig beschleunigten Bewegung ohne Anfangsgeschwindigkeit und einer gleichförmigen Bewegung mit $v = v_0$ darstellen:

Gleichmäßig beschleunigte Bewegung

$$s = \frac{a}{2}t^2 + v_0 t \qquad (2.13)$$

$$v = at + v_0 \qquad (2.14)$$

$$a = \text{konst.}$$

sowie

$$s = \frac{v + v_0}{2}\,t \qquad (2.15)$$

$$v = \sqrt{v_0^2 + 2as} \qquad (2.16)$$

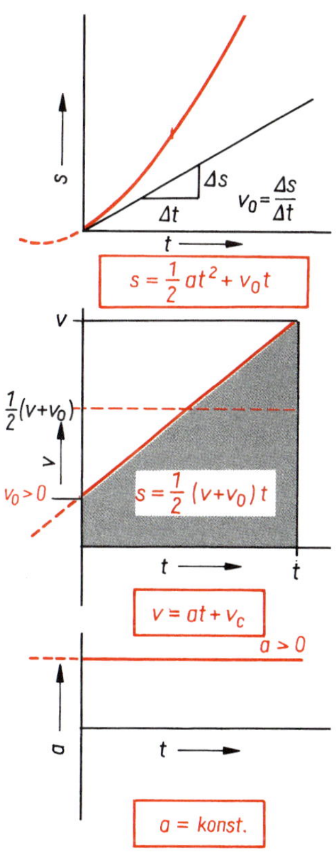

Bild 2.10: Bewegungsdiagramme einer gleichmäßig beschleunigten Bewegung mit Anfangsgeschwindigkeit ($v_0 > 0$, $a > 0$)

Bild 2.11 zeigt die Bewegungsdiagramme einer gleichmäßig *verzögerten* Bewegung, wie sie beim Abbremsen eines Körpers auftreten kann. Die nach unten geöffnete Parabel im s-t-Diagramm hat am Anfang ihren größten Anstieg und wird bis zum Scheitelpunkt bei $t = t_m$ immer flacher. Die Geschwindigkeit nimmt also gleichmäßig ab, bis der Körper bei $t = t_m$ zur Ruhe kommt. Die Kurve im v-t-Diagramm ist eine fallende Gerade, ihr Anstieg ist demzufolge negativ. Eine verzögerte Bewegung ist eine Bewegung mit *negativer* Beschleunigung $a < 0$, so dass die Kurve im a-t-Diagramm eine Parallele zur t-Achse unterhalb der t-Achse ist.

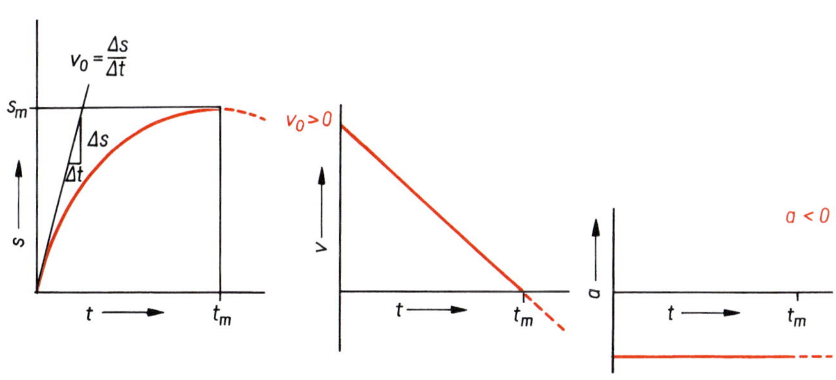

Bild 2.11: Bewegungsdiagramme einer gleichmäßig verzögerten Bewegung ($v_0 > 0$, $a < 0$)

Wenn der Körper auch weiterhin für $t > t_m$ die gleiche negative Beschleunigung erfährt, kehrt er nach Erreichen der Ruhelage bei $t = t_m$ seine bisherige Bewegungsrichtung um und bewegt sich beschleunigt zurück. Dies ist in Bild 2.11 durch die gestrichelte Fortsetzung der Kurven dargestellt. Der Anstieg des fallenden Parabelastes im s-t-Diagramm ist negativ entsprechend der negativen Geschwindigkeit der Rückwärtsbewegung. Dabei kommt der Körper an jedem Ort $s < s_m$ nochmals vorbei.

Für die gleichmäßig verzögerte Bewegung gelten die selben Gleichungen (2.13) bis (2.16), wenn Sie bei Berechnungen die Beschleunigung mit negativen Werten einsetzen, also z. B. $a = -4 \text{ m} \cdot \text{s}^{-2}$.

Vielleicht ist Ihnen die hier gewählte Betrachtungsweise ungewohnt, um Zusammenhänge zwischen physikalischen Vorgängen und ihrer grafischen und funktionalen Darstellung aufzuzeigen. Sie sollten diese Zusammenhänge gründlich durchdenken, da sich solche Betrachtungsweisen nicht auf die Kinematik beschränken, sondern von allgemeinerer Bedeutung sind. In der Mathematik ist die Untersuchung des Anstieges von Kurven Gegenstand der Differentialrechnung, die Ermittlung von Flächen Gegenstand der Integralrechnung.

Die 4 Gleichungen (2.13) bis (2.16) stellen für eine gleichmäßig beschleunigte Bewegung mit einer Anfangsgeschwindigkeit v_0 jeweils Gleichungen zwischen 3 der 4 kinematischen Größen Weg, Zeit, Geschwindigkeit und Beschleunigung dar. Für den Ansatz zur Lösung von Aufgaben mag deshalb folgendes Schema nützlich sein, worin die in jeder Gleichung vorkommenden Größen angekreuzt sind:

		v	s	a	t
$s = \frac{1}{2}at^2 + v_0 t$	(2.13)	–	+	+	+
$v = at + v_0$	(2.14)	+	–	+	+
$s = \frac{1}{2}(v + v_0)\,t$	(2.15)	+	+	–	+
$v = \sqrt{v_0^2 + 2as}$	(2.16)	+	+	+	–

Beispiel 2.7

Wie groß ist die Beschleunigung eines Körpers, der sich 5,0 s lang mit einer konstanten Geschwindigkeit von $10 \text{ m} \cdot \text{s}^{-1}$ bewegt?

Lösung:
Sie haben sich sicher mit dieser Aufgabe nicht hereinlegen lassen. Selbstverständlich ist bei einer gleichförmigen Bewegung mit konstanter Geschwindigkeit die Beschleunigung $a = 0$.

Beispiel 2.8

Wie groß sind die Beschleunigung und der zurückgelegte Weg eines Pkw, der in 11 s von $60 \text{ km} \cdot \text{h}^{-1}$ auf $100 \text{ km} \cdot \text{h}^{-1}$ beschleunigt?

Lösung:
Gl. (2.14) ergibt die Beschleunigung zu $a = (v - v_0)/t = 40 \text{ km} \cdot \text{h}^{-1}/(11 \text{ s}) = 11 \text{ m} \cdot \text{s}^{-1}/(11 \text{ s}) = 1{,}0 \text{ m} \cdot \text{s}^{-2}$ Nach Gl. (2.15) ist der zurückgelegte Weg $s = (1/2) \cdot (v + v_0)/t = 80 \text{ km} \cdot \text{h}^{-1} \cdot 11 \text{ s} = 22{,}2 \text{ m} \cdot \text{s}^{-1} \cdot 11 \text{ s} = 244 \text{ m}$.

Beispiel 2.9

Berechnen Sie Bremsweg und Bremszeit für einen Lkw, der von 72 km · h^{-1} mit –4,8 m · s^{-2} gleichmäßig bis zum Stillstand abgebremst wird! Zeichnen Sie maßstäblich die Bewegungsdiagramme!

Lösung:
Mit $v = 0$ erhalten Sie die Bremszeit nach Gl. (2.14) zu $t = (v - v_0)/a = (0 - 20\ \text{m} \cdot \text{s}^{-1})/(-4{,}8\ \text{m} \cdot \text{s}^{-2}) = 4{,}2\ \text{s}$ und den Bremsweg nach Gl. (2.16) zu $s = (v^2 - v_0^2)/(2a) = (-400\ \text{m}^2 \cdot \text{s}^{-2})/(-9{,}6\ \text{m} \cdot \text{s}^{-2}) = 42\ \text{m}$. Zum Zeichnen des Weg-Zeit-Diagramms stellen Sie mit $s = (a/2)\ t^2 + v_0 t$ eine Wertetabelle auf:

t/s	0	1	2	3	4,2
s/m	0	18	30	38	42

Die Bewegungsdiagramme sind in Bild 2.12 maßstäblich dargestellt.

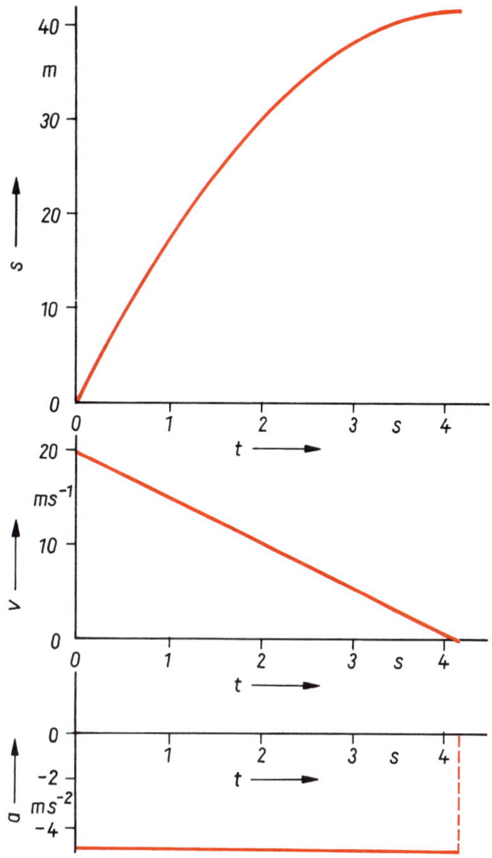

Bild 2.12: Bewegungsdiagramme zu Beispiel 2.9

Beispiel 2.10

Wie groß sind die gesamte Fahrzeit und der insgesamt zurückgelegte Weg für die Fahrt eines Kleintransporters im Betriebsgelände? Das Fahrzeug erreicht beim Anfahren mit einer Beschleunigung von 0,54 m · s^{-2} eine Geschwindigkeit von 24 km · h^{-1}, fährt dann mit dieser Geschwindigkeit 15 s lang gleichförmig weiter, um anschließend auf 8,0 m bis zum Stillstand abzubremsen.

Lösung:
Der Bewegungsablauf setzt sich aus 3 aufeinanderfolgenden Teilbewegungen zusammen (Bild 2.13).

1. Das Anfahren mit $a_1 = 0{,}54\ \text{m} \cdot \text{s}^{-2}$ von $v_{01} = 0$ auf $v_1 = 24\ \text{km} \cdot \text{h}^{-1} = 6{,}7\ \text{m} \cdot \text{s}^{-1}$ erfolgt auf einem Weg von $s_1 = v_1^2/(2\,a_1) = 41\ \text{m}$ und dauert $t_1 = v_1/a_1 = 12{,}3\ \text{s}$.
2. Beim Weiterfahren mit der konstanten Geschwindigkeit $v_2 = v_1$ wird in $t_2 = 15\ \text{s}$ ein Weg $s_2 = v_2 t_2 = 100\ \text{m}$ zurückgelegt.
3. Das Abbremsen längs der Bremsstrecke $s_3 = 8{,}0\ \text{m}$ von $v_{03} = v_1$ auf $v_3 = 0$ dauert $t_3 = 2\,(s_3/v_{03}) = 2{,}4\ \text{s}$.

Der Gesamtweg von $s = s_1 + s_2 + s_3 = 149\ \text{m}$ wird in der Gesamtzeit von $t = t_1 + t_2 + t_3 \approx 30\ \text{s}$ zurückgelegt.

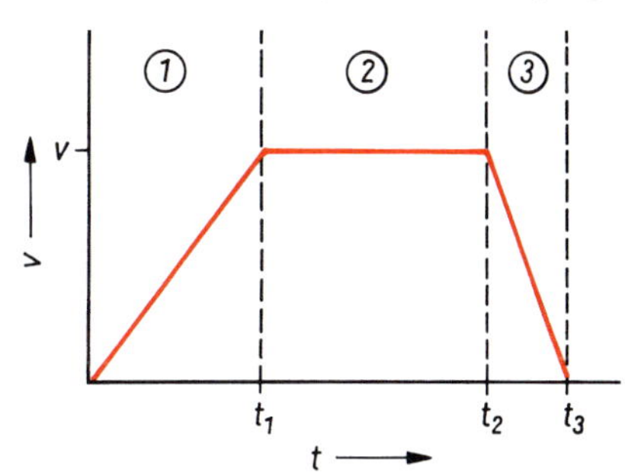

Bild 2.13: Geschwindigkeits-Zeit-Diagramm zu Beispiel 2.10

2.1.1.4 Freier Fall

Vergleichen Sie ein zu Boden flatterndes Blatt Papier mit einer herabfallenden Stahlkugel, so scheinen die Fallbewegungen verschiedener Körper sehr unterschiedlich und kompliziert zu sein. Diese Komplikationen entstehen durch den Einfluss des Luftwiderstandes auf die fallenden Körper (s. 6.4.3.3). Könnten wir die Fallbewegungen des Papierstückchens und der Stahlkugel in einer luftleer gepumpten Glasröhre beobachten, so würden wir keine Unterschiede mehr wahrnehmen. Der Fall *ohne* Einfluss des Luftwiderstandes heißt **freier Fall.**

Der freie Fall ist eine gleichmäßig beschleunigte Bewegung mit der Fallbeschleunigung $g = 9{,}81\ \text{m} \cdot \text{s}^{-2}$.

Die konstante Fallbeschleunigung ist dabei **unabhängig** von der Masse, der Form und sonstigen Eigenschaften der fallenden Körper. Ihr genauer Wert hängt dagegen geringfügig von der geografischen Breite und der Höhe über dem Meeresspiegel ab. Wir können zur Beschreibung des freien Falls die Gleichungen (2.8) bis (2.12) benutzen, wenn wir für a die Fallbeschleunigung g einsetzen und den Weg s wie üblich als Höhe h bezeichnen:

$$h = \frac{g}{2} t^2 \tag{2.17}$$

$$v = gt \tag{2.18}$$

$$v = \sqrt{2gh} \tag{2.19}$$

Bild 2.14: Fallturm in Bremen für Untersuchungen unter Mikrogravitation

Die Gleichungen (2.13) bis (2.16) beschreiben entsprechend einen senkrechten Wurf mit der Abwurfgeschwindigkeit als Anfangsgeschwindigkeit v_0. Wählt man die Wurfrichtung als positive Richtung für die Höhe h, so ergibt sich mit $a = -g$ der senkrechte Wurf nach oben, mit $a = +g$ der senkrechte Wurf nach unten. Bild 2.13 stellt auch die Bewegungsdiagramme für den senkrechten Wurf nach oben dar. Der geworfene Körper bewegt sich bis zum Erreichen der größten Höhe $s_m = h_m$ verzögert nach oben, um dann aus dieser Höhe wieder beschleunigt herabzufallen. Er erreicht dabei an der Abwurfstelle $h = 0$ wieder die Anfangsgeschwindigkeit, jedoch in entgegengesetzter Richtung.

Beispiel 2.11

Der Fallturm in Bremen mit einer Gesamthöhe von 145,5 m ist ein Großlabor mit einer 110 Meter hohen evakuierte Fallröhre, in der Fallexperimente im Vakuum durchgeführt werden. Wie groß ist die Fallzeit und welche Endgeschwindigkeit wird erreicht?

Lösung:

Die Fallzeit errechnet sich aus $h = (g/2)\, t^2$. Für 4,7 s Fallzeit werden beim freien Fall Bedingungen der Schwerelosigkeit für den fallenden Körper geschaffen, wie sie sonst nur zu wesentlich höheren Kosten im Weltraum realisiert werden können. Die Endgeschwindigkeit beträgt dabei $v = gt = (9{,}81\ \text{m/s}^2) \cdot 4{,}74\ \text{s} = 46{,}5\ \text{m/s}$. Die Zeit der Schwerelosigkeit kann verdoppelt werden, indem die Fallkapsel durch ein Katapult am Turmfuß zuerst bis zur Turmspitze mit einer Anfangsgeschwindigkeit von 46,5 m/s hochgeschossen wird. (Bild 2.14)

Beispiel 2.12

Wie tief ist ein Brunnen, in den ein Stein hineinfällt, der nach 4,0 s die Wasserfläche erreicht?

Lösung:

$$h = \frac{1}{2} g t^2 = \frac{1}{2} \cdot 9{,}81\ \text{m} \cdot \text{s}^{-2} \cdot (4\ \text{s})^2 = 78{,}5\ \text{m}$$

Beispiel 2.13

Wie verhalten sich die Höhen, die in der 1., 2., 3. und 4. Sekunde frei durchfallen werden?

Lösung:
Nach Gl. (2.17) werden gerundet in 1 s 5 m, in 2 s 20 m, in 3 s 45 m und in 4 s 80 m durchfallen. Damit sind die durchfallenen Höhen in der 1. Sekunde 5 m, in der 2. Sekunde 20 m – 5 m = 15 m, in der 3. Sekunde 45 m – 20 m = 25 m und in der 4. Sekunde 80 m – 45 m = 35 m. Diese Höhen verhalten sich wie die Glieder der Folge der ungeraden Zahlen 1 : 3 : 5 : 7.

Beispiel 2.14

Wann erreicht ein mit $v_0 = 14\ \text{m} \cdot \text{s}^{-1}$ senkrecht nach oben geworfener Körper eine Höhe von a) 5,0 m; b) 10 m; c) 20 m?

Lösung:
Aus Gl. (2.13) ergibt sich mit $a = -g$ die Höhe $h = (-g/2)\ t^2 + v_0 t$. Diese quadratische Gleichung hat die Normalform $t^2 - (2\ v_0/g)\ t + 2\ h/g = 0$. Mit der Lösungsformel für quadratische Gleichungen folgt daraus

$$t_{1,2} = \frac{v_0}{g} \pm \sqrt{\left(\frac{v_0}{g}\right)^2 - \frac{2h}{g}}$$

womit sich die speziellen Ergebnisse errechnen lassen.

a) Für $h = 5{,}0$ m ist der Radikand positiv. An einer Höhe von 5,0 m kommt der Körper nach $t_1 = 0{,}42$ s beim Hochwerfen und nochmals nach $t_2 = 2{,}44$ s beim Wiederherabfallen vorbei.

b) Für $h = 10$ m wird der Radikand null. Die Höhe von 10 m ist die Gipfelhöhe, die mit $v_0 = 14\ \text{m} \cdot \text{s}^{-1}$ nach $t_1 = t_2 = 1{,}43$ s erreicht wird.

c) Für $h = 20$ m wird der Radikand negativ. Es existiert keine reelle Lösung. Dies bedeutet, dass der Körper in Höhen größer als die Gipfelhöhe überhaupt nicht kommen kann.

2.1.1.5 Relativität der Bewegung und Überlagerung von Bewegungen

Sie kennen sicher die Schwierigkeit, zu entscheiden, welcher Zug fährt, wenn Sie in dem einen Zug sitzen und durchs Fenster nur den anderen Zug auf dem Nachbargleis sehen können. So stellen Sie nur die Relativbewegung zwischen beiden Zügen fest. Erst ein Blick aufs Gleis zeigt, welcher Zug sich relativ zum Gleis bewegt.

Jede Bewegung ist relativ. Ihre Beschreibung erfordert die Wahl eines Bezugssystems.

In den bisherigen Abschnitten haben wir stillschweigend die als ruhend angenommene Umgebung der Körper als Bezugssystem gewählt. So bezogen wir die Bewegung von Fahrzeugen auf die Straße mit ihren Kilometersteinen. Das muss jedoch nicht so sein. Für die Folgen eines Zusammenstoßes zweier Fahrzeuge ist allein die Relativgeschwindigkeit zwischen beiden Fahrzeugen entscheidend. Sind die Geschwindigkeiten relativ zur Straße $v_1 = 80\ \text{km} \cdot \text{h}^{-1}$ und $v_2 = 50\ \text{km} \cdot \text{h}^{-1}$, so ist die Relativgeschwindigkeit zwischen beiden Fahrzeugen bei einem Auffahrunfall $v_1 - v_2 = 30 \text{ km} \cdot \text{h}^{-1}$, bei einem frontalen Zusammenstoß jedoch $v_1 + v_2 = 130 \text{ km} \cdot \text{h}^{-1}$.

Wenn Sie eine Bootsfahrt unternehmen, können Sie die Bewegung des Bootes sowohl relativ zum Wasser als auch relativ zum Ufer beschreiben. Bei einer Fahrt auf einem stehenden Gewässer ergibt sich dabei kein Unterschied. Anders jedoch bei einer Flussfahrt, bei der sich der Bewegung des Bootes relativ zum Wasser die Bewegung des fließenden Wassers relativ zum Ufer überlagert.

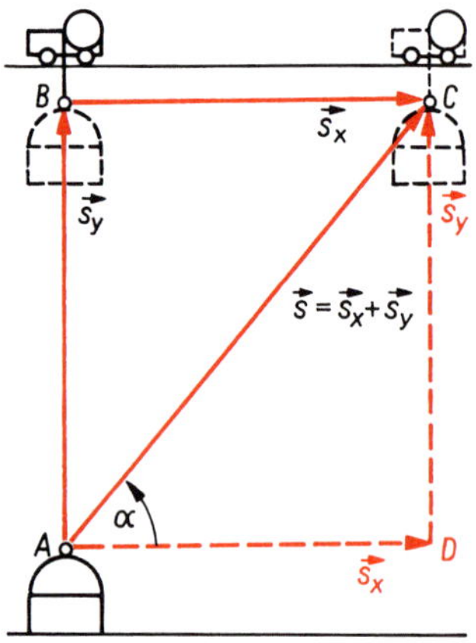

Bild 2.15: Überlagerung der Bewegungen eines Werkstückes an einem Portalkran

Führt ein Körper gleichzeitig mehrere Bewegungen aus, so überlagern sich diese Bewegungen unabhängig, als würden die einzelnen Bewegungen nacheinander ablaufen.

Wir wollen diesen *Überlagerungssatz* an dem schon früher erwähnten Beispiel der Bewegung eines Werkstückes am Kranhaken eines Portalkrans erläutern. Das Werkstück bewegt sich durch das Hebewerk nach oben, während es sich gleichzeitig mit der Laufkatze quer zum Arbeitsbereich bewegt (Bild 2.15). So erreicht der Greifer aus der Anfangslage A die Endlage C. Die gleiche Endlage würde erreicht, wenn der Greifer sich zunächst bei ruhender Laufkatze von A nach B und danach in gleichbleibender Höhe mit der Laufkatze von B nach C bewegt. Die Reihenfolge der Teilbewegungen lässt sich auch vertauschen, indem der Greifer sich zuerst mit der Laufkatze von A nach D bewegt und dann von D nach C angehoben wird.

Die Möglichkeit, die *resultierende* Bewegung durch das Nacheinander von Teilbewegungen zu erhalten, charakterisiert den Weg $\vec{s}$ als *vektorielle* Größe. Der Pfeil über dem Größensymbol bedeutet, dass neben dem Betrag s die Richtung des Weges zu berücksichtigen ist. Der resultierende Weg $\vec{s}$ ergibt sich durch Aneinanderlegen der Teilwege $\vec{s}_x$ und $\vec{s}_y$. Diese Operation wird als Vektoraddition bezeichnet und symbolisch durch die Vektorgleichung

$$\vec{s} = \vec{s}_x + \vec{s}_y \tag{2.20}$$

ausgedrückt. Unterscheiden Sie dies deutlich von der Addition der Beträge, die nur möglich ist, wenn beide Vektoren die gleiche Richtung haben.

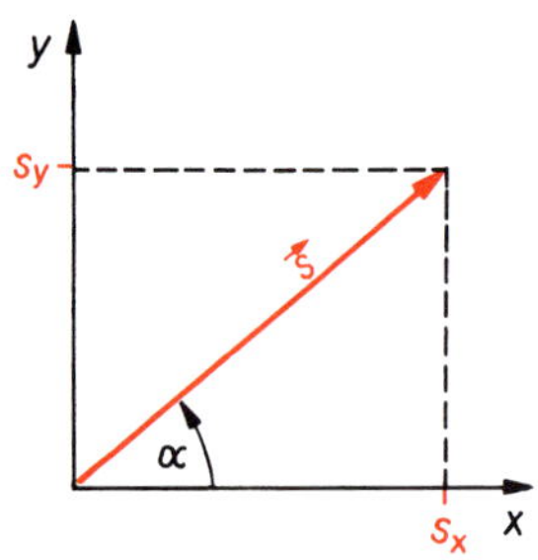

Bild 2.16: Darstellung eines Vektors durch Komponenten

Da in unserem Beispiel die beiden Teilbewegungen rechtwinklig zueinander verlaufen, haben wir ein rechtwinkliges Koordinatensystem mit x- und y-Achse eingeführt. Die Beträge s_x und s_y der Teilwege in x- und y-Richtung sind die Komponenten des Vektors $\vec{s}$ (Bild 2.16). Der **Betrag** von $\vec{s}$ ergibt sich aus den Komponenten nach dem Satz des PYTHAGORAS

$$s = \sqrt{s_x^2 + s_y^2} \tag{2.21}$$

Andererseits ergeben sich die **Komponenten** aus dem Betrag von $\vec{s}$ und dem Winkel α, den $\vec{s}$ mit der x-Achse bildet, zu

$$s_x = s \cdot \cos \alpha \tag{2.22}$$
$$s_y = s \cdot \sin \alpha \tag{2.23}$$

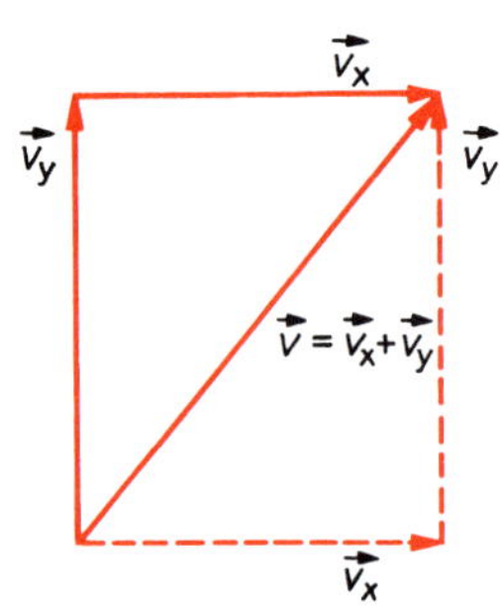

Bild 2.17: Vektorielle Addition von Geschwindigkeiten

Berücksichtigen wir den Vektorcharakter des Weges bei der Ermittlung der Geschwindigkeit, so erhalten wir auch die Geschwindigkeit als Vektor $\vec{v}$. Sind $\vec{v}_x$ und $\vec{v}_y$, die Geschwindigkeiten in x- und y-Richtung, so bekommen wir die resultierende Geschwindigkeit $\vec{v}$ ebenfalls durch Aneinanderlegen der die Vektoren repräsentierenden Pfeile, deren Länge den Beträgen der Vektoren entspricht (Bild 2.17). Der Betrag der resultierenden Geschwindigkeit ist

$$v = \sqrt{v_x^2 + v_y^2} \tag{2.24}$$

Beispiel 2.15

Wie bewegt sich ein Boot, das mit einer Geschwindigkeit von 2,0 m · s^{-1} senkrecht zum Ufer einen 100 m breiten Fluss mit einer Strömungsgeschwindigkeit von 1,0 m · s^{-1} überqueren soll?

Lösung:
Wir wählen ein Koordinatensystem, dessen x-Achse senkrecht zum Ufer und dessen y-Achse in Strömungsrichtung zeigt (Bild 2.18). Infolge der Unabhängigkeit der Teilbewegungen dauert die Flussüberquerung unabhängig von der Strömungsgeschwindigkeit $t = s_x/v_x$ = 100 m/(2 m · s^{-1}) = 50 s. In dieser Zeit wird das Boot um $s_y = v_y t$ = 1 m · s^{-1} · 50 s = 50 m abgetrieben. Es bewegt sich wegen $\tan \alpha = s_y/s_x = 0{,}5$ unter einem Winkel $\alpha = 26{,}5°$ zur x-Achse mit einer resultierenden Geschwindigkeit von $v = \sqrt{v_x^2 + v_y^2}$ = 2,24 m · s^{-1} und legt dabei einen Weg von $s = \sqrt{s_x^2 + s_y^2}$ = 112 m zurück.

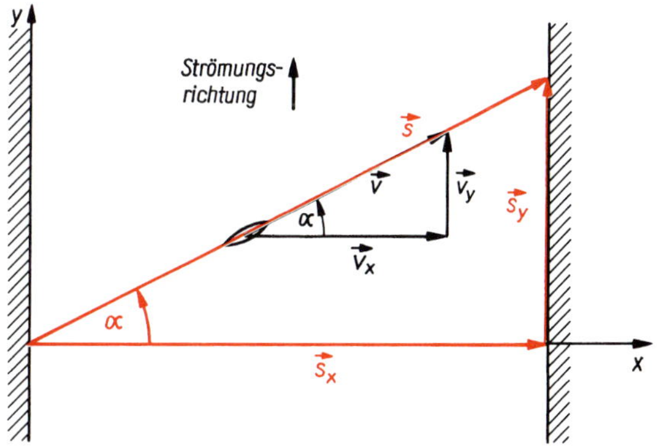

Bild 2.18: Flussüberquerung (zu Beispiel 2.15)

Sind die beiden Teilbewegungen geradlinig und gleichförmig, so ist es auch die resultierende Bewegung. Wenn jedoch eine Teilbewegung beschleunigt abläuft, so ist dies nicht mehr der Fall. Betrachten wir hierzu den **waagerechten Wurf** z.B. beim Abwerfen des Fördergutes am Ende eines waagerechten Förderbandes. Dabei überlagern sich die gleichförmige Bewegung des Fördergutes mit Bandgeschwindigkeit in x-Richtung und der freie Fall in y-Richtung (Bild 2.19):

$$s_x = v_x t \tag{2.25}$$

$$s_y = \frac{g}{2} t^2 \tag{2.26}$$

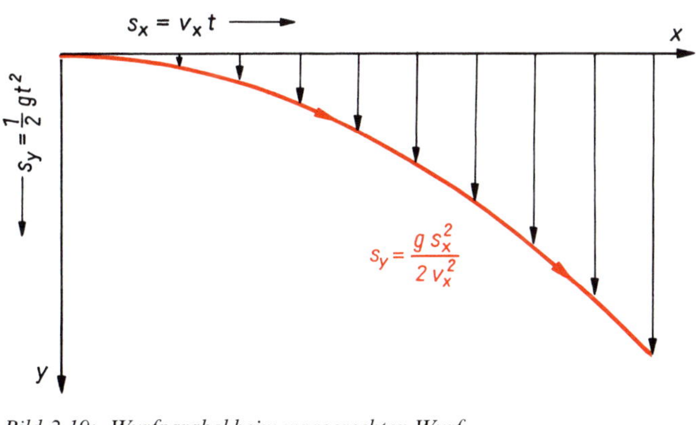

Bild 2.19: Wurfparabel beim waagerechten Wurf

Wurfparabel

Um die Bahnkurve zu berechnen, lösen wir Gl. (2.25) nach t auf und setzen dies in Gl. (2.26) ein. Wir erhalten

$$s_y = \frac{g s_x^2}{2 v_x^2} \tag{2.27}$$

als Gleichung einer Parabel, der sog. Wurfparabel.

Beispiel 2.16

In welcher Entfernung vom Ende eines waagerechten Förderbandes treffen die abgeworfenen Steine auf dem 3,0 m tiefer liegenden Boden auf? Die Bandgeschwindigkeit beträgt 0,50 m · s^{-1}.

Lösung:
Um 3,0 m tief zu fallen, benötigt ein Stein die Zeit $t = \sqrt{2\, s_y / g} = 0{,}78$ s. In dieser Zeit bewegen sich die Steine in x-Richtung um $s_x = v_x t = 0{,}39$ m weiter. Das gleiche Ergebnis erhalten Sie, wenn Sie Gl. (2.27) gleich nach s_x auflösen. Probieren Sie es!

2.1.2 Bewegung auf der Kreisbahn

Ein Körper, den wir uns als Punktmasse denken, bewege sich auf einer Kreisbahn mit dem Radius r. Betrachten wir nur die Beträge des Weges s, der Geschwindigkeit v und der Beschleunigung a längs der Kreisbahn, so lässt sich die **Kreisbewegung** durch diese Bahngrößen in gleicher Weise beschreiben, wie wir es von der geradlinigen Bewegung her kennen (s. 2.1.1). So bedeutet die Bezeichnung „*gleichförmige* Kreisbewegung“, dass es sich um eine Kreisbewegung mit *konstantem Betrag* der Bahngeschwindigkeit v handelt.

Die *Besonderheiten* der Kreisbewegung gegenüber einer geradlinigen Bewegung bestehen darin, dass

- die gleichförmige Kreisbewegung eine *periodische Bewegung* ist;
- sich die Kreisbewegung auch durch *Winkelgrößen* beschreiben lässt;
- die Kreisbewegung wie jede krummlinige Bewegung immer eine *beschleunigte Bewegung* ist, da sich die Richtung der Geschwindigkeit ändert.

2.1.2.1 Periodendauer und Frequenz

Wandern Sie im Kreise, so befinden Sie sich nach einer bestimmten Zeit T wieder am Ausgangspunkt Ihrer Wanderung. Setzen Sie Ihre Wanderung gleichförmig fort, so wiederholt sich in jeder Runde der Vorgang. In der Zeit T hat der Körper jeweils einen vollen Umlauf ausgeführt und dabei einen Weg zurückgelegt, der gleich dem Umfang $2\pi r$ der Kreisbahn ist.

Die Periodendauer T einer Kreisbewegung ist die Zeit für einen Umlauf auf der Kreisbahn und heißt auch Umlaufzeit.

Zählen Sie auf Ihrer Wanderung im Kreise die Anzahl z der in der Zeit t zurückgelegten Runden, so lässt sich die Frequenz ermitteln:

Frequenz

$$f = \frac{z}{t} \tag{2.28}$$

$[f] = s^{-1} = \text{Hz (Hertz)}$

Die Frequenz f einer Kreisbewegung ist der Quotient aus der Anzahl z der Umläufe und der dafür benötigten Zeit t. Sie heißt Umlauffrequenz oder Drehzahl.

Da in der Periodendauer T gerade ein Umlauf ($z = 1$) ausgeführt wird, ist die Frequenz der *Kehrwert* der Periodendauer:

$$f = \frac{1}{T} \tag{2.29}$$

Mit f bzw. T können wir den Betrag der Bahngeschwindigkeit v für eine gleichförmige Bewegung auf einer Kreisbahn vom Radius r berechnen:

$$v = \frac{s}{t} = \frac{2\,\pi r z}{t} = 2\,\pi r f = \frac{2\,\pi r}{T} \tag{2.30}$$

Dieses Ergebnis besagt, dass in der Umlaufzeit T mit der Bahngeschwindigkeit v als Weg gerade der Kreisumfang $2\,\pi r$ zurückgelegt wird.

2.1.2.2 Winkelgeschwindigkeit und Winkelbeschleunigung

Sie schleudern eine Kugel an einem Faden im Kreis herum. Der straff gespannte Faden markiert den Radius der Kreisbahn, auf der sich die Kugel bewegt. Während die Kugel einen Bogen der Länge s als Weg zurücklegt, überstreicht der Faden einen dazugehörigen **Winkel** φ (Bild 2.20).

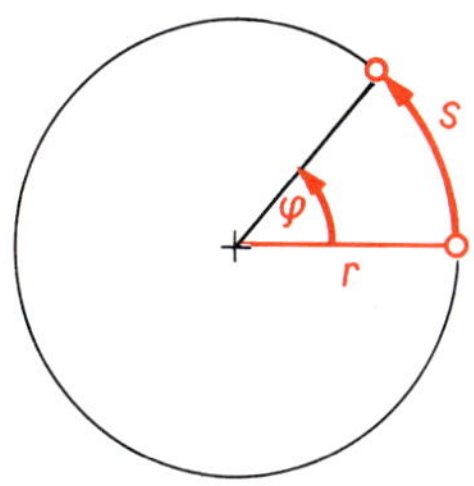

Bild 2.20: Zur Definition des Winkels

Der Winkel φ ist der Quotient aus Bogenlänge s und Radius r:

Winkel

$$\varphi = \frac{s}{r} \tag{2.31}$$

$$[\varphi] = \frac{\text{m}}{\text{m}} = 1 = \text{rad} \quad \text{(Radiant)}$$

Die Einheit des Winkels im Bogenmaß ist als Quotient zweier Längen gleich 1. Um hervorzuheben, wann es sich bei Zahlenangaben um Winkel handelt, sieht das SI dafür die Einheit „Radiant“ (rad) vor. Wir werden diese Einheit bei Rechnungen mit Winkeln im Bogenmaß und in abgeleiteten Einheiten nicht verwenden. Sie sind jedoch sicher daran gewöhnt, Winkel in Grad anzugeben. Die Umrechnung zwischen Bogen- und Gradmaß erfolgt am einfachsten über den Winkel eines Vollkreises von 360°. Im Bogenmaß müssen Sie hierfür in Gl. (2.31) für s den Umfang des Kreises $2\,\pi r$ einsetzen, wobei sich der Radius r herauskürzt. Es gilt also $2\,\pi = 360°$. Der Winkel $\varphi = 1$, bei dem die Bogenlänge gleich dem Radius ist, hat im Gradmaß $\varphi = 57{,}3°$. Also ist 1 rad = 57,3°. Bewegt sich ein Körper auf einer Kreisbahn, so vergrößert sich der vom Radius überstrichene Winkel mit der Zeit. Die Änderung des Winkel $\Delta\varphi$ in der Zeitspanne Δt ergibt die *durchschnittliche* **Winkelgeschwindigkeit** $\bar{\omega}$:

Winkelgeschwindigkeit

$$\bar{\omega} = \frac{\Delta\varphi}{\Delta t} \tag{2.32}$$

$$[\omega] = \text{s}^{-1}$$

Da in der Umlaufzeit T der Winkel $2\pi = 360°$ überstrichen wird, gilt für die Winkelgeschwindigkeit auch

$$\omega = \frac{2\pi}{T} = 2\pi f \tag{2.33}$$

Beachten Sie, dass die Einheit Hertz (Hz) allein die Einheit der Frequenz ist und deshalb nicht für ω benutzt werden darf.

Entsprechend ergibt sich die *durchschnittliche* **Winkelbeschleunigung** $\bar{\alpha}$ als Änderung der Winkelgeschwindigkeit $\Delta\omega$ in der Zeitspanne Δt:

Winkelbeschleunigung

$$\bar{\alpha} = \frac{\Delta\omega}{\Delta t} \tag{2.34}$$

$$[\alpha] = \mathrm{s}^{-2}$$

Momentanwerte der Winkelgeschwindigkeit ω entsprechen dem Anstieg der Kurven im φ-t-Diagramm, die der Winkelbeschleunigung α dem Anstieg in ω-t-Diagramm. Die Beschreibung von Bewegungen auf Kreisbahnen ist durch die *Winkelgrößen* φ, ω und α möglich und sehr nützlich. Die entsprechenden Gleichungen und Diagramme erhalten Sie, wenn Sie in den Gleichungen und Diagrammen der geradlinigen Bewegung (s. 2.1.1) überall s durch φ, v durch ω und a durch α ersetzen. Für die **gleichförmige Bewegung auf der Kreisbahn** gelten so analog den Gln. (2.4) bis (2.6) die Beziehungen

$$\varphi = \omega t \tag{2.35}$$
$$\omega = 2\pi f = \text{konst.} \tag{2.36}$$
$$\alpha = 0 \tag{2.37}$$

Die **gleichmäßig beschleunigte Bewegung auf der Kreisbahn** wird analog den Gln. (2.13), (2.14) und (2.10) beschrieben durch

$$\varphi = \frac{\alpha}{2} t^2 + \omega_0 t \tag{2.38}$$
$$\omega = \alpha t + \omega_0 \tag{2.39}$$
$$\alpha = \text{konst.} \tag{2.40}$$

Die **Bahngrößen** längs der Kreisbahn sind den **Winkelgrößen** *proportional,* wobei der Radius der Proportionalitätsfaktor ist:

$$s = \varphi r \tag{2.41}$$
$$v = \omega r \tag{2.42}$$
$$a = \alpha r \tag{2.43}$$

Bahngrößen sind Winkelgrößen mal Radius.

2.1.2.3 Radialbeschleunigung

Bei einer gleichförmigen Kreisbewegung ist zwar der **Betrag** v der Bahngeschwindigkeit $\vec{v}$ konstant, sie ändert jedoch ständig ihre *Richtung* (Bild 2.21). Die durch diese Richtungsänderung bewirkte Geschwindigkeitsänderung $\overrightarrow{\Delta v}$ ergibt eine **Radialbeschleunigung** a_r. Die Radialbeschleunigung wirkt *senkrecht* zur Bewegungsrichtung und zeigt *radial* zum Kreismittelpunkt hin. Sie kann deshalb nur die Richtung, nicht dagegen den Betrag der Bahngeschwindigkeit ändern.

Der Betrag der Radialbeschleunigung errechnet sich aus dem Produkt von Bahn- und Winkelgeschwindigkeit:

Radialbeschleunigung

$$a_r = v\omega \tag{2.44}$$

$$a_r = \omega^2 r \tag{2.45}$$

$$a_r = \frac{v^2}{r} \tag{2.46}$$

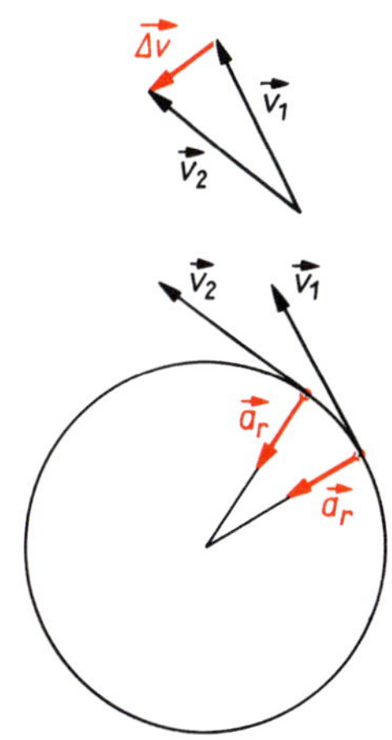

Bild 2.21: Radialbeschleunigung als zeitliche Änderung der Geschwindigkeitsrichtung bei einer gleichförmigen Kreisbewegung

Wie hängt nun die Radialbeschleunigung vom Radius ab? Wir vergleichen dazu zwei Körper auf Kreisbahnen mit unterschiedlichen Radien. Sind die beiden Körper starr verbunden, so weisen sie die *gleiche Winkelgeschwindigkeit* bei *unterschiedlichen Bahngeschwindigkeiten* auf. Nach Gl. (2.45) ist hierbei die Radialbeschleunigung dem Radius *direkt* proportional. Bewegen sich dagegen die beiden Körper auf ihren Kreisbahnen mit *gleicher Bahngeschwindigkeit*, wodurch sie *unterschiedliche Winkelgeschwindigkeiten* haben, so ist die Radialbeschleunigung nach Gl. (2.46) dem Radius *umgekehrt* proportional. Durchdenken Sie diese Zusammenhänge nochmals in aller Ruhe!

Beispiel 2.17

Vergleichen Sie Winkelgeschwindigkeit, Bahngeschwindigkeit und Radialbeschleunigung von zwei Körpern, die sich mit der gleichen Frequenz von 5,0 Hz auf unterschiedlichen Kreisbahnen mit den Radien $r_1 = 100$ mm und $r_2 = 200$ mm bewegen.

Lösung:
Die Winkelgeschwindigkeit $\omega = 2\,\pi f = 2\,\pi \cdot 5{,}0\ \text{s}^{-1} = 31{,}4\ \text{s}^{-1}$ ist unabhängig vom Radius und deshalb für beide Körper gleich. Die Bahngeschwindigkeit $v_2 = \omega r_2 = 6{,}28\ \text{m} \cdot \text{s}^{-1}$ und die Radialbeschleunigung $a_{r2} = \omega^2 r_2 = 197\ \text{m} \cdot \text{s}^{-1}$ von Körper 2 sind wegen des zweifach größeren Radius doppelt so groß wie von Körper 1 mit $v_1 = 3{,}14\ \text{m} \cdot \text{s}^{-1}$ und $a_{r1} = 98{,}6\ \text{m} \cdot \text{s}^{-2}$.

2.2 Kinematik des starren Körpers

Bei der Bewegung eines Fahrzeugs über größere Entfernungen konnten wir das Fahrzeug stark vereinfacht als Punktmasse auffassen. Dieses Modell ist jedoch nicht immer geeignet. So können wir es nicht verwenden, wenn wir die Bewegung eines Rades des Fahrzeuges allein beschreiben wollen. Sehen wir von geringfügigen Verformungen des Rades ab, so kann das Rad als **starrer Körper** behandelt werden. Einen starren Körper können wir uns aus einzelnen Punktmassen aufgebaut denken, die starr miteinander verbunden sind, so dass sich ihre Abstände im Körper relativ zueinander nicht ändern können.

2.2.1 Translation und Rotation

In Bild 2.22 betrachten wir ein rollendes Rad als Beispiel für die Bewegung eines starren Körpers. Die Lage des Rades zu verschiedenen Zeitpunkten ist an einem Pfeil erkennbar, mit dem das Rad markiert ist. Bei der Rollbewegung des Rades beschreiben die Punkte des Rades recht komplizierte Bahnkurven in Form sog. Zykloiden. Sie können das beispielsweise nachts an den angeleuchteten Reflektoren zwischen den Speichen eines Fahrrades gut beobachten.

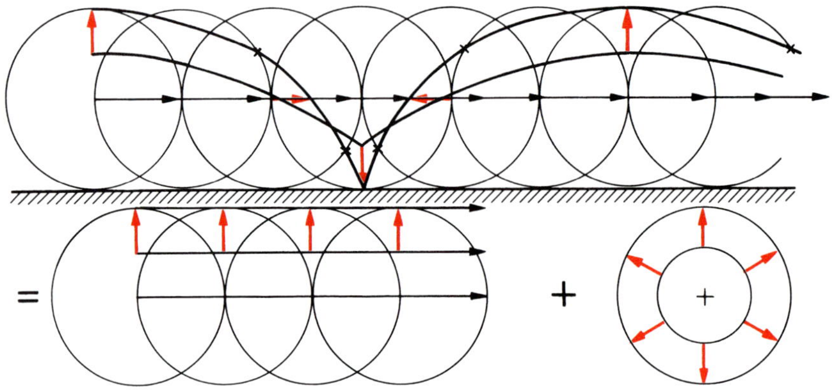

Bild 2.22: Rollbewegung eines Rades als Überlagerung von Translation und Rotation

Eine beliebig komplizierte Bewegung eines starren Körpers lässt sich stets in Translations- und Rotationsbewegungen zerlegen.

Bei einer **Translation** wird der Körper *parallel* längs einer bestimmten Bahn *verschoben,* wobei die Bahn nicht notwendigerweise eine Gerade sein muss. Die Räder eines Fahrzeuges würden lediglich eine Translation ausführen, wenn das Fahrzeug mit blockierten Rädern ins Rutschen kommt.

Bei der Translation eines starren Körpers beschreiben alle Punkte des Körpers kongruente Bahnen.

Diese deckungsgleichen Bahnen haben die gleiche Länge und werden in der gleichen Zeit durchlaufen. Deshalb haben auch alle Punkte des Körpers die *gleiche* Geschwindigkeit. Zur Beschreibung der Translation eines starren Körpers genügt die Beschreibung der Bewegung eines beliebigen Punktes des Körpers, wobei man im Allgemeinen seinen Massenmittelpunkt wählt (s. 5.1.3). Dafür gelten die Gesetze der Kinematik der Punktmasse, wie wir sie in 2.1 dargelegt haben.

Bei einer **Rotation** *dreht* sich der Körper *um eine Achse.* Die Räder eines Fahrzeuges würden lediglich eine Rotation ausführen, wenn der Boden so glatt wäre, dass sich die Räder durchdrehen, ohne das Fahrzeug vorwärts zu bewegen, oder das Fahrzeug aufgebockt ist.

Bei der Rotation eines starren Körpers beschreiben alle Punkte des Körpers konzentrische Kreise um die Drehachse.

Der Umfang der Kreisbahnen ist um so größer, je weiter die Punkte von der Drehachse entfernt sind. Achsfernere Punkte mit größerem Abstand r von der Drehachse legen in gleichen Zeiten größere Wege mit höheren Geschwindigkeiten als achsnähere Punkte zurück. Deshalb lässt sich für den rotierenden starren Körper als Ganzes *keine* einheitliche Geschwindigkeit v angeben.

2.2.2 Kinematik der Rotation

In der Technik spielt die Rotation eine besonders wichtige Rolle. Denken Sie an sich drehende Räder, Wellen und Achsen von Maschinen, durch die mechanische Kräfte und Energien übertragen werden können. Bei der **Drehbewegung (Rotation)** eines starren Körpers führen alle Körperpunkte Kreisbewegungen zwar mit **unterschiedlichen Bahngeschwindigkeiten,** aber mit *gleicher Winkelgeschwindigkeit* aus. Wir benutzen deshalb zur Beschreibung der Rotation eines starren Körpers die für den ganzen Körper einheitlichen Winkelgrößen. Es gelten die Gln. (2.31) bis (2.40) von 2.1.2.2. Nach den Gln. (2.41) bis (2.43) ergeben sich die unterschiedlichen Bahngrößen für Punkte mit unterschiedlichem Abstand r von der Drehachse. Die Bahngeschwindigkeit $v = \omega r$ ist am Umfang des starren Körpers am größten und wird Umfangsgeschwindigkeit genannt. Die Bahngeschwindigkeit eines Punktes auf der Drehachse ist wegen $r = 0$ gleich null.

Ebenso wie die Kreisbewegung einer Punktmasse kann auch die Drehbewegung eines starren Körpers durch Periodendauer und Frequenz charakterisiert werden (s. 2.1.2.1). In der Technik wird die Drehfrequenz f üblicherweise als **Drehzahl** n bezeichnet und in der Einheit min^{-1} angegeben. So ist eine Drehfrequenz von $f = 50\ \text{Hz} = 50\ \text{s}^{-1}$ gleich einer Drehzahl von $n = 3000\ \text{min}^{-1}$. Mit der Drehzahl n und dem Durchmesser $d = 2\,r$ erhalten die Gln. (2.33) und (2.30) für Winkel- und Umfangsgeschwindigkeit die Form

$$\omega = 2\,\pi n \qquad (2.47)$$

$$v = \pi n d \qquad (2.48)$$

Beispiel 2.18

Wie groß sind Periodendauer, Drehfrequenz, Winkelgeschwindigkeit und Umfangsgeschwindigkeit vom großen und kleinen Zeiger einer Uhr?

Lösung:

	Großer Zeiger	Kleiner Zeiger
T:	$1\ \text{h} = 60\ \text{min}$	$12\ \text{h}$
$f = \frac{1}{T}$:	$1\ \text{h}^{-1} = \frac{1}{60}\ \text{min}^{-1}$	$\frac{1}{12}\ \text{h}^{-1}$
$\omega = 2\,\pi f$:	$\frac{2\,\pi}{60}\ \text{min}^{-1} = 6°\ \text{min}^{-1}$	$\frac{2\,\pi}{12}\ \text{h}^{-1} = 30°\ \text{h}^{-1}$

Prüfen Sie an einer Zeigeruhr mit Minutenteilung nach, dass der Winkelabstand zweier Minutenstriche 6°, der zweier Stundenziffern 30° beträgt. Während T, f und ω der Zeiger aller richtig gehenden Uhren gleich sind, hängen die Umfangsgeschwindigkeiten der Zeigerspitzen von der Zeigerlänge r ab. So hat der große Zeiger einer Turmuhr von 1 m Länge eine Umfangsgeschwindigkeit von $v = \omega r = \frac{2\,\pi}{60}\ \text{min}^{-1} \cdot 1\ \text{m} = 0{,}1\ \text{m} \cdot \text{min}^{-1}$, die einer Armbanduhr mit 1 cm Zeigerlänge ist dagegen 100-mal geringer.

Sind zwei Räder mit unterschiedlichen Durchmessern auf gleicher Drehachse *starr* miteinander *gekoppelt*, so haben sie *gleiche Drehzahl,* aber unterschiedliche Umfangsgeschwindigkeiten. Dies ist z. B. beim Fahrrad für das hintere Kettenrad und das Hinterrad ohne Freilauf der Fall.

Sind zwei Räder mit unterschiedlichen Durchmessern *über* ihren *Umfang* miteinander *gekoppelt*, so haben sie gleiche Umfangsgeschwindigkeit bei *unterschiedlichen Drehzahlen:*

$$v_1 = \pi n_1 d_1 = \pi n_2 d_2 = v_2$$

Auf diese Weise ist eine **Drehzahländerung** möglich. Für das Übersetzungsverhältnis von antreibendem zu angetriebenem Rad gilt

Übersetzungsverhältnis

$$i = \frac{n_1}{n_2} = \frac{d_2}{d_1} \tag{2.49}$$

Die Drehzahlen verhalten sich *umgekehrt* wie die Durchmesser. Dies ist z. B. beim Fahrrad für den Kettentrieb zwischen vorderem und hinterem Kettenrad der Fall. Das gilt auch für andere Getriebe wie Reibrad- und Zahnradgetriebe, bei denen sich allerdings die Drehrichtung ändert (Bild 2.23).

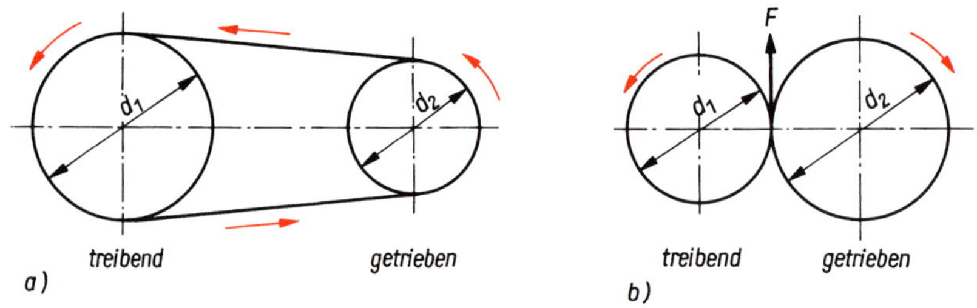

Bild 2.23: Betriebsarten
a) Riemen- oder Kettentrieb; b) Reibradtrieb bzw. Prinzip des Zahnradtriebes

Beispiel 2.19

Wie verhalten sich Drehzahl und Abtastgeschwindigkeit
a) beim Abspielen eines Tracks von einer Audio-CD und
b) beim Auslesen von Daten von einer CD-ROM?

Lösung:
a) CLV (*Constant Linear Velocity*): Für ein gleichmäßiges Abspielen des Tracks läuft die Audio-CD von innen nach außen mit konstanter Abtastgeschwindigkeit von 1,2 m/s oder 1,4 m/s. Dazu muss wegen $\omega = v/r$ die Winkelgeschwindigkeit von innen nach außen herabgeregelt werden. Die Drehfrequenz ändert sich dabei von 520 min^{-1} innen bis 210 min^{-1} außen.

b) CAV (*Constant Angular Velocity*): Um beim Auslesen der Daten von unterschiedlichen Stellen der CD-ROM das Beschleunigen und Abbremsen zu vermeiden, läuft diese mit konstanter Winkelgeschwindigkeit. Damit ändert sich aber wegen $v = \omega \cdot r$ die Auslesegeschwindigkeit proportional zum Radius und ist am äußeren Rande am größten.

Beispiel 2.20

Wie groß ist die Geschwindigkeit eines Radfahrers, der so in die Pedale tritt, dass die Tretkurbeln in jeder Sekunde gerade eine Umdrehung ausführen? Es sind die Durchmesser des vorderen Kettenrades $d_1 = 20$ cm, des hinteren Kettenrades $d_2 = 8$ cm, des Hinterrades $d_3 = 70$ cm.

Lösung:
Die Drehzahl des vorderen Kettenrades beträgt $n_1 = 1\ \text{s}^{-1} = 60\ \text{min}^{-1}$. Das Übersetzungsverhältnis des Kettentriebes ist nach Gl. (2.49) $i = d_2/d_1 = 8\ \text{cm}/(20\ \text{cm}) = 0,4$ und die Drehzahl des hinteren Kettenrades $n_2 = n_1/i = 60\ \text{min}^{-1}/0,4 = 150\ \text{min}^{-1}$. Die gleiche Drehzahl $n_3 = n_2$ hat das Hinterrad, dessen Umfangsgeschwindigkeit $v_3 = \pi n_3 d_3 = 5,5\ \text{m} \cdot \text{s}^{-1} = 20\ \text{km} \cdot \text{h}^{-1}$ beträgt. Da die Räder auf der Straße rollen, ist deren Umfangsgeschwindigkeit gleich der Fahrgeschwindigkeit des Radfahrers.

2.2.3 Drehzahlmessung

Verfahren zur **Drehzahlmessung** lassen sich in zwei Hauptgruppen einteilen:

1. Verfahren, bei denen das Messgerät *direkt* mit dem umlaufenden Maschinenteil *gekuppelt* ist. Dazu gehören Fliehkraft- und Wirbelstromtachometer sowie Tachogeneratoren. Durch die Drehbewegung hervorgerufene Kräfte oder induzierte Spannungen bewirken einen der Drehzahl analogen Zeigerausschlag.
2. *Berührungslose* Messverfahren, bei denen die Anzahl der Umdrehungen z. B. durch Lichtschranken oder magnetische Impulsgeber während einer bestimmten Zeit gezählt werden. Das Messprinzip beruht auf der Definition der Drehzahl $n = z/t$. Sie stellen meist digitale Messverfahren dar.

Hierzu gehören auch stroboskopische Messverfahren. Dabei wird ein rotierender Körper mit einer periodisch Lichtblitze aussendenden Lampe beleuchtet. Wird die Blitzfrequenz so eingeregelt, dass der Körper zwischen zwei Blitzen gerade eine volle Umdrehung ausführt, so scheint er beim Betrachten stillzustehen. Die Blitzfrequenz stimmt dann mit der Drehzahl überein.

Zusammenfassung: Kinematik

- Die Kinematik befasst sich mit der Beschreibung von Bewegungsvorgängen. Ihre Aufgabe ist, zu jedem Zeitpunkt den Ort und die Lage eines Körpers relativ zu anderen Körpern angeben zu können.
- Bewegungen können geradlinig, kreisförmig oder allgemein krummlinig verlaufen.
- Die Geschwindigkeit gibt die zeitliche Änderung des Ortes, die Beschleunigung die zeitliche Änderung der Geschwindigkeit an.
- Bei einer gleichförmigen Bewegung ist die Geschwindigkeit konstant. Bei einer gleichmäßig beschleunigten Bewegung ist die Beschleunigung konstant und die Geschwindigkeit ändert sich proportional der Zeit.
- Zur Beschreibung der Kreisbewegung werden Winkelgrößen verwendet. Sie sind der Quotient aus Bahngrößen und Radius.
- Eine Radialbeschleunigung wirkt senkrecht zur Bewegungsrichtung und ändert die Richtung der Geschwindigkeit.

3 Dynamik der Punktmasse

Fragen und Probleme: *Was ist die Ursache von Geschwindigkeitsänderungen? Welche Rolle spielt dabei die Masse? Wie lassen sich Bewegungsvorgänge unter dem Einfluss von Kräften wie der Gewichtskraft, der Federkraft und von Reibungskräften berechnen? Wie können mehrere Kräfte zusammengefasst oder einzeln in Komponenten zerlegt werden? – Wann können Kräfte Arbeit verrichten? Welcher Zusammenhang besteht zwischen Arbeit und Energie? Was besagt der Energieerhaltungssatz und wie lässt er sich anwenden? – Was versteht man unter Leistung? Was gibt der Wirkungsgrad an? – Wie wirken Zentrifugalkräfte? – Was besagt der Impulserhaltungssatz und welche Rolle spielt er bei Stoßvorgängen?*

3.1 Kräfte

3.1.1 Wirkungen von Kräften

Schauen Sie sich in einem Industriebetrieb um, so können Sie beobachten, wie Lasten gehoben werden, sich Maschinenteile bewegen, Werkstücke formgebend bearbeitet werden oder Stahlkonstruktionen belastet sind. Bei vielen technischen Prozessen kommen Kräfte zur Wirkung. Der Techniker muss diese Kräfte zweckgerichtet beherrschen, um beabsichtigte Wirkungen zu erzielen oder Schadensfälle durch unbeabsichtigte Wirkungen zu vermeiden.

Das Wort **„Kraft“** wird im Alltag recht unterschiedlich benutzt. In der Physik muss der Kraftbegriff exakter gefasst werden. Wir haben durch das Empfinden unserer Muskelkraft schon eine brauchbare Vorstellung von Kräften, etwa beim Sport, wenn Sie beim Kugelstoßen die Kugel auf eine möglichst hohe Geschwindigkeit beschleunigen oder beim Bogenschießen Bogen und Bogensehne spannen. Es ist sinnvoll und notwendig, auch dann von Kräften zu sprechen, wenn wir unsere Muskeln durch Antriebsmaschinen ersetzen, um ein Fahrzeug zu beschleunigen, Federn an einem Maschinenteil zu spannen oder in einer Schmiedepresse Werkstücke zu formen.

Kräfte erkennt man an ihren Wirkungen.

1. Dynamische Wirkungen

Ein frei beweglicher Körper wird unter Krafteinwirkung seine Geschwindigkeit vergrößern oder verkleinern, oder er ändert die Richtung seiner Bewegung.

Kräfte können Körper beschleunigen.

Dem scheinen zunächst einige Erfahrungen zu widersprechen. So benötigen Sie selbst dann die Antriebskraft des Motors, wenn Sie mit dem Auto auf einem geradlinigen horizontalen Stück der Autobahn mit gleichbleibender Geschwindigkeit fahren. Berücksichtigen Sie jedoch, dass die durch Reibung und Luftwiderstand verursachte Fahrwiderstandskraft bewegungshemmend wirkt, so halten sich bei gleichförmiger Bewegung Antriebskraft und Fahrwiderstandskraft gerade das Gleichgewicht. Sie müssen stets *alle* auf einen Körper einwirkenden Kräfte berücksichtigen.

2. *Statische* Wirkungen

Ein nicht beweglicher Körper ändert unter Krafteinwirkung Gestalt und Volumen.

Kräfte können Körper verformen.

Dies geschieht so lange, bis die durch die entstehenden Spannungen im verformten Körper hervorgerufenen inneren Kräfte den verformenden äußeren Kräften das Gleichgewicht halten oder der Körper zerstört wird (s. 5.3).

3.1.2 Wechselwirkung

Kräfte treten dort auf, wo Körper *wechselseitig* aufeinander einwirken. Die Kraft F gibt dann an, wie stark ein Körper auf den anderen wirkt. Es gilt das **Wechselwirkungsgesetz** (Bild 3.1):

Wirkt ein Körper A auf einen Körper B mit einer Kraft F_{BA} ein, so wirkt Körper B mit einer gleich großen, aber entgegengesetzt gerichteten Kraft F_{AB} auf den Körper A zurück.

$$\vec{F}_{AB} = -\vec{F}_{BA} \tag{3.1}$$

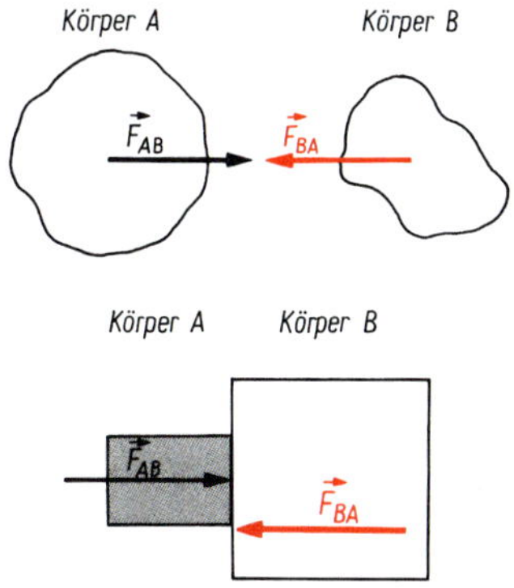

Bild 3.1: Wechselwirkung zwischen zwei Körpern

Die bei der Wechselwirkung der beiden Körper auftretenden Kräfte greifen jeweils am *anderen* Körper an und haben die gleiche Wirkungslinie.

Wir können Körper in Form von Maschinen, Fahrzeugen, Baukonstruktionen oder auch Teile davon in Gedanken von ihrer Umgebung abgrenzen. Wechselwirkungen zwischen Körper und Umgebung erfolgen häufig an den Grenzflächen zwischen Körper und Umgebung. Dabei gilt das Wechselwirkungsgesetz zwischen Körper und Umgebung genauso wie zwischen zwei Körpern A und B. Betrachten Sie einen Körper allein und von seiner Umgebung isoliert, so müssen Sie auch die Kräfte berücksichtigen, die von der Umgebung auf den Körper ausgeübt werden. In der technischen Mechanik bezeichnet man diese Methode als das „*Freimachen*“ des Körpers.

Beispiel 3.1

Sie stellen einen Körper auf eine Tischplatte. Dadurch wird die Tischplatte etwas durchgebogen (Bild 3.2). Der Körper wirkt mit seiner Gewichtskraft F_G, die ihrerseits das Ergebnis der Gravitationswechselwirkung mit der Erde ist, auf die Tischplatte ein. Diese wirkt mit einer gleich großen, aber entgegengesetzt gerichteten Kraft F_W auf den Körper zurück. Am Körper allein greifen also die Gewichtskraft des Körpers und die Wechselwirkungskraft der Umgebung an. Beide Kräfte halten sich gegenseitig das Gleichgewicht.

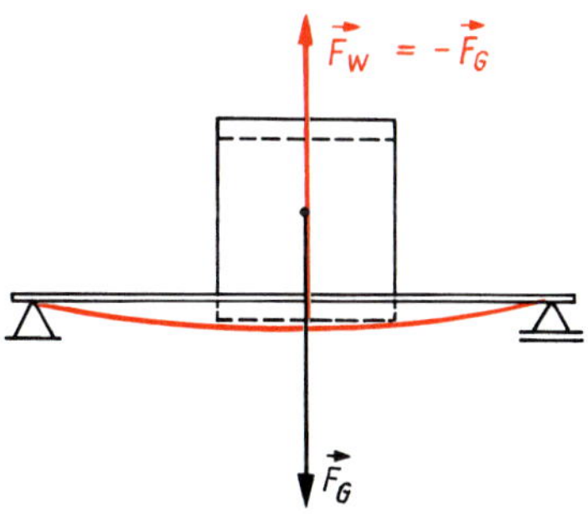

Bild 3.2: Wechselwirkung eines Körpers mit der Unterlage

Beispiel 3.2

Ein Auto fährt an. Das gelingt nur auf Grund der durch die Haftreibung ermöglichten Wechselwirkung zwischen Reifen und Straße. Ist die maximale Haftreibungskraft (s. 3.1.8) zu gering, z. B. bei Glatteis, so drehen die Räder durch, ohne das Auto beschleunigen zu können.

Beispiel 3.3

Oft sind die Wechselwirkungen mit der Umgebung nicht allzu deutlich beobachtbar, wenn Sie z. B. beim 100-m-Lauf starten oder vom Ufer in einen See springen. Das ändert sich aber, wenn Sie auf einem Laufband starten (Bild 3.3) oder von einem Boot aus springen (Bild 3.4). Hierbei lässt sich die Wechselwirkung mit Laufband und Boot deutlich beobachten, indem Laufband und Boot entgegengesetzt beschleunigt werden.

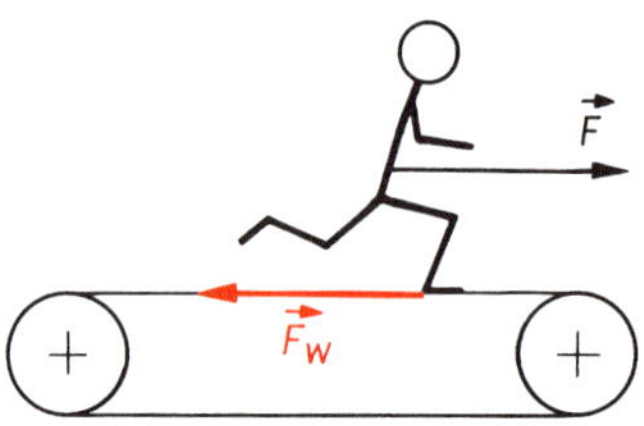

Bild 3.3: Start eines Läufers auf einem Laufband

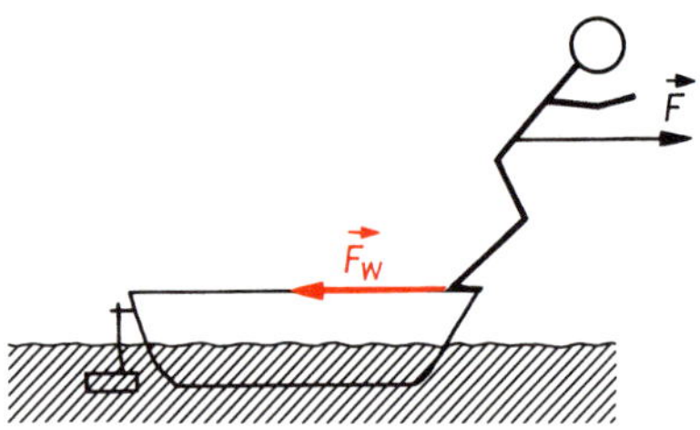

Bild 3.4: Sprung vom Boot

Beispiel 3.4

Überlegen Sie, warum Baron Münchhausen, der in den Sumpf geraten ist, durch Ziehen am eigenen Zopf höchstens seinen Zopf hätte abreißen, sich aber auf diese Weise niemals aus dem Sumpf herausziehen können.

3.1.3 Kraftmessung

Um eine physikalische Größe messen zu können, muss eine **Einheit** vereinbart sein und ein geeignetes **Messverfahren** zur Verfügung stehen.

Die Einheit der Kraft im SI ist das **Newton.**

$$[F] = \text{N} \quad \text{(Newton)}$$

Eine Kraft von 1 N können Sie sich z. B. auf folgende Weise einprägsam vorstellen. Nehmen Sie eine Tafel Schokolade in die Hand, die einschließlich Verpackung eine Masse von 102 g hat, so greift an ihr gerade eine Gewichtskraft von 1,00 N an.

Sie selbst können Muskelkräfte von etwa 500 N ausüben, während eine große Schmiedepresse mit Kräften von einigen 10 MN auf ein Schmiedestück einwirken kann.

Die Prinzipien von Kraftmessverfahren beruhen auf den Wirkungen der Kräfte. Dynamische Messverfahren, die auf der Beschleunigung von Körpern basieren, sind relativ selten. Am häufigsten wendet man statische Messverfahren an, wobei die Formänderungen elastischer Körper unter Krafteinwirkung zur Messung genutzt werden. Bei elastischen Körpern ist die Verformung der verformenden Kraft proportional (HOOKEsches Gesetz) (s. 5.3). In der einfachsten Form finden wir dieses Prinzip beim **Federkraftmesser** realisiert (Bild 3.5). Für eine Schraubenfeder hat das HOOKEsche Gesetz die Form

Federkraft

$$F = k\Delta s \tag{3.2}$$

Die Längenänderung Δs ist das Maß für die zu messende Kraft F. Der Proportionalitätsfaktor k mit der Einheit $\mathrm{N \cdot m^{-1}}$ heißt **Federkonstante** und hängt von den Abmessungen und dem Material der Feder ab. Als Quotient aus Kraft und Längenänderung drückt sie die Härte der Feder aus. Mit ihr kann die Skale eines Federkraftmessers in Newton kalibriert werden.

Beispiel 3.5

Rechnen Sie nach, dass bei einem Federkraftmesser mit $k = 25\ \mathrm{N \cdot m^{-1}}$ der Abstand der Teilungsmarken auf der Skale für 1 N gerade 4,0 cm beträgt!

Moderne Kraftmessverfahren nutzen die Möglichkeit der Wandlung mechanischer Verformungen in elektrische Größen. So kann die Änderung des elektrischen Widerstandes bei der Dehnung eines Dehnungsmessstreifens mit einer Messbrücke erfasst werden (s. 10.8.4). Bei induktiven Kraftmesswandlern nutzt man die Änderungen der Eigenschaften einer Spule, wenn sich durch Verformung des Spulenkerns dessen magnetische Eigenschaften ändern (s. 11.2.3). Bei piezoelektrischen Kraftmessdosen wird durch die Verformung bestimmter Kristalle (z. B. Quarz) deren Oberfläche teilweise elektrisch geladen, wodurch elektrische Spannungen auftreten. Solche elektrischen Messverfahren haben den Vorteil, dass die der Kraft analogen elektrischen Größen digital angezeigt (Bild 4.5c) oder über einen Analog-Digital-Umsetzer direkt einem Computer eingegeben und von ihm verarbeitet werden können.

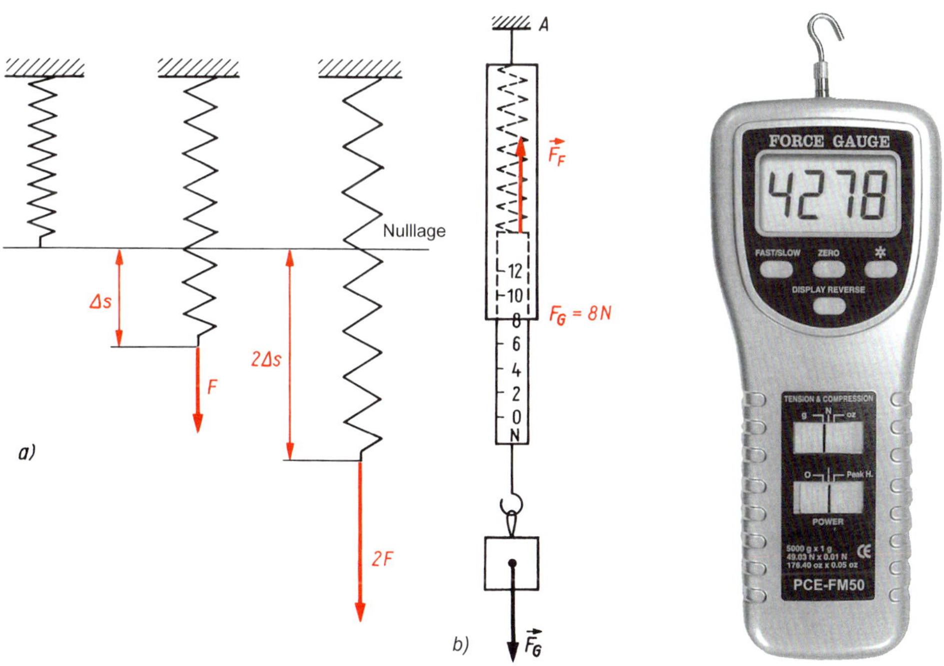

Bild 3.5: Federkraftmesser a) und b) Prinzip, c) Kraftmessgerät PCE-FM mit Datenschnittstelle

3.1.4 Zusammensetzung und Zerlegung von Kräften

Die Wirkung einer Kraft auf einen Körper hängt nicht allein vom *Betrag* der Kraft ab, sondern auch von ihrer *Richtung* und ihrem Angriffspunkt am Körper. Wir werden in Kapitel 4 bei der Dynamik starrer Körper darauf zurückkommen.

Wenn wir bei der Untersuchung des dynamischen Verhaltens die Körper als Punktmassen behandeln, ist der Angriffspunkt natürlich eindeutig bestimmt.

Kräfte lassen sich als **Vektoren** ebenso wie Geschwindigkeiten und Beschleunigungen durch Pfeile grafisch darstellen (Bild 3.6):

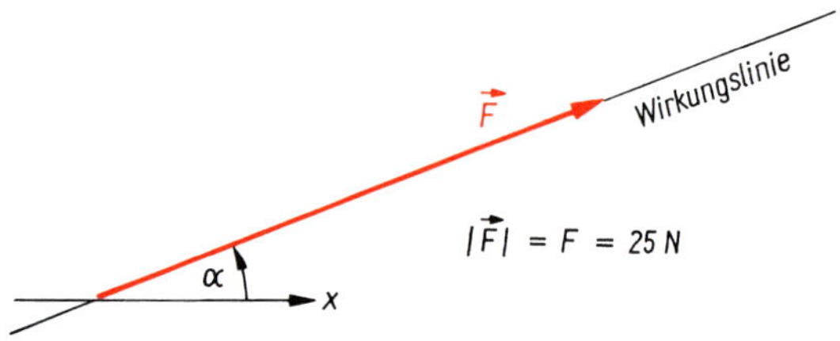

Bild 3.6: Darstellung einer Kraft als Vektor

- Die *Länge* des Pfeils ist dem *Betrag* der Kraft proportional entsprechend einem zu wählenden Maßstab für die Zeichnung (z. B. 1 cm ≙ 5 N).
- Die *Pfeilrichtung* gibt die *Kraftrichtung* an. Sie wird durch den Winkel α charakterisiert, den die Kraftrichtung mit der positiven Richtung der x-Achse bildet.
- Die Gerade, die durch beiderseitige Verlängerung des Pfeils entsteht, heißt *Wirkungslinie* der Kraft.

Kräfte können längs ihrer Wirkungslinie beliebig verschoben werden, ohne ihre Wirkungen zu ändern.

Greifen mehrere Kräfte $\vec{F}_i$ in einem Punkt an, so lassen sie sich zu einer **resultierenden Kraft** $\vec{F}_{\text{res}}$ zusammenfassen, die die gleiche Wirkung wie alle Einzelkräfte zusammen hervorruft und deshalb die Einzelkräfte ersetzen kann. Die Resultierende ergibt sich durch **vektorielle Addition** der Einzelkräfte:

$$\vec{F}_1 + \vec{F}_2 + \vec{F}_3 + \ldots + \vec{F}_n = \sum_{i=1}^{n} \vec{F}_i + \vec{F}_{\text{res}} \tag{3.3}$$

Nach Gl. (3.3) sollen Sie die Resultierende grafisch folgendermaßen ermitteln: Sie legen durch Parallelverschiebung den Anfang des folgenden Kraftpfeils jeweils an die Spitze des vorhergehenden, verbinden Sie den Anfang des ersten mit der Spitze des letzten Pfeils, so erhalten Sie den gesuchten resultierenden Kraftpfeil.

Bild 3.7 zeigt die Vektoraddition für zwei Kräfte auf gleicher Wirkungslinie. $\vec{F}_1$ und $\vec{F}_2$ haben *gleiche* bzw. *entgegengesetzte* Richtungen. Nur in diesem Falle lassen sich die Beträge der Einzelkräfte einfach addieren bzw. subtrahieren.

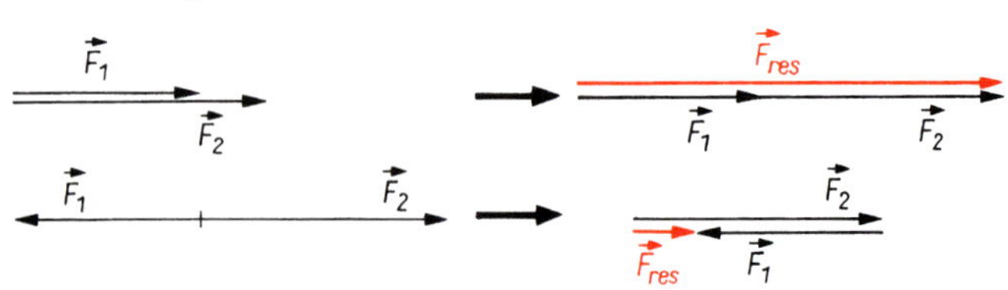

Bild 3.7: Addition von Kräften mit gleicher Wirkungslinie

In Bild 3.8 greifen zwei Kräfte $\vec{F}_1$ und $\vec{F}_2$ *senkrecht* zueinander an. In diesem Falle lässt sich auf die Beträge der Satz des PYTHAGORAS anwenden:

$$F_{\text{res}} = \sqrt{F_1^2 + F_2^2} \tag{3.4}$$

Zeichnet man an das entstandene Dreieck zusätzlich erst F_2 und dann F_1 ein, so erhält man ein „**Kräfteparallelogramm**", das in diesem speziellen Fall ein Rechteck ist.

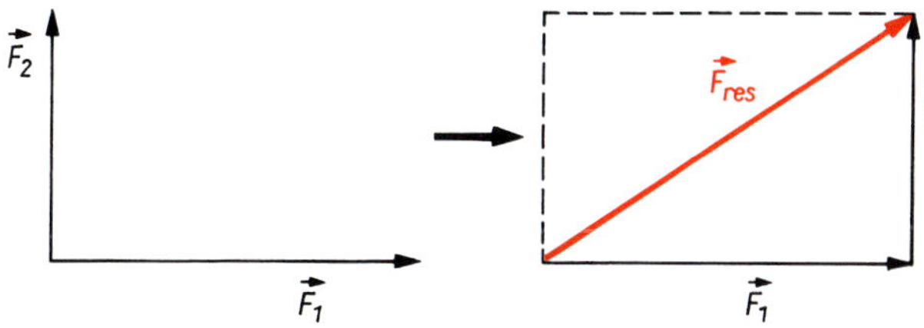

Bild 3.8: Addition zweier senkrecht zueinander wirkender Kräfte

Die Bilder 3.9 und 3.10 zeigen allgemeinere Fälle, bei denen mehr als 2 Kräfte unter beliebigen Richtungen in einer Ebene angreifen. Fällt dabei wie in Bild 3.10 der Endpunkt des letzten Pfeils mit dem Anfangspunkt des ersten Pfeils zusammen, so entsteht ein geschlossenes „**Krafteck**", z. B. bei 6 Kräften ein Sechseck. Die Resultierende ist null. Es besteht Kräftegleichgewicht. Der Körper wird nicht beschleunigt.

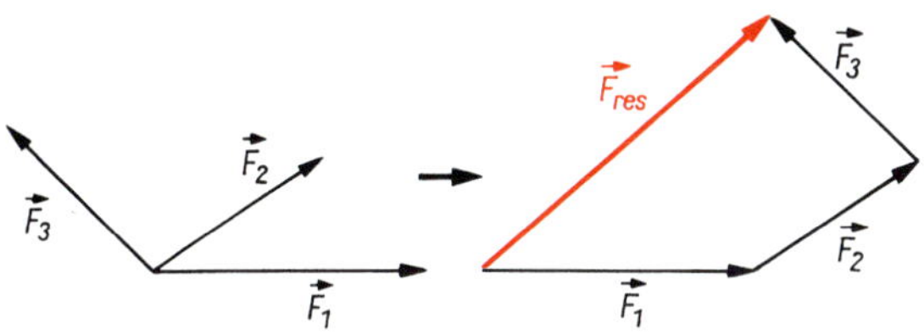

Bild 3.9: Addition von 3 Kräften in einer Ebene

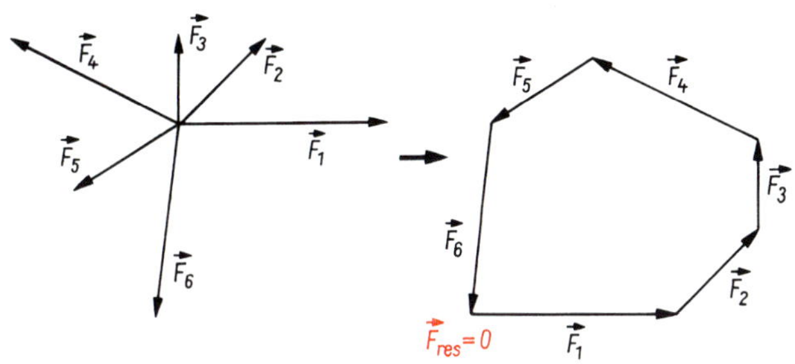

Bild 3.10: 6 Kräfte im Gleichgewicht ($F_{res} = 0$)

So wie Sie Kräfte zu einer resultierenden Kraft zusammenfassen können, lässt sich umgekehrt auch eine Kraft eindeutig in Teilkräfte (**Komponenten**) zerlegen, wenn deren Wirkungslinien festliegen. Betrachten Sie als Beispiel die Zerlegung der Gewichtskraft eines Körpers (s. 3.1.7) auf einer **geneigten Ebene** (Bild 3.11). Im Unterschied zum freien Fall eines Körpers kann hierbei nur ein Teil der Gewichtskraft den Körper die geneigte Ebene hinab beschleunigen, während der andere Teil die Ebene belastet. Die parallel zur geneigten Ebene abwärts gerichtete Teilkraft der Gewichtskraft F_G heißt **Hangabtriebskraft** F_H. Die senkrecht zur geneigten Ebene gerichtete Teilkraft heißt **Normalkraft** F_N.

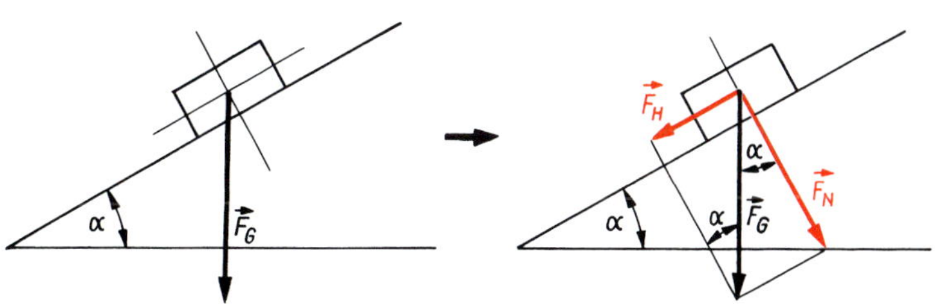

Bild 3.11: Zerlegung der Gewichtskraft an einer geneigten Ebene

Hangabtriebskraft und Normalkraft lassen sich aus der Gewichtskraft F_G und dem Neigungswinkel α der Ebene zeichnerisch und rechnerisch ermitteln. Verschieben Sie dazu die Wirkungslinien von F_H und F_N parallel so, dass sie durch den Endpunkt von F_G gehen und entnehmen Sie dem dabei entstandenen Kräfteparallelogramm die gesuchten Teilkräfte. Der Neigungswinkel α tritt auch im Kräfteparallelogramm auf. Sie können daraus ablesen (Bild 3.11):

Hangabtriebskraft
Normalkraft

$$F_H = F_G \cdot \sin\alpha \tag{3.5}$$
$$F_N = F_G \cdot \cos\alpha \tag{3.6}$$

Wiederholen Sie in diesem Zusammenhang die Definition der Winkelfunktionen im rechtwinkligen Dreieck! Üben Sie an selbstgewählten Beispielen, wobei die zeichnerisch und rechnerisch ermittelten Werte von F_H und F_N übereinstimmen müssen. Überlegen Sie sich die Sonderfälle $\alpha = 0$ und $\alpha = 90°$.

3.1.5 Trägheit der Körper

Das Trägheitsgesetz besagt:

Wirken auf einen Körper keine Kräfte ein oder ist die resultierende Kraft null, so verharrt der Körper im Zustand der Ruhe oder der geradlinigen gleichförmigen Bewegung.

Die Aussage des Trägheitsgesetzes erscheint nur für den Zustand der Ruhe selbstverständlich. Wir wissen, dass sich ein ruhender Körper nicht von selbst in Bewegung setzen kann. Nicht so selbstverständlich sind die Aussagen des Trägheitsgesetzes für die geradlinig gleichförmige Bewegung. Kommen doch kräftefreie Körper in der Praxis nicht vor. So bewirkt die Reibungskraft, dass ein einmal angestoßener und dann sich selbst überlassener Körper seine Geschwindigkeit immer weiter verringert. Wenn Sie jedoch die bewegungshemmende Kraft durch eine gleich große Antriebskraft kompensieren, so dass die resultierende Kraft gleich null ist, dann bewegt sich der Körper tatsächlich geradlinig und gleichförmig. Beobachten Sie eine geradlinige und gleichförmige Bewegung z. B. beim Autofahren mit konstanter Geschwindigkeit oder beim Sinken fester Teilchen in einer Flüssigkeit, so können Sie aufgrund des Trägheitsgesetzes daraus schließen, dass sich die auf den Körper wirkenden Kräfte gerade aufheben.

Wenn Sie Körper beschleunigen wollen, bemerken Sie, dass verschiedene Körper unterschiedlich träge sind. So ist es ein großer Unterschied, ob Sie mit einem leeren oder einem voll beladenen Lkw anfahren oder bremsen. Das *Maß für die Trägheit* eines Körpers gegenüber Änderungen seiner Bewegung ist dessen **Masse** m. Die Einheit der Masse ist eine Basiseinheit des SI:

$$[m] = \text{kg} \quad \text{(Kilogramm)}$$

So hat etwa 1 l Wasser eine Masse von 1 kg. Eine in der Technik oft benutzte SI-fremde Masseneinheit ist die Tonne: 1 t = 1000 kg.

Massen können durch Wägung mit einer Balkenwaage bestimmt werden. Dabei wird die Masse des zu wägenden Körpers mit bekannten Massen von Wägestücken eines Wägesatzes verglichen. Die Masse m eines Körpers lässt sich auch aus dessen Volumen V bestimmen, wenn die **Dichte** ϱ des Materials bekannt ist.

Die Dichte eines Stoffes ist der Quotient aus Masse und Volumen:

Dichte

$$\varrho = \frac{m}{V} \qquad (3.7)$$

$$[\varrho] = \text{kg} \cdot \text{m}^{-3}$$

Wasser hat eine Dichte von rund

$$\varrho = 1\ \text{g} \cdot \text{cm}^{-3} = 1\ \text{kg} \cdot \text{dm}^{-3} = 1000\ \text{kg} \cdot \text{m}^{-3} = 1\ \text{t} \cdot \text{m}^{-3}$$

Tabelle 3.1: Dichte von festen und flüssigen Stoffen (bei 20 °C) sowie Gasen bei 0 °C und 1013 hPa

Feste Stoffe bei 20 °C	ϱ in 10^3 kg · m^{-3}	**Flüssigkeiten** bei 20 °C	ϱ in 10^3 kg · m^{-3}	**Gase** bei 0 °C und 1013 hPa	ϱ in 10^3 kg · m^{-3}
Aluminium	2,72	Benzin	0,72	Ammoniak	0,770
Beton	≈2,2	Dieselöl	0,86	Helium	0,1785
Blei	11,34	Mineralöle	≈0,9	Kohlendioxid	1,977
Eis bei 0 °C	0,912	Propantriol	1,25	Luft	1,293
Fichte (trocken)	≈0,5	Quecksilber	13,6	Methan	0,7168
Gold	19,30	Wasser bei 0 °C	0,99984	Sauerstoff	1,429
Glas	≈2,4	4 °C	0,99997	Stickstoff	1,251
Platin	21,50	20 °C	0,9982	Wasserstoff	0,0899
Kupfer	8,95	50 °C	0,9871	Wasserdampf	0,768
Stahl	≈7,8	100 °C	0,9583	Xenon	5,896

Beachten Sie, dass Sie bei Angaben der Dichte stets die Einheit mit nennen! Suchen Sie die Dichten fester, flüssiger und gasförmiger Stoffe aus Tabellen heraus. Die Dichten sind temperaturabhängig und nehmen mit steigender Temperatur ab (s. 7.4). Da Gase stark komprimierbar sind, nehmen die Dichten von Gasen bei steigendem Druck zu (s. 8.1.2).

Beispiel 3.6

Ermitteln Sie die Masse von a) 1000 Stahlkugeln von je 1,0 mm Durchmesser, b) einer Kugel aus Schaumstoff von 1,0 m Durchmesser. Schätzen Sie zunächst!

Lösung:
Die Masse der Stahlkugeln mit einer Dichte von 7,8 kg · dm^{-3} beträgt 4,1 g, die der Schaumstoffkugel mit ϱ = 0,25 kg · dm^{-3} etwa 130 kg. Haben Sie wesentlich andere Ergebnisse erhalten, so sind Ihnen vermutlich Fehler bei der Umrechnung der Einheiten unterlaufen.

3.1.6 Grundgesetz der Dynamik

Wie bewegen sich Körper unter der Einwirkung von Kräften? Wie kann man ihre Bewegung ermitteln, wenn man die auf sie einwirkenden Kräfte kennt? Diese Fragestellung lässt sich auch umkehren: Welche Kräfte sind erforderlich, damit ein Körper eine bestimmte Bewegung ausführt?

Die *Lösung* dieses **Grundproblems der Dynamik** ergibt sich aus der NEWTONschen Bewegungsgleichung als **Grundgesetz der Dynamik:**

$$\vec{F}_{res} = m\vec{a} \qquad (3.8)$$

Grundgesetz der Dynamik

Diese Grundgleichung verknüpft die aus den einwirkenden Kräften *resultierende Kraft* $\vec{F}_{res}$ mit der durch die Beschleunigung $\vec{a}$ beschriebenen *zeitlichen Geschwindigkeitsänderung*. Als Proportionalitätsfaktor tritt die gesamte Masse m des beschleunigten Systems auf, die dessen Trägheit ausdrückt.

Die NEWTONsche Bewegungsgleichung (3.8), das Trägheitsgesetz (s. 3.1.5) und das Wechselwirkungsgesetz (s. 3.1.2) bilden als sog. NEWTONsche Axiome die Grundlage der von ISAAC NEWTON um 1680 begründeten klassischen Mechanik. Damit konnte NEWTON aus dem von ihm gefundenen Gravitationsgesetz (s. Gl. (3.9)) die von KEPLER durch Beobachtungen ermittelten Gesetze der Planetenbewegung theoretisch ableiten.

Wir betrachten die Aussagen des Grundgesetzes der Dynamik für die Fälle, bei denen die Körper als Punktmassen aufgefasst werden können. Auf die Rotation starrer Körper wird später in Kapitel 4 eingegangen.

Die vektorielle Schreibweise von Gl. (3.8) besagt, dass die Beschleunigung und damit die Geschwindigkeitsänderung in Richtung der resultierenden Kraft erfolgt. Verwechseln Sie dabei nicht die Richtung der Beschleunigung mit der Bewegungsrichtung!

Wirkt die resultierende Kraft *in* bzw. *entgegengesetzt* der Bewegungsrichtung, so wird der *Betrag* der Geschwindigkeit *vergrößert* bzw. *verkleinert*.

Zeigt die Richtung der resultierenden Kraft *senkrecht* zur Bewegungsrichtung, so wird sich nur die *Richtung* der Bewegung ändern. Dies ist z. B. der Fall, wenn ein Schienenfahrzeug durch die Schiene oder ein Maschinenteil mittels einer Führung auf eine krummlinige Bahn gezwungen wird. Durch die Wechselwirkung zwischen Körper und Führung entstehen Zwangskräfte, mit der die Führung senkrecht zur Bahn auf den Körper einwirkt und dadurch seine Bewegungsrichtung ändert.

Betrachten wir resultierende Kraft und Beschleunigung nur dem Betrag nach in der Form $F_{res} = ma$. Danach ist die Beschleunigung bei gegebener Kraft um so kleiner, je größer die Masse des zu beschleunigenden Körpers ist. Soll dagegen ein Körper größerer Masse die gleiche Beschleunigung erhalten, so ist dazu eine entsprechend größere Kraft aufzuwenden.

Das Grundgesetz der Dynamik ermöglicht uns, die Krafteinheit Newton auf die Basiseinheiten des SI zurückzuführen:

$$[F] = [m]\,[a] = \text{kg} \cdot \text{m} \cdot \text{s}^{-2} = \text{N}$$

1 N ist diejenige Kraft, die einen Körper mit einer Masse von 1 kg gerade mit $1\ \text{m} \cdot \text{s}^{-2}$ beschleunigt, d. h. in jeder Sekunde seine Geschwindigkeit um $1\ \text{m} \cdot \text{s}^{-1}$ erhöht.

Im Allgemeinen können Kräfte von Weg, Zeit und Geschwindigkeit abhängen. Lösungen der NEWTONschen Bewegungsgleichung zu finden kann mathematisch sehr aufwendig sein. Deshalb wollen wir nur einige einfach zu überblickende, für die Praxis jedoch recht wichtige Fälle diskutieren.

Fall 1: Aus $\vec{F}_{res} = 0$ folgt $\vec{a} = 0$ und damit $\vec{v} = \text{konst.}$ (s. 2.1.1.2). Es erfolgt *keine* Bewegungsänderung weder nach Betrag noch Richtung. Der Körper verharrt im Zustand der Ruhe oder der **geradlinig gleichförmigen Bewegung** (Bild 3.12). Das ist gerade die Aussage des Trägheitsgesetzes (s. 3.1.5).

Fall 2: Aus $\vec{F}_{res} = \text{konst.}$ folgt bei gegebener Masse des Körpers auch $\vec{a} = \text{konst.}$ Wirkt die Kraft dabei in *Bewegungsrichtung*, so ändert sich *nur der Betrag*, *nicht* aber *die Richtung* der Geschwindigkeit. Bei konstanter Kraft bewegt sich der Körper **geradlinig gleichmäßig beschleunigt** (Bild 3.13). Für die Geschwindigkeit gilt $v = at + v_0$ (s. 2.1.1.3).

Fall 3: Wirkt die Kraft stets *senkrecht zur Bewegungsrichtung*, so tritt eine Radialbeschleunigung auf (s. 2.1.2.3). Es ändert sich *nur die Richtung, nicht* aber *der Betrag* der Geschwindigkeit. Bei konstantem Betrag dieser Radialkraft bewegt sich der Körper gleichförmig auf einer **Kreisbahn** (Bild 3.14).

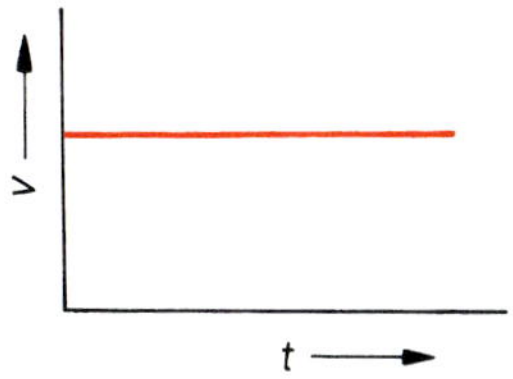

Bild 3.12: Geschwindigkeits-Zeit-Diagramm bei kräftefreier Bewegung (z. B. beim Anheben eines Körpers mit konstanter Geschwindigkeit)

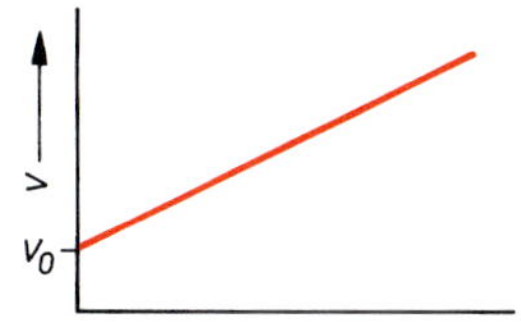

Bild 3.13: Geschwindigkeits-Zeit-Diagramm bei konstanter Kraft

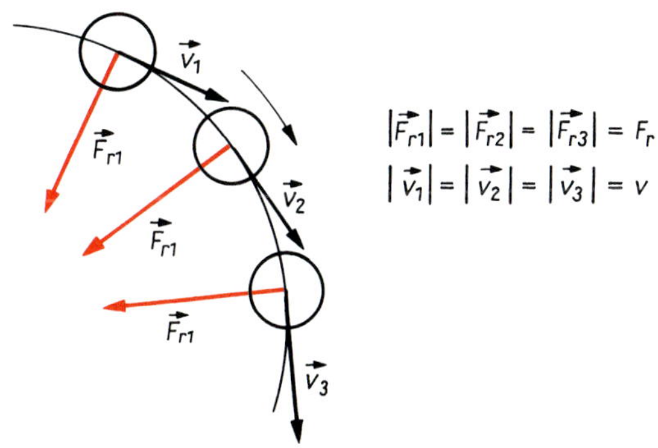

Bild 3.14: Kreisbewegung durch Radialkraft

Fall 4: Die Kraft, die eine Schraubenfeder auf einen an ihr befestigten Körper ausübt (Bild 3.15), ist der Auslenkung y des Körpers aus der Gleichgewichtslage proportional, ihr aber entgegengesetzt gerichtet (s. Gl. (3.2)): $F_F = -ky = ma$.

Wird der Körper um y_{max} aus der Gleichgewichtslage bei $y = 0$ ausgelenkt und dann losgelassen, so bewegt er sich mit abnehmender Beschleunigung in Richtung der Nulllage. Beim Durchgang durch die Nulllage erreicht der Körper seine höchste Geschwindigkeit, während die Beschleunigung null ist. Auf Grund der Trägheit schwingt der Körper über die Nulllage hinaus und wird zunehmend bis zum Erreichen von $-y_{max}$ verzögert, um danach umzukehren und wieder in Richtung der Nulllage beschleunigt zu werden usw. Der Körper führt **Schwingungen** an der Feder aus (s. 14.1.1).

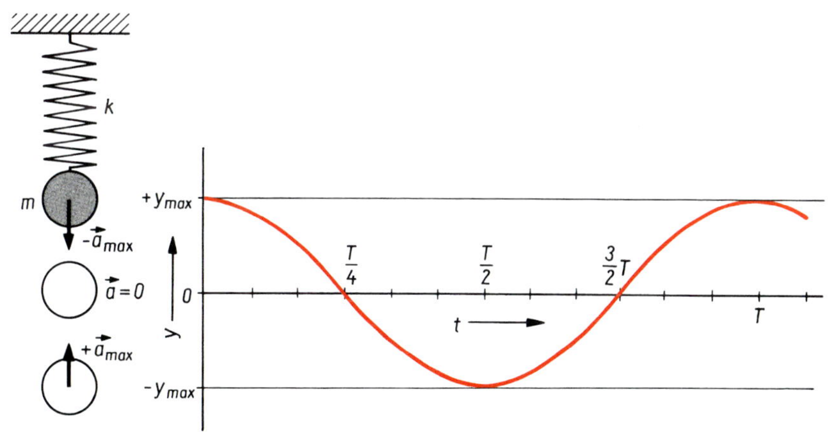

Bild 3.15: Schwingungen einer Masse an einer Feder

Fall 5: Reibungskräfte in Flüssigkeiten und Gasen wachsen mit zunehmender Geschwindigkeit an (s. 6.4.3.3). Wird ein Körper durch eine konstante antreibende Kraft innerhalb einer Flüssigkeit beschleunigt, so nehmen mit der Geschwindigkeit auch die bewegungshemmenden Reibungskräfte zu. Die resultierende Kraft und damit die Beschleunigung werden kleiner, bis nach einer gewissen Anlaufzeit t_A die Reibungskraft gleich der Antriebskraft geworden ist. Die resultierende Kraft wird gleich null. Der Körper bewegt sich mit der erreichten Geschwindigkeit gleichförmig weiter (Bild 3.16).

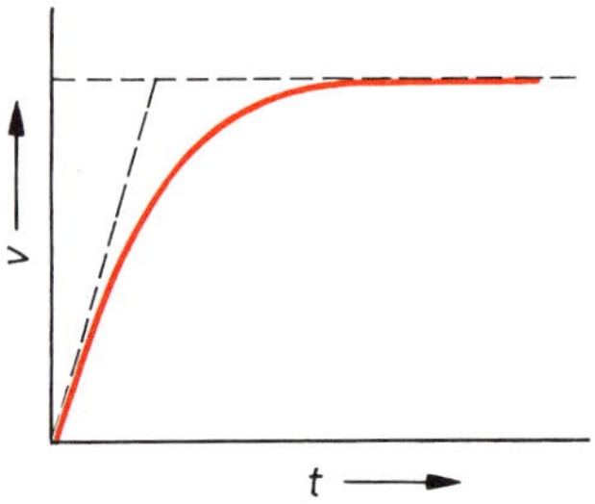

Bild 3.16: Geschwindigkeits-Zeit-Diagramm für die Bewegung eines Körpers in einer Flüssigkeit

3.1.7 Schwere der Körper

Gravitationsgesetz

Mit dem Begriff „**Schwere**" soll die Tatsache ausgedrückt werden, dass sich zwei Körper durch ihre **Gravitationswechselwirkung** gegenseitig anziehen. Diese Schwerkraft ist ihren Massen m_1 und m_2 direkt und dem Quadrat des Abstandes r ihrer Massenmittelpunkte umgekehrt proportional. Es gilt das **Gravitationsgesetz**

$$F = G\,\frac{m_1 m_2}{r^2} \tag{3.9}$$

Darin ist $G = 6{,}67 \cdot 10^{-11}\ \mathrm{N \cdot m^2 \cdot kg^{-2}}$ die universelle *Gravitationskonstante*.

Die Gravitationskraft ist relativ klein, hat aber eine große Reichweite. So ziehen sich zwei menschliche Herzen rein physikalisch betrachtet im Abstand von 30 cm nur mit einer Kraft von 0,000 000 000 7 N = $7 \cdot 10^{-10}$ N an.

Betrachten wir die Gravitationswechselwirkung eines Körpers der Masse $m_1 = m$ mit der sehr großen Masse der Erde $m_2 = m_E$ im Abstand $r = r_E$ vom Erdmittelpunkt, so ergibt sich die an diesem Körper angreifende **Gewichtskraft** $F_G = Gm \cdot m_E/r_E^2$. Der Faktor $G \cdot m_E/r_E^2$ ist die Fallbeschleunigung $g = 9{,}81\ \mathrm{m \cdot s^{-2}}$. Sie hängt wegen der Abhängigkeit von r_E geringfügig von der geografischen Breite und der Höhe über dem Meeresspiegel ab. Damit ist die an einem Körper der Masse m angreifende Gewichtskraft

Gewichtskraft

$$F_G = mg \tag{3.10}$$

Beispiel 3.7

Wie groß ist die Gewichtskraft eines Körpers mit einer Masse von 1,00 kg?

Lösung:

$$F_G = mg = 1{,}00\ \mathrm{kg} \cdot 9{,}81\ \mathrm{m \cdot s^{-2}} = 9{,}81\ \mathrm{N}$$

Beispiel 3.8

Welche Masse hat ein Körper, an dem eine Gewichtskraft von 1,00 N angreift?

Lösung:

$$m = \frac{F_G}{g} = \frac{1{,}00\ \mathrm{N}}{9{,}81\ \mathrm{m \cdot s^{-2}}} = 0{,}102\ \mathrm{kg}$$

Das ist gerade die Masse der in 3.1.3 erwähnten Tafel Schokolade mit Verpackung.

Für Abschätzungen, bei denen ein Fehler von 2 % noch vertretbar ist, können Sie mit $g \approx 10\ \mathrm{m \cdot s^{-2}}$ rechnen. Andererseits ist man technisch in der Lage, die Fallbeschleunigung g mit sehr hoher Genauigkeit zu messen. Durch Präzisionsmessungen der Fallbeschleunigung kann man Ungleichmäßigkeiten in der Erdrinde z. B. durch Erzlagerstätten und Abweichungen des flüssigen Erdkerns von der Kugelform erkennen.

Setzt man die Gewichtskraft (Gl. (3.10)) in das Grundgesetz der Dynamik ein, so kürzt sich die Masse heraus: $g = a$. Es ergibt sich, dass die Beschleunigung beim freien Fall von der Masse des fallenden Körpers *unabhängig* ist (s. 2.1.1.4). Der Körper fällt dabei in Richtung des Erdmittelpunktes, wodurch auf der Erdoberfläche „oben“ und „unten“ definiert ist.

Nun noch eine Bemerkung zum sprachlichen Ausdruck. Richtig muss es heißen: „An dem Körper greift die Gewichtskraft an.“ Dafür hat sich umgangssprachlich eingebürgert: „Der Körper hat ein Gewicht.“ So wird im Alltag wie im Wirtschaftsleben die physikalische Größe „Masse“ meist als „Gewicht“ bezeichnet. Diese unexakte Sprechweise leistet der häufigen Verwechslung der Größen „Masse“ und „Gewichtskraft“ Vorschub. Halten Sie diese beiden Begriffe stets korrekt auseinander! Denken Sie als Beispiel an den Einfluss der Ladung eines Lkw. Die Masse der Ladung erhöht die Trägheit des Fahrzeuges beim Anfahren und Bremsen. Die Gewichtskraft der Ladung belastet als Kraft die Achsen und drückt die Federn stärker durch. Könnten Sie den Lkw als Mondauto benutzen, so würde sich an der Masse und damit an der Trägheit des Lkw beim Anfahren auf der Mondoberfläche gar nichts ändern. Dagegen wäre die Belastung von Achsen und Federung durch die Gewichtskraft der Ladung auf dem Mond nur 1/6 derjenigen auf der Erde, da die Fallbeschleunigung auf dem Mond nur $(1/6)\,g = 1{,}62\ \mathrm{m \cdot s^{-2}}$ beträgt.

3.1.8 Reibungskräfte

Sie sollen eine schwere Kiste auf dem Fußboden entlang schieben. Anfangs versuchen Sie es mit relativ geringem Kraftaufwand. Es gelingt nicht, die Kiste bleibt in Ruhe. Ihren Bemühungen entgegen wirkt die **Haftreibungskraft**, die zunächst noch der Schubkraft das Gleichgewicht hält. Hauptsächliche Ursache der Reibung zwischen festen Körpern sind Rauhigkeiten der sich berührenden Flächen, über die dann die Körper hinweggeschoben werden müssen.

Die Haftreibungskraft kann einen bestimmten *Maximalwert* nicht überschreiten:

$$F_{\mathrm{RH}} = \mu_{\mathrm{H}} F_{\mathrm{N}} \qquad (3.11)$$

Haftreibungskraft

Oberflächenbeschaffenheit und Material bestimmen den Wert der **Haftreibungszahl** μ_{H}. F_{N} ist die senkrecht auf die Berührungsflächen wirkende Kraft, die **Normalkraft** (s. 3.1.4). Bei waagerechtem Fußboden wäre dies die Gewichtskraft der zu verschiebenden Kiste. Die Reibungskraft hängt *nicht* von der Größe der Berührungsflächen ab, da sich bei größeren Flächen die Normalkraft auf diese größeren Flächen verteilt.

Hat in unserem Beispiel die Schubkraft den Maximalwert der Haftreibungskraft erreicht, so beginnt die Kiste beschleunigt zu gleiten. Um eine konstante Geschwindigkeit aufrechtzuerhalten, ist nur noch eine geringere Schubkraft zur Überwindung der kleineren **Gleitreibungskraft** notwendig:

$$F_{\mathrm{RG}} = \mu_{\mathrm{G}} F_{\mathrm{N}} \qquad (3.12)$$

Gleitreibungskraft

Es ist stets $\mu_{\mathrm{G}} < \mu_{\mathrm{H}}$. Die **Gleitreibungszahlen** μ_{G} sind bei geringen Geschwindigkeiten nahezu geschwindigkeitsunabhängig. Sie nehmen jedoch bei höheren Geschwindigkeiten kleinere Werte an. Reibungszahlen betragen z. B. für Stahl auf Stahl bei Haftreibung 0,15, bei trockener Gleitreibung 0,10 und geschmiert 0,01.

Die Reibung erfordert zur Bewegung von Körpern erhöhten Kraft- und Energieaufwand, wobei sich mechanische Energie in Wärme umsetzt, die ungenutzt an die

Umgebung übertragen wird. Deshalb wird häufig eine möglichst geringe Reibung angestrebt. Durch Schmierung wird die trockene Gleitreibungskraft zwischen Festkörpern durch die geringere Flüssigkeitsreibung in einem dünnen Schmiermittelflim ersetzt. Gleitlager an Maschinen können sich ohne Schmierung so stark erwärmen, dass Teile von Lagerzapfen und Lagerschale miteinander verschweißen und die Welle „festfrisst".

Tabelle 3.2: Reibungszahlen (Richtwerte)

Stoffpaar	**Haftreibungszahl**		**Gleitreibungszahl**	
	μ_R		μ_G	
	trocken	geschmiert	trocken	geschmiert
Bronze auf Stahl	0,20	0,10	0,18	0,08
Stahl auf Stahl	0,15	0,12	0,09	0,01
Grauguss auf Stahl	0,18	0,13	0,16	0,01
Holz auf Holz	0,6	0,5	0,3	0,03
Gummi auf Asphalt			0,4	0,3

Fahrzeug	**Fahrwiderstandszahl μ_F**
Eisenbahn	0,006
Straßenbahn	0,02
Kfz auf Asphalt oder Beton	0,03
auf Pflaster	0,04

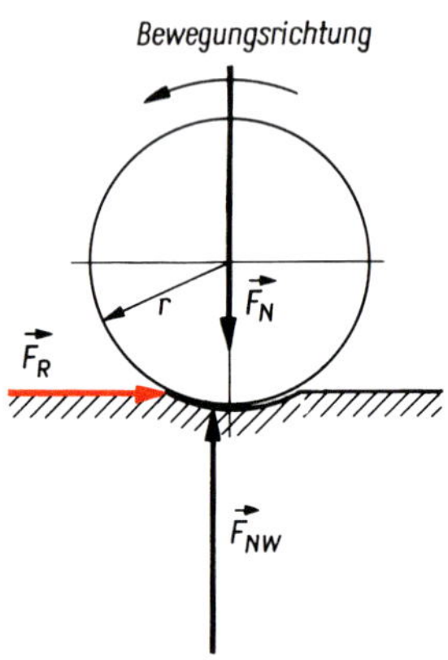

Bild 3.17: Zur Entstehung der Rollreibung

Eine weitere Verringerung der Reibung ist durch Übergang zur **Rollreibung** möglich. Die Erfindung des Rades zählt zu einer der bedeutendsten Errungenschaften der Menschheit. In der Technik werden häufig an Stelle von Gleitlagern Wälzlager in Form von Rollen- oder Kugellagern eingesetzt.

Rollende Körper drücken sich durch die auf sie wirkende Normalkraft in die Unterlage ein. Sie müssen ständig aus dieser selbst geschaffenen Vertiefung herausrollen und diese vor sich immer wieder neu schaffen (Bild 3.17). Die dadurch entstehende **Rollreibungskraft** ist deshalb vom Radius des rollenden Körpers abhängig:

Rollreibungskraft

$$F_{RR} = \frac{\mu_R}{r} F_N \qquad [\mu_R] = \mathrm{m} \tag{3.13}$$

Deshalb haben z. B. für weichen Ackerboden die Hinterräder eines Traktors größere Durchmesser. Die **Rollreibungszahlen** μ_R sind gegenüber den Haft- und Gleitreibungszahlen keine reinen Zahlen, sondern haben die Einheit einer Länge.

Bei Fahrzeugen kann man alle bewegungshemmenden Kräfte, die u. a. durch die Rollreibung der Räder auf der Fahrbahn, die Lagerreibung und den Luftwiderstand entstehen, zur **Fahrwiderstandskraft** zusammenfassen:

Fahrwiderstandskraft

$$F_W = \mu_F \cdot F_N \tag{3.14}$$

Die dazugehörigen **Fahrwiderstandszahlen** μ_F, die von vielen Faktoren abhängen, sind recht schwierig zu ermitteln. In Tabellen findet man Erfahrungswerte zusammengestellt.

Reibungskräfte sind *bewegungshemmende* Kräfte, die der Geschwindigkeit der Körper entgegen gerichtet sind. Die Haftreibungskraft wirkt der beabsichtigten Bewegung entgegen.

Reibung spielt jedoch nicht nur eine negative Rolle. Stellen Sie sich eine Welt ohne Haftreibung vor. Kein Nagel hielte in der Wand, kein Knoten in einem Faden. Bei geringster Neigung Ihrer Standfläche müssten Sie haltlos abwärts gleiten. Jeder Sandhaufen würde wie Wasser auseinanderlaufen. Der Mensch könnte weder laufen noch fahren. Zum Antrieb eines Fahrzeuges auf Rädern ist die Haftreibung zwischen Rad und Fahrbahn unerlässlich. Ohne Haftreibung würden sich die Räder einfach durchdrehen, ohne das Fahrzeug fortzubewegen. So etwas können Sie beim Anfahren einer Lok auf regennasser oder vereister Schiene beobachten. Zum Anfahren ist es dann nötig, durch Bestreuen der Schiene mit Sand die Haftreibung zu erhöhen. Die größte Kraft, die vom Boden her auf die Räder übertragen werden kann, ist gleich dem Maximalwert der Haftreibungskraft. Durch sie ist die Zugkraft einer Lok nach oben begrenzt. Es gibt auch keine Lokomotiven in Leichtbauweise, da dann wegen der zu geringen Haftreibungskraft nur geringe Zugkräfte wirksam werden könnten.

Die Gleitreibungskraft zwischen Bremsbacken und Bremstrommel dient zum Abbremsen eines Fahrzeuges. Auch hierbei kann nur der Maximalwert der Haftreibung zwischen Rad und Straße auf das Fahrzeug übertragen werden. Erreicht die Gleitreibungskraft in der Bremse den Maximalwert der Haftreibung zwischen Rädern und Fahrbahn, blockieren die Räder. Das Fahrzeug kommt ins Rutschen. Nun wirkt nur noch die kleinere Gleitreibung zwischen Rädern und Fahrbahn. Die Bremswirkung ist wesentlich herabgesetzt, der Bremsweg entsprechend länger. Richten Sie sich bei Ihrer eigenen Fahrpraxis danach!

3.1.9 Anwendungen des Grundgesetzes der Dynamik

Es hat sich bewährt, **Aufgaben zur Dynamik** nach folgendem Schema zu bearbeiten:

- Betrachten Sie den zu untersuchenden Körper von der Umgebung isoliert.
- Ermitteln Sie alle auf den Körper einwirkenden Kräfte einschließlich der Kräfte über die Berührungsflächen mit der Umgebung. Fertigen Sie dazu eine Skizze an, in die Sie die angreifenden Kräfte einzeichnen.
- Fassen Sie alle Kräfte zur resultierenden Gesamtkraft $\vec{F}_{res}$ zusammen. Oftmals genügt es, allein die Kraftkomponenten zu berücksichtigen, deren Wirkungslinien mit der Bewegungsrichtung zusammenfallen.
- Wenden Sie das Grundgesetz der Dynamik (3.8) an.

Beispiel 3.9

Wie groß ist die Seilkraft F_S am Seil eines Kranes, der ein Werkstück von 1,0 t mit einer Beschleunigung von $1{,}0\ \mathrm{m \cdot s^{-2}}$ gleichmäßig beschleunigt nach oben anhebt?

Lösung:
Oberflächliche formale Anwendung des Grundgesetzes der Dynamik verführt zu der Lösung

$$F = ma = 10^3\ \mathrm{kg} \cdot 1\ \mathrm{m \cdot s^{-2}} = 10^3\ \mathrm{N} = 1{,}0\ \mathrm{kN}$$

Dies ist aber nicht die gesuchte Seilkraft F_S. Unter Vernachlässigung der Reibung ergibt sich die Resultierende, welche die Beschleunigung des Werkstückes bewirkt, aus der Differenz von Seilkraft und Gewichtskraft (Bild 3.18): $F_{res} = F_S - F_G = ma$. Aus diesem Ansatz folgt für die gesuchte Seilkraft

$$F_S = F_G + ma = m\,(g + a) = 10^3\ \mathrm{kg} \cdot (9{,}81 + 1{,}0)\ \mathrm{m \cdot s^{-2}} = 10{,}8\ \mathrm{kN}$$

Die Seilkraft ist um 1,0 kN größer als die Gewichtskraft. Wird das Werkstück nach Erreichen einer bestimmten Geschwindigkeit gleichförmig weiter angehoben, so ist $F_S - F_G = 0$ und deshalb die Seilkraft gleich der Gewichtskraft. Beim Abbremsen der Bewegung nach oben wird a negativ und die Seilkraft entsprechend kleiner als die Gewichtskraft. Überlegen Sie sich selbst die Verhältnisse beim Herablassen des Werkstückes. Sie werden merken, dass die Ergebnisse nicht von der Richtung der Geschwindigkeit, sondern nur von der Richtung der Beschleunigung abhängen.

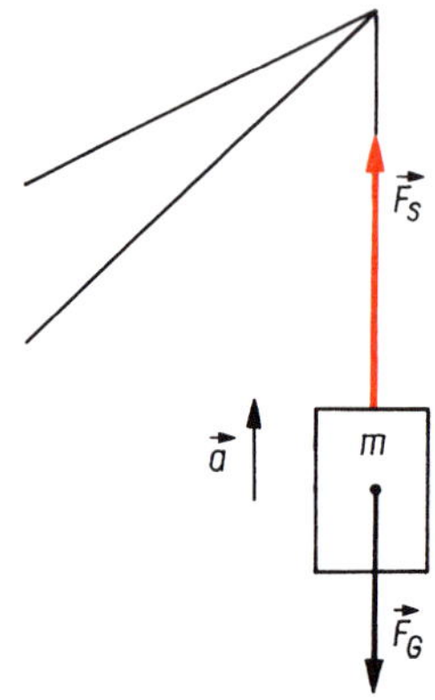

Bild 3.18: Last am Kranseil bei beschleunigter Aufwärtsbewegung

Beispiel 3.10

Wie groß ist die Beschleunigung eines Körpers der Masse m_2 nach Bild 3.19, wenn die Reibung sowie die Trägheit der Rolle und die Masse des Seils vernachlässigt werden?

Lösung:
Auch hier findet man oft leichtfertig mit $F_{G1} = m_1 g = m_2 a$ einen falschen Ansatz. Der Fehler besteht darin, dass man die Trägheit des Körpers mit der Masse m_1 nicht berücksichtigt hat. Es bieten sich zwei Lösungswege an (Bild 3.20):

1. Sie betrachten das Gesamtsystem aus den beiden Körpern mit den Massen m_1 und m_2. Dafür gilt $F_{G1} = m_1 g = m_1 a + m_2 a = (m_1 + m_2)\, a$. Die gesuchte Beschleunigung ist $a = m_1\, g/(m_1 + m_2)$.
2. Sie betrachten die beiden Körper getrennt, die jedoch über das Seil miteinander in Wechselwirkung stehen. Die Seilkräfte an den Körpern 1 und 2 sind deshalb dem Betrag nach gleich, aber entgegengesetzt gerichtet. Die Rolle kann nur die Richtung der Kraft umlenken.

   Für Körper 1 gilt: $F_{G1} - F_S = m_1 a$. Für Körper 2 gilt: $F_S = m_2 a$. Lösen Sie dieses Gleichungssystem nach a auf, so erhalten Sie wiederum $a = m_1\, g/(m_1 + m_2)$. Die Wirkung der Gewichtskraft F_{G2} wird durch die Wechselwirkung mit der Unterlage aufgehoben.

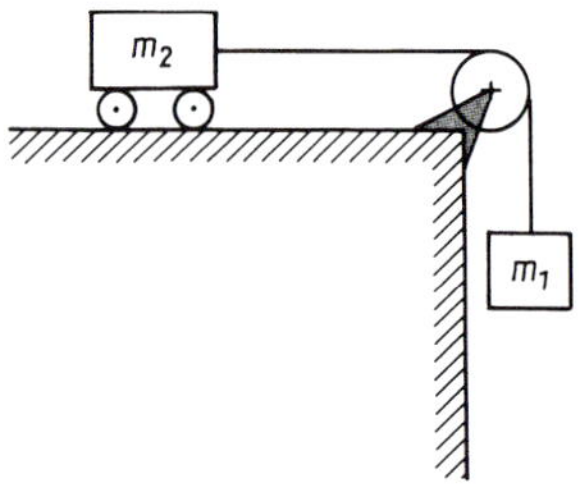

Bild 3.19: Zur Aufgabenstellung von Beispiel 3.10

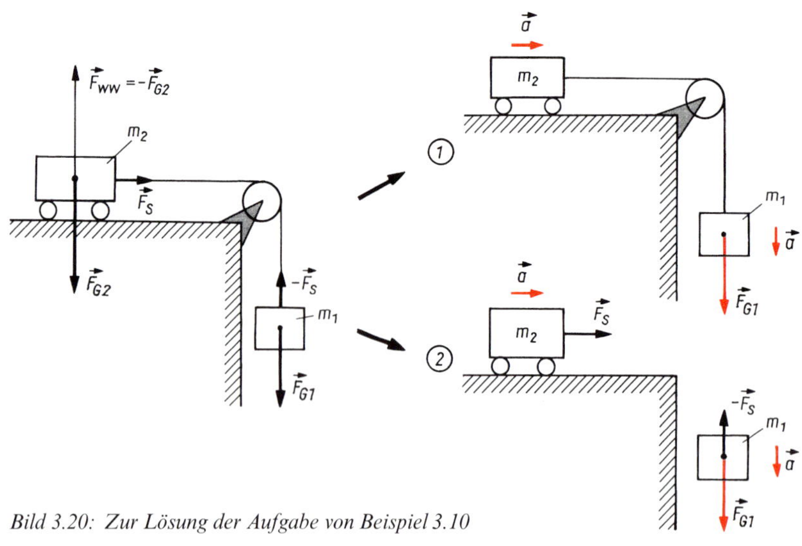

Bild 3.20: Zur Lösung der Aufgabe von Beispiel 3.10

Beispiel 3.11

Bei welchem Winkel α_H beginnt ein Körper eine geneigte Ebene gerade hinabzugleiten, wenn deren Neigungswinkel von 0 beginnend langsam vergrößert wird? Wie groß ist die Beschleunigung beim Hinabgleiten? Auf welchen Wert müsste man den Neigungswinkel wieder verkleinern, damit der Körper im weiteren Verlauf der Bewegung die geneigte Ebene gleichförmig hinabgleitet?

Lösung:
Der Körper beginnt gerade zu gleiten, wenn die Hangabtriebskraft gleich dem Maximalwert der Haftreibungskraft wird (Bild 3.21). Aus $F_H = F_{RH}$ wird mit den Gln. (3.5), (3.6), (3.10) und (3.11) $mg \sin \alpha_H = \mu_H mg \cos \alpha_H$. Daraus folgt für den gesuchten Neigungswinkel

$$(\sin \alpha_H / \cos \alpha_H) = \tan \alpha_H = \mu_H.$$

Mit Beginn des Gleitens wirkt aber nur noch die kleinere Gleitreibungskraft. Es ist $F_H - F_{RG} = ma$ und somit

$$mg \sin \alpha_H - \mu_G mg \cos \alpha_H = ma.$$

Die Beschleunigung ergibt sich daraus zu

$$a = g (\sin \alpha_H - \mu_G \cos \alpha_H).$$

Sie ist von der Masse des Körpers unabhängig. Wegen $a = 0$ bei gleichförmigem Gleiten folgt aus

$$g (\sin \alpha_G - \mu_G \cos \alpha_G) = 0$$

für den kleineren Neigungswinkel bei Gleitreibung $\tan \alpha_G = \mu_G$.

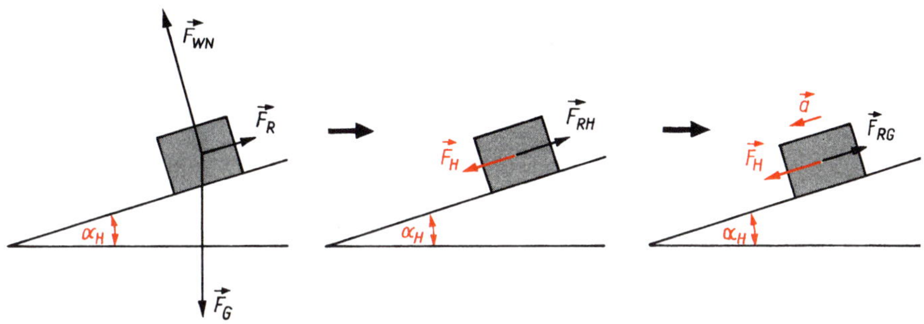

Bild 3.21: Kräfte bei Bewegung auf geneigter Ebene

Beispiel 3.12

Welche Masse muss die Lokomotive eines Zuges aus 40 Waggons mit je 12 t Eigenmasse und 30 t Zuladung mindestens haben, um auf horizontaler Strecke mit einer Beschleunigung von 0,80 m · s^{-2} anfahren zu können? (Fahrwiderstandszahl 2,0 · 10^{-3}, Haftreibungszahl Lokomotivräder – Schiene 0,15)

Lösung:
Die resultierende Kraft zur Beschleunigung des Zuges ist die Differenz zwischen der Zugkraft F_L der Lok und der Fahrwiderstandskraft: $F_L - \mu_F (m_L + m_W) g = (m_L + m_W) a$. m_L ist die gesuchte Masse der Lok, $m_W = 40\,(12\text{ t} + 30\text{ t}) =$ 1680 t die Gesamtmasse der Waggons. Die Zugkraft der Lok kann nicht größer sein als der Maximalwert der Haftreibung zwischen ihren Rädern und den Schienen:

$$F_L = F_{RH} = \mu_H m_L g. \text{ Aus } \mu_H m_L g - \mu_F (m_L + m_W) g = (m_L + m_W) a$$

ergibt sich die Masse der Lokomotive zu

$$m_L = \frac{m_W (\mu_F g + a)}{(\mu_H - \mu_F) g - a}$$

$$= \frac{1680\text{ t} \cdot (0{,}002 \cdot 9{,}81\text{ m} \cdot \text{s}^{-2} + 0{,}080\text{ m} \cdot \text{s}^{-2})}{(0{,}15 - 0{,}002) \cdot 9{,}81\text{ m} \cdot \text{s}^{-2} - 0{,}080\text{ m} \cdot \text{s}^{-2}} = 122\text{ t}$$

Beispiel 3.13

Bei der Führerscheinprüfung müssen Sie mit dem Auto am Berg anfahren (Bild 3.22). Wie groß ist die erforderliche Antriebskraft F_M des Motors? Rechnen Sie mit $m = 1{,}0$ t, $a = 1{,}0$ m · s^{-2}, $\alpha = 6°$, $\mu_F = 0{,}04$.

Lösung:
Es wirken in Bewegungsrichtung die Antriebskraft des Motors F_M, entgegengesetzt die Hangabtriebskraft F_H und die Fahrwiderstandskraft F_W: $F_{res} = F_M - F_H - F_W = ma$. Daraus folgt für die Antriebskraft des Motors $F_M = F_H + F_W + ma = mg \sin\alpha + \mu_F mg \cos\alpha + ma = m[g(\sin\alpha + \mu_F \cos\alpha) + a] = 10^3$ kg · [9,81 m · s^{-2} · (0,105 + 0,04 · 0,995) + 1,0 m · s^{-2}] = 2,4 kN.

Die Antriebskraft des Motors muss die Hangabtriebskraft, die Fahrwiderstandskraft und zur Beschleunigung des Wagens dessen Trägheit überwinden.

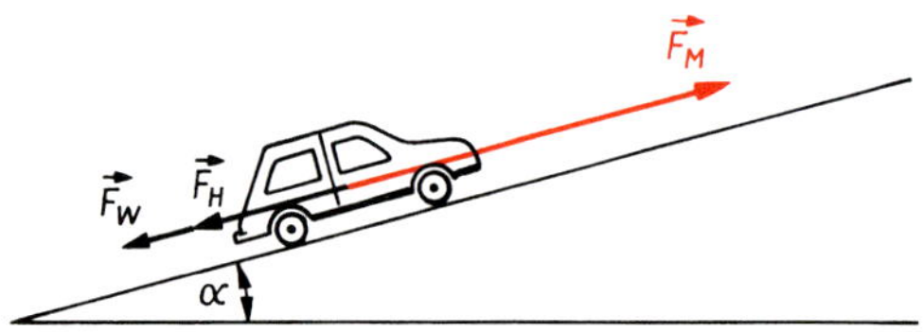

Bild 3.22: Kräfte beim Anfahren am Berg

3.1.10 Trägheitskräfte

Wir haben bisher die Vorgänge bei der Beschleunigung von Körpern so beschrieben, wie sie ein Beobachter von der als *ruhend* angenommenen Umgebung aus sieht. Wie erfolgt die Behandlung der gleichen Vorgänge vom Standpunkt eines *mitbeschleunigten* Beobachters?

Stellen Sie sich vor, Sie fahren mit der Straßenbahn und müssen stehen. Wenn die Straßenbahn auf gerader Strecke mit konstanter Geschwindigkeit fährt, haben Sie keinerlei Schwierigkeiten, Ihr Gleichgewicht zu wahren. Anders ist es jedoch beim Anfahren, beim Bremsen oder bei einer Kurvenfahrt. Sie verspüren dabei Kräfte, die Sie zum Festhalten zwingen, um bei Geschwindigkeitsänderungen der Straßenbahn relativ zur Bahn in Ruhe zu bleiben. Diese Kräfte heißen **Trägheitskräfte** F_T. Sie treten *nur* im beschleunigten Bezugssystem auf und wirken *entgegengesetzt* zur Beschleunigung des Systems:

Trägheitskraft

$$F_T = -ma \qquad (3.15)$$

Wendet man das Grundgesetz der Dynamik auf im beschleunigten Bezugssystem ruhende oder geradlinig gleichförmig bewegte Körper an, so ergibt sich entsprechend dem Trägheitsgesetz

$$F_{res} - ma = F_{res} + F_T = 0$$

Die Betrachtung im beschleunigten Bezugssystem wird oftmals einfacher, indem *dynamische* Probleme durch Einführung der Trägheitskräfte als *statische* Probleme behandelt werden können. Das **D'ALEMBERTsche Prinzip** besagt:

Die Summe aller Kräfte einschließlich der Trägheitskräfte auf einen Körper, der sich in einem beschleunigten Bezugssystem in Ruhe befindet oder sich darin geradlinig und gleichförmig bewegt, ist gleich null.

Wir wollen dies im nächsten Abschnitt am Beispiel der Zentrifugalkraft als Trägheitskraft im rotierenden Bezugssystem zeigen.

3.1.11 Radialkraft und Zentrifugalkraft

Betrachten Sie Körper, die sich auf Kreisbahnen bewegen: ein Wäschestück an der Trommelwand einer Trockenschleuder, eine an einer Feder befestigte Schwungmasse eines Drehzahlreglers (Bild 3.23) oder ein Auto beim Durchfahren einer Kurve. Dabei stehen Sie auf dem Standpunkt eines Beobachters in einem *ruhenden* Bezugssystem. Die für die ständige Richtungsänderung der Geschwindigkeit auf der Kreisbahn erforderliche Radialbeschleunigung (s. 2.1.2.3) wird durch die Wirkung äußerer Kräfte hervorgerufen. In unseren Beispielen sind dies die Stützkraft der Trommelwand auf das Wäschestück, die Federkraft auf die Schwungmasse oder die Haftreibungskraft zwischen Reifen und Straße beim Auto. Diese Kräfte wirken als **Radialkräfte,** auch Zentripetalkräfte genannt. Sie sind senkrecht zur Bewegungsrichtung radial nach innen zum Mittelpunkt der Kreisbahn hin gerichtet.

Betrachten Sie nun die Körper in den oben genannten Beispielen vom Standpunkt eines Beobachters in einem mit gleicher Winkelgeschwindigkeit *rotierenden* Bezugssystem. Im mitrotierenden Bezugssystem befinden sich diese Körper in Ruhe. Für sie muss das Trägheitsgesetz gelten (s. 3.1.5). Da jedes rotierende Bezugssystem auf Grund seiner Radialbeschleunigung ein beschleunigtes Bezugssystem ist, treten Trägheitskräfte auf, die den äußeren Kräften das Gleichgewicht halten. Diese Trägheitskräfte heißen **Zentrifugalkräfte** oder Fliehkräfte.

Die Zentrifugalkraft F_Z ist eine Trägheitskraft im rotierenden Bezugssystem.

Ihr Betrag ergibt sich mit den Gln. (2.45) bzw. (2.46) für die Radialbeschleunigung zu

Zentrifugalkraft

$$F_Z = m\omega^2 r \quad \text{bzw.} \tag{3.16}$$

$$F_Z = m\frac{v^2}{r} \tag{3.17}$$

Die Zentrifugalkraft hat den gleichen Betrag wie die Radialkraft, ist aber als Trägheitskraft entsprechend dem Minuszeichen in Gl. (3.15) der Radialbeschleunigung entgegen gerichtet. Sie zeigt also *radial nach außen.*

Beachten Sie, dass es nur sinnvoll ist, von Radialkraft vom Standpunkt eines ruhenden Beobachters, von Zentrifugalkraft dagegen vom Standpunkt eines mitrotierenden Beobachters aus zu sprechen. Um fruchtlose Streitigkeiten zu vermeiden, ist es auch hier wichtig, vorher die Standpunkte zu klären!

Die folgenden Beispiele werden alle vom Standpunkt eines mitrotierenden Beobachters unter Benutzung der Zentrifugalkraft behandelt.

Beispiel 3.14

Wieviel mal so groß ist die Zentrifugalkraft eines nassen Wäschestückes in einer Trockenschleuder von 280 mm Trommeldurchmesser bei einer Drehzahl von 1480 min^{-1} wie die Gewichtskraft?

Lösung:
Das Verhältnis von Zentrifugalkraft zu Gewichtskraft ist

$$\frac{F_Z}{F_G} = \frac{m\omega^2 r}{mg} = \frac{4\pi^2 n^2 r}{g} = \frac{4\pi^2 \cdot 1480^2 \cdot 0{,}14\,\text{m} \cdot \text{s}^2}{(60\,\text{s})^2 \cdot 9{,}81\,\text{m}} = 343$$

Es ist von der Masse des Körpers unabhängig und verdoppelt sich bei doppeltem Durchmesser, vervierfacht sich jedoch bei doppelter Drehzahl.

Beispiel 3.15

Wie hängt der Radius r der Kreisbahn, die ein Körper der Masse m an einer Schraubenfeder mit der Federkonstante k durchläuft, von der Winkelgeschwindigkeit ab (Bild 3.23)?

Lösung:
Es stellt sich der Radius ein, für den die Federkraft F_F der Zentrifugalkraft F_Z das Gleichgewicht hält: $F_F - F_Z = 0$. Mit Gl. (3.2) für die Federkraft, Gl. (3.16) für die Zentrifugalkraft und der Längenänderung $\Delta s = r - r_0$ der Feder folgt

$$k(r - r_0) - m\omega^2 r = 0;\ kr - kr_0 - m\omega^2 r = 0;$$

$$r(k - m\omega^2) - kr_0 = 0 \text{ und } r = kr_0/(k - m\omega^2).$$

Für $\omega = 0$ ergibt sich voraussetzungsgemäß mit $r = r_0$ die Länge der ungedehnten Feder. Wenn sich die Winkelgeschwindigkeit ω dem Wert $\sqrt{k/m}$ nähert, wird die Feder immer länger, so dass sie schließlich überdehnt und zerstört würde (s. 14.1.3).Um die Feder nicht zu überdehnen, müssen wir deshalb $\omega < \sqrt{k/m}$ fordern. Führt man zur Abkürzung die Bezeichnungen $\omega_0 = \sqrt{k/m}$, $y = r/r_0$ und $x = \omega/\omega_0$ ein, so lässt sich die Lösung in die Form $y = 1/(1 - x^2)$ bringen. Der Verlauf dieser Funktion ist in Bild 3.24 dargestellt.

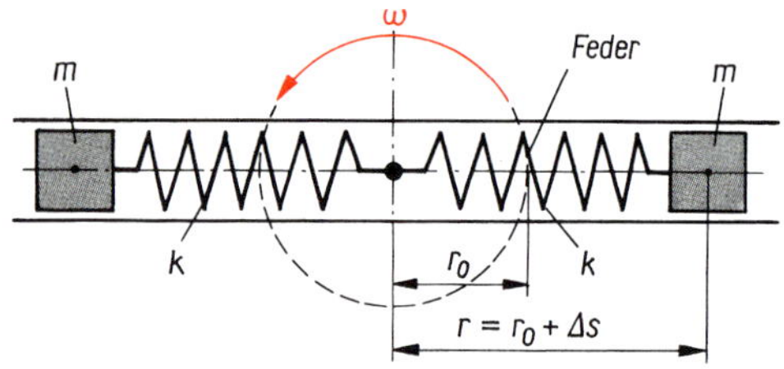

Bild 3.23: Modell eines Drehzahlreglers

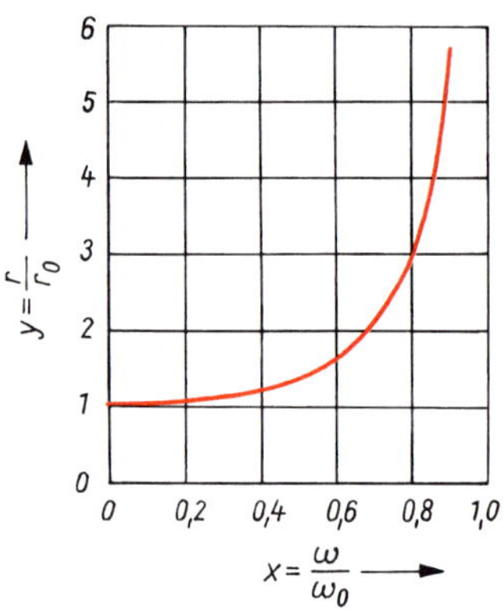

$$y = \frac{1}{1 - x^2};\ 0 \leqq x < 1$$

x	y
0,1	1,01
0,2	1,04
0,3	1,10
0,4	1,19
0,5	1,33
0,6	1,56
0,7	1,96
0,8	2,78
0,85	3,60
0,9	5,26

Bild 3.24: Abstand als Funktion der Drehzahl

Beispiel 3.16

Mit welcher Höchstgeschwindigkeit kann ein Auto eine nicht überhöhte Kurve von 60 m Krümmungsradius bei einer Haftreibungszahl von 0,4 durchfahren, ohne aus der Kurve zu rutschen?

Lösung:
Die Zentrifugalkraft darf den Maximalwert der Haftreibungskraft zwischen Reifen und Straße nicht übersteigen (Bild 3.25). Mit Gl. (3.17) für die Zentrifugalkraft und Gl. (3.11) für die Haftreibungskraft ergibt sich aus $F_{RH} - F_Z = 0$ der Ansatz $\mu_H mg - mv^2/r = 0$ und daraus für die Höchstgeschwindigkeit $v = \sqrt{\mu_H gr} = \sqrt{0{,}4 \cdot 9{,}81\ \text{m} \cdot \text{s}^{-2} \cdot 60\ \text{m}} = 15{,}3\ \text{m} \cdot \text{s}^{-1} = 55\ \text{km} \cdot \text{h}^{-1}$. Sinkt die Haftreibungszahl bei Fahrbahnglätte mit 0,1 auf 1/4, verringert sich die Höchstgeschwindigkeit auf die Hälfte.

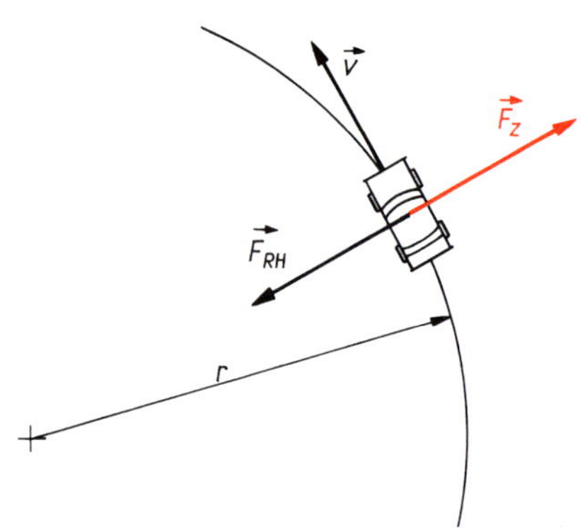

Bild 3.25: Kräfte bei der Kurvenfahrt eines Autos

Beispiel 3.17

Wie groß ist der Neigungswinkel α, mit dem sich ein Motorradfahrer bei einer Geschwindigkeit von 55 km · h^{-1} in eine Kurve von 60 m Krümmungsradius „legt", damit die Resultierende aus Zentrifugalkraft und Gewichtskraft durch die Körperlängsachse geht (Bild 3.26)?

Lösung:
Aus dem Kräfteparallelogramm in Bild 3.26 können Sie entnehmen

$$\tan\alpha = \frac{F_Z}{F_G} = \frac{mv^2}{mgr} = \frac{15{,}3^2\ \mathrm{m}^2\cdot\mathrm{s}^2}{9{,}81\ \mathrm{m}\cdot\mathrm{s}^2\cdot 60\ \mathrm{m}} = 0{,}4$$

damit ist $\alpha = 22°$. Bei dieser Schräglage kann der Motorradfahrer weder nach außen noch innen kippen. Würde die Kurve um diesen Winkel überhöht, stände die Resultierende senkrecht auf der Fahrbahn. Dann wäre auch ein Wegrutschen nicht möglich. Diese Kurvenüberhöhung wäre allerdings nur für die angegebene Geschwindigkeit optimal.

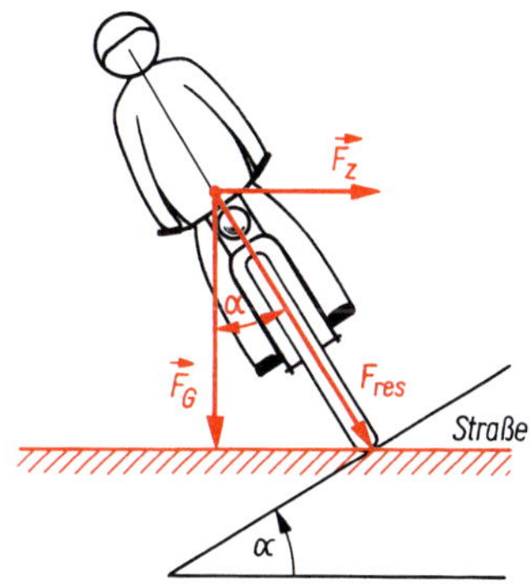

Bild 3.26: Schräglage eines Motorradfahrers in der Kurve

3.2 Arbeit, Energie und Leistung

3.2.1 Mechanische Arbeit

Betrachten wir einige typische mechanische Vorgänge: Fahrzeuge werden beschleunigt, Lasten gehoben, Federn gespannt, Körper gegen die Reibung verschoben. Dabei müssen Kräfte aufgewendet werden, um die Trägheit der Fahrzeuge beim Beschleunigen, die Gewichtskraft der Lasten beim Heben, die Federkraft beim Spannen der Federn und die Reibungskräfte beim Verschieben der Körper zu überwinden. Durch diese Kräfte wird **mechanische Arbeit** verrichtet, wenn die Körper dabei *einen Weg zurücklegen* oder Teile der Körper *beim Verformen* ihre Lage zueinander ändern.

Die Arbeit ist umso größer, je größer die in Bewegungsrichtung einwirkende Kraft F_s und je länger der unter Krafteinwirkung zurückgelegte Weg s ist:

$$W = F_s\, s \qquad (3.18)$$

Mechanische Arbeit

$$[W] = \mathrm{N}\cdot\mathrm{m} = \mathrm{kg}\cdot\mathrm{m}^2\cdot\mathrm{s}^{-2} = \mathrm{J}\quad \text{(Joule)}$$

Eine Arbeit von 1 J wird verrichtet, wenn ein Körper unter Einwirkung einer Kraft von 1 N einen Weg von 1 m zurücklegt. Da sich die Arbeit auch aus dem Produkt von Leistung und Zeit ermitteln lässt (s. 3.2.4), sind die Wattsekunde und die Kilowattstunde weitere Einheiten der Arbeit:

$$1\ \mathrm{W}\cdot\mathrm{s} = 1\ \mathrm{J} \qquad 1\ \mathrm{kW}\cdot\mathrm{h} = 3{,}6\ \mathrm{MJ}$$

In Gl. (3.18) bedeutet F_s eine Kraft, die in Richtung des Weges wirkt. Greift eine Kraft F unter einem Winkel α zur Richtung des Weges am Körper an, so müssen Sie diese Kraft in eine Komponente F_s in Richtung des Weges und in eine Komponente F_N senkrecht zum Weg zerlegen (s. 3.1.4). Bild 3.27 zeigt dies für einen Wagen, der an einer geneigten Deichsel gezogen wird. Nur die Kraftkomponente $F_s = F\cos\alpha$ verrichtet Arbeit:

$$W = F\cdot s\cdot\cos\alpha \qquad (3.19)$$

Mechanische Arbeit

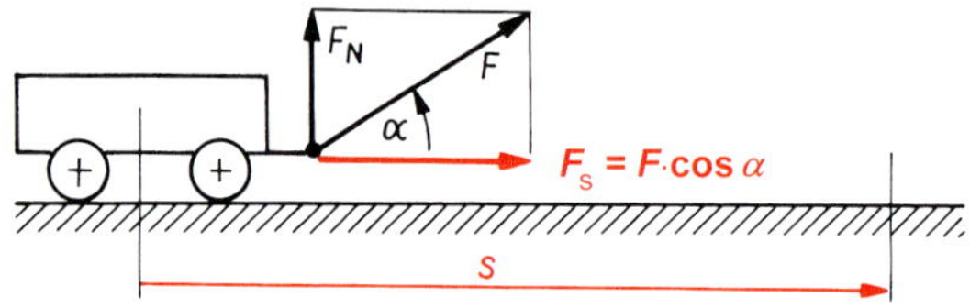

Bild 3.27: Kraftkomponente F_s in Richtung des Weges beim Ziehen eines Wagens

Die zum Weg senkrecht gerichtete Kraftkomponente F_N verrichtet *keine* Arbeit. Dies ist nach Gl. (3.19) für alle Kräfte der Fall, die mit $\alpha = 90°$ senkrecht zur Bewegungsrichtung wirken, da wegen $\cos 90° = 0$ auch $W = 0$ ist. So verrichten die senkrecht zum Weg wirkenden Zwangskräfte der Schienen keine Arbeit, wenn sie ein Schienenfahrzeug auf die vorgegebene Bahn zwingen.

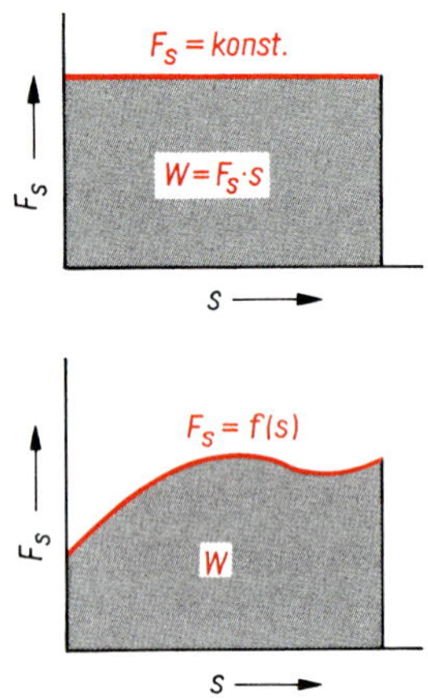

Bild 3.28: Arbeit als Fläche unter der Kurve im F_s-s-Diagramm

Die Arbeit W können Sie nach Gl. (3.18) nur dann richtig berechnen, wenn die Kraft F_s konstant ist, sich also auf dem Wege s nicht ändert. Wie verfahren wir aber dann bei *nichtkonstanten* Kräften wie bei der Federkraft (s. 3.2.1.3)? Sie müssen entweder in Gl. (3.18) den Mittelwert F_s längs des zurückgelegten Weges s einsetzen oder die Arbeit grafisch aus der Fläche unter der Kurve in einem F_s-s-Diagramm ermitteln (Bild 3.28). Mathematisch entspricht das der Ermittlung der Arbeit als Integral der Kraft über den Weg: $W = \int_1^2 F\,ds$. Dieses Verfahren haben wir schon in 2.1.1.2 bei nichtkonstanten Geschwindigkeiten zur Ermittlung des Weges angewendet. Die Flächenermittlung kann mit einem Polarplanimeter erfolgen.

Wir wollen in 3.2.1.1 bis 3.2.1.4 die Definitionsgleichung (3.18) für die mechanische Arbeit benutzen, um die Arbeit für bestimmte, eingangs genannte mechanische Vorgänge zu berechnen.

3.2.1.1 Beschleunigungsarbeit

Ein Körper der Masse m soll aus der Ruhelage heraus auf die Geschwindigkeit v gleichmäßig *beschleunigt* werden (Bild 3.29). Nach dem Grundgesetz der Dynamik (3.8) ist dazu die Kraft $F_s = ma$ erforderlich. Damit beträgt die **Beschleunigungsarbeit**

$$W_B = mas \tag{3.20}$$

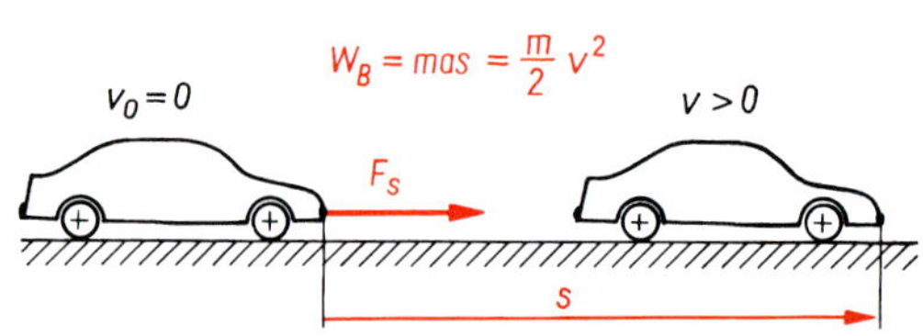

Bild 3.29: Zur Berechnung der Beschleunigungsarbeit

Wir können zeigen, dass die Beschleunigungsarbeit aber gar nicht von a und s im Einzelnen, sondern *nur* von der erreichten Endgeschwindigkeit abhängt. Mit der Beziehung $v = \sqrt{2as}$ aus 2.1.1.3 formen wir Gl. (3.20) um in

Beschleunigungsarbeit

$$W_B = \frac{m}{2} v^2 \tag{3.21}$$

Die Beschleunigungsarbeit ist *unabhängig* davon, wie der Körper auf die Geschwindigkeit v beschleunigt wurde. Sie wächst *quadratisch* mit der Geschwindigkeit. Um einen Körper auf die doppelte Geschwindigkeit zu beschleunigen, ist die vierfache Beschleunigungsarbeit erforderlich.

Beispiel 3.18

Wie groß ist die Beschleunigungsarbeit, um ein Fahrzeug der Masse 1,0 t im 1. Gang von 0 auf 18 km · h⁻¹ und im 2. Gang von 18 km · h⁻¹ auf 36 km · h⁻¹ zu beschleunigen?

Lösung:

Im 1. Gang ist

$$W_{B1} = (m/2)\, v^2 = 10^3\ \text{kg}/2 \cdot (5\ \text{m} \cdot \text{s}^{-1})^2 = 12{,}5\ \text{kJ}.$$

Im 2. Gang ist

$$W_{B2} = (m/2) \cdot (v_2^2 - v_1^2) = 10^3\ \text{kg}/2 \cdot [(10\ \text{m} \cdot \text{s}^{-1})^2 - (5\ \text{m} \cdot \text{s}^{-1})^2] = 37{,}5\ \text{kJ}.$$

Die gesamte Beschleunigungsarbeit beträgt

$$W_B = W_{B1} + W_{B2} = (m/2) \cdot v_2^2 = 50\ \text{kJ}.$$

(Dieses Ergebnis stellt nur die Arbeit zur Beschleunigung des Fahrzeuges dar und enthält nicht die zusätzlich notwendige Arbeit zur Überwindung des Fahrwiderstandes.) (Bild 3.29)

3.2.1.2 Hubarbeit

Ein Körper der Masse m soll auf die Höhe h *gehoben* werden (Bild 3.30). Um den Körper mit konstanter Geschwindigkeit senkrecht emporzuheben, muss die Kraft F_s gleich der Gewichtskraft $F_G = mg$ des Körpers sein. Der zurückgelegte Weg ist die Höhe h. Damit beträgt die **Hubarbeit**

$$W_H = F_G h = mgh \qquad (3.22)$$

Hubarbeit

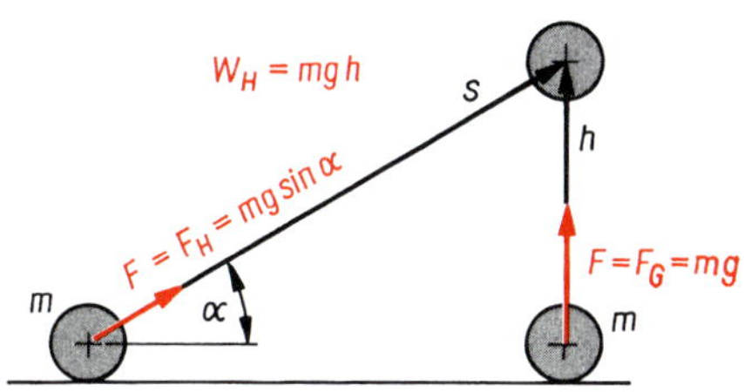

Bild 3.30: Zur Berechnung der Hubarbeit

Die Hubarbeit wächst *linear* mit der Höhe. Um einen Körper auf die doppelte Höhe zu heben, ist auch die doppelte Hubarbeit erforderlich.

Damit der Körper auf die konstante Hubgeschwindigkeit gebracht wird, muss natürlich zunächst eine entsprechende Beschleunigungsarbeit verrichtet werden, die in Gl. (3.22) ebenso wie die Reibungsarbeit nicht mit enthalten ist.

Statt den Körper senkrecht hochzuheben, können wir ihn auch längs einer geneigten Ebene auf die gleiche Höhe h befördern (Bild 3.30). Dazu ist ohne Berücksichtigung der Reibung nur eine Kraft F_s aufzuwenden, die gleich der Hangabtriebskraft $F_H = mg \sin \alpha$, also entsprechend dem Sinus des Neigungswinkels kleiner als die Gewichtskraft ist. Dafür muss aber der längere Weg $s = h/\sin \alpha$ zurückgelegt werden.

Die Berechnung der Hubarbeit ergibt $W_H = F_s s = mg \sin \alpha h/\sin \alpha = mgh$ und somit das *gleiche* Ergebnis wie beim senkrechten Emporheben.

Die Hubarbeit ist unabhängig vom speziell gewählten Weg, entlang dem der Körper auf die Höhe h gebracht wurde.

Um große Lasten heben zu können, werden **„einfache Maschinen“** in Form von geneigten Ebenen, Hebeln (Bild 3.31), losen Rollen (Bild 3.32) und Flaschenzügen eingesetzt. Sie können damit die gleiche Hubarbeit mit geringerem Kraftaufwand verrichten, indem Sie die kleinere Kraft entlang eines größeren Weges wirken lassen. Kraft und Weg sind dabei umgekehrt proportional.

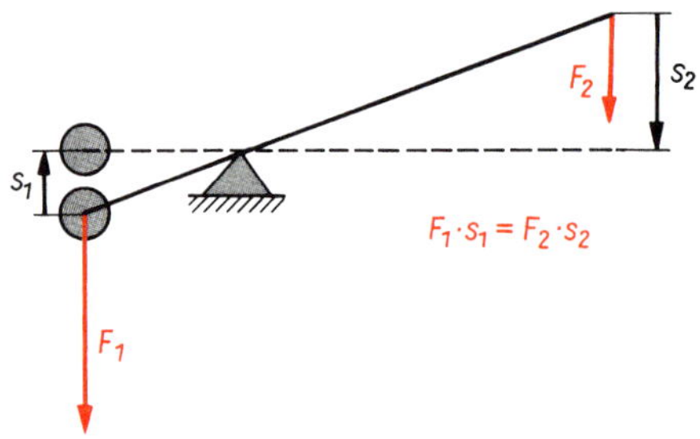

Bild 3.31: Arbeit am Hebel

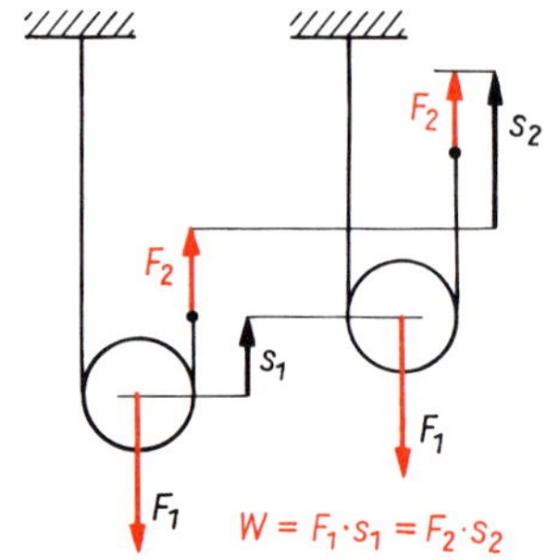

Bild 3.32: Arbeit an der losen Rolle

Beispiel 3.19

Wie groß ist die Hubarbeit, um eine Last von 1,0 t zuerst von 0 auf 2,5 m und dann von 2,5 m auf 5,0 m Höhe zu heben?

Lösung:
Die Hubarbeit beträgt zunächst $W_{H1} = mg\,h_1 = 10^3$ kg · 9,81 m · s^{-2} · 2,5 m = 25 kJ und danach $W_{H2} = mg\,(h_2 - h_1)$ = 10^3 kg · 9,81 m · s^{-2} · (5,0 m – 2,5 m) = 25 kJ. Die gesamte Hubarbeit ist $W_H = W_{H1} + W_{H2} = mg\,h_2$ = 50 kJ.

3.2.1.3 Federspannarbeit

Eine unbelastete Schraubenfeder mit der Federkonstante k soll um die Länge s *gedehnt* werden (Bild 3.33a). Die dazu erforderliche Kraft F_s muss die Federkraft überwinden, die nach dem Hookeschen Gesetz (s. 3.1.3) der Längenänderung s proportional ist: $F_s = k\,s$. Wegen dieser Abhängigkeit können wir Gl. (3.18) nicht unmittelbar anwenden, sondern ermitteln die **Federspannarbeit** aus der Fläche unter der Kurve im F_s-s-Diagramm. Aus dem Dreieck in Bild 3.33b ergibt sich die Federspannarbeit zu $W_F = (F_s/2)\,s$. Setzen Sie $F_s = k\,s$ ein, erhalten Sie

Federspannarbeit

$$W_F = \frac{k}{2}\,s^2 \qquad (3.23)$$

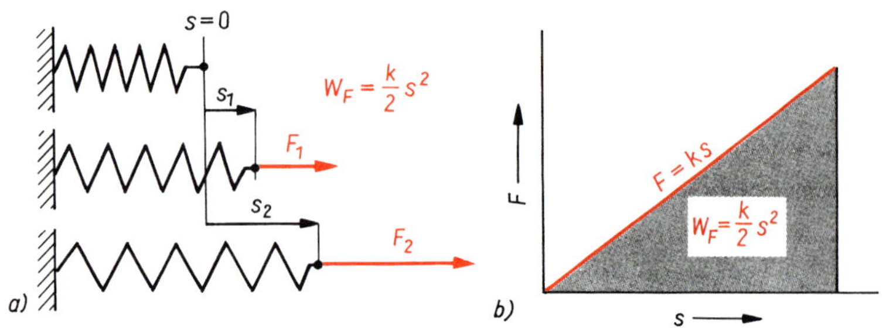

Bild 3.33: Zur Berechnung der Federspannarbeit aus der Fläche im F-s-Diagramm

Die Federspannarbeit ist *unabhängig* davon, auf welche Weise die Feder gespannt wurde. Sie wächst *quadratisch* mit der Längenänderung s. Eine Feder um die doppelte Länge zu dehnen, erfordert die vierfache Federspannarbeit. Die Federspannarbeit ist gleich, ob Sie die Feder um $+s$ dehnen oder $-s$ zusammendrücken.

Beispiel 3.20

Wie groß ist die Federspannarbeit, die erforderlich ist, um eine Feder mit der Federkonstante 25 N · m⁻¹ von 0 auf 4,0 cm und danach von 4,0 cm auf 8,0 cm zu dehnen? (Vgl. Bsp. 3.5.)

Lösung:
Die Federspannarbeit beträgt zunächst $W_{F1} = (k/2)\, s_1^2 = 25\ \text{N} \cdot \text{m}^{-1}/2 \cdot (4 \cdot 10^{-2}\ \text{m})^2 = 0{,}02\ \text{J}$ und danach $W_{F2} = (k/2)\,(s_2^2 - s_1^2) = 25\ \text{N} \cdot \text{m}^{-1}/2 \cdot [(8 \cdot 10^{-2}\ \text{m})^2 - (4 \cdot 10^{-2}\ \text{m})^2] = 0{,}06\ \text{J}$. Die gesamte Federspannarbeit ist dann $W_F = W_{F1} + W_{F2} = (k/2)\, s_2^2 = 0{,}08\ \text{J}$ (Bild 3.34).

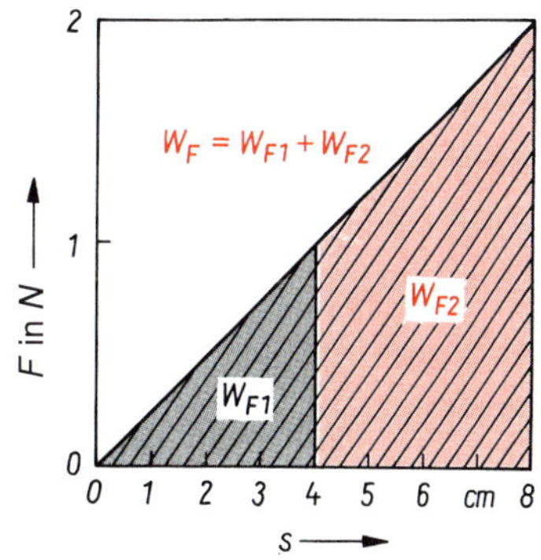

Bild 3.34: Berechnung der Federspannarbeit in Bsp. 3.20

3.2.1.4 Reibungsarbeit

Bei jedem mechanischen Bewegungsvorgang tritt bewegungshemmende **Reibung** auf. Zur Überwindung der Reibungskraft F_R ist eine Kraft nötig, die den gleichen Betrag wie die Reibungskraft hat. Diese Kraft verrichtet längs des Weges **Reibungsarbeit:**

$$W_R = F_R s \tag{3.24}$$

Reibungsarbeit

Um die Reibungsarbeit nach Gl. (3.24) berechnen zu können, müssen wir wissen, welche Reibungsarten auftreten (s. 3.1.8). Für die Reibungskraft in Gl. (3.24) ist bei Gleitreibung $F_{RG} = \mu_G F_N$, bei Rollreibung $F_{RR} = (\mu_R/r)\, F_N$ und bei auftretenden Fahrwiderständen $F_W = \mu_F F_N$ einzusetzen. Die innere Reibung in Flüssigkeiten und Gasen wird in 6.4.3 behandelt.

Während Beschleunigungsarbeit, Hubarbeit und Federspannarbeit unabhängig von der Art und Weise sind, wie der jeweilige Endzustand erreicht wurde, trifft dies für die Reibungsarbeit *nicht* zu. Verschieben Sie einen Körper von A nach B auf verschiedene Weise, so ist die Reibungsarbeit um so größer, je länger der Weg von A nach B gewählt wurde (Bild 3.35).

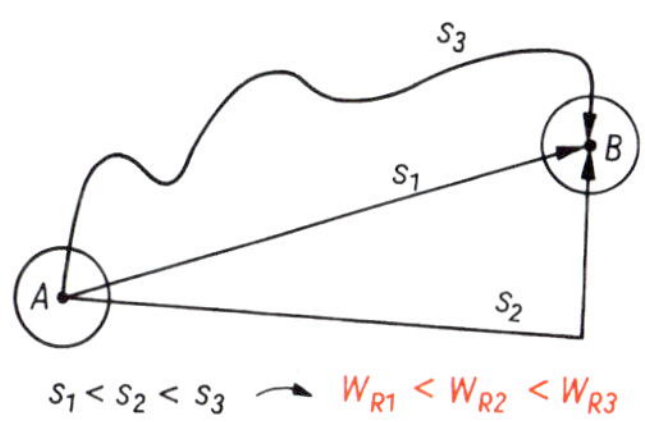

Bild 3.35: Abhängigkeit der Reibungsarbeit von der Wahl des Weges

Beispiel 3.21

Wie groß ist die Arbeit je Kilometer Fahrstrecke auf ebener Straße gegen die Fahrwiderstandskraft eines Fahrzeuges von 1,0 t bei einer Fahrwiderstandszahl von 0,04?

Lösung:
Diese Reibungsarbeit beträgt $W_R = F_W s = \mu_F mgs = 0{,}04 \cdot 10^3\ \text{kg} \cdot 9{,}81\ \text{m} \cdot \text{s}^{-2} \cdot 10^3\ \text{m} = 400\ \text{kJ}$.

Meist müssen bei einem mechanischen Vorgang verschiedene Arten von Arbeit *gleichzeitig* verrichtet werden. Betrachten wir in Beispiel 3.13 das beschleunigte Anfahren eines Autos bergauf, so setzt sich die gesamte Arbeit aus Beschleunigungsarbeit, Hubarbeit und Reibungsarbeit zusammen.

Beispiel 3.22

Wie groß ist die Arbeit beim Anfahren eines Autos am Berg? Gegeben sind $m = 1{,}0$ t, der Steigungswinkel $\alpha = 6°$, $\mu_F = 0{,}04$, $v = 36\ \text{km} \cdot \text{h}^{-1}$, $s = 50$ m.

Lösung:
Es wird die Beschleunigungsarbeit $W_B = (m/2)\,v^2 = 50$ kJ, wegen $h = s \sin \alpha = 5$ m die Hubarbeit $W_H = mgh = 50$ kJ und die Reibungsarbeit $W_R = \mu_F mg \cos \alpha\ s = 20$ kJ verrichtet. Die gesamte Arbeit ergibt sich zu $W = W_B + W_H + W_R = 120$ kJ. In Beispiel 3.13 haben wir die Zugkraft des Motors für diesen Vorgang zu $F_M = 2{,}4$ kN ermittelt. Damit lässt sich das gleiche Ergebnis schneller berechnen: $W = F_M s = 2{,}4\ \text{kN} \cdot 50\ \text{m} = 120$ kJ.

3.2.2 Energie

Um Arbeit verrichten zu können, benötigen wir **Energie.** Die während des Arbeitsprozesses umgesetzte Energie geht dabei nicht verloren, sondern wird in andere Energieformen umgewandelt. Wird an einem Körper Arbeit verrichtet, so erhöht sich seine Energie. Verrichtet der Körper selbst Arbeit, so verringert sich seine Energie.

Arbeit bedeutet Energieumsatz während eines Prozesses. Energie ist das Arbeitsvermögen, das ein System in einem bestimmten Zustand besitzt.

Die Energie E hat deshalb die gleichen Einheiten wie die Arbeit W:

$$[E] = \text{kg} \cdot \text{m}^2 \cdot \text{s}^{-2} = \text{J} = \text{W} \cdot \text{s}$$

In welchem Umfang die aufgewendete Energie im Arbeitsprozess technisch nutzbar ist, wollen wir zunächst außer acht lassen und später im Zusammenhang mit dem Wirkungsgrad in 3.2.4.2 betrachten.

Mechanische Energie kommt in Form von *kinetischer* Energie E_k und *potenzieller* Energie E_p vor.

3.2.2.1 Kinetische Energie

Die zur Beschleunigung eines Fahrzeuges mit Verbrennungsmotor notwendige Energie entstammt der chemischen Energie des Kraftstoffes. Die Beschleunigungsarbeit, durch die sich der Bewegungszustand des Fahrzeuges ändert, ist im bewegten Fahrzeug als **kinetische Energie** gespeichert. Durch sie kann das Fahrzeug beim Abbremsen Reibungsarbeit an den Bremsen verrichten, die als Wärme an die Umgebung übertragen wird. Erfolgt das Abbremsen unbeabsichtigt infolge eines Zusammenstoßes, so kann durch die kinetische Energie Verformungsarbeit an den Stoßpartnern verrichtet werden (Bild 3.56). Technisch genutzt wird z. B. die kinetische Energie wehenden Windes, fließenden Wassers und strömenden Dampfes zum Antrieb von Turbinen und Generatoren. Da die Beschleunigungsarbeit $W_B = (m/2)\,v^2$ im bewegten Körper als kinetische Energie gespeichert ist, hat ein Körper der Masse m, der sich mit der Geschwindigkeit v bewegt, die kinetische Energie

Kinetische Energie

$$E_k = \frac{m}{2} v^2 \tag{3.25}$$

Dies sollte auch jeder Teilnehmer am öffentlichen Straßenverkehr wissen. Fahren Sie mit doppelter Geschwindigkeit, so sind wegen $E_k \sim v^2$ die zu erwartenden Unfallfolgen viermal so groß.

3.2.2.2 Potenzielle Energie

Die zum Anheben einer Last mit einem Kran erforderliche Arbeit wird von einem Elektromotor verrichtet, dem dazu Elektroenergie zugeführt wird. Diese Hubarbeit, durch die sich die Lage des Körpers ändert, ist im gehobenen Körper als **potenzielle Energie** gespeichert. Durch sie kann der Körper bei Verringerung seiner Höhe wieder Arbeit verrichten.

Max Planck, der Begründer der Quantentheorie, schreibt in seiner wissenschaftlichen Selbstbiografie als Erinnerung an seine Schulzeit: „Unvergeßlich ist mir die Schilderung, die Müller uns zum besten gab, von einem Maurer, der einen schweren Ziegelstein auf das Dach eines Hauses hinaufschleppt. Die Arbeit, die er dabei leistet, geht nicht verloren, sie bleibt unversehrt aufgespeichert, vielleicht jahrelang, bis vielleicht eines Tages der Stein sich löst und unten einem Menschen auf den Kopf fällt."

Technisch genutzt wird z. B. die potenzielle Energie des gehobenen Fallkörpers einer Ramme, um Pfähle in den Boden zu schlagen (Bild 3.40). Energie kann aber auch als potenzielle Energie des Wassers im Oberbecken eines Pumpspeicherwerkes gespeichert werden, um in Spitzenbelastungszeiten durch Arbeit an den Turbinen und Generatoren das Netz mit Elektroenergie zu versorgen (Bild 3.45).

Da die Hubarbeit $W_H = mgh$ im gehobenen Körper gespeichert ist, hat ein Körper der Masse m auf der Erde mit der Fallbeschleunigung g in der Höhe h die potenzielle Energie

$$E_p = mgh \tag{3.26}$$

Potenzielle Energie des gehobenen Körpers

Die potenzielle Energie ist eine *relative* Größe, deren Wert von der gewählten Bezugsebene abhängt. Dadurch taucht die Frage auf, von welcher Bezugsebene aus die Höhe h zu messen ist. Da aber für den Umsatz potenzieller Energie nur die dabei auftretende Höhenänderung Δh eine Rolle spielt, können Sie die Bezugsebene willkürlich wählen. Befindet sich ein Körper tiefer als die Bezugsebene, so wird seine potenzielle Energie negativ. Damit müssen Sie z. B. rechnen, wenn Sie als Bezugsebene den Fußboden Ihres Zimmers im 3. Stock des Hauses wählen und einen Körper zum Fenster hinaus auf die Straße fallen lassen. Wollen Sie hierbei negative Werte von E_p vermeiden, so messen Sie die Höhe vom Straßenniveau aus. Die potenzielle Energie eines Körpers in der Höhe h wird auch als „Energie der Lage" bezeichnet. Dies verleitet manchen unbegründet zu der Schlussfolgerung, ein Körper müsse sich in Ruhe befinden, wenn er potenzielle Energie haben soll. Das ist falsch!

Sie sehen dies am Beispiel eines Flugzeuges, das wegen seiner Bewegung sowohl kinetische Energie als auch *gleichzeitig* entsprechend seiner Höhe potenzielle Energie hat. Auch tritt manchmal die irrige Meinung auf, ein Körper müsse allein deshalb potenzielle Energie haben, nur weil er in Ruhe ist. Die potenzielle Energie in der Höhe $h = 0$ hat jedoch unabhängig vom Bewegungszustand den Wert null.

Es gibt nicht nur diese eine Art potenzieller Energie. Auch zum Spannen einer Feder ist Energie erforderlich. Die dabei verrichtete Federspannarbeit, die deren elastischen Spannungszustand ändert, ist in der gespannten Feder als **potenzielle**

Energie gespeichert. Durch sie kann die Feder beim Entspannen wieder Arbeit verrichten. Dies trifft für jeden elastisch verformten Körper zu. In der Technik finden wir Federn der verschiedenen Formen als Schraubenfedern, Spiralfedern oder als Blattfedern bei Straßen- und Schienenfahrzeugen. Anwendungen kennen Sie vielleicht noch aus Ihrer Kinderzeit, wenn Sie beim Aufziehen der Feder eines Spielzeugautos die zum Fahren nötige Energie in der gespannten Feder speicherten. Mechanische Uhrwerke bleiben durch die Energie gespannter Federn in Gang. Elektrische Schaltkontakte öffnen durch Federspannung nach erfolgter Betätigung.

Da die Federspannarbeit $W_F = (k/2)\, s^2$ in der gespannten Feder als potenzielle Energie gespeichert ist, hat eine Schraubenfeder der Federkonstante k, die um die Länge s gedehnt oder zusammengedrückt wurde, die potenzielle Energie

Potenzielle Energie der gespannten Feder

$$E_p = \frac{k}{2}\, s^2 \tag{3.27}$$

Nicht immer führt die an einem Körper verrichtete mechanische Arbeit zur Erhöhung seiner mechanischen Energie. Voraussetzung dafür ist die *Umkehrbarkeit* des Prozesses, bei dem mechanische Arbeit verrichtet wurde. Diese Voraussetzung ist nicht erfüllt, wenn ein Körper bleibend verformt oder gegen die Reibungskräfte verschoben wird. Sie werden niemals beobachten, dass sich unter Energieabgabe der im Tiefziehverfahren hergestellte Topf nach Entnahme aus der Presse wieder in eine Blechplatte zurückverwandelt oder die unter Überwindung der Reibung in die Ecke geschobene Kiste von selbst wieder in die Ausgangslage zurückkehrt.

Verformungsarbeit, die zu bleibenden Verformungen führt, kann ebensowenig wie Reibungsarbeit als mechanische Energie gespeichert werden. Hierfür gibt es *keine* potenzielle Energie. Durch unelastische Verformungsarbeit und Reibungsarbeit entsteht Wärme, die meist nicht weiter technisch nutzbar an die Umgebung übertragen wird und deren thermische Energie erhöht.

3.2.3 Energieerhaltungssatz

Alle bisherige Erfahrung lehrt uns:

Energie kann bei einem Vorgang weder entstehen noch verschwinden. Es kann sich nur eine Energieform in eine andere umwandeln.

Betrachten wir ein System von Körpern, an dem von außen keine Arbeit verrichtet wird und das selbst keine Arbeit nach außen abgibt. Wird auch keine Energie in Form von Wärme und Strahlung durch die Systemgrenzen hindurch übertragen, so kann sich die Gesamtenergie dieses abgeschlossenen Systems nicht ändern. Es gilt der **Energieerhaltungssatz:**

In einem abgeschlossenen System ist die Summe aller Energien zeitlich konstant.

Die Gesamtenergie kann sich aus mechanischer Energie in Form von kinetischer und potenzieller Energie, aus elektrischer Energie, thermischer Energie, chemischer Energie, Kernenergie u. a. zusammensetzen. Bei Vorgängen in abgeschlossenen Systemen muss die Abnahme der Energie der einen Energieformen gleich der Zunahme der Energie anderer Energieformen sein. Der Energieerhaltungssatz spielt im Ablauf des Geschehens die Rolle der Buchhaltung. Er gestattet uns die Aufstellung von **Energiebilanzen,** indem wir die Summe der Energien vor einem Vorgang mit der Summe der Energien nach dem Vorgang vergleichen. Dabei müssen wir die Gleichheit der Energiesummen feststellen. Ergibt sich eine Differenz in der Energiebilanz, so haben wir bei der Bilanzierung Energieformen unberücksichtigt gelassen, die am Energieumsatz beteiligt waren, oder das System war nicht abgeschlossen. Die Aufstellung von Energiebilanzen für Prozesse in technischen Systemen ist eine wichtige Aufgabe für Techniker und Ingenieure. In den Energiebilanzen brauchen Sie aber nicht alle möglichen Energieformen zu berücksichtigen, sondern nur diejenigen, die am Energieumsatz des zu bilanzierenden Prozesses beteiligt sind. Welche Energieformen das sind, vermag jedoch der Energieerhaltungssatz allein nicht zu sagen. Das setzt eine gründlichere Analyse der Vorgänge voraus, die sich beim betreffenden Prozess abspielen.

Der Energieerhaltungssatz gestattet *nicht* vorauszusagen, welche Prozesse ablaufen werden. Er lässt uns nur mit Sicherheit erkennen, dass *keine* Prozesse auftreten können, die den Energieerhaltungssatz verletzen, bei denen also Energie neu entstehen oder einfach verschwinden würde. Es kann kein „perpetuum mobile" geben, das uns ständig Arbeit ohne Energiezufuhr verrichtet.

Beispiel 3.23

Versuchen wir, diese allgemeinen Ausführungen an **Beispielen** näher zu erläutern. Sie halten eine Kugel in der Höhe h_0 über eine Stahlplatte (Bild 3.36). Die Kugel hat die potenzielle Energie $E_{p0} = m\,g\,h_0$. Jetzt lassen Sie die Kugel los. Der Energieerhaltungssatz verbietet, dass sie ohne weitere Energiezufuhr noch höher steigt. Dass sie nicht in Ruhe bleibt, sondern beschleunigt herabfällt, ergibt sich nicht aus dem Energieerhaltungssatz, sondern aus dem Grundgesetz der Dynamik. Wenn wir den Luftwiderstand vernachlässigen, besagt der Energieerhaltungssatz für den Vorgang des Fallens: Die Abnahme der potenziellen Energie ist gleich der Zunahme der kinetischen Energie, bis sich bei Erreichen der Stahlplatte in der Höhe $h = 0$ die gesamte potenzielle Energie in kinetische Energie umgewandelt hat. Die Summe aus potenzieller und kinetischer Energie ist zu jedem Zeitpunkt des Fallens konstant:

$$E_{p0} = m g h_0 = m g h + \frac{m}{2}\,v^2 = \frac{m}{2}\,v_0^2 = E_{k0} = \text{konst.}$$

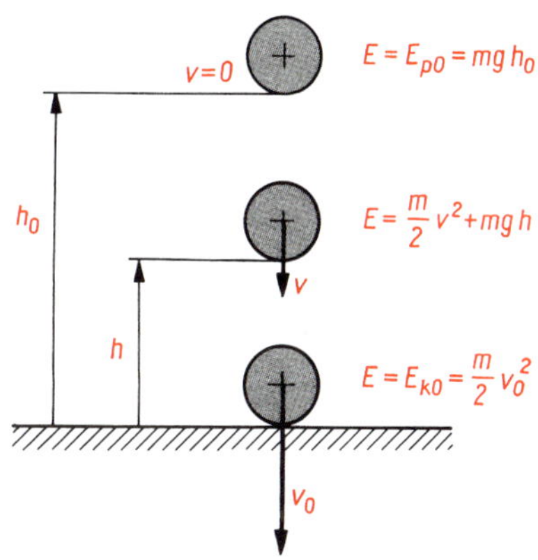

Bild 3.36: Umwandlung von potenzieller in kinetische Energie beim Fallen einer Kugel

Was geschieht nun mit der kinetischen Energie beim Aufprall der Kugel auf die Stahlplatte? Der Energieerhaltungssatz sagt uns, dass die Kugel dort nicht einfach unverändert liegen bleiben kann. Was tatsächlich geschieht, hängt von den Eigenschaften der Kugel ab.

Eine elastische Kugel aus Stahl wird an der elastischen Stahlplatte so reflektiert, dass sie bei Vernachlässigung des Luftwiderstandes wieder die Ausgangshöhe h_0 erreicht.

Eine nur teilweise elastische Kugel aus Blei wird zwar ebenfalls reflektiert, erreicht jedoch danach nur eine wesentlich geringere Höhe $h_1 < h_0$ (Bild 3.37). Dafür ist

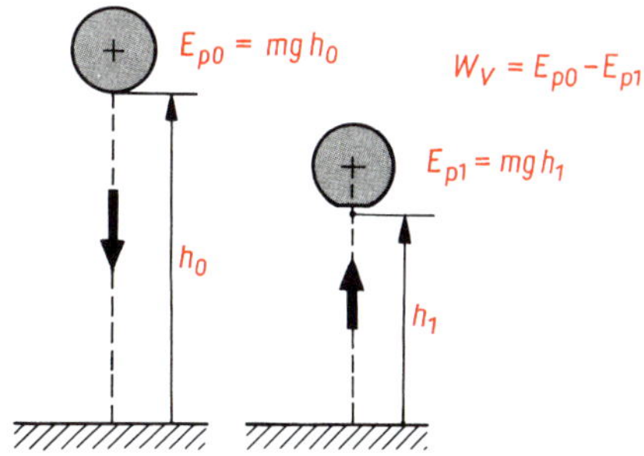

Bild 3.37: Bleikugel fällt auf eine Stahlplatte

die Bleikugel durch die Reflexion leicht abgeplattet worden. Die dabei aufgewendete unelastische Verformungsarbeit W_V ist gleich der Differenz der potenziellen Energien vor und nach der Reflexion:

$$W_V = \Delta E_p = mgh_0 - mgh_1 = mg\Delta h$$

Eine völlig unelastische Kugel aus Weichparaffin wird nicht reflektiert. Sie wird breitgedrückt und bleibt auf der Stahlplatte liegen (Bild 3.38). Die plastische Verformungsarbeit ist gleich der gesamten ursprünglich vorhandenen potenziellen Energie:

$$W_V = E_p = mgh_0$$

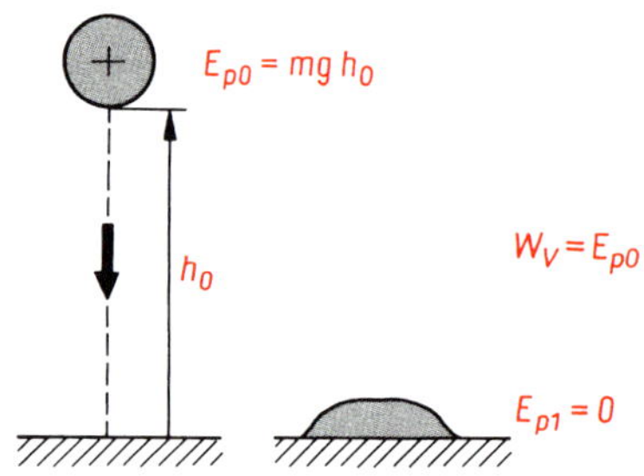

Bild 3.38: Paraffinkugel fällt auf eine Stahlplatte

Wenden wir den **Energieerhaltungssatz** speziell auf rein *mechanische Vorgänge* an, so gilt:

In einem abgeschlossenen mechanischen System ist die Summe aus kinetischer und potenzieller Energie zeitlich konstant, wenn keine bleibenden Verformungen und keine Reibung auftreten.

Energieerhaltungssatz der Mechanik

$$E_k + E_p = \text{konst.} \quad (3.28)$$

Zur Behandlung mechanischer Probleme unter Anwendung des Energieerhaltungssatzes der Mechanik können Sie folgendermaßen vorgehen:

- Analysieren Sie die bei dem zu behandelnden Vorgang auftretenden Energieumwandlungen. Fertigen Sie sich dazu Skizzen an, die den Zustand des Systems vor und nach dem Vorgang darstellen.
- Bilden Sie die Summe E_1 aller kinetischen und potenziellen Energien vor dem Vorgang.
- Bilden Sie die Summe E_2 aller kinetischen und potenziellen Energien nach dem Vorgang und addieren Sie dazu die Arbeit W für unelastische Verformungen und gegen die Reibungskräfte.
- Der Energieerhaltungssatz ergibt mit $E_1 = E_2 + W$ einen Ansatz zur Lösung des Problems.

Beispiel 3.24

Wie groß ist die Geschwindigkeit eines Güterwagens am Fußpunkt eines Ablaufberges? Wie weit rollt er ungebremst im sich anschließenden waagerechten Richtungsgleis? Der Ablaufberg werde vereinfacht als geneigte Ebene betrachtet (Bild 3.39). Gegeben sind die Abdrückgeschwindigkeit $v_0 = 1{,}0\ \text{m} \cdot \text{s}^{-1}$, die Höhe des Ablaufberges $h_0 = 3{,}0$ m, die Länge des Ablaufberges $s_A = 60$ m und die Fahrwiderstandszahl $\mu_F = 0{,}01$.

Lösung:

Die Summe aus kinetischer und potenzieller Energie auf dem Gipfel des Ablaufberges ist gleich der Summe aus der kinetischen Energie des Güterwagens am Fuße des Ablaufberges und der Reibungsarbeit gegen den Fahrwiderstand längs des Ablaufberges:

$$\frac{m}{2} v_0^2 + mgh_0 = \frac{m}{2} v^2 + \mu_F mg \cos\alpha\, s_A$$

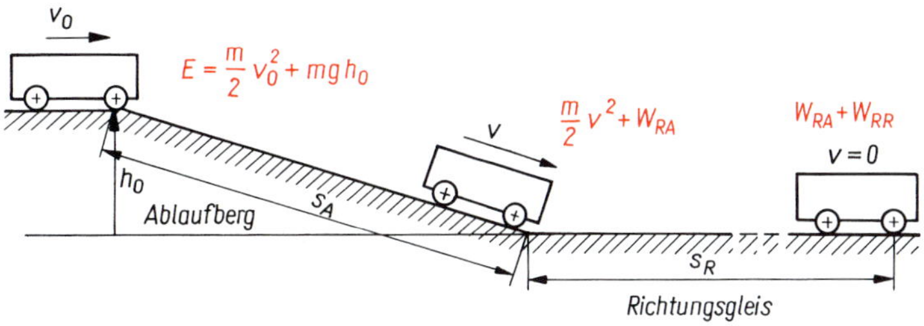

Bild 3.39: Güterwagen läuft vom Ablaufberg

Da bei diesem geringen Gefälle cos α gleich 1 gesetzt werden kann, ergibt sich die Geschwindigkeit am Fuße des Ablaufberges zu $v = \sqrt{v_0^2 + 2\,g\,(h_0 - \mu_F s_A)} = 6{,}9\ \mathrm{m \cdot s^{-1}}$. Die kinetische Energie am Fuße des Ablaufberges liefert die Energie für die bis zum Stillstand des Güterwagens im Richtungsgleis zu verrichtende Reibungsarbeit: $(m/2)\,v^2 = \mu_F m\,g\,s_R$. Daraus ergibt sich der Weg im Richtungsgleis zu $s_R = v^2/(2\mu_F g) = 245$ m. (Der geringe Energieumsatz bei der stoßartigen Richtungsänderung sei vernachlässigt.)

Beispiel 3.25

Wie groß ist die mittlere Widerstandskraft F_W des Bodens, in den ein Pfahl mit einer Ramme eingeschlagen wird (Bild 3.40)? Der Fallkörper (Bär) der Ramme von 200 kg fällt aus der Höhe $h_0 = 2$ m auf den Pfahl, der dabei um $s = 0{,}10$ m in den Boden getrieben wird.

Lösung:
Die Abnahme der potenziellen Energie des Fallkörpers liefert die Energie für die Arbeit zum Einschlagen des Pfahls gegen die Widerstandskraft des Bodens: $mgh_0 = F_W s - mgs$ bzw. $mg\,(h_0 + s) = F_W s$ ergibt $F_W = mg\,(h_0 + s)/s = 42$ kN. Überlegen Sie, ob Sie das gleiche Ergebnis erhalten, wenn Sie die Höhe nicht von der Oberkante des Pfahls, sondern vom Boden aus messen. (Die Masse des Pfahls sei klein gegenüber der des Bärs, so dass die Verformungsarbeit beim Auftreffen vernachlässigt werden kann (s. 3.3.3.2)).

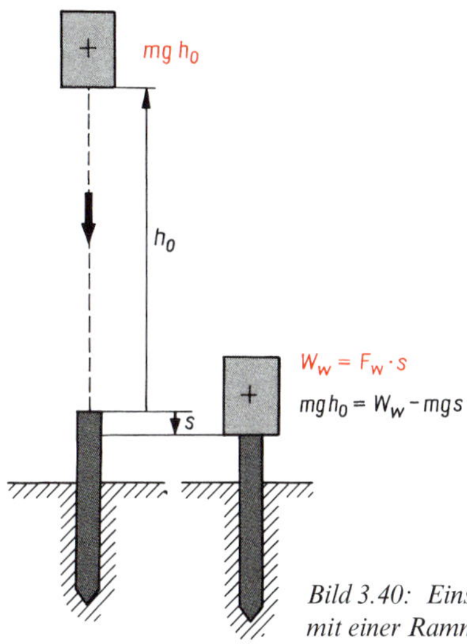

Bild 3.40: Einschlagen eines Pfahls mit einer Ramme

Beispiel 3.26

Wie stark wird eine Feder der Federkonstante 200 $\mathrm{N \cdot m^{-1}}$ maximal zusammengedrückt, wenn ein Körper von 1,0 kg aus einer Höhe $h_0 = 1{,}0$ m darauf fällt (Bild 3.41)?

Lösung:
Die potenzielle Energie des gehobenen Körpers wandelt sich um in potenzielle Energie der gespannten Feder:

$$m\,g\,h_0 = \frac{k}{2}\,s^2 - m\,g\,s \quad \text{bzw.} \quad m\,g\,(h_0 + s) = \frac{k}{2}\,s^2$$

Dieser Ansatz stellt eine quadratische Gleichung für s dar. Ihre Normalform ist $s^2 - 2\,(mg/k)\,s - 2\,(mg/k)\,h_0 = 0$ mit den Lösungen

$$s_{1,2} = \frac{mg}{k} \pm \sqrt{\left(\frac{mg}{k}\right)^2 + 2\,\frac{mg}{k}\,h_0}$$

Da die Feder zusammengedrückt wird, kommt nur als Lösung in Frage: $s_1 = 0{,}37$ m. Bei Vernachlässigung der Reibung erreicht der Körper nach dem anschließenden Entspannen der Feder wieder die Ausgangshöhe h_0.

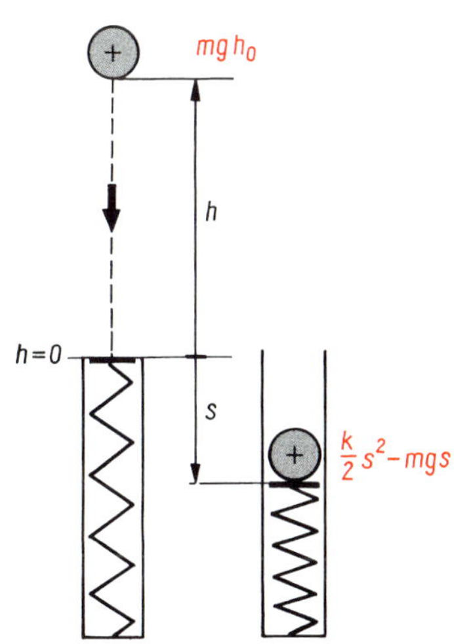

Bild 3.41: Körper fällt auf eine Feder

3.2.4 Leistung und Wirkungsgrad

Die Entwicklung der Wirtschaft erfordert höhere Leistungen bei geringerem Energieaufwand. Physikalisch bedeutet diese Forderung:

Um die Leistung zu steigern, müssen wir *schneller* arbeiten. Um den Energieaufwand zu senken, müssen wir *effektiver* arbeiten.

3.2.4.1 Leistung

Die **Leistung** P gibt an, wie *schnell* gearbeitet wird. Sie ist der Quotient aus der verrichteten Arbeit und der dafür benötigten Zeit:

Durchschnittsleistung

$$\bar{P} = \frac{W}{t} \tag{3.29}$$

$$[P] = \text{kg} \cdot \text{m}^2 \cdot \text{s}^{-3} = \text{J} \cdot \text{s}^{-1} = \text{W} \quad \text{(Watt)}$$

Bei einer Leistung von 1 W wird eine Arbeit von 1 J in 1 s verrichtet. Höhere Leistungen ergeben sich, wenn in der gleichen Zeit mehr Arbeit verrichtet oder für die gleiche Arbeit kürzere Zeit benötigt wird.

Die menschliche Dauerleistung bei körperlicher Arbeit beträgt etwa 80 W. Kurzzeitig vermögen Sie einige 100 W zu leisten. In dieser Größenordnung liegen auch die Antriebsleistungen für Kleingeräte, z. B. von Handbohrmaschinen. Die Leistung eines Pkw-Motors beträgt bis 100 kW, die einer E-Lok einige MW. Ein modernes Warmwalzwerk erfordert Antriebsleistungen bis zu 50 MW.

Die für Antriebsmaschinen angegebene *Nennleistung* ist die mechanische Leistung, die unter den auf dem Typenschild genannten Bedingungen aufgebracht wird. Betrachten Sie unter diesem Gesichtspunkt die Typenschilder von Elektromotoren, damit Sie ein Gefühl für die Größenordnungen von Leistungen bekommen, die in der Technik eine Rolle spielen!

Die Definitionsgleichung (3.29) für die Leistung P gilt *unabhängig* von der Art der Arbeit W. Nur mechanische Arbeit ergibt mit $W = Fs$ und $v = s/t$ speziell die **mechanische Leistung** zu

Mechanische Leistung

$$P = Fv \tag{3.30}$$

Wird die Arbeit nicht gleichförmig verrichtet, so müssen wir *Durchschnittsleistung* und *Momentanleistung* unterscheiden. Gl. (3.29) ergibt in dieser Form stets die Durchschnittsleistung ebenso wie Gl. (3.30), wenn Sie für v die Durchschnittsgeschwindigkeit einsetzen. Die Momentanleistung erhalten Sie aus Gl. (3.30), wenn Sie die zu dem betreffenden Zeitpunkt wirkende Kraft mit der zugehörigen Momentangeschwindigkeit multiplizieren. Wollen Sie den Energieaufwand beim Betreiben einer Maschine ermitteln, so kann das aus der Durchschnittsleistung erfolgen. Wenn Sie eine Antriebsmaschine bemessen, so muss diese in der Lage sein, die erforderliche Momentanleistung zu erbringen.

Beispiel 3.27

Wie groß ist die Leistung des Motors eines Autos, das beim Anfahren am Berg mit einer Beschleunigung von 1,0 m · s^{-2} eine Geschwindigkeit von 36 km · h^{-1} erreicht? In Beispiel 3.13 haben wir für dieses Auto bereits die zur Überwindung der Trägheit, der Hangabtriebs- und der Fahrwiderstandskraft notwendige Kraft des Motors zu F_M = 2,4 kN ermittelt. In Beispiel 3.22 wurde dann die dabei zu verrichtende Arbeit aus Beschleunigungs-, Hub- und Reibungsarbeit zu W = 120 kJ berechnet.

Lösung:
Der Anfahrvorgang dauert $t = v/a$ = 10 m · s^{-1}/ 1 m · s^{-2} = 10 s. Damit ergibt sich eine Durchschnittsleistung von $\bar{P} = W/t$ = 120 kJ/10 s = 12 kW. Die Momentanleistung ist am Ende des Beschleunigungsvorgangs bei der erreichten Endgeschwindigkeit von 10 m · s^{-1} am größten: $P_{max} = F_M v$ = 2,4 kN ·10 m · s^{-1} = 24 kW. Sie ist doppelt so groß wie die Durchschnittsleistung.

3.2.4.2 Wirkungsgrad

Der Wirkungsgrad η gibt an, wie *effektiv* gearbeitet wird. Er ist das Verhältnis der von einer Maschine oder Anlage verrichteten Nutzarbeit W_N zum Energieaufwand E_A. Wenn sich Nutzarbeit und Energieaufwand auf die gleiche Zeit beziehen, können Sie den Wirkungsgrad auch aus dem Verhältnis von Nutzleistung P_N und aufgewendeter Leistung P_A berechnen (Bild 3.42):

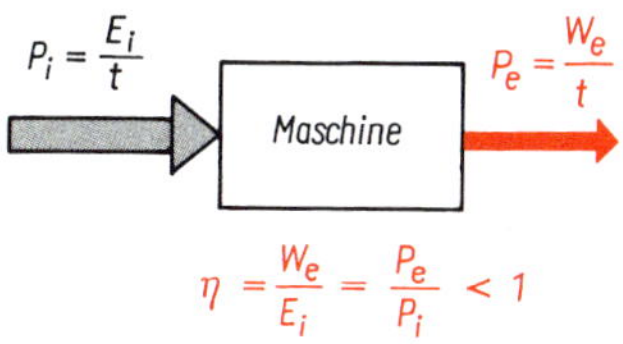

Bild 3.42: Wirkungsgrad einer Maschine

Wirkungsgrad

$$\eta = \frac{W_N}{E_A} = \frac{P_N}{P_A} < 1 \tag{3.31}$$

Bei Antriebsmaschinen wird die Nutzleistung als effektive Leistung P_e und die aufgewendete Leistung als indizierte Leistung P_i bezeichnet und der Wirkungsgrad in der Form $\eta = P_e/P_i$ geschrieben.

η ist eine Zahl kleiner als 1 und wird häufig in Prozent angegeben. Beachten Sie, dass beim Rechnen das %-Zeichen durch 1/100 = 10^{-2} zu ersetzen ist! Prozentangaben sind Brüche mit dem gemeinsamen Nenner 100.

Ein Wirkungsgrad von η = 0,70 = 70 % bedeutet, dass die 100 % entsprechende aufgewendete Energie nur zu 70 % technisch genutzt wird (Bild 3.43). 30 % werden in technisch nicht nutzbare Energieformen umgewandelt, die meist als Wärme an die Umgebung übertragen werden. Das ist gemeint, wenn in der Technik von „Energieverlusten" gesprochen wird.

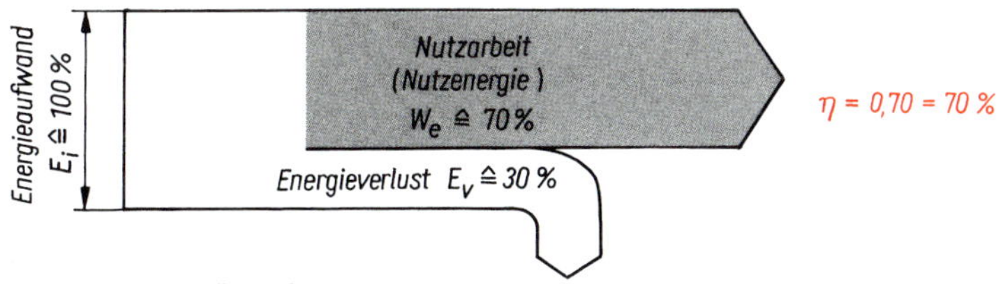

Bild 3.43: Energieflussschema

Verbrennungsmotoren und Dampfturbinen erreichen Wirkungsgrade von höchstens 40 %. Bei Wärmekraftmaschinen ist der Wirkungsgrad selbst unter idealen Bedingungen nach dem 2. Hauptsatz der Thermodynamik theoretisch begrenzt (s. 8.5.1). Elektrische Maschinen erreichen bei hohen Leistungen Wirkungsgrade bis über 90 %. Dabei ist jedoch zu berücksichtigen, dass die als Gebrauchsenergie aufgewendete Elektroenergie in Wärmekraftwerken oft aus Kohle als Primärenergieträger gewonnen wird. So ist der Wirkungsgrad einer E-Lok bezogen auf den Aufwand an Gebrauchsenergie 80 %, bezogen auf aufgewendete Primärenergie nur noch 20 %. Sind in einer Anlage mehrere Maschinen derart gekoppelt, dass die Nutzarbeit der vorhergehenden Maschine den Energieaufwand für die nachfolgende Maschine liefert, so ist der **Gesamtwirkungsgrad** η_G der Anlage gleich dem Produkt der Einzelwirkungsgrade der Maschinen:

Gesamtwirkungsgrad

$$\eta_G = \eta_1 \cdot \eta_2 \cdot \eta_2 \cdot \ldots \cdot \eta_n \tag{3.32}$$

Wird eine Pumpe mit einem Wirkungsgrad $\eta_2 = 80\ \%$ durch einen Elektromotor mit $\eta_1 = 90\ \%$ angetrieben (Bild 3.44), so ist der Gesamtwirkungsgrad der Pumpanlage $\eta_G = 0{,}90 \cdot 0{,}80 = 0{,}72 = 72\ \%$. Achtung! Sie dürfen dabei nicht etwa die Prozentzahlen multiplizieren.

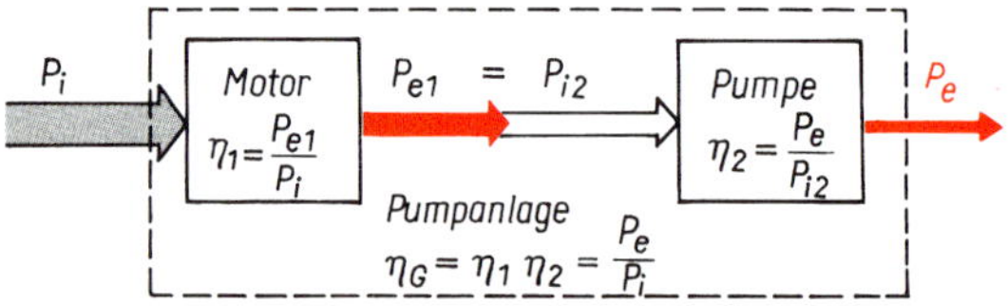

Bild 3.44: Gesamtwirkungsgrad einer Pumpanlage

Bild 3.45: Pumpspeicherwerk Wendefurth (Fallhöhe 126 m, 2 Maschinensätze mit je 40 MW)

Beispiel 3.28

Wie groß ist der Gesamtwirkungsgrad eines Pumpspeicherwerkes (Bild 3.45)? Es habe z. B. 8 Pumpspeichersätze mit je einer elektrischen Maschine, die eine elektrische Leistung von 40 MW hat, einer Speicherpumpe und einer Turbine. Im Pumpbetrieb treibt die elektrische Maschine als Motor die Speicherpumpe an, die bei einer Leistungsaufnahme von 38,7 MW einen Förderstrom von 10,4 m^3 Wasser je Sekunde auf eine Förderhöhe von 319 m ins Oberbecken pumpt (Bild 3.46). Im Turbinenbetrieb treibt die Turbine mit 42 MW bei 302 m Fallhöhe und einem Wasserstrom von 15,5 m^3 je Sekunde die elektrische Maschine als Generator an (Bild 3.48).

- *Lösung:* Pumpbetrieb: Der Motor nimmt eine elektrische Leistung von 40 MW auf und hat eine Nutzleistung von 38,7 MW. Sein Wirkungsgrad ist η_M = 38,7 MW/40 MW = 0,97 = 97 %. Die Speicherpumpe wird mit einer Leistung von 38,7 MW angetrieben. Ihre Nutzleistung ergibt sich aus der Hubarbeit zur Förderung des Wassers ins Oberbecken:

$$P_{NP} = \frac{mgh}{t} = \frac{\varrho Vgh}{t}$$

$$= \frac{10^3\,\text{kg} \cdot 10{,}4\,\text{m}^3 \cdot 9{,}81\,\text{m} \cdot 319\,\text{m}}{\text{m}^3 \cdot 1\,\text{s} \cdot \text{s}^2} = 32{,}5\,\text{MW}$$

Ihr Wirkungsgrad ist η_P = 32,5 MW/38,7 MW = 0,84 = 84 %. Der Gesamtwirkungsgrad im Pumpbetrieb beträgt $\eta_{GP} = \eta_M \eta_P = 0{,}97 \cdot 0{,}84 = 0{,}81 = 81\,\%$ (Bild 3.47).

- *Lösung:* Turbinenbetrieb: Die Leistungsaufnahme der Turbine ergibt sich aus der Abnahme der potenziellen Energie des Wassers:

$$P_{AT} = \frac{mgh}{t} = \frac{\varrho Vgh}{t}$$

$$= \frac{10^3\,\text{kg} \cdot 15{,}5\,\text{m}^3 \cdot 9{,}81\,\text{m} \cdot 302\,\text{m}}{\text{m}^3 \cdot 1\,\text{s} \cdot \text{s}^2} = 45{,}9\,\text{MW}$$

Ihr Wirkungsgrad ist η_T = 42 MW/45,9 MW = 0,92 = 92 %. Der Generator nimmt die Leistung der Turbine von 42 MW auf und hat eine elektrische Nutzleistung von 40 MW. Sein Wirkungsgrad ist η_G = 40 MW/42 MW = 0,95 = 95 %. Der Gesamtwirkungsgrad im Turbinenbetrieb beträgt $\eta_{GT} = \eta_T \eta_G = 0{,}92 \cdot 0{,}95 = 0{,}87 = 87\,\%$ (Bild 3.49).

Die Speicherung von Elektroenergie in den Nachtstunden als potenzielle Energie des Wassers im Oberbecken und deren Rückgewinnung in den Spitzenbelastungszeiten erfolgt insgesamt mit einem Wirkungsgrad von $\eta_{Ges} = \eta_{GP}\eta_{GT} = 0{,}81 \cdot 0{,}87 = 0{,}70 = 70\,\%$.

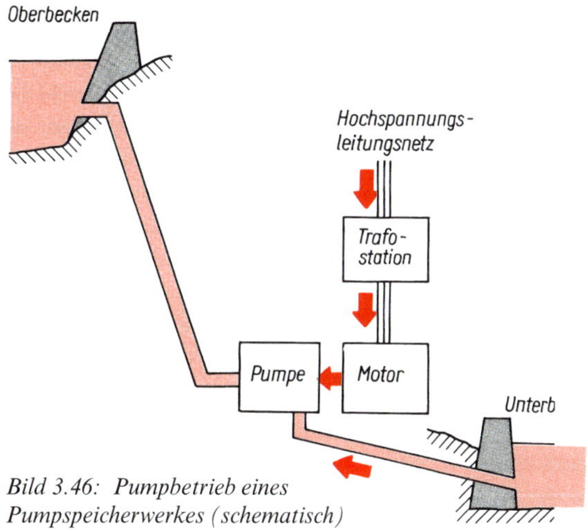

Bild 3.46: Pumpbetrieb eines Pumpspeicherwerkes (schematisch)

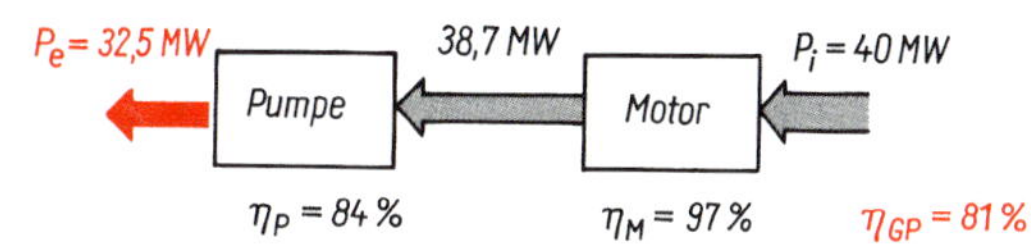

Bild 3.47: Darstellung des Leistungsflusses eines PSW bei Pumpbetrieb

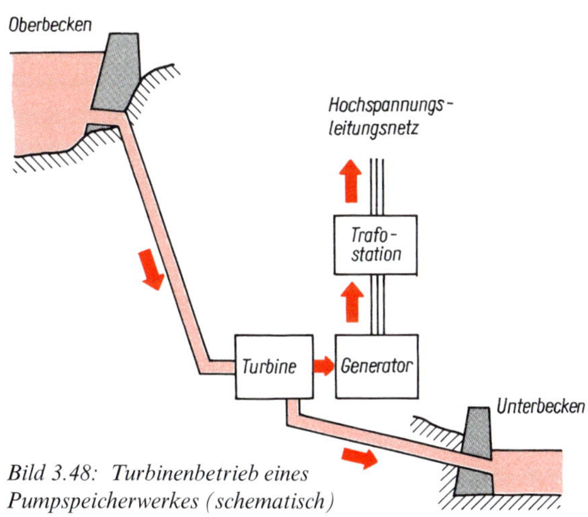

Bild 3.48: Turbinenbetrieb eines Pumpspeicherwerkes (schematisch)

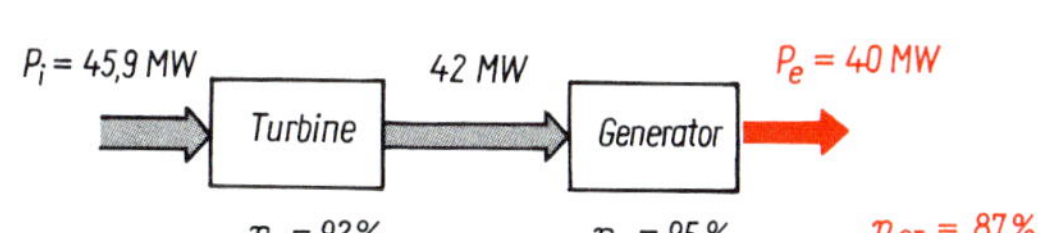

Bild 3.49: Darstellung des Leistungsflusses eines PSW bei Turbinenbetrieb

Die Energieumwandlungsprozesse gehen von Primärenergieträgern wie Kohle, Erdöl, Erdgas, Wasserkraft und Kernenergie aus. Bei der Umwandlung der *Primärenergie zu Gebrauchsenergie* als Sekundärenergie in Form von Elektroenergie, Dampf, festen und flüssigen Brenn- und Treibstoffen treten Umwandlungsverluste von 42 % auf. Bei der Umwandlung der *Gebrauchsenergie* in *Nutzenergie* für den Antrieb von Fahrzeugen und Maschinen, für Wärmeprozesse, Raumheizung und Beleuchtung treten nochmals 30 % Anwendungsverluste bezogen auf die Primärenergie auf. Nur 28 % der aufgewendeten Primärenergie stehen als Nutzenergie zur Verfügung. Dieser gesamtwirtschaftliche energetische Wirkungsgrad von 28 % stellt eine Herausforderung an jeden Techniker dar, durch neue und verbesserte Technologien den Energieaufwand entscheidend zu senken.

3.3 Impuls

Verschiedene mechanische Vorgänge laufen stoßartig ab. Beim Einschlagen eines Nagels, beim Schmieden, bei Abschuss und Einschlag eines Geschosses, beim Zusammenstoß zweier Fahrzeuge oder beim Kugelstoßen und Billardspielen wirken Körper durch Kräfte kurzzeitig aufeinander ein. Den Ablauf stoßartiger Prozesse können wir mit dem Grundgesetz der Dynamik meist nicht oder nur unter großen Schwierigkeiten berechnen. Der zeitliche Verlauf der Kraftwirkung und die kurzen Einwirkungszeiten sind schwer erfassbar. Dagegen lassen sich Massen und Geschwindigkeiten relativ leicht bestimmen. Deshalb führt man die physikalische Größe **Impuls** p als Produkt von Masse m und Geschwindigkeit v ein. Der Betrag des Impulses ist

Impuls

$$p = mv \tag{3.33}$$

$$[p] = \text{kg} \cdot \text{m} \cdot \text{s}^{-1}$$

Die Richtung des Impulses stimmt mit der Richtung der Geschwindigkeit überein.

Beispiel 3.29

Welcher Zusammenhang besteht zwischen der kinetischen Energie E_k eines Körpers der Masse m und seinem Impuls p?

Lösung:
Mit $p = mv$ und $v^2 = p^2/m^2$ folgt aus $E_k = (m/2)\,v^2$ für die kinetische Energie $E_k = p^2/(2m)$. Eine Verdopplung des Impulses ergibt die vierfache kinetische Energie.

3.3.1 Kraftstoß und Impuls

Durch die Einführung des Impulses $p = mv$ können wir das Grundgesetz der Dynamik in die Form bringen, in der es von NEWTON ursprünglich ausgesprochen wurde:

$$F = ma = m\,\frac{\Delta v}{\Delta t} = \frac{mv_2 - mv_1}{\Delta t} = \frac{\Delta p}{\Delta t}$$

Die Kraft ist gleich der zeitlichen Änderung des Impulses.

Grundgesetz der Dynamik

$$F = \frac{\Delta p}{\Delta t} \tag{3.34}$$

Um den Impuls eines Körpers zu ändern, muss eine Kraft eine gewisse Zeit lang auf ihn einwirken. Das Produkt aus der Kraft F und der Zeit Δt ihrer Einwirkung wird als Kraftstoß bezeichnet. Wir erhalten den Zusammenhang zwischen Kraftstoß und Impulsänderung, wenn wir Gl. (3.34) mit Δt multiplizieren:

Kraftstoß

$$F\Delta t = \Delta p \qquad (3.35)$$

Der Kraftstoß ist gleich der Impulsänderung.

Bei zeitlich veränderlichen Kräften, wie sie bei den meisten Stoßvorgängen vorkommen, muss für F der zeitliche Mittelwert eingesetzt oder der Kraftstoß als Fläche unter der Kurve im F-t-Diagramm ermittelt werden (Bild 3.50).

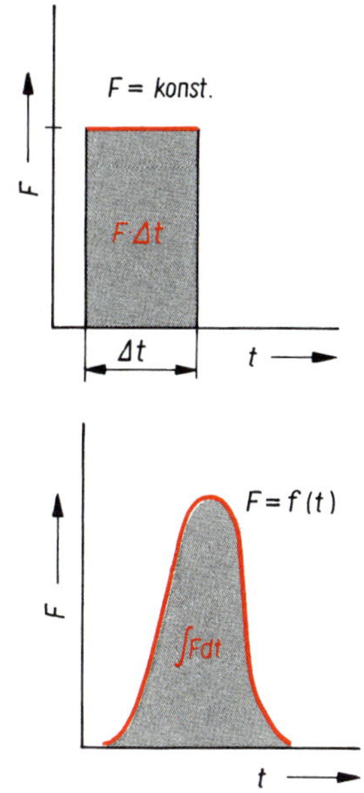

Bild 3.50: Kraftstoß als Fläche im F-t-Diagramm

Die Bedeutung und Zweckmäßigkeit des Impulsbegriffes zeigt sich besonders bei der Untersuchung von Systemen, die aus mehreren Körpern bestehen. Nagel und Hammer, Schmiedestück mit Amboss und Schmiedehammer, Geschoss und Geschütz, zwei zusammenstoßende Körper können vereinfacht als solche Systeme betrachtet werden. Der Gesamtimpuls eines solchen Systems ist gleich der Summe der Impulse seiner Teile.

Unter den in einem System von Körpern wirkenden Kräften können wir ihrer Herkunft nach *äußere* Kräfte F_a und *innere* Kräfte F_i unterscheiden. Innere Kräfte treten durch die Wechselwirkung zwischen den Körpern auf, aus denen das System besteht. Nach dem Wechselwirkungsgesetz (s. 3.1.2, Bild 3.1) sind diese paarweise auftretenden inneren Kräfte zwischen je zwei Körpern des Systems dem Betrag nach gleich, aber entgegengesetzt gerichtet. Sie heben sich in ihrer Wirkung auf das Gesamtsystem gegenseitig auf. Innere Kräfte können deshalb das System als Ganzes *nicht* beschleunigen. Der Gesamtimpuls eines Systems kann sich nur durch äußere Kräfte ändern:

$$F_a \Delta t = \Delta p_{ges} \qquad (3.36)$$

Die Kräfte des Motors eines Fahrzeuges sind innere Kräfte. Sie allein können den Gesamtimpuls des Fahrzeuges nicht ändern. Dies ist erst durch die Haftreibungskraft zwischen Rädern und Straße als äußere Kraft möglich (s. 3.1.2 und 3.1.8).

3.3.2 Impulserhaltungssatz

Fehlen äußere Kräfte, so kann sich der Gesamtimpuls eines System nicht ändern. Sein Impuls ist eine Erhaltungsgröße. Es gilt der **Impulserhaltungssatz:**

Wirken auf ein System von Punktmassen keine äußeren Kräfte, so ist die Summe der Impulse aller Punktmassen des Systems zeitlich konstant.

Dabei müssen wir beachten, dass Impulse im Gegensatz zu Energien *Vektoren* sind. Impulse werden deshalb wie Kräfte vektoriell addiert. Betrachten wir Systeme, in denen sich Punktmassen nur längs einer Geraden bewegen können, so rechnen wir mit den Beträgen der Impulse und unterscheiden die beiden möglichen Richtungen durch entgegengesetzte Vorzeichen.

Beispiel 3.30

Welche Geschwindigkeiten v_1 und v_2 erreichen zwei Körper der Massen m_1 und m_2 beim Entspannen einer zwischen ihnen gespannten Feder (Bild 3.51)?

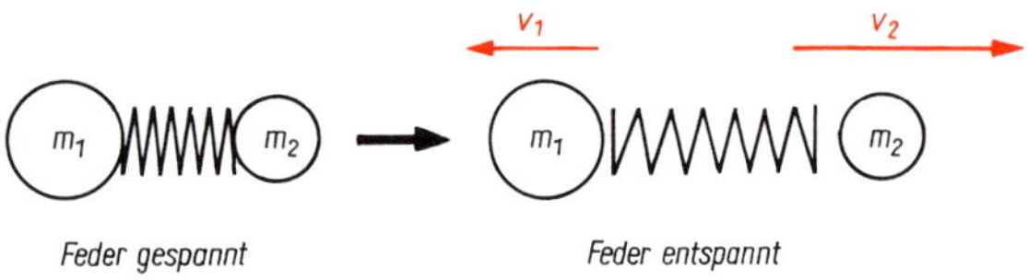

Bild 3.51: Zum Impulserhaltungssatz in Bsp. 3.30

Lösung:
Die Federkräfte sind innere Kräfte dieses Systems. Es gilt der Impulserhaltungssatz. Da sich die beiden Körper vor dem Entspannen der Feder nicht bewegen, ist der Gesamtimpuls null und muss es auch nach dem Entspannen der Feder bleiben: $m_1v_1 + m_2v_2 = 0$. Daraus folgt $m_1v_1 = -m_2v_2$ und $v_1/v_2 = -m_2/m_1$. Sie erkennen, dass sich die beiden Körper in entgegengesetzter Richtung bewegen und die Beträge der Geschwindigkeiten sich umgekehrt wie die Massen verhalten. Wie groß die Geschwindigkeiten sind, hängt von der potenziellen Energie der gespannten Feder ab. Bei Vernachlässigung von Reibungskräften ist nach dem Energieerhaltungssatz die potenzielle Energie der Feder vor dem Entspannen gleich der kinetischen Energie beider Körper nach dem Entspannen:

$$E_p = \frac{m_1}{2} v_1^2 + \frac{m_2}{2} v_2^2$$

Impulserhaltungssatz und Energieerhaltungssatz ergeben ein Gleichungssystem aus 2 Gleichungen für die 2 unbekannten Geschwindigkeiten. Die Lösungen sind

$$v_1 = \sqrt{\frac{2\,E_P}{m_1\left(1+\frac{m_1}{m_2}\right)}}; \quad v_2 = \sqrt{\frac{2\,E_P}{m_2\left(1+\frac{m_2}{m_1}\right)}}$$

Bei gleichen Massen $m_1 = m_2$ haben die Geschwindigkeiten der beiden Körper den gleichen Betrag $v = \sqrt{E_p/m}$, aber entgegengesetzte Richtungen.

3.3.3 Stoßvorgänge

Wenn zwei Körper zusammenstoßen, sind die in diesem System beim Zusammenstoß wirkenden Kräfte innere Kräfte des Systems. Der Gesamtimpuls des Systems bleibt beim Stoß erhalten. Sind die beiden Körper völlig *elastisch*, bleibt auch die gesamte kinetische Energie erhalten und ist vor und nach dem Stoß gleich. Sind die beiden Körper völlig *unelastisch*, so wird ein Teil der kinetischen Energie für unelastische Verformungsarbeit gebraucht (s. 3.2.3). Wir unterscheiden deshalb als idealisierte Grenzfälle elastische und unelastische Stöße.

In folgendem betrachten wir nur *gerade zentrale* Stöße. Bei diesen fällt die Stoßrichtung mit der die Mittelpunkte der Körper verbindenden Geraden zusammen. Außerdem soll der zweite Körper im entsprechend gewählten Bezugssystem vor dem Stoß ruhen: $v_2 = 0$. Die Geschwindigkeiten nach dem Stoß erhalten den Index N.

3.3.3.1 Elastischer Stoß

Ein Körper der Masse m_1 stößt **elastisch** mit der Geschwindigkeit v_1 auf einen ruhenden Körper der Masse m_2. Dabei bleiben sowohl der Impuls als auch die kinetische Energie des Systems erhalten:

$$m_1 v_1 = m_1 v_{1N} + m_2 v_{2N} \quad \text{(Impulssatz)}$$

$$\frac{m_1}{2} v_1^2 = \frac{m_1}{2} v_{1N}^2 + \frac{m_2}{2} v_{2N}^2 \quad \text{(Energiesatz)}$$

Die Auflösung dieses Gleichungssystems ergibt die Geschwindigkeiten nach dem Stoß:

$$v_{1N} = \frac{1 - \frac{m_2}{m_1}}{1 + \frac{m_2}{m_1}} v_1 \quad (3.37)$$

$$v_{2N} = \frac{2}{1 + \frac{m_2}{m_1}} v_1 \quad (3.38)$$

Die Geschwindigkeiten nach dem geraden elastischen Stoß hängen wesentlich vom Verhältnis der Massen m_2/m_1 ab.

Beispiel 3.31

Ein Körper sehr großer Masse m_1 stößt auf einen ruhenden Körper sehr kleiner Masse m_2 (Bild 3.52).

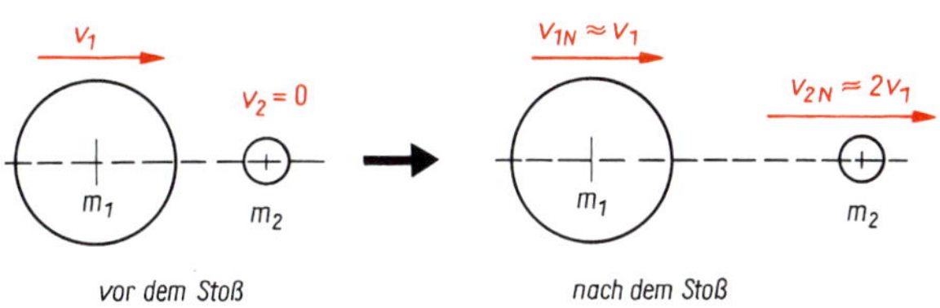

Bild 3.52: Elastischer Stoß mit $m_1 \gg m_2$

Lösung:
Wegen $m_1 \gg m_2$ ist $m_2/m_1 \ll 1$ und kann in Gl. (3.37) und Gl. (3.38) vernachlässigt werden. Die Geschwindigkeit des großen Körpers wird durch den Stoß kaum geändert: $v_{1N} \approx v_1$. Dafür läuft der kleine Körper mit nahezu doppelter Geschwindigkeit in Stoßrichtung voraus: $v_{2N} \approx 2v_1$.

Beispiel 3.32

Ein Körper der Masse m_1 stößt auf einen ruhenden Körper gleicher Masse (Bild 3.53).

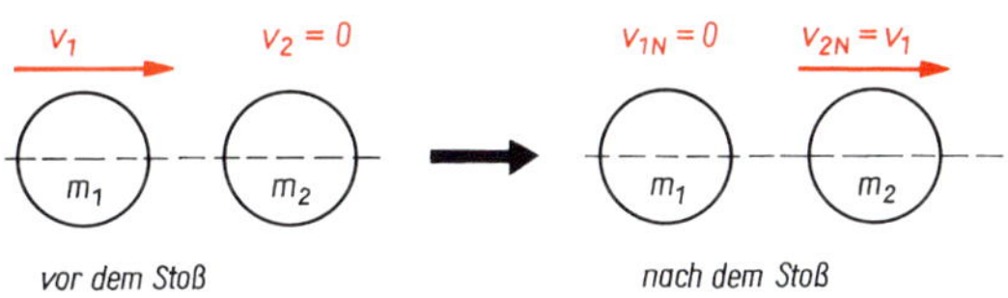

Bild 3.53: Elastischer Stoß mit $m_1 = m_2$

Lösung:
Wegen $m_1 = m_2$ ist $m_2/m_1 = 1$. Nach Gl. (3.37) bleibt der stoßende Körper *1* stehen: $v_{1N} = 0$. Der gestoßene Körper *2* bewegt sich dafür nach Gl. (3.38) mit der Geschwindigkeit $v_{2N} = v_1$ weiter. In diesem Fall werden beim elastischen Stoß Impuls und kinetische Energie des Körpers *1* vollständig auf den Körper *2* übertragen.

Beispiel 3.33

Ein Körper sehr kleiner Masse m_1 stößt auf einen ruhenden Körper sehr großer Masse m_2, im Extremfall senkrecht gegen eine Wand (Bild 3.54).

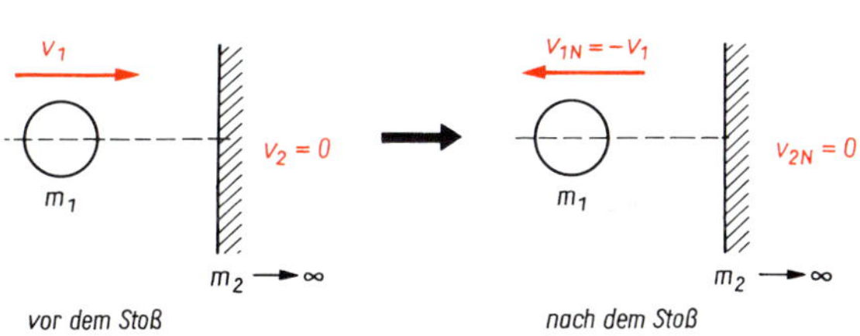

Bild 3.54: Elastischer Stoß mit $m_1 \ll m_2$

Lösung:
Wegen $m_1 \ll m_2$ ist das Verhältnis $m_2/m_1 \gg 1$ und geht bei einer Wand gegen unendlich. Dann bleibt die Wand annähernd in Ruhe: $v_{2N} \approx 0$. Körper *1* wird an der Wand elastisch reflektiert: $v_{1N} \approx -v_1$. Seine kinetische Energie ändert sich nicht, während die Impulsänderung $\Delta p_1 \approx (m_1 v_1) - (-m_1 v_1) = 2\, m_1 v_1$ beträgt und von der Wand aufgenommen werden muss. Stoßen z. B. die Moleküle eines Gases infolge ihrer Wärmebewegung auf die Gefäßwände, so rufen deren Impulsänderungen den Gasdruck hervor (s. 7.2).

3.3.3.2 Unelastischer Stoß

Bei einem **unelastischen** Stoß zweier Körper werden diese *bleibend* verformt. Sie bilden praktisch nach dem Stoß einen Körper mit der Masse $(m_1 + m_2)$ und einer *gemeinsamen* Geschwindigkeit v_N (Bild 3.55). Das Aussehen der Fahrzeuge nach dem Zusammenstoß bei einem Verkehrsunfall liefert einen anschaulichen Eindruck von den Wirkungen eines unelastischen Stoßes (Bild 3.56).

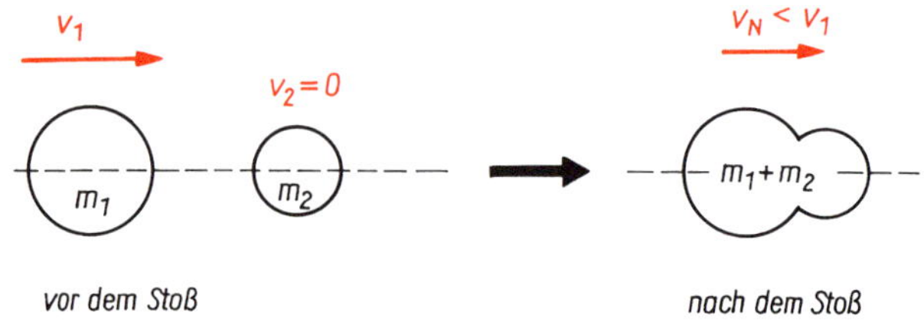

Bild 3.55: Unelastischer Stoß

Bild 3.56: Wirkungen des unelastischen Stoßes bei einem Crashtest

Der Impulserhaltungssatz für den unelastischen zentralen Stoß lautet $m_1 v_1 = m_1 v_{1N} + m_2 v_{2N} = (m_1 + m_2)\, v_N$. Daraus ergibt sich die einheitliche Geschwindigkeit nach dem Stoß zu

$$v_N = \frac{m_1}{m_1 + m_2} v_1 \qquad (3.39)$$

Die beim unelastischen Stoß aufgewendete Verformungsarbeit an den Körpern ist gleich der Abnahme der kinetischen Energie vor und nach dem Stoß:

$W_V = (m_1/2)\, v_1^2 - (1/2)\,(m_1 + m_2)\, v_N^2$. Mit v_N nach Gl. (3.39) beträgt diese unelastische Verformungsarbeit

$$W_V = \frac{1}{1 + \dfrac{m_1}{m_2}} \cdot \frac{m_1}{2} v_1^2 = \frac{1}{1 + \dfrac{m_1}{m_2}} E_{k1} \qquad (3.40)$$

Der Faktor $1/[1 + (m_1/m_2)]$ gibt den Bruchteil der anfänglich vorhandenen kinetischen Energie an, mit dem Verformungsarbeit verrichtet wurde.

Soll die Verformungsarbeit gering sein und ein möglichst großer Anteil der kinetischen Energie beim unelastischen Stoß übertragen werden, so muss nach

Gl. (3.40) $m_1 \gg m_2$ sein. Dies ist der Fall, wenn Sie mit einem Hammer großer Masse einen Nagel einschlagen. Dabei soll die Verformung des Nagels klein sein, während er eine große kinetische Energie erhalten muss, um gegen den Widerstand der Wand in diese eindringen zu können.

Sollen große Verformungen erzielt werden, muss dazu ein möglichst großer Teil der kinetischen Energie genutzt werden können. Dafür muss $m_1 \ll m_2$ sein. Dies ist beim Schmieden mit Hammer und Amboss, beim Zerkleinern durch Stoß und Schlag oder beim Aufschlag eines Geschosses auf einen Körper großer Masse der Fall.

Beispiel 3.34

Durch Anwendung des Impulserhaltungssatzes soll die Geschwindigkeit eines Geschosses bestimmt werden. Wir schießen dazu das Geschoss von 5,0 g in ein sog. „ballistisches Pendel" in Form einer als Pendel aufgehängten Sandkiste von 2,5 kg. Das Pendel schwingt nach dem Einschuss bis zu einer maximalen Höhe von $h_m = 50$ mm aus (Bild 3.57).

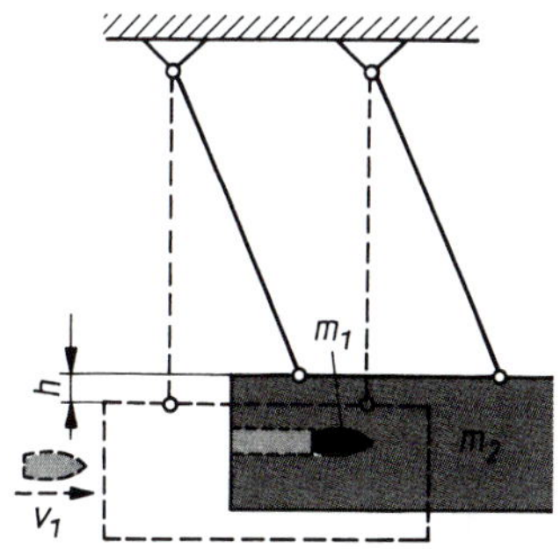

Bild 3.57: Messung der Geschossgeschwindigkeit mit einem ballistischen Pendel (zu Bsp. 3.34)

Lösung:
Aus dem Impulserhaltungssatz $m_1 v_1 = (m_1 + m_2)\, v_N$ ergibt sich die Geschossgeschwindigkeit zu $v_1 = v_N\,(m_1 + m_2)/m_1$. Zur Berechnung von v_1 muss die Geschwindigkeit v_N des Pendels ermittelt werden. Nach dem Einschuss wandelt sich beim Schwingen des Pendels dessen durch den Stoß erhaltene kinetische Energie in potenzielle Energie um. Dafür lautet der Energieerhaltungssatz $(1/2)\,(m_1 + m_2)\, v_N^2 = (m_1 + m_2)\, g h_m$. Aus dem Energieerhaltungssatz ergibt sich $v_N = \sqrt{2\, g h_m}$ und damit die gesuchte Geschossgeschwindigkeit zu

$$v_1 = \frac{m_1 + m_2}{m_1}\sqrt{2\, g h_m}$$

$$= \frac{2{,}505\ \text{kg}}{5 \cdot 10^{-3}\ \text{kg}}\sqrt{2 \cdot 9{,}81\ \text{m/s}^2 \cdot 50 \cdot 10^{-3}\ \text{m}} = 496\ \text{m} \cdot \text{s}^{-1}$$

3.3.4 Raketenantrieb

Mit Hilfe des Impulserhaltungssatzes wollen wir versuchen, das **Prinzip des Raketenantriebes** zu erklären (Bild 3.58). Vor dem Start ist der Impuls der Rakete gleich null. Wird die Rakete beim Start gezündet, so strömen die Verbrennungsprodukte des Treibstoffes als Gasstrahl mit der Geschwindigkeit v_G aus den Düsen der Rakete. Dabei verringert sich die Masse der Rakete um die Masse Δm der ausströmenden Gase. Der Gesamtimpuls kann sich durch die innere Wechselwirkung zwischen Gasstrahl und Raketenkörper nicht ändern (Bild 3.59). Es ist $\Delta p_{ges} = \Delta m v_G + m \Delta v_R = 0$. Die Impulsänderung $\Delta m v_G$ durch die ausströmenden Gase ist gleich einer entgegengesetzt gerichteten Impulsänderung des Raketenkörpers:

$$m \Delta v_R = -\Delta m v_G \qquad (3.41)$$

Dadurch erhöht sich die Geschwindigkeit der Rakete um Δv_R. Dividieren wir Gl. (3.41) durch die Zeit Δt, so erhalten wir einen Ausdruck für die Schubkraft F_S des Raketenantriebes:

$$m \frac{\Delta v_R}{\Delta t} = m a_R = F_S = -\frac{\Delta m}{\Delta t} v_G \qquad (3.42)$$

Schubkraft einer Rakete

Die Schubkraft des Raketenantriebes ist um so größer, je schneller der Treibstoff verbrannt wird und je größer die Austrittsgeschwindigkeit der Verbrennungsprodukte ist. Beachten Sie, dass die Masse der Rakete während der Dauer des Brennens der Raketentriebwerke kleiner wird, so dass die Beschleunigung bei gleichbleibender Schubkraft zunimmt.

Einer der bisher stärksten Raketenantriebe (Typ RD-171), der vielfach in der Raumfahrt eingesetzt wird, entwickelt eine maximale Schubkraft von 7,26 MN.

Bild 3.58: Raketenstart

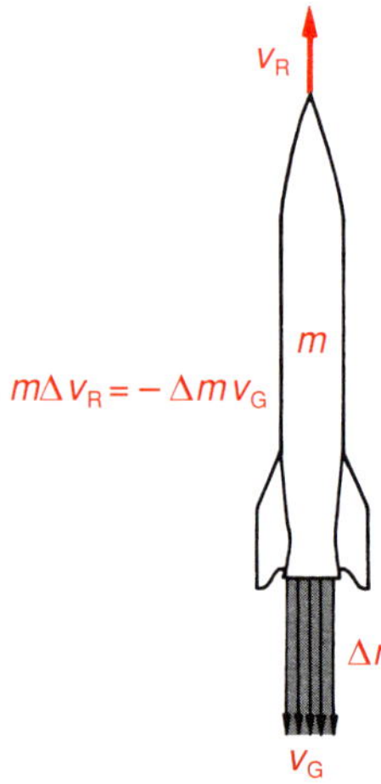

Bild 3.59: Prinzip des Raketenantriebs

Zusammenfassung: Dynamik der Punktmasse

- Die Dynamik befasst sich mit Kräften. Sie sind Ursache von Geschwindigkeitsänderungen: **Kraft** gleich Masse mal Beschleunigung.
- Kräfte können an einem Körpers längs seines Weges **Arbeit** verrichten.
  - Zum Heben eines Körpers auf größere Höhe muss Hubarbeit gegen die Gewichtskraft verrichtet werden, um die sich die potenzielle Energie erhöht.
  - Zum Beschleunigen eines Körpers auf größere Geschwindigkeit muss Beschleunigungsarbeit gegen dessen Trägheit verrichtet werden, um die sich die kinetische Energie vergrößert.
  - Zum Spannen einer Feder um einen bestimmten Betrag muss Spannarbeit gegen die Federkraft verrichtet werden, um die sich die potenzielle Energie der Feder erhöht. Unter Umsatz von **Energie** kann Arbeit verrichtet werden.
- Die **Leistung** gibt die je Zeit verrichtete Arbeit an, der **Wirkungsgrad** wie viel davon praktisch genutzt wird.
- **Energiesatz:** In einem abgeschlossenen System von Körpern, kann sich die Summe aller Energien nicht ändern.
- **Impulssatz:** Beim Fehlen äußerer Kräfte auf ein System von Körpern kann sich die Summe aller Impulse nicht ändern.

4 Dynamik der Rotation

Fragen und Probleme: *Was versteht man unter einem Drehmoment, wovon hängt es ab? Was bewirkt ein auf einen Körper einwirkendes Drehmoment? Welche Bedeutung hat das Massenträgheitsmoment eines Körpers? Wovon hängt das Massenträgheitsmoment eines Körpers bezüglich der Lage seiner Drehachse ab? Welche Analogiebeziehungen bestehen zwischen Translation und Rotation? Was besagt der Drehimpulserhaltungssalz? Welche typischen Beispiele für die Drehimpulserhaltung lassen sich angeben?*

Durchlaufen alle Punkte eines Körpers bei dessen Bewegung kongruente, also deckungsgleiche Bahnen, so handelt es sich um eine fortschreitende Bewegung. Wir sprechen von einer Translation des Körpers und können dabei den Körper als Punktmasse auffassen. Es gelten Begriffe und Gesetze, wie wir sie in 2.1 Kinematik der Punktmasse und 3 Dynamik der Punktmasse dargelegt haben.

In der Technik spielen Körper, die um eine Achse rotieren, als Teile von Maschinen, Geräten und Anlagen eine besonders wichtige Rolle. Bezeichnungen wie Rad, Rolle, Zentrifuge, Kreiselpumpe, Drehbank, Karussell und rotierende elektrische Maschinen weisen darauf hin. Rotierende Körper wollen wir als starre Körper behandeln. Mögliche geringfügige Verformungen der Körper sollen vernachlässigbar sein. Wir denken uns starre Körper aus Punktmassen aufgebaut, die ihre relative Lage zueinander im Körper nicht ändern können. Diese Punktmassen beschreiben bei der **Rotation** des starren Körpers *konzentrische Kreise* um die Drehachse (s. 2.2.1).

Die Mechanik der Rotation starrer Körper weist gegenüber der Bewegung einzelner Punktmassen Besonderheiten auf, die es nahelegen, dafür besonders geeignete Begriffe einzuführen:

1. Die *Wirkung einer Kraft* auf einen um eine Achse drehbaren Körper hängt *nicht allein* von Betrag und Richtung der Kraft ab. Wesentlich ist der Abstand der Wirkungslinie der Kraft von der Drehachse. Dies führt uns auf den **Begriff des Drehmomentes** einer Kraft (s. 4.1).

2. Punkte eines rotierenden Körpers haben um so größere Bahngeschwindigkeiten, je weiter sie von der Drehachse entfernt sind. Eine *einheitliche* Beschreibung der Rotation des Körpers als Ganzes ist durch **Winkelgrößen** möglich. Wiederholen Sie deshalb, bevor Sie die weiteren Teile des Abschnittes 4 durcharbeiten, unbedingt die Abschnitte über die Bewegung auf der Kreisbahn (s. 2.1.2) und die Kinematik der Rotation (s. 2.2.2).

3. Wenn wir einen Körper in beschleunigte Rotation versetzen, müssen Teile, die weit von der Drehachse entfernt sind, auf höhere Geschwindigkeiten gebracht werden als achsnahe Teile des Körpers. Die *Trägheit* eines Körpers gegenüber einer Änderung seiner Drehzahl hängt deshalb *nicht allein* von seiner Masse ab. Sie wird wesentlich davon bestimmt, wie seine Masse in bezug auf die Drehachse räumlich angeordnet ist. Dies führt uns auf den **Begriff des Massenträgheitsmomentes** (s. 4.2 und 4.3).

4.1 Drehmoment

Sie sollen die Mutter einer Schraubverbindung mit einem Schraubenschlüssel festschrauben (Bild 4.1a). Wie fest Sie die Mutter anziehen können, hängt nicht allein von der Kraft ab, mit der Sie auf den Schraubenschlüssel einwirken, sondern auch von der Länge des Schraubenschlüssels. Lassen Sie Ihre Kraft senkrecht am Ende des Schraubenschlüssels angreifen, so stellt die Länge des Schraubenschlüssels den **Hebelarm** dar. Verlängern Sie den Hebelarm durch ein aufgestecktes Rohr, dann können Sie mit der gleichen Kraft eine größere Wirkung erzielen (Bild 4.1b). Die Wirkung hängt vom Produkt aus der Kraft F und der Länge l des Hebelarms ab. Dieses Produkt heißt **Drehmoment** M:

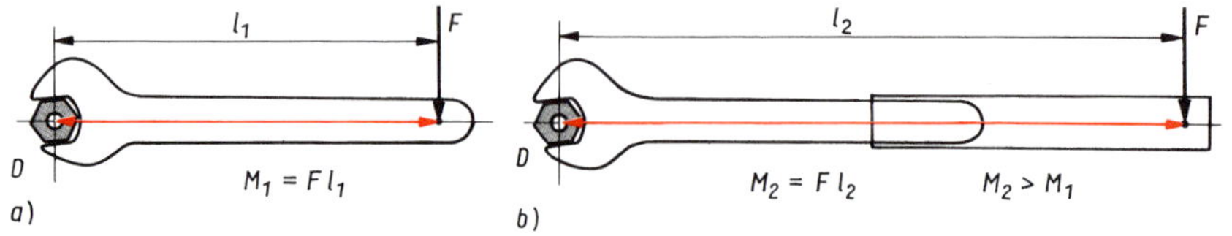

Bild 4.1: Drehmomente am Schraubenschlüssel
a) ohne; b) mit aufgestecktem Rohr

Drehmoment

$$M = Fl \tag{4.1}$$

$$[M] = \mathrm{N \cdot m}$$

Greift z.B. eine Gewichtskraft von 1 N am Ende eines waagerecht stehenden Hebels von 1 m Länge an, so versucht die Gewichtskraft mit einem Drehmoment von 1 N · m den Hebel nach unten zu drehen. Drehmomente haben die gleiche Einheit Newtonmeter wie die Arbeit, obwohl es sich um völlig verschiedene Größen handelt. Das Drehmoment ist eine gerichtete Größe, also ein Vektor. In der Ebene erhalten rechtsdrehende Drehmomente ein negatives und linksdrehende ein positives Vorzeichen. Die Arbeit dagegen ist ungerichtet, ein Skalar. Beachten Sie deshalb: Sie dürfen niemals die Arbeitseinheiten Joule und Wattsekunde für Drehmomente benutzen.

Verlängern Sie den Hebelarm immer weiter, dann könnten Sie mit einer gegebenen Kraft theoretisch beliebig große Drehmomente erzielen. Schon ARCHIMEDES erkannte das und meinte: „Man gebe mir einen festen Punkt in der Luft, und ich werde die Erde aus den Angeln heben." Es kann passieren, dass Sie beim Anziehen einer Mutter mit einem auf den Schraubenschlüssel aufgesteckten Rohr ein so großes Drehmoment bewirken, dass Sie den Gewindebolzen abscheren. Um eine Mutter mit einem vorgegebenen Drehmoment anzuziehen, verwendet man Drehmomentenschlüssel, an denen das aufgewendete Drehmoment ablesbar oder einstellbar ist (Bild 4.2).

Bild 4.2: Drehmomentenschlüssel mit Anzeige

In Bild 4.3a stimmt der Hebelarm l mit der Länge r des Schraubenschlüssels überein. Dies ist aber nur dann der Fall, wenn die Kraft F senkrecht zur Strecke r wirkt. Greift die Kraft F wie in Bild 4.3b unter einem Winkel $\alpha < 90°$ an, so verkürzt sich der Hebelarm $l < r$. Aus Bild 4.3b entnehmen Sie dafür die Beziehung $l = r \sin \alpha$.

Der Hebelarm l ist der kürzeste Abstand der Wirkungslinie der Kraft F von der Drehachse.

Für den Betrag des Drehmomentes gilt allgemein

$$M = Fl = Fr \sin \alpha \tag{4.2}$$

Drehmoment

Der Betrag des Drehmomentes ist das Produkt aus Kraft und Hebelarm.

Je kleiner der Winkel α, um so kleiner wird bei gleicher Kraft F und gleicher Strecke r der Hebelarm l und damit das Drehmoment M. Geht die Wirkungslinie der Kraft durch die Drehachse, so ist kein Hebelarm mehr vorhanden (Bild 4.3c). Die Kraft belastet dann nur noch die Drehachse, ohne eine Drehung bewirken zu können. Das Drehmoment ist null.

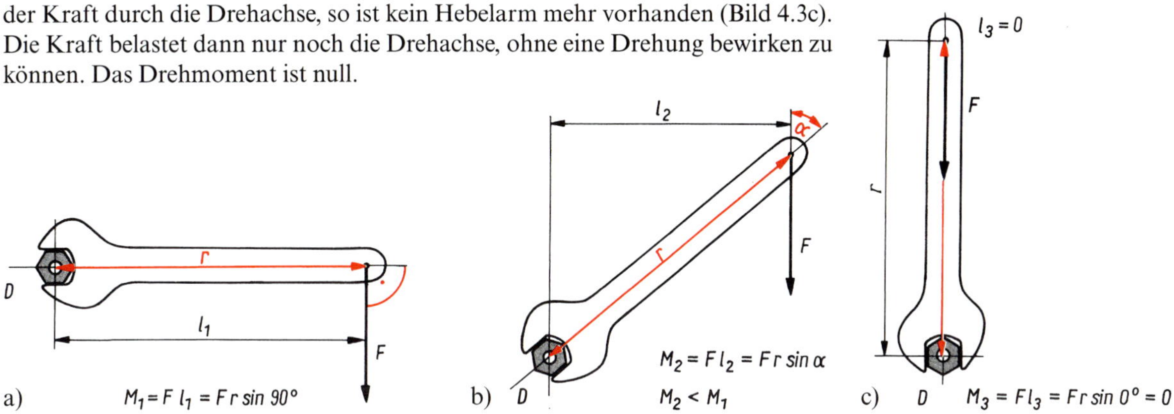

Bild 4.3: Drehmomente bei unterschiedlicher Kraftrichtung zum Hebel
a) $\alpha = 90°$; b) $\alpha < 90°$; c) $\alpha = 0$

Drehmomente sind *vektorielle* Größen. Bei Drehung um eine Achse brauchen wir jedoch nur die beiden möglichen Richtungen zu unterscheiden, indem wir „*linksdrehende* Momente" *positiv* und „*rechtsdrehende* Momente" *negativ* zählen.

Sind zwei Räder mit unterschiedlichem Durchmesser *auf gleicher Drehachse* starr miteinander gekoppelt, rotieren sie mit gleicher Drehzahl: $n_1 = n_2$ (s. 2.2.2). Auf beide Räder wirkt dabei das gleiche Drehmoment: $M_1 = M_2$. Wegen der Gleichheit der Drehmomente $F_1 r_1 = F_2 r_2$ verhalten sich die Kräfte am Umfang der Räder *umgekehrt* wie ihre Radien bzw. ihre Durchmesser:

$$\frac{F_1}{F_2} = \frac{r_2}{r_1} = \frac{d_2}{d_1} \tag{4.3}$$

Es tritt eine Kraftwandlung auf. Bild 4.4 zeigt dies am Beispiel eines Wellrades.

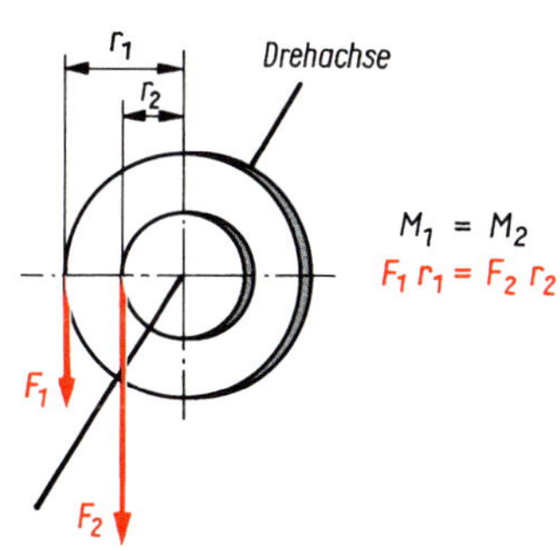

Bild 4.4: Kräfte und Drehmoment am Wellrad

Sind zwei Räder mit unterschiedlichem Durchmesser *über ihren Umfang* miteinander gekoppelt, verhalten sich ihre Drehzahlen nach Gl. (2.49) entsprechend dem Übersetzungsverhältnis $i = n_1/n_2 = d_2/d_1$ umgekehrt wie ihre Durchmesser

Drehmomentenwandlung

(s. 2.2.2). Am Umfang beider Räder greift dabei die gleiche Kraft an: $F_1 = F_2$. Wegen der Gleichheit der Kräfte $M_1/r_1 = M_2/r_2$ verhalten sich die Drehmomente beider Räder *wie* die zugehörigen Radien bzw. Durchmesser:

$$\frac{M_1}{M_2} = \frac{r_1}{r_2} = \frac{d_1}{d_2} = \frac{1}{i} \tag{4.4}$$

Es tritt eine Drehmomentenwandlung auf. Bild 4.5 zeigt dies am Beispiel eines Kettentriebes. Bei einer Übersetzung mit $i < 1$ ins *Schnellere* wird das Drehmoment *verringert.* Bei einer Übersetzung mit $i > 1$ ins *Langsamere vergrößert* sich das Drehmoment.

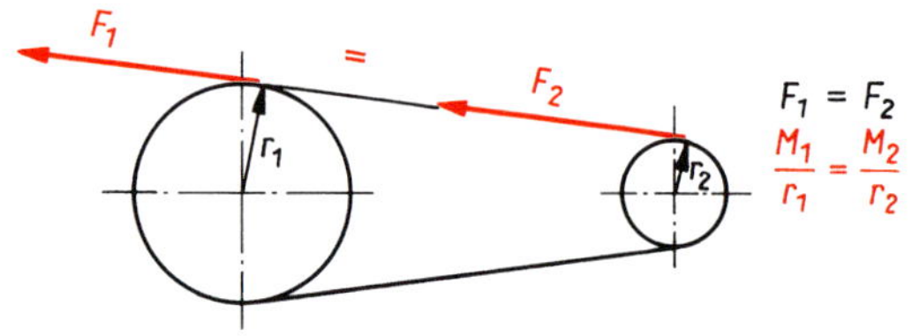

Bild 4.5: Kraft und Drehmomente am Kettentrieb

Jeder Kraftfahrer weiß, dass er im kleineren Gang bei größerem Übersetzungsverhältnis stärker beschleunigen kann oder Steigungen besser bewältigt.

Bei der Drehmomentenwandlung durch einen Zahnradtrieb ändert sich außerdem die Drehrichtung, wodurch sich die Drehmomente im Vorzeichen unterschieden. Die Übersetzung kann als Verhältnis der Zähnezahlen ausgedrückt werden.

Beispiel 4.1

Wie groß ist beim Fahrradfahren das erforderliche Drehmoment an den Tretkurbeln, wenn Sie am Umfang des Hinterrades eine Antriebskraft von 160 N erreichen wollen? (Durchmesser des vorderen Kettenrades $d_1 = 20$ cm, des hinteren Kettenrades $d_2 = 8$ cm und des Hinterrades $d_3 = 70$ cm)

Lösung:
Auf Hinterrad und hinteres Kettenrad wirkt das gleiche Drehmoment: $F_3 r_3 = F_2 r_2 = 160\ \text{N} \cdot 0{,}35\ \text{m} = 56\ \text{N} \cdot \text{m}$.

Beide Kettenräder erfahren die gleiche Umfangskraft $F_1 = F_2 = F_3\ (r_3/r_2) = 1400$ N. Das erforderliche Drehmoment an den Tretkurbeln ist gleich dem am vorderen Kettenrad: $M_1 = F_1 r_1 = 1400\ \text{N} \cdot 0{,}1\ \text{m} = 140\ \text{N} \cdot \text{m}$. Mit welcher Kraft Sie dazu auf die Pedale treten müssen, hängt von der jeweiligen Winkelstellung von Tretkurbeln und Pedale ab. Bild 4.6 zeigt die unterschiedlichen Hebelarme bei verschiedenen Stellungen von Tretkurbeln und Pedal.

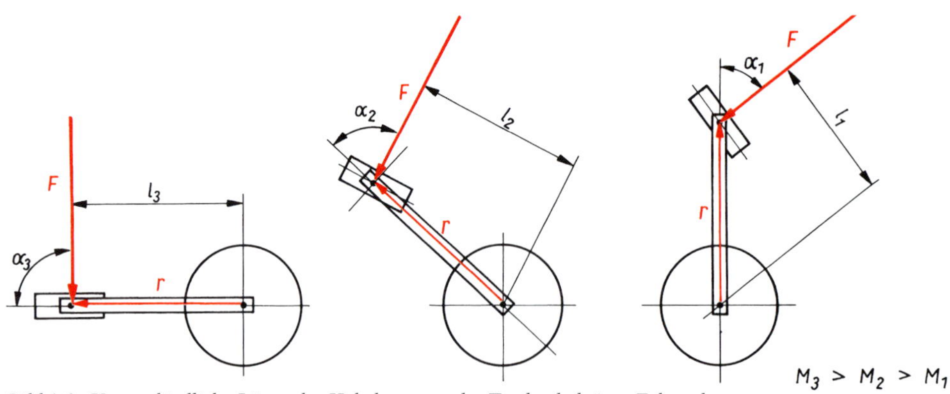

Bild 4.6: Unterschiedliche Länge der Hebelarme an der Tretkurbel eines Fahrrades

Oft lassen sich die ein Drehmoment bewirkenden Kräfte nicht ohne weiteres lokalisieren und ihre Hebelarme bestimmen. Denken Sie z. B. an die Kräfte auf die Wicklungen des Läufers eines Elektromotors oder die Reibungskräfte einer zähen Flüssigkeit auf den Rührer eines Rührwerkes. Eine Berechnung des Drehmomentes ist hier nach Gl. (4.2) nicht so einfach möglich. Dem Drehmoment kommt deshalb als physikalische Größe eine durchaus *eigenständige* Bedeutung zu.

Eine *direkte* **Messung von Drehmomenten** erfolgt durch die Verdrillung einer Feder. So wie die Längenänderung einer Feder der dehnenden Kraft (s. 3.1.3) ist der Verdrillungswinkel dem verdrillenden Drehmoment proportional:

$$M = k'\varphi \qquad (4.5)$$

Drehmoment

Zur Kalibrierung einer dementsprechenden Drehmomentenwaage muss die Federkonstante (Winkelrichtgröße) k' der Feder bekannt sein.

Gl. (4.2) ergibt das Prinzip möglicher *indirekter* Verfahren zur Drehmomentenmessung an Antriebsmaschinen. Das Drehmoment eines Motors kann mittels einer Bremsvorrichtung bestimmt werden. Dabei wird das Antriebsmoment M_M des Motors durch ein gleich großes Bremsmoment M_W kompensiert, so dass der Motor mit konstanter Drehzahl läuft. Das Bremsmoment können Sie dann nach Gl. (4.2) aus der zu messenden Bremskraft und dem Hebelarm der Bremsvorrichtung berechnen. Bild 4.7 zeigt als Beispiel einer solchen Bremsvorrichtung eine Bremswaage (PRONYscher Zaum).

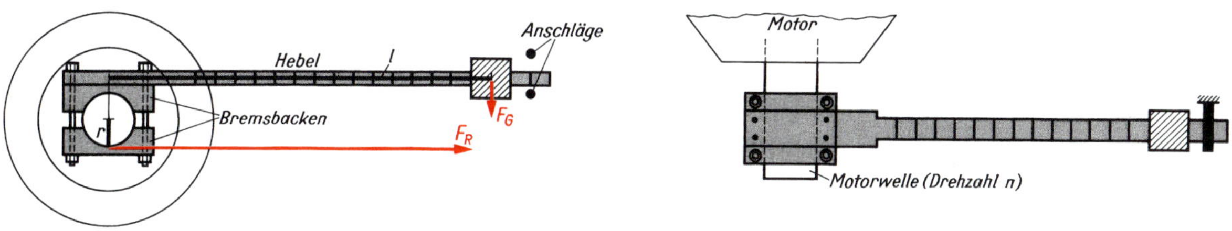

Bild 4.7: Bremswaage (PRONYscher Zaum)

Elektrische Verfahren zur Bestimmung des Drehmomentes von Maschinen benutzen Wirbelstrombremsen oder Pendelgeneratoren. Bei gleichzeitiger Messung der Drehzahl ergibt sich nach Gl. (4.10) die Leistung der Antriebsmaschine (s. Beispiel 4.11).

Beispiel 4.2

Wie groß ist das Drehmoment eines Elektromotors, das mit einer Bremswaage durch eine Masse von 1,5 kg in 0,50 m Abstand von der Drehachse im Gleichgewicht gehalten wird (Bild 4.7)?

Lösung:

$$M_M = M_W = mgl = 1{,}5\ \text{kg} \cdot 9{,}81\ \text{m} \cdot \text{s}^{-2} \cdot 0{,}50\ \text{m} = 7{,}50\ \text{N} \cdot \text{m}$$

4.2 Rotationsenergie und Massenträgheitsmoment

4.2.1 Rotationsenergie

Wir wollen versuchen, die **kinetische Energie** E_{kR} *eines um eine Achse rotierenden starren Körpers* zu berechnen. Bild 4.8 zeigt dazu als Beispiel einen homogenen Kreiszylinder, der um die Zylinderachse rotieren soll. Gl. (3.25) in der Form $E_k = (m/2)\,v^2$ können wir dafür nicht unmittelbar anwenden, da sich ja verschiedene Teile des Körpers mit unterschiedlichen Bahngeschwindigkeiten v bewegen. Deshalb denken wir uns den Körper der Masse m in so kleine Teilstücke der Teilmassen Δm zerlegt, dass wir diese als Punktmassen auffassen dürfen. Ein solches Teilstück i der Masse Δm_i im Abstand r_i von der Drehachse hat die Bahngeschwindigkeit $v_i = \omega r_i$. Der Anteil ΔE_{ki} des Teilstückes i an der kinetischen Energie des rotierenden Körpers ist

$$\Delta E_{ki} = \frac{\Delta m_i}{2}\, v_i^2 = \frac{\Delta m_i}{2}\,\omega^2 r_i^2$$

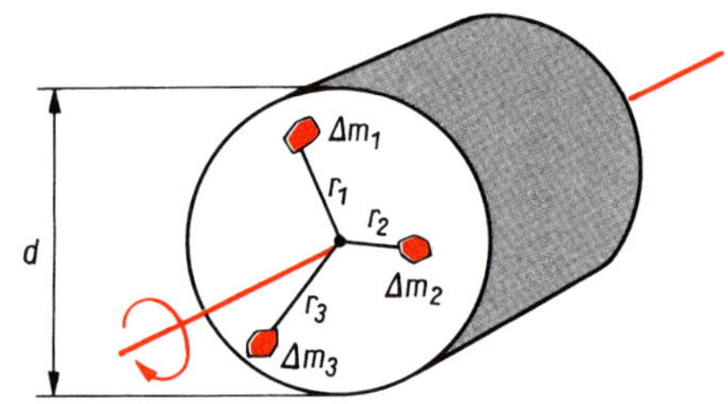

Bild 4.8: Zerlegung eines starren Körpers in Massenelemente zur Ermittlung des Massenträgheitsmomentes

Die gesamte kinetische Energie E_{kR} des rotierenden Körpers erhalten wir, wenn die kinetischen Energien ΔE_{ki} aller Teilstücke addiert werden:

$$E_{kR} = \sum \Delta E_{ki} = \frac{\omega^2}{2} \sum \Delta m_i r_i^2$$

Den konstanten Faktor $\omega^2/2$ konnten wir dabei aus der Summe ausklammern. Die in Klammern stehende Summe wird als **Massenträgheitsmoment** J des Körpers in **Bezug** auf die Drehachse bezeichnet:

Massenträgheitsmoment

$$J = \sum \Delta m_i r_i^2 \qquad (4.6)$$

$$[J] = \text{kg} \cdot \text{m}^2$$

Die kinetische Energie des rotierenden Körpers ist die **Rotationsenergie**

$$E_{kR} = \frac{J}{2}\,\omega^2 \qquad (4.7)$$

4.2.2 Massenträgheitsmoment

Zur Berechnung dynamischer Größen rotierender Körper müssen wir ihre **Massenträgheitsmomente** in *Bezug* auf die jeweilige Drehachse kennen. Aus Gl. (4.6) entnehmen Sie, dass Teilstücke mit großem Abstand r_i von der Drehachse größere Beiträge zum Massenträgheitsmoment des Körpers liefern als achsnahe Teilstücke.

Das **Massenträgheitsmoment eines starren Körpers hängt** von der räumlichen Massenverteilung in Bezug auf die Drehachse ab.

Tabelle 4.1: Massenträgheitsmomente symmetrischer Körper

Körper	**Bezugsachse**	***J***
Massenpunkt	im Abstand r	mr^2
Kugel	durch den Mittelpunkt	$(2/5)\, mr^2$
Vollzylinder	Zylinderachse	$(1/2)\, mr^2$
Hohlzylinder	Zylinderachse	$(1/2)\, m\,(r_i^2 + r_a^2)$
Langer Stab	durch den Mittelpunkt senkrecht zur Stabachse	$(1/12)\, ml^2$

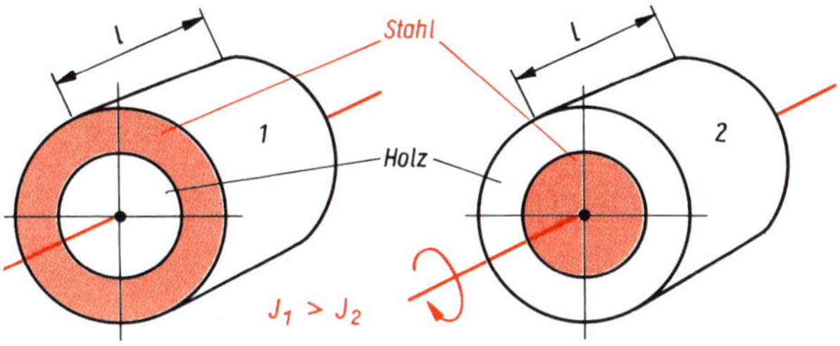

Bild 4.9: Unterschiedliche Massenträgheitsmomente bei unterschiedlicher Massenverteilung

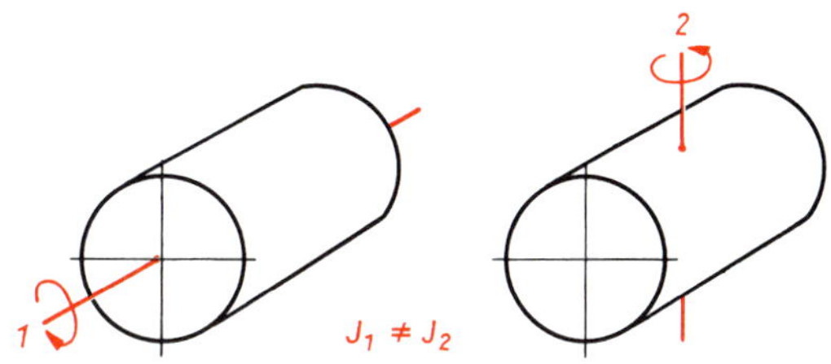

Bild 4.10: Unterschiedliche Massenträgheitsmomente bei unterschiedlicher Lage der Drehachse

Ein Zylinder mit Eisenmantel und Holzkern hat ein größeres Massenträgheitsmoment in Bezug auf die Zylinderachse als ein Zylinder mit Holzmantel und Eisenkern von gleicher Gesamtmasse und gleichen äußeren Abmessungen (Bild 4.9). Rotiert der Zylinder nicht um die Zylinderachse, sondern um eine zu dieser senkrecht stehende Achse durch den Mittelpunkt des Zylinders (Bild 4.10), so ergibt sich für den gleichen Zylinder ein *anderes* Massenträgheitsmoment, das jetzt explizit von der Länge des Zylinders abhängt.

Wie erhalten wir nun die für Berechnungen erforderlichen Werte von Massenträgheitsmomenten? Für geometrisch unkomplizierte homogene Körper können einfache Gleichungen zur Berechnung von Massenträgheitsmomenten mathematisch gewonnen werden, indem Gl. (4.6) durch ein Integral ersetzt wird: $J = \int r^2 \mathrm{d}m$. Ergebnisse solcher Integrationen für verschiedene Körperformen und unterschiedliche Lagen der Drehachse sind in Tabellen zusammengestellt (Tabelle 4.1). Beispielsweise ergibt sich das Massenträgheitsmoment eines homogenen Kreiszylinders in Bezug auf die Zylinderachse zu $J_S = (1/2)\, mr^2$, das einer homogenen Kugel bezüglich einer Drehachse durch den Kugelmittelpunkt zu $J_S = (2/5)\, mr^2$. Meist sind nur Gleichungen für Massenträgheitsmomente J_S mit Achsen durch den Schwerpunkt (s. 5.1.3) des Körpers angegeben. Massenträgheitsmomente J_A für Achsen A, die im Abstand a parallel zu Schwerpunktsachsen S verlaufen (Bild 4.11), kann man bei Kenntnis von J_S nach dem **Satz von Steiner** berechnen:

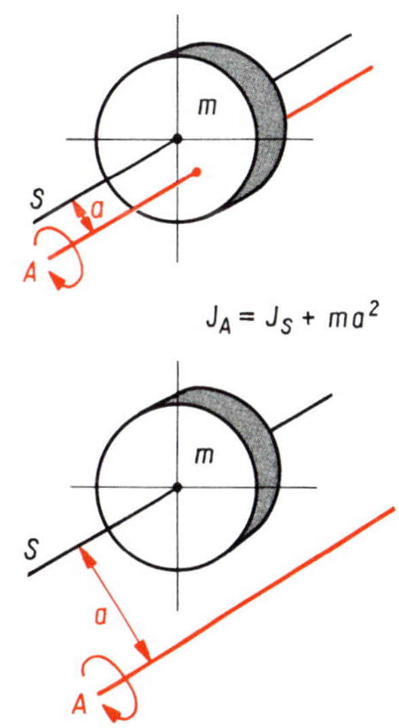

Bild 4.11: Massenträgheitsmomente in bezug auf Achsen parallel zu Schwerpunktsachsen

$$J_A = J_S + ma^2 \tag{4.8}$$

Satz von Steiner

Das Massenträgheitsmoment eines Körpers in Bezug auf eine beliebige Achse A ist gleich der Summe aus dem Massenträgheitsmoment hinsichtlich einer dazu parallelen Schwerpunktsachse S und dem Produkt aus der Masse m und dem Quadrat des Achsabstandes a.

Dabei kann die Achse A sowohl innerhalb als auch außerhalb des Körpers liegen.

Beispiel 4.3

Wie groß ist die kinetische Energie E_k eines mit der Geschwindigkeit v rollenden Zylinders mit dem Radius r (Bild 4.12)?

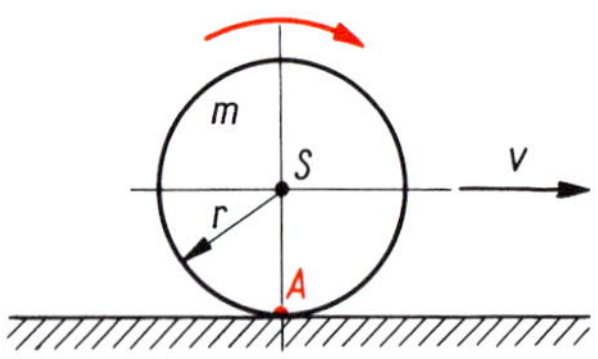

Bild 4.12: Rollender Zylinder

Lösung:
Die momentane Drehachse A ist die Mantellinie, mit der der Zylinder den Boden berührt. Der Abstand zwischen Drehachse A und Schwerpunktsachse S ist deshalb gleich dem Radius des Zylinders. Nach dem Satz von Steiner Gl. (4.8) ist das Massenträgheitsmoment in Bezug auf die momentane Drehachse $J_A = J_S + ma^2 = (1/2)\,mr^2 + mr^2 = (3/2)\,mr^2$. Die kinetische Energie ist mit $\omega = v/r$ nach Gl. (4.7)

$$E_k = \frac{J_A}{2}\,\omega^2 = \frac{\frac{3}{2}mr^2}{2}\,\frac{v^2}{r^2} = \frac{3}{4}\,mv^2$$

Das gleiche Ergebnis erhalten Sie, wenn Sie die Rollbewegung in eine Rotation um die Schwerpunktsachse S und in eine Translation zerlegen (s. 2.2.1, Bild 2.22):

$$E_k = E_{kR} + E_{kT} = \frac{J_S}{2}\,\omega^2 + \frac{m}{2}\,v^2 = \frac{\frac{1}{2}mr^2}{2}\,\frac{v^2}{r^2} + \frac{m}{2}\,v^2$$

$$= \frac{m}{4}\,v^2 + \frac{m}{2}\,v^2 = \frac{3}{4}\,mv^2 = \frac{1}{2}\cdot 1{,}5\,mv^2$$

Ein rollender Zylinder hat gegenüber einem mit gleicher Geschwindigkeit gleitenden Zylinder die 1,5-fache kinetische Energie. Das kann man bei formaler Anwendung von Gl. (3.25) für die kinetische Energie durch eine scheinbare Vergrößerung der Masse auf den 1,5-fachen Wert berücksichtigen. In Abschnitt 3 haben wir die Bewegung von Fahrzeugen als reine Translationen behandelt. Der dabei vernachlässigte Einfluss aller rotierenden Fahrzeugteile auf die Trägheit des Fahrzeuges kann durch einen Massenfaktor $\xi > 1$ berücksichtigt werden, mit dem die Massen in den Gleichungen für die Translation zu multiplizieren sind. Bei Zügen der Eisenbahn rechnet man meist mit einem Massenfaktor von 1,09.

Beispiel 4.4

Wie groß ist das Massenträgheitsmoment eines hantelförmigen Rotors bezüglich einer Drehachse senkrecht durch die Mitte der Hantel? Die Hantel besteht aus einer Stange von 4,0 kg und 40 cm Länge, an deren Enden sich zwei Kugeln mit je 5,0 kg und einem Radius von $r = 6{,}0$ cm befinden (Bild 4.13).

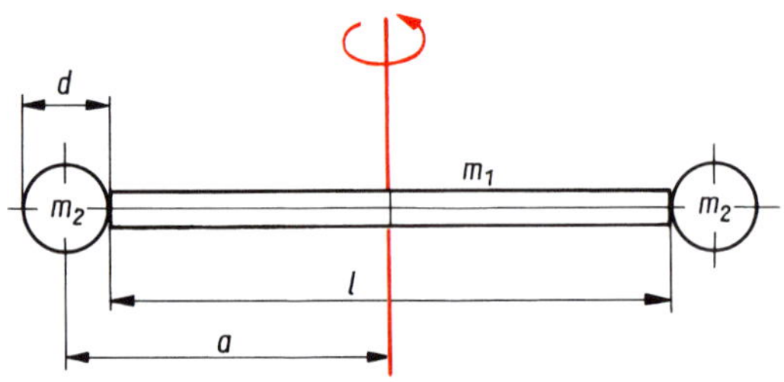

Bild 4.13: Rotierende Hantel

Lösung:
Das Massenträgheitsmoment des Rotors ergibt sich aus der Summe der Massenträgheitsmomente der Stange und der beiden Kugeln, wobei für diese der Satz von Steiner anzuwenden ist.

Mit $a = (l/2) + r = 26$ cm ist $J = J_{St} + 2\,J_K = (1/12)\,m_1\,l^2 + 2\,[(2/5)\,m_2 r^2 + m_2 a^2] = 0{,}74\ \text{kg}\cdot\text{m}^2$

Dazu trägt der Anteil $2\,m_2 a^2$ der hierbei als Punktmassen behandelbaren Kugeln mit $0{,}67\ \text{kg}\cdot\text{m}^2$ am meisten bei.

Setzt sich ein komplizierterer Körper aus mehreren einfacheren zusammen, die mit der gleichen Winkelgeschwindigkeit rotieren, so ist das Massenträgheitsmoment des zusammengesetzten Körpers gleich der Summe der Massenträgheitsmomente seiner Teile in Bezug auf die Drehachse des Gesamtkörpers.

Massenträgheitsmomente lassen sich experimentell ermitteln. Dies ist vor allem dann notwendig, wenn es sich um komplizierte Formen und inhomogene Körper handelt. Dazu lässt man meist den zu untersuchenden Körper Schwingungen um eine Achse ausführen. Die Schwingungsdauer ist um so größer, je größer das Massenträgheitsmoment ist (s. 14.1.1.3, Bsp. 14.2 und 14.3).

Für rotierende Teile von Maschinen, z. B. die Läufer von Elektromotoren, findet man oft die Massenträgheitsmomente in den technischen Unterlagen des Herstellers dieser Maschinen angegeben.

4.3 Analogie zwischen Translation und Rotation

Alle Gleichungen für die Mechanik der Rotation haben dieselbe mathematische Form wie die für die Translation. Sie erkennen dies bereits beim Vergleich der Gleichungen für die kinetische Energie: für die der Translation gilt $E_k = (1/2)\, mv^2$, für die der Rotation $E_{kR} = (1/2)\, J\omega^2$. Um die entsprechenden Gleichungen für die Rotation zu erhalten, müssen Sie die Größen in den Gleichungen für die Translation durch *analoge* Größen für die Rotation ersetzen.

Die Wirkung einer Kraft F auf einen drehbaren starren Körper wird durch das Drehmoment M ausgedrückt. Die Trägheit eines rotierenden Körpers hängt nicht allein von seiner Masse m ab, sondern vom Massenträgheitsmoment J, das die Massenverteilung in Bezug auf die Drehachse berücksichtigt. Die dem Radius proportionalen Bahngrößen einzelner Punkte des rotierenden Körpers werden durch die für den rotierenden Körper einheitlichen Winkelgrößen ersetzt.

Wir können die Gleichungen für die Rotation *formal* aus denen für die Translation nach folgender „Übersetzungstabelle" gewinnen, in der analoge Größen untereinander stehen:

Translation:	F	m	s	v	a
Rotation:	M	J	φ	ω	α

Beachten Sie, dass analoge Größen dieser Tabelle *unterschiedliche* Einheiten haben! Wir wollen diese Analogien in den folgenden Abschnitten 4.4 bis 4.6 nutzen, um danach die physikalische Bedeutung der so formal erhalten Gleichungen für die Dynamik der Rotation diskutieren zu können.

4.4 Grundgesetz der Dynamik der Rotation

Das Grundgesetz der Dynamik $F = ma$ hat für die Rotation die Form

$$M = J\alpha \qquad (4.9)$$

Grundgesetz der Dynamik für die Rotation

Das Drehmoment M auf einen Körper ist die Ursache einer beschleunigten Rotation mit der Winkelbeschleunigung $\alpha = \Delta\omega/\Delta t = 2\,\pi\,\Delta n/\Delta t$. Wirken mehrere Drehmomente gleichzeitig auf den Körper ein, so ist für M das resultierende Drehmoment einzusetzen. Das erhalten wir für die Rotation des Körpers um eine

Achse aus der Summe aller links- und rechtsdrehenden Drehmomente. Beachten Sie bei der Summation die entgegengesetzten Vorzeichen der entgegengesetzt drehenden Momente (s. 4.1)!

Eine größere Winkelbeschleunigung bei gleichem Massenträgheitsmoment erreichen wir sowohl durch eine größere Kraft bei gleichem Hebelarm als auch durch einen längeren Hebelarm bei gleicher Kraft.

Bei gleichen Drehmomenten ist die Winkelbeschleunigung um so kleiner, je träger der Körper gegenüber Änderungen seiner Winkelgeschwindigkeit ist. Die Winkelbeschleunigung ist bei konstantem Drehmoment dem Massenträgheitsmoment umgekehrt proportional. Bei nichtstarren Körpern kann sich trotz gleichbleibender Masse ihr Massenträgheitsmoment während der Rotation ändern. Breiten Sie z. B. beim Tanzen Ihre Arme aus, so vergrößern Sie dadurch Ihr Massenträgheitsmoment in Bezug auf Ihre Körperachse.

Bei den weiteren Ausführungen und Beispielen wollen wir die Drehzahl mit n bezeichnen. Sind resultierendes Drehmoment M und Massenträgheitsmoment J *konstant*, so ergibt sich eine *gleichmäßig beschleunigte Rotation* (s. 2.1.2.2 und 2.2.2). Winkelgeschwindigkeit ω und Drehzahl n ändern sich gleichmäßig mit der Zeit: $\omega = 2\,\pi n = \alpha t + \omega_0$.

Beispiel 4.5

Wie groß ist das erforderliche Drehmoment, um eine Schwungscheibe von 10 kg und 30 cm Durchmesser in 5,0 s aus dem Stillstand auf eine Drehzahl von 3000 min^{-1} zu beschleunigen?

Lösung:
$M = J_S\alpha = (1/2)\,mr^2\,(\omega/t) = (1/2)\,mr^2 \cdot (2\,\pi n/t)$
$= (1/2) \cdot 10\text{ kg} \cdot (0{,}15\text{ m})^2 \cdot 2\,\pi \cdot 50\text{ s}^{-1}/5\text{ s} = 7{,}1\text{ N} \cdot \text{m}$.
Dazu müsste z. B. eine Kraft von $F = M/r = 47{,}3$ N tangential am Umfang der Scheibe angreifen.

Beispiel 4.6

Welcher Körper gewinnt das Wettrollen zwischen einem Zylinder und einer Kugel, die gleichzeitig starten, um eine geneigte Ebene mit dem Neigungswinkel β hinabzurollen (Bild 4.14)?

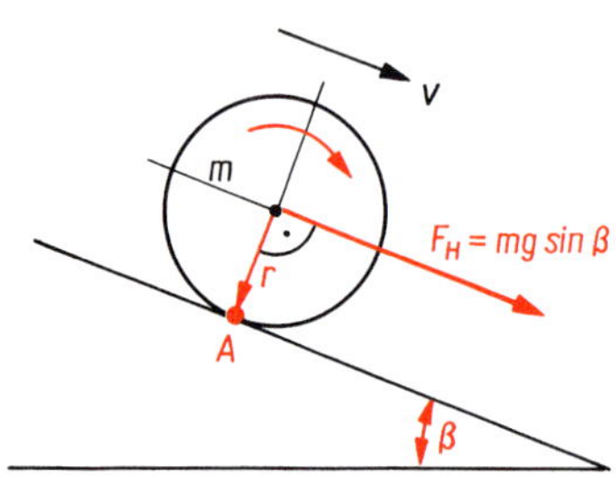

Bild 4.14: Körper beim Hinabrollen auf einer geneigten Ebene

Lösung:
Zur Entscheidung vergleichen wir die Beschleunigungen, die beide Körper durch die Hangabtriebskraft erhalten. Das Drehmoment dieser Kraft ist $M = F_H r = mgr\sin\beta$. Die Massenträgheitsmomente der rollenden Körper in Bezug auf die momentane Drehachse A ergeben sich nach dem Satz von STEINER zu $J_A = J_S + mr^2$. Die Beschleunigung ist $a = \alpha r$. Wir setzen dies in das Grundgesetz der Dynamik $M = J_A\alpha$ ein und erhalten

$$mgr\sin\beta = (J_S + mr^2)\,a/r.$$

Daraus errechnen wir für den Zylinder mit $J_S = (1/2)\,mr^2$ die Beschleunigung zu $a_z = (2/3)\,g\sin\beta$; für die Kugel mit $J_S = (2/5)\,mr^2$ zu $a_K = (5/7)\,g\sin\beta$. Da $(2/3) < (5/7)$ ist, hat die Kugel auf Grund ihres kleineren Massenträgheitsmomentes die größere Beschleunigung und gewinnt den Wettbewerb. Die Beschleunigungen sind dabei unabhängig von Masse und Durchmesser der rollenden Körper.

Ist das resultierende Drehmoment gleich null, so tritt keine Winkelbeschleunigung auf. Es findet entweder gar keine Rotation statt, oder der Körper rotiert mit konstanter Drehzahl. Die Untersuchung der Bedingungen, unter denen keine Rotation stattfindet, ist Gegenstand der Statik (s. Abschn. 5).

Rotation mit konstanter Drehzahl stellt sich als *stationärer* Zustand ein, wenn eine Arbeitsmaschine durch einen Motor angetrieben wird. Die Arbeitsmaschine belastet den Motor mit einem Drehmoment, dem Belastungsmoment M_B. Dieses Belastungsmoment muss vom Motor durch ein entgegengesetzt gerichtetes Drehmoment, das Antriebsmoment M_M, überwunden werden. Belastungsmoment und Antriebsmoment hängen in einer für die betreffende Maschine charakteristischen Weise von der Drehzahl ab. Bild 4.15 zeigt als Beispiel die Drehmoment-Drehzahl-Kennlinie für eine Arbeitsmaschine und einen Elektromotor als Antriebsmaschine. Am Schnittpunkt beider Kennlinien ist der Betrag der Drehmomente $M_B = M_M$. Koppelt man beide Maschinen, so ist an diesem Arbeitspunkt das resultierende Drehmoment $M = M_M - M_B = 0$. Es stellt sich bei der zugehörigen Drehzahl n_0 ein stationärer Betriebszustand mit konstanter Drehzahl ein. Sinkt zufällig die Drehzahl etwas unter die Drehzahl n_0, so wird das Antriebsmoment größer als das Belastungsmoment, und das resultierende Drehmoment beschleunigt wieder auf n_0. Wächst dagegen die Drehzahl über n_0, so wird das Belastungsmoment größer als das Antriebsmoment, und das resultierende Drehmoment bremst jetzt auf n_0 ab. Der stationäre Zustand bei $n = n_0$ ist *stabil.*

Beispiel 4.7

Wie groß sind Drehzahl und Drehmoment bei stationärem Betrieb des Antriebes, dessen Kennlinien in Bild 4.15 gegeben sind?

Lösung:
Sie lesen dafür am Schnittpunkt beider Kennlinien ab:
$n_0 = 1200 \text{ min}^{-1}$, $M_M = M_B = 25 \text{ N} \cdot \text{m}$

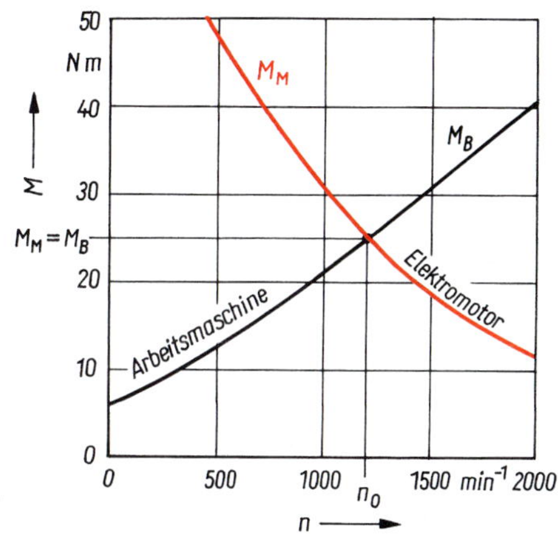

Bild 4.15: Drehmoment-Drehzahl-Kennlinien für eine Arbeits- und eine Antriebsmaschine

4.5 Arbeit und Leistung bei der Rotation

Legt ein Körper unter der Wirkung einer Kraft F_s den Weg s zurück, so wird dabei die mechanische Arbeit $W = F_s s$ verrichtet. Dreht sich ein Körper unter der Wirkung eines Drehmomentes M um den Winkel φ, so wird dabei die **mechanische Arbeit** $W = M\varphi$ verrichtet.

Aus der Arbeit W können wir die Leistung $P = W/t$ berechnen. Analog zu $P = F_s v$ bei einer Translation ergibt sich die **Leistung** bei der Rotation:

$$P = M\omega = M \cdot 2\pi n \qquad (4.10)$$

Leistung bei der Rotation

Wir können nach Gl. (4.10) die Leistung für den jeweiligen Betriebszustand eines Antriebes berechnen, wenn dafür Drehmoment und Drehzahl z. B. an Hand der Kennlinien der Maschinen bekannt sind. Aus der auf dem Typenschild eines Elektromotors angegebenen Nennleistung und Nenndrehzahl können Sie nach $M_M = P/\omega$ das Antriebsmoment unter Nennbedingungen ermitteln. Gl. (4.10) liefert auch ein Messverfahren zur Bestimmung der mechanischen Leistung an rotierenden Maschinen. Dazu müssen Sie das Drehmoment mit einer Bremsvorrichtung, z. B. einer Bremswaage (s. 4.1, Bild 4.7) und zusätzlich die Drehzahl mit einem Tachometer (s. 2.2.3) messen.

Beispiel 4.8

Wie groß ist die für den Antrieb einer Arbeitsmaschine erforderliche mechanische Leistung eines Elektromotors? Die beiden Maschinen haben die in Bild 4.15 angegebenen Kennlinien.

Lösung:
$P = M\omega = 25\ \text{N} \cdot \text{m} \cdot 2\,\pi \cdot 1200\ \text{min}^{-1} = 3{,}14\ \text{kW}$

Beispiel 4.9

Wie groß ist das Nenndrehmoment eines Elektromotors, auf dessen Typenschild $P = 1{,}0\ \text{kW}$ und $n = 720\ \text{min}^{-1}$ angegeben sind?

Lösung:

$$M = \frac{P}{\omega} = \frac{P}{2\,\pi n} = \frac{1{,}0\ \text{kW}}{2\,\pi \cdot 720\ \text{min}^{-1}} = \frac{1{,}0 \cdot 10^3\ \text{kg} \cdot \text{m} \cdot \text{s}^{-3}}{2\,\pi \cdot 12\ \text{s}^{-1}}$$
$$= 13{,}3\ \text{N} \cdot \text{m}$$

Beispiel 4.10

Wovon hängt die Antriebsleistung für eine Drehmaschine ab, die zur Herstellung von Drehteilen durch spanabhebende Bearbeitung dient (Bild 4.16)?

Lösung:
Aus $P = M\omega = Fr \cdot 2\,\pi n = Fd\pi n$ erkennen Sie, dass die Antriebsleistung umso größer sein muss, je größer die Schnittkraft F des Drehstahls in tangentialer Richtung zum Abheben des Drehspanes, je größer der Durchmesser d des zu bearbeitenden Werkstückes und je größer die Drehzahl ist.

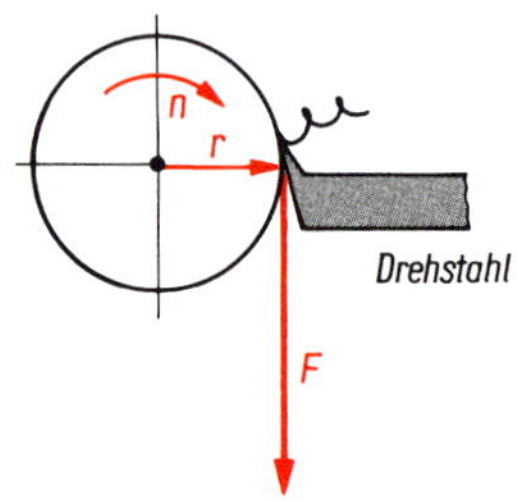

Bild 4.16: Zur Antriebsleistung einer Drehmaschine

Beispiel 4.11

Wie groß ist die elektrische Leistungsaufnahme eines Elektromotors, dessen Drehmoment mit einer Bremswaage nach Beispiel 4.2 zu $7{,}5\ \text{N} \cdot \text{m}$ und dessen Drehzahl zu $1480\ \text{min}^{-1}$ gemessen wurde? Der Wirkungsgrad beträgt 85 %.

Lösung:
Der Wirkungsgrad des Motors ist das Verhältnis der genutzten mechanischen Leistung P_{mech} zur aufgewendeten elektrischen Leistung P_{el}. Somit ist

$$P_{\text{el}} = \frac{P_{\text{mech}}}{\eta} = \frac{M \cdot 2\,\pi n}{\eta} = \frac{7{,}5\ \text{N} \cdot \text{m} \cdot 2\,\pi \cdot 1480}{0{,}85 \cdot 60\ \text{s}} = 1{,}4\ \text{kW}$$

4.6 Drehimpulserhaltungssatz

Durch einen Kraftstoß $F\Delta t$ wird der Impuls eines Körpers geändert. Der Impuls p ist das Produkt aus Masse und Geschwindigkeit: $p = mv$ (s. 3.3.1).

Durch einen **Drehmomentenstoß** $M\Delta t$ wird der Drehimpuls eines Körpers geändert. Der Drehimpuls L ist das Produkt aus Massenträgheitsmoment und Winkelgeschwindigkeit:

Drehimpuls

$$L = J\omega \qquad (4.11)$$

$$[L] = \text{kg} \cdot \text{m}^2 \cdot \text{s}^{-1}$$

Fehlen äußere Drehmomente, so kann sich der Gesamtdrehimpuls eines Systems nicht ändern. Der Drehimpuls L des Systems ist eine Erhaltungsgröße. Es gilt der **Drehimpulserhaltungssatz**:

Wirken auf ein System von Körpern keine äußeren Drehmomente, so ist die Summe der Drehimpulse der Körper zeitlich konstant.

Beispiel 4.12

Sie stellen sich auf eine Drehscheibe und halten ein Rad waagerecht über Ihren Kopf (Bild 4.17). Versetzen Sie durch die Kraft Ihres Armes das Rad in Rotation, so wirkt nur ein inneres Drehmoment. Der Gesamtdrehimpuls muss unverändert gleich null bleiben. Dies ist nur auf die Weise möglich, dass Sie zwangsläufig mit der Drehscheibe in entgegengesetzter Richtung in Drehung geraten. Der Drehimpulserhaltungsatz dafür lautet $J_1\omega_1 + J_2\omega_2 = 0$. Daraus ergibt sich die Winkelgeschwindigkeit, mit der Sie zu rotieren beginnen, zu $\omega_2 = -(J_1/J_2)\,\omega_1$. Ein Hubschrauber würde sich ähnlich verhalten. Er müsste sich entgegengesetzt zur Drehrichtung des Rotors drehen. Diese unerwünschte Rotation wird durch ein entgegengerichtetes Drehmoment verhindert, das von einer senkrecht zur Rotorachse angebrachten Luftschraube am Heck des Hubschraubers erzeugt wird (Bild 4.18).

Bild 4.18: Hubschrauber mit Heckrotor

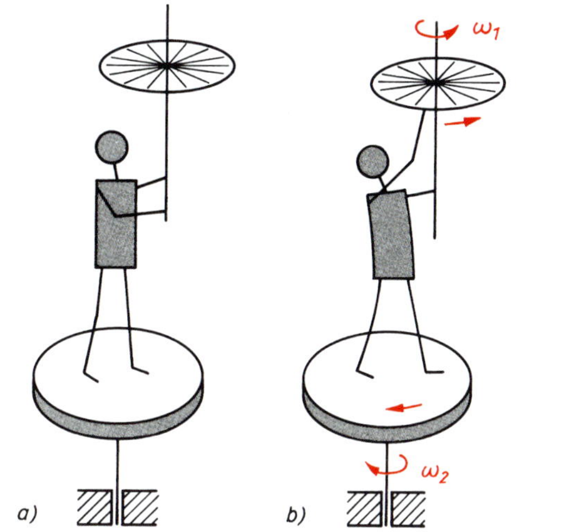

Bild 4.17: Zum Drehimpulserhaltungssatz
a) Rad und Person auf Drehscheibe in Ruhe: $L = 0$
b) Rad und Person auf Drehscheibe rotieren entgegengesetzt: $L_1 + L_2 = 0$; $L_2 = -L_1$

Beispiel 4.13

Interessante Effekte ergeben sich durch die Möglichkeit, das Massenträgheitsmoment eines nichtstarren Körpers während der Rotation zu ändern. Sie stellen sich mit einer Hantel in jeder Hand und ausgebreiteten Armen auf eine Drehscheibe. Durch einen äußeren Anstoß lassen Sie sich einen Drehimpuls $L = J_1\omega_1$ erteilen (Bild 4.19a). Verringern Sie nun Ihr Massenträgheitsmoment, indem Sie die Hanteln an den Körper heranziehen (Bild 4.19b)! Da der Drehimpuls erhalten bleiben muss, erhöht sich durch die Verringerung des Massenträgheitsmomentes die Winkelgeschwindigkeit. Aus $J_1\omega_1 = J_2\omega_2$ folgt $\omega_2 = (J_1/J_2)\,\omega_1$. Die Winkelgeschwindigkeiten verhalten sich umgekehrt wie die Massenträgheitsmomente. Die Möglichkeit des Menschen, sein Massenträgheitsmoment durch Ausstrecken und Anziehen seiner Körperteile zu verändern und damit seine Winkelgeschwindigkeit bei einer Rotation seines Körpers zu steuern, spielt beim Eiskunstlauf, Wasserspringen, Turnen und ähnlichen Sportarten eine entscheidende Rolle.

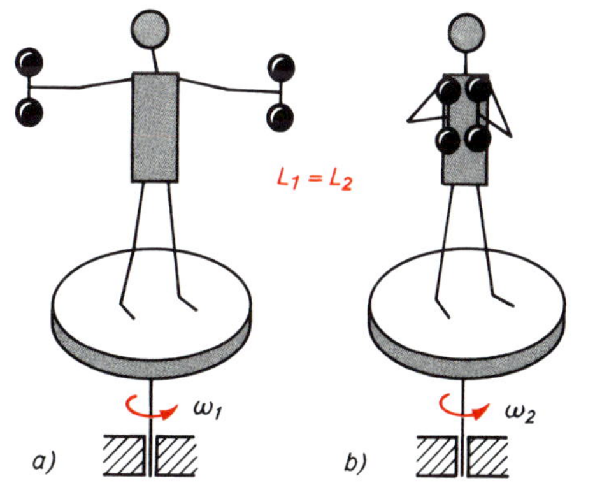

Bild 4.19: Drehimpulserhaltungssatz bei Änderung des Massenträgheitsmomentes
a) kleine Winkelgeschwindigkeit bei großem Massenträgheitsmoment
b) große Winkelgeschwindigkeit bei kleinem Massenträgheitsmoment

Zusammenfassung: Dynamik der Rotation

- Ein **Drehmoment** ***M*** als Produkt aus Kraft und Abstand der Wirkungslinie von der Drehachse verursacht eine beschleunigte Rotation des Körpers um diese Achse.
- Das **Massenträgheitsmoment** ***J***, abhängig von der Massenverteilung des Körpers um die Drehachse, bestimmt dessen Trägheit gegenüber Änderungen der Winkelgeschwindigkeit.
- In Analogie zur Dynamik der Translation gelten bei der Rotation die Gleichungen für

das Grundgesetz der Dynamik	$M = J\alpha$
die kinetische Energie	$W_{Rot} = (J/2)\,\omega^2$
die Leistung	$P = M\omega$
den Drehimpuls	$L = J\omega$

- **Drehimpulserhaltung:** Beim Fehlen äußerer Drehmomente kann sich der Drehimpuls des rotierenden Körpers nicht ändern.

5 Statik und Verformung

Fragen und Probleme: *Wie lauten die Gleichgewichtsbedingungen für starre Körper? Welche Gleichgewichtsarten sind zu unterscheiden? Wie wendet man die Gleichgewichtsbedingungen in ebenen Kraftsystemen an? – Welche Zusammenhänge gelten für Verformung und Spannung eines verformbaren Körpers? Welche Materialeigenschaften lassen sich aus einem Spannungs-Dehnung-Diagramm entnehmen? Was ist der Unterschied zwischen Normal- und Tangentialspannungen?*

In den Abschnitten zur Dynamik sind wir der Frage nachgegangen, wie sich Körper unter Einwirkung von Kräften bewegen. Oft geht es aber darum, dass sich Körper relativ zu ihrer Umgebung in Ruhe befinden oder zumindest bestimmte Bewegungen nicht ausführen, z. B. nicht herunterfallen oder nicht umkippen.

In der **Statik** wird untersucht, unter welchen Bedingungen sich Körper, auf die Kräfte einwirken, im **Gleichgewicht** befinden, oder es sind diejenigen Kräfte und ihre Wirkungslinien zu bestimmen, die den übrigen Kräften das Gleichgewicht halten. Die Zusammensetzung und Zerlegung von Kräften (s. 3.1.4) und Drehmomenten (s. 4.1 und 4.4) wird so zu einer Hauptaufgabe der Statik.

5.1 Gleichgewicht starrer Körper

5.1.1 Gleichgewichtsbedingungen

Die auf einen starren Körper wirkenden Kräfte lassen sich stets so zusammenfassen, dass sich eine resultierende Kraft und ein resultierendes Drehmoment ergeben. Die resultierende Kraft bewirkt eine beschleunigte Translation (s. 3.1.6), das resultierende Drehmoment eine beschleunigte Rotation (s. 4.4) des Körpers. Damit der Körper aber in Ruhe bleibt, darf weder eine resultierende Kraft noch ein resultierendes Drehmoment auftreten.

Ein starrer Körper befindet sich im Gleichgewicht, wenn sowohl die vektorielle Summe aller einwirkender Kräfte als auch die vektorielle Summe aller einwirkenden Drehmomente gleich null ist.

Diese **Gleichgewichtsbedingungen** für die Kräfte und Drehmomente am starren Körper lassen sich durch folgende Vektorgleichungen formulieren:

$$\vec{F}_1 + \vec{F}_2 + \vec{F}_3 + \ldots + \vec{F}_n = \sum_{i=1}^{n} \vec{F}_i = 0 \qquad (5.1)$$

Gleichgewichtsbedingungen

$$\vec{M}_1 + \vec{M}_2 + \vec{M}_3 + \ldots + \vec{M}_m = \sum_{j=1}^{m} \vec{M}_j = 0 \qquad (5.2)$$

Dabei sind auch die Kräfte zu berücksichtigen, welche durch die Wechselwirkung des Körpers mit seiner Umgebung von der Umgebung auf den Körper übertragen werden (s. 3.1.2).

Für die Anwendung der Gleichgewichtsbedingungen (5.1) und (5.2) auf technische Systeme wurden spezielle grafische und rechnerische Lösungsmethoden entwickelt, die vor allem Gegenstand der technischen Mechanik sind. Wesentliche Vereinfachungen ergeben sich bei **ebenen Kraftsystemen** (s. 5.2), wie sie in der Praxis häufig vorkommen.

5.1.2 Gleichgewichtsarten

Wir unterscheiden **stabiles, indifferentes** und **labiles Gleichgewicht**. Betrachten Sie dazu die als Beispiel in den Bildern 5.1a bis c dargestellten Gleichgewichtslagen, die eine Kugel unter Einwirkung der Gewichtskraft in Wechselwirkung mit der Unterlage einnehmen kann.

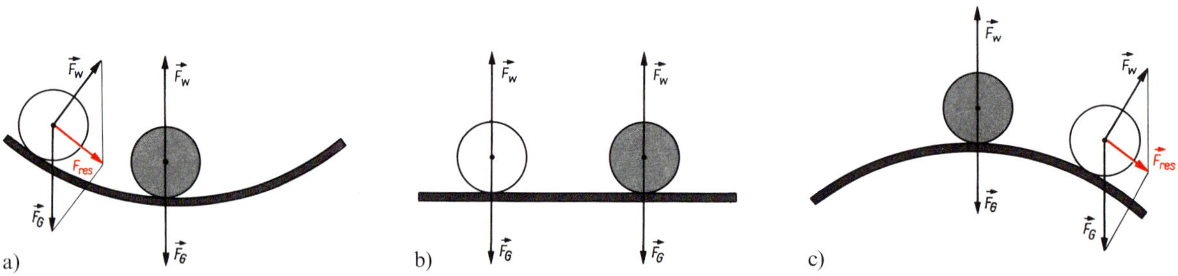

Bild 5.1: Gleichgewichtslagen einer Kugel
a) stabiles; b) indifferentes; c) labiles Gleichgewicht

Befindet sich die Kugel am *tiefsten* Punkt in einer Schale, so ist das Gleichgewicht *stabil* (Bild 5.1a). Die Kugel hat dort die *kleinste* potenzielle Energie. Stören wir das stabile Gleichgewicht eines Körpers, indem wir ihn ein wenig aus seiner Gleichgewichtslage auslenken, beschleunigen ihn die auftretenden Kräfte in Richtung seiner Gleichgewichtslage. Der Körper führt *Schwingungen* um diese stabile Gleichgewichtslage aus (s. 14.1).

Liegt die Kugel auf einer *horizontalen* Ebene, so ist das Gleichgewicht *indifferent* (Bild 5.1b). Jede benachbarte Lage ist wiederum eine indifferente Gleichgewichtslage *gleicher* potenzieller Energie.

Befindet sich die Kugel am *höchsten* Punkt einer nach oben gewölbten Fläche, so ist das Gleichgewicht *labil* (5.1c). Die Kugel hat dort die *größte* potenzielle Energie. Bei der geringsten Störung eines labilen Gleichgewichts bewegt sich der Körper durch die auftretenden Kräfte beschleunigt von der labilen Gleichgewichtslage immer weiter fort.

5.1.3 Schwerpunkt

Jedes Teilstück eines Körpers trägt mit der daran angreifenden Gewichtskraft zur resultierenden Gewichtskraft $F_G = mg$ des gesamten Körpers bei. Die insgesamt wirkende Gewichtskraft greift am **Massenmittelpunkt** des Körpers an, der deshalb als **Schwerpunkt** bezeichnet wird.

Für homogene symmetrische Körper lässt sich meist die Lage des Schwerpunktes auf Grund der Symmetrie leicht erkennen. So stimmt z. B. bei Kugel, Würfel und Quader der Schwerpunkt mit dem geometrischen Mittelpunkt dieser Körper überein. Für andere, noch relativ einfach geformte homogene Körper lassen sich die Koordinaten des Schwerpunktes mathematisch bestimmen. Diese sind für viele Körperformen in technischen Tabellenbüchern zusammengestellt.

Für Körper mit unsymmetrischer Form und inhomogener Massenverteilung muss die Lage des Schwerpunktes experimentell ermittelt werden. Wir hängen dazu einen Körper, z. B. die nierenförmige Scheibe von Bild 5.2, drehbar um eine Achse A auf, die nicht durch den Schwerpunkt geht. Im Allgemeinen verursacht die im Schwerpunkt S angreifende Gewichtskraft F_G ein Drehmoment $M = F_G l$ (Bild 5.2a). Eine stabile Gleichgewichtslage wird erreicht, wenn sich die Scheibe so dreht, dass der Schwerpunkt auf dem Lot von A aus unterhalb von A liegt (Bild 5.2b). Dann tritt wegen $l = 0$ kein Drehmoment mehr auf, und die Gewichtskraft F_G der Scheibe wird von der Auflagekraft $F_A = -F_G$ des Achslagers im Gleichgewicht gehalten. Dreht sich die Scheibe um eine andere Achse B in eine andere stabile Gleichgewichtslage, so liegt der Schwerpunkt wiederum auf dem Lot, aber jetzt von B aus unterhalb von B (Bild 5.2c). Der Schnittpunkt der beiden Lote von A und B aus ergibt den Schwerpunkt.

Sie können diese Schwerpunktsbestimmung mit einem beliebig geformten Stück Pappe selbst ausführen. Zur Probe legen Sie die Pappe mit dem so gefundenen Schwerpunkt waagerecht auf die Spitze eines Bleistifts. Die Pappe muss sich dann in einer labilen Gleichgewichtslage befinden und waagerecht liegen bleiben ohne herunterzufallen.

Die Art des Gleichgewichts eines Körpers, der sich unter der Einwirkung der Gewichtskraft um eine feste *Achse* frei drehen kann, wird durch die Lage seines Schwerpunktes *relativ* zur Drehachse bestimmt. In *stabiler* Gleichgewichtslage befindet sich der Schwerpunkt *senkrecht unter* der Drehachse, in *labiler* Gleichgewichtslage *senkrecht über* der Drehachse. Je größer der Abstand zwischen Schwerpunkt und Drehachse ist, umso stabiler ist die eine und umso labiler die andere Gleichgewichtslage. Fallen Schwerpunkt und Drehachse zusammen, so liegt ein *indifferentes* Gleichgewicht vor.

5.2 Ebene Kraftsysteme

Wir wollen die **Gleichgewichtsbedingungen** für den starren Körper, die in den Gleichungen (5.1) und (5.2) zum Ausdruck kommen, auf **ebene Kraftsysteme** anwenden. Dabei liegen die Wirkungslinien der Kräfte alle in einer Ebene.

5.2.1 Kräfte mit gemeinsamem Angriffspunkt

Greifen alle Kräfte am *gleichen* Punkt eines Körpers an, dann kann *kein* resultierendes Drehmoment entstehen. Die resultierende Kraft finden Sie *grafisch* durch Aneinanderlegen der die Kräfte darstellenden Vektorpfeile, wie es in 3.1.4 beschrieben und in den Bildern 3.7 bis 3.10 dargestellt ist. Bilden die Vektorpfeile wie in Bild 3.10 ein geschlossenes „Krafteck", so ist die Gleichgewichtsbedingung (5.1) für die Kräfte erfüllt. Ist das nicht der Fall, müssen Sie eine zusätzliche Kraft aufwenden, die den gleichen Betrag wie die resultierende Kraft hat, ihr aber entgegen gerichtet ist und so der resultierenden Kraft das Gleichgewicht hält.

Rechnerisch können Sie die resultierende Kraft ermitteln, indem Sie die Kräfte in *Komponenten* bezüglich der x- und y-Achse eines rechtwinkligen Koordinatensystems zerlegen, dessen Ursprung im Angriffspunkt der Kraft liegt. Eine Kraft $\vec{F}$ mit dem Betrag F, deren Richtung mit der x-Achse den Winkel α einschließt (Bild 5.3), hat die Komponenten

$$F_x = F \cos \alpha \qquad (5.3)$$

$$F_y = F \sin \alpha \qquad (5.4)$$

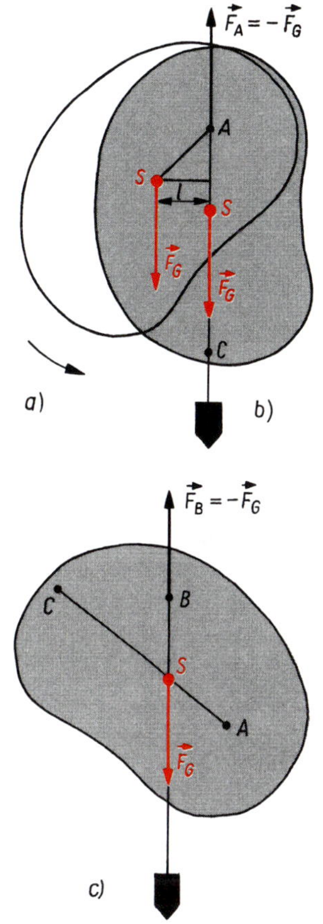

Bild 5.2: Drehbar aufgehängte Scheibe zur Schwerpunktsbestimmung
a) außerhalb des Gleichgewichts
b) im stabilen Gleichgewicht mit A als Drehachse
c) im stabilen Gleichgewicht mit B als Drehachse

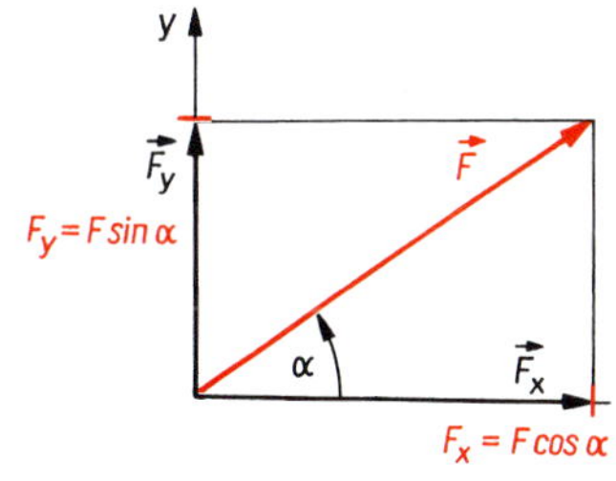

Bild 5.3: Zerlegung einer Kraft in Komponenten

Die *Komponenten* der resultierenden Kraft ergeben sich als Summe der entsprechenden Komponenten der Einzelkräfte:

$$F_{\text{res}\,x} = F_{1x} + F_{2x} + F_{3x} + \ldots + F_{nx} \tag{5.5}$$
$$F_{\text{res}\,y} = F_{1y} + F_{2y} + F_{3y} + \ldots + F_{ny} \tag{5.6}$$

Der *Betrag* der resultierenden Kraft ist dann

$$F_{\text{res}} = \sqrt{F_{\text{res}\,x}^2 + F_{\text{res}\,y}^2} \tag{5.7}$$

Der Richtungswinkel α_{res} folgt aus

$$\tan \alpha_{\text{res}} = \frac{F_{\text{res}\,y}}{F_{\text{res}\,x}} \tag{5.8}$$

Beachten Sie, dass alle Winkel von der positiven Richtung der x-Achse aus gegen den Uhrzeigersinn positiv gezählt werden. Verwechseln Sie diese Winkel nicht mit den Winkeln zwischen den Kräften. Die Komponenten der Kräfte in den vier Quadranten des Koordinatensystems haben folgende Vorzeichen:

	1.	2.	3.	4. Quadrant
F_x	+	–	–	+
F_y	+	+	–	–

In Komponentenschreibweise lautet die **Gleichgewichtsbedingung** (5.1)

$$\sum F_{ix} = 0\,; \;\; \sum F_{iy} = 0 \tag{5.9}$$

Anstelle einer Gleichung (5.1) für die Kraftvektoren treten zwei Gleichungen (5.9) für die skalaren Kraftkomponenten in der Ebene auf (zu denen bei räumlichen Kraftsystemen noch eine dritte Gleichung für die z-Komponenten hinzukäme).

Beispiel 5.1

Ermitteln Sie die Kraft, die drei in einem Punkt angreifenden Kräften das Gleichgewicht hält! Gegeben sind $F_1 = 50$ N, $\alpha_1 = 0$; $F_2 = 36$ N, $\alpha_2 = 34°$; $F_3 = 36$ N, $\alpha_3 = 136°$.

Lösung:
Wir ermitteln die Resultierende der drei Kräfte. Die grafische Lösung ist maßstabsgerecht in Bild 3.9 dargestellt. Rechnerisch ergibt sich über die Komponenten:

$$F_{\text{res}\,x} = F_1 \cos \alpha_1 + F_2 \cos \alpha_2 + F_3 \cos \alpha_3$$
$$= 50\text{ N} \cdot 1{,}0 + 36\text{ N} \cdot 0{,}83 - 36\text{ N} \cdot 0{,}72 = 54\text{ N}$$
$$F_{\text{res}\,y} = F_1 \sin \alpha_1 + F_2 \sin \alpha_2 + F_3 \sin \alpha_3$$
$$= 50\text{ N} \cdot 0 + 36\text{ N} \cdot 0{,}56 + 36\text{ N} \cdot 0{,}69 = 45\text{ N}$$
$$F_{\text{res}} = \sqrt{F_{\text{res}\,x}^2 + F_{\text{res}\,y}^2} = \sqrt{54^2 + 45^2}\text{ N} = 70\text{ N}$$
$$\tan \alpha_{\text{res}} = \frac{F_{\text{res}\,y}}{F_{\text{res}\,x}} = \frac{45\text{ N}}{54\text{ N}} = 0{,}83\,; \quad \alpha_{\text{res}} = 40°$$

Das Gleichgewicht wird durch eine Kraft von 70 N hergestellt, die unter einem Winkel von 40° + 180° = 220° zur x-Achse angreift.

5.2.2 Kräfte mit verschiedenen Angriffspunkten

Kräfte am starren Körper können längs ihrer Wirkungslinien beliebig verschoben werden, ohne ihre Wirkung zu ändern. Deshalb lassen sich zwei *nichtparallele* Kräfte stets so verschieben, dass sie gemeinsam am Schnittpunkt ihrer Wirkungslinien angreifen. Die Resultierende ergibt sich danach wie bei Kräften mit gemeinsamem Angriffspunkt (Bild 5.4). Diese Resultierende lässt sich bei Bedarf mit einer dritten Kraft auf gleiche Weise zusammenfassen, und das Verfahren kann mit weiteren Kräften fortgesetzt werden.

Weil sich bei *parallelen* Kräften deren Wirkungslinien nicht schneiden, muss man einen Kunstgriff anwenden, um die Resultierende zu finden. Wir denken uns dazu zwischen den beiden Angriffspunkten der Kräfte ein Seil gespannt. Durch das Seil werden zwei gleich große, entgegengesetzt gerichtete Zusatzkräfte $\vec{F}_H$ und $\vec{F}'_H$ mit gleicher Wirkungslinie hinzugefügt, die jedoch das Gleichgewicht nicht beeinflussen können (Bild 5.5). Wir bilden an jedem der beiden Angriffspunkte jeweils die Resultierende zwischen der gegebenen Kraft und der Zusatzkraft. Die beiden Teilresultierenden $\vec{F}_{res\,1}$ und $\vec{F}_{res\,2}$, die nicht mehr parallel liegen, ergeben dann am Schnittpunkt ihrer Wirkungslinien die resultierende Kraft der beiden parallelen Kräfte $\vec{F}_1$ und $\vec{F}_2$. Der Betrag der resultierenden Kraft ist gleich der Summe der Beträge der beiden parallelen Kräfte, und ihre Wirkungslinie ist wiederum den beiden Kräften parallel. Sie teilt die Verbindungslinie der Angriffspunkte in zwei Abschnitte, deren Längen den Beträgen der beiden Kräfte umgekehrt proportional sind.

Dieses Verfahren kann auch bei der Bestimmung des gemeinsamen Schwerpunktes zweier Körper Anwendung finden. Man ermittelt die Lage des gemeinsamen Schwerpunktes, indem die in den Schwerpunkten der beiden Körper angreifenden Gewichtskräfte in der dargestellten Weise zu einer resultierenden Gewichtskraft zusammengesetzt werden.

Das Verfahren versagt, wenn die beiden Kräfte mit parallelen Wirkungslinien *entgegengesetzt* gerichtet sind und *gleiche* Beträge haben (Bild 5.6). Ein solches **Kräftepaar** hat *keine* Resultierende, sondern bewirkt ein **Drehmoment**, das den Körper zu drehen versucht:

Drehmoment eines Kräftepaares

$$M = Fl \qquad (5.10)$$

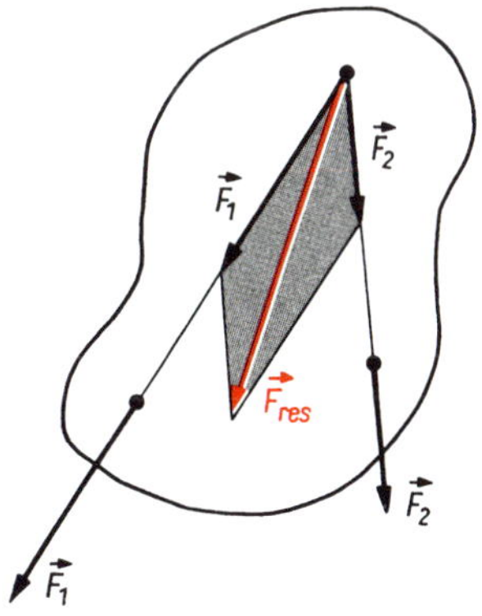

Bild 5.4: Resultierende zweier nichtparalleler Kräfte

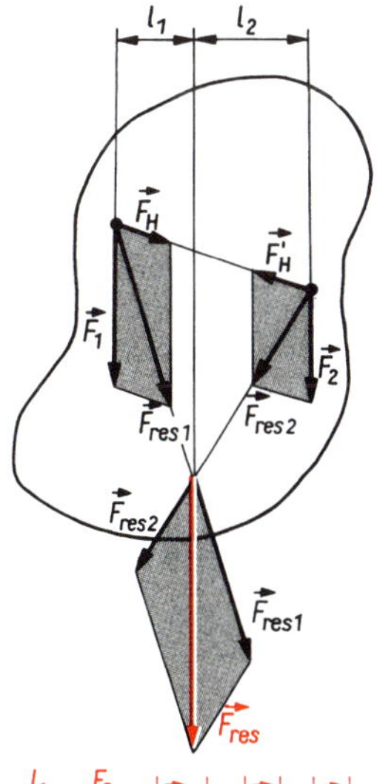

Bild 5.5: Resultierende zweier paralleler Kräfte

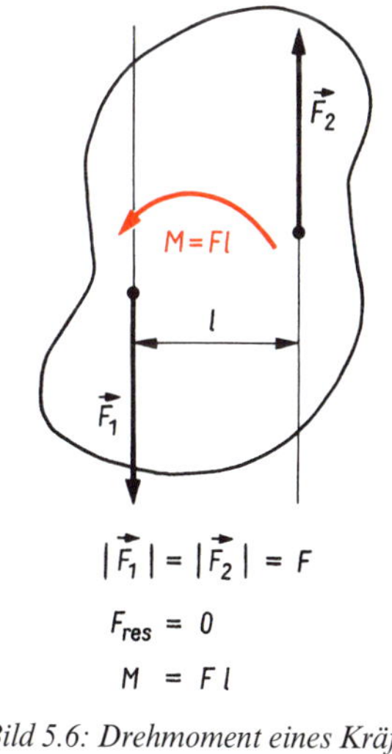

Bild 5.6: Drehmoment eines Kräftepaares

Der Betrag des Drehmomentes eines Kräftepaares ist gleich dem Produkt aus dem Betrag F einer Kraft und dem senkrechten Abstand l der beiden parallelen Wirkungslinien.

Bei ebenen Kraftsystemen sind nur zwei verschiedene Richtungen für Drehmomente möglich. Es gibt linksdrehende und rechtsdrehende Drehmomente. Im Gleichgewicht müssen sich die Wirkungen der links- und rechtsdrehenden Drehmomente aller Kräfte gerade aufheben. Um die Gleichgewichtsbedingung für die Drehmomente der angreifenden Kräfte zu finden, berechnen wir den Betrag des Drehmomentes $M_i = F_i l_i$ jeder Kraft F_i bezüglich einer bestimmten Drehachse, die den Abstand l_i von der Wirkungslinie der jeweiligen Kraft hat (s. 4.1). Wir vereinbaren, dass *linksdrehende* Drehmomente *positiv*, *rechtsdrehende negativ* sind. Die Gleichgewichtsbedingung (5.2) für die Beträge der Drehmomente hat somit folgende Form:

$$\sum M_\mathrm{l} - \sum M_\mathrm{r} = 0 \tag{5.11}$$

$\sum M_\mathrm{l}$ ist die Summe der Beträge aller linksdrehenden, $\sum M_\mathrm{r}$ die aller rechtsdrehenden Drehmomente, wobei der Summationsindex nicht mitgeschrieben wurde.

Sind *sowohl* die Gleichgewichtsbedingungen für die Kräfte *als auch* für die auf eine bestimmte Drehachse bezogenen Drehmomente erfüllt, gilt dieses auch in Bezug auf *jede* andere als Drehachse dienende Achse der Ebene. Wählen Sie für einen im Gleichgewicht befindlichen Körper eine andere Drehachse, ändern sich die Längen l_i der Hebelarme und damit auch die einzelnen Drehmomente stets so, dass das resultierende Drehmoment wiederum gleich null ist. Die Drehachse zur Aufstellung von Gl. (5.11) ist deshalb *beliebig* wählbar.

Beispiel 5.2

Bei welchem Winkel φ stellt sich an einer im Mittelpunkt A drehbar gelagerten Scheibe von 1,0 m Durchmesser Gleichgewicht ein (Bild 5.7)? An einem um den Umfang der Scheibe gelegten Seil wirkt links eine Kraft von 1,0 kN senkrecht nach unten. Rechts ist an einem 30 cm vom Mittelpunkt entfernten Punkt ein zweites Seil befestigt, an dem ein Körper hängt, auf den eine Gewichtskraft voll 2,5 kN wirkt.

Lösung:
Die Gleichgewichtsbedingung für die Drehmomente bezüglich des Drehpunktes A lautet $M_\mathrm{l} - M_\mathrm{r} = F_1 l_1 - F_2 l_2 = F_1 r_1 - F_2 r_2 \sin\varphi = 0$. Daraus folgt mit

$$\sin\varphi = \frac{F_1 r_1}{F_2 r_2} = \frac{1{,}0\ \mathrm{kN} \cdot 0{,}5\ \mathrm{m}}{2{,}5\ \mathrm{kN} \cdot 0{,}3\ \mathrm{m}} = 0{,}67$$

für den gesuchten Winkel $\varphi = 42°$.

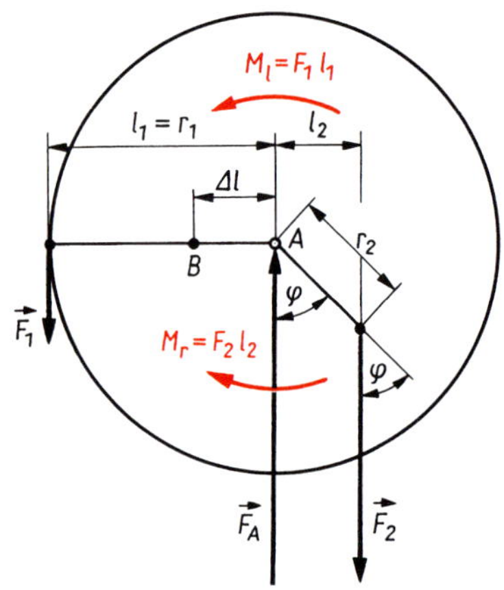

Bild 5.7: Gleichgewicht an einer drehbaren Scheibe

Stellen wir die Gleichgewichtsbedingung für die Drehmomente bezüglich einer anderen Drehachse auf, z. B. durch den um die Strecke Δl links vom Mittelpunkt entfernt liegenden Punkt B, so scheint zunächst kein Gleichgewicht zu existieren. Sie müssen jetzt aber auch das Drehmoment der Auflagekraft F_A berücksichtigen. Die Auflagekraft wirkt durch die von den Kräften F_1 und F_2 verursachte Wechselwirkung der Scheibe mit dem Lager vom Lager auf die Scheibe zurück. Sie folgt aus der Gleichgewichtsbedingung für die Kräfte $F_\mathrm{A} - F_1 - F_2 = 0$

zu $F_A = F_1 + F_2 = 3{,}5$ kN. Damit lautet die Gleichgewichtsbedingung für die Drehmomente bezüglich B:

$$\begin{aligned} M_1 - M_r &= F_1 (l_1 - \Delta l) + F_A \Delta l - F_2 (l_2 + \Delta l) \\ &= F_1 l_1 - F_2 l_2 + (F_A - F_1 - F_2) \Delta l \\ &= F_1 l_1 - F_2 l_2 = 0 \end{aligned}$$

Da sich die in den letzten Klammern auftretenden Kräfte das Gleichgewicht halten, ist dieser Klammerausdruck gleich null, und die Gleichgewichtsbedingungen bezüglich der Punkte A und B stimmen überein.

Beispiel 5.3

Wie groß sind die Achslasten eines zweiachsigen Güterwagens mit 4,5 m Achsstand und 11 t Eigenmasse, der mit einer Maschine von 18 t beladen ist, deren Schwerpunkt 1,5 m hinter der Vorderachse liegt (Bild 5.8)?

Lösung:
Durch die von den Gewichtskräften hervorgerufenen Achslasten tritt der Wagen mit den Schienen in Wechselwirkung, so dass die den Achslasten betragsmäßig gleichen, aber entgegengesetzt gerichteten Auflagekräfte F_A und F_B von den Schienen auf den Wagen zurückwirken. Mit den Gewichtskräften

$$F_1 = m_1 g = 11 \cdot 10^3 \text{ kg} \cdot 9{,}81 \text{ m} \cdot \text{s}^{-2} \approx 110 \text{ kN und}$$
$$F_2 = m_2 g = 18 \cdot 10^3 \text{ kg} \cdot 9{,}81 \text{ m} \cdot \text{s}^{-2} \approx 180 \text{ kN}$$

lautet die Gleichgewichtsbedingung für die Kräfte

$$F_A + F_B - F_1 - F_2 = 0$$

Zur Berechnung der beiden Unbekannten F_A und F_B ist eine zweite Gleichung erforderlich, wofür die Gleichgewichtsbedingung der Drehmomente zur Verfügung steht. Als Drehachse wählt man zweckmäßigerweise eine durch die Auflagepunkte A oder B, da dann die Drehmomentenbedingung nur eine Unbekannte enthält, die sofort berechenbar ist. Wir wählen B als Drehachse, so dass die Länge der Hebelarme $l_A = 4{,}5$ m, $l_1 = 2{,}25$ m und $l_2 = 3{,}0$ m beträgt. Die Gleichgewichtsbedingung für die Drehmomente lautet

$$F_1 l_1 + F_2 l_2 - F_A l_A = 0.$$

Daraus ergibt sich die Auflagekraft

$$\begin{aligned} F_A &= (F_1 l_1 + F_2 l_2) / l_A \\ &= (110 \text{ kN} \cdot 2{,}25 \text{ m} + 180 \text{ kN} \cdot 3{,}0 \text{ m})/4{,}5 \text{ m} = 175 \text{ kN} \end{aligned}$$

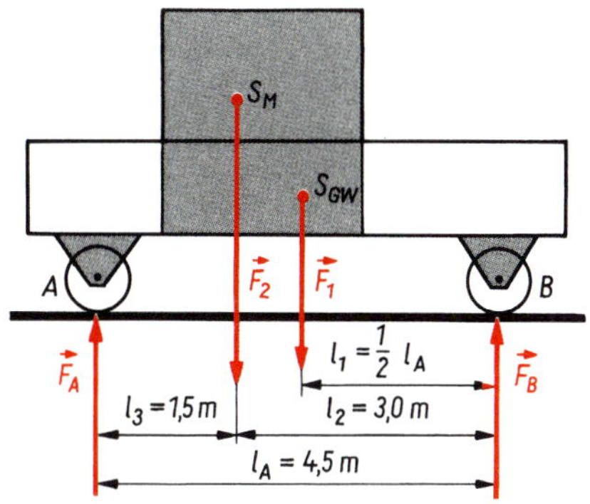

Bild 5.8: Auflagekräfte bei einem beladenen zweiachsigen Güterwagen

Mit diesem Ergebnis folgt aus der Gleichgewichtsbedingung der Kräfte

$$\begin{aligned} F_B &= F_1 + F_2 - F_A = 110 \text{ kN} + 180 \text{ kN} - 175 \text{ kN} \\ &= 115 \text{ kN} \end{aligned}$$

Zur Probe stellen wir die Gleichgewichtsbedingung für die Drehmomente bezüglich des Auflagepunktes A mit den Hebelarmen $l_B = 4{,}5$ m, $l_1 = 2{,}25$ m und $l_2 = 1{,}5$ m auf:

$$\begin{aligned} F_B l_B - F_1 l_1 - F_2 l_2 &= 115 \text{ kN} \cdot 4{,}5 \text{ m} - 110 \text{ kN} \cdot 2{,}25 \text{ m} \\ &\quad - 180 \text{ kN} \cdot 1{,}5 \text{ m} \\ &= 517{,}5 \text{ kN} \cdot \text{m} - 247{,}5 \text{ kN} \cdot \text{m} \\ &\quad - 270 \text{ kN} \cdot \text{m} = 0 \end{aligned}$$

Die Gleichgewichtsbedingung ist erfüllt. Die Vorderachse wird mit 175 kN, die Hinterachse mit 115 kN belastet.

5.2.3 Standsicherheit

Sie versuchen, eine Kiste umzukippen, indem Sie gegen die obere Kante der Kiste drücken (Bild 5.9). Dabei sei die Haftreibung so groß, dass die Kiste nicht wegrutschen kann. Dann wirken auf die Kiste bezüglich der Kippkante K zwei Drehmomente. Es sind dies einmal das **Kippmoment** M_K der Kraft F, das die Kiste zu kippen, und zum anderen das **Standmoment** M_{St} der Gewichtskraft F_G, das die Kiste in der Ausgangslage zu halten versucht. Die Kiste kippt um, wenn das Kippmoment *größer* als das Standmoment ist. Steht die Kiste auf der Ladefläche eines Lkw, so entstehen beim Beschleunigen, Bremsen und bei Kurvenfahrt

Kippmomente durch die im beschleunigten Bezugssystem auftretenden Trägheitskräfte (s. 3.1.10 und 3.1.11, Bsp. 3.17, Bild 3.26). Die Trägheitskräfte greifen wie die Gewichtskraft am Schwerpunkt des Körpers an.

Das Verhältnis von Standmoment M_{St} und Kippmoment M_K ist ein Maß für die **Standsicherheit** eines Körpers:

Standsicherheit

$$s = \frac{M_{St}}{M_K} \tag{5.12}$$

$s > 1$ bedeutet *standsichere* Lage. Das Standmoment ist größer als das Kippmoment. Die Wirkungslinie der Resultierenden aus Kipp- und Gewichtskraft schneidet die Standfläche des Körpers (Bild 5.9a).

$s = 1$ ergibt die *Kippgrenze.* Das Standmoment ist gleich dem Kippmoment. Die Wirkungslinie der resultierenden Kraft geht durch die Kippkante (Bild 5.9b).

$s < 1$ bedeutet *Kippen* des Körpers. Das Kippmoment ist größer als das Standmoment. Die Wirkungslinie der resultierenden Kraft schneidet die Grundfläche außerhalb der Standfläche des Körpers (Bild 5.9c).

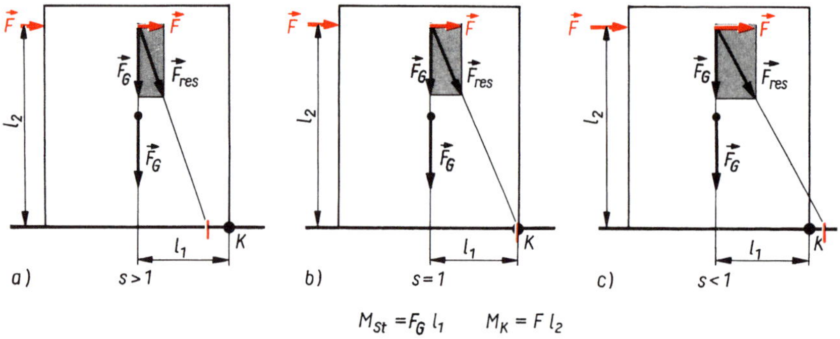

Bild 5.9: Stand- und Kippmoment an einer Kiste bei verschiedenen Standsicherheiten a) s > 1; b) s = 1; c) s < 1

Beispiel 5.4

Ermitteln Sie die kleinste Standsicherheit eines fahrbaren Drehkrans (Bild 5.10). Es wirken die Gewichtskräfte der Last von 45 kN, des Kranauslegers von 10 kN, des Fahrgestells mit Kransäule von 180 kN und des Gegengewichtes von 63 kN. Die Abmessungen sind in Bild 5.10 angegeben.

Lösung:
Die kleinste Standsicherheit hat der fahrbare Drehkran, wenn der Kranausleger senkrecht zur Fahrtrichtung voll ausgefahren ist. Bei angehängter Last besteht die Gefahr des Kippens um A, ohne Last dagegen um B. Zur Berechnung der Drehmomente entnehmen wir zunächst den Abmessungen aus Bild 5.10 die Längen der Hebelarme. Bezüglich A ist $l_{A1} = 3{,}25$ m, $l_{A2} = l_{A3} = 0{,}75$ m, $l_{A4} = 2{,}75$ m; bezüglich B für $F_1 = 0$ ist $l_{B2} = 2{,}25$ m, $l_{B3} = 0{,}75$ m, $l_{B4} = 1{,}25$ m.

Die Standsicherheiten sind damit

$$s_A = \frac{F_3 l_3 + F_4 l_4}{F_1 l_1 + F_2 l_2} = \frac{180\ \text{kN} \cdot 0{,}75\ \text{m} + 63\ \text{kN} \cdot 2{,}75\ \text{m}}{45\ \text{kN} \cdot 3{,}25\ \text{m} + 10\ \text{kN} \cdot 0{,}75\ \text{m}} = 2$$

$$s_B = \frac{F_2 l_2 + F_3 l_3}{F_4 l_4} = \frac{10\ \text{kN} \cdot 2{,}25\ \text{m} + 180\ \text{kN} \cdot 0{,}75\ \text{m}}{63\ \text{kN} \cdot 1{,}25\ \text{m}} = 2$$

Der Drehkran hat mindestens zweifache Sicherheit, sowohl gegen Kippen um A bei angehängter Last als auch gegen Kippen um B ohne Last.

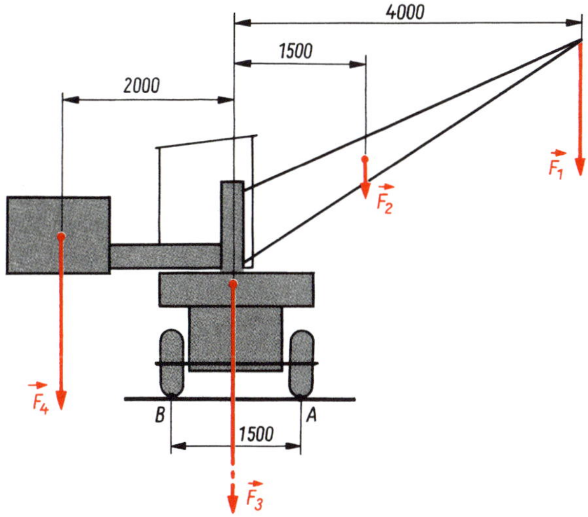

Bild 5.10: Schema eines fahrbaren Drehkrans (zu Beispiel 5.4)

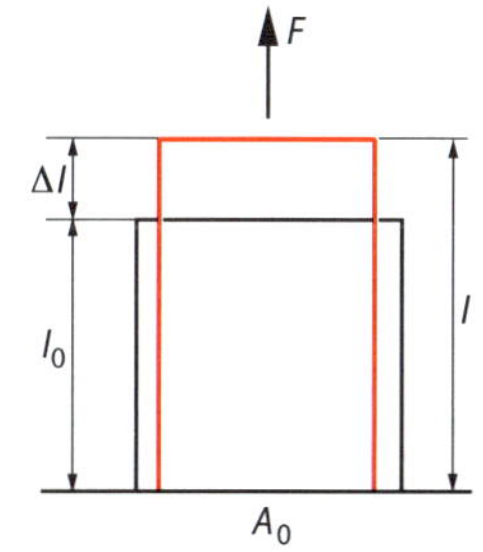

Bild 5.11: Zugbeanspruchung

Bild 5.12a: Universalprüfmaschine mit Hochleistungsprüfrahmen und schneller Regelelektronik

5.3 Verformung und Festigkeit

So wie „Punkmasse" ein brauchbares Modell für Körper ist, wenn es nicht auf deren Ausdehnung ankommt, ist das Modell „Starrer Körper" dann anwendbar, wenn man die Verformungen vernachlässigen kann. Tatsächlich wird aber unter Krafteinwirkung jeder Körper mehr oder weniger stark verformt. Dadurch treten Spannungen auf, deren Kräfte den äußeren Kräften das Gleichgewicht halten. Solange die verformenden Kräfte relativ klein sind, sind Verformung und Belastung proportional, der Körper verhält sich unterhalb einer Grenzbelastung ***elastisch*** (HOOKEsches Gesetz). Dabei nimmt ein elastischer Körper nach Entlastung seine ursprüngliche Form wieder an, während eine plastische Verformung auch nach Entlastung bestehen bleibt.

Spannung ist der Quotient aus wirkender Kraft und der Fläche, an dem die Kraft angreift.

Für Zugbelastung (Bild 5.11 und Bild 12a). ermittelt man im Zugversuch die Dehnung als relative Längenänderung

$$\varepsilon = \frac{\Delta l}{l} \qquad (5.13)$$

Dehnung

in Abhängigkeit von der Zugspannung σ als Kraft F je Ausgangsfläche A_0

$$\sigma = \frac{F}{A_0} \qquad (5.14)$$

Spannung

Die gleichen Beziehungen gelten für Druckspannungen. Dann ist F die Druckkraft, σ die Druckspannung und Δl die Stauchung. Beispielsweise können Beton- und Keramikteile vorwiegend nur Druckspannungen aufnehmen.

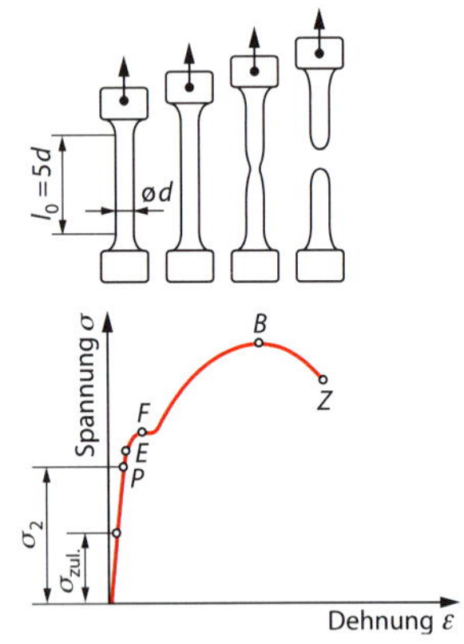

Bild 5.12b: Spannungs-Dehnungs-Diagramm mit Beanspruchung eines Prüflings

Tabelle 5.1: Elastizitäts- und Schubmodul

Elastizitätsmodul	
Stoff	E in GPa
Aluminium	71
Glas	≈ 60
Kupfer	120
Stahl	≈ 210
Wolfram	355
Schubmodul	
Stoff	G in GPa
Aluminium	26
Glas	≈ 20
Kupfer	45
Stahl	≈ 82
Wolfram	130

Im Diagramm (Bild 5.12 b) erkennt man

1. Bis zur Proportionalitätsgrenze P verläuft die Kurve linear. Hier gilt das Hookesche Gesetz für elastische Verformung. Mit dem materialabhängigen Elastizitätsmodul E ist die Zugspannung

$$\sigma = E\varepsilon \tag{5.15}$$

2. Von P über E nach F nimmt der elastische Anteil der Verformung ab, während der plastische zunimmt.
3. Von F nach B liegt plastische Verformung vor, innerhalb der die Verformung auch nach Entlastung bestehen bleibt.
4. Eine weitere Belastung über die Bruchgrenze B hinaus, lässt das Material fließen, der Querschnitt schnürt sich immer mehr ein, bis er die Last nicht mehr zu tragen vermag. Der Körper reißt.

   Das Absinken der Spannung über B hinaus liegt daran, dass man diese immer noch auf den Anfangsquerschnitt A_0 bezieht. Die wahren Spannungen, bezogen auf den tatsächlichen Querschnitt, steigen natürlich weiter.

Ein auf Zug beanspruchtes Konstruktionsteil muss so dimensioniert werden, dass die zulässige Spannung mit Sicherheit im Proportionalbereich liegt: $\sigma_{zul} < \sigma_z$.

Beim Kaltformen zur Umformung eines Metallteils bei Raumtemperatur z. B. durch Tiefziehen oder Kaltwalzen arbeitet man im plastischen Bereich $F \dots B$.

Eine unerwünschte Verformung zeigt ein Auto nach einem Unfall wie beim Crashtest in Bild 3.56.

Brüche können auch weit unterhalb der Bruchspannung auftreten, wenn sich bereits vorhandene Risse oder Kerben im Material ausbreiten. Dies ist besonders bei relativ sprödem Material der Fall. Denken Sie an das Ankerben eines Glasrohres an der Stelle, wo Sie es brechen wollen, oder an das Zerkleinern von Festkörpern.

Ein Träger auf zwei Stützen biegt sich bei Belastung durch (Bild 5.13). Oberhalb einer ungedehnten neutralen Faser wird der Träger auf Druck, unterhalb auf Zug beansprucht. Die Durchbiegung hängt dabei außer von Belastung und Geometrie des Trägers auch vom Elastizitätsmodul E des Materials ab.

Da bei Zug- oder Druckbeanspruchung die Kraft senkrecht auf die beanspruchte Fläche, also in Richtung der Flächennormalen wirkt, spricht man von Normalspannungen. Tangentialspannungen treten bei Beanspruchungen auf Schub (Bild 5.14), Scherung oder Torsion auf.

Schubspannung

Im elastischen Bereich gilt für die Schubspannung (Scherspannung) τ mit dem Schub- oder Torsionsmodul G und dem Schubwinkel (Scherwinkel) γ das Hookesche Gesetz in der Form

$$\tau = G\gamma \tag{5.16}$$

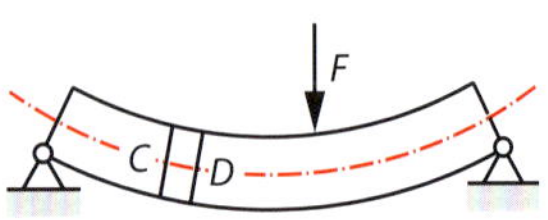

Bild 5.13: Biegung eines Balkens auf zwei Stützen

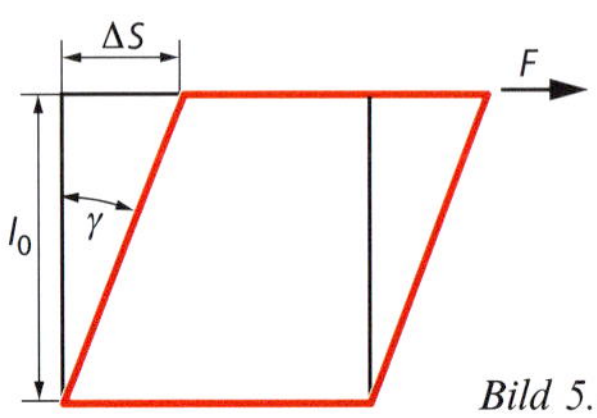

Bild 5.14: Schubbeanspruchung

Bei der Übertragung einer bestimmten Leistung zwischen Antriebs- und Arbeitsmaschine wird die Welle durch das dabei wirkende Drehmoment auf Torsion beansprucht. (Bild 5.15). Die Endflächen werden dabei um den Winkel φ verdreht. Im elastischen Bereich ist dafür das Drehmoment $M = k'\varphi$ erforderlich (s. Abschn. 4.5). Aus dem Winkel γ, für den Gleichung (5.16) gilt, lässt sich nach etwas längerer Rechnung die Winkelrichtgröße bestimmen.

$$k' = (\pi/2)\, Gr^4/l \tag{5.17}$$

Neben den Abmessungen der Welle hängt k' über den Torsionsmodul G vom Material der Welle ab.

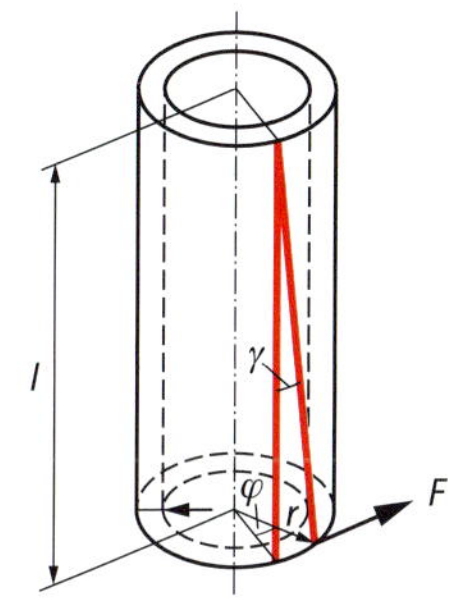

Bild 5.15: Torsion eines Zylinders

Beispiel 5.5

Ein Würfel von 1 cm Kantenlänge aus Aluminium (E = 71 GPa; G = 26 GPa) wird in der Mitte einer Fläche mit einer Kraft von F = 10 kN belastet, die unter einem Winkel von $\alpha = 30°$ gegen die Flächennormale in Richtung einer Würfelkante geneigt ist. Wie groß sind a) die Längenänderung Δl; b) die Verschiebung Δs?

Lösung:
Die Kraft ist in eine Normalkomponente $F_N = F \cos \alpha$ = 8,7 kN und eine Tangentialkomponente $F_T = F \sin \alpha$ = 5,0 kN zu zerlegen.
a) Die Normalspannung beträgt $\sigma = F_N/A$ = 87 MPa. Mit der Dehnung $\varepsilon = \sigma/E = 1{,}2 \cdot 10^{-3}$ ergibt sich die Längenänderung zu $\Delta l = \varepsilon l$ = 0,012 mm.
b) Die Tangentialspannung beträgt $\tau = F_T/A$ = 50 MPa. Mit dem Schubwinkel $\gamma = \tau/G = 1{,}9 \cdot 10^{-3}$ ergibt sich die Verschiebung zu $\Delta s = \gamma l$ = 0,019 mm.

Beispiel 5.6

Eine Welle aus Stahl (G = 80 GPa) von l = 2 m Länge und d = 4 cm Durchmesser soll bei einer Drehzahl $n = 1200\ \text{min}^{-1}$ eine Leistung von P = 5 kW übertragen. Wie groß ist der Winkel φ, um den die Endflächen verdreht sind?

Lösung:
Aus (4.10) ergibt sich ein Drehmoment von $M = P/(2\pi n)$ = 25 Nm (Bild 4.15) und damit ein Verschiebungswinkel $\varphi = M/k' = M/[(\pi/2)\, Gr^4/l]$ = 0,0039 = 13,5′.

Zusammenfassung: Statik und Verformung

- Ein starrer Körper befindet sich im Gleichgewicht, wenn sowohl die vektorielle Summe aller Kräfte als auch die aller Drehmomente gleich null ist.
- Wir unterscheiden stabiles, indifferentes und labiles Gleichgewicht.
- Es wird gezeigt, wie die Gleichgewichtsbedingungen auf ebene Kraftsysteme angewendet werden können.
- Der Zusammenhang zwischen Verformung und Spannung bei Belastung eines verformbaren Körpers wird für Beanspruchung auf Druck und Zug, auf Biegung, Schub und Torsion dargestellt.
- Normalspannungen treten bei Belastung senkrecht, bei Tangentialspannungen parallel zur beanspruchten Querschnittsfläche auf.

6 Mechanik der Flüssigkeiten und Gase

Fragen und Probleme: *Was versteht man unter Druck? Wie unterscheiden sich Kolben- und Schweredruck? Wie kommt Auftrieb zustande? – Wie ist der Volumenstrom definiert? Was besagen Kontinuitätsgleichung und BERNOULLI-Gleichung? Was ist der Unterschied zwischen laminarer und turbulenter Strömung?*

„Heureka! Ich hab's!“ rief ARCHIMEDES und sprang aus dem Bade. Er hatte im Badewasser die Auftriebskraft auf seinen Körper entdeckt und damit die Lösung des Problems gefunden, die neue goldene Königskrone auf etwaigen Silbergehalt zu prüfen, ohne die Krone für die Untersuchung beschädigen zu müssen. Das war vor über 2200 Jahren. Auch heute noch wird die Dichte von Legierungen durch Auftriebsmethoden bestimmt (s. 6.3.4.1).

Aber nicht allein für das Verständnis der ARCHIMEDischen Entdeckung ist es sinnvoll, sich mit der Mechanik der Flüssigkeiten und Gase zu beschäftigen. Im Zeitalter der Segelschifffahrt zweifelte man daran, dass eiserne Schiffe schwimmen würden. Noch im vorigen Jahrhundert versuchte man zu beweisen, dass Menschen mit Flugapparaten „schwerer als Luft“ nicht fliegen könnten. Heute sind Motorschiffe und Flugzeuge Selbstverständlichkeiten für uns. Ebenso selbstverständlich ist es, dass Wasser und Gas mittels Rohrleitungen in die Wohnungen geliefert werden. In großen Chemiewerken sind einige 1000 km Rohrleitungen verlegt, um flüssige und gasförmige Produkte zu transportieren. Diese Stoffströme gilt es zu beherrschen, ihre Gesetze zu kennen und anzuwenden.

Mit Wasser oder Luft transportierte thermische Energie dient in Heizanlagen zur Wärmeübertragung. Die kinetische Energie fließenden Wassers, wehenden Windes oder strömenden Dampfes kann in Kraftwerken mittels Turbinen und Generatoren in Elektroenergie umgewandelt werden. Durch die Druckausbreitung in Flüssigkeiten und den Einsatz von Druckluft können in hydraulischen und pneumatischen Antrieben Kraft- und Drehmomentenwandlungen erfolgen. Denken Sie z. B. an die hydraulische Bremsanlage eines Pkw oder die Druckluftbremsen eines Busses.

Schließlich sind wir ständig dem Luftdruck der uns umgebenden Atmosphäre ausgesetzt, in der sich die vielfältigen mechanischen und thermodynamischen Prozesse abspielen, die das Wettergeschehen bedingen. Die Vielzahl der mechanischen Anwendungen von Flüssigkeiten und Gasen, der wir überall begegnen, fordert die nähere Beschäftigung mit den zugrundeliegenden Prinzipien heraus.

6.1 Druck

Das Verhalten von Flüssigkeiten und Gasen wird wesentlich durch den in ihnen herrschenden **Druck** bestimmt. Um den Druck als physikalische Größe zu definieren, greifen wir auf unsere Kenntnisse über die Wirkungen von Kräften zurück (s. 3.1). Wir wissen, dass Kräfte, die senkrecht auf eine Fläche wirken, als *Normalkräfte* F_N bezeichnet werden. Die Normalkraft drückt einen Körper gegen seine Unterlage.

Der Druck p ist der Quotient aus der Normalkraft F_N und der Fläche A, auf die die Normalkraft wirkt.

$$p = \frac{F_N}{A} \qquad (6.1)$$

Druck

$$[p] = \text{N} \cdot \text{m}^{-2} = \text{Pa} \quad \text{(Pascal)}$$

Eine Normalkraft von 1 N erzeugt auf einer Fläche von 1 m^2 einen Druck von 1 Pa.

Beispiel 6.1

Wie groß ist der Druck durch die Gewichtskraft eines Körpers von 1 kg auf eine horizontale Fläche von 1 cm^2 (Bild 6.1)?

Lösung:
$p = F_N/A = mg/A \approx 10\ \text{N}/1\ \text{cm}^2 = 100$ kPa. Dieser Druck von 100 kPa ist etwa gleich dem Luftdruck der Atmosphäre an der Erdoberfläche.

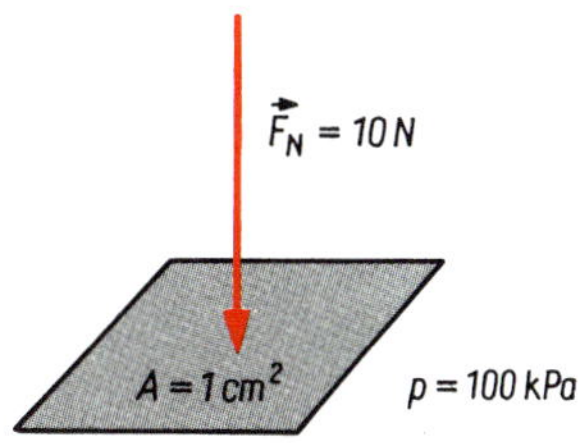

Bild 6.1: Berechnung des Druckes

Verringern wir bei gleichbleibender Kraft die Fläche, so können wir sehr große Drücke erzielen. Nägel und Nadeln sind spitz, um leicht in einen Körper eindringen zu können. Vergrößern wir dagegen bei gleichbleibender Kraft die Fläche, so können wir den Druck verringern. Deshalb sinkt ein Skifahrer nicht so tief in den Schnee ein wie ein Fußgänger. Ein Kettenfahrzeug ist in morastigem Gelände einem Räderfahrzeug gleicher Gewichtskraft überlegen. Schwere Maschinen werden auf großflächigen Fundamenten aufgestellt.

Beispiel 6.2

Wie groß ist der Druck eines Mauerziegels durch seine Gewichtskraft auf seine horizontale Unterlage? Der Mauerziegel hat eine Masse von 3,5 kg und die Abmessungen 26 cm × 12,5 cm × 6 cm.

Lösung:
Der Druck des Steins hängt davon ab, mit welcher Fläche er auf der Unterlage aufliegt (Bild 6.2). Aus $p = F_N/A = mg/A$ erhalten wir für A_1 = 26 cm × 12,5 cm den Druck p_1 = 1,1 kPa für A_2 = 26 cm × 6 cm, p_2 = 2,2 kPa und für A_3 = 12,5 cm × 6 cm, p_3 = 4,6 kPa.

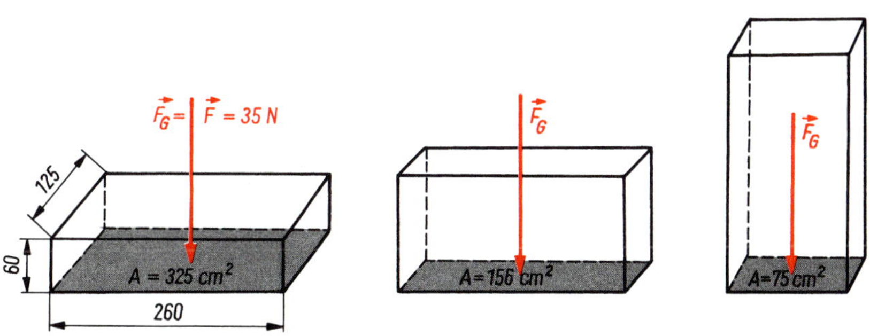

p_1 = 1,1 kPa < p_2 = 2,2 kPa < p_3 = 4,6 kPa

Bild 6.2: Druck eines Mauerziegels

6.2 Einige Eigenschaften von Flüssigkeiten und Gasen

Vergleichen wir die Dichten der gleichen Stoffe im festen, flüssigen und gasförmigen Zustand, so finden wir meist, dass die Dichte der Flüssigkeit nur wenig geringer als die des Festkörpers ist, während das Gas eine etwa 1000mal kleinere Dichte hat (s. Tabelle 3.1). Daraus schließen wir, dass die Teilchen, nämlich die Atome, Ionen oder Moleküle, aus denen die Stoffe bestehen, in Flüssigkeiten ähnlich dicht gepackt sind wie in Festkörpern. Dagegen müssen die Teilchenabstände in Gasen sehr groß sein.

In kristallinen Festkörpern sind die Teilchen durch starke Bindungskräfte regelmäßig angeordnet und bilden ein Kristallgitter. Solche starken, eine Fernordnung bewirkenden Gitterkräfte fehlen im flüssigen Zustand. Zwischen den Teilchen wirken nur wesentlich schwächere zwischenmolekulare Anziehungskräfte kurzer Reichweite, sog. Kohäsionskräfte. Die Größe dieser Kräfte bedingt, dass sich die Flüssigkeitsteilchen nicht frei bewegen können, sondern sich nur gegeneinander verschieben lassen. Flüssigkeiten können fließen. Sie haben im Gegensatz zu Festkörpern keine bestimmte Gestalt, sondern füllen unter der Wirkung der Schwerkraft ein Gefäß bis zu einer durch ihr Volumen bestimmten Höhe und haben dort eine Grenzfläche zur umgebenden Luft. Flüssigkeiten sind volumen-, aber nicht formbeständig.

In Gasen kann die Wirkung zwischenmolekularer Kräfte wegen deren geringer Reichweite und der großen Teilchenabstände meist vernachlässigt werden. Infolge der ungeordneten Wärmebewegung der Teilchen füllt ein Gas den Raum eines Gefäßes gleichmäßig aus. Das Volumen des Gases wird durch die Gefäßwände begrenzt. Die Stöße der Gasteilchen auf die Gefäßwände bewirken den Druck des Gases. Gase sind weder volumen- noch formbeständig.

6.2.1 Kompressibilität

Versuchen wir, eine Flüssigkeit zusammenzudrücken, so werden wir wenig Erfolg haben. Da die Teilchen in einer Flüssigkeit sehr dicht gepackt sind, benötigt man sehr große Drücke, um das Flüssigkeitsvolumen messbar zu verringern.

Flüssigkeiten sind nahezu inkompressibel.

Inkompressibel heißt nicht zusammendrückbar. Volumen und Dichte hängen nicht vom Druck ab.

Bei Gasen ist das anders. Wegen der großen Teilchenabstände sind Gase stark kompressibel. Erhöht man bei gleichbleibender Temperatur den Druck auf das Doppelte, so verringert sich das Volumen des Gases auf die Hälfte.

Bei konstanter Temperatur sind Druck und Volumen von Gasen einander umgekehrt proportional.

Es gilt das BOYLE-MARIOTTEsche Gesetz $p_1 V_1 = p_2 V_2$ (s. 8.3.1).

6.2.2 Flüssigkeitsoberfläche

Bei der Ausbildung von *Flüssigkeitsoberflächen* spielen Kohäsionskräfte eine wesentliche Rolle. Die Kohäsionskräfte, die auf ein Teilchen im Inneren der Flüssigkeit wirken, heben sich gegenseitig auf, da jedes Teilchen gleichmäßig von Nachbarteilchen umgeben ist (Bild 6.3a). Dies ist für Teilchen an der Grenzfläche zur umgebenden Luft *nicht* mehr der Fall. Auf ein Teilchen an der Flüssigkeitsoberfläche ergibt sich eine resultierende Kraft, die ins Innere der Flüssigkeit gerichtet ist (Bild 6.3b). Wird die Flüssigkeitsoberfläche um ein Stück ΔA vergrößert, muss gegen diese resultierenden Kohäsionskräfte eine Arbeit W verrichtet werden, durch die sich die Oberflächenenergie um $\Delta E = W$ erhöht.

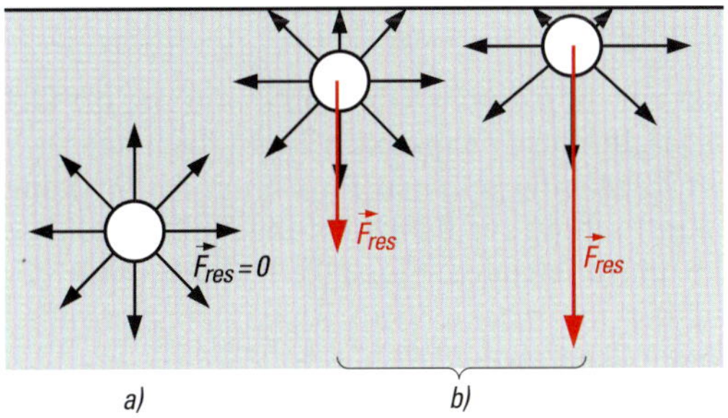

Bild 6.3: Kohäsionskräfte auf ein Teilchen
a) im Innern der Flüssigkeit
b) an der Flüssigkeitsoberfläche

Die **spezifische Oberflächenenergie** σ ist eine temperaturabhängige Eigenschaft der Flüssigkeit und heißt auch **Oberflächenspannung:**

Spezifische Oberflächenenergie

$$\sigma = \frac{\Delta E}{\Delta A} \qquad (6.2)$$

$$[\sigma] = \mathrm{J \cdot m^{-2} = N \cdot m^{-1}}$$

Sie wird sehr stark durch Stoffe beeinflusst, die in der Flüssigkeit gelöst sind.

Tabelle 6.1: Oberflächenspannung bei 20 °C

Flüssigkeit		σ in $\mathrm{N \cdot m^{-1}}$
Benzen (Benzol)		0,0288
Propantriol		0,064
Quecksilber		0,50
Wasser	0 °C	0,0756
	20 °C	0,0725
	50 °C	0,0678
	100 °C	0,0588

Flüssigkeitsoberflächen zeigen unter dem Einfluss der Oberflächenspannung das Bestreben, sich möglichst zu verkleinern, um einen Zustand *kleinster* Oberflächenenergie anzunehmen. Da eine Kugel von allen Körpern gleichen Volumens die kleinste Oberfläche ist, nehmen Flüssigkeiten im Zustand der Schwerelosigkeit Kugelform an. Bei fallenden Tropfen ist dies auch annähernd der Fall.

Ebenso versucht sich eine Flüssigkeitslamelle aus Seifenlösung zusammenzuziehen, die zwischen einem Rahmen mit verschiebbarem Bügel der Länge l ausgespannt ist (Bild 6.4). Wir verhindern das durch eine entsprechende Gegenkraft F und vergrößern die Oberfläche der Flüssigkeitslamelle auf Vorder- und Rückseite um $\Delta A = 2\,l\Delta b$. Die Oberflächenenergie wird um die dabei verrichtete Arbeit $W = F\Delta b$ erhöht. Daraus erhalten wir mit der Randlänge $l_F = 2l$ für die Oberflächenspannung nach Gl. (6.2)

$$\sigma = \frac{\Delta E}{\Delta A} = \frac{W}{\Delta A} = \frac{F\Delta b}{2\,l\Delta b} = \frac{F}{2\,l} = \frac{F}{l_F}$$

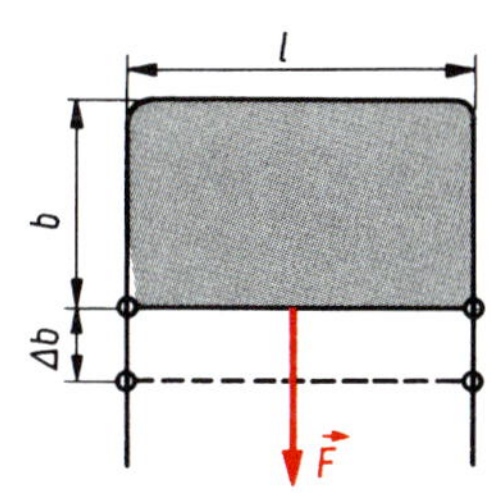

Bild 6.4: Demonstration der Oberflächenspannung

Die Oberflächenspannung σ ist der Quotient aus der Kraft F und der Randlänge l_F, an der die Kraft angreift.

Oberflächenspannung

$$\sigma = \frac{F}{l_F} \qquad (6.3)$$

Die an der Randlänge angreifende Kraft ist dabei unabhängig von der Gesamtoberfläche der Flüssigkeit.

Wirken in einer Flüssigkeit Kräfte *tangential* zur Flüssigkeitsoberfläche, so beginnt die Flüssigkeit wegen der leichten Verschiebbarkeit der Teilchen zu fließen. Das einen Berg hinabfließende Wasser eines Flusses hat als Oberfläche eine geneigte Ebene, die ein Boot talwärts ohne eigenen Antrieb hinabgleiten kann. Wirken dagegen Kräfte in Richtung der *Normalen,* also nur senkrecht zur Flüssigkeitsoberfläche, bleibt die Flüssigkeit in Ruhe.

Die Oberfläche ruhender Flüssigkeiten liegt senkrecht zur resultierenden Kraft.

Das stehende Wasser eines Sees hat eine horizontale Oberfläche, auf der die Gewichtskraft senkrecht steht (Bild 6.5a). In einem bremsenden Tankwagen stellt sich die Flüssigkeitsoberfläche im nicht vollständig gefüllten Tank unter der Wirkung von Gewichtskraft und Trägheitskraft schräg zur Fahrtrichtung (Bild 6.5b). Die Oberflache einer in einem Gefäß mitrotierenden Flüssigkeit bildet unter der Wirkung von Gewichtskraft und der mit wachsendem Radius zunehmenden Zentrifugalkraft $F_z = m\omega^2 r$ ein Rotationsparaboloid (Bild 6.5c).

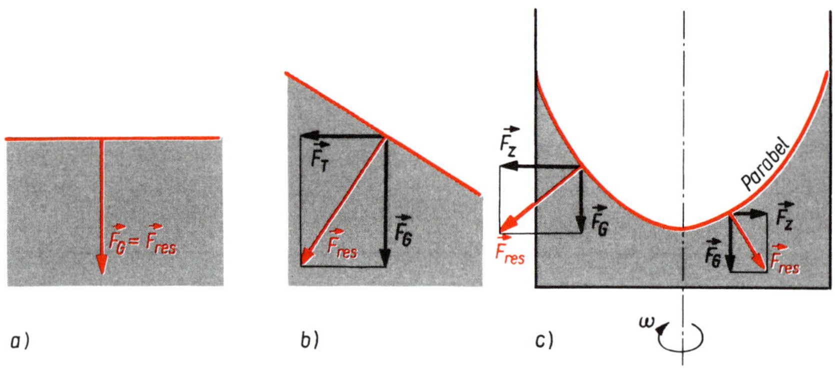

Bild 6.5: Flüssigkeitsoberflächen unter der Wirkung von
a) Gewichtskraft
b) Gewichtskraft und Trägheitskraft bei beschleunigter Translation
c) Gewichtskraft und Zentrifugalkraft

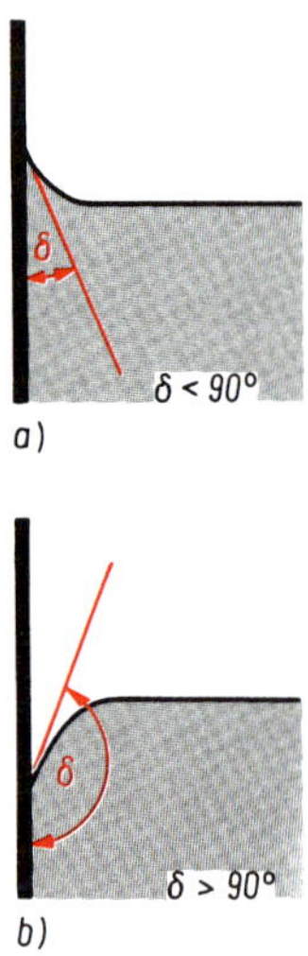

Bild 6.6: Grenzwinkel
a) bei benetzender Flüssigkeit
b) bei nichtbenetzender Flüssigkeit

6.2.3 Grenzflächenerscheinungen und Kapillarität

An den *Grenzflächen* zwischen Flüssigkeiten und Festkörpern, z. B. an Gefäßwänden, wirken zusätzliche **Adhäsionskräfte** zwischen Teilchen der Flüssigkeit und Teilchen des angrenzenden Festkörpers. Dadurch wird die Flüssigkeitsoberfläche in der Nähe der Gefäßwand gekrümmt und bildet einen von 90° verschiedenen Grenzwinkel δ mit der Gefäßwand (Bild 6.6).

Sind die Adhäsionskräfte zur Gefäßwand größer als die Kohäsionskräfte in der Flüssigkeit, so wird die Festkörperoberfläche durch die Flüssigkeit *benetzt*. Es bildet sich ein spitzer Grenzwinkel aus: $\delta < 90°$ (Bild 6.6a). Im umgekehrten Fall ist der Festkörper durch die Flüssigkeit *nicht benetzbar*; der Grenzwinkel ist stumpf: $\delta > 90°$ (Bild 6.6b). So wird z. B. Glas zwar von Wasser, nicht aber von Quecksilber benetzt.

Ein dünnes Röhrchen vom Radius r, eine sog. *Kapillare,* tauche senkrecht in eine Flüssigkeit der Oberflächenspannung σ und der Dichte ϱ ein. In der Kapillare zeigt der Flüssigkeitsstand einen Höhenunterschied h zur umgebenden Flüssigkeit (Bild 6.7):

$$h = \frac{2\,\sigma \cos \delta}{\varrho g r} \qquad (6.4)$$

Wird die Kapillare durch die Flüssigkeit *benetzt,* ist $\cos \delta$ wegen des spitzen Grenzwinkels positiv, und h gibt in Gl. (6.4) die **kapillare Steighöhe** an (Bild 6.7a). Bei vollständiger Benetzung ist $\cos \delta = 1$, und Gl. (6.4) vereinfacht sich zu

$$h = \frac{2\,\sigma}{\varrho g r} \qquad (6.5)$$

Wird die Kapillare von der Flüssigkeit *nicht benetzt,* ist $\cos \delta$ negativ. Damit ergibt sich nach Gl. (6.4) eine negative Steighöhe, die als **Kapillardepression** bezeichnet wird (Bild 6.7b). Durch sie entstehen z. B. systematische Fehler bei der Druckmessung, wenn man den Stand der Quecksilbersäule im Glasrohr eines Barometers abliest.

Poröse Körper können durch die Kapillarwirkung große Mengen benetzender Flüssigkeiten aufsaugen. Denken Sie z. B. an die Saugfähigkeit von Löschpapier oder die Durchfeuchtung porösen Mauerwerkes. Damit Waschwasser auch öl- und fettverschmutzte Oberflächen benetzen kann, wird die Oberflächenspannung des Wassers durch Zusatz grenzflächenaktiver Stoffe, sog. Tenside, herabgesetzt, die in Wasch- und Spülmitteln enthalten sind. Als Emulgatoren ermöglichen sie die Mischung an sich nicht mischbarer Stoffe wie z. B. Öl in Wasser. Um andererseits die Benetzung von Oberflächen zu vermeiden, werden durch Imprägnierung nichtbenetzbare Schichten auf Körperoberflächen erzeugt.

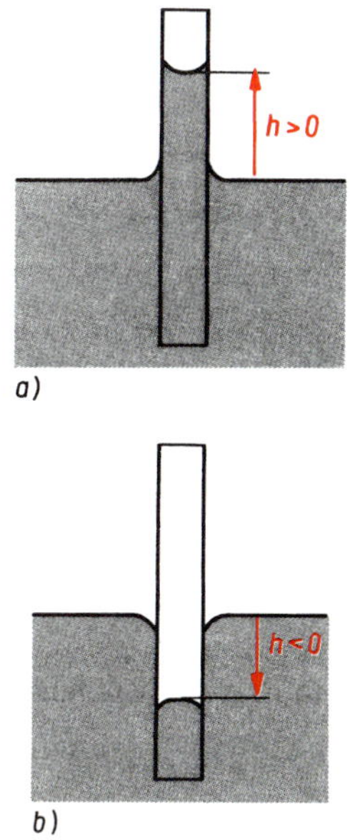

Bild 6.7: a) Kapillare Steighöhe bei benetzender Flüssigkeit
b) Kapillardepression bei nichtbenetzender Flüssigkeit

Beispiel 6.3

Wie groß ist die kapillare Steighöhe von Wasser bei 20 °C in einer sauberen Glaskapillare von 0,10 mm Durchmesser bei vollkommener Benetzung?

Lösung:
Mit den Werten für die Oberflächenspannung und die Dichte des Wassers erhalten Sie nach Gl. (6.5)
$h = 2 \cdot 0{,}073\ \text{N} \cdot \text{m}^{-1}/(1{,}0\ \text{g} \cdot \text{cm}^{-3} \cdot 9{,}81\ \text{m} \cdot \text{s}^{-2} \cdot 0{,}05\ \text{mm}) =$
$2 \cdot 0{,}073\ \text{m}/(10^3 \cdot 9{,}81 \cdot 5 \cdot 10^{-5}) = 0{,}30\ \text{m} = 300\ \text{mm}.$

Verunreinigungen der Kapillare erhöhen den Grenzwinkel und setzen die Steighöhe herab.

6.3 Mechanik ruhender Flüssigkeiten und Gase

Wir wollen den Druck, seine Entstehung und seine Wirkungen in Flüssigkeiten und Gasen untersuchen. Der in *ruhenden* Flüssigkeiten und Gasen herrschende Druck heißt **statischer Druck** p_{stat}. Er ist die Summe aus dem **Kolbendruck** p_K, der vermittels eines Kolbens ausgeübt wird, und dem durch die Schwerkraft hervorgerufenen **Schweredruck** p_S:

$$p_{stat} = p_K + p_S \qquad (6.6)$$

Statischer Druck

6.3.1 Kolbendruck

Wirkt eine Kraft F senkrecht auf einen Kolben der Fläche A, entsteht nach Gl. (6.1) in der eingeschlossenen Flüssigkeit oder dem Gas ein **Kolbendruck** von $p_K = F/A$. Diesen Druck zeigen bei Vernachlässigung des Schweredruckes auch alle an verschiedenen Stellen des Behälters angebrachten Druckmesser an (Bild 6.8).

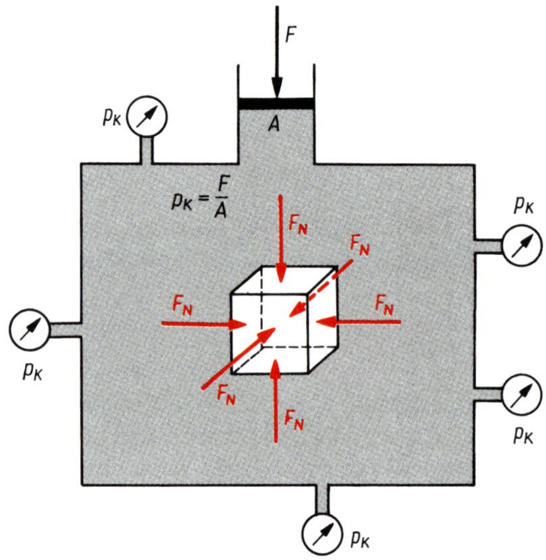

Bild 6.8: Kolbendruck

Der Kolbendruck ist an jeder Stelle der Flüssigkeit oder des Gases gleich.

Auf jede Fläche A_W eines Würfels, der sich in einem unter dem Druck p_K stehenden Medium befindet, wirkt unabhängig von der Lage des Würfels die gleiche Druckkraft $F_N = p_K A_W$ senkrecht zur jeweiligen Würfelfläche. Wir erkennen daraus:

Der Druck in Flüssigkeiten und Gasen wirkt allseitig.

Druck hat *keine* bestimmte Richtung. Er ist eine *skalare* Größe. Dagegen sind durch den Druck hervorgerufene Kräfte Vektoren, die *senkrecht* zur gedrückten Fläche gerichtet sind.

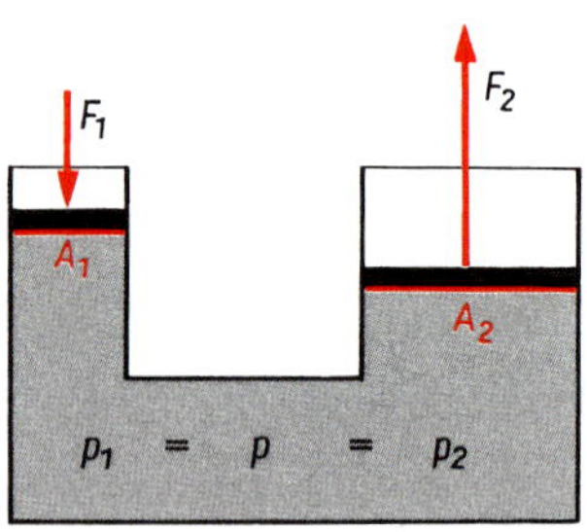

Bild 6.9: Prinzip einer hydraulischen Presse

Hydraulische Kraftwandlung

Die Allseitigkeit der Druckausbreitung in inkompressiblen Flüssigkeiten bietet die Möglichkeit, in *hydraulischen Anlagen* wie hydraulischen Pressen und Hebern sehr große Kräfte zu erzeugen (Bild 6.9). Im Zylinder *1* bewirkt die Kraft F_1 auf den Druckkolben vom Querschnitt A_1 einen Druck von $p = F_1/A_1$. Der Druck ist an jeder Stelle der Flüssigkeit gleich, so dass am Presskolben im Zylinder *2* vom Querschnitt A_2 eine Kraft von $F_2 = pA_2 = (A_2/A_1)\,F_1$ auftritt. Die Kräfte verhalten sich wie die Kolbenflächen:

$$\frac{F_2}{F_1} = \frac{A_2}{A_1} \tag{6.7}$$

Das Flächenverhältnis A_2/A_1 stellt das *Übersetzungsverhältnis* dieser Kraftwandlung dar.

Bei einem hydraulischen Heber soll mit der Kraft F_2 ein schwerer Körper um eine Strecke s_2 angehoben werden. Hierfür ist die Hubarbeit $W = F_2 s_2$ erforderlich. Diese Arbeit muss durch die Kraft F_1 am Druckkolben aufgebracht werden, wenn dieser um die Strecke s_1 hinabgedrückt wird. Dabei drückt man das Flüssigkeitsvolumen $V = A_1 s_1 = A_2 s_2$ aus dem Druckzylinder *1* in den Zylinder *2*. Die Kolbenwege verhalten sich umgekehrt wie die Kolbenflächen. Die u. U. sehr großen Kolbenwege s_1 des Druckkolbens können meist nicht durch einmalige Betätigung erreicht werden. Der Druckkolben arbeitet dann periodisch und pumpt bei jeder Betätigung ein Teilvolumen aus einem Vorratsbehälter in den Zylinder *2*. Das Zurückströmen der Flüssigkeit wird durch Ventile verhindert.

6.3.2 Schweredruck

Unabhängig von einem vorhandenen Kolbendruck wird durch die Schwerkraft in Flüssigkeiten und Gasen ein **Schweredruck** p_S hervorgerufen.

6.3.2.1 Schweredruck in Flüssigkeiten

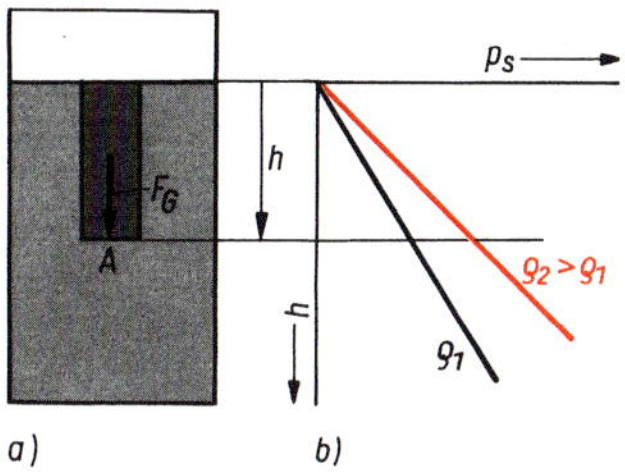

Bild 6.10: Schweredruck in Flüssigkeiten
a) Entstehung des Schweredruckes
b) Schweredruck in Abhängigkeit von der Höhe bei unterschiedlicher Dichte ϱ

Wir wollen untersuchen, von welchen Größen der **Schweredruck** in einer *Flüssigkeit* abhängt. Dazu betrachten wir eine zylinderförmige Flüssigkeitssäule vom Querschnitt A und der Höhe h (Bild 6.10a). Das Volumen $V = Ah$ dieser Flüssigkeitssäule mit der Dichte ϱ hat eine Masse $m = \varrho V = \varrho Ah$. Deren Gewichtskraft drückt auf die Grundfläche A des Zylinders. Dadurch entsteht dort der Schweredruck $p_S = F_G/A = mg/A = \varrho Ahg/A = \varrho gh$. Unabhängig vom Querschnitt A gilt

Schweredruck

$$p_S = \varrho gh \tag{6.8}$$

Tauchen wir in einer Flüssigkeit unter, so ist die Tauchtiefe gleich der Höhe h der über uns lastenden Flüssigkeit.

In gleicher Tiefe herrscht allseitig der gleiche Schweredruck. Mit wachsender Tiefe nimmt der Schweredruck in Flüssigkeiten gleichmäßig zu (Bild 6.10b).

Dass der Schweredruck in Flüssigkeiten der Höhe *h proportional* ist, folgt aus der *Inkompressibilität* von Flüssigkeiten. Die Dichte von Flüssigkeiten bleibt unabhängig vom Druck konstant und hängt deshalb auch nicht von der Höhe h ab.

Vergleichen wir den Schweredruck verschiedener Flüssigkeiten, so herrscht in der gleichen Tiefe bei der Flüssigkeit mit der größeren Dichte der größere Schweredruck (Bild 6.10b). Die Druckhöhen zweier Flüssigkeiten, die den gleichen Schweredruck bewirken, verhalten sich *umgekehrt* wie ihre Dichten.

Beispiel 6.4

Wie groß ist der Schweredruck a) einer Wassersäule von 10,33 m; b) einer Quecksilbersäule von 760 mm Höhe?

Lösung:

a) $p_S = \varrho_W g h_W = 10^3\ \text{kg} \cdot \text{m}^{-3} \cdot 9{,}81\ \text{m} \cdot \text{s}^{-2} \cdot 10{,}33\ \text{m} = 101{,}3\ \text{kPa}$

b) $p_S = \varrho_{Hg} g h_{Hg} = 13{,}6 \cdot 10^3\ \text{kg} \cdot \text{m}^{-3} \cdot 9{,}81\ \text{m} \cdot \text{s}^{-2} \cdot 760 \cdot 10^{-3}\ \text{m} = 101{,}3\ \text{kPa}$

Dieser Druck ist gleich dem normalen Luftdruck (s. 6.3.2.2).

Wir haben der Einfachheit halber Gl. (6.8) für eine zylinderförmige Flüssigkeitssäule hergeleitet. Gl. (6.8) ist jedoch *allgemeingültig.* Der Schweredruck ist unabhängig von der Querschnittsform der Flüssigkeitssäule. Sie erkennen das daran, dass die Flüssigkeit in miteinander verbundenen Gefäßen gleich hoch steht. Bild 6.11 zeigt dies am Beispiel sog. *kommunizierender Röhren*, die allerdings weit genug sein müssen, um Kapillarwirkungen vernachlässigen zu können (s. 6.2.3). Eine Anwendung stellt die Schlauchwaage dar, die man benutzt, um horizontale Linien und Flächen in unebenem Gelände festlegen zu können (Bild 6.12).

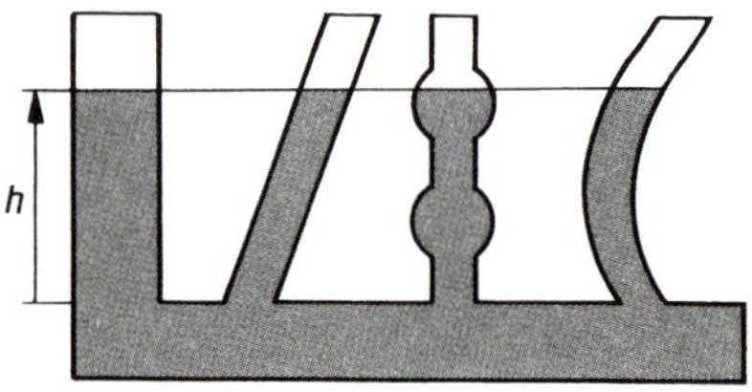

Bild 6.11: Kommunizierende Röhren

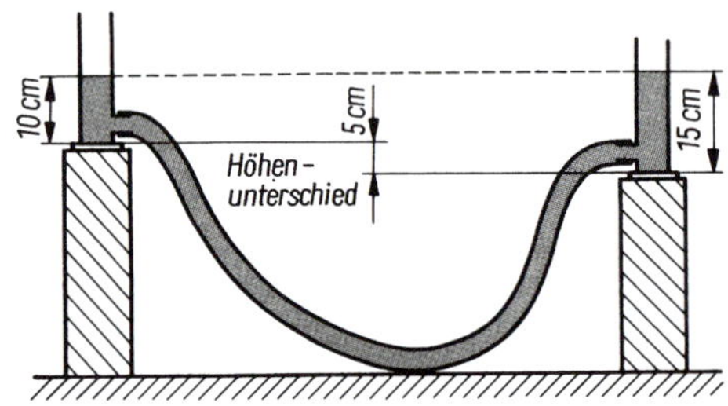

Bild 6.12: Schlauchwaage

Blaise Pascal bewies schon um 1650, dass die *Druckkraft* des Schweredruckes einer Flüssigkeit auf den Boden verschieden geformter Gefäße gleicher Grundfläche *nur* von der Höhe *h,* erstaunlicherweise aber *nicht* von der Menge der eingefüllten Flüssigkeit abhängt (Bild 6.13). Die Differenz zwischen Bodendruckkraft und Gewichtskraft erklärt sich durch die Wechselwirkung der Druckkräfte bei schräg stehenden Gefäßwänden infolge der allseitigen Wirkung des Schweredruckes. Bild 6.13c zeigt, dass eine große Bodendruckkraft durch relativ wenig Flüssigkeit ausgeübt werden kann.

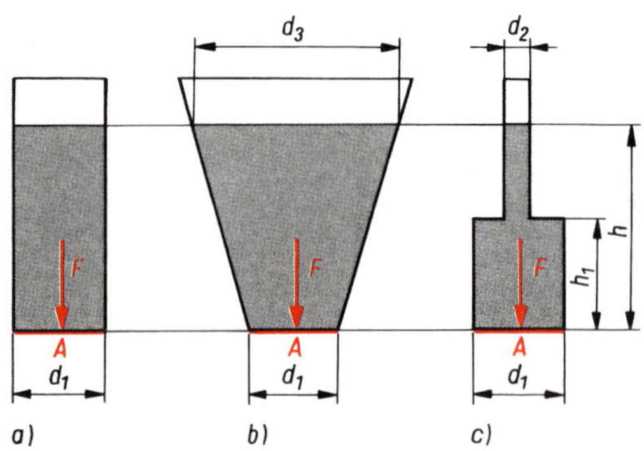

Bild 6.13: Gleiche Bodendruckkraft in verschiedenen Gefäßen

6.3.2.2 Schweredruck in Gasen und Luftdruck

Die Dichte von Gasen nimmt im Gegensatz zur Dichte von Flüssigkeiten mit steigendem Druck zu. Deshalb lässt sich Gl. (6.8) für *Gase* nur *annäherungsweise* anwenden, wenn das Gasvolumen gering genug ist, so dass sich die Dichte des Gases nicht merklich ändert. Da aber die Dichte der Gase wesentlich kleiner ist als die von Flüssigkeiten, ist der Schweredruck von Gasen in geschlossenen Behältern meist vernachlässigbar gering.

Der **Luftdruck** kommt als Schweredruck der Luft in der uns umgebenden Atmosphäre zustande. Auf Meeresspiegelhöhe bei 15 °C herrscht im Mittel der *Normdruck* von p_n = 1013 hPa = 101,3 kPa. Mit zunehmender Höhe sinkt der Luftdruck, wobei die Luftdichte in gleichem Maße abnimmt (Bild 6.14). Der am jeweiligen Ort vorhandene momentane Luftdruck wird als *ambienter* Luftdruck P_{amb} bezeichnet. Er schwankt in Abhängigkeit von den Witterungsbedingungen.

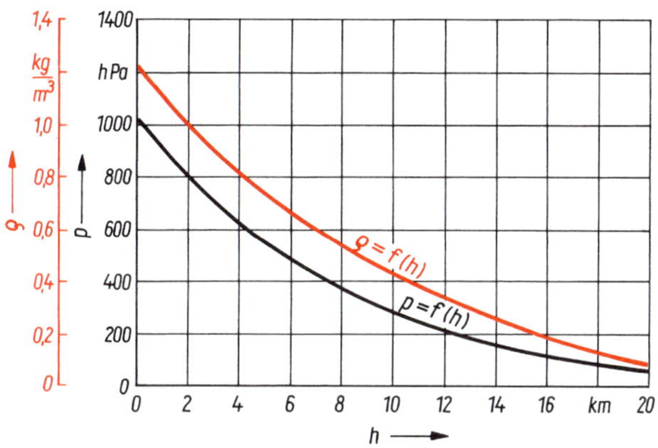

Bild 6.14: Luftdruck und Luftdichte in Abhängigkeit von der Höhe

Sehr eindrucksvoll wurde erstmalig die Wirkung des Luftdruckes durch OTTO VON GUERICKE um 1650 demonstriert. Am bekanntesten ist sein Versuch mit den Magdeburger Halbkugeln (Bild 6.15). Die Druckkraft des Luftdruckes presst die beiden Hälften einer nahezu luftleer gepumpten Kugel so stark aufeinander, dass die Kraft von 16 Pferden nicht in der Lage ist, sie zu trennen (auf dem Bild sind nur 8 Pferde zu sehen).

Bild 6.15: Versuch mit den Magdeburger Halbkugeln (Relief am GUERICKE-Denkmal in Magdeburg)

Saugen Sie Luft aus einem Rohr, dessen eines Ende in eine Flüssigkeit eintaucht, so wird die Flüssigkeit durch den äußeren Luftdruck im Rohr emporgedrückt. Könnten wir die Luft vollständig auspumpen, würde die Flüssigkeit so hoch steigen, bis ihr Schweredruck gleich dem Luftdruck ist. Die auf diese Weise theoretisch erreichbare *maximale Saughöhe* beträgt bei normalem Luftdruck für Wasser 10,33 m, für Quecksilber 760 mm (s. Bsp. 6.4).

Beispiel 6.5

Wie groß ist die Kraft, mit der der Luftdruck zwei vollständig ausgepumpte Halbkugeln von 36 cm Durchmesser aufeinanderdrückt?

Lösung:
Die gesuchte Kraft erhalten Sie, wenn Sie den Luftdruck von 100 kPa mit der kreisförmigen Querschnittsfläche der Kugel von $A = (\pi/4)\, d^2 = 0{,}10\ \mathrm{m}^2$ multiplizieren, zu 10 kN. Dies entspricht der Gewichtskraft einer Masse von 1,0 t.

6.3.2.3 Vakuum

Unter *Vakuum* versteht man allgemein einen Raum, in dem der Druck wesentlich niedriger als der normale äußere Luftdruck ist.

Finden Sie solch Vakuum im Haushalt? Ja sicher, da ist nicht nur der verminderte Druck bei Betrieb eines *vacuum cleaner* (dtsch. Staubsauger), sondern auch die evakuierte Doppelwandung der Thermosflasche, das vakuumverpackte Kaffeepäckchen oder die Fernsehröhre (falls Sie noch einen Fernseher mit Röhre haben).

Ob wir eine Brille tragen, am PC arbeiten oder ein Auto fahren: Von der Vakuumtechnologie profitieren wir alle, denn sehr viele technische Prozesse sind mit vakuumtechnischen Verfahren verbunden. Es geht hauptsächlich um die Beschichtung mit dünnen Schichten für die Halbleiterindustrie, die optische Industrie, die Automobilindustrie, die Leuchtenfertigung und für die Materialforschung. Vakuumtrocknung erfolgt in der Lebensmittel- und pharmazeutischen Industrie. Vakuum-Schmelzöfen dienen zur Herstellung hochreiner Metalllegierungen und anderer Sonderwerkstoffe.

Das Vakuum wird aus praktischen Gründen unterteilt in Vakuumbereiche:

Grobvakuum	$10^3 \ldots 1$	hPa
Feinvakuum	$1 \ldots 10^{-3}$	hPa
Hochvakuum	$10^{-3} \ldots 10^{-7}$	hPa
Ultrahochvakuum	$10^{-7} \ldots 10^{-10}$	hPa

Um ein Vakuum als Zustand eines Raumes mit vermindertem Gasdruck zu erzeugen, müssen Gasmoleküle aus diesem Raum beseitigt werden. Die dafür eingesetzten Vakuumpumpen arbeiten nach verschiedenen physikalischen Prinzipien.

Drehschieberpumpen sind wie Kolbenpumpen Verdrängerpumpen mit sich periodisch vergrößernden und verkleinernden Pumpvolumen. Diffusionspumpen arbeiten ähnlich der Wasserstrahlpumpe (Bild 6.36 b) mit gasfreiem Hg- oder Ölstrahl, in die die zu beseitigten Gasmoleküle eindiffundieren. Kryopumpen lassen zum Abpumpen das Gas bei entsprechend tiefen Temperaturen kondensieren. Sorptionspumpen ab- oder adsorbieren die Gasmoleküle an Oberflächen. Dazu gehören die Getterpumpen, bei denen die absorbierende Oberfläche durch Aufdampfen von Metall erzeugt wird.

6.3.3 Druckmessung

Die **Messung des Druckes** ist für die Kontrolle vieler Produktionsprozesse z. B. in der chemischen Industrie, der Metallurgie, in Gasrohrnetzen u. ä. besonders wichtig. Die Überwachung des Druckes gewährleistet auch die Sicherheit vor Explosionen an druckempfindlichen Anlagen.

6.3.3.1 Druckskalen

Der **absolute Druck** p_{abs} hat als Nullpunkt der Skala das vollständige Vakuum, das in einem Raum existiert, der keinerlei Stoff mehr enthalten würde. Bei Druckmessungen wird jedoch häufig der absolute Druck p_{abs} mit dem vorhandenen Luftdruck p_{amb} verglichen (Bild 6.16).

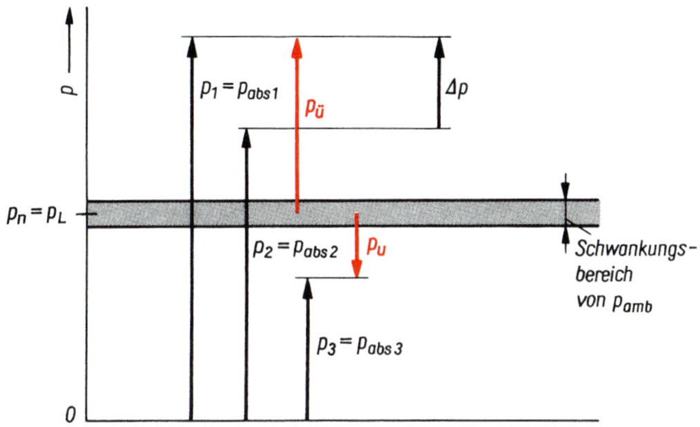

Bild 6.16: Absoluter Druck, Überdruck und Unterdruck

Ist der absolute Druck *größer* als der Luftdruck, besteht **Überdruck.** Der Überdruck $p_ü$ ist der Druck, um den der absolute Druck p_{abs} größer ist als der Luftdruck p_{amb}:

$$p_ü = p_{abs} - p_{amb} \tag{6.9}$$

Überdruck

Ist der absolute Druck *kleiner* als der Luftdruck, herrscht **Unterdruck.** Der Unterdruck p_u ist der Druck, um den der absolute Druck p_{abs} kleiner ist als der Luftdruck p_{amb}:

$$p_u = p_{amb} - p_{abs} \tag{6.10}$$

Unterdruck

Ein Unterdruck lässt sich auch als negativer Überdruck auffassen. Die Wandungen von Behältern und Rohrleitungen werden durch den Über- bzw. Unterdruck beansprucht. Für die Berechnung des Zustandes von Gasen ist *immer* der absolute Druck zu benutzen (s. 8.1.2). Da viele Druckmessgeräte den Über- bzw. Unterdruck anzeigen, muss dafür der absolute Druck aus Gl. (6.9) bzw. (6.10) berechnet werden. Für Druckdifferenzen gilt dagegen

$$\Delta p = p_{abs2} - p_{abs1} = p_{ü2} - p_{ü1}$$

6.3.3.2 Druckmessgeräte

Druckmessgeräte werden als **Manometer** bezeichnet, die zur Messung des Luftdruckes als Barometer. Das Prinzip vieler Druckmessverfahren beruht auf der Messung der Kraft, die der Druck auf eine bestimmte Fläche des Manometers ausübt. So lassen sich die in 3.1.3 erwähnten mechanischen und elektrischen Kraftmesser prinzipiell in Druckeinheiten kalibrieren, wenn die vom Druck beanspruchte Fläche bekannt ist. Am häufigsten verwendete mechanische Druckmessgeräte sind elastische Manometer und Flüssigkeitsmanometer.

Bei **elastischen Manometern** wird die der Druckkraft proportionale Verformung eines elastischen Gliedes bekannter Fläche über ein Hebelsystem auf ein Zeigerwerk übertragen, das so den Über- bzw. Unterdruck anzeigt. Denken Sie als Beispiel an die Messung des Überdruckes im Autoreifen. Das elastische Glied ist beim *Plattenfedermanometer* eine Metallmembran, auf die der zu messende Druck von einer Seite einwirkt (Bild 6.17a). Beim *Röhrenfedermanometer* biegt sich eine gekrümmte elastische Röhre von elliptischem Querschnitt durch den in ihr herrschenden Überdruck auf (Bild 6.17b).

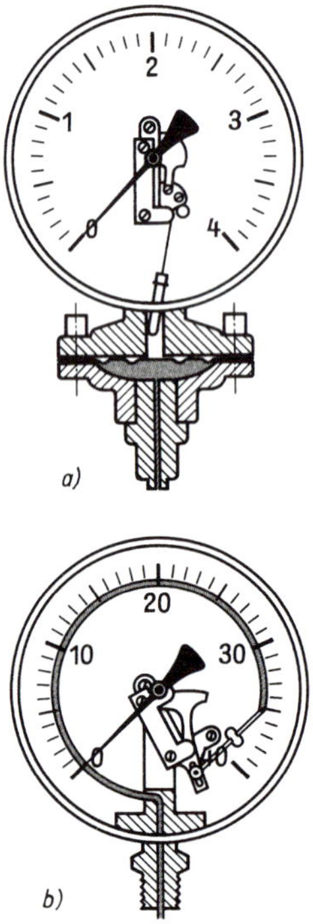

Bild 6.17: Elastische Manometer
a) Plattenfedermanometer
b) Röhrenfedermanometer

Die einfachste Form eines **Flüssigkeitsmanometers** ist das *U-Rohr-Manometer* (Bild 6.18a). Eine Druckdifferenz an den beiden Schenkeln des U-Rohr-Manometers verschiebt die Flüssigkeitssäule. Der Schweredruck der um die Höhe h überstehenden Flüssigkeit mit der Dichte ϱ_F hält dann dieser Druckdifferenz das Gleichgewicht: $\Delta p = p_1 - p_2 = \varrho_F g h$.

Bei *offenen* U-Rohr-Manometern ist p_1 der zu messende Druck und p_2 der Luftdruck am offenen Ende des zweiten Manometerschenkels. Ein offenes U-Rohr-Manometer zeigt demnach den Über- oder Unterdruck an, je nachdem, in welcher Richtung es ausschlägt. Bei *geschlossenen* U-Rohr-Manometern ist der zweite Schenkel geschlossen. Befindet sich über der Flüssigkeit im geschlossenen Schenkel ein Vakuum, so zeigt das Manometer den absoluten Druck an. Mit Quecksilber als Manometerflüssigkeit dient es als Barometer. Befindet sich über der Flüssigkeit im geschlossenen Schenkel ein Gas, z. B. Luft, so wird dieses Gas bei Erhöhung des Druckes zusammengepresst. Ein solches für höhere Drücke einsetzbares geschlossenes U-Rohr-Manometer weist dadurch eine nichtlineare Skale auf (Bild 6.18b).

Ein *Gefäßmanometer* ist im Prinzip ein U-Rohr-Manometer, bei dem ein Schenkel zu einem Gefäß erweitert ist, das einen wesentlich größeren Querschnitt als der zweite Schenkel hat (Bild 6.18c). Dadurch bleibt der Flüssigkeitsstand im Gefäß

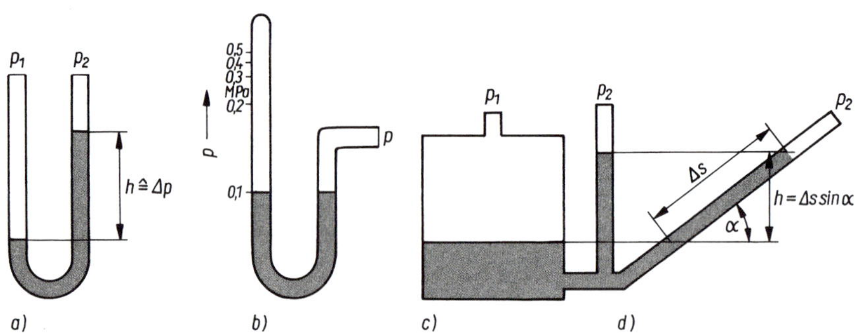

Bild 6.18: Flüssigkeitsmanometer
a) Offenes U-Rohr-Manometer; b) Geschlossenes U-Rohr-Manometer mit Gasfüllung; c) Gefäßmanometer; d) Schrägrohrmanometer

bei Druckänderungen nahezu konstant, so dass es möglich ist, den Druck allein am zweiten Schenkel des Manometers abzulesen. Zur Erhöhung der Empfindlichkeit bei der Messung kleinerer Drücke wird beim *Schrägrohrmanometer* der zweite Schenkel schräg gestellt (Bild 6.18d). Dadurch ist die Längenänderung Δs der Flüssigkeitssäule entsprechend dem Sinus des Neigungswinkels α größer als die Druckhöhe $h = \Delta s \sin \alpha$.

Bei der Messung sehr *kleiner Drücke* in der Vakuumtechnik nutzt man aus, dass Ionisierungsvermögen und Wärmeleitfähigkeit der Gase in diesen Druckbereichen vom Gasdruck abhängen. Nach diesen Prinzipien arbeiten Penning- bzw. Piranimanometer.

Beispiel 6.6

Wie groß ist der absolute Druck des Gases in einem Behälter? Das angeschlossene U-Rohr-Manometer zeigt entsprechend Bild 6.19 einen Höhenunterschied des Quecksilbers von 43 mm bei einem Luftdruck von 1017 hPa.

Lösung:
Im Behälter herrscht ein Unterdruck von

$$p_u = \varrho_{Hg} g h = 13{,}6 \cdot 10^3\ \text{kg} \cdot \text{m}^{-3} \cdot 9{,}81\ \text{m} \cdot \text{s}^{-2} \cdot 43 \cdot 10^{-3}\ \text{m} = 57\ \text{hPa}$$

Der absolute Druck das Gases beträgt $p_{abs} = p_{amb} - p_u = 960$ hPa.

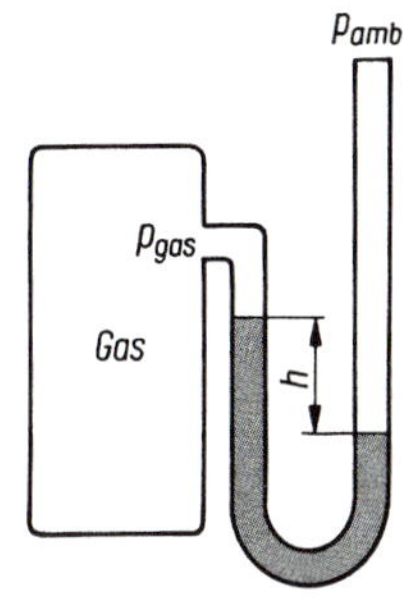

Bild 6.19: Unterdruck in einem Gasbehälter

Beispiel 6.7

Wie groß ist der absolute Druck des Gases in einem Behälter, der nach unten durch eine Sperrflüssigkeit der Dichte 0,80 kg · dm^{-3} abgesperrt ist (Bild 6.20)? Das Manometer ist 50 cm unter der Oberfläche der Sperrflüssigkeit angebracht und zeigt einen Überdruck von 210 kPa an. Der Luftdruck beträgt 1020 hPa.

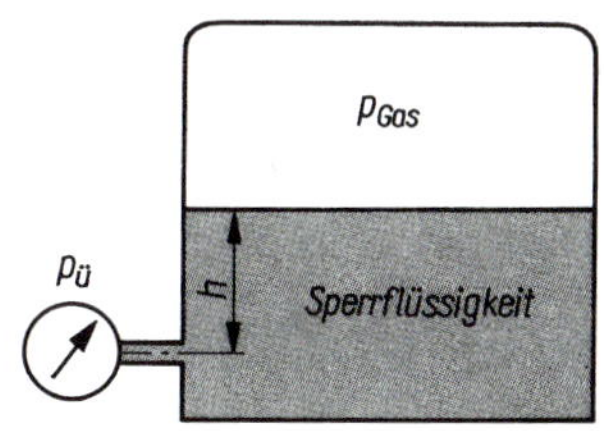

Bild 6.20: Gasbehälter mit Sperrflüssigkeit

Lösung:
Der Überdruck des Gases $p_{üG}$ ergibt sich, wenn wir vom gemessenen Überdruck $p_ü$ den Schweredruck der Sperrflüssigkeit abziehen:

$$p_{üG} = p_ü - \varrho_F g h = 210\ \text{kPa} - 0{,}80 \cdot 10^3\ \text{kg} \cdot \text{m}^{-3} \cdot 9{,}81\ \text{m} \cdot \text{s}^{-2} \cdot 0{,}5\ \text{m} = 210\ \text{kPa} - 4\ \text{kPa} = 206\ \text{kPa}$$

Der absolute Druck des Gases beträgt $p_{abs} = p_{üG} + p_{amb} = 206\ \text{kPa} + 102\ \text{kPa} = 308\ \text{kPa}$.

6.3.4 Auftrieb

6.3.4.1 Auftrieb in Flüssigkeiten

Tauchen wir einen Körper in eine Flüssigkeit ein, so scheint der Körper leichter zu werden. Der Gewichtskraft wirkt in der Flüssigkeit eine Kraft entgegen, die wir als **Auftriebskraft** F_A bezeichnen.

Die *Ursache* der Auftriebskraft ist der mit der Tiefe h zunehmende *Schweredruck* $p_S = \varrho_F g h$ in einer Flüssigkeit der Dichte ϱ_F (s. 6.3.2.1). Die Druckkräfte auf die Mantelfläche eines zylinderförmigen Körpers in aufrechter Lage heben sich paarweise auf. Die Druckkraft F_2 des Schweredruckes auf die untere Grundfläche des Zylinders ist jedoch wegen der größeren Eintauchtiefe größer als die Kraft F_1 auf die obere Deckfläche (Bild 6.21). Daraus resultiert eine Auftriebskraft von $F_A = F_2 - F_1 = \varrho_F g\,(h_2 - h_1)\,A$. Da $(h_2 - h_1)\,A = V_F$ das beim Eintauchen des Körpers verdrängte Flüssigkeitsvolumen ist, ergibt sich für den Betrag der Auftriebskraft

Auftriebskraft

$$F_A = \varrho_F g V_F \qquad (6.11)$$

Gl. (6.11) gilt unabhängig von der Form des Körpers.

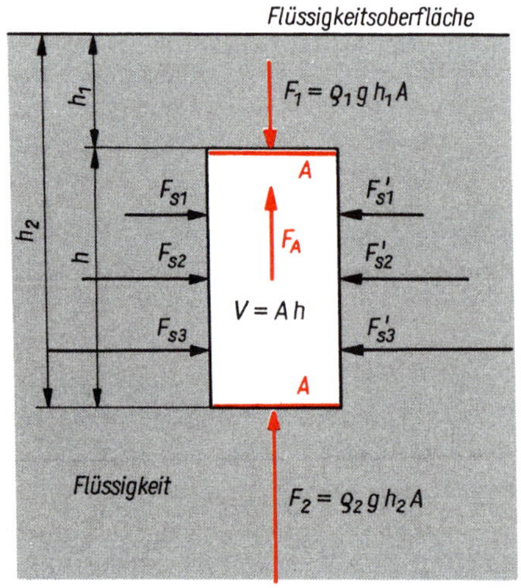

Bild 6.21: Zur Entstehung der Auftriebskraft

Die Auftriebskraft auf einen Körper in einer Flüssigkeit ist dem Betrag nach gleich der Gewichtskraft der vom Körper verdrängten Flüssigkeit. Sie ist der Gewichtskraft des Körpers entgegen gerichtet (ARCHIMEDisches Prinzip).

Das trifft auch auf einen Körper zu, der nicht vollständig in die Flüssigkeit eintaucht, wobei das verdrängte Flüssigkeitsvolumen kleiner als das Volumen des Körpers ist. Beachten Sie jedoch, dass nicht die Verdrängung von Flüssigkeit, sondern der unterschiedliche Schweredruck der Flüssigkeit und damit die unterschiedlichen Druckkräfte auf die Begrenzungsflächen des Körpers die Ursachen des Auftriebes bilden. Liegt ein Körper so dicht auf dem Grunde auf, dass sich keine Flüssigkeit mehr unterhalb des Körpers befindet, so wirkt trotz Verdrängung von Flüssigkeit keine Auftriebskraft.

Bild 6.23: Waage zur Dichtebestimmung nach der Auftriebsmethode mit integrierter Software

Betrachten wir nochmals die Gleichung $F_A = \varrho_F g V_F$ für die Auftriebskraft. Sie können erkennen, dass sich durch *Messung der Auftriebskraft* das Volumen $V_K = V_F$ eines vollständig in eine Flüssigkeit bekannter Dichte ϱ_F eintauchenden Körpers bestimmen lässt. Bei bekanntem Körpervolumen kann man andererseits daraus die Dichte der Flüssigkeit ermitteln. Die Auftriebskraft ergibt sich aus der Differenz zweier Wägungen, indem Sie einmal den Körper außerhalb der Flüssigkeit, zum andern in die Flüssigkeit völlig eintauchend wiegen. Dazu können sowohl Feder- als auch Balkenwaagen benutzt werden.

Eine moderne Waage zur Dichtebestimmung mit integrierter Software zeigt Bild 6.23.

Beispiel 6.8

Welche Kräfte sind erforderlich, um einen Betonwürfel von 1,0 m Kantenlänge und einer Dichte von 2,5 kg · dm^{-3} vom Grunde eines 5,0 m tiefen Sees gleichförmig aus dem Wasser herauszuheben (Bild 6.22)?

Lösung:
Auf den Betonwürfel wirkt eine Gewichtskraft von $F_G = \varrho_B Vg = 2{,}5 \cdot 10^3\ \text{kg} \cdot \text{m}^{-3} \cdot 1\ \text{m}^3 \cdot 9{,}81\ \text{m} \cdot \text{s}^{-2} \approx 25\ \text{kN}$. Liegt der Betonwürfel fest auf dem Grunde des Sees auf, so wirkt keine Auftriebskraft. Zusätzlich zur Gewichtskraft drückt der Schweredruck der überstehenden 4,0 m hohen Wassersäule auf die Deckfläche des Würfels. Die zum Anheben erforderliche Kraft beträgt

$$\begin{aligned} F_1 &= F_G + \varrho_W ghA \\ &= 25\ \text{kN} + 10^3\ \text{kg} \cdot \text{m}^{-3} \cdot 9{,}81\ \text{m} \cdot \text{s}^{-2} \cdot 4\ \text{m} \cdot 1\ \text{m}^2 \\ &\approx 25\ \text{kN} + 40\ \text{kN} = 65\ \text{kN} \end{aligned}$$

Hat sich der Betonwürfel vom Seegrund gelöst, wirkt der Gewichtskraft die Auftriebskraft entgegen. Die erforderliche Kraft sinkt auf

$$\begin{aligned} F_2 &= F_G - F_A = F_G - \varrho_W g V_F \\ &= 25\ \text{kN} - 10^3\ \text{kg} \cdot \text{m}^{-3} \cdot 9{,}81\ \text{m} \cdot \text{s}^{-2} \cdot 1\ \text{m}^3 \\ &\approx 25\ \text{kN} - 10\ \text{kN} = 15\ \text{kN} \end{aligned}$$

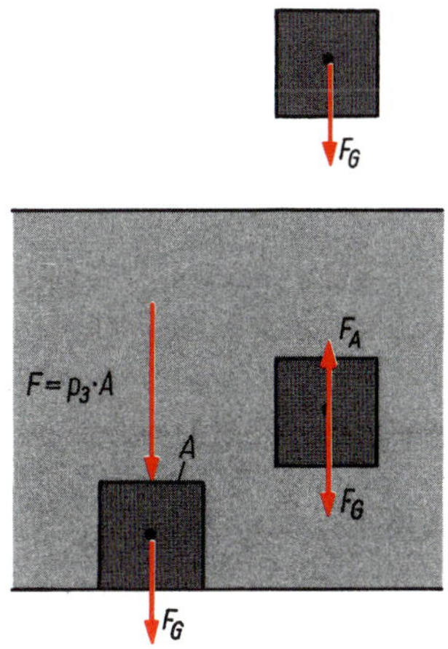

Bild 6.22: Kräfte auf einen Körper beim Heben vom Grunde eines Sees

Taucht der Würfel aus dem Wasser auf, verringert sich das verdrängte Flüssigkeitsvolumen V_F und damit die Auftriebskraft. Die aufzuwendende Kraft nimmt von $F_2 = F_G - F_A = 15$ kN auf $F_3 = F_G = 25$ kN zu, nachdem der Würfel vollständig aus dem Wasser gehoben wurde.

Beispiel 6.9

Bestimmen Sie Volumen und Dichte eines Körpers sowie die Dichte einer unbekannten Flüssigkeit! Der Körper wiegt außerhalb der Flüssigkeit $m = 100$ g, in Wasser eintauchend $m^*_W = 60$ g und in der unbekannten Flüssigkeit $m^*_F = 70$ g.

Lösung:
Auf den Körper wirkt die Gewichtskraft $F_G = mg$. Die resultierende Kraft beim Eintauchen in eine Flüssigkeit ist $F_G - F_A = m^*g$. Daraus ergibt sich die Auftriebskraft $F_A = (m - m^*)\, g = \varrho_F g V$. Aus der *Wägung* in Wasser folgt für das Volumen des Körpers $V = F_A/\varrho_W g = m - m^*_W/\varrho_W = 40\ \text{cm}^3$. Damit ist die Dichte des Körpers $\varrho_K = m/V = 2{,}5\ \text{g} \cdot \text{cm}^{-3}$. Die Wägung des Körpers in der unbekannten Flüssigkeit liefert deren Dichte

$$\varrho_F = \frac{F_A}{gV} = \frac{m - m^*_F}{V} = 0{,}75\ \text{g} \cdot \text{cm}^{-3}$$

6.3.4.2 Schwimmen

Wie verhalten sich Zylinder gleichen Volumens, aber unterschiedlicher Dichte, die wir in eine Flüssigkeit vollständig eintauchen und dann loslassen? Unter der Wirkung von Gewichtskraft und Auftriebskraft ergeben sich drei Möglichkeiten (Bild 6.24).

1. Die Dichte des Körpers ist *größer* als die Dichte der Flüssigkeit, so dass die Auftriebskraft kleiner als die Gewichtskraft ist:

$$F_G > F_A \qquad \varrho_K g V_K > \varrho_F g V_F \qquad V_K = V_F$$

Der Körper *sinkt* auf den Grund der Flüssigkeit.

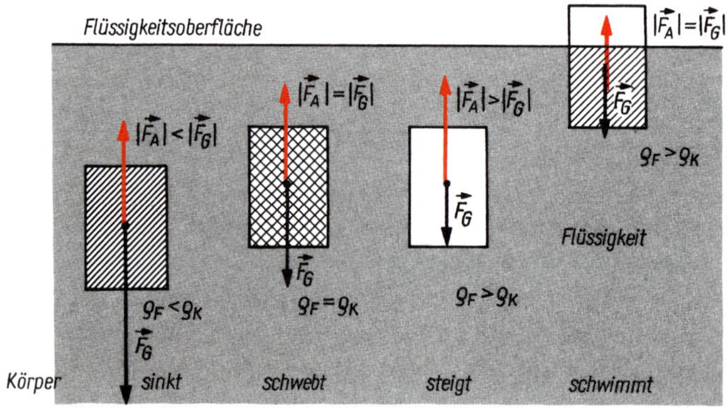

Bild 6.24: Verhalten von Körpern unterschiedlicher Dichte in einer Flüssigkeit

2. Die Dichte des Körpers ist *gleich* der Dichte der Flüssigkeit, so dass die Auftriebskraft gleich der Gewichtskraft ist:

$$F_G = F_A \qquad \varrho_K g V_K = \varrho_F g V_F \qquad V_K = V_F$$

   Der Körper *schwebt* in der Flüssigkeit.

3. Die Dichte des Körpers ist *kleiner* als die Dichte der Flüssigkeit, so dass die Auftriebskraft größer als die Gewichtskraft ist:

$$F_G < F_A \qquad \varrho_K g V_K < \varrho_F g V_F \qquad V_K = V_F$$

   Der Körper *steigt* und taucht aus der Flüssigkeit so weit auf, bis entsprechend dem geringeren verdrängten Flüssigkeitsvolumen die Auftriebskraft gleich der Gewichtskraft ist:

$$F_G = F_A \qquad \varrho_K g V_K = \varrho_F g V_F \qquad V_K > V_F$$

   Der Körper *schwimmt.*

Die Gewichtskraft der von einem schwimmenden Körper verdrängten Flüssigkeit ist gleich der Gewichtskraft des Körpers.

Das beim Schwimmen verdrängte Flüssigkeitsvolumen verhält sich zum Körpervolumen wie die Dichte des Körpers zur Dichte der Flüssigkeit: $V_F/V_K = \varrho_K/\varrho_F$. Die *Eintauchtiefe* schwimmender Körper mit konstantem Querschnitt wie Quader und aufrecht schwimmende Zylinder ist der Dichte der Flüssigkeit umgekehrt proportional. Diese Abhängigkeit ermöglicht die *Dichtebestimmung* von Flüssigkeiten mit Aräometern oder Spindeln (Bild 6.25). Die Dichte der Flüssigkeit kann in Höhe der Flüssigkeitsoberfläche auf der Skale am Halse der schwimmenden Spindel schnell abgelesen werden. Diese Skale ist wegen des angegebenen Zusammenhangs zwischen Dichte und Eintauchtiefe nicht linear geteilt.

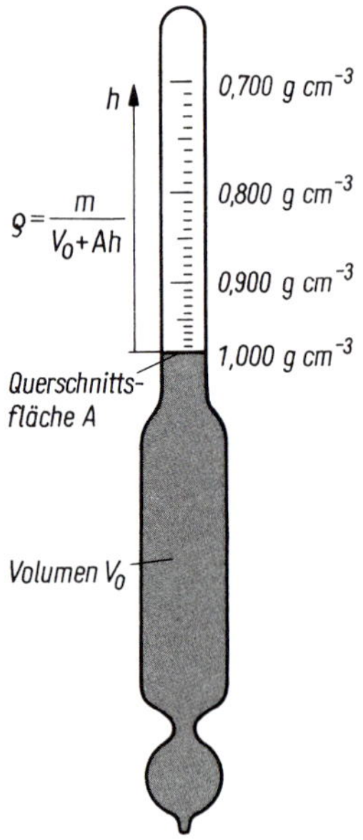

Bild 6.25: Aräometer (Spindel)

Beispiel 6.10

Stellen Sie eine Skale im Dichtebereich von 1,0 bis 1,8 g · cm^{-3} für eine behelfsmäßige Spindel her, die aus einem mit Bleischrot beschwerten Reagenzglas mit 25 g Gesamtmasse und 280 mm^2 Querschnitt besteht!

Lösung:
Im Schwimmgleichgewicht ist $F_G = mg = F_A = \varrho_F g V_F = \varrho_F g A h$. Daraus ergibt sich die Eintauchtiefe zu $h = m/\varrho_F A$. Die damit errechneten Skalenwerte sind auf der Skale in Bild 6.26 dargestellt.

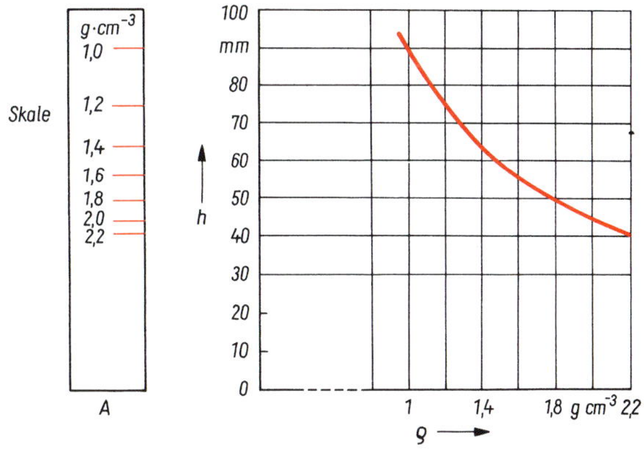

Bild 6.26: Skale einer Spindel

Beispiel 6.11

Der wassergefüllte Trog des historischen Schiffshebewerkes Magdeburg-Rothensee ruht auf zwei Hohlzylindern als Schwimmer, die vollständig in das Wasser zweier Schwimmerschächte eintauchen (Bild 6.27). Die Gewichtskraft des wassergefüllten Troges wird durch die Auftriebskraft der Schwimmer vollständig kompensiert. Deshalb müssen die Antriebsmaschinen zum Heben des Troges nur die Trägheits- und Reibungskräfte überwinden, brauchen jedoch keine Hubarbeit zu verrichten. Wie groß muss das Volumen jedes Schwimmers sein, um das Trogsystem, das einschließlich des Wassers eine Masse von 5400 t hat, im Gleichgewicht zu halten?

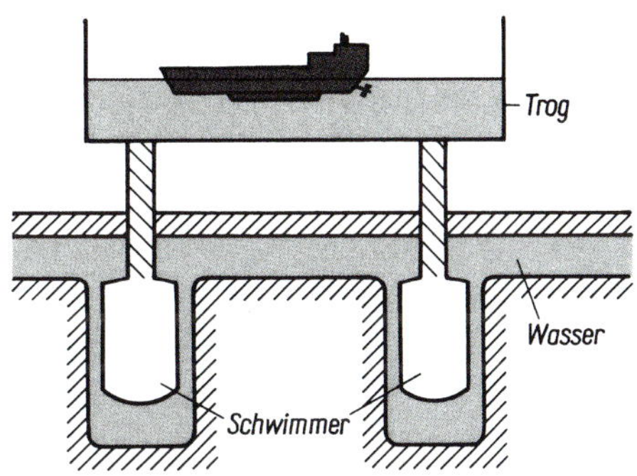

Bild 6.27: Prinzip des Schiffshebewerks Magdeburg-Rothensee

Lösung:
Aus der Gleichgewichtsbedingung $F_G = mg = F_A = \varrho_W g V_W$ folgt für das von den Schwimmern zu verdrängende Wasservolumen $V_W = m/\varrho_W = 5400\ \text{m}^3$, also für jeden Schwimmer 2700 m^3. Das Gleichgewicht bleibt auch erhalten, wenn ein Schiff in den wassergefüllten Trog einfährt, weil die durch ein schwimmendes Schiff verdrängte Wassermasse gleich der Masse des Schiffes ist.

6.3.4.3 Auftrieb in Gasen

In Gasen, z. B. in Luft, erfährt jeder Körper ebenfalls eine Auftriebskraft. Da die Dichte von Luft aber etwa 800-mal geringer ist als die von Wasser, ergibt sich in Luft auch eine entsprechend geringere Auftriebskraft.

Bei sehr *genauen Wägungen* mit Balkenwaagen entstehen durch die unterschiedlichen Auftriebskräfte des Wägegutes und der Wägestücke systematische Fehler bei der Bestimmung der Masse. So ist auch die alte Scherzfrage, ob 1 kg Federn leichter seien als 1 kg Blei, nicht ganz trivial. Haben Sie die gleiche Masse von Federn und Blei exakt im Vakuum bestimmt, so erscheinen beim Nachwiegen in

Luft tatsächlich die Federn wegen ihres größeren Volumens und der dadurch größeren Auftriebskraft in Luft geringfügig leichter als die gleiche Masse Blei.

Bei mit Wasserstoff, Helium oder Heißluft gefüllten Ballons ist die Auftriebskraft in Luft größer als die Gewichtskraft. Der Ballon steigt. Dabei erreicht er Luftschichten immer geringerer Dichte. Bei nicht dehnbarer Hülle bleibt trotz sinkenden Luftdruckes das Volumen des Ballons konstant. Dann schwebt der Ballon in einer Höhe, in der die Auftriebskraft gleich der Gewichtskraft geworden ist.

6.4 Mechanik strömender Flüssigkeiten und Gase

In der **Strömungsmechanik** beschäftigen wir uns mit der Bewegung zusammenhängender ausgedehnter Flüssigkeits- und Gasmengen z. B. beim Umströmen von Körpern, die sich in Flüssigkeiten oder Gasen bewegen, und beim Stofftransport durch Strömungen in Rohrleitungen.

6.4.1 Strömungsgeschwindigkeit und Stromlinien; Volumenstrom

Innerhalb eines strömenden Mediums ist die **Strömungsgeschwindigkeit** an unterschiedlichen Stellen im Allgemeinen verschieden. Nehmen wir an, wir hätten an einigen Stellen die Strömungsgeschwindigkeiten nach Betrag und Richtung gemessen und an den jeweiligen Orten durch Vektorpfeile markiert. Ziehen wir Linien, die diese Vektorpfeile an den jeweiligen Punkten berühren, erhalten wir **Stromlinien,** die ein anschauliches Bild des Strömungsverlaufes liefern und die Richtung der Strömungsgeschwindigkeit angeben (Bild 6.28).

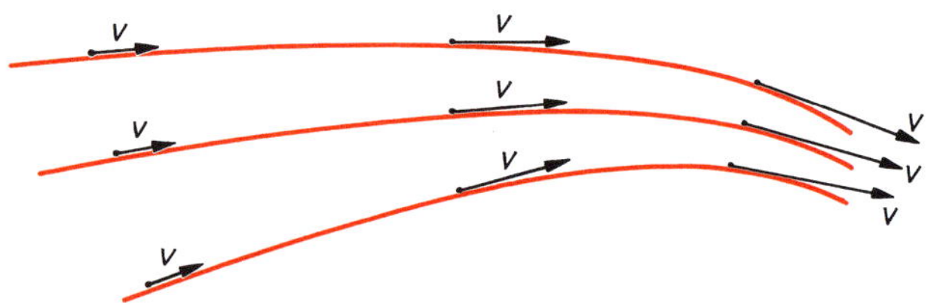

Bild 6.28: Stromlinienverlauf und Strömungsgeschwindigkeit

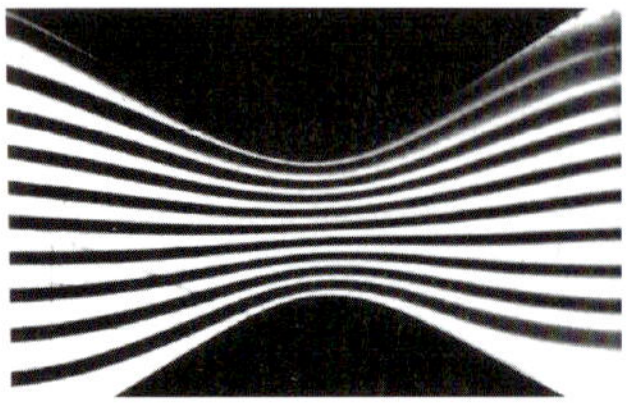

Bild 6.29: Stromlinienverlauf bei Änderung des Querschnittes

Die Stromlinien liegen um so *dichter,* je größer der Betrag der Strömungsgeschwindigkeit ist. In Bild 6.29 ist der Stromlinienverlauf durch unterschiedliche Färbung benachbarter Flüssigkeitsschichten sichtbar gemacht worden. Sie erkennen, wie sich bei Verringerung des Querschnittes die Stromliniendichte erhöht, weil die Strömungsgeschwindigkeit in der Verengung zunimmt.

Bleibt das Stromlinienbild einer Strömung zeitlich unverändert, so handelt es sich um eine *stationäre* Strömung, bei der die Stromlinien mit den Bahnkurven von Flüssigkeitsteilchen übereinstimmen.

Die Strömungsgeschwindigkeit hängt davon ab, wieviel Flüssigkeit oder Gas durch einen bestimmten Querschnitt hindurchströmt. Der **Volumenstrom** $\dot{V}$ gibt das in einer bestimmten Zeit t transportierte Volumen V an:

Volumenstrom

$$\dot{V} = \frac{V}{t} \qquad [\dot{V}] = \mathrm{m}^3 \cdot \mathrm{s}^{-1} \tag{6.12}$$

Der Volumenstrom $\dot{V}$ stellt die *Stromstärke* der Strömung dar und wird auch als *Durchflussmenge* bezeichnet. Bei konstantem Strömungsquerschnitt ergibt sich das Volumen V als Produkt aus der Querschnittsfläche A und dem in der Zeit t von der Flüssigkeit oder dem Gas mit der Strömungsgeschwindigkeit v zurückgelegten Weg $s = vt$ (Bild 6.30). Damit folgt aus Gl. (6.12) für den Volumenstrom

$$\dot{V} = Av \qquad (6.13)$$

Hierbei ist v die über den Querschnitt A *gemittelte* Strömungsgeschwindigkeit.

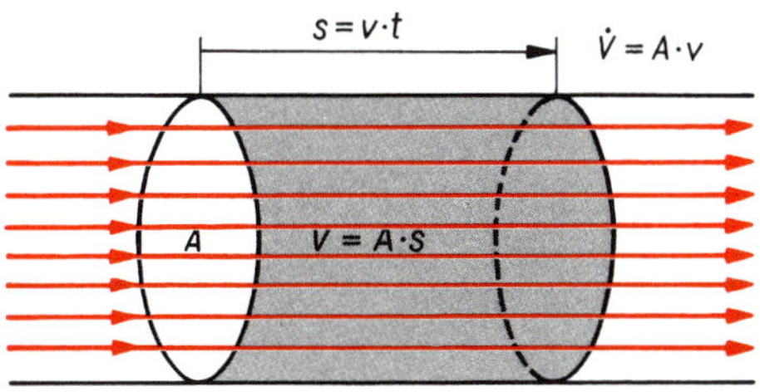

Bild 6.30: Volumenstrom und Strömungsgeschwindigkeit

Beispiel 6.12

Wie groß sind Volumenstrom und mittlere Strömungsgeschwindigkeit in einer Wasserleitung von 20 mm Durchmesser, aus deren geöffnetem Ventil in 7,0 s ein Volumen von 0,50 l ausfließt?

Lösung:

$$\dot{V} = \frac{V}{t} = \frac{0{,}50\ \text{l}}{7{,}0\ \text{s}} = 0{,}071\ \text{l/s} = 71\ \text{cm}^3\text{/s} = 0{,}26\ \text{m}^3\text{/h}$$

$$v = \frac{\dot{V}}{A} = \frac{4\,\dot{V}}{\pi d^2} = \frac{4 \cdot 71\ \text{cm}^3 \cdot \text{s}^{-1}}{\pi \cdot 4{,}0\ \text{cm}^2} = 0{,}23\ \text{m} \cdot \text{s}^{-1}$$

6.4.2 Strömung idealer Flüssigkeiten und Gase

Ideale Flüssigkeiten und Gase sind *inkompressibel* und strömen *reibungsfrei.*

Die Voraussetzung der Inkompressibilität ist bei realen Flüssigkeiten gut erfüllt. Aber auch die Kompression strömender Gase ist bei Strömungsgeschwindigkeiten, die kleiner als $^1/_3$ der Schallgeschwindigkeit sind, noch vernachlässigbar gering. Sprechen wir in diesem Abschnitt allgemein von Flüssigkeiten, so seien damit auch Gase geringer Strömungsgeschwindigkeit gemeint. Bei Vernachlässigung der inneren Reibung in Flüssigkeiten und Gasen ergeben sich einfache Gesetzmäßigkeiten, die viele reale Strömungsvorgänge qualitativ richtig erklären und oft auch näherungsweise zu berechnen gestatten.

6.4.2.1 Kontinuitätsgleichung

Erfolgt der Flüssigkeitstransport in einem ununterbrochenen zusammenhängenden Flüssigkeitsstrom, so bezeichnen wir ihn als *kontinuierlich.* Bei einer kontinuierlichen Strömung ist der Volumenstrom an jeder Stelle einer Stromröhre unabhängig vom Querschnitt gleich groß, wenn durch die Mantelfläche der Röhre zusätzlich keine Flüssigkeit zu- oder abfließen kann (Bild 6.31). An 2 beliebigen Stellen der Röhre ist deshalb $\dot{V}_1 = \dot{V}_2$. Aus dieser Form einer Kontinuitätsgleichung erhält man mit Gl. (6.13)

$$A_1 v_1 = A_2 v_2 \qquad (6.14)$$

Kontinuitätsgleichung

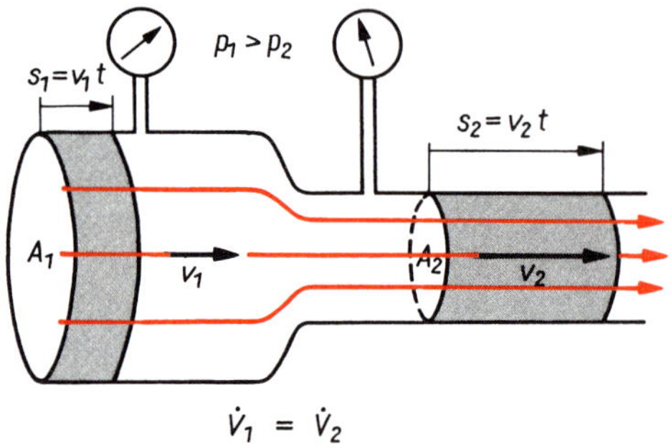

Bild 6.31: Volumenstrom, Strömungsgeschwindigkeit und Druckverhältnisse in einer sich verengenden Rohrleitung

Bei einer kontinuierlichen Strömung ist der Volumenstrom als Produkt von Strömungsquerschnitt und mittlerer Strömungsgeschwindigkeiten konstant. Die Strömungsgeschwindigkeiten verhalten sich umgekehrt wie die Strömungsquerschnitte.

Verengt sich eine Rohrleitung, so muss die Flüssigkeit schneller strömen, um in der gleichen Zeit das gleiche Volumen hindurchfließen zu lassen. Betrachten Sie dazu nochmals den Stromlinienverlauf in Bild 6.29.

Beispiel 6.13

Wie groß sind Volumenstrom und Strömungsgeschwindigkeit des Wasserstromes von Beispiel 6.12 in der Bohrung des Ventils von 5,0 mm Durchmesser?

Lösung:
Der gleiche Volumenstrom von 71 $\mathrm{cm^3 \cdot s^{-1}}$ muss durch den kleineren Querschnitt der Ventilbohrung mit größerer Geschwindigkeit fließen:

$$v_2 = \frac{A_1}{A_2} v_1 = \frac{d_1^2}{d_2^2} v_1 = \left(\frac{2\ \mathrm{cm}}{0{,}5\ \mathrm{cm}}\right)^2 \cdot 0{,}23\ \mathrm{m \cdot s^{-1}} = 3{,}7\ \mathrm{m \cdot s^{-1}}.$$

Wegen $A = (\pi/4)\, d^2$ wächst bei einer Verringerung des Durchmessers auf 1/4 die Strömungsgeschwindigkeit auf das 16-fache an.

6.4.2.2 Bernoullische Gleichung

Ein an eine Wasserleitung angeschlossenes Manometer zeigt bei geschlossenem Ventil den statischen Druck des in der Leitung ruhenden Wassers an. Öffnen wir das Ventil, beginnt das Wasser zu strömen. Wir beobachten, dass der statische Druck gesunken ist. Dafür hat das strömende Wasser *kinetische Energie.* Dividieren wir die kinetische Energie $(m/2)\, v^2$ durch das Volumen V der strömenden Flüssigkeit, so erhalten wir mit $(\varrho/2)\, v^2$ einen Ausdruck, der die Einheit eines Druckers hat und als **dynamischer Druck** bezeichnet wird:

Dynamischer Druck

$$p_{\mathrm{dyn}} = \frac{\varrho}{2} v^2 \qquad (6.15)$$

$$[p_{\mathrm{dyn}}] = \frac{\mathrm{kg}}{\mathrm{m^3}} \cdot \frac{\mathrm{m^2}}{\mathrm{s^2}} = \mathrm{kg \cdot m^{-1} \cdot s^{-2}} = \mathrm{Pa}$$

In einer reibungsfreien Strömung ist die Abnahme des statischen Druckes gleich der Zunahme des dynamischen Druckes. Dies ist eine spezielle Form des *Energieerhaltungssatzes* der Mechanik, wonach bei reibungsfreien mechanischen Vorgängen die Abnahme der potenziellen Energie gleich der Zunahme der kinetischen Energie ist (s. 3.2.3).

Ebenso verhält es sich, wenn in der Verengung eines Rohres die Strömungsgeschwindigkeit zunimmt. Um die Flüssigkeit zu beschleunigen und ihre kinetische Energie zu erhöhen, muss der statische Druck vor der Verengung entsprechend größer sein als in der Verengung (Bild 6.31). Aus der Energiebilanz dieses Vorgangs bei horizontaler Strömung folgt für die Drücke die BERNOULLIsche Gleichung:

BERNOULLIsche Gleichung

$$p_1 + \frac{\varrho}{2} v_1^2 = p_2 + \frac{\varrho}{2} v_2^2 = p_{\text{ges}} = \text{konst.} \tag{6.16}$$

In einer reibungsfreien Strömung ist die Summe aus statischem und dynamischem Druck konstant.

Wenn zwischen den beiden Stellen *1* und *2* der Strömung ein Höhenunterschied besteht, muss die unterschiedliche potenzielle Energie der Flüssigkeit auf den verschiedenen Höhen berücksichtigt werden. Dazu wird Gl. (6.16) um die auf das Volumen bezogene *potenzielle Energie* $mgh/V = \varrho gh$ ergänzt. Damit lautet die **BERNOULLIsche Gleichung**

$$p_1 + \varrho g h_1 + \frac{\varrho}{2} v_1^2 = p_2 + \varrho g h_2 + \frac{\varrho}{2} v_2^2 = p_{\text{ges}} = \text{konst.} \tag{6.17}$$

Beispiel 6.14

Wie groß ist die Geschwindigkeit v_1, mit der Flüssigkeit aus einer Öffnung im Abstand h unter der Flüssigkeitsoberfläche in einem oben offenen Behälter ausfließt (Bild 6.32)?

Lösung:
Wenn der Querschnitt A_2 des Behälters sehr viel größer als der Querschnitt A_1 der Ausflussöffnung ist, folgt aus der Kontinuitätsgleichung $v_2 \ll v_1$, und der dynamische Druck $(\varrho/2)v_2^2$ kann vernachlässigt werden. Die statischen Drücke p_1 und p_2 sind beide gleich dem äußeren Luftdruck. Mit $h_1 = 0$ und $h_2 = h$ ist dann nach Gl. (6.17) $(\varrho/2)v_1^2 = \varrho gh$, und die Ausflussgeschwindigkeit ergibt sich zu $v_1 = \sqrt{2gh}$. Sie ist im Idealfall gleich der Fallgeschwindigkeit beim freien Fall aus der Höhe h (s. 2.1.1.4, Gl. (2.19)).

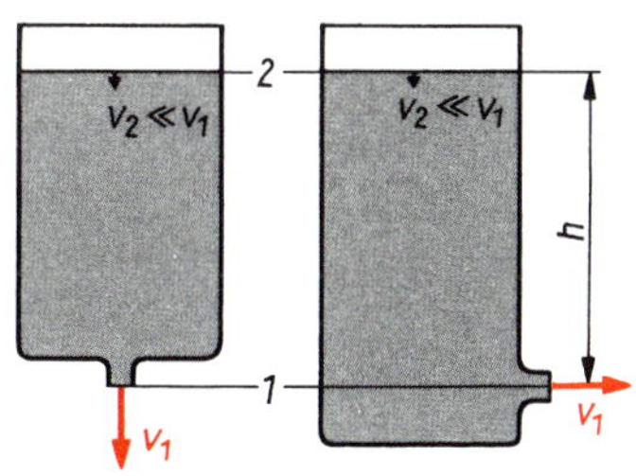

Bild 6.32: Ausfluss einer Flüssigkeit aus einem Behälter

Der dynamische Druck lässt sich im Unterschied zum statischen Druck nicht *unmittelbar* beobachten und messen. Staut man jedoch die Flüssigkeit an einer Stelle, so dass dort $v = 0$ ist, wandelt sich der dynamische Druck zusätzlich in statischen Druck um. Der dynamische Druck wird deshalb auch als *Staudruck* bezeichnet. An einer solchen Stelle liegt dann der Gesamtdruck p_{ges} als statischer Druck vor, aus dem sich der dynamische Druck zu $p_{dyn} = p_{ges} - p$ berechnen lässt. Auf diesem Prinzip beruht die Messung von Strömungsgeschwindigkeiten mit Staurohren. Bild 6.33 zeigt ein *PRANDTLsches Staurohr* für Messungen in Gasen, wie es auch zur Bestimmung der Geschwindigkeit von Flugzeugen relativ zur Luft benutzt wird. Ein angeschlossenes Manometer zeigt die Differenz zwischen dem Gesamtdruck des an der vorderen Öffnung O gestauten Gases und dem statischen Druck an den seitlichen, parallel zur Strömung liegenden Öffnungen S an. Diese Druckdifferenz ist gleich dem dynamischen Druck $(\varrho/2)\,v^2$.

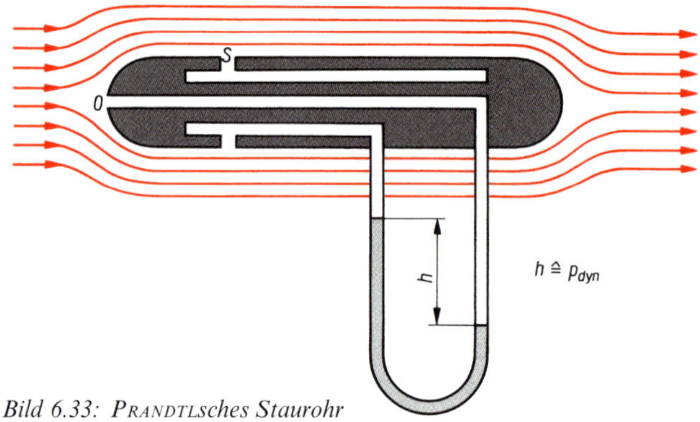

Bild 6.33: PRANDTLsches Staurohr

Beispiel 6.15

Wie groß ist die Geschwindigkeit eines Agrarflugzeuges, dessen PRANDTLsches Staurohr eine Druckdifferenz von 1,50 kPa anzeigt? Die Luftdichte beträgt 1,29 kg · m⁻³.

Lösung:
Aus $\Delta p = (\varrho/2)v^2$ ergibt sich die Fluggeschwindigkeit relativ zur Luft zu

$$v = \sqrt{\frac{2\,\Delta p}{\varrho}} = \sqrt{\frac{2 \cdot 1{,}5 \cdot 10^3\ \mathrm{kg \cdot m^{-1} \cdot s^{-2}}}{1{,}29\ \mathrm{kg \cdot m^{-3}}}}$$
$$= 48\ \mathrm{m \cdot s^{-1}} \approx 173\ \mathrm{km \cdot h^{-1}}$$

6.4.2.3 Anwendungen der BERNOULLIschen Gleichung

Durch Strömungen lassen sich verblüffende Erscheinungen hervorrufen. Blasen Sie zwischen zwei bewegliche Platten, so gehen diese nicht etwa auseinander, sondern werden aufeinander gepresst (Bild 6.34a). Es ist unmöglich, einen Tischtennisball von unten aus einem Trichter zu blasen (Bild 6.34b). Trotz beträchtlicher Neigung fällt ein Tischtennisball nicht aus dem Luftstrom eines Föns (Bild 6.34c). Probieren Sie es aus!

Derartige Effekte lassen sich mit Hilfe der BERNOULLIschen Gleichung leicht erklären. Wird ein Körper *unsymmetrisch* umströmt, so dass an gegenüberliegenden Seiten unterschiedliche Strömungsgeschwindigkeiten vorhanden sind, so ist auf der Seite der geringeren Strömungsgeschwindigkeit der statische Druck größer als auf der Seite der höheren Geschwindigkeit. Der Körper erfährt durch diese Druckdifferenz eine Kraft in Richtung der Bereiche höherer Strömungsgeschwindigkeit, die im Stromlinienbild an der größeren Stromliniendichte erkennbar sind.

Dies erklärt auch, wieso bei starkem Sturm Dächer abgedeckt werden können und offenstehende Türen und Fenster bei Zugluft zuschlagen.

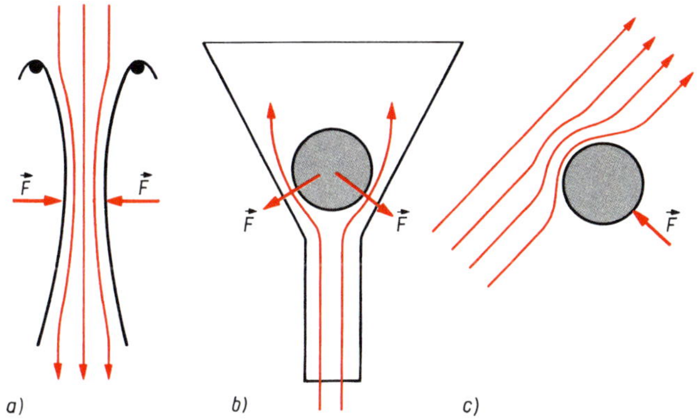

Bild 6.34: Strömungseffekte
a) Luftstrom zwischen zwei beweglichen Platten
b) Versuch, einen Ball aus einem Trichter zu blasen
c) Ball in einem geneigten Luftstrom

Bild 6.35: Montage des Rotorblattes einer Windenergieanlage. Man erkennt gut das aerodynamisch gestaltete Profil der Rotorblätter, die eine Kreisfläche von 126 m Durchmesser überstreichen. Durch Regelung des Anstellwinkels lässt sich über einen größeren Bereich der Windgeschwindigkeit die Nennleistung von 6 MW einhalten.

Das aerodynamisch geformte Profil der Tragflächen von Flugzeugen wie das der Rotorblälter von Windenergieanlagen (Bild 6.35) bewirkt wegen der höheren Strömungsgeschwindigkeit an der konvexen Fläche gegenüber der kleineren an der konkaven Seite einen dynamischen Auftrieb.

Bei höheren Strömungsgeschwindigkeiten ist der statische Druck kleiner als der Luftdruck. Es entsteht ein *Unterdruck*, der zum Ansaugen von Flüssigkeiten in Zerstäubern (Bild 6.36a) und zum Auspumpen von Behältern durch Wasser- oder Dampfstrahlpumpen (Bild 6.36b) genutzt wird.

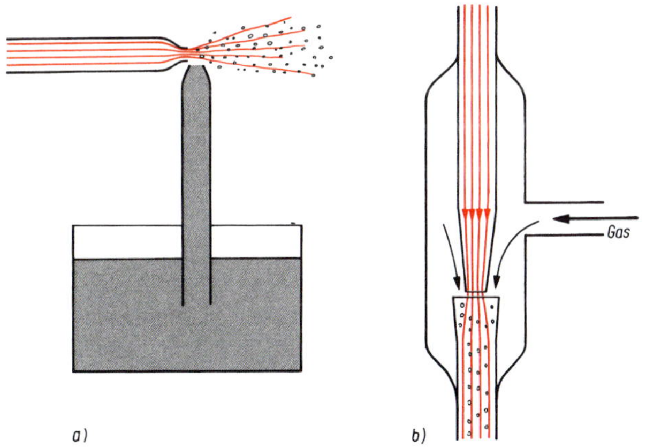

Bild 6.36: a) Prinzip des Zerstäubers; b) Prinzip der Strahlpumpe

Eine wichtige Anwendung findet die BERNOULLIsche Gleichung in Verbindung mit der Kontinuitätsgleichung bei der **Messung des Volumenstromes** in Rohrleitungen. Dazu baut man *Messblenden* oder *Messdüsen* ein, die einen kleineren Querschnitt als die Rohrleitung aufweisen, so dass sie mit höherer Geschwindigkeit durchströmt werden (Bild 6.37). Dadurch steigt dort der dynamische Druck, während der statische Druck gegenüber der Rohrleitung sinkt. Die Differenz der statischen Drücke vor und in der Verengung wird gemessen und daraus Strömungsgeschwindigkeit und Volumenstrom in der Rohrleitung berechnet.

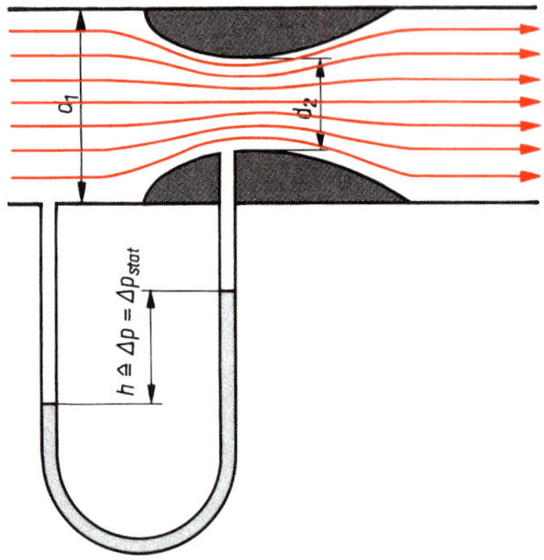

Bild 6.37: Messung des Volumenstromes mit der Messdüse

Beispiel 6.16

Wie groß ist der Volumenstrom durch eine Wasserleitung von 12 cm Durchmesser? Die eingebaute Messblende verringert den Querschnitt auf 1/3. Es wird eine Druckdifferenz von 320 Pa gemessen.

Lösung:
Kontinuitätsgleichung (6.14) und BERNOULLIsche Gleichung (6.16) sind 2 Gleichungen für die 2 unbekannten Geschwindigkeiten v_1 und v_2. Um v_1 zu erhalten, lösen wir Gl. (6.14) nach $v_2 = (A_1/A_2)\, v_1$ auf und setzen dies in Gl. (6.16) ein: $p_1 + (\varrho/2)\, v_1^2 = p_2 + (\varrho/2)\, [(A_1/A_2)\, v_1]^2$. Aus der Druckdifferenz $\Delta p = p_1 - p_2 = (\varrho/2)\, v_1^2\, [(A_1/A_2)^2 - 1]$ ergibt sich

$$v_1 = \sqrt{\frac{2\Delta p}{\varrho\left[\left(\frac{A_1}{A_2}\right)^2 - 1\right]}} = \sqrt{\frac{\text{m}^3 \cdot 2 \cdot 320\ \text{kg}}{10^3\ \text{kg} \cdot (9-1)\ \text{m} \cdot \text{s}^2}}$$
$$= 0{,}283\ \text{m} \cdot \text{s}^{-1}$$

und damit der Volumenstrom zu

$$\dot{V} = A_1 v_1 = \frac{\pi}{4}\, d_1^2 v_1 = \frac{\pi}{4} \cdot 0{,}12^2 \cdot \text{m}^2 \cdot 0{,}283\ \text{m} \cdot \text{s}^{-1}$$
$$= 3{,}2 \cdot 10^{-3}\ \text{m}^3 \cdot \text{s}^{-1} = 11{,}5\ \text{m}^3 \cdot \text{h}^{-1}\,.$$

Die hier für ideale Flüssigkeiten durchgeführte Rechnung muss bei realen Strömungen korrigiert werden.

6.4.3 Strömung realer Flüssigkeiten und Gase

6.4.3.1 Innere Reibung und Viskosität

Wollen Sie sich zum Frühstück ein Brötchen mit Honig schmieren, so müssen Sie eine bestimmte Kraft aufwenden, um das Messer aus dem zähflüssigen Honig herauszuziehen. In einer *Grenzschicht* um den Festkörper bewegt sich dabei die Flüssigkeit mit unterschiedlichen Geschwindigkeiten (Bild 6.38). Die sich ausbildende Flüssigkeitsoberfläche vermittelt einen Eindruck von der Geschwindigkeitsverteilung in dieser Grenzschicht. Die unmittelbar am Festkörper haftende Flüssigkeit ist relativ zum Festkörper in Ruhe. Zwei benachbarte Flüssigkeitsschichten im Abstand Δx innerhalb der Grenzschicht gleiten jedoch mit einer Relativgeschwindigkeit Δv aufeinander ab. Dieses *Geschwindigkeitsgefälle* $\Delta v/\Delta x$ zwischen benachbarten Flüssigkeitsschichten bildet sich unter dem Einfluss der Reibungskräfte aus. Die Reibung tritt also nicht zwischen Festkörper und Flüssigkeit auf, sondern als **innere Reibung** innerhalb der Flüssigkeit. Dadurch unterscheidet sie sich prinzipiell von der äußeren Reibung zwischen Festkörpern (s. 3.1.8). Bei einem umströmten rauhen Körper wirken deshalb größere Reibungskräfte, weil beim Umströmen der Rauhigkeiten größere Geschwindigkeitsgefälle auftreten.

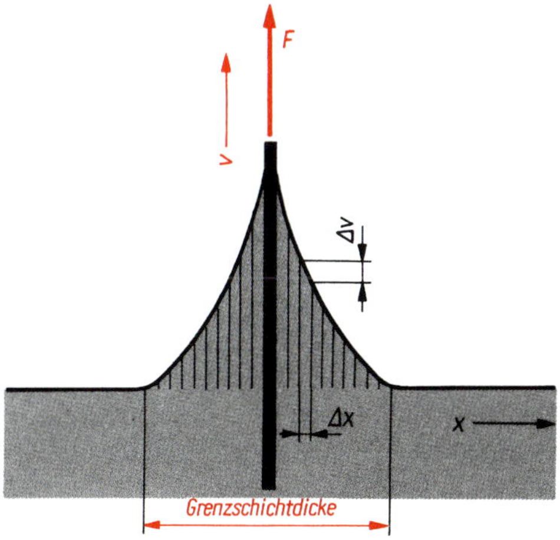

Bild 6.38: Grenzschicht einer viskosen Flüssigkeit an einer bewegten Platte

Außer vom Geschwindigkeitsgefälle in der Grenzschicht hängt die Reibungskraft in Flüssigkeiten und Gasen von der *Zähigkeit* des strömenden Stoffes ab. Die **dynamische Viskosität** η ist ein Maß für diese die innere Reibung bestimmende Stoffeigenschaft. Die Einheit der dynamischen Viskosität ist die Pascalsekunde:

$$[\eta] = \text{Pa} \cdot \text{s} = \text{N} \cdot \text{s} \cdot \text{m}^2 = \text{kg} \cdot \text{m}^{-1} \cdot \text{s}^{-1}$$

Bei 20 °C haben zähe Schmieröle Viskositäten von einigen Pa · s, Wasser dagegen nur 10^{-3} Pa · s und Luft $18 \cdot 10^{-6}$ Pa · s. Die Viskosität von Flüssigkeiten nimmt mit steigender Temperatur stark ab. Deshalb müssen Schmieröle so ausgewählt werden, dass sie bei der jeweiligen Betriebstemperatur die erforderliche Viskosität aufweisen.

Tabelle 6.2: Dynamische Viskosität bei 20 °C

Stoff		η in mPa · s
Ammoniak		0,010
Benzen (Benzol)		0,649
Luft		0,018
Propantriol		0,022
Quecksilber		1,55
Wasser	0 °C	1,79
	20 °C	1,00
	50 °C	0,55

6.4.3.2 Laminare und turbulente Strömungen

Um die Strömung einer realen Flüssigkeit, die eine bestimmte kinetische Energie hat, aufrechtzuerhalten, muss Arbeit zur Überwindung der Reibungskräfte verrichtet werden. Das Verhältnis von kinetischer Energie und Reibungsarbeit bestimmt qualitativ und quantitativ die auftretenden Strömungsvorgänge. Dieses Verhältnis heißt **REYNOLDSsche Zahl** *Re,* für die sich nach einigen Vereinfachungen folgender Ausdruck ergibt:

$$Re = \frac{\varrho v d}{\eta} \tag{6.18}$$

REYNOLDSsche Zahl

ϱ ist die Dichte und η die Viskosität der Flüssigkeit oder des Gases, v die Strömungsgeschwindigkeit außerhalb der Grenzschicht relativ zum umströmten Körper vom Durchmesser d. Oft wird d durch eine für die Körperform charakteristische Länge l ersetzt.

Werden *kleine* Körper *langsam* von *zähen* Medien umströmt, d. h. bei kleinen REYNOLDSschen Zahlen $Re \ll 2000$, ist die Strömung **laminar.** Wie beim Beispiel des langsam aus dem Honig gezogenen Messers gleiten benachbarte Flüssigkeitsschichten lamellenartig mit unterschiedlichen Geschwindigkeiten aufeinander ab, ohne sich dabei zu vermischen. In laminaren Strömungen kommen keine Wirbel vor. Die auftretenden Reibungskräfte lassen sich theoretisch exakt berechnen.

Werden relativ *große* Körper *schnell* von Medien *geringer* Viskosität umströmt, d. h. bei großen Reynoldsschen Zahlen $Re \gg 2000$, ist die Strömung **turbulent.** Es bilden sich Wirbel, die sich vom Körper lösen und mit der Strömung weggeführt werden. Die zum Andrehen der Wirbel erforderliche Energie wird der Strömung entzogen, wodurch die Strömungswiderstände größer als bei laminarer Strömung werden. Die Reibungskräfte lassen sich wegen der komplizierten Strömungsverhältnisse nicht mehr theoretisch berechnen, sondern werden durch experimentell ermittelte Widerstandsbeiwerte erfasst (Tabelle 6.3).

6.4.3.3 Strömungswiderstände

Ein umströmter Körper erfährt im strömenden Medium durch innere Reibung eine Kraft, die man als **Strömungswiderstand** F_W bezeichnet. Dabei ist es gleichgültig, ob ein ruhender Körper vom bewegten Medium umströmt wird oder der Körper sich im ruhenden Medium bewegt.

Der Strömungswiderstand F_W einer mit der Geschwindigkeit v *laminar* umströmten Kugel vom Durchmesser d ergibt sich theoretisch zu

Stokessches Gesetz

$$F_W = 3\,\pi \eta v d \tag{6.19}$$

Er ist der Strömungsgeschwindigkeit direkt proportional. Der Faktor 3π in Gl. (6.19) ist durch die Kugelform des Körpers bedingt.

Tabelle 6.3: Widerstandsbeiwerte (Richtwerte)

Körper	c_W
Halbkugel, Strömung gegen die Krümmung	0,4
Halbkugel, Strömung gegen die ebene Fläche	1,3
Kugel	0,4
Kreisplatte	1,1
Rechteckplatte, Breite/Höhe = 1	1,1
Rechteckplatte, Breite/Höhe = 4	1,2
Pkw	0,35
Lkw	0,9

Den Strömungswiderstand *turbulent* umströmter Körper setzt man proportional zum Produkt aus dem dynamischen Druck $(\varrho/2)\,v^2$ der Strömung und der Querschnittsfläche A des angeströmten Körpers an: $F_W \sim (\varrho/2)\,v^2\,A$. Proportionalitätsfaktor ist ein experimentell ermittelter **Widerstandsbeiwert** c_W, der von der Körperform und der Reynoldsschen Zahl abhängt:

$$F_W = c_W \frac{\varrho}{2} v^2 \tag{6.20}$$

Widerstandsbeiwerte c_W für windbelastete Bauwerke oder für Fahrzeuge werden an Modellen im Windkanal ermittelt (Bild 6.39). Dabei müssen die Reynoldsschen Zahlen für Modell- und Originalströmung gleich sein (Ähnlichkeitsgesetz für Strömungen).

Bild 6.39: Windkanal. a) Großer Böen-Windkanal (Durchmesser 6 m); b) Strömungsuntersuchung an einem Fahrzeug

Beispiel 6.17

Wie schnell setzen sich in Wasser aufgeschwemmte Festkörperteilchen ab? Die Teilchen haben annähernd Kugelform mit einem mittleren Durchmesser von 2,0 μm und eine Dichte von 2,65 g · cm⁻³.

Lösung:
Auf ein sinkendes Festkörperteilchen wirken die Gewichtskraft und entgegengesetzt die Auftriebskraft und der Strömungswiderstand durch laminare Strömung (Bild 6.40). In 3.1.6 haben wir im Fall 5 diskutiert, dass sich wegen der Zunahme des Strömungswiderstandes mit wachsender Geschwindigkeit nach einer gewissen beschleunigten Anlaufphase eine konstante Sinkgeschwindigkeit einstellt. Dann muss die Summe der Kräfte gleich null sein:

$$F_G - F_A - F_W = 0$$
$$\varrho_K g V - \varrho_F g V - 3\pi\eta v d = 0$$

Mit $V = (\pi/6) \cdot d^3$ für die Kugel ergibt sich daraus die konstante Sinkgeschwindigkeit zu

$$v = \frac{(\varrho_K - \varrho_F)\, g d^2}{18\,\eta}$$
$$= \frac{1{,}65 \cdot 10^3\,\mathrm{kg} \cdot 9{,}81\,\mathrm{m} \cdot (2 \cdot 10^{-6}\,\mathrm{m})^2 \cdot \mathrm{m} \cdot \mathrm{s}}{18\,\mathrm{m}^3 \cdot \mathrm{s}^2 \cdot 10^{-3}\,\mathrm{kg}}$$
$$= 3{,}6 \cdot 10^{-6}\,\mathrm{m} \cdot \mathrm{s}^{-1} = 0{,}22\,\mathrm{mm} \cdot \mathrm{min}^{-1}$$

Die REYNOLDSsche Zahl beträgt

$$Re = \frac{\varrho v d}{\eta} = \frac{10^3\,\mathrm{kg} \cdot 3{,}6 \cdot 10^{-6}\,\mathrm{m} \cdot 2 \cdot 10^{-6}\,\mathrm{m} \cdot \mathrm{m} \cdot \mathrm{s}}{\mathrm{m}^3 \cdot \mathrm{s} \cdot 10^{-3}\,\mathrm{kg}}$$
$$= 7{,}2 \cdot 10^{-6}$$

Schneller setzen sich die Teilchen beim Zentrifugieren ab. Dafür ist in obigen Gleichungen die Fallbeschleunigung g durch die entsprechend größere Zentrifugalbeschleunigung $\omega^2 r$ zu ersetzen (s. 3.1.11; Beispiel 3.1.4).

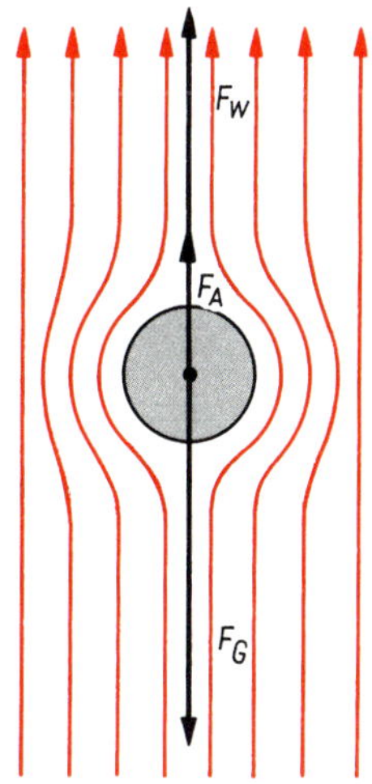

Bild 6.40a: Kräfte auf eine laminar umströmte Kugel

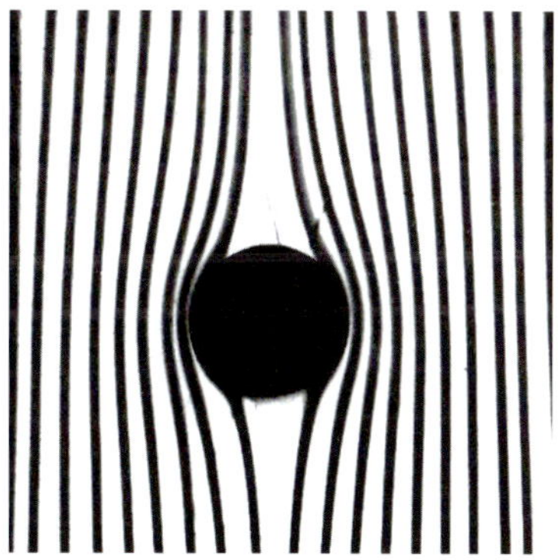

Bild 6.40b: Laminar umströmte Kugel

Beispiel 6.18

Wie ändert sich der Anteil der Antriebsleistung eines Pkw zur Überwindung des Luftwiderstandes, wenn die Geschwindigkeit von 36 km · h⁻¹ auf 72 km · h⁻¹ erhöht wird? Der Pkw hat einen Widerstandsbeiwert von 0,40 und eine Querschnittsfläche von 2,0 m².

Lösung:
Die erforderliche Leistung zur Überwindung des Luftwiderstandes ist $P = F_W v = c_W(\varrho/2)\, v^2 A v = c_W(\varrho/2)\, v^3 A$. Sie beträgt bei 36 km · h⁻¹

$$P_1 = 0{,}4 \cdot \frac{1{,}29\,\mathrm{kg}}{2\,\mathrm{m}^3} \cdot 10^3 \cdot \mathrm{m}^3 \cdot \mathrm{s}^{-3} \cdot 2\,\mathrm{m}^2 \approx 0{,}5\,\mathrm{kW}$$

Wegen $P \sim v^3$ wächst die Leistung bei doppelter Geschwindigkeit auf das 8-fache: $P_2 = 4$ kW. Der Treibstoffbedarf steigt dadurch mit wachsender Geschwindigkeit stark an. Bezieht man wie in 3.1.8 den Luftwiderstand in die Fahrwiderstandszahl μ_F ein, so können solche Werte nur für eine mittlere Geschwindigkeit annähernd richtig sein. Die REYNOLDSsche Zahl beträgt bei 36 km · h⁻¹ und $d \approx 1$ m $Re = 0{,}7 \cdot 10^6$.

6.4.3.4 Druckverlust in Rohrleitungen

Nach der BERNOULLIschen Gleichung (6.16) ist der Gesamtdruck in einer von idealer Flüssigkeit durchströmten Rohrleitung konstant. Bei realen Flüssigkeiten entsteht dagegen durch die Arbeit gegen die Strömungswiderstände längs der Rohrleitung ein bleibender Druckabfall. Dieser **Druckverlust** muss durch die Schwerkraft oder durch Pumpen ausgeglichen werden, um die Flüssigkeit durch die Rohrleitung zu fördern.

In *laminar* durchströmten Rohren mit kreisförmigem Querschnitt vom Radius r und der Länge l ergibt sich der Druckverlust Δp aus dem Gesetz von HAGEN und POISEUILLE. Nach diesem Gesetz gilt für den Volumenstrom

Gesetz von HAGEN und POISEUILLE

$$\dot{V} = \frac{\pi r^4 \Delta p}{8\,\eta l} \tag{6.21}$$

Daraus folgt wegen $\dot{V} = Av = \pi r^2 v$ der Druckverlust zu

Druckverlust, laminar

$$\Delta p = \frac{8\,\eta l}{r^2}\,v \tag{6.22}$$

In *turbulent* durchströmten Rohren betrachtet man den Druckverlust proportional zum dynamischen Druck. Er ist längs der Strecke l in einer Rohrleitung vom Durchmesser d mit einem empirisch ermittelten Widerstandsbeiwert ζ gleich

Druckverlust, turbulent

$$\Delta p = \zeta \frac{l}{d} \cdot \frac{\varrho}{2} v^2 \tag{6.23}$$

6.4.3.5 Viskositätsbestimmungen

Die Viskosität von Flüssigkeiten kann man durch Messungen an laminaren Strömungen ermitteln. Die *Bestimmungsmethode nach* STOKES beruht auf der Messung der konstanten Sinkgeschwindigkeit von Kugeln in Flüssigkeiten, wobei der Abstand der sinkenden Kugel von der Gefäßwand relativ groß sein muss. Die Gleichungen in Beispiel 6.17 sind dafür nach η aufzulösen.

Im *Viskosimeter nach* HÖPPLER gleitet eine Kugel in einem engen schrägstehenden Glasrohr, das mit der Messflüssigkeit gefüllt ist (Bild 6.41. Je größer deren Viskosität ist, umso größer ist die Reibungskraft auf die sich nach unten bewegende Kugel. Die Zeit zum Durchlaufen einer markierten Messstrecke ist ein Maß für die Viskosität der Flüssigkeit.

Das Gesetz von HAGEN und POISEUILLE (6.21) bietet die Möglichkeit, die Viskosität bei laminarer Strömung aus der Messung des Volumenstromes zu ermitteln, wie es im UBBELOHDE-*Viskosimeter* geschieht.

In *Rotationsviskosimetern* wird das durch die innere Reibung hervorgerufene und von der Viskosität abhängige Drehmoment gemessen, durch das ein in der Flüssigkeit rotierender Zylinder gebremst wird.

Bild 6.41: HÖPPLER-Viskosimeter

Zusammenfassung: Mechanik der Flüssigkeiten und Gase

- Der **Druck** ergibt sich aus der Normalkraft, die auf eine Fläche einwirkt, dividiert durch die Größe dieser Fläche.
- In Flüssigkeiten und Gasen wirkt der Druck allseitig.
- Der **Schweredruck** in Flüssigkeiten ändert sich nur mit der Höhe der Flüssigkeitssäule, in Gasen zusätzlich durch die mit der Höhe abnehmende Dichte.
- Durch den unterschiedlichen Schweredruck auf Ober- und Unterseite eines Körpers übt das Medium eine statische **Auftriebskraft** auf den Körper aus, die gleich der Gewichtskraft des vom Körper verdrängten Mediums ist.
- Der Volumenstrom ist der Quotient aus dem transportierten Volumen des strömenden Mediums und der dafür benötigten Zeit.
- **Kontinuitätsgleichung:** In einer Stromröhre verhalten sich die Strömungsgeschwindigkeiten umgekehrt wie die jeweiligen Querschnittsflächen.
- **BERNOULLI-Gleichung:** Die Summe aus statischem und dynamischem Druck ist in idealen Strömungen konstant. An Stellen höherer Strömungsgeschwindigkeit ist demzufolge der statische Druck vermindert.
- Die durch Viskosität und Geschwindigkeitsgefälle sowie Turbulenzen hervorgerufene **innere Reibung** bedingt den Strömungswiderstand umströmter Körper und durchströmter Rohre. Dabei sind laminare und turbulente Strömung zu unterscheiden.

THERMODYNAMIK

7 Wärme und innere Energie

Fragen und Probleme: *Welcher Unterschied und welcher Zusammenhang bestehen zwischen Temperatur und Wärme? Wie werden Temperaturen gemessen? Was besagt der 1. Hauptsatz? Wie viel Wärme ist erforderlich, um einen Körper zu erwärmen, einen Festkörper zu schmelzen oder eine Flüssigkeit zu verdampfen? Was ergibt die Wärmebilanz bei Mischungsvorgängen und Energieumwandlungen?*

7.1 Thermodynamische Prozesse

Bei den meisten Vorgängen in Natur und Technik ist Wärme am Energieumsatz beteiligt. Denken Sie zum Beispiel an die Bereitung von warmem Wasser im Haushalt, das Lagern von Lebensmitteln im Kühlschrank, das Schmelzen von Stahl in einer Stahlgießerei, das Destillieren von Erdöl bei der Erdölverarbeitung, die Dampferzeugung in einem Wärmekraftwerk oder die Verbrennung des Kraftstoffes im Zylinder eines Verbrennungsmotors. In diesen Fällen wird Wärme zielgerichtet genutzt. Bei vielen technischen Vorgängen tritt jedoch auch unerwünschte Wärmeentwicklung auf, z. B. durch mechanische Reibung oder durch die elektrischen Widerstände von Leitungen. Auf diese Weise wird der Wirkungsgrad von Maschinen und Anlagen herabgesetzt. Es ist erforderlich, diese nicht nutzbare Wärme an die Umgebung abzuführen, damit keine unzulässig hohen Betriebstemperaturen auftreten.

Die Thermodynamik befasst sich mit Prozessen, bei denen Wärme am Energieumsatz beteiligt ist.

Die Körper, auch Flüssigkeiten und Gase einschließlich der Gefäßwände und Messeinrichtungen, in denen solche Prozesse ablaufen, bezeichnen wir als thermodynamische Systeme. Sie stehen in kontrollierbarer Weise mit ihrer Umgebung in Wechselwirkung. Bei *offenen* Systemen findet dabei sowohl Energie- als auch Stoffaustausch, bei *geschlossenen* Systemen zwar Energieaustausch, aber kein Stoffaustausch und bei *abgeschlossenen* Systemen weder Energie- noch Stoffaustausch mit der Umgebung statt. In den oben genannten Beispielen können wir das sich erwärmende Wasser im Topf, den schmelzenden Stahl im Ofen, das Erdöl in der Destillationskolonne und den Dampf im Wärmekraftwerk als thermodynamische Systeme auffassen.

Der Zustand eines thermodynamischen Systems wird durch Größen wie Volumen, Druck, Temperatur und innere Energie beschrieben. Diese **Zustandsgrößen** sind direkt oder indirekt messbar. Ihre Werte hängen *nicht* davon ab, auf welche Art und Weise der Prozessführung der betreffende Zustand erreicht wurde. Zwischen Zustandsgrößen bestehen Abhängigkeiten, die durch Zustandsgleichungen ausgedrückt werden können (s. 8.1).

Bei einem thermodynamischen Prozess ändert sich der Zustand des Systems, wobei Wärme übertragen und Arbeit verrichtet werden kann (s. 7.6).

7.2 Wärmebewegung

Die Gesetze der Thermodynamik finden eine tiefergehende Erklärung, wenn wir davon ausgehen, dass alle Körper aus Teilchen in Form von Atomen und Molekülen bestehen, die sich in ständiger, völlig ungeordneter Bewegung befinden. Diese chaotische Teilchenbewegung ist die **Wärmebewegung der Teilchen.** Für jedes einzelne Teilchen gelten natürlich die Gesetze der Mechanik. Die ungeordnete Bewegung führt zwischen den Teilchen zu elastischen Zusammenstößen, wodurch sich unter Einhaltung von Energie- und Impulserhaltungssatz Geschwindigkeit und Bewegungsrichtung der Teilchen ständig ändern.

Nun enthält aber ein thermodynamisches System eine so große Teilchenzahl, dass die Berechnung des Zustandes des Systems durch Anwendung der Gesetze der Mechanik auf die einzelnen Teilchen unmöglich ist. Andererseits erlaubt aber gerade die sehr große Teilchenzahl die Anwendung von Methoden der **Statistik**, unter anderem zur Berechnung von Mittelwerten. So stoßen auf Grund der Wärmebewegung die Teilchen eines Gases auf die Gefäßwände. Bildet man statistisch den Mittelwert der dabei in einer bestimmten Zeit auftretenden Impulsänderung, bezogen auf die Fläche, so erhält man den *Druck* als thermodynamische Zustandsgröße. Der Mittelwert der kinetischen Energien der Teilchen ist ein Maß für die *Temperatur.* Die Summe der Energien aller Teilchen eines Systems stellt dessen *innere Energie* dar. Auch die Bindungsenergien der Moleküle gehören als chemische Energie zur inneren Energie. Dieser Anteil der inneren Energie muss nur berücksichtigt werden, wenn chemische Reaktionen bei einem thermodynamischen Prozess ablaufen. Dagegen gehören die kinetische und potenzielle Energie, die das System als Ganzes hat, nicht zur inneren Energie.

Statistische Berechnungen der Wärmebewegung sind für viele Anwendungen der Thermodynamik in der Technik nicht notwendig. Die Vorstellung der Wärmebewegung hilft jedoch, thermodynamische Größen und Prozesse besser zu verstehen.

7.3 Temperatur

Statistisch betrachtet ist die **Temperatur** ein Maß für den *Mittelwert der kinetischen Energien* der Teilchen, die sie infolge ihrer Wärmebewegung haben. Thermodynamisch ist die Temperatur eine mit Thermometern messbare *Zustandsgröße*. Zur Schaffung einer Thermometerskala werden auf dem Thermometer Fixpunkte markiert. Die Celsius-Skala benutzt als Fixpunkte die Schmelztemperatur von Eis (0 °C) und die Siedetemperatur von Wasser (100 °C) bei normalem Luftdruck (101,3 kPa). Dazwischen wird die Skala in 100 Intervalle geteilt. Als Symbol für Temperaturangaben in Grad Celsius benutzen wir ϑ, um Verwechselungen mit der Zeit zu vermeiden.

Tiefere Temperaturen als die Schmelztemperatur des Eises sind auf der Celsius-Skala negativ. Die Temperaturskala kann aber nach unten nicht unbegrenzt fortgesetzt werden. Die untere Grenze ergibt sich aus dem Aufhören der Wärmebewegung. Da dann die Teilchen keine kinetische Energie mehr haben, sind tiefere Temperaturen nicht möglich. Der absolute Nullpunkt der Temperatur liegt bei – 273,15 °C ≈ – 273 °C. Mit diesem Nullpunkt wird eine Skala für die **thermodynamische Temperatur** T eingeführt, die ansonsten die gleichen Teilungsintervalle wie die Celsius-Skala erhält (Bild 7.1). Die Einheit der thermodynamischen Temperatur T ist das Kelvin (K), eine Basiseinheit des SI:

$$[T] = \text{K} \quad \text{Kelvin}$$

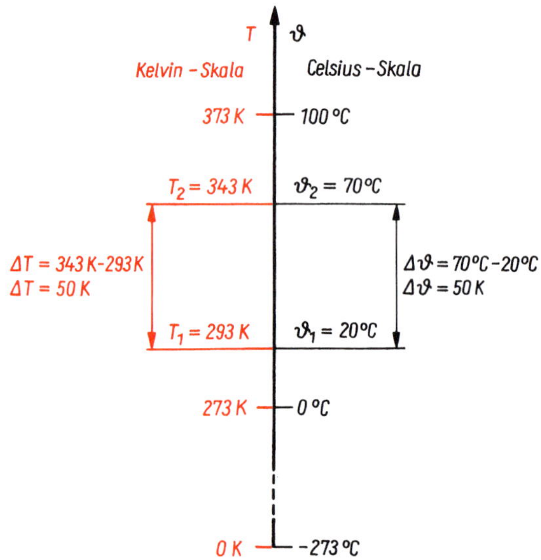

Bild 7.1: Temperaturskalen

Für Umrechnungen zwischen beiden Skalen gilt die zugeschnittene Größengleichung

$$\frac{T}{\text{K}} = \frac{\vartheta}{°\text{C}} + 273 \tag{7.1}$$

Angaben von Temperaturdifferenzen sind dagegen wegen der Gleichheit der Teilungsintervalle beider Skalen gleich und werden in Kelvin angegeben:

$$\Delta T = \Delta\vartheta \tag{7.2}$$

$$[\Delta T] = [\Delta\vartheta] = \text{K}$$

Für Gleichungen, die Temperaturdifferenzen enthalten, kann man beide Skalen gleichberechtigt benutzen. Da Thermometer üblicherweise in Grad Celsius kalibriert sind, werden wir für die Bildung von Temperaturdifferenzen von den Werten der Celsius-Skala ausgehen. In Gleichungen, die die Temperatur T selbst enthalten, muss man mit der thermodynamischen Temperatur rechnen, so dass Temperaturen in °C vorher nach Gl. (7.1) in K umgerechnet werden müssen.

7.4 Thermische Ausdehnung fester und flüssiger Körper

Da mit steigender Temperatur die Wärmebewegung der Teilchen heftiger wird, vergrößert sich das Volumen der Körper bei Temperaturerhöhung. Die Körper dehnen sich aus. Bei Festkörpern ist dies die Folge der größeren Schwingungsweiten der Teilchen, die so die Abstände im Kristallgitter vergrößern. Verhindert man durch äußeren Zwang die Ausdehnung von Festkörpern bei wachsender Temperatur, so treten starke mechanische Spannungen im Festkörper auf. Zur Vermeidung schädlicher Spannungen bei Temperaturschwankungen werden z. B. Schienen und Platten mit Stoßfugen verlegt, Rohrleitungen erhalten elastische Ausgleichsbögen, Brückenträger werden beweglich gelagert und Freileitungen mit entsprechendem Durchgang gezogen (Bild 7.2). Andererseits werden Zahnräder heiß auf Wellen aufgeschrumpft. Die bei der Abkühlung des Zahnrades auftretenden Spannungen gewährleisten den festen Sitz auf der Welle.

Bild 7.2: Ausgleichsbögen und Dehnungspolster einer Fernwärmeleitung

Kann ein Festkörper sich ungehindert ausdehnen, so sind die Änderungen seiner Abmessungen der Temperaturänderung proportional (Bild 7.3):

$$\Delta l = l_2 - l_1 = \alpha l_1 \Delta\vartheta \quad (7.3)$$ Längenänderung

$$\Delta A = A_2 - A_1 = \beta A_1 \Delta\vartheta \quad (7.4)$$ Flächenänderung

$$\Delta V = V_2 - V_1 = \gamma V_1 \Delta\vartheta \quad (7.5)$$ Volumenänderung

Der Längenausdehnungskoeffizient α gibt als Stoffwert die relative Längenänderung $\Delta l / l_1$ je 1 K Temperaturänderung an. So hat z. B. Stahl einen Längenausdehnungskoeffizienten $\alpha \approx 12 \cdot 10^{-6}\ K^{-1}$. Ein Stahlträger verlängert sich also um das 12-fache eines Millionstel seiner Ausgangslänge bei einer Temperaturerhöhung um 1 K.

Tabelle 7.1: Längenausdehnungskoeffizienten fester Stoffe

Stoff 0 bis 100 °C	α in $10^{-6} \cdot K^{-1}$
Aluminium	23,8
Beton	≈ 12
Blei	31
Glas	3 … 8
Kupfer	16,5
Stahl	≈ 12
Silber	19,7
Zink	30

Aus Bild 7.3 ist am Beispiel eines Quadrates bzw. eines Würfels zu erkennen, dass bei Vernachlässigung kleinerer Anteile, die in Bild 7.3 gestrichelt begrenzt und nicht mit grau unterlegt sind, für den Flächenausdehnungskoeffizient β bzw. den Volumenausdehnungskoeffizient γ näherungsweise gilt:

$$\beta = 2\alpha \quad (7.6)$$

$$\gamma = 3\alpha \quad (7.7)$$

Volumenänderungen von Hohlkörpern, zum Beispiel von Behältern und Gefäßen, lassen sich ebenfalls mit Gl. (7.5) berechnen, wobei $\gamma = 3\alpha_{Gef}$ für das Gefäßmaterial ist. Messzylinder, Messkolben und andere Messgefäße für Flüssigkeiten werden deshalb für eine bestimmte Temperatur, meist 20 °C, geeicht.

Flüssigkeiten dehnen sich ebenfalls mit steigender Temperatur aus. Ihre Volumenänderung wird durch Gl. (7.5) beschrieben, wenn der Volumenausdehnungskoeffizient γ_{Fl} der Flüssigkeit eingesetzt wird. Dieser ist allerdings 10- bis 100-mal

Beispiel 7.1

Wie groß ist die Länge eines Aluminiumstabes bei + 80 °C, der bei – 20 °C eine Länge von 999,5 mm hatte?

Lösung:
Die Temperaturänderung beträgt $\Delta\vartheta = [80\ °C - (-20\ °C)] = 100\ K$. Die Auflösung von Gl. (7.3) nach l_2 ergibt $l_2 = l_1 + \Delta l = l_1 + \alpha l_1 \Delta\vartheta = l_1\ (1 + \alpha\Delta\vartheta)$. Mit $\alpha = 24 \cdot 10^{-6}\ K^{-1}$ für Al ist $l_2 = 999{,}5\ mm \cdot (1 + 24 \cdot 10^{-6}\ K^{-1} \cdot 100\ K) = 1001{,}9\ mm$.

Tabelle 7.2: Volumenausdehnungskoeffizienten von Flüssigkeiten bei 20 °C

Flüssigkeit	γ in $10^{-5} \cdot K^{-1}$
Benzin	105
Ethanol	110
Propantriol	50
Quecksilber	18
Wasser	21

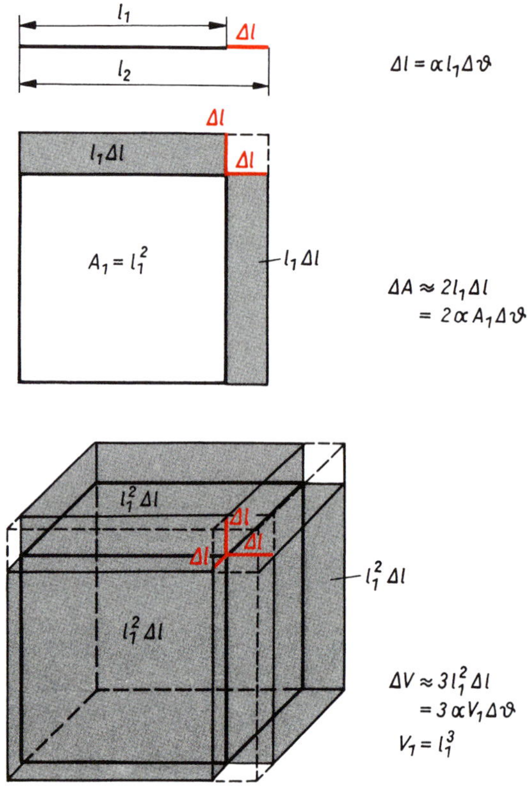

Bild 7.3: Längen-, Flächen- und Volumenausdehnung

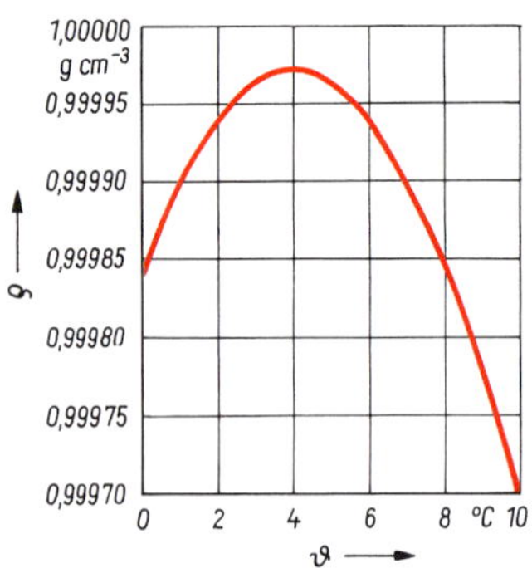

Bild 7.4: Dichte des Wassers zwischen 0 °C und 10 °C

größer als bei Festkörpern (Tabelle 7.2). So ist z. B. für Quecksilber $\gamma = 0{,}18 \cdot 10^{-3}$ K^{-1}, für Alkohol $\gamma = 1{,}1 \cdot 10^{-3}\,K^{-1}$. Da sich Flüssigkeiten normalerweise in Gefäßen befinden, die sich bei Temperaturerhöhung auch mit ausdehnen, scheint die Ausdehnung von Flüssigkeiten in Gefäßen geringer zu sein. In Gl. (7.5) ist dann ein scheinbarer Volumenausdehnungskoeffizient γ_s einzusetzen:

Scheinbarer Volumenausdehnungskoeffizient

$$\gamma_s = \gamma_{Fl} - 3\,\alpha_{Gef} \tag{7.8}$$

Durch die Volumenausdehnung der Körper nimmt ihre Dichte mit steigender Temperatur ab. Ist ϱ_1 die Dichte bei der Temperatur ϑ_1, so ist mit Gl. (7.5) die Dichte ϱ_2 bei der Temperatur ϑ_2

Dichteänderung

$$\varrho_2 = \frac{m}{V_2} = \frac{m}{V_1 + \Delta V} = \frac{m}{V_1(1 + \gamma\Delta\vartheta)} = \frac{\varrho_1}{1 + \gamma\Delta\vartheta} \tag{7.9}$$

Hiervon macht Wasser in einem bestimmten Temperaturbereich eine Ausnahme. Bei Temperaturerhöhung von 0 °C auf + 4 °C vergrößert sich seine Dichte. Bei weiterer Temperaturerhöhung nimmt sie wieder ab, so dass Wasser bei + 4 °C seine größte Dichte hat (Bild 7.4). Diese *Anomalie des Wassers* hat zur Folge, dass ein See im Winter von der Oberfläche her zufriert, während das dichtere Tiefenwasser am Seegrund + 4 °C hat.

Das Verhalten von Gasen bei Temperaturänderung wird in Kapitel 8 ausführlich behandelt.

7.5 Temperaturmessung

Fast alle Stoffeigenschaften und Prozessverläufe sind temperaturabhängig. Deshalb ist zur Führung technischer Prozesse, zur Erzielung eines hohen energetischen Wirkungsgrades und zur Qualitätssicherung der Produkte eine auf Temperaturmessung beruhende Temperaturkontrolle oder Temperaturregelung notwendig.

Zur Temperaturmessung könnte im Prinzip jeder temperaturabhängige Effekt genutzt werden. Die in der Technik am häufigsten eingesetzten Temperaturmessgeräte beruhen auf

- der Längen- und Volumenänderung von Stoffen (s. 7.4),
- der Temperaturabhängigkeit des elektrischen Widerstandes (s. 10.8),
- dem thermoelektrischen Effekt,
- der Temperaturstrahlung (s. 9.3).

Am bekanntesten sind **Flüssigkeitsausdehnungsthermometer**. An ein Vorratsgefäß für die Flüssigkeit ist eine dünne Kapillare angesetzt. Die Länge des Flüssigkeitsfadens in der Kapillare zeigt wegen der Temperaturabhängigkeit des Flüssigkeitsvolumens die Temperatur an, die das Thermometer in Berührung mit dem zu messenden Medium angenommen hat. Die Messbereiche sind infolge Erstarrens und Siedens der Flüssigkeit nach unten und oben begrenzt. Alkoholthermometer sind von –110 °C bis + 50 °C einsetzbar; Quecksilberthermometer von –30 °C bis + 300 °C, in Quarzglas mit zusätzlicher Stickstofffüllung sogar bis + 750 °C.

Zu den **Metallausdehnungsthermometern** gehören Thermometer mit *Bimetallstreifen* (Bild 7.5), die hauptsächlich zur Temperaturregelung eingesetzt werden. Ein Bimetallstreifen besteht aus zwei aufeinander aufgewalzten Streifen aus Metallen mit verschiedenen Längenausdehnungskoeffizienten. Infolge der unterschiedlichen Längenausdehnung bei Temperaturerhöhung krümmt sich der Bimetallstreifen und kann dabei z. B. elektrische Kontakte von Heizgeräten oder Ventile von Gasleitungen betätigen oder spiralförmig aufgewickelt als Bimetallthermometer zur groben Temperaturanzeige (Bild 7.6) dienen.

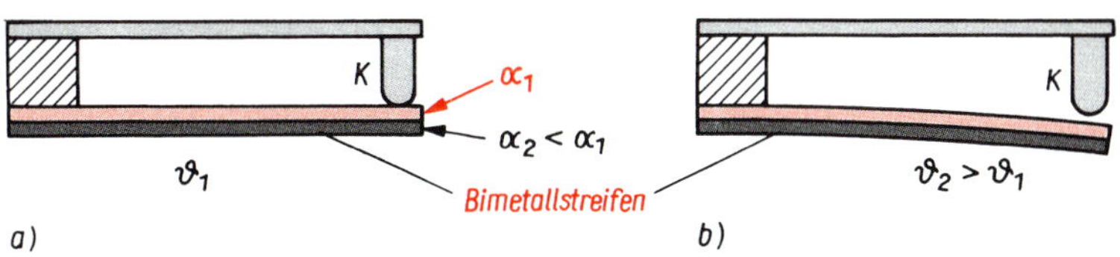

Bild 7.5: Bimetallstreifen als Öffner
a) Kontakt geschlossen; b) Kontakt geöffnet

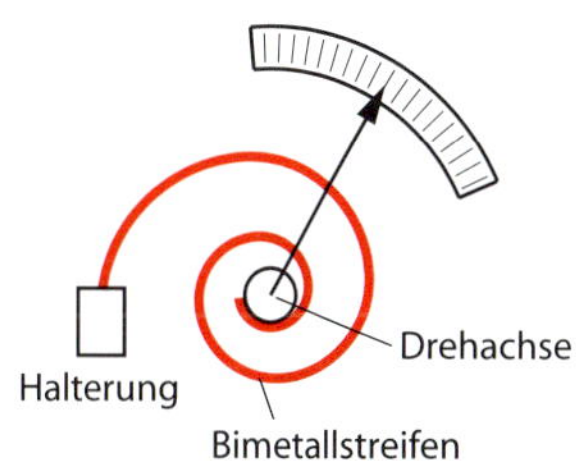

Bild 7.6: Bimetallthermometer mit einem zur Spirale gebogenen Bimetallstreifen für grobe Temperaturanzeigen

Widerstandsthermometer nutzen die Temperaturabhängigkeit des elektrischen Widerstandes von Metallen oder Halbleitern. Dabei wird die Temperaturmessung auf eine Widerstandsmessung zurückgeführt, die mit Messbrücken erfolgen oder als Temperatur direkt digital angezeigt werden kann (s. 10.8). Ein häufig benutztes Widerstandsthermometer ist das *Pt 100* (Bild 7.7). Der in ein Schutzrohr eingebaute Messeinsatz enthält ein mit einem Platindraht umwickeltes Keramikröhrchen. Dieser Platindraht hat bei 0 °C einen elektrischen Widerstand von 100 Ω, der sich im Messbereich zwischen –200 °C und +460 °C von 18,5 Ω bis 268 Ω ändert.

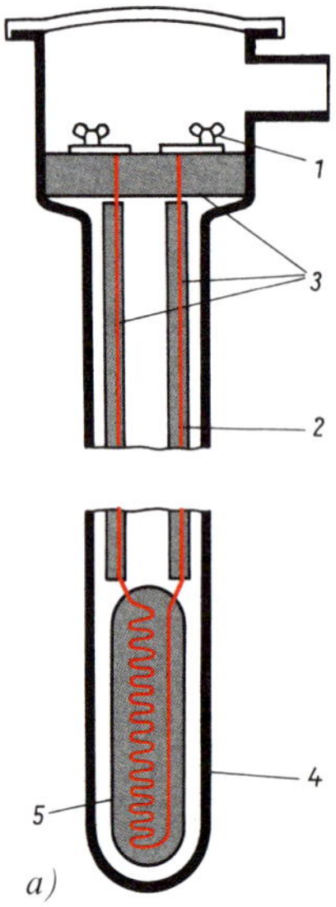

a)

Bild 7.7: Widerstandsthermometer
a) Aufbau:
1 Anschlussklemme; 2 Platindraht;
3 Porzellanisolator; 4 Schutzrohr;
5 Messeinheit (Pt-Draht in Quarzglas)

b) Schutzrohr für Thermometer

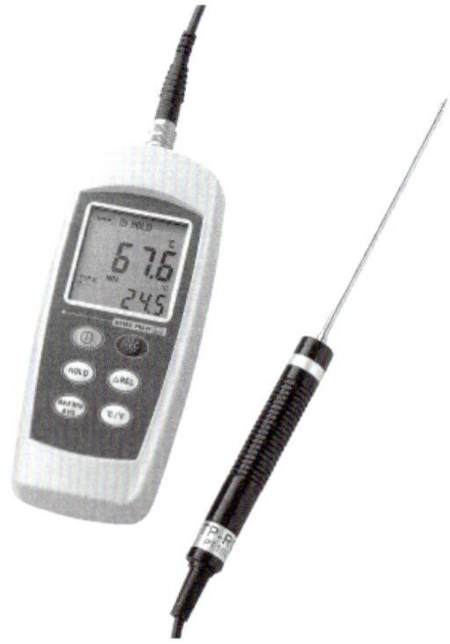

c) Laborthermometer mit Messfühler Pt 100

Zur Messung auch höherer Temperaturen sind **Thermoelemente** gut geeignet. Ihre Wirkung beruht auf dem thermoelektrischen Effekt. Im Messfühler sind zwei Metalldrähte aus verschiedenem Material an einem Ende zu einem Thermopaar zusammengeschweißt. Die freien Enden führen zu Anschlussklemmen in einem Thermostaten, wo sie auf einer konstanten Vergleichstemperatur ϑ_V von beispielsweise 50 °C gehalten werden. Eine dabei entstehende elektrische Spannung, die Thermospannung U_{th}, hängt für das betreffende Thermopaar von der Temperaturdifferenz $(\vartheta - \vartheta_V)$ zwischen Messstelle und Vergleichsstelle ab (Bild 7.8). Bei den meisten Thermopaaren beträgt die Thermospannung einige 10^{-2} mV/K. Verschiedene Thermopaare erlauben einen zweckmäßigen Einsatz in unterschiedlichen Messbereichen, zum Beispiel Cu-Konstantan von −200 °C bis +600 °C; PtRh-Pt von 0 °C bis 1600 °C und kurzzeitig noch höher.

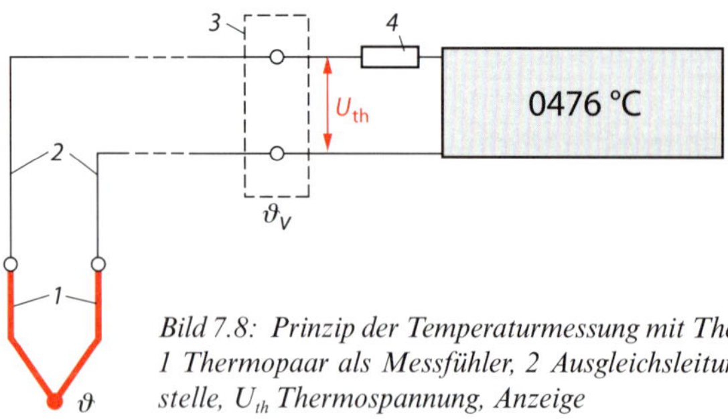

Bild 7.8: Prinzip der Temperaturmessung mit Thermoelement. 1 Thermopaar als Messfühler, 2 Ausgleichsleitung, 3 Vergleichsstelle, U_{th} Thermospannung, Anzeige

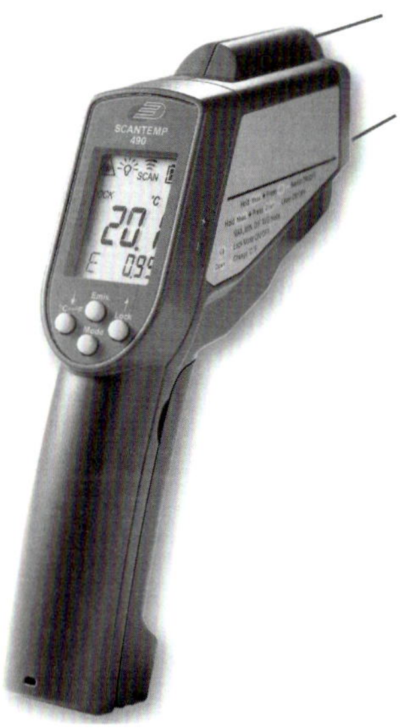

Bild 7.9: Hochleistungs-IR-Thermometer mit Elektronikeinheit und Doppellaser-Visier

Im Gegensatz zu den bisher genannten Berührungsthermometern erfolgt die Temperaturmessung mit **Strahlungspyrometern** berührungslos. Dabei wird aus der mit einem lichtempfindlichen Detektor gemessenen Temperaturstrahlung (s. 9.3) die Oberflächentemperatur des anvisierten strahlenden Körpers ermittelt. Strahlungspyrometer (Bild 7.9) entsprechender Ausführung können sowohl zur Messung hoher Temperaturen z. B. in der Metallurgie als auch zur Messung der Körpertemperatur des Menschen in der Medizin eingesetzt werden.

7.6 1. Hauptsatz der Thermodynamik

Der **1. Hauptsatz der Thermodynamik** stellt den *Energieerhaltungssatz* für thermodynamische Prozesse dar.

Betrachten wir zunächst einige einfache Beispiele. Ein Gefäß mit kaltem Wasser wird auf die heiße Heizplatte eines Herdes gestellt. Die heftige Wärmebewegung der Teilchen in der Heizplatte hoher Temperatur überträgt sich durch Stöße auf die Moleküle des Wassers tieferer Temperatur. Die so durch die Gefäßwand übertragene *thermische Energie* ist die dem Wasser zugeführte *Wärme Q*, um die sich die innere Energie U des Wassers erhöht. Wasser erwärmt sich auch ohne Wärmezufuhr, wenn wir es kräftig schütteln oder rühren. Die innere Energie U des Wassers wächst dabei durch die mechanische Arbeit W, die gegen die Kräfte der inneren Reibung im Wasser verrichtet wird. Ebenso nimmt die innere Energie der Luft in einer Luftpumpe durch die Kompressionsarbeit beim Aufpumpen eines Fahrradreifens zu. Die innere Energie eines stromdurchflossenen elektrischen Widerstandes erhöht sich durch die Arbeit des elektrischen Stromes, dessen Energie von der Spannungsquelle geliefert wird.

Nach dem Energieerhaltungssatz kann sich die innere Energie eines geschlossenen thermodynamischen Systems nur ändern, wenn durch die Systemgrenzen hindurch Energie in Form von Wärme und/oder Arbeit übertragen wird. Der **1. Hauptsatz der Thermodynamik** stellt dafür die *Energiebilanz* auf:

Die Änderung der inneren Energie U eines geschlossenen thermodynamischen Systems ist gleich der Summe der dem System übertragenen Wärme Q und der am System verrichteten Arbeit W.

$$\Delta U = Q + W \qquad (7.10)$$

1. Hauptsatz

Die Einheit der Wärme ist wie die der Energie und Arbeit das Joule:

$$[Q] = [U] = [W] = \mathrm{J}$$

Die *Vorzeichen* für Q und W werden vom Standpunkt des Systems aus festgelegt: Die dem System zugeführte Wärme und die am System verrichtete Arbeit sind positiv, die vom System abgegebene Wärme und die vom System verrichtete Arbeit dagegen negativ. (Es gibt in der technischen Literatur auch andere Vorzeichenvereinbarungen!)

Der 1. Hauptsatz der Thermodynamik gestattet sehr allgemeine Aussagen ohne spezielle Voraussetzungen über die Art des thermodynamischen Systems. Betrachten wir dazu einige Sonderfälle:

1. Am System wird keine Arbeit verrichtet. Ihm wird nur Wärme zugeführt, wodurch sich seine innere Energie erhöht.

$$Q > 0 \longrightarrow \boxed{U_2 > U_1} \qquad W = 0$$

$$\Delta U = Q > 0$$

Beispiel: Ein Werkstück wird zur Wärmebehandlung in einem Ofen erwärmt.

2. Das System verrichtet keine Arbeit. Es gibt nur Wärme ab, wodurch sich seine innere Energie verringert.

$$Q < 0 \longleftarrow \boxed{U_2 < U_1} \qquad\qquad W = 0$$

$$\Delta U = Q < 0$$

Beispiel: Ein Gussstück kühlt sich in der Gussform auf Umgebungstemperatur ab.

3. Das System ist wärmeisoliert. Am System wird Arbeit verrichtet, wodurch sich seine innere Energie erhöht.

$$Q = 0 \qquad\qquad \boxed{U_2 > U_1} \longleftarrow W > 0$$

$$\Delta U = W > 0$$

Beispiel: Kompression der angesaugten Luft beim 2. Takt eines 4-Takt-Dieselmotors, wobei sich die Temperatur der Luft stark erhöht (s. 8.3.4).

4. Ein wärmeisoliertes System verrichtet Arbeit, wodurch sich seine innere Energie verringert.

$$Q = 0 \qquad\qquad \boxed{U_2 < U_1} \longrightarrow W < 0$$

$$\Delta U = W < 0$$

Beispiel: Expansion der komprimierten Luft beim Abschießen eines Luftgewehrs, wobei sich die Luft abkühlt.

5. Dem System wird Wärme zugeführt, wobei es Arbeit verrichtet, ohne seine innere Energie zu ändern.

$$Q > 0 \longrightarrow \boxed{U_2 = U_1} \longrightarrow W < 0$$

$$\Delta U = Q + W = 0 \qquad\qquad W = -Q$$

Beispiel: Expansion eines Gases bei konstanter Temperatur (s. 8.3.1).

6. Das System ist abgeschlossen, so dass keine Energieübertragung durch die Systemgrenzen hindurch möglich ist. Im abgeschlossenen System ist die innere Energie konstant.

$$Q = 0 \qquad\qquad \boxed{\boxed{U_2 = U_1}} \qquad\qquad W = 0$$

$$\Delta U = 0 \qquad\qquad U = \text{konst.}$$

Beispiel: Heißer Kaffee in einer verschlossenen (idealen) Thermosflasche.

7.7 Wärme und Temperatur

Sprechen wir von der Erwärmung eines Körpers, so meinen wir üblicherweise, dass dem Körper Wärme zugeführt wird, wodurch sich seine Temperatur erhöht. Leider werden die Begriffe Wärme und Temperatur umgangssprachlich nicht immer sauber voneinander unterschieden.

Wärme ist die zwischen zwei Körpern unterschiedlicher Temperatur übertragene thermische Energie.

Die Temperatur ist ein Maß für die mittlere kinetische Energie der Teilchen eines Systems.

Mischen Sie 1 l Wasser von 50 °C mit 1 l Wasser von 50 °C, so erhalten Sie 2 l Wasser von ebenfalls 50 °C, die zwar die doppelte thermische Energie wie 1 l Wasser enthalten, aber die gleiche Temperatur und nicht etwa 100 °C haben. Überlegen Sie als weiteres Beispiel zur Klärung des Unterschiedes von Wärme und Temperatur, warum Sie die Dampfheizung eines Raumes nicht gleichwertig durch eine brennende Kerze ersetzen können, obwohl deren Flammentemperatur doch viel höher als die Temperatur des Heizkörpers ist.

Tabelle 7.3: Spezifische Wärmekapazität fester Stoffe

Stoff 0 bis 100 °C	c in $\mathrm{kJ \cdot kg^{-1} \cdot K^{-1}}$
Aluminium	0,896
Beton	≈ 0,9
Blei	0,129
Eis bei 0 °C	2,05
Glas	0,4 … 0,8
Kupfer	0,383
Stahl	≈ 0,45
Silber	0,235

Wir wollen nun den Zusammenhang zwischen Wärme und Temperatur genauer untersuchen. Dazu betrachten wir einen Körper, dem Wärme zugeführt wird, wobei sich der Aggregatzustand nicht ändern soll. Erhöht sich dabei seine innere Energie durch Zunahme der thermischen Energie, so steigt auch seine Temperatur. Wärme Q und Temperaturänderung $\Delta\vartheta$ sind dabei einander proportional:

$$Q = C\Delta\vartheta \tag{7.11}$$

$C = Q/\Delta\vartheta$ ist die **Wärmekapazität** des Körpers: $[C] = \mathrm{J \cdot K^{-1}}$.

Die Wärmekapazität gibt an, wieviel Wärme erforderlich ist, um die Temperatur eines Körpers um 1 K zu erhöhen.

Sie hängt von der Art des Stoffes und der Masse des Körpers ab:

Wärmekapazität

$$C = cm \tag{7.12}$$

$c = C/m = Q/(m\Delta\vartheta)$ ist die **spezifische Wärmekapazität** des Stoffes, aus dem der Körper besteht: $[c] = \mathrm{J \cdot kg^{-1} \cdot K^{-1}}$.

Die spezifische Wärmekapazität gibt an, wieviel Wärme erforderlich ist, um 1 kg des Stoffes um 1 K zu erwärmen.

Damit erhält Gl. (7.11) die Form

Wärme und Temperatur

$$Q = cm\Delta\vartheta \tag{7.13}$$

Wasser hat mit $c = 4{,}18\ \mathrm{kJ \cdot kg^{-1} \cdot K^{-1}}$ die größte spezifische Wärmekapazität von allen Stoffen mit Ausnahme von Wasserstoff und Helium. Es werden 4,18 kJ benötigt, um 1 kg Wasser um 1 K zu erwärmen. Ebenso müssen 4,18 kJ abgeführt werden, um 1 kg Wasser um 1 K abzukühlen. Warmes Wasser enthält relativ viel thermische Energie.

Tabelle 7.4: Spezifische Wärmekapazität von Flüssigkeiten bei 20 °C

Stoff	c in $\mathrm{kJ \cdot kg^{-1} \cdot K^{-1}}$
Benzin	1,72
Ethanol	2,40
Propantriol	2,39
Quecksilber	0,14
Wasser	4,18

Bei genauer Betrachtung zeigt sich, dass die spezifische Wärmekapazität mit der Temperatur zunimmt. Dies macht sich bei größeren Temperaturänderungen bemerkbar. In Gl. (7.13) ist dann die mittlere spezifische Wärmekapazität für den betreffenden Temperaturbereich $\Delta\vartheta$ einzusetzen, die Tabellenwerken entnommen werden kann.

Beispiel 7.2

Wie groß sind die Energieverluste infolge eines undichten Warmwasserventils, durch das stündlich 1 l Wasser von 62 °C austritt?

Lösung:
Um das Wasser zuvor von 10 °C auf 62 °C zu erwärmen, waren $Q = cm\Delta\vartheta = 4{,}18\ \text{kJ} \cdot \text{kg}^{-1} \cdot \text{K}^{-1} \cdot 1\ \text{kg} \cdot 52\ \text{K} = 217\ \text{kJ}$ erforderlich, die jetzt ungenutzt verloren gehen. Dies entspricht einer Leistung von $P = Q/t = 217\ \text{kJ}/(3600\ \text{s}) = 60\ \text{W}$. Das tropfende Warmwasserventil bewirkt den gleichen Energieverlust wie eine 60-W-Glühlampe, die während der gleichen Zeit aus Unachtsamkeit nicht ausgeschaltet wurde.

7.8 Spezifische Wärmekapazität von Gasen

Betrachten Sie Tabellen mit Wärmewerten von Stoffen, so wird Ihnen auffallen, dass *bei Gasen* mit c_V und c_p zwei verschiedene Werte für die spezifische Wärmekapazität angegeben werden, wobei stets $c_p > c_V$ ist. c_V ist die **spezifische Wärmekapazität bei konstantem Volumen** V, c_p **bei konstantem Druck** p. Zur Erklärung erwärmen wir Gas in einem Zylinder, der nach oben durch einen belasteten Kolben abgeschlossen ist, so dass der Kolbendruck gleich dem Überdruck des Gases ist (s. 6.3), und wenden darauf den 1. Hauptsatz der Thermodynamik an.

Wir verschrauben zunächst den Kolben seitlich, damit er sich nicht bewegen kann (Bild 7.10a). Führen wir jetzt dem Gas Wärme zu, kann sich das Gas nicht ausdehnen. Der Gasdruck steigt, das Volumen bleibt konstant. Die gesamte bei konstantem Volumen zugeführte Wärme erhöht die innere Energie des Gases.

Geben Sie dagegen den Kolben frei, dann kann sich das Gas bei Wärmezufuhr ausdehnen, und der Druck bleibt konstant. Der belastete Kolben wird angehoben. Das Gas verrichtet dabei mechanische Arbeit (Bild 7.10b). Die bei konstantem Druck zugeführte Wärme erhöht nur zu einem Teil die innere Energie des Gases.

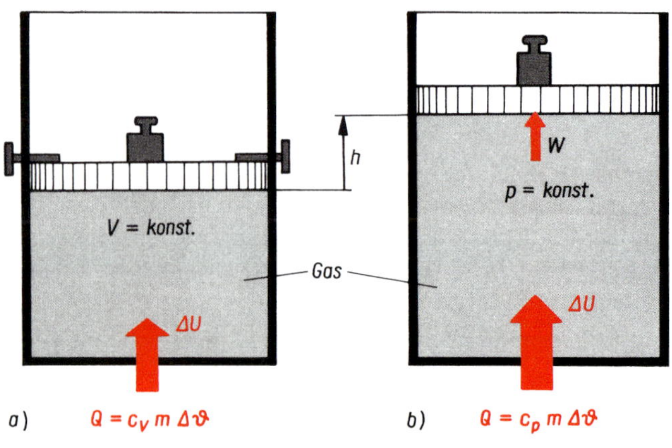

Bild 7.10: Erwärmung eines Gases bei gleicher Temperaturänderung a) bei konstantem Volumen; b) bei konstantem Druck

Tabelle 7.5: Molare Masse, spezifische Wärmekapazität und Adiabatenexponent von Gasen bei 0 °C und 1013 hPa

Gas	M in $g \cdot mol^{-1}$	c_p in $kJ\,kg^{-1} \cdot K^{-1}$	c_V in $kJ\,kg^{-1} \cdot K^{-1}$	$\varkappa = c_p/c_V$
Chlor	70,91	0,754	0,522	1,35
Helium	4,003	5,23	3,209	1,63
Kohlendioxid	44,01	0,831	0,647	1,29
Kohlenmonoxid	28,01	1,042	0,744	1,40
Luft	28,96	1,005	0,717	1,40
Sauerstoff	32,00	0,917	0,657	1,40
Stickstoff	28,01	1,038	0,741	1,40
Stickstoff(I)-oxid	44,01	0,883	0,690	1,28
Wasserdampf bei 100 °C	18,02	1,880	1,562	1,20
Wasserstoff	2,016	14,32	10,19	1,41

Der andere Teil wird als Arbeit an der Vorrichtung umgesetzt, die den Druck konstant hält. Um die gleiche Temperaturerhöhung zu erzielen, ist deshalb bei konstantem Druck mehr Wärme erforderlich als bei konstantem Volumen.

Für Luft ist $c_p = 1{,}01\ kJ\,kg^{-1} \cdot K^{-1}$ und $c_V = 0{,}72\ kJ\,kg^{-1} \cdot K^{-1}$. Luft verrichtet demnach eine Ausdehnungsarbeit von 0,29 kJ, wenn 1,0 kg Luft bei konstantem Druck um 1,0 K erwärmt wird. Die Differenz zwischen c_p und c_V benutzte schon 1842 ROBERT MAYER, um zu berechnen, wieviel mechanische Arbeit einer entsprechenden Wärme gleichwertig ist.

Bei Flüssigkeiten und Festkörpern ist der Unterschied zwischen c_p und c_V wegen ihrer geringen thermischen Ausdehnung so klein, dass er in der Praxis nicht berücksichtigt wird.

Beispiel 7.3

Wieviel Wärme ist mindestens notwendig, um die Luft in einer Werkhalle von 20 m Länge, 10 m Breite und 5 m Höhe von 10 °C auf 18 °C zu erwärmen?

Lösung:

Die leere Werkhalle von $V = 20\ m \cdot 10\ m \cdot 5\ m = 1000\ m^3$ enthält bei einer Dichte der Luft von $\varrho = 1{,}29\ kg \cdot m^{-3}$ eine Masse von $m = \varrho V = 1{,}29 \cdot 10^3$ kg Luft. Da die Werkhalle nicht luftdicht abgeschlossen ist, erfolgt die Erwärmung bei konstantem Druck, dem Luftdruck. Die allein für die Erwärmung der Luft benötigte Wärme beträgt $Q = c_p m \Delta\vartheta = 1{,}0\ kJ \cdot kg^{-1} \cdot K^{-1} \cdot 1{,}29 \cdot 10^3\ kg \cdot 8{,}0\ K = 10{,}3\ MJ$.

7.9 Änderung des Aggregatzustandes

Wird einem Festkörper Wärme zugeführt, so erhöht sich nach Gl. (7.13) seine Temperatur. Die Teilchen im Kristallgitter schwingen immer stärker. Bei Erreichen einer bestimmten Temperatur sind die Gitterschwingungen so stark, dass die Bindungen der Teilchen im Kristallgitter reißen können. Weitere Wärmezufuhr ergibt keine weitere Temperaturerhöhung, sondern liefert die zur Zerstörung des Kristallgitters notwendige Energie. Der Festkörper *schmilzt* bei der **Schmelztemperatur** ϑ_{sm}, wobei die **Schmelzwärme** Q_S zugeführt werden muss, um die dann die innere Energie der Flüssigkeit bei der gleichen Temperatur ϑ_{sm} größer ist als die des Festkörpers.

Die zum Schmelzen eines Festkörpers der Masse m erforderliche Schmelzwärme beträgt

Schmelzwärme

$$Q_S = mq \tag{7.14}$$

$q = Q_S/m$ *ist* die **spezifische Schmelzwärme** des Stoffes, aus dem der Körper besteht: $[q] = \mathrm{J \cdot kg^{-1}}$

Die spezifische Schmelzwärme gibt an, wieviel Wärme notwendig ist, um 1 kg des Stoffes bei Schmelztemperatur vollständig zu schmelzen.

Tabelle 7.6: Schmelztemperatur, spezifische Schmelzwärme, Siedetemperatur und spezifische Verdampfungswärme bei 1013 hPa

Stoff	ϑ_{sm} in °C	q in kJ kg^{-1}	ϑ_{sd} in °C	r in kJ kg^{-1}
Aluminium	660	397	2450	10900
Benzen (Benzol)	5,5	128	80	394
Blei	327	23	1750	8600
Eisen	1535	277	2735	6340
Kupfer	1083	205	2590	4790
Platin	1769	111	4400	2290
Quecksilber	–38,9	11,8	357	285
Silber	960	105	2170	2350
Wasser	0,00	334	100,0	2256
Wolfram	3410	192	5900	4350

Wird einer Flüssigkeit Wärme entzogen, so kühlt sie sich ab, bis die Erstarrungstemperatur erreicht ist, die genau gleich der Schmelztemperatur ist. Beim *Erstarren* wird die Erstarrungswärme frei, deren Betrag gleich der Schmelzwärme ist.

Wird einer Flüssigkeit Wärme zugeführt, so erhöht sich ihre Temperatur. Die Wärmebewegung der Teilchen wird immer stärker. Bei Erreichen einer bestimmten, vom äußeren Druck abhängigen Temperatur ist die Wärmebewegung so stark, dass die Teilchen die Flüssigkeit gegen die Anziehungskräfte zwischen den Teilchen und gegen den äußeren Druck verlassen können. Weitere Wärmezufuhr führt bei konstantem Druck zu keiner weiteren Temperaturerhöhung, sondern liefert die zur Überführung der Teilchen aus der Flüssigkeit in die Gasphase notwendige Energie. Die Flüssigkeit *siedet* bei der **Siedetemperatur** ϑ_{sd}, wobei zum Verdampfen die **Verdampfungswärme** Q_V zugeführt werden muss. Die Verdampfungswärme vergrößert die innere Energie bei gleicher Temperatur ϑ_{sd} und verrichtet die Ausdehnungsarbeit für die Volumenvergrößerung des Dampfes gegenüber der Flüssigkeit.

Die zum Verdampfen einer Flüssigkeit der Masse m erforderliche Verdampfungswärme beträgt

Verdampfungswärme

$$Q_V = mr \tag{7.15}$$

$r = Q_V/m$ ist die **spezifische Verdampfungswärme**: $[r] = \mathrm{J \cdot kg^{-1}}$

Die spezifische Verdampfungswärme gibt an, wieviel Wärme notwendig ist, um 1 kg eines Stoffes bei Siedetemperatur vollständig zu verdampfen.

Wird Dampf von Siedetemperatur Wärme entzogen, so *kondensiert* er. Beim Kondensieren wird die Kondensationswärme frei, deren Betrag gleich der Verdampfungswärme ist.

Bild 7.11 gibt eine Übersicht über die Aggregatzustandsänderungen. Die spezifischen Umwandlungswärmen q und r und die Umwandlungstemperaturen ϑ_{sm} und ϑ_{sd} sind druckabhängig.

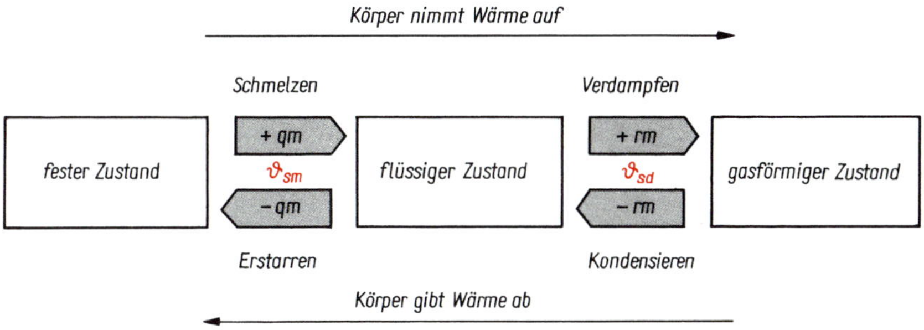

Bild 7.11: Aggregatzustandsänderungen

Allerdings haben bereits unterhalb der Siedetemperatur einige Teilchen der Flüssigkeit genügend große kinetische Energie, um die Flüssigkeit zu verlassen. Die Flüssigkeit *verdunstet.* Die Energie der Teilchen, die dabei in die Dampfphase übertreten, geht der verbleibenden Flüssigkeit verloren. Ihre Temperatur sinkt, wodurch der Umgebung Wärme entzogen werden kann. Sie spüren diese kühlende Wirkung, wenn Flüssigkeit auf der Haut verdunstet. Auch der direkte Übergang aus dem festen in den gasförmigen Aggregatzustand ist möglich. Wir sprechen von *Sublimation.* Die erforderliche Sublimationswärme ist die Summe aus Schmelz- und Verdampfungswärme.

Feste Schmelz- und Siedepunkte haben nur reine Stoffe. So ist z. B. das Schmelzverhalten von Legierungen entsprechend ihrer Zusammensetzung u. U. wesentlich komplizierter. Plaste, Gläser, Keramik erweichen zunächst bei wachsender Temperatur, und der Schmelzvorgang erstreckt sich über einen ganzen Temperaturbereich. Aus Flüssigkeitsgemischen verdampft zuerst die Flüssigkeitskomponente mit dem niedrigeren Siedepunkt, so dass sich Flüssigkeitsgemische, z. B. Erdöl, durch Destillation trennen lassen (Bild 7.12).

Bild 7.12: Anlage zur Rohöldestillation

Beispiel 7.4

Wieviel Wärme ist erforderlich, um 1,0 kg Eis von –10 °C beim Luftdruck von 1013 hPa in überhitzten Wasserdampf von 120 °C zu überführen? – Wir benötigen zur Berechnung folgende Stoffwerte von Wasser:

- spez. Wärmekapazität von Eis $c_E = 2{,}09 \text{ kJ} \cdot \text{kg}^{-1} \cdot \text{K}^{-1}$
- Schmelztemperatur $\vartheta_{sm} = 0\ °C$
- spez. Schmelzwärme $q = 334 \text{ kJ} \cdot \text{kg}^{-1}$
- spez. Wärmekapazität von Wasser $c_W = 4{,}18 \text{ kJ} \cdot \text{kg}^{-1} \cdot \text{K}^{-1}$
- Siedetemperatur (1013 hPa) $\vartheta_{sd} = 100\ °C$
- spez. Verdampfungswärme $r = 2256 \text{ kJ} \cdot \text{kg}^{-1}$
- spez. Wärmekapazität von Dampf $c_{pD} = 2{,}0 \text{ kJ} \cdot \text{kg}^{-1} \cdot \text{K}^{-1}$

Lösung:
Die insgesamt erforderliche Wärme ergibt sich aus fünf Anteilen:

1. Erwärmung des Eises auf Schmelztemperatur

$$Q_1 = c_E m(\vartheta_{sm} - \vartheta_E) = 21 \text{ kJ}$$

Beachten Sie, dass [0 °C – (– 10 °C)] = 10 K ist!

2. Schmelzen des Eises bei Schmelztemperatur

$$Q_2 = mq = 334 \text{ kJ}$$

3. Erwärmen des Schmelzwassers von Schmelz- auf Siedetemperatur

$$Q_3 = c_W m(\vartheta_{sd} - \vartheta_{sm}) = 418 \text{ kJ}$$

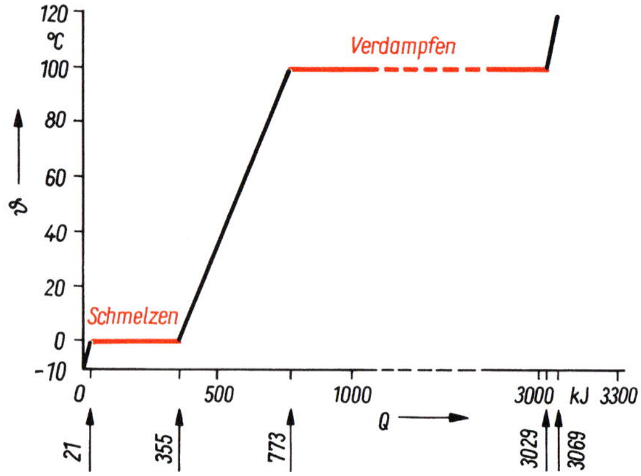

Bild 7.13: Temperatur in Abhängigkeit von der zugeführten Wärme

4. Verdampfen des Wassers bei Siedetemperatur

$$Q_4 = mr = 2256 \text{ kJ}$$

5. Überhitzen des Dampfes bei konstantem Druck

$$Q_5 = c_{pD} m(\vartheta_D - \vartheta_{sd}) = 40 \text{ kJ}$$

Insgesamt sind 3069 kJ erforderlich, wovon allein 74 % auf die Verdampfungswärme entfallen (Bild 7.13).

7.10 Wärmebilanzen bei Temperaturausgleich

Mischen wir warmes und kaltes Wasser oder tauchen wir ein glühendes Werkstück zum Härten in ein Ölbad, so kommen zwei Körper unterschiedlicher Temperaturen miteinander in Berührung. Aus Erfahrung wissen wir:

> Wärme geht von selbst nur vom Körper höherer Temperatur auf den Körper tieferer Temperatur über.

In allgemeiner Form wird diese Erfahrungstatsache als **2. Hauptsatz der Thermodynamik** formuliert (s. 8.5). Es stellt sich zwischen beiden Körpern ein Gleichgewichtszustand mit einer Mischungstemperatur ϑ_m ein.

Während der *2. Hauptsatz* etwas über die *Richtung* aussagt, in der ein thermodynamischer Prozess abläuft, ermöglicht der *1. Hauptsatz* die Aufstellung der *Energiebilanz* des Prozesses. Sind nur die zwei in Berührung stehenden Körper an der Wärmeübertragung beteiligt, so gilt:

Der Betrag der vom Körper höherer Temperatur ϑ_2 abgegebenen Wärme Q_{ab} ist gleich dem Betrag der vom Körper tieferer Temperatur ϑ_1 aufgenommenen Wärme Q_{auf}.

$$Q_{ab} = Q_{auf} \qquad (7.16)$$

Wärmebilanz

Treten keine Änderungen des Aggregatzustandes ein, so folgt mit Gl. (7.13) aus Gl. (7.16)

$$c_2 m_2 (\vartheta_2 - \vartheta_m) = c_1 m_1 (\vartheta_m - \vartheta_1)$$

und daraus für die Mischungstemperatur

$$\vartheta_m = \frac{c_1 m_1 \vartheta_1 + c_2 m_2 \vartheta_2}{c_1 m_1 + c_2 m_2} \qquad (7.17)$$

Mischungstemperatur

Beachten Sie, dass Gl. (7.17) nur unter den hier gemachten einfachsten Voraussetzungen gilt! Formale Anwendung von Gl. (7.17) auf kompliziertere Fälle, bei denen mehr als zwei Körper beteiligt sind oder Aggregatzustandsänderungen erfolgen, führt zu groben Fehlern. In einigen Beispielen wollen wir Ihnen zeigen, wie in solchen Fällen Wärmebilanzen mit Gl. (7.16) als Ansatz aufzustellen sind.

Diejenige Energie, die z.B. von einem Körper höherer Temperatur als Wärme einer bestimmten Wassermenge übertragen wird, lässt sich durch Messung der Mischungstemperatur aus einer entsprechenden Wärmebilanz bestimmen. Das Wasser befindet sich dazu in einem wärmeisolierten Gefäß mit Rührer und Thermometer, das **Kalorimeter** genannt wird. Systematische Fehler durch unvollständige Wärmeisolation lassen sich experimentell erfassen und korrigieren. Da ein vom Füllstand abhängiger Teil des Kalorimeters ebenfalls Wärme aufnimmt, muss dessen Wärmekapazität C_K bekannt sein oder vorher experimentell ermittelt werden, um die an das Kalorimeter übertragene Wärme in der Wärmebilanz (7.16) berücksichtigen zu können.

Beispiel 7.5

Bestimmen Sie die Wärmekapazität C_K eines Kalorimeters!

Lösung:
Zu 200 g Wasser von 20,0 °C im Kalorimeter werden 200 g Wasser von 50,0 °C zugegossen. Nach Gl. (7.17) würde man eine Mischungstemperatur von 35,0 °C erwarten. Es werden jedoch nur 33,7 °C gemessen, weil ein Teil der vom warmen Wasser abgegebenen Wärme vom Kalorimeter aufgenommen wurde.

$$Q_{ab} = Q_{auf}$$

$$c_W m_2 (\vartheta_2 - \vartheta_m) = c_W m_1 (\vartheta_m - \vartheta_1) + C_K (\vartheta_m - \vartheta_1)$$

$$C_K = \frac{c_W m_2 (\vartheta_2 - \vartheta_m)}{\vartheta_m - \vartheta_1} - c_W m_1$$

$$C_K = \frac{4{,}18\ \mathrm{kJ \cdot kg^{-1} \cdot K^{-1}} \cdot 0{,}2\ \mathrm{kg} \cdot 16{,}3\ \mathrm{K}}{13{,}7\ \mathrm{K}} - 4{,}18\ \frac{\mathrm{kJ}}{\mathrm{kg \cdot K}} \cdot 0{,}2\ \mathrm{kg}$$

$$C_K = 0{,}159\ \mathrm{kJ \cdot K^{-1}}$$

Das Kalorimeter hat die gleiche Wärmekapazität wie 38 g Wasser. Prüfen Sie das selbst nach! Achten Sie auf die Regeln der Bruch- und Potenzrechnung auch beim Rechnen mit den Einheiten!

Beispiel 7.6

Bestimmen Sie die spezifische Wärmekapazität c_{Al} einer Aluminiumlegierung!

Lösung:
Der Probekörper von 21,6 g wurde auf 100,0 °C erwärmt und dann in ein Kalorimeter ($C_K = 0{,}157\ \text{kJ} \cdot \text{kg}^{-1}$) mit 200 g Wasser von 20,3 °C eingebracht. Die Mischungstemperatur wurde zu 21,9 °C gemessen.

$$Q_{ab} = Q_{auf}$$

$$c_{Al} m_2 (\vartheta_2 - \vartheta_m) = c_W m_1 (\vartheta_m - \vartheta_1) + C_K (\vartheta_m - \vartheta_1)$$

$$c_{Al} = \frac{(c_W m_1 + C_K)(\vartheta_m - \vartheta_1)}{m_2 (\vartheta_2 - \vartheta_1)}$$

$$c_{Al} = \frac{(4{,}18\ \text{kJ} \cdot \text{kg}^{-1} \cdot \text{K}^{-1} \cdot 0{,}2\ \text{kg} + 0{,}157\ \text{kJ} \cdot \text{kg}^{-1}) \cdot 1{,}6\ \text{K}}{0{,}0216\ \text{kg} \cdot 78{,}1\ \text{K}}$$

$$c_{Al} = 0{,}94\ \text{kJ} \cdot \text{kg}^{-1} \cdot \text{K}^{-1}$$

Dies ist weniger als $^1/_4$ der spezifischen Wärmekapazität von Wasser.

Beispiel 7.7

Welche Mischungstemperatur ergibt sich, wenn Sie 1,0 kg Eis von 0 °C mit 5,0 kg Wasser von 19 °C mischen?

Lösung:
Da sich das Eis bereits auf Schmelztemperatur befindet, wird die vom Wasser abgegebene Wärme zunächst zum Schmelzen des Eises führen und danach das entstandene Schmelzwasser erwärmen.

$$Q_{ab} = Q_{auf}$$

$$c_W m_W (\vartheta_2 - \vartheta_m) = m_E q + c_W m_E (\vartheta_m - \vartheta_1)$$

$$\vartheta_m = \frac{c_W m_W \vartheta_2 + c_W m_E \vartheta_1 - m_E q}{c_W (m_E + m_W)}$$

Mit $\vartheta_1 = 0$ °C folgt

$$\vartheta_m = \frac{4{,}18\ \text{kJ} \cdot \text{kg}^{-1} \cdot \text{K}^{-1} \cdot 5\ \text{kg} \cdot 19\ °\text{C} - 334\ \text{kJ} \cdot \text{kg}^{-1} \cdot 1\ \text{kg}}{4{,}18\ \text{kJ} \cdot \text{kg}^{-1} \cdot \text{K}^{-1} \cdot 6\ \text{kg}}$$

Nach Kürzen der Einheiten ist

$$\vartheta_m = \frac{5}{6} \cdot 19\ °\text{C} - \frac{334}{4{,}18 \cdot 6}\ \text{K} = 15{,}8\ °\text{C} - 13{,}3\ \text{K} = 2{,}5\ °\text{C}$$

Wenn Sie von einer Temperatur in °C eine Temperaturdifferenz in K subtrahieren, erhalten Sie die neue Temperatur wieder in °C. Machen Sie sich das an Hand der Celsius-Skala von Bild 7.1 klar! Überlegen Sie, wie die Wärmebilanz erweitert werden muss, wenn das Eis eine Anfangstemperatur von –10 °C gehabt hätte!

Was geschieht aber, wenn Sie statt 1,0 kg Eis von 0 °C die doppelte Masse Eis einbringen? Formales Benutzen des gleichen Ansatzes würde auf eine Mischungstemperatur von –9,3 °C führen. Es ist jedoch nicht möglich, dass eine Mischungstemperatur entsteht, die tiefer als die Schmelztemperatur ist. Tatsächlich reicht die bei der Abkühlung des Wassers von 19 °C auf 0 °C abgegebene Wärme nicht aus, 2,0 kg Eis vollständig zu schmelzen. Es entsteht ein Eis-Wasser-Gemisch von 0 °C. Sie können berechnen, wie groß die Masse m_E^* des geschmolzenen Eises ist. $Q_{ab} = Q_{auf}$ ergibt $c_W m_W (\vartheta_2 - \vartheta_m) = m_E^* q$. Daraus folgt die Masse des geschmolzenen Eises zu

$$m_E^* = \frac{c_W m_W (\vartheta_2 - \vartheta_m)}{q} = 1{,}2\ \text{kg}$$

Das Eis-Wasser-Gemisch besteht also aus 6,2 kg Wasser und 0,8 kg Eis, beides von 0 °C.

Beispiel 7.8

Wieviel Dampf von 100 °C (1013 hPa) ist mindestens erforderlich, um beim Einleiten in 100 kg Wasser dieses von 10 °C auf 40 °C zu erwärmen?

Lösung:
Der Dampf von Siedetemperatur wird beim Einleiten in das Wasser zunächst kondensieren, wobei die Kondensationswärme abgegeben wird. Danach kühlt sich das Kondenswasser von Siedetemperatur auf Mischungstemperatur ab.

$$Q_{ab} = Q_{auf}$$

$$m_D r + c_W m_D (\vartheta_2 - \vartheta_m) = c_W m_W (\vartheta_m - \vartheta_1)$$

$$m_D = \frac{c_W m_W (\vartheta_m - \vartheta_1)}{r + c_W (\vartheta_2 - \vartheta_m)}$$

$$m_D = \frac{4{,}18\ \text{kJ} \cdot \text{kg}^{-1} \cdot \text{K}^{-1} \cdot 100\ \text{kg} \cdot 30\ \text{K}}{2256\ \text{kJ} \cdot \text{kg}^{-1} + 4{,}18\ \text{kJ} \cdot \text{kg}^{-1} \cdot \text{K}^{-1} \cdot 60\ \text{K}} = 5{,}0\ \text{kg}$$

7.11 Energieumwandlungen

Nach dem Energieerhaltungssatz kann Energie weder erzeugt noch vernichtet werden. Es kann nur eine Energieart in andere Energiearten umgewandelt werden. Sprechen wir über die „Erzeugung“ von Elektroenergie, so meinen wir z. B. die Umwandlung von Wärme in Elektroenergie in einem Wärmekraftwerk. Wenn von „Energieverlusten“ die Rede ist, so bedeutet dies, dass sich ein Teil der aufgewendeten Energie in praktisch nicht weiter nutzbare Wärme umwandelt, die an die Umgebung abgegeben wird. Der Wirkungsgrad gibt das Verhältnis der nutzbaren Energie zum Energieaufwand an (s. 3.2.4.2).

Wenn wir uns die Hände reiben, stellen wir fest, dass sich durch Reibungsarbeit *mechanische Energie in Wärme* umwandelt. Bei allen Maschinen mit sich bewegenden Teilen tritt Reibung auf, wobei sich Wärme entwickelt. Durch an die Umgebung abgegebene, nicht genutzte Wärme liegt der Wirkungsgrad der Maschinen unter 100 %. Andererseits dient beim Reibungsschweißen die entstehende Wärme dazu, ein Werkstück auf Schweißtemperatur zu bringen. Beim Benutzen eines Zündholzes wird durch Reibung des Zündholzkopfes an der Reibfläche der Zündholzschachtel die notwendige Zündtemperatur erreicht. Zum Bremsen eines Fahrzeuges wird dessen kinetische Energie durch Reibungsarbeit zwischen Bremsbacken und Bremstrommel in Wärme umgewandelt, die an die Umgebung abgeführt wird.

Beispiel 7.9

Wieviel Wärme entwickelt sich, wenn ein Fahrzeug mit einer Masse von 2,0 t aus der Geschwindigkeit von 72 km h^{-1} bis zum Stillstand abgebremst wird?

Lösung:

$$Q = E_k = \frac{1}{2} mv^2 = \frac{1}{2} \cdot 2{,}0 \cdot 10^3\,\text{kg} \cdot (20\,\text{m} \cdot \text{s}^{-1})^2 = 400\,\text{kJ}$$

Damit ließe sich 1,0 l Wasser von 4 °C auf Siedetemperatur erwärmen. Rechnen Sie selbst nach!

Während sich mechanische Energie 100 -prozentig in Wärme umwandeln kann, ist *umgekehrt* die vollständige Umwandlung von Wärme in mechanische Energie nicht möglich. Es wurde noch nie beobachtet, dass sich ein Fahrzeug allein unter Abkühlung seiner Umgebung von selbst in Bewegung setzt. Dies wäre nach dem 1. Hauptsatz denkbar, wird aber durch den 2. Hauptsatz verboten (s. 8.5). So wie Wärme von selbst nur vom Körper höherer Temperatur auf einen Körper tieferer Temperatur übergeht, lässt sich mechanische Energie aus Wärme nur gewinnen, wenn eine Temperaturdifferenz vorhanden ist. Dabei muss die bei höherer Temperatur aufgenommene Wärme stets zum Teil wieder als Wärme bei tieferer Temperatur abgegeben werden. Dadurch ist der Wirkungsgrad sogar bei einer idealen Wärmekraftmaschine prinzipiell nach oben begrenzt.

Fließt ein elektrischer Strom durch einen Leiter, so wandelt sich *elektrische Energie* in Wärme um (s. 10.6). Bei einem Elektromotor wird diese Wärme ungenutzt an die Umgebung abgegeben, wodurch sich der Wirkungsgrad des Elektromotors verringert. Bei einem elektrischen Heizkörper kann dagegen die entwickelte Wärme zum größten Teil zu Heizzwecken genutzt werden.

Chemische Reaktionen sind stets mit Energieumsatz verbunden. Beim Verbrennen von Brennstoffen wandelt sich *chemische Energie in Wärme* um, die entweder direkt zu Heizzwecken genutzt wird oder in Verbrennungsmotoren teilweise in mechanische Energie oder in Wärmekraftwerken mit einem bestimmten Wirkungsgrad in Elektroenergie umgewandelt werden kann.

Beispiel 7.10

Wie groß ist der Wirkungsgrad eines elektrischen Wasserkochers mit einer elektrischen Leistung von 1000 W, der 2,0 l Wasser in 5 min von 10 °C auf 43 °C erwärmt?

Lösung:
Der Wirkungsgrad des Wasserkochers ist das Verhältnis der zur Erwärmung des Wassers genutzten Energie zur aufgewendeten elektrischen Energie:

$$\eta = \frac{Q}{W_{el}} = \frac{c_W m_W \Delta\vartheta}{P_{el} t}$$
$$= \frac{4{,}18\ \text{kJ} \cdot \text{kg}^{-1} \cdot \text{K}^{-1} \cdot 2{,}0\ \text{kg} \cdot 33\ \text{K}}{1{,}0\ \text{kW} \cdot 5 \cdot 60\ \text{s}} = 0{,}92$$

92 % der Elektroenergie werden zur Erwärmung des Wassers genutzt, während 8 % ungenutzt als Wärme an die Umgebung abgegeben werden.

Die beim Verbrennen eines Brennstoffes der Masse m bzw. des Volumens V frei werdende Verbrennungswärme beträgt

Verbrennungswärme

$$Q_B = mH \quad \text{bzw.} \quad Q_B = VH' \tag{7.18}$$

Tabelle 7.7: Spezifischer Heizwert (Richtwerte)

Stoff	H in $\text{MJ} \cdot \text{kg}^{-1}$
Benzin	42
Braunkohle	10
Braunkohlenbriketts	20
Dieselöl, Heizöl	42
Holz	12
Steinkohle	30
Gas	H' in $\text{MJ} \cdot \text{m}^{-3}$
Butan	120
Erdgas	35
Propan	94
Wasserstoff	11

In Gl. 7.18 handelt es sich bei H in J/kg bzw. J/m³ entweder um den Heizwert H_i oder den Brennwert $H_s > H_i$.

Der **Heizwert** (H_i) (früher unterer Heizwert) ist die Energie, die bei einer vollständigen Verbrennung abgegeben wird, wenn der *aus der Verbrennung entstandene Wasserdampf hierbei gasförmig bleibt.* Der **Brennwert** (H_s) (früher oberer Heizwert) ist die Energie, die bei einer vollständigen Verbrennung abgegeben wird, wenn auch die *durch* ***Kondensation*** *des entstandenen Wasserdampfes frei werdende Energie,* die **Kondensationswärme**, berücksichtigt ist. Brennwertkessel in modernen Heizungsanlagen nutzen dies aus.

Beispiel 7.11

Wie groß ist der Wirkungsgrad eines Gaskochers, der 2,0 l Wasser von 10 °C auf 43 °C erwärmt, wobei 9,4 l Erdgas mit einem spezifischen Heizwert von 39 $\text{MJ} \cdot \text{m}^{-3}$ verbraucht wurden?

Lösung:
Der Wirkungsgrad des Gaskochers ist der Quotient aus der zur Erwärmung des Wassers genutzten Wärme und der aus der chemischen Energie aufgewendeten Verbrennungswärme:

$$\eta = \frac{Q}{Q_B} = \frac{c_W m_W \Delta\vartheta}{VH'}$$
$$= \frac{4{,}18\ \text{kJ} \cdot \text{kg}^{-1} \cdot \text{K}^{-1} \cdot 2{,}0\ \text{kg} \cdot 33\ \text{K}}{9{,}4 \cdot 10^{-3}\ \text{m}^3 \cdot 39 \cdot 10^3\ \text{kg}^{-1}\ \text{m}^{-3}} = 0{,}75$$

Mit 75 % ist der Wirkungsgrad des Gaskochers deutlich niedriger als der des Wasserkochers in Beispiel 7.10. Trotzdem sind die Energiekosten für die Erwärmung des Wassers mit Erdgas niedriger.

Beispiel 7.12

Wie groß ist der Benzinverbrauch in Liter je 100 km, wenn ein Pkw mit einer Geschwindigkeit von 180 km · h^{-1} fahren würde, wozu der Motor bei einem Wirkungsgrad von 28 % eine Nutzleistung von 33,1 kW aufbringt?

Lösung:
Für 100 km benötigt der Pkw eine Zeit von $t = s/v$ = 0,556 h = 2000 s. Die Masse des hierfür benötigten Benzins mit einem Heizwert von 43 MJ · kg^{-1} ergibt sich aus dem Wirkungsgrad von

$$\eta = \frac{P_N t}{mH} \quad \text{zu} \quad m = \frac{P_N t}{\eta H}$$

$$= \frac{33{,}1\ \text{kW} \cdot 2000\ \text{s}}{0{,}28 \cdot 43 \cdot 10^3\ \text{kJ} \cdot \text{kg}^{-1}} = 5{,}5\ \text{kg}$$

Bei einer Dichte des Benzins von 0,72 kg · l^{-1} sind das $V = m/\varrho$ = 7,6 l Benzin je 100 km.

Zusammenfassung: Wärme und innere Energie

- **Temperatur** ist eine mit Thermometern messbare Zustandsgröße eines Körpers.
- **Wärme** ist eine Prozessgröße. Sie kann als thermische Energie übertragen werden.
- Der **1. Hauptsatz** gibt an, wie sich die **innere Energie** des Systems durch Wärmeübertragung und Arbeitsverrichtung ändert.
- Durch die einem Körper übertragene Wärme ändert sich entweder seine Temperatur oder bei Erreichung einer bestimmten Umwandlungswärme der Aggregatzustand.
  - Die spezifische Wärmekapazität gibt an, wie viel Wärme erforderlich ist, um 1 kg des Stoffes um 1 K zu erwärmen.
  - Die spezifische Schmelz- bzw. Verdampfungswärme gibt an, wie viel Wärme notwendig ist, um 1 kg des Stoffes bei Umwandlungstemperatur vollständig zu schmelzen bzw. zu verdampfen. Diese Umwandlungswärme wird beim Erstarren bzw. Kondensieren wieder frei.
- Beim Mischen zweier Körper geht stets die Wärme vom Körper höherer Temperatur auf den Körper niederer Temperatur über, bis sich eine einheitliche Mischungstemperatur eingestellt hat. Der Betrag der vom wärmeren Körper abgegebenen Wärme ist gleich der vom kälteren Körper aufgenommen Wärme.

8 Zustandsänderungen von Gasen

Fragen und Probleme: *Wie lautet die Zustandsgleichung für das ideale Gas? Was besagt der 1. Hauptsatz der Thermodynamik? Wie sind Zustandsgleichung und 1. Hauptsatz auf isochore, isobare, isotherme und adiabatische Zustandsänderungen anzuwenden? Was sind Kreisprozesse? Wie arbeiten Wärmekraftmaschinen, Kältemaschinen und Wärmepumpen? Welche Rolle spielt der Carnot-Prozess? Was bedeutet der 2. Hauptsatz?*

Die Thermodynamik entstand in enger Beziehung zur Entwicklung von Wärmekraftmaschinen. Dabei regten einerseits ingenieurtechnische Entwicklungen das Nachdenken über die physikalischen Zusammenhänge an, und andererseits schufen die entwickelten theoretischen Grundlagen wesentliche Impulse für technische Lösungen.

In Wärmekraftmaschinen liegen die Arbeitsmedien gasförmig vor, in Dampfmaschinen in Form von überhitztem Dampf und in Verbrennungsmotoren als Gemisch von brennbaren Gasen und Luft bzw. als deren Verbrennungsprodukte. Wesentliche Erkenntnisse über dabei ablaufende thermodynamische Prozesse lassen sich gewinnen, wenn man vereinfachend **Zustandsänderungen idealer Gase** bei *reversiblen* (umkehrbaren) Prozessen untersucht.

8.1 Thermischer Zustand des idealen Gases

8.1.1 Ideales Gas

Das Verhalten realer Gase, deren Zustand weit vom Kondensationspunkt entfernt ist, lässt sich durch das **Modell des idealen Gases** mit hinreichender Genauigkeit beschreiben. Dieser Zustand ist durch relativ geringen Druck, eine sehr kleine Gasdichte und eine hohe Temperatur charakterisiert. Die mittleren Abstände der Gasmoleküle sind dann so groß, dass man das Eigenvolumen der Gasmoleküle vernachlässigen kann und zwischenmolekulare Anziehungskräfte keine Rolle mehr spielen.

Das ideale Gas besteht aus wechselwirkungsfreien Punktmassen, die sich in ständiger ungeordneter Wärmebewegung befinden und dabei nur elastische Stöße untereinander und gegen die Gefäßwände ausführen können.

8.1.2 Thermische Zustandsgleichung des idealen Gases

Der Zustand eines thermodynamischen Systems wird durch Zustandsgrößen beschrieben (s. 7.1). Diese Zustandsgrößen sind jedoch nicht unabhängig voneinander, sondern durch **Zustandsgleichungen** miteinander verknüpft, die charakteristisch für die Art des thermodynamischen Systems sind. So gilt für das ideale Gas eine thermische Zustandsgleichung, die den Zusammenhang zwischen den Zustandsgrößen Druck p, Volumen V und Temperatur T ausdrückt. Vergleichen wir zwei verschiedene Zustände *1* und *2* des idealen Gases miteinander, so gilt

Thermische Zustandsgleichung

$$\frac{p_1 V_1}{T_1} = \frac{p_2 V_2}{T_2} = \text{konst.} \tag{8.1}$$

Dividieren wir diese Gleichung durch die Masse m der Gasmenge, so lässt sich die Zustandsgleichung mit der Dichte $\varrho = m/V$ eines bestimmten Gases formulieren, solange sich dieses Gas noch annähernd ideal verhält:

$$\frac{p_1}{\varrho_1 T_1} = \frac{p_2}{\varrho_2 T_2} = \text{konst.} \tag{8.2}$$

Das konstante Verhältnis $pV/(mT) = p/(\varrho T)$ ergibt die **spezifische Gaskonstante** R_{sp} des Gases. Mit ihr lautet die thermische Zustandsgleichung des idealen Gases

Thermische Zustandsgleichung

$$pV = mR_{sp}T \tag{8.3}$$

Die spezifische Gaskonstante R_{sp} ist als Quotient aus der **molaren Gaskonstante** R und der molaren Masse M eine *individuelle* Größe für das betreffende, sich annähernd ideal verhaltende Gas:

Spezifische Gaskonstante

$$R_{sp} = \frac{R}{M} \tag{8.4}$$

Dagegen ist die molare Gaskonstante R eine *universelle* physikalische Konstante:

Molare Gaskonstante

$$R = 8{,}3145\ \text{J} \cdot \text{mol}^{-1} \cdot \text{K}^{-1} \tag{8.5}$$

Der Zahlenwert der molaren Masse M in $\text{g} \cdot \text{mol}^{-1}$ stimmt mit dem Zahlenwert der relativen Atom- oder Molekülmasse überein.

Beachten Sie, dass in der Zustandsgleichung *stets* der absolute Druck p und die thermodynamische Temperatur T in Kelvin auftreten. Angaben des Über- oder Unterdruckes (s. 6.3.3.1) und Temperaturangaben in Grad Celsius (s. 7.3) müssen Sie deshalb stets umrechnen!

Beispiel 8.1

Wie groß ist die Dichte der Luft in einer Druckluftflasche bei 20,0 MPa Überdruck und 20 °C?

Lösung:
Mit der Dichte der Luft von $\varrho_n = 1{,}293\ \text{kg} \cdot \text{m}^{-3}$ unter Normbedingungen ($p_n = 101{,}3$ kPa; $T_n = 273$ K) ergibt sich die Dichte bei $p = p_ü + p_n = 20{,}0\ \text{MPa} + 101{,}3\ \text{kPa} = 20{,}1$ MPa und $T = (273 + 20)\ \text{K} = 293$ K aus Gl. (8.2) zu

$$\varrho = \varrho_n \cdot \frac{T_n p}{p_n T} = 1{,}293\ \text{kg} \cdot \text{m}^{-3} \cdot \frac{273\ \text{K} \cdot 20{,}1\ \text{MPa}}{0{,}101\ \text{MPa} \cdot 293\ \text{K}} = 240\ \text{kg} \cdot \text{m}^{-3}$$

Eine 10-l-Druckluftflasche enthält demnach 2,40 kg Luft.

Beispiel 8.2

Wie groß ist die Masse von 10 m³ Luft bei 0,11 MPa und 27 °C?

Lösung:
Mit der spezifischen Gaskonstante der Luft von $R_{sp} = 0{,}29\ \text{kJ} \cdot \text{kg}^{-1} \cdot \text{K}^{-1}$ ist nach der Zustandsgleichung (8.3)

$$m = \frac{pV}{TR_{sp}} = \frac{0{,}11\ \text{MPa} \cdot 10\ \text{m}^3 \cdot \text{kg} \cdot \text{K}}{300\ \text{K} \cdot 0{,}29\ \text{kJ}} = \frac{0{,}11 \cdot 10^6\ \text{N} \cdot 10\ \text{m}^3 \cdot \text{kg} \cdot \text{K}}{300\ \text{K} \cdot \text{m}^2 \cdot 0{,}29 \cdot 10^3 \cdot \text{N} \cdot \text{m}} = 12{,}6\ \text{kg}$$

8.1.3 Quasistatische Zustandsänderungen

Treten innerhalb eines Gases und zu seiner Umgebung keine Druck- und Temperaturunterschiede mehr auf, so befindet sich das Gas in einem **thermischen Gleichgewichtszustand.** Ein solcher Gleichgewichtszustand lässt sich durch einen Punkt

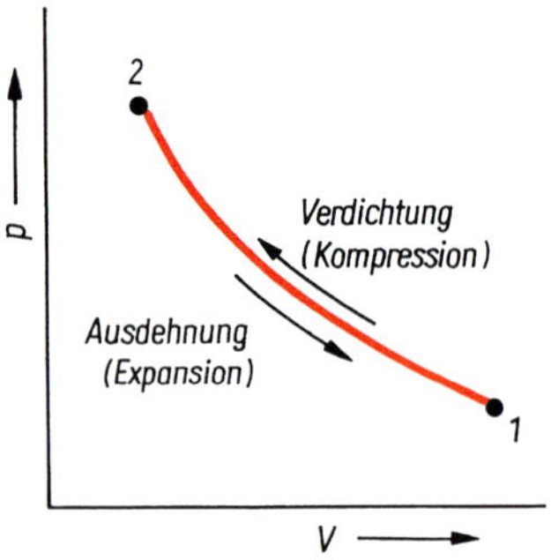

Bild 8.1: Zustandsänderung eines Gases im p-V-Diagramm

in einem p-V-Diagramm darstellen, wobei die zugehörige Temperatur durch die Zustandsgleichung bestimmt ist.

Eine Zustandsänderung des Gases ergibt im p-V-Diagramm eine Kurve, deren Punkte die nacheinander durchlaufenen Zustände beschreiben (Bild 8.1). In jedem so charakterisierten Zustand muss sich das Gas wieder im Gleichgewicht befinden. Derartige Zustandsänderungen heißen *quasistatisch.* Sie werden durch verschwindend kleine Druck- und Temperaturdifferenzen verursacht und verlaufen deshalb extrem langsam, damit sich das neue Gleichgewicht jeweils wieder einstellen kann.

Quasistatische Zustandsänderungen, wie wir sie in den folgenden Abschnitten betrachten wollen, sind *reversibel.* Sie lassen sich durch Änderung des Vorzeichens der verschwindend kleinen Druck- und Temperaturdifferenzen vollständig umkehren. Dabei wird die Kurve im p-V-Diagramm in umgekehrter Richtung durchlaufen, wonach sich das Gas wieder im Ausgangszustand befindet, ohne dass sich sonst etwas geändert hat.

Wird die Kurve im Bild 8.1 von *1* nach *2* durchlaufen, so stellt dies die Kompression eines Gases dar. Umgekehrt kann durch eine Expansion das Gas wieder den Anfangszustand *1* erreichen.

8.2 Volumenänderungsarbeit

Sie haben selbst schon feststellen können, dass Sie beim Aufpumpen eines Fahrradreifens mechanische Arbeit verrichten müssen, wenn Sie die Luft zusammendrücken. Umgekehrt kann ein Gas beim Entspannen selbst mechanische Arbeit verrichten.

> Jede Volumenänderung eines Gases unter äußerem Druck ist mit mechanischer Arbeit verbunden.

Die **Volumenänderungsarbeit** W wird dem Gas beim Komprimieren, also bei einer Volumenverringerung, als *Kompressionsarbeit* zugeführt. Sie ist nach den Vorzeichenfestlegungen in 7.6 vom Standpunkt des Systems aus positiv: $W > 0$ für $\Delta V < 0$. Umgekehrt wird die Volumenänderungsarbeit beim Expandieren eines Gases, also bei einer Volumenvergrößerung, als Ausdehnungs- oder *Expansionsarbeit* nach außen abgegeben. Sie ist deshalb negativ: $W < 0$ für $\Delta V > 0$.

Der 1. Hauptsatz der Thermodynamik (s. 7.6) ergibt für die Volumenänderungsarbeit $W = \Delta U - Q$. Danach wird durch die Kompressionsarbeit die innere Energie des Gases erhöht, und es kann Wärme nach außen abgegeben werden. Umgekehrt bewirkt eine Expansion durch die Expansionsarbeit eine Verringerung der inneren Energie. Das kann Zufuhr von Wärme erfordern. Die Änderung der inneren Energie bemerken Sie durch eine entsprechende Änderung der Temperatur des Gases.

Die Volumenänderungsarbeit lässt sich besonders einfach berechnen, wenn die Volumenänderung bei *gleichbleibendem* Druck erfolgt (s. 8.3.3). Wie in Bild 8.2a soll durch eine äußere konstante Kraft F der Kolben in einem gasgefüllten Zylinder vom Querschnitt A um die Strecke s gleichförmig verschoben werden. Um diese Kompression quasistatisch durchzuführen, muss die Kraft F der Druckkraft pA des Gasdruckes p das Gleichgewicht halten. Mit Gl. (3.18) für die mecha-

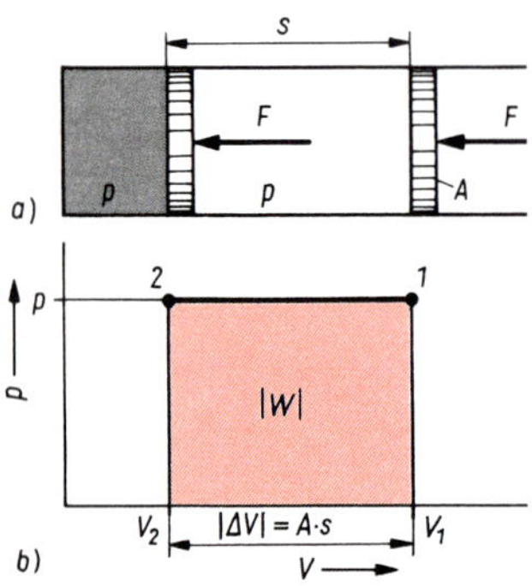

Bild 8.2: Zur Volumenänderungsarbeit bei konstantem Druck
a) Kompression des Gases
b) p-V-Diagramm

nische Arbeit (s. 3.2.1) ergibt sich die Volumenänderungsarbeit zu $W = Fs = pAs = p\,(V_1 - V_2)$. Mit $\Delta V = (V_2 - V_1)$ ist

Volumenänderungsarbeit bei konstantem Druck

$$W = -p\Delta V \tag{8.6}$$

$$[W] = \mathrm{Pa} \cdot \mathrm{m}^3 = \mathrm{N} \cdot \mathrm{m}^{-2} \cdot \mathrm{m}^3 = \mathrm{N} \cdot \mathrm{m} = \mathrm{J}$$

Der Betrag der Volumenänderungsarbeit entspricht der Fläche des Rechtecks unter der Geraden im p-V-Diagramm (Bild 8.2b). Bleibt der Druck während der Volumenänderung nicht konstant, so ergibt sich im p-V-Diagramm im Allgemeinen eine gekrümmte Kurve (Bild 8.3). Aber auch in diesen Fällen lässt sich die Volumenänderungsarbeit aus der Fläche unter der Kurve ermitteln, wie wir es in 3.2.1 bei nichtkonstanten Kräften im F-s-Diagramm gezeigt haben. Bewegen Sie sich auf der Kurve im p-V-Diagramm vom Anfangs- zum Endzustand und liegt die Fläche links von Ihnen, so ist die Volumenänderungsarbeit positiv. Liegt dagegen die Fläche auf der rechten Seite, so ist die Arbeit negativ.

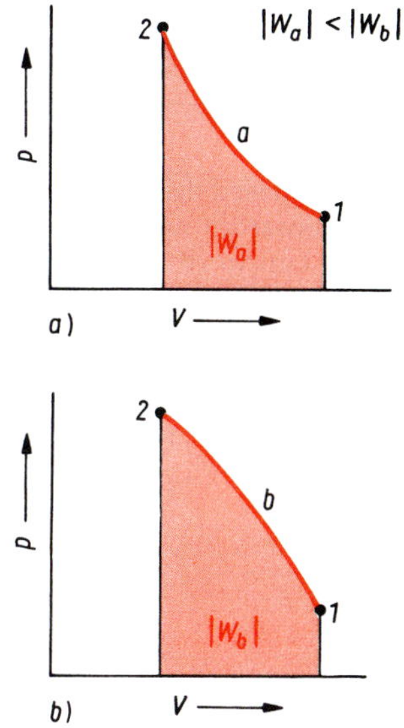

Bild 8.3: Unterschiedliche Volumenänderungsarbeit, wenn die Zustandsänderung auf verschiedenen „Wegen" a und b erfolgt

Führen wir zwischen gleichem Anfangs- und gleichem Endzustand Zustandsänderungen auf unterschiedliche Weise durch, so ergeben sich im p-V-Diagramm zwischen den gleichen Punkten *1* und *2* verschiedene Kurven. Die Bilder 8.3a und 8.3b zeigen, dass dann auch die Arbeitsflächen unterschiedlich groß sind. Die Volumenänderungsarbeit hängt also nicht nur vom Anfangs- und Endzustand des Gases ab, sondern wesentlich vom „Weg", auf dem der Prozess der Zustandsänderung erfolgt. Die Volumenänderungsarbeit ist deshalb keine Zustandsgröße, sondern eine *Prozessgröße.*

8.3 Spezielle Zustandsänderungen

Wir wollen die Zustandsgleichung des idealen Gases (s. 8.1) und den 1. Hauptsatz der Thermodynamik (s. 7.6) auf isotherme, isochore, isobare und adiabatische Zustandsänderungen des idealen Gases anwenden.

8.3.1 Isotherme Zustandsänderungen

Bei **isothermer** Kompression oder Expansion eines Gases hält man die *Temperatur* des Gases *konstant.* Dabei muss das Gas ständig mit einem Wärmespeicher konstanter Temperatur in Verbindung stehen. Wegen $T_1 = T_2$ vereinfacht sich die Zustandsgleichung (8.1) und ergibt das BOYLE-MARIOTTEsche Gesetz (s. 6.2.1):

Isotherme

$$p_1 V_1 = p_2 V_2 = \text{konst.} \tag{8.7}$$

Druck und Volumen sind einander umgekehrt proportional: $p_1/p_2 = V_2/V_1$ Die Darstellung im p-V-Diagramm ergibt eine als Isotherme bezeichnete Hyperbel (Bild 8.4). Isotherme Zustandsänderungen bei verschiedenen, doch jeweils konstanten Temperaturen ergeben Isothermen, die um so höher im p-V-Diagramm liegen, je größer die konstante Temperatur ist.

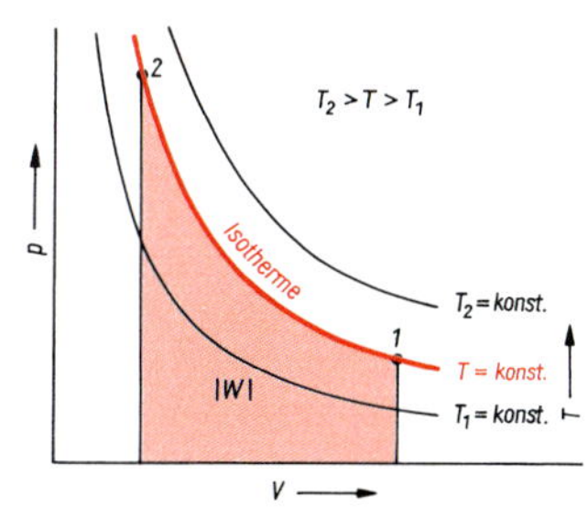

Bild 8.4: Isothermen

Bei konstanter Temperatur ändert sich auch nicht die innere Energie eines idealen Gases: $\Delta U = 0$. Der 1. Hauptsatz ergibt damit $W = -Q$. Bei einer isothermen Kompression muss die gesamte Kompressionsarbeit ständig als Wärme wieder abgeführt werden. Umgekehrt wird die während einer isothermen Expansion zugeführte Wärme vollständig als Expansionsarbeit abgegeben. Die Volumenände-

Isotherme Volumenänderungsarbeit

rungsarbeit lässt sich im p-V-Diagramm aus der Fläche unter der Isothermen ermitteln. Als Gleichung ergibt sich

$$W = -pV \ln \frac{V_2}{V_1} \qquad (8.8)$$

Da $pV = mR_{sp}T$ = konst. ist, können Sie in Gl. (8.8) für pV beliebige zusammengehörige Wertepaare einsetzen oder durch $mR_{sp}T$ ersetzen.

Beispiel 8.3

Wie groß sind der Enddruck, die aufzuwendende Kompressionsarbeit und die abzuführende Wärme, wenn 10 m³ Luft von 0,11 MPa und 27 °C isotherm auf 1,0 m³ komprimiert werden?

Lösung:
Der Enddruck folgt aus Gl. (8.7) zu

$$p_2 = p_1 \frac{V_1}{V_2} = 0{,}11\ \text{MPa} \cdot 10 = 1{,}1\ \text{MPa}$$

Die aufzuwendende Kompressionsarbeit ist nach Gl. (8.8)

$$W = -p_1V_1 \ln \frac{V_2}{V_1} = p_1V_1 \ln \frac{V_1}{V_2}$$
$$= 0{,}11\ \text{MPa} \cdot 10\ \text{m}^3 \cdot \ln 10 = 2{,}5\ \text{MJ},$$

die als Wärme von $Q = -2{,}5$ MJ abzuführen ist.

8.3.2 Isochore Zustandsänderungen

Bei **isochorer** Erwärmung oder Abkühlung eines Gases wird das *Volumen* des Gases *konstant* gehalten. Dazu schließen wir das Gas in einen Behälter bestimmten Volumens ein (Bild 7.10a).

Wegen $V_1 = V_2$ vereinfacht sich die Zustandsgleichung (8.1) zu

Isochore

$$\frac{p_1}{T_1} = \frac{p_2}{T_2} = \text{konst.} \qquad (8.9)$$

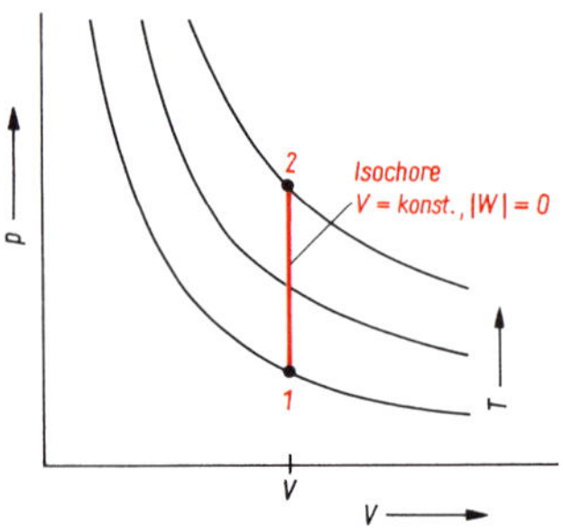

Bild 8.5: Isochore (mit unterlegten Isothermen)

Druck und thermodynamische Temperatur sind einander direkt proportional. Die Darstellung im p-V-Diagramm ergibt als Isobare eine senkrechte Gerade, die auf der Isotherme für die Anfangstemperatur beginnt und auf der Isotherme für die Endtemperatur endet (Bild 8.5).

Da keine Volumenänderung auftritt, wird auch keine Volumenänderungsarbeit verrichtet: $W = 0$. Der 1. Hauptsatz ergibt damit $\Delta U = Q$. Die bei einer isobaren Erwärmung zugeführte Wärme $Q = c_V m \Delta T$ (s. 7.8) dient vollständig der Erhöhung der inneren Energie des Gases.

Kalorische Zustandsgleichung des idealen Gases

Daraus folgt die kalorische Zustandsgleichung des idealen Gases als Zusammenhang zwischen innerer Energie U und thermodynamischer Temperatur T:

$$U = c_V mT \qquad (8.10)$$

Die kalorische Zustandsgleichung gilt unabhängig von der Art der speziellen Zustandsänderung. Sie besagt allgemein:

Die innere Energie des idealen Gases hängt nur von der Temperatur, nicht aber von Druck und Volumen ab.

Weil in den folgenden Beispielen 8.4, 8.5 und 8.6 das Gas jedesmal die gleiche Temperaturänderung erfährt, ergibt sich trotz verschiedener Zustandsänderungen die gleiche Änderung der inneren Energie.

Beispiel 8.4

Wie groß sind der erreichte Druck und die zugeführte Wärme, wenn 10 m³ Luft von 0,11 MPa und 27 °C isochor auf 481 °C erwärmt werden?

Lösung:
Nach Gl. (8.9) ist der erreichte Druck $p_2 = p_1 T_2 / T_1$ = 0,11 MPa · 754 K/300 K = 0,28 MPa. Die Masse der Luft wurde bereits in Beispiel 8.2 zu 12,6 kg berechnet. Damit beträgt die zugeführte Wärme $Q = c_V m \Delta T$ = 0,71 kJ · kg^{-1} · K^{-1} · 12,6 kg · 454 K = 4,1 MJ, um die sich die innere Energie des Gases erhöht.

8.3.3 Isobare Zustandsänderungen

Bei **isobarer** Erwärmung oder Abkühlung eines Gases wird der *Druck* des Gases *konstant* gehalten. Dazu befindet sich das Gas in einem Zylinder mit beweglichem Kolben (Bild 7.10b). Auf diese Weise kann sich das Gas ausdehnen, wobei jedoch der innere Druck des Gases gleich dem äußeren konstanten Druck auf den Kolben bleibt. Wegen $p_1 = p_2$ vereinfacht sich die Zustandsgleichung zu

$$\frac{V_1}{T_1} = \frac{V_2}{T_2} = \text{konst.} \qquad (8.11)$$

Isobare

Volumen und thermodynamische Temperatur sind einander direkt proportional. Die Darstellung im p-V-Diagramm ergibt als Isobare eine waagerechte Gerade, die wiederum zwischen den Isothermen für Anfangs- und Endtemperatur verläuft (Bild 8.6).

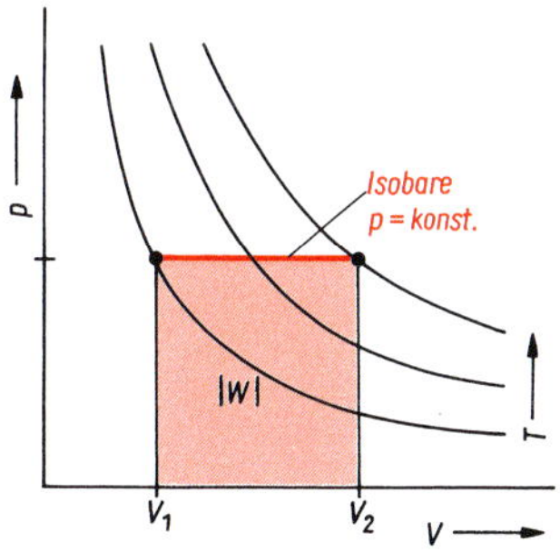

Bild 8.6: Isobare (mit unterlegten Isothermen)

Nach dem 1. Hauptsatz dient die bei einer isobaren Erwärmung zugeführte Wärme $Q = c_p m \Delta T$ (s. 7.8) zu einem Teil der Erhöhung der inneren Energie um $\Delta U = c_V m \Delta T$ und verrichtet zum anderen Teil die Expansionsarbeit $W = -p\Delta V$, die mit der Zustandsgleichung (8.3) auch in die Form $W = -mR_{sp}\Delta T$ gebracht werden kann. Setzen Sie diese Ausdrücke in $\Delta U = W + Q$ ein und dividieren Sie durch m und ΔT, so ergibt sich als Beziehung zwischen den spezifischen Wärmekapazitäten bei konstantem Druck und bei konstantem Volumen

$$c_p - c_V = R_{sp} \qquad (8.12)$$

MAYERsche Gleichung

Beispiel 8.5

Auf welches Volumen dehnen sich 10 m³ Luft von 0,11 MPa und 27 °C aus, wenn sie isobar auf 481 °C erwärmt werden? Wie groß sind die zugeführte Wärme, die Ausdehnungsarbeit und die Änderung der inneren Energie? Die Masse der Luft ist nach Beispiel 8.2 12,6 kg.

Lösung:
Nach Gl. (8.11) dehnt sich die Luft auf $V_2 = V_1 T_2 / T_1$ = 10 m³ · 754 K/300 K = 25 m³ aus. Die zugeführte Wärme beträgt

$Q = c_p m \Delta T$ = 1,0 kJ · kg^{-1} · K^{-1} · 12,6 kg · 454 K = 5,7 MJ.

Damit wird eine Ausdehnungsarbeit von

$W = -p\Delta V$ = – 0,11 MPa · (25 m³ – 10 m³) = – 1,6 MJ

verrichtet, während der übrige Anteil die innere Energie des Gases um

$\Delta U = Q + W$ = 5,7 MJ + (– 1,6 MJ) = 4,1 MJ

erhöht.

Die spezifische Gaskonstante gibt als Differenz der spezifischen Wärmekapazitäten bei konstantem Druck und bei konstantem Volumen die Ausdehnungsarbeit an, die an der Vorrichtung zur Konstanthaltung des Druckes verrichtet wird, wenn man 1 kg eines Gases isobar um 1 K erwärmt (s. 7.8).

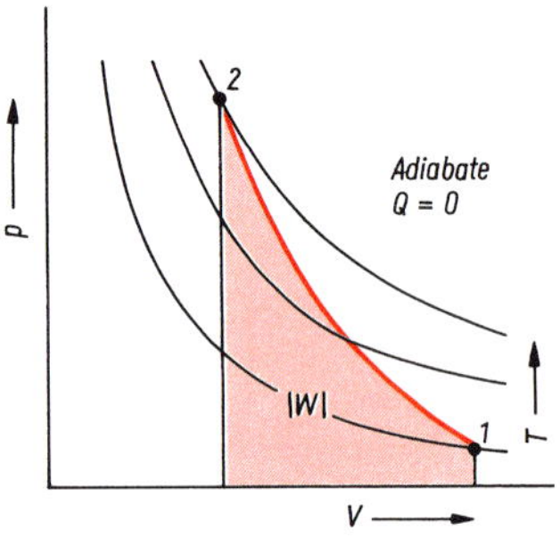

Bild 8.7: Adiabate (mit unterlegten Isothermen)

8.3.4 Adiabatische Zustandsänderungen

Adiabate

Adiabatische Zustandsänderungen erfolgen völlig *wärmeisoliert.* Da demnach bei der adiabatischen Kompression keine Wärme abgeführt wird, dient die gesamte Kompressionsarbeit der Erhöhung der inneren Energie des Gases. Wegen $Q = 0$ ist nach dem 1. Hauptsatz $W = \Delta U = c_V m \Delta T$. Dadurch steigt beim Komprimieren die Temperatur an. Im p-V-Diagramm ergibt sich als Adiabate eine Kurve, die von der Isotherme der Anfangstemperatur aus zu Isothermen immer höherer Temperatur ansteigt (Bild 8.7). Adiabaten verlaufen deshalb steiler als Isothermen. Daher ist der Druck einer Potenz des Volumens mit einem Exponenten $\varkappa > 1$ umgekehrt proportional:

$$\frac{p_1}{p_2} = \left(\frac{V_2}{V_2}\right)^{\varkappa} \quad (8.13)$$

Der Adiabatenexponent $\varkappa$ ist gleich dem Verhältnis der spezifischen Wärmekapazitäten bei konstantem Druck und konstantem Volumen:

Adiabatenexponent

$$\varkappa = \frac{c_p}{c_V} > 1 \quad (8.14)$$

Für einatomige Gase ist $\varkappa \approx 1{,}67$, für zweiatomige $\approx 1{,}40$ und für mehr als zweiatomige meist um 1,3 (s. Tabelle 7.5).

Durch Umformen von Gl. (8.13) mit der Zustandsgleichung (8.1) erhalten Sie Beziehungen zwischen Volumen bzw. Druck und Temperatur:

$$\left(\frac{V_1}{V_2}\right)^{\varkappa-1} = \frac{T_2}{T_1} \quad (8.15)$$

$$\left(\frac{p_1}{p_2}\right)^{\varkappa-1} = \left(\frac{T_1}{T_2}\right)^{\varkappa} \quad (8.16)$$

Die Gleichungen (8.13), (8.15) und (8.16) heißen **Poissonsche Gleichungen**. Die Volumenänderungsarbeit lässt sich im p-V-Diagramm aus der Fläche unter der Adiabaten ermitteln. Als Gleichung ergibt sich

Adiabatische Volumenänderungsarbeit

$$W = \frac{1}{\varkappa - 1}(p_2 V_2 - p_1 V_1) \quad (8.17)$$

Diese Gleichung kann mit der Zustandsgleichung (8.3) sowie den Adiabatengleichungen (8.13) bis (8.16) in verschiedene andere Formen gebracht werden.

Da vielfach die Kompression oder Expansion eines Gases weder völlig isotherm noch völlig adiabatisch erfolgt, rechnet man bei derartigen **polytropen** Zustandsänderungen mit einem Polytropenexponenten n, der größer als 1, aber kleiner als der Adiabatenexponent ist:

Polytropenexponent

$$1 < n < \varkappa \quad (8.18)$$

In den Adiabatengleichungen ist $\varkappa$ durch n zu ersetzen. Für $n = 1$ wird die Polytrope zur Isotherme, für $n = \varkappa$ zur Adiabate.

Beispiel 8.6

Welcher Druck und welche Temperatur werden erreicht, wenn 10 m³ Luft von 0,11 MPa und 27 °C adiabatisch auf 1,0 m³ komprimiert werden? Wie groß ist die erforderliche Kompressionsarbeit? Die Masse der Luft ist nach Beispiel 8.2 12,6 kg.

Lösung:
Nach Gl. (8.13) ist der erreichte Druck $p_2 = p_1\,(V_1/V_2)^{\varkappa} = 0{,}11\ \text{MPa} \cdot 10^{1,4} = 2{,}76\ \text{MPa}$. Die Zustandsgleichung (8.3) ergibt die Endtemperatur

$$T_2 = \frac{p_2 V_2}{m R_{\text{sp}}} = \frac{2{,}76\ \text{MPa} \cdot 1{,}0\ \text{m}^3 \cdot \text{kg} \cdot \text{K}}{12{,}6\ \text{kg} \cdot 0{,}29\ \text{kJ}} = 755\ \text{K}\,,$$

$$\vartheta_2 = 482\ °\text{C}\,,$$

die auch mit Gl. (8.15) ermittelt werden könnte.

Nach Gl. (8.17) ist eine Kompressionsarbeit von

$$W = \frac{1}{1{,}4-1}\,(2{,}76\ \text{MPa} \cdot 1{,}0\ \text{m}^3 - 0{,}11\ \text{MPa} \cdot 10\ \text{m}^3) = 4{,}1\ \text{MJ}$$

erforderlich, um die die innere Energie des Gases zunimmt.

8.4 Kreisprozesse

Bei einem **Kreisprozess** durchläuft ein Medium eine Folge von Zustandsänderungen derart, dass es sich am Ende wieder im Anfangszustand befindet. Danach kann der Kreisprozess erneut ablaufen und sich periodisch wiederholen. Ein *reversibel* geführter Kreisprozess wird im *p-V*-Diagramm durch einen geschlossenen Kurvenzug dargestellt (Bilder 8.8 und 8.10). Die von den Kurven umschlossene Fläche entspricht der beim einmaligen Durchlaufen des Kreisprozesses insgesamt verrichteten mechanischen Arbeit.

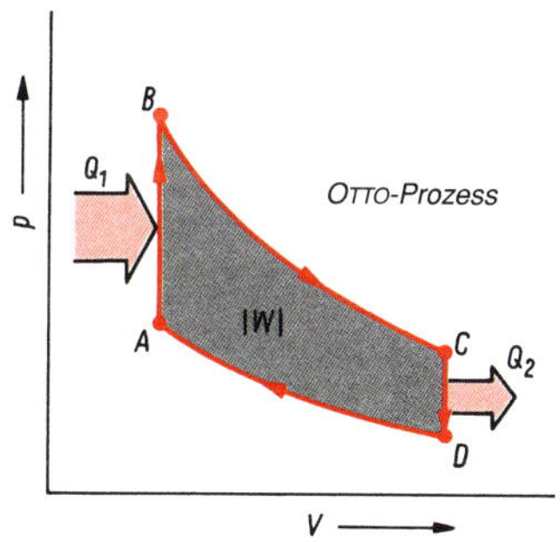

Q_1..bei hoher Temperatur zugeführte Wärme
Q_2..bei niedriger Temperatur abgegebene Wärme

Bild 8.8: p-V-Diagramm für den OTTO-Prozess als Beispiel eines Kreisprozesses

8.4.1 Prinzip der Wärmekraftmaschine

In einer *periodisch* arbeitenden **Wärmekraftmaschine** durchläuft das Arbeitsmedium bei jeder Periode einen Kreisprozess, wobei die Kurve im *p-V*-Diagramm *rechtsherum* durchlaufen wird. Die bei höherer Temperatur aufgenommene Wärme wird zum Teil als mechanische Arbeit genutzt und zum Teil wieder als Wärme bei tieferer Temperatur abgegeben (Bild 8.9a)

Als Beispiel wollen wir die Energiebilanz für einen *reversiblem OTTO-Prozess* aufstellen, wie er in einem idealen OTTO-Verbrennungsmotor ablaufen würde. Dessen *p-V*-Diagramm ist in Bild 8.8 dargestellt.

Zur isochoren Erwärmung von A nach B wird die Wärme Q_1 zugeführt und bei der anschließenden adiabatischen Expansion von B nach C die Expansionsarbeit $W_{\text{BC}} = -|W_{\text{BC}}|$ verrichtet. Danach wird während der isochoren Abkühlung von C nach B die Wärme $Q_2 = -|Q_2|$ abgegeben. Für die adiabatische Kompression von D zurück in den Anfangszustand A ist die Kompressionsarbeit W_{DA} erforderlich. Wie Sie aus den Flächen unter den beiden Adiabaten in Bild 8.8 erkennen, ist der Betrag der Expansionsarbeit größer als die erforderliche Kompressionsarbeit. So kann diese Differenz als mechanische Arbeit W genutzt werden, wofür eine äquivalente Wärme umgesetzt wird: $|W| = |W_{\text{BC}}| - W_{\text{DA}} = Q_1 - |Q_2|$.

Thermischer Wirkungsgrad

Der Wirkungsgrad η des Kreisprozesses ist das Verhältnis der nutzbaren Arbeit $|W|$ zur aufgewendeten Wärme Q_1:

$$\eta_{th} = \frac{|W|}{Q_1} = \frac{Q_1 - |Q_2|}{Q_1} = 1 - \frac{|Q_2|}{Q_1} < 1 \qquad (8.19)$$

Alle Zahlenwerte für Arbeit und Wärme sind in Gl. (8.19) *positiv* einzusetzen.

8.4.2 Wärmepumpe und Kältemaschine

Wärmepumpe und Kältemaschine unterscheiden sich nicht prinzipiell voneinander. Sie haben jedoch verschiedene Aufgaben. In beiden läuft im Unterschied zu Wärmekraftmaschinen ein linksläufiger Kreisprozess ab. Es wird die Wärme Q_2 bei tieferer Temperatur aufgenommen und die Wärme $Q_1 = -|Q_1|$ unter Aufwand mechanischer Arbeit W bei höherer Temperatur abgegeben.

Bei einer **Kältemaschine** wird die von ihr aufgenommene Wärme Q_2 dem Kühlgut unter Arbeitsaufwand entzogen (Bild 8.9b). Ihre Kühlwirkung wird durch die ***E****nergy* ***E****fficency* ***R****atio* ***EER*** **=** $\boldsymbol{Q_2/W}$ > 1 (früher Leistungszahl ε_K) angegeben. Es bedeutet $EER = 3$ eine Kühlleistung von 3 kW bei 1 kW Leistungsaufnahme.

Sie erkennen sicher, dass es nicht möglich ist, Ihre Küche zu kühlen, indem Sie einen Kühlschrank bei geöffneter Kühlschranktür betreiben. Die an der Rückwand des Kühlschrankes abgegebene Wärme $|Q_1|$ ist um die Arbeit W größer als die über den Kühlraum entzogene Wärme Q_2, so dass der Kühlschrank die Küche beheizt. Bei einer **Wärmepumpe** wird die abgegebene Wärme $|Q_1| = Q_2 + W$ zu Heizzwecken genutzt, indem man Niedertemperaturwärme unter Arbeitsaufwand auf höhere Temperatur „pumpt" (Bild 8.9c). Ihre Heizwirkung wird durch den

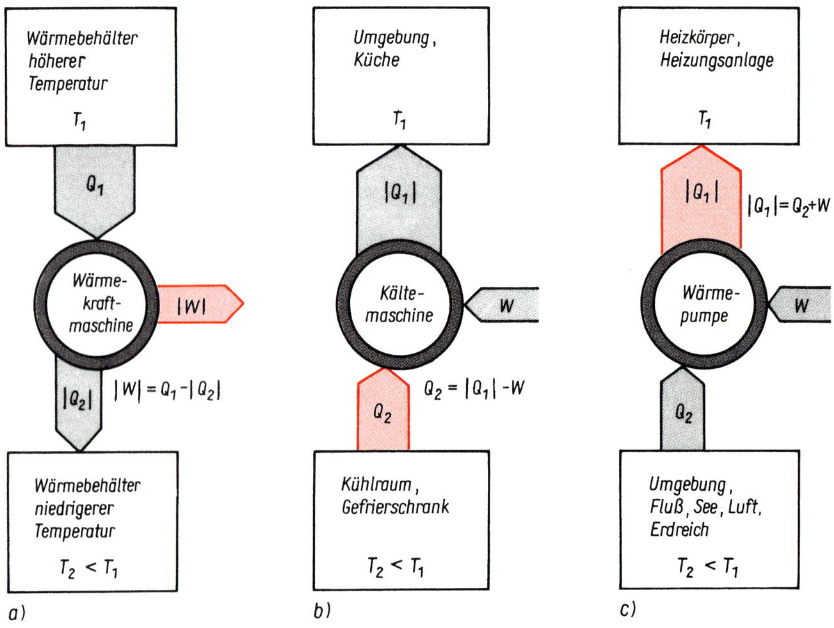

Bild 8.9: Energieflussschema
a) Wärmekraftmaschine; b) Kältemaschine; c) Wärmepumpe

Coefficient Of Performance ***COP*** = $|Q_1|/W > 1$ (früher Leistungszahl ε_W) angegeben. Der technisch erreichbare $COP = 4$ bedeutet 4 kW Heizleistung bei 1 kW Leistungsaufnahme.

8.4.3 CARNOT-Prozess

SADI CARNOT erdachte 1824 eine Idealmaschine, die es relativ leicht ermöglicht, allgemeine Aussagen über den Wirkungsgrad von Wärmekraftmaschinen zu machen und Varianten zu dessen Verbesserung zu erkennen. In dieser **CARNOT-Maschine** findet ein reversibler Kreisprozess mit idealem Gas statt, der sich aus zwei Isothermen und zwei Adiabaten zusammensetzt (Bild 8.10).

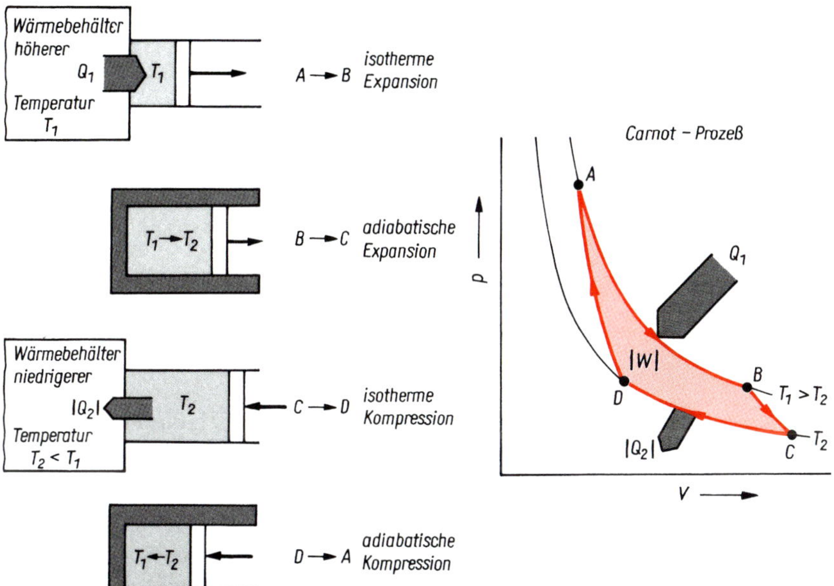

Bild 8.10: CARNOT-Prozess

Während der isothermen Expansion von A nach B wird die Wärme Q_1 aus einem Wärmespeicher hoher Temperatur T_1 aufgenommen. Die Expansion wird adiabatisch bis C fortgesetzt, wobei die Temperatur auf T_2 sinkt. Bei der anschließenden isothermen Kompression von C nach D wird die Wärme $Q_2 = -|Q_2|$ an einen Wärmespeicher dieser tieferen Temperatur T_2 abgegeben. Danach erreicht man durch eine adiabatische Kompression wieder den Anfangszustand A. Die umlaufene Fläche im p-V-Diagramm entspricht wiederum der nutzbar abgegebenen mechanischen Arbeit $W = -|W|$.

Berechnen wir die Wärmen Q_1 und Q_2 beim **CARNOT-Prozess** und setzen das Ergebnis in die Gl. (8.19) für den Wirkungsgrad ein, so erhalten wir den thermischen Wirkungsgrad des CARNOT-Prozesses zu

Thermischer Wirkungsgrad

$$\eta_{th} = \frac{T_1 - T_2}{T_1} = 1 - \frac{T_2}{T_1} < 1 \qquad (8.20)$$

Er hängt nur von den Temperaturen der beiden Wärmespeicher ab, zwischen denen der CARNOT-Prozess läuft, und ist um so größer, je größer der Temperaturunterschied zwischen beiden Wärmespeichern ist.

8.5 2. Hauptsatz der Thermodynamik

Der Wirkungsgrad selbst idealer Wärmekraftmaschinen ist nach Gl. (8.19) offensichtlich kleiner als 1, weil ein Teil der aufgenommenen Wärme Q_1 nicht in Arbeit umgesetzt, sondern bei tieferer Temperatur ungenutzt wieder als Wärme abgegeben wird. Könnte man nicht eine Maschine konstruieren, in der die gesamte aufgenommene Wärme vollständig als Arbeit nutzbar gemacht wird?

Nein, das geht nicht! All unsere Erfahrung besagt, dass es eine solche als „Perpetuum mobile 2. Art" bezeichnete Maschine nicht geben kann. Sie widerspricht zwar nicht dem 1. Hauptsatz, könnte aber allein durch Wärmeaufnahme aus der Umgebung ständig Arbeit verrichten.

Der **2. Hauptsatz der Thermodynamik** besagt:

> Es gibt keine periodisch arbeitende Maschine, die nichts weiter leistet, als einem Wärmespeicher Wärme zu entziehen und diese vollständig in mechanische Arbeit umzusetzen.

Dies ist nicht etwa durch technische Unzulänglichkeiten bedingt, sondern ein Naturgesetz!

8.5.1 Thermodynamischer Wirkungsgrad reversibler Kreisprozesse

Wir wollen den **thermodynamischen Wirkungsgrad** eines *beliebigen reversiblen Kreisprozesses*, der mit einem beliebigen Arbeitsmedium geführt wird, und den Wirkungsgrad (8.20) des reversiblen CARNOT-Prozesses, der mit idealem Gas geführt wird, miteinander vergleichen.

Nehmen wir an, beide Kreisprozesse hätten unterschiedlich große Wirkungsgrade. Wir könnten dann mit einem Kreisprozess, der den größeren Wirkungsgrad hat, einen rechtsläufigen Wärmekraftmaschinenprozess führen. Wegen des größeren Wirkungsgrades genügte dann bereits ein Teil der hierbei gewonnenen Arbeit, um die bei tieferer Temperatur abgegebene Wärme durch den linksläufig als Wärmepumpenprozess geführten Kreisprozess mit kleinerem Wirkungsgrad wieder dem Wärmespeicher höherer Temperatur zuzuführen. Durch diese Kombination zweier derartiger Kreisprozesse würde aber ein „Perpetuum mobile 2. Art" entstehen, was nach dem 2. Hauptsatz nicht möglich ist. Die Wirkungsgrade der beiden reversiblen Kreisprozesse können also *nicht* verschieden sein.

Beispiel 8.7

Wie groß ist der thermodynamische Wirkungsgrad des reversiblen OTTO-Prozesses (Bild 8.8), der zwischen der Temperatur der Verbrennungsgase von maximal 2000 °C und der Abgastemperatur von 400 °C abläuft?

Lösung:

$$\eta_{th} = \frac{T_1 - T_2}{T_1} = \frac{2273\ \text{K} - 673\ \text{K}}{2273\ \text{K}} = 0{,}70 = 70\ \%\,.$$

Der thermodynamische Wirkungsgrad ließe sich noch verbessern, wenn die Temperaturdifferenz zwischen der relativ hohen Abgastemperatur und der Umgebungstemperatur z. B. durch eine nachgeschaltete Abgasturbine genutzt würde.

Reversible Kreisprozesse zwischen zwei Wärmespeichern haben stets den gleichen thermodynamischen Wirkungsgrad wie der reversible CARNOT-Prozess zwischen den gleichen Wärmespeichern.

8.5.2 Irreversible Prozesse

Warum ist der tatsächliche Wirkungsgrad eines OTTO-Motors, der in Beispiel 7.12 mit 28 % angegeben wurde, wesentlich *kleiner* als der thermodynamische Wirkungsgrad des reversiblen OTTO-Prozesses, der in Beispiel 8.7 zu 70 % berechnet wurde? Technisch lässt sich ein Kreisprozess nie quasistatisch durchführen, da sonst der Prozess extrem langsam ablaufen müsste. Tatsächlich treten immer endliche Temperatur- und Druckdifferenzen auf, die neben den Reibungsvorgängen im Motor Ursachen **irreversibler Prozesse** sind.

Irreversible Kreisprozesse zwischen zwei Wärmespeichern haben stets einen kleineren Wirkungsgrad als reversible Kreisprozesse zwischen den gleichen Wärmespeichern.

Während sich reversible Prozesse vollständig umkehren lassen, ohne dass sich sonst etwas ändert, ist dies bei irreversiblen Prozessen nicht möglich. So geht Wärme von selbst nur vom Körper höherer Temperatur auf den Körper tieferer Temperatur über (s. 7.10). Wir wissen zwar, dass sich mit einer Wärmepumpe die Wärme umgekehrt übertragen ließe. Dies verläuft jedoch nicht von selbst, sondern nur unter Aufwand mechanischer Arbeit, um die die Energie der Umgebung verringert wird. Könnte Wärme von selbst vom Körper tieferer zu höherer Temperatur übergehen, so ließe sich damit ein „Perpetuum mobile 2. Art" betreiben. Die Irreversibilität des Temperaturausgleichs wird also vom 2. Hauptsatz gefordert.

Neben dem Temperaturausgleich zwischen Körpern verschiedener Temperatur nennen wir als weitere Beispiele für irreversible Prozesse den mit Strömungsvorgängen verbundenen Druckausgleich in Gasen, die Durchmischung von Stoffen durch Diffusion zum Ausgleich von Konzentrationsunterschieden sowie Reibungsvorgänge, bei denen mechanische Energie vollständig in Wärme umgewandelt wird.

8.5.3 Entropie

RUDOLF CLAUSIUS führte 1865 eine neue Zustandsgröße ein, die er „Entropie S" nannte. Mit ihr konnte er den 2. Hauptsatz der Thermodynamik auch mathematisch formulieren. Er definierte Entropieänderungen als Quotient aus reversibel übertragener Wärme und absoluter Temperatur in Kelvin. So ist die gesamte Entropieänderung beim Durchlaufen eines reversiblen CARNOT-Prozesses, nachdem sich das Gas als Arbeitsstoff wieder im Ausgangszustand befindet, gleich null:

$$\Delta S_{\text{rev}} = 0 \tag{8.21}$$

Bei irreversiblen Prozessen dagegen ist ja der Wirkungsgrad kleiner als der vergleichbare CARNOT-Wirkungsgrad, die Entropieänderung ist größer als null.

Der 2. Hauptsatz besagt:

Bei irreversiblen Zustandsänderungen im abgeschlossenen System nimmt die Entropie stets zu.

$$\Delta S_{\text{irr}} > 0 \tag{8.22}$$

Die Entropie ist also im Gegensatz zur Energie keine Erhaltungsgröße. Von ihrer Umgebung isolierte Körper streben dem thermischen Gleichgewicht zu, das den Zustand größtmöglicher Entropie darstellt. Alle Unterschiede in Temperatur, Druck und Konzentration gleichen sich aus. Das System erleidet den „Wärmetod“.

Dagegen kann in einem offenen System weit weg vom thermodynamischen Gleichgewicht trotz irreversibler Zustandsänderungen die Entropie gleich bleiben oder sich sogar verringern. Dazu muss mehr Entropie aus dem System exportiert werden als ihm zugeführt wird. So können Sie und ich unsere Körperfunktionen bei unserer gegenüber der Außenwelt höheren Körpertemperatur aufrechterhalten. Wir müssen dazu aber ständig hochwertige Nahrung mit geringer Entropie aufnehmen, während wir mit unseren entwerteten Stoffwechselprodukten viel mehr Entropie wieder ausscheiden. Wir befinden uns eben nicht im thermodynamischen Gleichgewicht, in dem kein Leben möglich ist, sondern in einem Fließgleichgewicht.

Auch unsere Mutter Erde befindet sich in einem Fließgleichgewicht. Tagsüber strahlt die Sonne mit ihrer hohen Temperatur Energie geringer Entropie zur Erde, die nachts von der Erde bei viel niedrigeren Temperaturen mit großer Entropie in den Weltraum zurückgestrahlt wird. Die Sonne wirkt wie eine Art Entropiepumpe, die überhaupt erst die Entwicklung hoch organisierten Lebens ermöglicht. Vom Eiweißklümpchen im Urozean zum Mensch, der sich ja gern als Krone der Schöpfung ausgibt, erfordert die Entwicklung zu immer höher organisiertem Leben Entropieverringerung durch Entropieexport.

8.6 Reale Gase und Dämpfe

8.6.1 Isothermen eines realen Gases

Wir wollen das Verhalten **realer Gase** anhand der in Bild 8.11 dargestellten experimentell ermittelten Isothermen erläutern. Dabei fällt zunächst auf, dass durch die

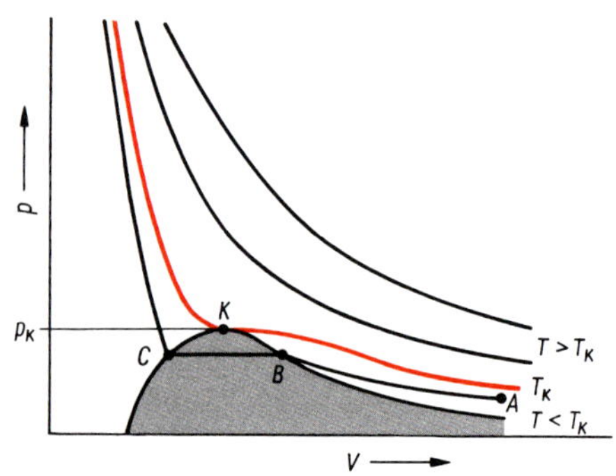

Bild 8.11: Isothermen eines realen Gases

Isotherme für die Temperatur T_K im p-V-Diagramm *zwei Bereiche* unterschiedlichen Verhaltens abgegrenzt werden. Die Temperatur T_K ist die für das betreffende Gas charakteristische **kritische Temperatur**.

Betrachten wir Isothermen eines realen Gases für Temperaturen *oberhalb* der kritischen Temperatur, so ähneln sie um so mehr den Isothermen des idealen Gases, je höher die Temperatur ist. Reale Gase lassen sich bei im Vergleich zu T_K relativ hohen Temperaturen gut durch das Modell des idealen Gases darstellen (s. 8.1.1). So können wir Luft mit einer kritischen Temperatur von – 141 °C bei Zimmertemperatur von 20 °C als ideales Gas behandeln. Dies ist jedoch für Kohlendioxid mit einer kritischen Temperatur von 31 °C nicht möglich.

Betrachten wir nun eine Isotherme für ein reales Gas *unterhalb* der kritischen Temperatur. Beginnen wir im Zustand A, das Gas isotherm zu komprimieren, so verringert sich das Volumen bei steigendem Druck, bis der Punkt B erreicht ist. Jetzt fängt das Gas an zu **kondensieren**. Das Volumen verringert sich, ohne dass sich der Druck ändert, bis bei C alles als Flüssigkeit vorliegt. Wird der Druck über C hinaus weiter erhöht, so steigt die Kurve extrem steil an, da Flüssigkeiten nahezu inkompressibel sind (s. 6.2.1).

8.6.2 Dämpfe

Zwischen den Punkten B und C auf der Isothermen in Bild 8.11 erfolgt bei einer bestimmten Temperatur $T < T_K$ und einem bestimmten Druck p_S die Umwandlung von gasförmigem und flüssigem Aggregatzustand. Bei diesen zusammengehörigen Werten von T und p_S befindet sich die Flüssigkeit im Gleichgewicht mit der gasförmigen Phase. Die mit der Flüssigkeit im Gleichgewicht stehende Gasphase ist ein **gesättigter Dampf** mit dem **Sättigungsdruck** p_S.

Solange noch Flüssigkeit neben dem Dampf existiert, ist der Sättigungsdruck *unabhängig* vom Volumen. Wird das Volumen verkleinert, so kondensiert eine entsprechende Dampfmenge. Vergrößert man das Volumen, so wird neuer Dampf gebildet, wodurch sich der Sättigungsdruck von selbst wieder einstellt. Werden Flüssigkeit und Dampf zusammen erwärmt, so verdampft zusätzlich Flüssigkeit, und der Sättigungsdruck steigt, während beim Abkühlen Dampf kondensiert und der Sättigungsdruck sinkt.

Der Sättigungsdruck eines Dampfes hängt nur von der Temperatur und nicht vom Volumen des Dampfes ab.

Diese Abhängigkeit wird durch die **Dampfdruckkurve** in Bild 8.12 dargestellt. Sie endet beim kritischen Druck p_K. Das ist der Sättigungsdruck bei der kritischen Temperatur T_K, oberhalb der sich keine flüssige Phase mehr erkennen lässt. Ein Gas kann deshalb oberhalb der kritischen Temperatur durch noch so hohe Drücke nicht verflüssigt werden.

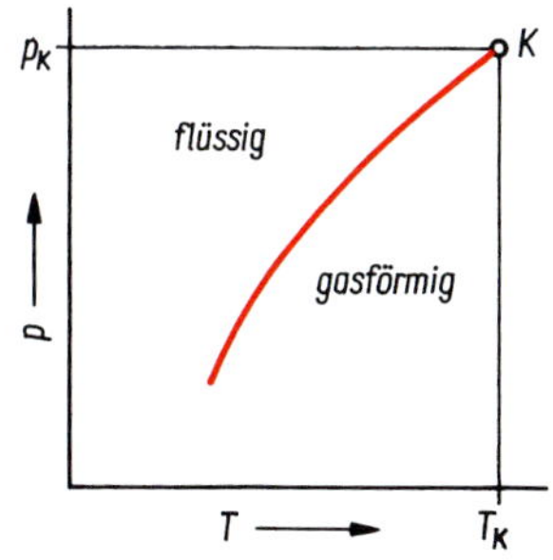

Bild 8.12: Dampfdruckkurve (schematisch)

Ist der Sättigungsdruck des Dampfes gleich dem äußeren Druck auf die Flüssigkeit, z.B. gleich dem Luftdruck, so *siedet* die Flüssigkeit. Dabei tritt nicht nur Dampfentwicklung an der Oberfläche der Flüssigkeit auf, sondern es bilden sich auch Dampfblasen im Innern der Flüssigkeit. Aus der Temperaturabhängigkeit des Sättigungsdruckes des Dampfes folgt die Druckabhängigkeit der Siedetemperatur der Flüssigkeit.

In der Technik wird gesättigter Dampf links von *B* in Bild 8.11 als *Nassdampf*, im Zustand *B* als *Sattdampf* und das Gas rechts von *B* als *überhitzter Dampf* oder *Heißdampf* bezeichnet.

8.6.3 Luftfeuchte

Tabelle 8.1: Sättigungsmenge und Partialdruck des Wasserdampfes in Luft bei 1013 hPa

ϑ in °C	f_{max} in g/cm³	p_S in hPa
–10	2,14	2,60
–5	3,24	4,01
0	4,84	6,11
5	6,8	8,67
10	9,4	12,27
15	12,8	17,07
20	17,3	23,33
25	23,0	31,73
30	30,3	42,4
35	39,6	56,2
40	50,2	73,8

Die uns umgebende Luft enthält stets Wasserdampf. Die **absolute Luftfeuchte** f gibt an, wieviel Gramm Wasserdampf in einem Kubikmeter Luft enthalten sind. Dieser Wasserdampf ist mit seinem Dampfdruck p_D am Gesamtdruck der feuchten Luft beteiligt. Erreicht der Dampfdruck den Sättigungsdruck p_S, so kann die Luft keinen weiteren Wasserdampf mehr aufnehmen und hat die **maximale absolute Luftfeuchte** f_{max}. Die maximale absolute Luftfeuchte nimmt entsprechend dem Sättigungsdruck des Wasserdampfes mit wachsender Temperatur zu. Diese Temperaturabhängigkeiten sind in Tabellen (s. Tabelle 8.1) erfasst. Beispielsweise ist bei 0 °C p_S = 6,1 hPa und f_{max} = 4,8 g · m^{-3}; bei 20 °C p_S = 23,3 hPa und f_{max} = 17,3 g · m^{-3}. Die **relative Luftfeuchte** φ gibt das Verhältnis der absoluten Luftfeuchte f beim Dampfdruck p_D und der maximalen absoluten Luftfeuchte f_{max} beim Sättigungsdruck p_S an:

$$\varphi = \frac{f}{f_{max}} = \frac{p_D}{p_S} \tag{8.23}$$

Da sich der Sättigungsdruck mit sinkender Temperatur verringert, nimmt die relative Luftfeuchte bei Abkühlung der feuchten Luft zu. Bei einer bestimmten, von der absoluten Luftfeuchte abhängigen Temperatur τ, dem **Taupunkt**, erreicht sie 100 %. Dann ist $f = f_{max}$. Unterhalb des Taupunktes kondensiert Wasserdampf. Im Freien fällt Tau, oder es bildet sich Nebel. Im Zimmer beschlagen Fensterscheiben und Kachelwände.

Zusammenfassung: Zustandsänderungen von Gasen

- Die thermischen Zustandsgrößen eines Gases Druck, Volumen und Temperatur sind nach einer **Zustandsgleichung** voneinander abhängig. Jede Volumenänderung unter äußerem Druck ist mit mechanischer Arbeit verbunden.
- Zustandsgleichung und 1. Hauptsatz werden auf spezielle Zustandsänderungen des idealen Gases angewendet:
  - Eine **isotherme** Zustandsänderung erfolgt bei gleichbleibender Temperatur.
  - Eine **isochore** Zustandsänderung erfolgt bei gleichbleibendem Volumen.
  - Eine **isobare** Zustandsänderung erfolgt bei gleichbleibendem Druck.
  - Eine **adiabatische** Zustandsänderung erfolgt bei vollständiger Wärmeisolierung.
- Bei einem **Kreisprozess** durchläuft das Gas eine Folge von Zustandsänderungen, so dass es sich abschließend wieder im Anfangszustand befindet.
- Bei einer **Wärmekraftmaschine** wird Wärme bei hoher Temperatur aufgenommen und zum Teil als mechanische Arbeit umgesetzt. Der andere Teil muss bei tiefer Temperatur als Wärme wieder abgegeben werden. Kältemaschinen und Wärmepumpen arbeiten umgekehrt wie Wärmekraftmaschinen.
- Der Wirkungsgrad eines *reversibel* geführten Kreisprozesses ist gleich dem Wirkungsgrad beim CARNOT-Prozess. Die Entropie ändert sich beim Durchlaufen eines reversiblen Kreisprozesses nicht.
- Der Wirkungsgrad eines *irreversibel* geführten Kreisprozesses ist kleiner als der Wirkungsgrad beim CARNOT-Prozess. Die Entropie nimmt beim Durchlaufen eines irreversiblen Kreisprozesses zu.

9 Wärmetransport

Fragen und Probleme: *Durch welche Prozesse kann Wärme transportiert werden? Wie erfolgt der Wärmedurchgang durch eine feste Wand? Wie kommt es zur Temperaturstrahlung? Was besagen das* STEFAN-BOLTZMANN*-Gesetz und der* WIEN*sche Verschiebungssatz?*

In den Abschnitten 7 und 8 zur Thermodynamik werden Prozesse in Systemen betrachtet, bei denen Wärme als thermische Energie durch die Systemgrenzen hindurch übertragen wird, wobei offen bleibt, wie das im Einzelnen erfolgt. Wegen der bedeutsamen Rolle, die **Wärmetransportprozesse** in der Technik spielen, wollen wir derartige Vorgänge in diesem Abschnitt etwas genauer untersuchen.

Einerseits geht es darum, möglichst günstige Bedingungen zu schaffen, um Wärme z. B. in Heizanlagen vom Heizmedium auf das zu beheizende System oder in Kühlanlagen vom Kühlgut auf das Kühlmedium übertragen zu können. Auch die Verlustwärme in Maschinen, Anlagen und Geräten muss gut an die Umgebung abgeführt werden, um unzulässig hohe Temperaturbelastungen zu vermeiden. Dazu werden z. B. Elektromotoren mit Lüftern versehen und Leistungstransistoren auf Kühlbleche montiert. Andererseits sollen Energieverluste durch unerwünschten Wärmetransport weitestgehend vermieden werden. Deshalb werden z. B. Dampfleitungen und Kühlräume mit wärmedämmenden Schichten umgeben und Gebäude in wärmedämmender Bauweise errichtet.

9.1 Wärmetransportprozesse

Wir wissen, dass Wärme von selbst stets vom Ort höherer zum Ort tieferer Temperatur übergeht. Dabei kann die Wärme durch verschiedene Prozesse transportiert werden, die meist miteinander kombiniert auftreten:

1. **Wärmeleitung** ist der Wärmetransport infolge von Temperaturunterschieden *innerhalb* eines Körpers. Auf diese Weise erwärmt sich z. B. ein Ende einer Eisenstange, deren anderes Ende in ein Schmiedefeuer gehalten wird. Teilchen des Körpers in Bereichen stärkerer Wärmebewegung übertragen dabei thermische Energie auf Teilchen in Bereichen geringerer Wärmebewegung, ohne dass damit ein Stofftransport verbunden ist.

2. **Wärmeübergang** ist der Wärmetransport *durch die Grenzfläche* zweier aneinandergrenzender Körper unterschiedlicher Temperatur. Praktisch bedeutsam ist vor allem der Wärmeübergang zwischen Festkörperoberflächen und angrenzenden Flüssigkeiten oder Gasen, die Wärme infolge Konvektion an die Festkörperoberfläche heran- oder von ihr wegtransportieren.

3. **Konvektion** ist der Wärmetransport durch *strömende Flüssigkeiten und Gase.* Dabei strömt nicht die Wärme selbst, sondern sie wird durch das strömende Medium mitgeführt. Auf diese Weise wird z. B. in einer Warmwasserheizung die Wärme durch das strömende Wasser vom Heizkessel zum Heizkörper transportiert. Bei freier Konvektion steigt das durch den im Keller befindlichen Heizkessel erwärmte Wasser auf Grund seiner geringeren Dichte nach oben, und das im Heizkörper abgekühlte Wasser sinkt wieder nach unten, so dass im ge-

schlossenen Heizkreislauf eine Zirkulation des Wassers stattfindet (Bild 9.1). Bei einer Heizanlage mit erzwungener Konvektion wird die Strömung des Wassers durch Pumpen hervorgerufen.

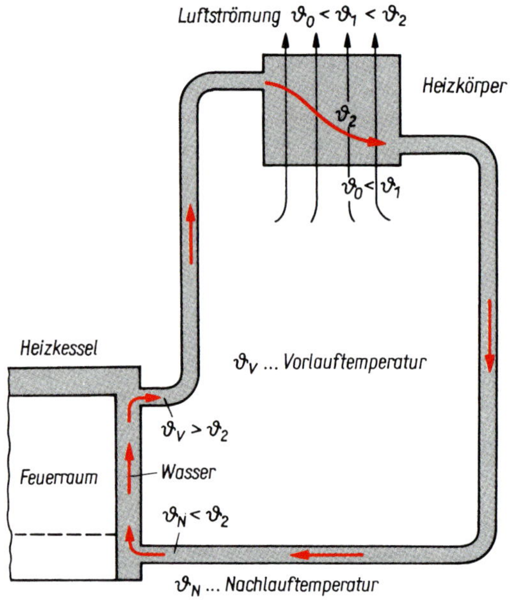

Bild 9.1: Schema der Wasserzirkulation in einer Warmwasserheizung mit freier Konvektion

4. **Temperaturstrahlung** ist die Strahlung, die ein Körper aussendet, wenn seine Temperatur höher ist als die seiner Umgebung, wodurch Wärme übertragen wird. (s. 9.3).

9.2 Wärmedurchgang

Wir betrachten als Beispiel den **Wärmedurchgang** durch die ebene Wand des Plattenheizkörpers einer Warmwasserheizung. Dabei wird Wärme vom warmen Wasser der Temperatur ϑ_2 an die kältere Raumluft der Temperatur $\vartheta_1 < \vartheta_2$ übertragen.

Die Temperaturdifferenz $\Delta\vartheta$ ist Ursache eines Wärmestromes $\dot{Q}$.

Der **Wärmestrom** ist der Quotient aus der transportierten Wärme und der dafür benötigten Zeit:

Wärmestrom

$$\dot{Q} = \frac{Q}{t} \tag{9.1}$$

$$[\dot{Q}] = \mathrm{J \cdot s^{-1} = W}$$

Der Wärmestrom hat die Einheit einer Leistung.

Bleibt die den Wärmestrom verursachende Temperaturdifferenz zeitlich konstant, so ist der Wärmestrom *stationär*: $\dot{Q}$ = konst. Bei gegebener Temperaturdifferenz $\Delta\vartheta$ wird der Wärmestrom $\dot{Q}$ durch den **Wärmewiderstand** R_W bestimmt:

$$\dot{Q} = \frac{\Delta\vartheta}{R_W} \qquad (9.2)$$

$$[R_W] = K \cdot W^{-1}$$

Gleichung (9.2) ist dem OHMschen Gesetz (10.3) des Gleichstroms $I = U/R$ analog, wobei die Temperaturdifferenz der elektrischen Spannung entspricht. Deshalb lassen sich auch die Gesetze der Parallel- und Reihenschaltung von elektrischen Widerständen (s. 10.5) analog auf Wärmeströme durch Wärmewiderstände anwenden. So liegen z. B. die Wärmewiderstände von Putz und Mauerwerk in Reihe, von verputzter Mauer und Fenstern einer Außenwand parallel zueinander.

Der Wärmewiderstand R_W beim Wärmedurchgang ist umso kleiner, je größer der **Wärmedurchgangskoeffizient** k und je größer die Wärmeübertragungsfläche A ist:

$$R_W = \frac{1}{kA} \qquad (9.3)$$

Wärmewiderstand

$$[k] = W \cdot m^{-2} \cdot K^{-1}$$

Damit ist der Wärmestrom $\dot{Q}$ beim Wärmedurchgang durch eine ebene Wand proportional dem Wärmedurchgangskoeffizienten k, der Fläche A und der Temperaturdifferenz $\Delta\vartheta$:

$$\dot{Q} = kA\Delta\vartheta \qquad (9.4)$$

Wärmestrom bei Wärmedurchgang

Verfügt man bei einer bestimmten Anordnung nicht über Erfahrungswerte für k, besteht das Problem bei der Anwendung von Gl. (9.4) darin, den Wärmedurchgangskoeffizienten zu ermitteln. Betrachten wir dazu ganz allgemein den Temperaturverlauf beim Wärmedurchgang durch eine Wand (Bild 9.2). Sie erkennen, dass sich hier der **Wärmedurchgang** aus *drei Teilvorgängen* zusammensetzt:

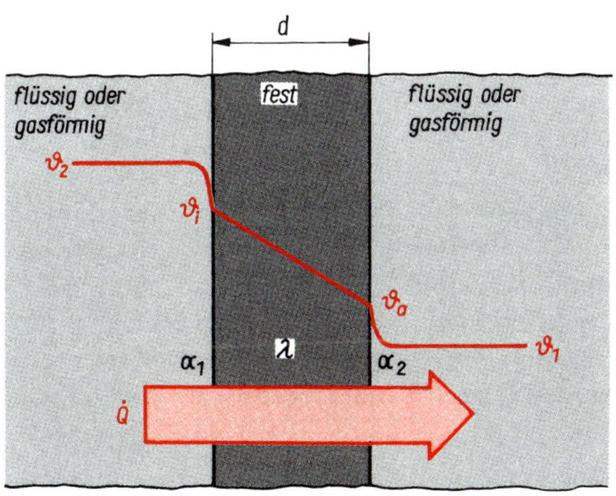

Bild 9.2: Temperaturverlauf beim Wärmedurchgang durch eine ebene Wand

1. **Wärmeübergang** zwischen dem Medium hoher Temperatur ϑ_2 und der Innenfläche der Wand mit der Temperatur ϑ_i. Beachten Sie den beim Wärmeübergang auftretenden Temperatursprung zwischen Medium und Wandfläche!
2. **Wärmeleitung** durch die Wand der Dicke d, in der die Temperatur gleichmäßig von ϑ_i auf ϑ_a sinkt.

3. **Wärmeübergang** von der Außenfläche mit der Temperatur ϑ_a an das Medium der tiefen Temperatur ϑ_1.

Die Wärmewiderstände dieser drei Teilvorgänge addieren sich zum Wärmewiderstand des Wärmedurchgangs. Dadurch ergibt sich mit der **Wärmeleitfähigkeit** λ des Wandmaterials und den beiden **Wärmeübergangskoeffizienten** α_1 und α_2 an Innen- und Außenfläche der **Wärmedurchgangskoeffizient** aus

$$\frac{1}{k} = \frac{1}{\alpha_1} + \frac{d}{\lambda} + \frac{1}{\alpha_2} \tag{9.5}$$

Besteht die Wand aus n Schichten mit jeweils der Dicke d_i und der Wärmeleitfähigkeit λ_i, so ist d/λ in Gl. (9.5) durch $\sum_{i=1}^{n} d_i/\lambda_i$ zu ersetzen.

Tabelle 9.1: Wärmeleitfähigkeit

Stoff	λ in $W \cdot m^{-1} \cdot K^{-1}$
Aluminium	230
Beton	0,8 … 1,4
Glas	1 … 1,3
Holz	0,15 … 0,2
Kupfer	385
Luft (trocken, 20 °C)	0,025
Dämmstoffe	0,04 … 0,06
Stahl	47
Wasser	0,6
Ziegel	0,35 … 0,6

Tabelle 9.3: Wärmedurchgangskoeffizienten (Richtwerte)

Stoff	d in mm	k in $W \cdot m^{-2} \cdot K^{-1}$
Porenbeton	250	0,9
mit Putz	365	0,5
Glas	4	5,7
Holz	50	≈ 2,4
Ziegel	240	≈ 2
Wärmeschutz-Verglasung		≈ 1,1

Tabelle 9.2: Wärmeübergangskoeffizienten (Durchschnittswerte)

Stoffpaar	α in $W \cdot m^{-2} \cdot K^{-1}$
Siedendes Wasser an Metallflächen	4500
Kondensierender Wasserdampf	12000
Schwach bewegte Gase an glatten Flächen	8
Innenseite geschlossener Räume	10
Außenseite geschlossener Räume	25

Die **Wärmeleitfähigkeit** λ mit der Einheit $W \cdot m^{-1} \cdot K^{-1}$ lässt sich als Stoffwert für das jeweilige Wandmaterial aus Tabellen entnehmen (s. Tabelle 9.1). Sie ist für Metalle besonders groß. Nichtmetallische Festkörper haben im Allgemeinen geringere Wärmeleitfähigkeiten. Noch geringer ist die Wärmeleitfähigkeit von Flüssigkeiten, und Gase sind ausgesprochen schlechte Wärmeleiter. So beruht die Wärmedämmung von Glaswolle und Schaumstoffen auf der geringen Wärmeleitfähigkeit der eingeschlossenen Luft, wobei die luftgefüllten Zwischenräume so klein sind, dass keine merkliche Konvektion auftreten kann. Dringt Feuchtigkeit ein, so nimmt die Wärmeleitfähigkeit zu, und die Wärmedämmung wird herabgesetzt. Viel schwieriger ist es, zutreffende Werte für die **Wärmeübergangskoeffizienten** α mit der Einheit $W \cdot m^{-2} \cdot K^{-1}$ zu ermitteln, die in komplizierter Weise von der Art der Oberflächen und der daran stattfindenden Konvektion abhängen und bei höheren Temperaturen auch Anteile durch Wärmestrahlung berücksichtigen müssen. Allgemein sind Wärmeübergangskoeffizienten umso größer, je größer die Dichte des Mediums und dessen Strömungsgeschwindigkeit ist. Besonders große Wärmeübergangskoeffizienten ergeben sich für an der Wand kondensierende Dämpfe. Erfahrungswerte für α und empirische Gleichungen zu deren Berechnung sind in der technischen Literatur angegeben (s. Tabelle 9.2).

Beispiel 9.1

Wie groß muss die Plattenfläche eines eisernen Plattenheizkörpers von 3 mm Wanddicke sein, der bei einer mittleren Warmwassertemperatur von 80 °C mit einem Wärmestrom von 1000 W die Raumtemperatur von 20 °C aufrechterhält?

Lösung:
Die Wärmeleitfähigkeit des Stahlbleches beträgt λ = 45 W · m^{-1} · K^{-1}. Die Wärmeübergangskoeffizienten werden nach Literaturangaben mit $\alpha_1 = 2 \cdot 10^3$ W · m^{-2} · K^{-1} und $\alpha_2 = 6$ W · m^{-2} · K^{-1} angenommen. Damit errechnet sich der Wärmedurchgangskoeffizient nach Gl. (9.5)

$$\frac{1}{k} = \frac{1}{2 \cdot 10^3 \cdot \mathrm{W} \cdot \mathrm{m}^{-2} \cdot \mathrm{K}^{-1}} + \frac{3 \cdot 10^{-3} \cdot \mathrm{m}}{45\ \mathrm{W} \cdot \mathrm{m}^{-1} \cdot \mathrm{K}^{-1}} + \frac{1}{6\ \mathrm{W} \cdot \mathrm{m}^{-2} \cdot \mathrm{K}^{-1}}$$
$$= \left(\frac{1}{2 \cdot 10^3} + \frac{1}{15 \cdot 10^3} + \frac{1}{6}\right) \frac{1}{\mathrm{W} \cdot \mathrm{m}^{-2} \cdot \mathrm{K}^{-1}}$$

zu $k \approx 6$ W · m^{-2} · K^{-1}. Sie erkennen, dass $1/\alpha_2$ um drei Größenordnungen größer als die beiden anderen Summanden ist, die demzufolge vernachlässigbar sind. Der Wärmestrom wird nahezu allein durch den relativ schlechten Wärmeübergang zwischen der Außenfläche des Heizkörpers und der Raumluft bestimmt.

Die erforderliche Heizfläche folgt aus Gl. (9.4) zu

$$A = \frac{\dot{Q}}{k \Delta \vartheta} = \frac{1000\ \mathrm{W}}{6\ \mathrm{W} \cdot \mathrm{m}^{-2} \cdot \mathrm{K}^{-1} \cdot 60\ \mathrm{K}} = 2{,}8\ \mathrm{m}^2$$

Wegen der Unsicherheit von k wird $A = 3\ \mathrm{m}^2$ gewählt.

9.3 Temperaturstrahlung

Jeder Körper sendet entsprechend seiner Temperatur Strahlung aus. Durch thermische Anregung werden die Teilchen des Körpers veranlasst, Energie in Form elektromagnetischer Wellen abzustrahlen. Die Wärmeübertragung durch Temperaturstrahlung spürt man selbst, wenn die Temperatur des strahlenden Körpers größer ist als die Temperatur seiner Umgebung.

Wärmetransport durch Temperaturstrahlung erfolgt durch die vom Körper höherer Temperatur emittierte Strahlung, die von einem Körper tieferer Temperatur als Wärme wieder absorbiert wird, während der andere Anteil an Strahlung reflektiert wird. Der Absorptionsgrad α ist dabei von der Beschaffenheit der Oberfläche und der Frequenz der Strahlung abhängig. Auf diese Weise empfängt auch die Erde die Wärme von der Sonne durch den leeren Raum hindurch.

Ein Körper, der alle Strahlung absorbiert, also mit $\alpha = 1$, erscheint völlig schwarz. Schwarze Flächen absorbieren aber nicht nur am besten; sie strahlen auch am meisten. Dies wird am günstigen durch die Wände eines Hohlraums erreicht, der zum Austritt der Strahlung ein kleines Loch hat. Für genaue Messungen musste aber erst ein „schwarzer Körper" realisiert werden. Selbst eine geschwärzte Oberfläche erfüllt die Bedingungen nur unvollkommen. Da half ein Trick. Man heizte einen **Hohlzylinder** auf. Die Strahlung der Innenwände des Zylinders werden von den gegenüberliegenden Wänden zwar nur teilweise absorbiert, aber durch das ständige Hin und Her der reflektierten Anteile wird tatsächlich bei dem sich einstellenden Gleichgewicht alle emittierte Strahlung auch wieder absorbiert. Man spricht deshalb auch von *„schwarzer Strahlung"* oder **Hohlraumstrahlung**. Um diese Hohlraumstrahlung beobachten zu können, brachte man im Zylinder eine kleine Bohrung an. Das ist vergleichbar einem Blick ins Feuerungsloch eines Ofens. Schaut man vor dem Heizen hinein, erscheint es schwarz, nach dem Aufheizen jedoch strahlend hell.

Für die Strahlungsleistung P der Fläche A bei der Temperatur T gilt dann unabhängig von Material und Frequenz

STEFAN-BOLTZMANN-Gesetz

$$P = \sigma A T^4 \tag{9.6}$$

mit der STEFAN-BOLTZMANN-Konstante $\sigma = 5{,}67 \cdot 10^{-8} \cdot \text{W} \cdot \text{m}^{-2} \cdot \text{K}^4$.

P entspricht dabei jeweils den Flächen unter den Graphen für die entsprechende Temperatur in Bild 9.3.

Wird z. B. ein Stück Stahl erhitzt, so kann man Bei 400 °C nur emittierte Temperaturstrahlung fühlen. Bei 600 bis 700 °C sieht man dann, wie das Stück Stahl dunkelrot zu glühen beginnt. Mit weiter steigender Temperatur strahlt es immer intensiver, um über gelbrot und gelb bei 1300 °C in heller Weißglut das Auge zu blenden.

Die Maxima der Strahlungskurven mit der maximalen Wellenlänge λ_{max} verschieben sich mit wachsender Temperatur zu immer kürzeren Wellenlängen (Bild 9.3):

WIENscher Verschiebungssatz

$$\lambda_{max} = 2{,}898 \cdot 10^{-3}\ \text{K} \cdot \text{m}/T \tag{9.7}$$

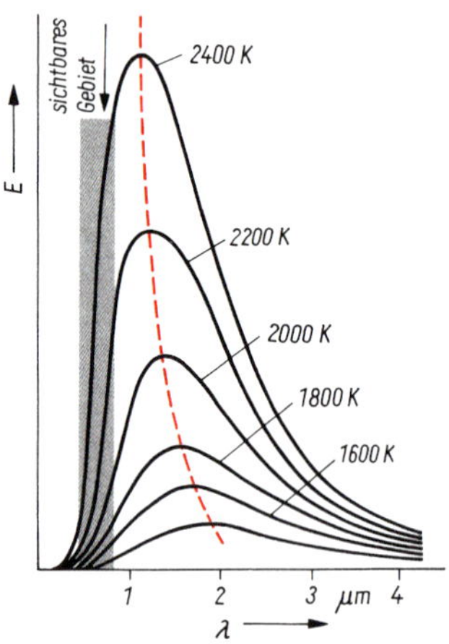

Bild 9.3: Strahlungskurven für verschiedene Temperaturen

Da die Hohlraumstrahlung nicht von der Natur der Wände abhängt, konnte MAX PLANCK für die theoretische Deutung annehmen, dass die Wände des Hohlraumstrahlers aus schwingungsfähigen Teilchen mit den verschiedensten Frequenzen bestehen. Durch Aufheizen auf eine bestimmte Temperatur angeregt, emittieren sie wie HERTZsche Oszillatoren elektromagnetische Strahlung. Zwischen den angeregten Oszillatoren der Wände und dem Strahlungsfeld im Hohlraum stellt sich ein Gleichgewicht mit maximaler Entropie ein. PLANCK benutzte als Maß für die Entropie die Wahrscheinlichkeit, die man durch Abzählen erhält. Abzählbar sind aber nur einzelne diskrete Objekte. Er war deshalb gezwungen anzunehmen, dass die Oszillatoren Energie nur portionsweise entsprechend ihrer Frequenz aufnehmen und abstrahlen können. PLANCK postulierte für die Energie der abgestrahlten Energieportionen (Quanten) die Gleichung $E = hf$ mit der nach ihm benannten Konstanten h (s. 16.1). Die Energiezustände eines Oszillators sind also nicht kontinuierlich verteilt wie auf einen sanft ansteigenden Hang, sondern diskret wie auf einer Treppe, wo man sich eben nicht in beliebiger Höhe, sondern nur jeweils auf einer Stufe aufhalten kann. (s. 16.1.1) PLANCK konnte so 1900 die experimentell gewonnenen Strahlungskurven theoretisch beschreiben. Das war das Geburtsjahr der Quantentheorie, gewissermaßen das Geburtsjahr der modernen Physik.

Beispiel 9.2

Wie groß ist die Strahlungsleistungsdichte an der Sonnenoberfläche. Es wird „schwarze Strahlung" bei $T = 5800$ K angenommen.

Lösung:
Nach 9.6 ist $P/A = \sigma T^4 = 5{,}67 \cdot 10^{-8}\ \text{W} \cdot \text{m}^{-2} \cdot \text{K}^{-4} \cdot (5800\ \text{K})^4 = 64\ \text{MW} \cdot \text{m}^{-2}$. Damit beträgt bei einer Sonnenoberfläche von $A_S = 6{,}1 \cdot 10^{18}\ \text{m}^2$ die Gesamtstrahlungsleistung $P = 3{,}9 \cdot 10^{26}$ W. Die Bestrahlungsstärke der Erde in $150 \cdot 10^6$ km Entfernung errechnet sich hieraus zu $1370\ \text{W} \cdot \text{m}^{-2}$ (sog. Solarkonstante).

Beispiel 9.3

Wie groß ist die Wellenlänge für die maximale Intensität der Sonnenstrahlung? Man vergleiche mit einer Glühlampe von 2900 K!

Lösung:
Nach (9.7) ist für die Sonnenstrahlung $\lambda_{max} = 2{,}898 \cdot 10^{-3}\,\text{K} \cdot \text{m}/5800\,\text{K} = 500\,\text{nm}$ und liegt mit der Farbe „grün" im sichtbaren Gebiet. Dies entspricht der maximalen Empfindlichkeit der Stäbchen im Auge beim Dämmerungssehen. Für die Glühlampe ergibt sich wegen der halben Temperatur die doppelte Wellenlänge von 1000 nm im Infraroten.

Zusammenfassung: Wärmetransport

- Wärme wird durch Wärmeleitung, Wärmeübergang und Konvektion transportiert und durch Wärmestrahlung übertragen. Der Wärmestrom fließt von höherer zu tieferer Temperatur.
- Wärmedurchgang durch eine Wand erfolgt durch Wärmeleitung, Wärmeübergang und Konvektion als Teilprozesse.
- Die Wärmestrahlung eines Körpers nimmt mit der 4. Potenz der absoluten Temperatur zu, wobei sich das Maximum des Strahlungsspektrums nach kürzeren Wellenlängen verschiebt.

ELEKTRIK

Ohne elektrische Energie ist unser Leben in einer modernen Industriegesellschaft nicht mehr vorstellbar. Prüfen Sie nach, wie viel elektrische Geräte über Netz oder durch Akkus und Batterien allein von Ihnen privat genutzt werden. Um den Anforderungen der wachsenden Bedeutung der Elektrotechnik und Elektronik in unserer industriellen Informationsgesellschaft gerecht werden zu können, müssen Sie die wichtigsten diesbezüglichen physikalischen Gesetzmäßigkeiten kennen und als Techniker sicher beherrschen.

10 Gleichstrom

***Fragen und Probleme:** Wann fließt elektrischer Strom? Welche Rolle spielen dabei elektrische Spannung und elektrischer Widerstand? Wie wird das OHMsche Gesetz auf Stromkreise angewendet? Wodurch unterscheiden sich Parallel- von Reihenschaltungen? Wie wird die elektrische Leistung ermittelt? Wie lassen sich elektrische Größen messen?*

10.1 Elektrische Ladungen und Ströme

Eine Eigenschaft bestimmter Elementarteilchen wie Elektronen und Protonen besteht darin, **elektrische Ladungen** zu tragen. Elektrisch geladene Teilchen üben Kräfte aufeinander aus. Da sowohl Anziehung als auch Abstoßung auftreten können, muss es zwei Arten elektrischer Ladungen geben, die wir durch das Vorzeichen unterscheiden.

Ladungen gleichen Vorzeichens stoßen sich ab, Ladungen entgegengesetzten Vorzeichens ziehen sich an.

Die kleinste in der Natur frei vorkommende Ladung heißt Elementarladung e. Elektronen tragen je eine negative Elementarladung, Protonen dagegen eine positive Elementarladung. Enthält ein Atom gleich viel negative Elektronen in der Atomhülle wie Protonen im Atomkern, so ist das Atom elektrisch neutral. Befinden sich in der Atomhülle mehr bzw. weniger Elektronen als Protonen im Kern, so wird das Atom zu einem negativ bzw. positiv geladenen Ion. *Elektronen* und *Ionen* sind die wichtigsten Ladungsträger in der Elektrotechnik. Bei einer *gerichteten* Bewegung der Ladungsträger (im Unterschied zur ungeordneten Wärmebewegung dieser Teilchen) wird elektrische Ladung transportiert. Es fließt ein **elektrischer Strom**.

Ein elektrischer Strom ist der Ladungstransport durch die gerichtete Bewegung von Ladungsträgern.

Als Stromrichtung wurde die Bewegungsrichtung positiver Ladungsträger vereinbart. Elektronen bewegen sich daher dieser *konventionellen* Stromrichtung entgegen.

Die **elektrische Stromstärke** I ergibt sich als Quotient der transportierten Ladung ΔQ und der dafür benötigten Zeit Δt:

Elektrische Stromstärke

$$I = \frac{\Delta Q}{\Delta t} \qquad (10.1)$$

Bei einem *Gleichstrom* ist die Stromstärke nach Richtung und Betrag zeitlich konstant, und Gl. (10.1) vereinfacht sich zu

$$I = \frac{Q}{t} \qquad (10.2)$$

Wechselströme werden wir im späteren Kapitel 12 betrachten.

Elektrischer Strom kann nur in Körpern fließen, die aus Stoffen bestehen, in denen ungebundene, frei bewegliche Ladungsträger vorkommen oder entstehen können. Solche Stoffe sind **elektrische Leiter**. Metalle enthalten frei bewegliche Leitungselektronen, die eine Art Elektronengas zwischen den im Kristallgitter gebundenen Metallionen bilden. In Halbleitermaterialien wie Germanium und Silicium findet ebenfalls Stromleitung durch Elektronen statt, auf die wir in 13.1 näher eingehen wollen. Elektrolyte wie Säuren, Basen und Salze leiten in Lösung oder Schmelze den Strom durch positive Kationen und negative Anionen. Bei Gasentladungen wird der Strom sowohl durch Elektronen als auch durch Ionen geleitet (s. 11.3.4). Auch im Vakuum kann Strom fließen, wenn dort durch Elektronen- oder Ionenquellen Ladungsträger erzeugt werden (s. 11.3.1). In Nichtleitern oder **Isolatoren** wie Plaste, Gläser und Keramik sind praktisch keine frei beweglichen Ladungsträger enthalten. Die nachfolgenden Abschnitte über den Gleichstromkreis sollen sich zunächst nur auf die durch Leitungselektronen bewirkte elektronische Leitung in metallischen Leitern beziehen.

Elektrische Ströme können wir mittelbar durch ihre Wirkungen wahrnehmen und messen. Ein Leiter erwärmt sich bei Stromfluss und kann bei höheren Temperaturen Licht aussenden. *Wärme-* und *Lichtwirkungen* stellen Sie nach Einschalten von Glühlampen und elektrischen Heizgeräten fest. 1820 beobachtete OERSTED erstmals die Ablenkung einer Magnetnadel in der Nähe eines stromdurchflossenen Leiters. Jeder elektrische Strom ruft *magnetische Kraftwirkungen* hervor (s. 11.2), die z. B. beim Antrieb durch Elektromotoren technisch genutzt werden.

Die magnetischen Kraftwirkungen des elektrischen Stromes ermöglichen es, die **Einheit der elektrischen Stromstärke** als Basiseinheit des SI zu definieren (Bild 10.1):

Das Ampere ist die Stärke eines elektrischen Stromes durch zwei parallele Leiter, die einen Abstand von 1 m haben und zwischen denen die durch den Strom hervorgerufene Anziehungskraft je 1 m Leiterlänge $2 \cdot 10^{-7}$ N beträgt.

$$[I] = \text{A} \quad \text{(Ampere)}$$

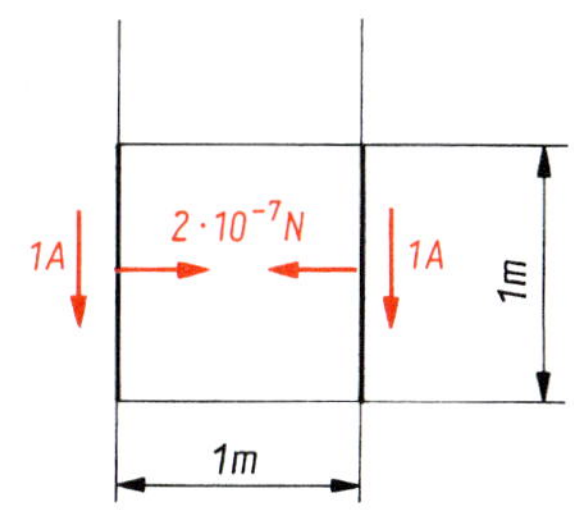

Bild 10.1: Zur Definition des Ampere

In mikroelektronischen und elektronischen Schaltungen betragen die Stromstärken wenige Mikroampere bis zu einigen Milliampere. In Glühlampen und elektrischen Haushaltsgeräten fließen Ströme von einigen Zehntel bis zu mehreren

Ampere. Beachten Sie, dass die Stromkreise im Haushalt so abgesichert sind, dass bei Überschreiten einer bestimmten Stromstärke die Sicherung anspricht und den Stromkreis ausschaltet. In Elektrolyseanlagen der chemischen Industrie, z. B. bei der Aluminiumerzeugung, treten Stromstärken von vielen Kiloampere auf.

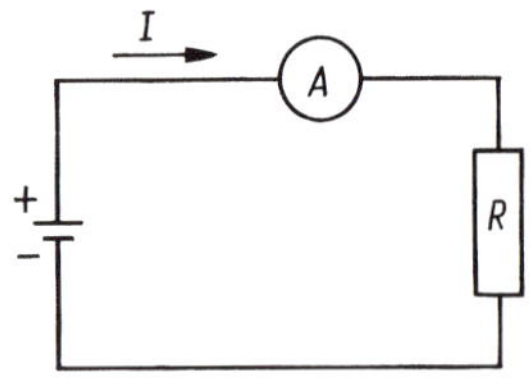

Bild 10.2: Grundstromkreis mit Strommesser

Die Strombelastung eines Leiters lässt sich durch die **Stromdichte** J erfassen, indem man die Stromstärke durch die durchströmte Querschnittsfläche A des Leiters dividiert:

$$J = \frac{I}{A} \tag{10.3}$$

$$[J] = \mathrm{A \cdot m^{-2}}$$

In der Praxis ist die Einheit $1\ \mathrm{A \cdot mm^{-2}} = 10^6\ \mathrm{A \cdot m^{-2}}$ üblich. So sind zweiadrige Cu-Leitungen bei 20 °C bis etwa $15\ \mathrm{A \cdot mm^{-2}}$ belastbar.

Beispiel 10.1

Wie groß sind die Stromdichten in der Kupferzuleitung von $1{,}5\ \mathrm{mm^2}$ Querschnitt und im Wolframglühfaden von 12 µm Durchmesser bei einer Glühlampe, die von 0,45 A durchflossen wird?

Lösung:
Aus Gl. (10.3) errechnen Sie für die Zuleitung $J = 0{,}30\ \mathrm{A \cdot mm^{-2}}$; für den Glühfaden $J = 4{,}0 \cdot 10^3\ \mathrm{A \cdot mm^{-2}}$.

Mit der Definition der Einheit der elektrischen Stromstärke als Basiseinheit des SI können wir nun die Einheit der elektrischen Ladung als abgeleitete Einheit aus Gl. (10.2) ermitteln:

Elektrische Ladung

$$Q = It \tag{10.4}$$

$$[Q] = \mathrm{A \cdot s = C} \quad \text{(Coulomb)}$$

Die **elektrische Elementarladung** beträgt $e = 1{,}602 \cdot 10^{-19}$ C. Die einer Batterie als Elektrizitätsmenge entnehmbare Ladung wird als Kapazität der Batterie in Amperestunden angegeben: 1 A · h 3600 C. Die Kapazität einer Taschenlampenbatterie beträgt etwa 1,25 A · h, die einer Pkw-Batterie 36 bis 84 A · h.

Beispiel 10.2

Wie lange dauert es, bis eine Batterie mit einer Kapazität von 42 A · h durch einen Strom von 3,5 A zur Hälfte entladen wird?

Lösung:
Aus Gl. (10.4) ergibt sich

$$t = \frac{Q}{I} = \frac{21\ \mathrm{A \cdot h}}{3{,}5\ \mathrm{A}} = 6{,}0\ \mathrm{h}$$

10.2 Elektrische Spannung

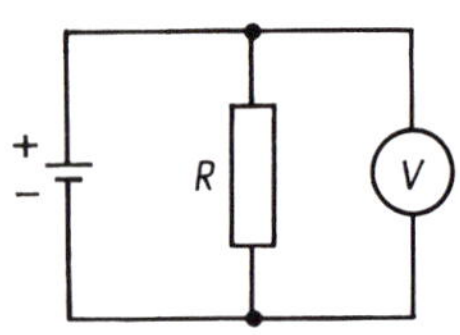

Bild 10.3: Grundstromkreis mit Spannungsmesser

Sie wollen ein elektrisches Heizgerät in Betrieb nehmen. Dazu muss elektrischer Strom durch den Metalldraht fließen, der die Heizwendel des Gerätes bildet. Dies ist nur möglich, wenn Sie

- das Gerät an eine *Spannungsquelle* anschließen, welche die notwendige elektrische Energie liefert, und
- das Gerät einschalten, so dass ein *geschlossener Stromkreis* entsteht.

Der einfachste **Stromkreis** besteht aus einer Spannungsquelle, einem Widerstand als Verbraucher und den Zuleitungen (Bild 10.4). Durch die Pfeile in Bild 10.4 sind die Festlegungen für die Richtung des Stromes und die Orientierung der Spannungen dargestellt.

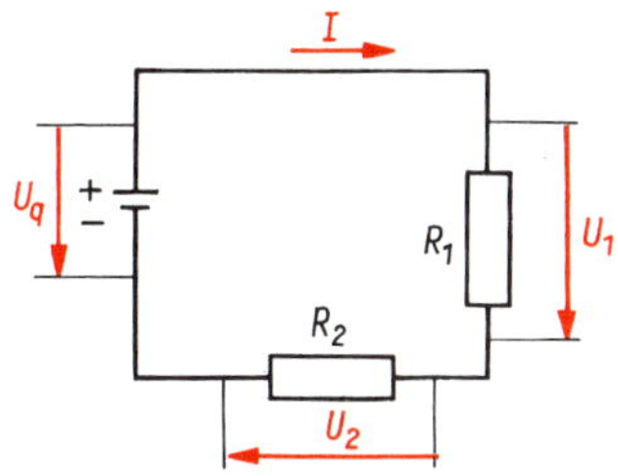

Bild 10.4: Grundstromkreis mit Richtungsfestlegungen für Stromstärke und Spannung
U_q Quellenspannung, U_1, U_2 Spannungsabfall, I Stromstärke

Als Verbraucher bezeichnen wir das Geräteteil oder Bauelement, in dem elektrische Energie in andere Energieformen umgewandelt wird. So erfolgt in der Heizwendel des Heizgerätes der Umsatz von Elektroenergie in Wärme. Dies bewirkt der **Widerstand,** den der Draht dem Strom entgegensetzt. Der Begriff „Widerstand" wird mit zweierlei Bedeutung benutzt. Zum einen verstehen wir unter Widerstand als physikalische Größe die Eigenschaft eines Leiters, den Strom zu hemmen. Wir können sagen: „Die Heizwendel hat einen Widerstand *R*." Zum anderen bezeichnen wir das Bauelement mit dieser Eigenschaft selbst als Widerstand. Wir können sagen: „Die Heizwendel ist ein Widerstand." In der Praxis gibt diese doppelte Bedeutung des Begriffes „Widerstand" kaum Anlass zu Missverständnissen.

Als **elektrische Spannungsquellen** werden vorwiegend Generatoren für Gleich- und Wechselstrom und galvanische Elemente wie Batterien und Akkumulatoren für Gleichstrom verwendet (Bild 10.5). Spannungsquellen bewirken die räumliche Trennung ursprünglich nicht getrennter Ladungsträger. Dadurch hat eine Gleichspannungsquelle einen Plus- und einen Minuspol. Für die Trennung sich anziehender ungleichnamiger Ladungen verrichtet die Spannungsquelle Arbeit, wozu ihr Energie zugeführt werden muss. In Batterien und Akkus ist dies chemische Energie, bei Generatoren mechanische Energie.

Bild 10.5: Akkumulator für 21 V aus 18 Ni-Cd-Zellen

Die **Quellenspannung** U_q ist der Quotient aus der zur Ladungstrennung zuzuführenden Energie E_{zu} und der getrennten Ladung Q eines Vorzeichens:

$$U_q = \frac{E_{zu}}{Q} \qquad (10.5)$$

Quellenspannung

Die in der Spannungsquelle getrennten Ladungen versuchen, sich wieder zu vereinigen, wodurch ein Strom im äußeren Stromkreis fließen kann.

Die Ursache des elektrischen Stromes im Stromkreis ist die Quellenspannung U_q der Spannungsquelle.

Der Strom fließt entsprechend der konventionellen Stromrichtung vom Pluspol der Spannungsquelle über den äußeren Stromkreis zum Minuspol. Die sich dadurch wiedervereinigenden Ladungen werden in der Spannungsquelle immer wieder erneut getrennt, so dass sich der Strom in gleicher Richtung durch die Spannungsquelle fortsetzt. Die Spannungsquelle treibt wie eine Pumpe für elektrische Ladungen einen geschlossenen Strom unter Energieaufwand durch alle Teile eines Stromkreises. Dort wird die elektrische Energie wieder in andere Energieformen wie Wärme umgewandelt.

An jedem stromdurchflossenen Widerstand tritt eine elektrische Spannung U auf, die als Spannungsabfall bezeichnet wird.

Der **Spannungsabfall** U ist der Quotient aus der am betreffenden Widerstand umgesetzten Energie E_{ab} und der den Energieumsatz bewirkenden Ladung Q:

Spannung, Spannungsabfall

$$U = \frac{E_{ab}}{Q} \tag{10.6}$$

Sind der innere Widerstand der Spannungsquelle und die Widerstände der Zuleitungen gegenüber dem Widerstand des Verbrauchers vernachlässigbar klein, so ist die Quellenspannung in guter Näherung gleich dem Spannungsabfall am Verbraucher. Diesen Idealfall wollen wir zunächst voraussetzen und nur vereinfachend von Spannung sprechen. Den Einfluss der Widerstände von Spannungsquelle und Zuleitungen werden wir in Abschnitt 10.7 gesondert untersuchen.

Dividieren wir in Gl. (10.6) Zähler und Nenner durch die Zeit t, so erhalten wir im Zähler die **elektrische Leistung** P und im Nenner die elektrische Stromstärke I:

Spannung

$$U = \frac{P}{I} \tag{10.7}$$

$$[U] = \frac{\mathrm{W}}{\mathrm{A}} = \mathrm{V} \quad \text{(Volt)}$$

Das Volt ist die elektrische Spannung zwischen zwei Punkten eines Leiters, in dem bei einer Stromstärke von 1 A eine Leistung von 1 W umgesetzt wird.

Für die **elektrische Leistung** des Gleichstroms folgt aus der Definition (10.7)

Elektrische Leistung

$$P = UI \tag{10.8}$$

$$[P] = \mathrm{V} \cdot \mathrm{A} = \mathrm{W} \quad \text{(Watt)}$$

Beispiel 10.3

Wie groß ist die Stromstärke durch eine Glühlampe einmal für 12 V/100 W und zum anderen für 230 V/100 W?

Lösung:
Nach Gl. (10.8) ist für die 12-V-Lampe $I = P/U = 8{,}33$ A und für die 230-V-Lampe $I = 0{,}435$ A.

10.3 OHMsches Gesetz

Die Stromstärke I in einem Leiter hängt von der Höhe der angelegten Spannung U ab. Die grafische Darstellung dieser Abhängigkeit $I = f(U)$ ist die für den betreffenden Leiter charakteristische **Strom-Spannungs-Kennlinie**. Bei Leitern, deren Strom-Spannungs-Kennlinie eine Gerade ist, sind Stromstärke und Spannung einander direkt proportional (Bild 10.6). Da in diesen Fällen I eine lineare Funktion von U ist, werden solche Leiter als *lineare Widerstände* bezeichnet. Dazu gehören metallische Leiter bei gleichbleibender Temperatur, weil dann deren Widerstand konstant ist. Für sie gilt das **Ohmsche Gesetz**:

$$I = \frac{U}{R} \qquad (10.9)$$

OHMsches Gesetz

Die Stromstärke I ist umso größer, je höher die Spannung U und je kleiner der Widerstand R ist.

Durch das Ohmsche Gesetz wird der **elektrische Widerstand** R als physikalische Größe durch das Verhältnis von Spannung und Stromstärke definiert:

$$R = \frac{U}{I} \qquad (10.10)$$

Elektrischer Widerstand

$$[R] = \frac{\text{V}}{\text{A}} = \Omega \quad \text{(Ohm)}$$

Je kleiner der Widerstand eines Leiters ist, umso besser leitet er den Strom. Deshalb wird der Kehrwert des Widerstandes auch **Leitwert** G genannt:

$$G = \frac{1}{R} \qquad (10.11)$$

Elektrischer Leitwert

$$[G] = \frac{1}{\Omega} = \text{S} \quad \text{(Siemens)}$$

Mit dem Leitwert G hat das Ohmsche Gesetz die Form $I = GU$. Der Leitwert G entspricht dem *Anstieg* der Strom-Spannungs-Kennlinie. Diese verläuft umso steiler, je größer der Leitwert G, also je kleiner der Widerstand R ist (Bild 10.6).

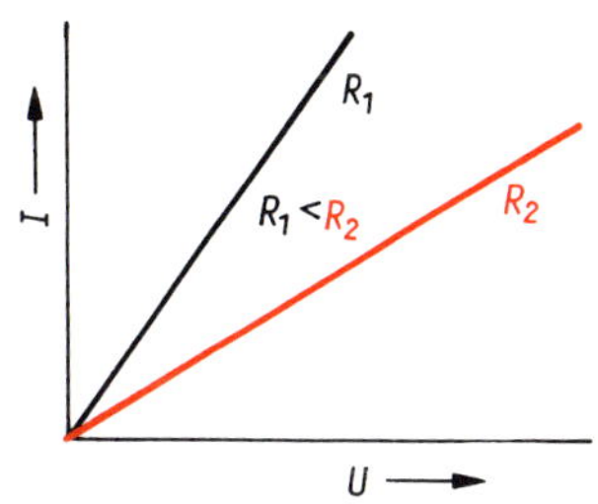

Bild 10.6: Stromstärke-Spannungs-Kennlinien von zwei linearen Widerständen

Elektrische Widerstände, für die das Ohmsche Gesetz gilt, heißen *OHMsche* Widerstände. In ihnen wird bei Stromdurchgang die elektrische Energie vollständig in Wärme umgewandelt. Für ohmsche Widerstände gelten das Ohmsche Gesetz $I = U/R$ und die Gleichung für die Leistung $P = UI$ in gleicher Form auch im Wechselstromkreis, wenn Sie wie üblich für U und I die Effektivwerte (s. 12.1) von Wechselspannung und Wechselstrom benutzen. So lassen sich Beleuchtungskörper und Heizgeräte bei Anschluss an das Wechselstromnetz mit 230 V wie im Gleichstromkreis berechnen, nicht dagegen Spulen, Kondensatoren oder elektrische Maschinen.

Mit Hilfe des Ohmschen Gesetzes können wir die Leistung P angeben, die bei gegebener Spannung U bzw. Stromstärke I am Widerstand R umgesetzt wird. Dazu setzen wir $I = U/R$ bzw. $U = RI$ in die Gleichung $P = UI$ ein und erhalten

$$P = \frac{U^2}{R} \qquad (10.12)$$

$$P = RI^2 \qquad (10.13)$$

Elektrische Leistung

Beispiel 10.4

Wie groß ist der Widerstand von Glühlampen für 12 V/100 W und 230 V/100 W im Betriebszustand?

Lösung:
Mit der in Beispiel 10.3 berechneten Stromstärke ergibt sich aus Gl. (10.10) $R = 1{,}44\ \Omega$ bzw. $529\ \Omega$. Sie können das gleiche Ergebnis ohne Zwischenrechnung direkt aus Gl. (10.12) zu $R = U^2/P$ bekommen.

Beispiel 10.5

Wie hoch darf die Spannung an einem Widerstand von 10 kΩ für eine Nennleistung von 1 W sein?

Lösung:
Aus $P = U^2/R$ folgt für die gesuchte Spannung $U = \sqrt{PR} = \sqrt{1\ \text{W} \cdot 10^4\ \Omega} = \sqrt{1\ \text{V} \cdot \text{A} \cdot 10^4\ \text{V/A}} = 100\ \text{V}$.

10.4 Elektrischer Widerstand

Der **elektrische Widerstand** R ist derjenige Widerstand, den ein Leiter dem ihn durchfließenden elektrischen Strom entgegensetzt. Wovon hängt nun der Widerstand eines metallischen Leiters ab? Wir wollen zur Beantwortung dieser Frage zuerst eine mikroskopische Deutung angeben.

Metalle sind als Festkörper kristallin aufgebaut. Ihr Kristallgitter besteht vorwiegend aus Ionen, die Wärmeschwingungen um ihre Gleichgewichtslagen im Gitter ausführen. Dazwischen bilden freie Leitungselektronen eine Art Elektronengas. Die Konzentration an freien Ladungsträgern ist ein Faktor, der wesentlich mitbestimmt, wie gut oder schlecht ein Stoff den Strom leitet. Beim Anlegen einer Spannung werden die Leitungselektronen in Richtung des Pluspols der Spannungsquelle beschleunigt. Sie stoßen nach Durchlaufen einer freien Weglänge mit den schwingenden Atomrümpfen des Kristallgitters und anderen Gitterstörungen zusammen und werden dabei gestreut. Wegen der sich wiederholenden Streuung auf dem Wege durch den Kristall geben die Leitungselektronen ihre von der Spannungsquelle aufgenommenen Energie an das Kristallgitter ab. Die Wärmeschwingungen der Ionen im Gitter werden stärker, der Leiter erwärmt sich. Für die Leitungselektronen ergibt sich dadurch in metallischen Leitern eine konstante Durchschnittsgeschwindigkeit von wenigen mm s^{-1}. Da sich jedoch beim Einschalten der Spannung alle Leitungselektronen des Stromkreises wie auf Kommando nahezu gleichzeitig in Bewegung setzen, beginnt z. B. eine Glühlampe fast unmittelbar nach dem Einschalten zu leuchten.

Der Widerstand eines Leiters ist umso größer,

- je kleiner die Konzentration an frei beweglichen Ladungsträgern ist und
- je häufiger die Leitungselektronen im Kristallgitter und an Gitterstörungen gestreut werden.

Da mit steigender Temperatur die Gitterschwingungen stärker werden, wächst die Streuwahrscheinlichkeit und damit bei konstanter Ladungsträgerkonzentration auch der Widerstand. Dies ist bei metallischen Leitern der Fall. Vergleichsweise wäre es auch für Sie schwieriger, sich durch eine wildbewegte Menschenmenge als durch eine sich ruhig verhaltende Ansammlung hindurchzudrängeln.

Anders ist es bei Halbleitern (s. 13.1). Eine starke Zunahme der Ladungsträgerkonzentration mit steigender Temperatur führt trotz zunehmender Streuungen insgesamt zu einer Abnahme des Widerstandes.

Die hier diskutierten stoffbedingten Einflussfaktoren lassen sich makroskopisch durch den **spezifischen elektrischen Widerstand** ϱ erfassen. Weiterhin hängt der Widerstand von den Abmessungen des Leiters ab. Der Widerstand R ist umso größer, je größer die Leiterlänge l und damit der Weg der Leitungselektronen und je kleiner der dem Strom zur Verfügung stehende Leiterquerschnitt A ist (Bild 10.7). Für einen Widerstand aus homogenem Material und mit konstantem Querschnitt gilt die **Widerstandsbemessungsgleichung**

Widerstandsbemessung

$$R = \varrho \frac{l}{A} \qquad (10.14)$$

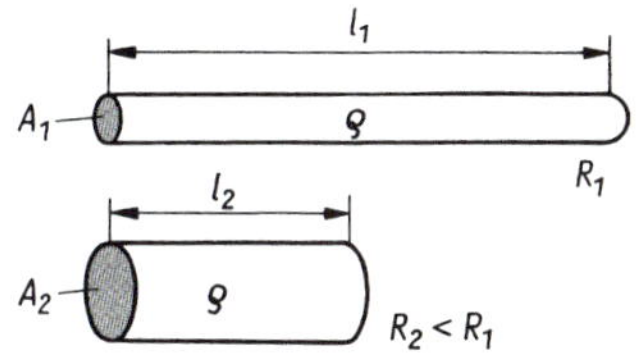

Bild 10.7: Widerstandsbemessung eines homogenen Leiters mit konstantem Querschnitt

Daraus folgt für den spezifischen Widerstand $\varrho = R\,A/l$ als SI-Einheit $[\varrho] = \Omega \cdot \text{m}$. Da Leiterquerschnitte meist in mm^2 und Leiterlängen in m angegeben werden, verwendet man häufig als Einheit $\Omega \cdot \text{mm}^2 \cdot \text{m}^{-1}$ ($= 10^{-6}\,\Omega \cdot \text{m}$). So beträgt der spezifische Widerstand von Leitungskupfer $\varrho = 0{,}0178\ \Omega \cdot \text{mm}^2 \cdot \text{m}^{-1}$. Der Kehrwert des spezifischen Widerstandes heißt elektrische Leitfähigkeit $\gamma = 1/\varrho$. Für Kupfer ist $\gamma = 56{,}2\ \text{S} \cdot \text{m} \cdot \text{mm}^{-2}$.

Tabelle 10.1: Spezifischer elektrischer Widerstand und Temperaturkoeffizienten bei 20 °C

Stoff	$\boldsymbol{\varrho}$ **in $\Omega \cdot \text{mm}^2 \cdot \text{m}^{-1}$**	$\boldsymbol{\alpha}$ **in K^{-1}**	$\boldsymbol{\beta}$ **in $10^{-6}\,\text{K}^{-2}$**
Aluminium	0,0278	0,0039	1,3
Chromnickel	1,1	0,00035	–
Eisen	0,10	0,0046	6,0
Gold	0,0222	0,039	–
Konstantan	0,50	–0,00003	–
Kupfer (Leitungskupfer)	0,0178	0,0039	0,6
Nickel	0,087	0,0062	9,0
Platin	0,11	0,0039	–0,59
Quecksilber	0,96	0,00092	1,2
Silber	0,0163	0,0038	0,7
Wasser	105	–	–
Wolfram	0,055	0,0041	1,0

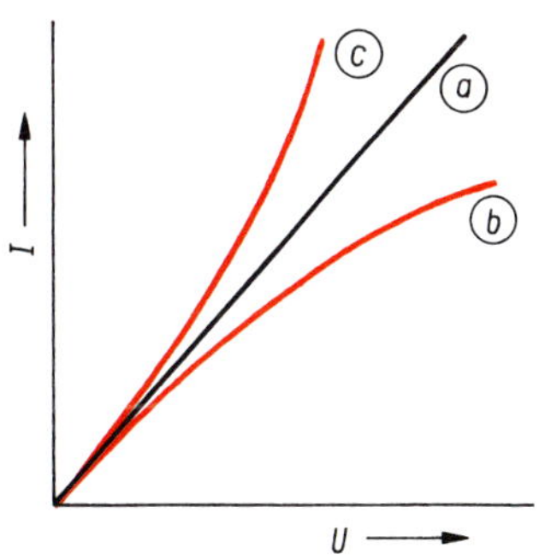

Bild 10.8: Stromstärke-Spannungs-Kennlinien
a) Der Widerstand ist temperaturunabhängig
b) Der Widerstand nimmt mit steigender Temperatur zu, z. B. bei Metallen.
c) Der Widerstand nimmt mit steigender Temperatur ab, z. B. bei Halbleitern

Die **Temperaturabhängigkeit** des elektrischen Widerstandes ergibt bei zunehmender Erwärmung mit wachsender Strombelastung nichtlineare Strom-Spannungs-Kennlinien (Bild 10.8). Dies ist durch die Temperaturabhängigkeit des spezifischen Widerstandes ϱ bedingt, während die thermische Ausdehnung des Leiters praktisch keinen Einfluss hat. Ist R_1 der Widerstand bei der Temperatur ϑ_1, so kann der Widerstand R_2 bei ϑ_2 mit $\Delta\vartheta = \vartheta_2 - \vartheta_1$, nach einer empirischen Gleichung berechnet werden:

$$R_2 = R_1\,(1 + \alpha\Delta\vartheta + \beta\Delta\vartheta^2) \qquad (10.15)$$

α und β sind experimentell ermittelte stoffabhängige Temperaturkoeffizienten des elektrischen Widerstandes mit den Einheiten K^{-1} und K^{-2}. Bei Stoffen mit positiven Temperaturkoeffizienten $\alpha > 0$ nimmt der Widerstand mit steigender Temperatur zu, wie es bei Metallen im Allgemeinen der Fall ist (Bild 10.8b), bei negativem dagegen ab (Bild 10.8c). Da der Koeffizient β in der Größenordnung von $10^{-6}\ K^{-2}$ sehr klein ist, kann für kleinere Temperaturdifferenzen $\Delta\vartheta < 200$ K das quadratische Glied in Gl. (10.15) unberücksichtigt bleiben.

Beispiel 10.6

Wie groß ist der Widerstand der Kupferwicklung eines Motors bei der Betriebstemperatur von 60 °C, wenn diese bei 20 °C den Widerstand 50 Ω hat?

Lösung:
Mit $\alpha = 3{,}9 \cdot 10^{-3} \cdot K^{-1}$ ergibt Gl. (10.15) bei Vernachlässigung des quadratischen Gliedes $R_2 = R_1\,(1 + \alpha\Delta\vartheta) = 50\ \Omega \cdot [1 + 3{,}9 \cdot 10^{-3} \cdot K^{-1} \cdot (60 - 20)\ K] = 58\ \Omega$.

Beispiel 10.7

Wie groß ist bei einer Glühlampe a) der Kaltwiderstand R_1 bei Zimmertemperatur von 20 °C; b) der Heißwiderstand R_2 bei Betriebstemperatur von 2340 °C des Glühfadens aus Wolframdraht ($\varrho = 0{,}055\ \Omega \cdot mm^2 \cdot m^{-1}$ bei 20 °C) von 24 μm Durchmesser und 27,1 cm Länge?

Lösung:
Die Temperaturkoeffizienten sind $\alpha = 4{,}1 \cdot 10^{-3}\ K^{-1}$ und $\beta = 10^{-6}\ K^{-2}$.

Man erhält $R_1 = \varrho\, l/A = 32{,}9\ \Omega$; $R_2 = 32{,}9\ \Omega \cdot (1 + 4{,}1 \cdot 10^{-3}\ K^{-1} \cdot 2320\ K + 10^{-6}\ K^{-2} \cdot 2320^2\ K^2) = 529\ \Omega$.

Bei 230 V fließt durch die Glühlampe mit dem Kaltwiderstand von 32,9 Ω beim Einschalten ein Spitzenstrom von $I_1 = U/R_1 \approx 7{,}0$ A, während der Betriebsstrom mit dem Heißwiderstand des Glühfadens von 529 Ω nur $I_2 = 0{,}435$ A beträgt, wobei die Glühlampe mit einer Leistung von $P = UI_2 = 100$ W brennt.

Bei elektrischen Leitern tritt bei sehr tiefen Temperaturen unterhalb einer kritischen Sprungtemperatur **Supraleitung** auf. Dabei verschwindet der elektrische Widerstand völlig, so dass der Strom verlustfrei geleitet wird. Ein einmal in einem ringförmigen Supraleiter erzeugter Strom bleibt über beliebig lange Zeit konstant. Die Sprungtemperaturen für supraleitende Elemente liegen unter 10 K. Erst 1987 wurde mit einem Barium-Yttrium-Kupferoxid ein Supraleiter gefunden, dessen Sprungtemperatur mit 90 K oberhalb der Siedetemperatur des flüssigen Stickstoffs von 77 K liegt. Eine Erklärung der Erscheinung der Supraleitfähigkeit ist nur mit Hilfe der Quantenmechanik möglich.

Technische Widerstände werden als lineare Widerstände für elektrische Schaltungen in Form von *Schicht-* und *Drahtwiderständen* hergestellt (Bild 10.9). Bei Schichtwiderständen ist auf einen zylindrischen Keramikkörper eine gewendelte Schicht aus Kohle oder Metall aufgebracht, die durch eine Lackschicht nach außen geschützt ist. Bei Drahtwiderständen ist auf einen keramischen Hohlzylin-

Bild 10.9: Widerstände auf einer Platine

der ein Widerstandsdraht aus Konstantan oder Chromnickel einlagig gewickelt. Während der elektrische Widerstandswert nach Gl. (10.14) vom Material und den Abmessungen der Schicht oder des Drahtes abhängt, richten sich die äußeren Abmessungen des technischen Widerstandes nach dessen Nennleistung. Schichtwiderstände werden für Nennleistungen von 0, 05 … 250 W, Drahtwiderstände für 0,25 … 500 W hergestellt. Mechanisch *veränderbare* Widerstände sind Schicht- oder Drahtwiderstände, über die ein beweglicher Kontaktarm als Schleifer gleitet. Sie gibt es als *Schiebe-* und *Drehwiderstände* (Bild 10.10). Sind sie mit zwei Anschlüssen an den Widerstandsenden und einem Anschluss am Schleifer versehen, werden sie als *Potentiometer* bezeichnet und können als Spannungsteiler verwendet werden (s. 10.5.2).

Nichtlineare technische Widerstände gibt es in Form von spannungsabhängigen *Varistoren* aus gesintertem Siliciumkarbid und als temperaturabhängige *Thermistoren,* z. B. als Heißleiter auf Halbleiterbasis.

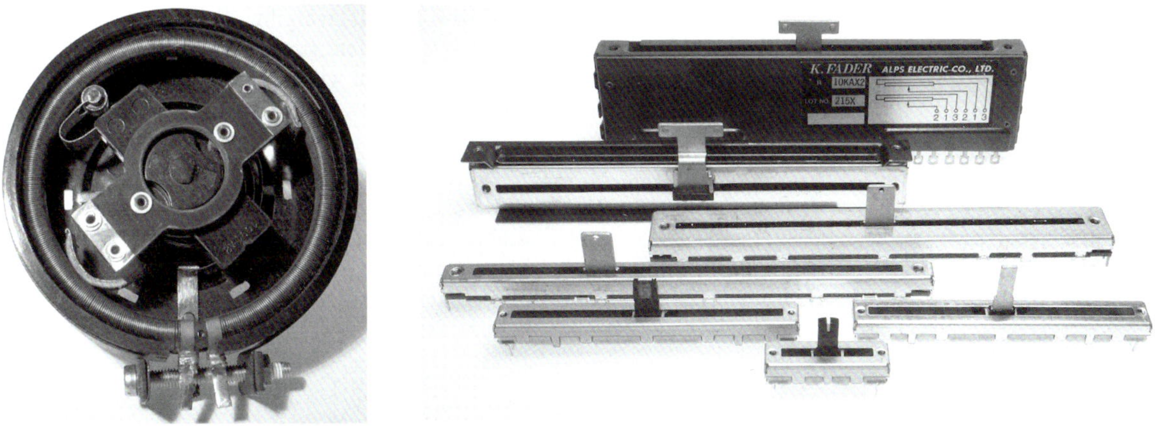

Bild 10.10: Dreh- und Schiebewiderstände

10.5 Schaltung von Widerständen

Zwei Widerstände kann man auf zwei prinzipiell verschiedene Weisen an eine Spannungsquelle anschließen, indem die beiden Widerstände entweder **parallel** oder **in Reihe** geschaltet werden. Ebenso lassen sich mehr als zwei Widerstände parallel oder in Reihe schalten, aber auch durch Kombination von Parallel- und Reihenschaltungen zu *gemischten* Schaltungen verbinden. Die Zusammenschaltung einer Vielzahl von Spannungsquellen und Verbrauchern führt zu ausgedehnten Netzwerken. Die Berechnungsgrundlagen elektrischer Netze in der Elektrotechnik ergeben sich aus Verallgemeinerungen der einfachen Gesetzmäßigkeiten von Parallel- und Reihenschaltungen (s. 10.7.4).

10.5.1 Parallelschaltung

Wenn Sie alle Eingänge mehrerer Widerstände zu einem gemeinsamen Eingang, alle Ausgänge zu einem gemeinsamen Ausgang verbinden, so dass Sie zwischen gemeinsamem Ein- und Ausgang die Spannung einer Spannungsquelle anlegen können, so erhalten Sie eine **Parallelschaltung** von Widerständen. Bild 10.11 zeigt dies für drei Widerstände.

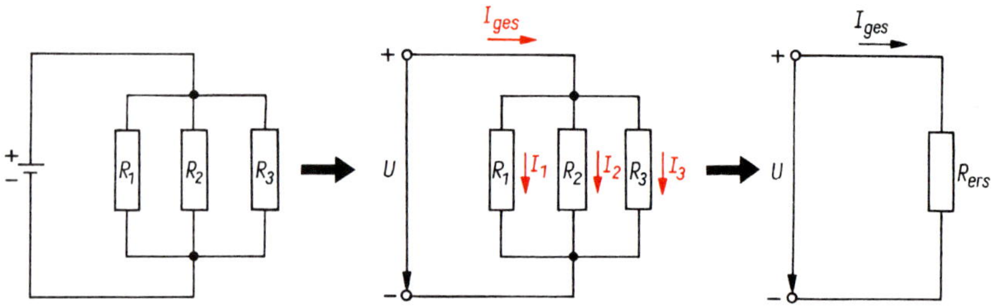

Bild 10.11: Parallelschaltung von drei Widerständen

An jedem Einzelwiderstand liegt die gleiche Spannung U:

$$U = U_1 = U_2 = U_3 \tag{10.16}$$

Das Zusammenschalten der Ein- bzw. Ausgänge ergibt „*Knoten*", an denen sich der Stromkreis *verzweigt*. Der Gesamtstrom teilt sich in die Teilströme durch die Einzelwiderstände auf. Die Teilströme fließen wieder zum Gesamtstrom zusammen:

1. Kirchhoffsches Gesetz

$$I_{ges} = I_1 + I_2 + I_3 \tag{10.17}$$

Das Ohmsche Gesetz gilt sowohl für den Gesamtstromkreis als auch für die Teilwiderstände. Setzen wir für die Ströme in Gl. (10.17) $I_i = U/R_i$ ein und teilen durch die gemeinsame Spannung U, so erhalten wir den Gesamtwiderstand als **Ersatzwiderstand** R_{ers} der Parallelschaltung aus

$$\frac{1}{R_{ers}} = \frac{1}{R_1} + \frac{1}{R_2} + \frac{1}{R_3} \tag{10.18}$$

Der Gesamtwiderstand heißt Ersatzwiderstand, da man die Schaltung durch ihn ersetzen kann, ohne die Gesamtstromstärke dadurch zu ändern.

In einer Parallelschaltung ist der Ersatzwiderstand stets *kleiner* als der kleinste Einzelwiderstand. Sind z. B. in Bild 10.11 alle drei Widerstände R gleich, so beträgt nach Gl. (10.18) der Ersatzwiderstand nur 1/3 eines Einzelwiderstandes: $R_{ers} = R/3$. Am einfachsten verstehen Sie das, wenn Sie Drähte gleicher Länge parallel schalten. Jeder zusätzliche Draht vergrößert den für den Strom zur Verfügung stehenden Leiterquerschnitt, wodurch sich entsprechend der Widerstandsbemessungsgleichung (10.14) der Widerstand verringert.

Wollen Sie nach Gl. (10.18) den Ersatzwiderstand einer Parallelschaltung berechnen, dann vergessen Sie nicht, nach der Addition der reziproken Teilwiderstände nochmals den Kehrwert zu bilden! Eine allgemeine Auflösung nach dem Gesamtwiderstand ergibt nur bei zwei Widerständen Rechenvorteile:

$$R_{ers} = \frac{R_1 R_2}{R_1 + R_2} \tag{10.19}$$

Wie verteilen sich nun die Ströme auf die Teilwiderstände? Dies folgt aus dem Ohmschen Gesetz. Setzen Sie $U = R_i I_i$ in Gl. (10.16) ein, so ergibt sich

$$R_{ers} I_{ges} = R_1 I_1 = R_2 I_2 = R_3 I_3 \tag{10.20}$$

Danach sind bei gleicher Spannung die Ströme den zugehörigen Widerständen umgekehrt proportional, z. B.

Stromteilung

$$\frac{I_1}{I_2} = \frac{R_2}{R_1} \tag{10.21}$$

Die gleiche Spannung lässt durch den kleineren Widerstand den größeren Strom fließen.

Fassen wir zusammen:

In Parallelschaltung
- liegt an allen Widerständen die gleiche Spannung;
- ist die Gesamtstromstärke gleich der Summe der Teilstromstärken;
- ergibt sich der reziproke Ersatzwiderstand durch die Summe der reziproken Einzelwiderstände;
- verhalten sich die Stromstärken umgekehrt wie die zugehörigen Widerstände.

Beispiel 10.8

Berechnen Sie den Ersatzwiderstand einer Parallelschaltung aus $R_1 = 50\,\Omega$, $R_2 = 100\,\Omega$ und $R_3 = 150\,\Omega$! Wie groß sind die Stromstärken bei einer Spannung von 60 V?

Lösung:

$$\frac{1}{R_{ers}} = \frac{1}{50\,\Omega} + \frac{1}{100\,\Omega} + \frac{1}{150\,\Omega}$$
$$= \frac{6}{300\,\Omega} + \frac{3}{300\,\Omega} + \frac{2}{300\,\Omega} = \frac{11}{300\,\Omega}$$

und

$$R_{ers} = \frac{300\,\Omega}{11} = 27{,}3\,\Omega$$

Die Stromstärken betragen

$$I_{ges} = \frac{U}{R_{ers}} = \frac{60\text{ V}}{27{,}3\,\Omega} = 2{,}2\text{ A},$$
$$I_1 = \frac{60\text{ V}}{50\,\Omega} = 1{,}2\text{ A},$$
$$I_2 = \frac{60\text{ V}}{100\,\Omega} = 0{,}6\text{ A}$$

und

$$I_3 = \frac{60\text{ V}}{150\,\Omega} = 0{,}4\text{ A}$$

Die Summe der Teilstromstärken ist gleich der Gesamtstromstärke:

1,2 A + 0,6 A + 0,4 A = 2,2 A. Die Widerstände verhalten sich wie 50 : 100 : 150 = 1 : 2 : 3; die Stromstärken umgekehrt wie 1,2 : 0,6 : 0,4 = 1 : $^1/_2$: $^1/_3$.

Glühlampen, Haushaltsgeräte, elektrische Maschinen und andere Verbraucher sind jeweils für eine bestimmte Nennspannung ausgelegt. Mehrere Verbraucher gleicher Nennspannung lassen sich mit einer Spannungsquelle entsprechender Spannung nur dann gemeinsam normal betreiben, wenn sie parallel geschaltet werden. Durch Zuschalten jedes weiteren Verbrauchers erhöht sich die Gesamtstromstärke. Bei zu hoher Strombelastung spricht dann die Sicherung an.

10.5.2 Reihenschaltung

Wenn Sie jeweils den Ausgang des vorhergehenden an den Eingang des folgenden Widerstandes anschließen, so dass Sie zwischen Eingang des ersten und Ausgang des letzten Widerstandes die Spannung einer Spannungsquelle anlegen können, so erhalten Sie eine **Reihenschaltung** von Widerständen. Bild 10.12 zeigt dies für drei

Widerstände. Da dieser Stromkreis keine Verzweigungen hat, muss durch jeden Widerstand der gleiche Strom fließen. Die Stromstärke ist an jeder Stelle eines *unverzweigten* Stromkreises gleich:

$$I = I_1 = I_2 = I_3 \tag{10.22}$$

Die Gesamtspannung U_{ges} teilt sich auf die Teilwiderstände auf:

2. KIRCHHOFFsches Gesetz

$$U_{ges} = U_1 + U_2 + U_3 \tag{10.23}$$

Setzen wir für die Spannungen in dieser Gleichung entsprechend dem OHMschen Gesetz $U_i = R_i I$ ein und teilen durch die gemeinsame Stromstärke I, so erhalten wir für den **Ersatzwiderstand** der Reihenschaltung

$$R_{ers} = R_1 + R_2 + R_3 \tag{10.24}$$

Durch Zuschalten weiterer Widerstände in Reihe wird der Ersatzwiderstand immer *größer*. Sind z. B. in Bild 10.12 alle drei Widerstände R gleich, so beträgt nach Gl. (10.24) der Gesamtwiderstand das dreifache eines Einzelwiderstandes: $R_{ers} = 3R$. Am einfachsten verstehen Sie das, wenn Sie Drähte gleichen Querschnitts hintereinander schalten. Jeder zusätzliche Draht verlängert die vom Strom zu durchfließende Gesamtlänge, wodurch sich entsprechend der Widerstandsbemessungsgleichung (10.14) der Widerstand vergrößert.

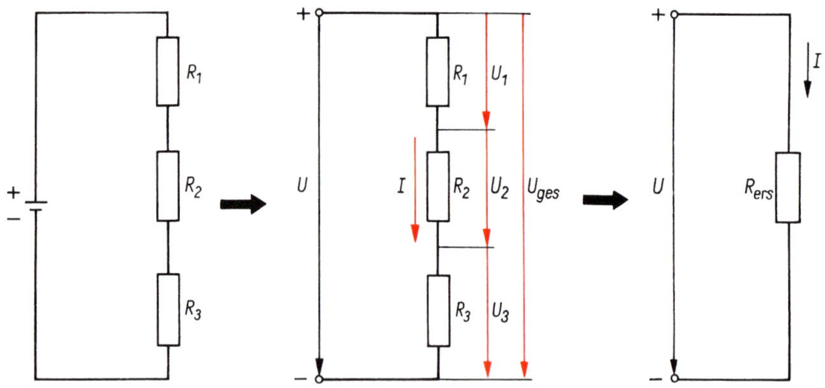

Bild 10.12: Reihenschaltung von drei Widerständen

Wie verteilen sich nun die Spannungen auf die Teilwiderstände? Das folgt aus dem OHMschen Gesetz $I = U_i/R_i$. Setzen Sie dies in Gl. (10.22) ein, so ergibt sich

$$\frac{U}{R_{ers}} = \frac{U_1}{R_1} = \frac{U_2}{R_2} = \frac{U_3}{R_3} \tag{10.25}$$

Danach sind bei gleicher Stromstärke die Spannungen den zugehörigen Widerständen direkt proportional, z. B.

Spannungsteilung

$$\frac{U_1}{U_2} = \frac{R_1}{R_2} \tag{10.26}$$

Um den gleichen Strom durch den größeren Widerstand fließen zu lassen, ist auch die größere Spannung erforderlich.

Fassen wir zusammen:

In Reihenschaltung
- fließt durch alle Widerstände der gleiche Strom;
- ist die Gesamtspannung gleich der Summe der Teilspannungen;
- ergibt sich der Ersatzwiderstand durch die Summe der Teilwiderstände;
- verhalten sich die Spannungen wie die zugehörigen Widerstände.

Beispiel 10.9

Berechnen Sie den Ersatzwiderstand einer Reihenschaltung aus $R_1 = 50\ \Omega$, $R_2 = 100\ \Omega$ und $R_3 = 150\ \Omega$! Wie groß sind Stromstärke und Teilspannungen bei einer Gesamtspannung von 60 V?

Lösung:
$R_{ers} = 50\ \Omega + 100\ \Omega + 150\ \Omega = 300\ \Omega$. Die Stromstärke beträgt $I = U_{ges}/R_{ers} = 60\ \text{V}/300\ \Omega = 0{,}2\ \text{A}$. Die Teilspannungen sind $U_1 = IR_1 = 10\ \text{V}$, $U_2 = IR_2 = 20\ \text{V}$ und $U_3 = IR_3 = 30\ \text{V}$. Die Summe der Teilspannungen ist gleich der Gesamtspannung: 10 V + 20 V + 30 V = 60 V. Die Spannungen verhalten sich wie die zugehörigen Widerstände: 10 V : 20 V : 30 V = 50 Ω : 100 Ω : 150 Ω = 1 : 2 : 3.

Das bekannteste Beispiel einer Reihenschaltung dürfte die Lichterkette einer elektrischen Weihnachtsbaumbeleuchtung sein.

Beispiel 10.10

Wie groß sind die Spannungen an den 10 Lampen einer Lichterkette für 230 V?

Lösung:
Da die Widerstände der Lampen gleich sind, erhält jede Lampe die gleiche Spannung von 230 V/10 = 23 V. Brennt der Glühfaden einer Lampe durch, ist der Stromkreis unterbrochen. Es kann kein Strom mehr fließen, alle Lampen der Lichterkette verlöschen. Jetzt liegt die Gesamtspannung von 230 V an der durchgebrannten Lampe, die einen unendlich großen Widerstand darstellt.

Bei modernen Lampen solcher Lichterketten sind die mit einer dünnen Isolierschicht versehenen Zuleitungsdrähte zum Glühfaden in der Lampe miteinander verdrillt. Beim Durchbrennen des Glühfadens wird durch die jetzt anliegende Spannung von 230 V diese Isolierschicht durchschlagen, so dass durch die sich berührenden Zuleitungsdrähte ein Kurzschluss entsteht. Der Stromkreis ist wieder geschlossen, die übrigen 9 Lampen leuchten wieder. Sie werden aber nun mit einer Überspannung von 230 V/9 = 25,6 V betrieben, was ihre Lebensdauer vermindert.

Um eine zu hohe Spannung auf die erforderliche Betriebsspannung eines Verbrauchers herabzusetzen, kann ein entsprechend bemessener **Vorwiderstand** zum Verbraucher in Reihe geschaltet werden.

Beispiel 10.11

Eine Glühlampe für 4,5 V/5 W soll mit einem Akku von 6,0 V betrieben werden und normal leuchten.

Lösung:
Dies ist möglich, indem ein Vorwiderstand zur Glühlampe in Reihe geschaltet wird, an dem die Spannung von 6,0 V – 4,5 V = 1,5 V abfällt. Aus der erforderlichen Stromstärke durch die Glühlampe von $I = P/U = 5\ \text{W}/4{,}5\ \text{V} = 1{,}1\ \text{A}$ errechnet sich nach dem OHMschen Gesetz der Vorwiderstand zu $R_V = 1{,}5\ \text{V}/1{,}1\ \text{A} = 1{,}36\ \Omega$.

Die Möglichkeit der Spannungsteilung durch Reihenschaltung von Widerständen wird in **Spannungsteilerschaltungen** genutzt. Dazu wird die zu teilende Gesamtspannung an eine Reihenschaltung von Widerständen angelegt und eine Teilspannung an einem Teilwiderstand abgegriffen. Veränderbare Teilspannungen erhält man durch Spannungsteiler mit Potentiometer in Form von Schiebe- oder Drehwiderständen (s. 10.4; Bild 10.10). Der Schleifer des Potentiometers unterteilt den Gesamtwiderstand in zwei in Reihe liegende Teilwiderstände R_1 und R_2 (Bild 10.13). Die benötigte Teilspannung kann an R_1 (oder auch an R_2) abgegriffen und durch Verschieben des Schleifers zwischen null und der Gesamtspannung verändert werden. Der Lautstärkeregler an Ihrem Radio- und Fernsehgerät ist ein solcher Spannungsteiler.

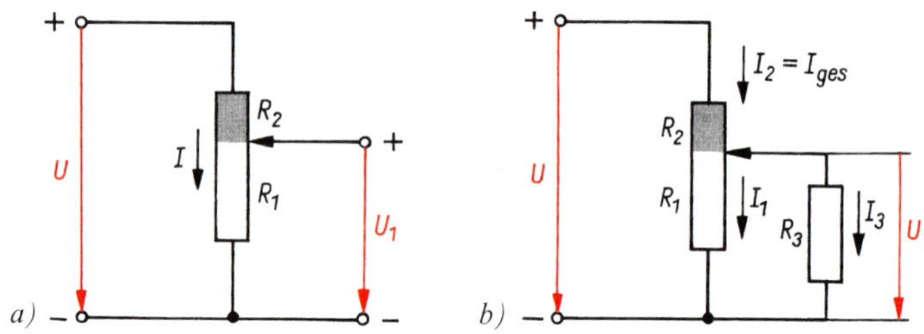

Bild 10.13: Spannungsteiler
a) unbelastet; b) belastet

Beispiel 10.12

Stellen Sie die an einem Spannungsteiler abgegriffene Teilspannung U_1 in Abhängigkeit vom abgegriffenen Teilwiderstand R_1 sowohl unbelastet als auch bei Belastung grafisch dar! Die Gesamtspannung beträgt 120 V, der Widerstand des Potentiometers $R = R_1 + R_2$ insgesamt 240 Ω und der Belastungswiderstand $R_3 = 120\ \Omega$.

Lösung:
Für den unbelasteten Spannungsteiler (Bild 10.13a) ist das Spannungsteilerverhältnis entsprechend Gl. (10.26)

$$\frac{U_1}{U_{ges}} = \frac{R_1}{R_{ges}} = \frac{R_1}{R_1 + R_2}$$

Beispielsweise ergibt sich für $R_1 = 60\ \Omega$ die abgegriffene Teilspannung $U_1 = 120\ \text{V} \cdot 60\ \Omega/240\ \Omega = 30\ \text{V}$. Legen Sie die abgegriffene Teilspannung an einen Widerstand R_3, so wird der Spannungsteiler durch den Strom über R_3 belastet (Bild 10.13b). Diese Schaltung ist eine gemischte Schaltung: R_3 liegt zu R_1 parallel und diese Parallelschaltung zu R_2 in Reihe. Das Spannungsteilerverhältnis ist

$$\frac{U_1}{U_{ges}} = \frac{R_{13}}{R_{ers}} = \frac{R_{13}}{R_{13} + R_2} \quad \text{mit} \quad R_{13} = \frac{R_1 R_3}{R_1 + R_3}.$$

Beispielsweise ergibt sich für $R_1 = 60\ \Omega$

$$R_{13} = \frac{60\ \Omega \cdot 120\ \Omega}{60\ \Omega + 120\ \Omega} = 40\ \Omega \quad \text{und}$$

$$U_1 = \frac{40\ \Omega}{40\ \Omega + 180\ \Omega} \cdot 120\ \text{V} = 21{,}8\ \text{V}$$

Bei gleicher Schleiferstellung ist die Teilspannung bei Belastung kleiner als ohne Belastung. Für verschiedene Schleiferstellungen ergeben sich folgende Werte:

R_1 in Ω	0	60	120	180	240
U_1 in V, unbelastet	0	30	60	90	120
U_1 in V, belastet	0	21,8	40	65,5	120

In Bild 10.14 ist dies grafisch dargestellt.

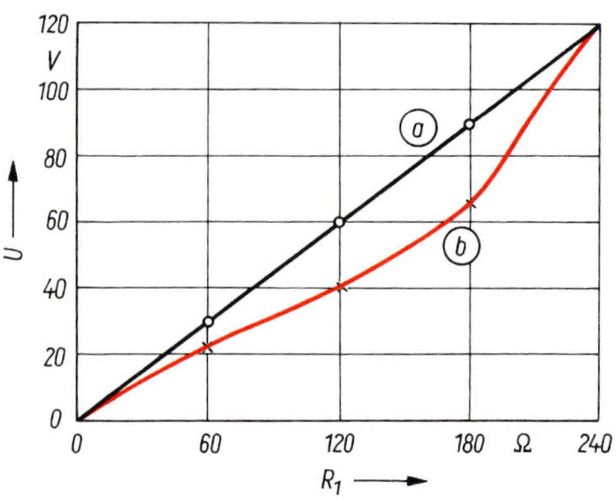

Bild 10.14: Abgegriffene Teilspannung in Abhängigkeit von der Schleiferstellung eines Spannungsteilers
a) unbelastet; b) belastet

10.6 Elektrische Energie und Leistung

Elektroenergie als *Gebrauchsenergie* lässt sich besonders leicht in andere *Nutzenergieformen* wie Wärme, Licht und mechanische Energie umwandeln, wobei die benötigten Leistungen einfach regelbar sind.

Jedes Jahr erhält Ihr Haushalt eine Rechnung von der Energieversorgung, in der Ihnen die in ihrem Haushalt verbrauchte Elektroenergie berechnet wird. Der „Verbrauch" an Elektroenergie, die zu Beleuchtungs-, Heiz- und Antriebszwecken genutzt wurde, wird am elektrischen Energiemessgerät („Kilowattstundenzähler") abgelesen. Dieses Messgerät summiert entsprechend $E = Pt$ die jeweilige Leistung der eingeschalteten Elektrogeräte über deren Betriebszeit. Beim „Stromzähler" (umgangssprachlich!) entspricht jede Umdrehung der Zählerscheibe einer bestimmten elektrischen Energie. Die Anzahl der Umdrehungen wird über ein Zählwerk gezählt, das die verbrauchte Elektroenergie in kW · h angibt. Diese Zähler werden ab 2010 durch intelligente elektronische Messsysteme ersetzt (s. Bild 12.12b).

Beispiel 10.13

Wie groß ist die Leistung eines Elektrogerätes, das allein eingeschaltet ist, wobei der Kilowattstundenzähler in 6 min 18 Umdrehungen macht? Der Zähler trägt die Aufschrift „375 Umdr./kW · h".

Lösung:
In 6 Minuten beträgt der Verbrauch an Elektroenergie $E = 1\ \text{kW} \cdot \text{h}\ 18/375 = 0{,}048\ \text{kW} \cdot \text{h}$. Daraus ergibt sich die Leistung des Gerätes zu $P = E/t = 0{,}048\ \text{kW} \cdot \text{h}/6\ \text{min} = 0{,}048\ \text{kW} \cdot \text{h}/0{,}1\ \text{h} = 0{,}48\ \text{kW}$.

Wir fassen nun die bisherigen Ausführungen über elektrische Leistung zusammen: Aus der Definition der elektrischen Spannung (s. 10.2, Gl. (10.7)) folgt für die elektrische Leistung des Gleichstroms

$$P = UI \qquad (10.8)$$
$$[P] = \text{V} \cdot \text{A} = \text{W}$$

Elektrische Leistung

Beispiel 10.14

Wie sind die beiden Heizspiralen von 106 Ω und 52,9 Ω einer elektrischen Kochplatte zu schalten, um 4 verschiedene Heizstufen unterschiedlicher Leistung zu erhalten? Wie groß sind diese Leistungen bei 230 V?

Lösung:
Bei gegebener Spannung ist die Leistung nach Gl. (10.12) dem Widerstand umgekehrt proportional. Die kleinste Leistung ergibt sich, wenn die beiden Heizspiralen in Reihe, die größte Leistung, wenn sie parallel geschaltet werden. Die beiden mittleren Heizstufen erhält man, falls die Heizspiralen einzeln betrieben werden (Bild 10.15). Die Leistungen sind

$$P_1 = \frac{U^2}{R_1 + R_2} = 333\ \text{W},\ P_2 = \frac{U^2}{R_1} = 500\ \text{W},$$
$$P_3 = \frac{U^2}{R_2} = 1000\ \text{W} \ \text{und} \ P_4 = U^2\left(\frac{1}{R_1} + \frac{1}{R_2}\right) = 1500\ \text{W}.$$

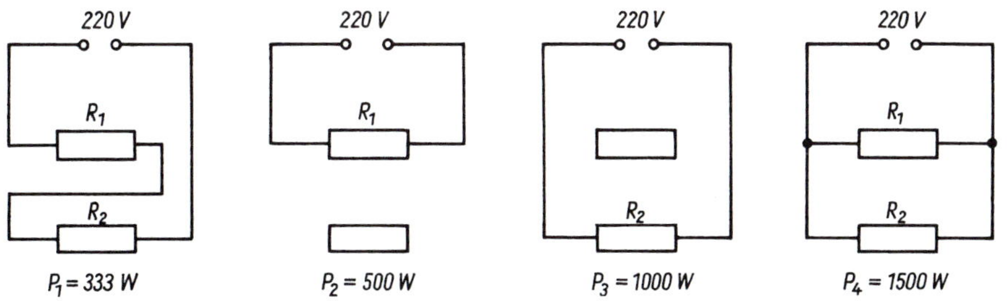

Bild 10.15: Vier Heizstufen einer Kochplatte

Mit dem OHMschen Gesetz (s. 10.3) erhalten wir daraus

$$P = \frac{U^2}{R} \quad (10.12)$$

$$P = I^2 R \quad (10.13)$$

Für OHMsche Widerstände lassen sich diese Gleichungen auch im Wechselstromkreis benutzen.

Verdoppeln wir die Spannung an einem gleichbleibenden Widerstand, so wächst auch die Stromstärke auf das Doppelte, und die Leistung wird 4-mal so groß.

Die durch die Elektroenergie in einem Elektrogerät bestimmter Leistung P während der Zeit t verrichtete **Arbeit** W_{el} **des elektrischen Stromes** ist

$$W_{el} = P_{el}t = UIt = \frac{U^2}{R}t = I^2Rt \quad (10.27)$$

Beispiel 10.15

Um wieviel Prozent sinkt die elektrische Leistung, wenn die Spannung um 10 % abnimmt?

Lösung:
Beträgt die Spannung nur noch $U_2 = 0{,}9\ U_1$, so ist die Leistung

$$P_2 = \frac{U_2^2}{R} = \frac{(0{,}9\ U_1)^2}{R} = 0{,}81 P_1$$

und somit um 19 % gesunken. Weil bei konstantem Widerstand $P \sim U^2$ gilt, ist die prozentuale Abnahme der Leistung rund doppelt so groß wie die der Spannung.

10.7 Reale Stromkreise

Bisher haben wir den Einfluss der Widerstände von Spannungsquellen und Leitungen vernachlässigt. Diese Widerstände liegen zu den Verbrauchern in Reihe und setzen entsprechend der Strombelastung die Spannung an den Klemmen der Verbraucher herab.

10.7.1 Verhalten realer Spannungsquellen

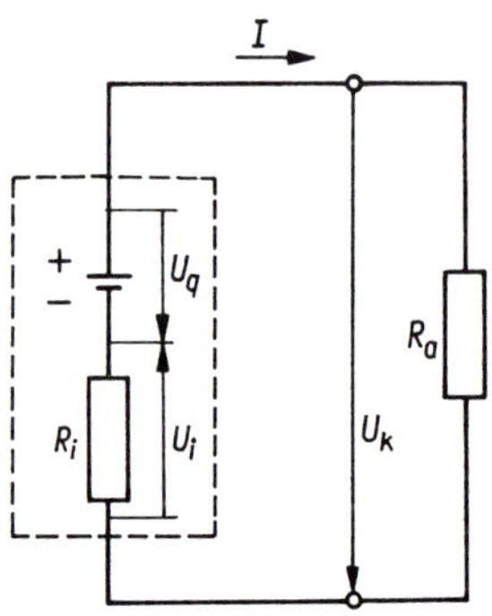

Bild 10.16: Ersatzschaltbild einer realen Spannungsquelle

In einem geschlossenen Stromkreis fließt der Strom nicht nur durch die an den Klemmen der Spannungsquelle angeschlossenen äußeren Widerstände, sondern auch durch die Spannungsquelle selbst. **Reale Spannungsquellen** haben im Inneren einen Widerstand z. B. durch die Schwefelsäure in Bleiakkus oder durch die Drähte der Wicklungen in Generatoren. Bei Stromfluss tritt an diesem **inneren Widerstand** R_i ein innerer Spannungsabfall $U_i = IR_i$ auf. Dadurch steht dem äußeren Stromkreis an den Klemmen der Spannungsquelle nicht mehr die gesamte von der Spannungsquelle erzeugte Quellenspannung U_q (s. 10.2) zur Verfügung (Bild 10.16).

Die Klemmenspannung U_k einer Spannungsquelle ist um den Spannungsabfall am inneren Widerstand kleiner als ihre Quellenspannung U_q.

Klemmenspannung

$$U_k = U_q - U_i = U_q - R_iI \quad (10.28)$$

Die Quellenspannung U_q und der innere Widerstand R_i sind *Eigenschaften* der jeweiligen Spannungsquelle. Die Klemmenspannung U_k ist eine *Funktion* der Stromstärke I und nimmt mit wachsender Strombelastung ab (Bild 10.17a). Sie können dies beobachten, wenn Sie bei eingeschalteter Raumbeleuchtung zusätzlich ein Heizgerät in Betrieb nehmen oder beim Auto mit eingeschaltetem Standlicht den Anlasser betätigen. Durch die erhöhte Belastung sinkt die Spannung, und die Lampen leuchten merklich dunkler. Nur bei unbelasteter Spannungsquelle, also im *Leerlauf*, ist die Klemmenspannung gleich der Quellenspannung. Bei *Kurzschluss* dagegen fällt die gesamte Quellenspannung am inneren Widerstand ab, die Klemmenspannung bricht zusammen. Der Kurzschlussstrom ist durch den inneren Widerstand der Spannungsquelle nach oben begrenzt:

$$I_k = \frac{U_q}{R_i} \qquad (10.29)$$

Kurzschlussstromstärke

Der Wirkungsgrad der Spannungsquelle ergibt sich aus dem Verhältnis der im äußeren Stromkreis umgesetzten Leistung $U_k I$ und der von der Spannungsquelle aufgewendeten Leistung $U_q I$:

$$\eta = \frac{U_k I}{U_q I} = \frac{U_k}{U_q} \qquad (10.30)$$

Wirkungsgrad

Er sinkt wie die Klemmenspannung mit wachsender Strombelastung.

Beispiel 10.16

Berechnen Sie Stromstärke, inneren Spannungsabfall, Klemmenspannung, nutzbare Leistung und Wirkungsgrad einer Spannungsquelle mit einer Quellenspannung von 120 V und einem inneren Widerstand von 4 Ω in Abhängigkeit vom äußeren Widerstand!

Lösung:
Die gesuchten Größen ergeben sich aus folgenden Beziehungen: $I = U_q/(R_i + R_a)$; $U_i = R_i I$; $U_k = U_q - U_i$; $P_N = U_k I$; $\eta = (U_k/U_q) \cdot 100\%$. Die Ergebnisse sind in folgender Tabelle angegeben und in Bild 10.17 dargestellt.

R_a	in Ω	∞	16	8	4	2	1	0
I	in A	0	6	10	15	20	24	30
U_i	in V	0	24	40	60	80	96	120
U_k	in V	120	96	80	60	40	24	0
P_N	in W	0	576	800	900	800	576	0
η	in %	100	80	66	50	33	20	0

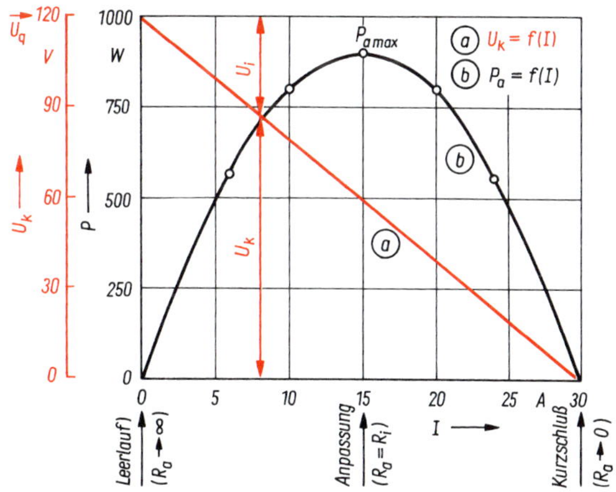

Bild 10.17: Klemmenspannung und äußere Leistung einer Spannungsquelle in Abhängigkeit von der Strombelastung

Während Klemmenspannung und Wirkungsgrad mit wachsender Strombelastung gleichmäßig abnehmen, erreicht die im äußeren Stromkreis nutzbare Leistung ein Maximum, wenn der äußere Widerstand gleich dem inneren Widerstand ist. Diese *Anpassung* des äußeren Widerstandes wird trotz des schlechten Wirkungsgrades von nur 50 % bei elektronischen Spannungsquellen, z. B. bei Verstärkern, angewendet, um maximale Ausgangsleistungen zu ermöglichen. Hat der Endverstärker Ihres Radios einen niederohmigen Ausgang, so müssen Sie auch einen niederohmigen Lautsprecher anschließen.

10.7.2 Schaltung von Spannungsquellen

Um höhere Spannungen zu erreichen, können Spannungsquellen in Reihe geschaltet werden, indem jeweils der Minuspol der vorhergehenden mit dem Pluspol der folgenden Spannungsquelle verbunden wird (Bild 10.18a). So besteht z. B. ein Akku von 22 V aus 18 Zellen zu je 1,2 V (Bild 10.5). Allerdings addieren sich dabei auch die Innenwiderstände, wodurch die Strombelastbarkeit herabgesetzt wird. Bei einer **Reihenschaltung von *n* gleichen Spannungsquellen** ist

$$U_{\mathrm{q\,ers}} = nU_{\mathrm{q}}, \quad R_{\mathrm{i\,ers}} = nR_{\mathrm{i}} \tag{10.31}$$

Um den inneren Widerstand herabzusetzen und dadurch die Strombelastbarkeit zu erhöhen, können gleiche Spannungsquellen parallel geschaltet werden. (Bild 10.18b). Gleiche Spannung ist hierbei Voraussetzung, da sonst die Spannungsquelle mit der höheren Spannung Strom durch die Spannungsquelle niedrigerer Spannung fließen ließe und diese als Verbraucher betreiben würde. Bei **Parallelschaltung von *m* gleichen Spannungsquellen** ist

$$U_{\mathrm{q\,ers}} = U_{\mathrm{q}}, \quad R_{\mathrm{i\,ers}} = \frac{R_{\mathrm{i}}}{m}. \tag{10.32}$$

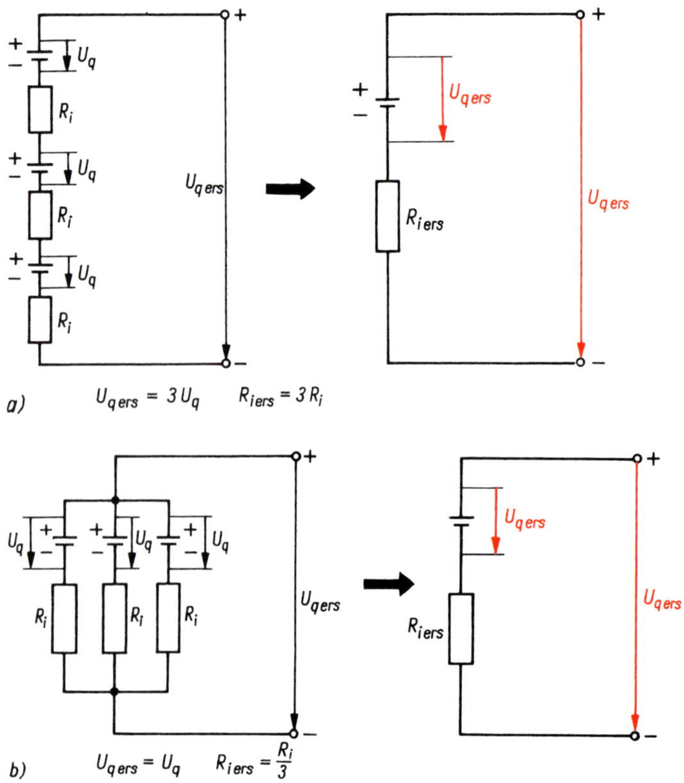

Bild 10.18: a) Reihenschaltung; b) Parallelschaltung von drei Spannungsquellen

Beispiel 10.17

Wie groß sind Quellenspannung und innerer Widerstand einer Gruppenschaltung aus 3 parallel geschalteten Gruppen von je 6 in Reihe geschalteten Spannungsquellen? Jede Spannungsquelle hat eine Quellenspannung von 2,0 V und einen inneren Widerstand von 0,3 Ω. Wie groß ist die Stromstärke durch einen äußeren Widerstand von 6,0 Ω?

Lösung:
Jede Gruppe hat eine Quellenspannung von 6 · 2,0 V = 12 V und einen Innenwiderstand von 6 · 0,3 Ω = 1,8 Ω. Die Gruppenschaltung der 3 parallelen Gruppen hat die gleiche Quellenspannung von 12 V, aber nur einen Innenwiderstand von 1,8 Ω/3 = 0,6 Ω. Die Stromstärke bei einem Außenwiderstand von 6,0 Ω beträgt

$$I = \frac{U_q}{R_a + R_i} = \frac{12\ \text{V}}{6{,}0\ \Omega + 0{,}6\ \Omega} = 1{,}8\ \text{A}$$

10.7.3 Einfluss von Leitungswiderständen

Der Strom im Stromkreis ruft auch an den Leitungen Spannungsabfälle hervor. Um diese Spannungsabfälle an den Widerständen der Leitungen ist dann die Klemmenspannung am Verbraucher kleiner als die Klemmenspannung der Spannungsquelle. Das macht sich vor allem bei langen Leitungen und hoher Strombelastung bemerkbar.

Der **Spannungsabfall am Leitungswiderstand** ist nach dem Ohmschen Gesetz $U_L = R_L I$. Die dadurch auftretenden Leistungsverluste betragen $P_V = I^2 R_L$. Spannungsabfall und Leistungsverluste durch Leitungen bei der Übertragung von Elektroenergie wachsen mit zunehmender Strombelastung. Soll eine bestimmte Leistung

Beispiel 10.18

Wie wirkt es sich aus, wenn Glühlampen für 12 V/100 W und für 230 V/100 W über eine 20 m lange zweiadrige Kupferleitung von 1,5 mm² Querschnitt an 12 V bzw. 230 V angeschlossen werden?

Lösung:
In Beispiel 10.4 wurden die Widerstände der beiden Lampen zu 1,44 Ω und 529 Ω berechnet. Der Leitungswiderstand beträgt $R_L = \varrho_{Cu}\, 2l/A = 0{,}0178\ \Omega \cdot \text{mm}^2 \cdot \text{m}^{-1} \cdot (2 \cdot 20\ \text{m})/(1{,}5\ \text{mm}^2) = 0{,}47\ \Omega$. Für die 230-V-Lampe ist der Leitungswiderstand kleiner als 0,1 % des Lampenwiderstandes. Deshalb ist sein Einfluss vernachlässigbar klein. Dagegen sinkt die Stromstärke der 12-V-Lampe von normalerweise 8,33 A (s. Bsp. 10.3) durch den Leitungswiderstand auf $I = U/(R + R_L) = 12\ \text{V}/(1{,}44\ \Omega + 0{,}47\ \Omega) = 6{,}28\ \text{A}$, wenn der Lampenwiderstand konstant bliebe. Der Spannungsabfall am Leitungswiderstand ist $U_L = 0{,}47\ \Omega \cdot 6{,}28\ \text{A} = 2{,}95\ \text{V}$ so dass die Spannung an der Lampe nur noch 9,05 V beträgt. Sie brennt mit einer Leistung von $P = I^2 R = 6{,}28^2\ \text{A}^2 \cdot 1{,}44\ \Omega = 56{,}8\ \text{W}$ deutlich dunkler. Die Leistungsverluste durch die Leitung betragen $P_V = I^2 R_L = 18{,}5\ \text{W}$.

Beispiel 10.19

Wie groß ist die maximale Kabellänge eines zweiadrigen Alu-Kabels von 6 mm² Querschnitt, mit dem 5,5 kW bei 230 V übertragen werden sollen, wobei der Spannungsabfall am Kabel 3 % nicht überschreiten darf?

Lösung:
Bei einer Leistung von 5,5 kW und 230 V Spannung fließt ein Strom von $I = P/U = 23{,}9\ \text{A}$. Der Spannungsabfall am Kabel soll 3 % von 230 V, also 6,9 V, nicht übersteigen. Deshalb darf der Kabelwiderstand höchstens $R_L = U_L/I = 6{,}9\ \text{V}/23{,}9\ \text{A} = 0{,}289\ \Omega$ betragen. Daraus ergibt sich nach der Widerstandsbemessungsgleichung eine maximale Kabellänge von $l = R_L\, A/(2\varrho_{Al}) = 31{,}2\ \text{m}$.

$P = UI$ übertragen werden, so sind bei höheren Übertragungsspannungen die erforderlichen Stromstärken kleiner. Dadurch sinken die Verluste durch die Leitungen. Eine ökonomisch vertretbare Fernübertragung elektrischer Energie wurde erst durch Hochspannungsleitungen möglich, was allerdings die Verwendung von Wechselstrom erfordert (s. Kapitel 12).

10.7.4 Knoten- und Maschensatz zur Berechnung elektrischer Netze

Ein verzweigter Stromkreis mit Spannungsquellen und Widerständen stellt ein Netz dar, dessen Verzweigungspunkte als **Knoten** (Bild 10.19a) und dessen nicht weiter verzweigte Teile als **Maschen** (Bild 10.19b) bezeichnet werden. Zur Berechnung von Netzen dienen Knoten- und Maschensatz als Verallgemeinerungen der KIRCHHOFFschen Gesetze Gl. (10.17) und (10.18):

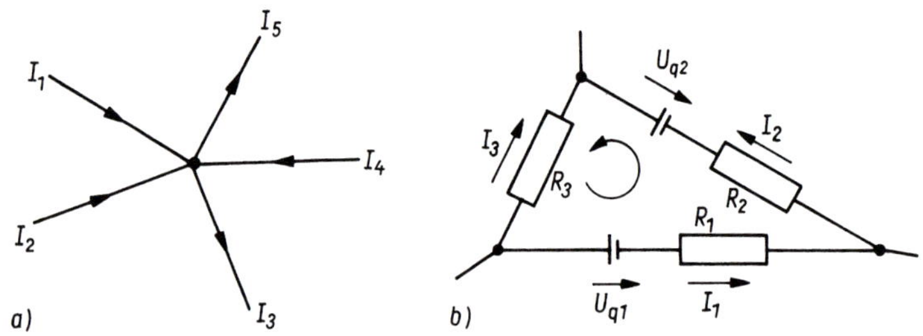

Bild 10.19: a) Knoten; b) Masche als Teile eines Netzes

In jedem Knoten ist die Summe der Stromstärken aller zu- und abfließenden Ströme gleich null.

Knotensatz

$$\sum_{\mathrm{i}} I_{\mathrm{i}} = 0 \tag{10.33}$$

In jeder Masche ist die Summe aller Quellenspannungen und aller Spannungsabfälle an den Widerständen gleich null.

Maschensatz

$$\sum_k U_{\mathrm{q}k} + \sum_l R_l I_l = 0 \tag{10.34}$$

10.8 Messung elektrischer Größen

Elektrische Messverfahren sind nicht nur in der Elektrotechnik und der Elektronik bedeutsam. Auch die meisten nichtelektrischen Größen können mit geeigneten Wandlern oder speziellen Messfühlern und Sensoren elektrisch messbar gemacht werden. Häufigste Messgrößen sind Stromstärke, Spannung und Widerstand.

10.8.1 Strom- und Spannungsmessung

Strommesser müssen vom zu messenden Strom durchflossen werden. Da in Reihenschaltungen nach Gl. (10.22) die Stromstärken gleich sind, ist ein Strommesser zu dem Widerstand, für den die Stromstärke gemessen werden soll, *in Reihe* zu schalten (Bild 10.20). Beachten Sie, dass bei nachträglichem Zuschalten eines Strommessers der Stromkreis an der betreffenden Stelle vorher aufgetrennt werden muss.

Spannungsmesser müssen an die beiden Stellen angeschlossen werden, zwischen denen die zu messende Spannung anliegt. Da in Parallelschaltung nach Gl. (10.16) die Spannungen gleich sind, ist der Spannungsmesser zu einem Widerstand, an dem die Spannung gemessen werden soll, *parallel zu* schalten (Bild 10.2 1).

Durch gleichzeitige Messung von Spannung und Stromstärke lassen sich unbekannte **Widerstände** R_x nach dem Ohmschen Gesetz zu $R_x = U_x/I_x$, indirekt bestimmen (Bild 10.22). Wegen des hohen Innenwiderstandes von digitalen Spannungsmessern ist dabei meist die Stromstärke des Fehlerstromes durch das Voltmeter vernachlässigbar.

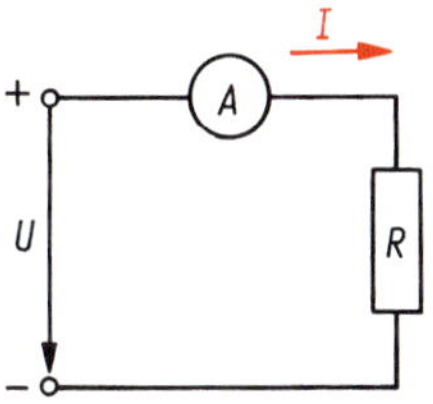

Bild 10.20: Messung der Stromstärke. Um systematische Fehler durch den Innenwiderstand R_A des Strommessgeräts möglichst gering zu halten, muss dieser wesentlich kleiner als der Widerstand R der Schaltung ohne Messgerät sein ($R_A \ll R$)

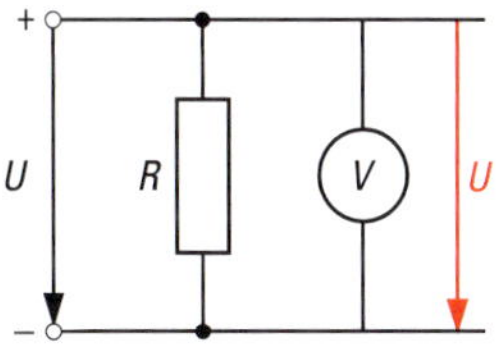

Bild 10.21: Messung der Spannung. Um systematische Fehler durch den Innenwiderstand R_V des Spannungsmessgeräts möglichst gering zu halten, muss dieser wesentlich größer als der Widerstand R der Schaltung ohne Messgerät sein ($R_V \gg R$)

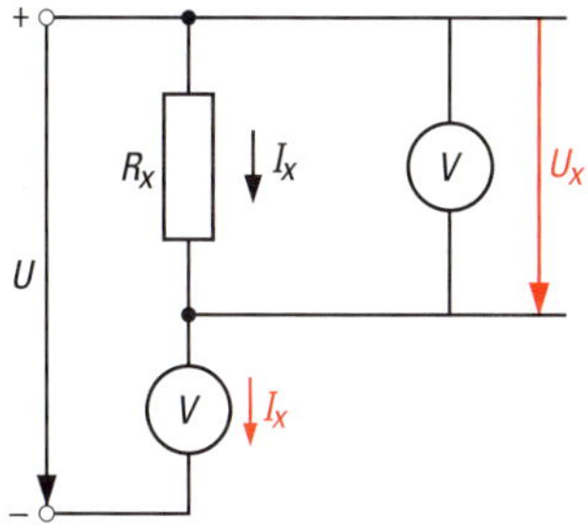

Bild 10.22: Widerstandsmessung durch Strom- und Spannungsmessung

Durch Multiplikation der gemessenen Spannungen und Ströme ergibt sich die entsprechende **elektrische Leistung** zu $P = U \cdot I$.

So arbeiten auch elektronische Leistungsmesser und bringen die Leistung direkt zur Anzeige. Sie können auch meist durch Integration der Leistung über die Zeit die umgesetzte elektrische Arbeit anzeigen. (s. Bild 12.12 b)

Während noch bis weit ins 20. Jahrhundert das häufigste Messmittel das analog anzeigende Drehspulinstrument war, benutzt man heute digitale Vielfachmesser (Bild 10.23) Sie verschieben bei Änderung des Messbereichs nur die Dezimalstelle. Die Messbereicherweiterung kann über Widerstände oder durch Änderung des Verstärkungsfaktors eingebauter Messverstärker erfolgen.

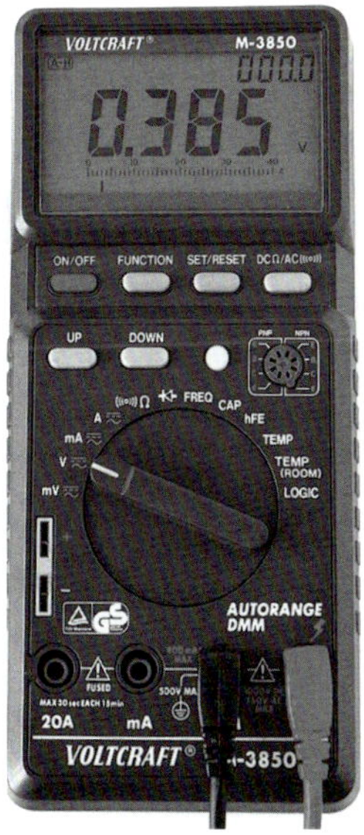

Bild 10.23: Digitaler Vielfachmesser

10.8.2 Digitale Messverfahren

So wie der Rechenstab durch den Taschenrechner verdrängt wurde, so werden auch immer häufiger **digitale Messverfahren** angewendet. Dazu muss die Messgröße in eine analoge Gleichspannung gewandelt werden, die durch einen *Analog-Digital-Umsetzer* in ein digitales Ausgangssignal umgesetzt wird.

Viele *Analog-Digital-Umsetzer* (Bild 10.24) arbeiten ähnlich wie eine digitale Stoppuhr, bei der ein Zähler die Impulse eines Quarzoszillators zählt. Der Zählvorgang wird gestartet, wenn eine im Umsetzer erzeugte gleichmäßig anwachsende Vergleichsspannung durch null geht. Sobald der Wert der Vergleichsspannung eine der Messgröße proportionale Messspannung erreicht, wird der Zählvorgang wieder gestoppt. Der Vorgang dauert also umso länger, je höher die Messspannung ist, so dass der Zählerstand der Messgröße entspricht. Durch eine Wiederholautomatik wird dieser Vorgang periodisch wiederholt.

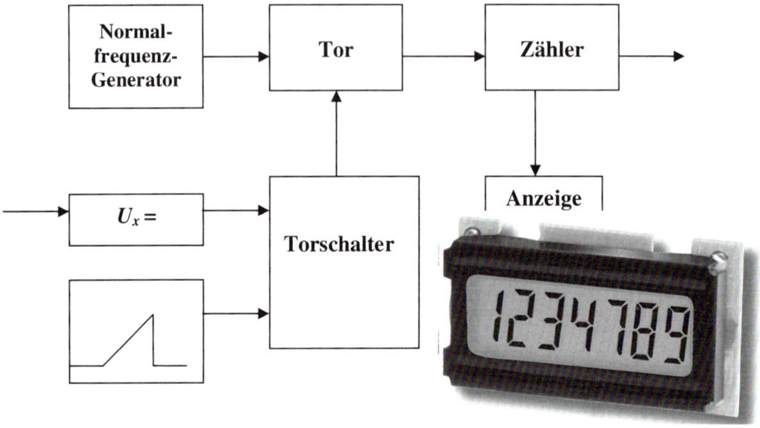

Bild 10.24: Prinzipschaltung eines Analog-Digital-Umsetzers mit Zähleranzeige

Analog-Digital-Module von Computern, die eine Online-Verarbeitung der Messwerte ermöglichen, arbeiten oft als *Stufenumsetzer.* Die analoge Gleichspannung wird durch Spannungskompensation mit entsprechend dem verwendeten Code abgestuften Spannungen verglichen. Das Verfahren ähnelt der Kompensation des Gewichtes eines Körpers auf einer Balkenwaage durch Auflegen von Wägestücken mit dekadisch abgestuften Werten.

10.8.3 Spannungskompensation

Spannungen können auch durch **Kompensationsmethoden** gemessen werden. Schalten Sie zwei Spannungen gegeneinander, indem Sie den Pluspol der einen mit dem Pluspol der anderen und ebenso die beiden Minuspole verbinden, so ist die Gesamtspannung gleich der Differenz der beiden Spannungen. Sind beide gegeneinander geschalteten Spannungen gleich, so kompensieren sie sich. Ihre Wirkungen heben sich gegenseitig auf, es fließt kein Strom.

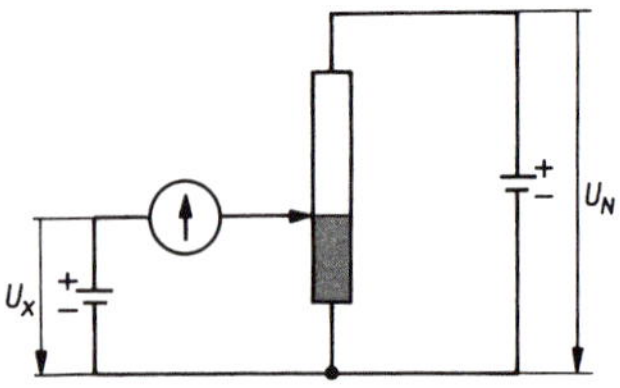

Bild 10.25: Prinzip der Spannungskompensation

Um Spannungen nach einer solchen Kompensationsmethode zu messen, kann man die zu messende Spannung gegen die an einem Spannungsteiler abgegriffene Teilspannung einer Hilfsbatterie schalten (Bild 10.25). Der Schleifer des Spannungsteilers wird so lange verschoben, bis das Galvanometer die Stromlosigkeit des Messkreises anzeigt. Dann ist die zu messende Spannung U_x gleich der abgegriffenen Teilspannung, die der Teillänge l_x am Spannungsteiler proportional ist. Der Spannungsteiler wird zuvor mit einer bekannten Spannung U_N z. B. eines Weston-Normalelementes kalibriert, für die zur Kompensation die Teillänge l_N eingestellt wurde. Dann ist $U_x = U_N \, l_x / l_N$.

Mit Kompensatoren lassen sich Spannungen bei stromlosem Messkreis sehr genau messen. Bei selbstabgleichenden *Motorkompensatoren* wird der Schleifer durch einen Stellmotor verschoben. Der Schleifer ist dabei mit einer Anzeige- und Registriervorrichtung gekoppelt.

10.8.4 Messbrücken

Messbrücken bestehen aus zwei parallel geschalteten Spannungsteilern, deren Mittelabgriffe über ein Galvanometer als Nullinstrument verbunden sind (Bild 10.26). Die gebräuchlichste Gleichstrommessbrücke zur Widerstandsbestimmung ist die sog. *WHEATSTONEsche Messbrücke*. Der zu messende Widerstand R_x wird mit einem bekannten Normalwiderstand R_N verglichen, indem das Spannungsteilerverhältnis R_1/R_2 so lange verändert wird, bis die Brücke abgeglichen und der Brückenstrom über das Galvanometer null ist. Dann sind die Spannungen sowohl an R_x und R_1 als auch an R_N und R_2 gleich. Die Widerstände verhalten sich wie $R_x/R_N = R_1/R_2 = l_x/l_N$. l_x und l_N sind die abgegriffenen Teillängen bei einer Schleifdrahtbrücke. Nachdem die Brücke abgeglichen wurde, verstimmen Widerstandsänderungen die Brücke und ergeben einen entsprechenden Ausschlag am Galvanometer.

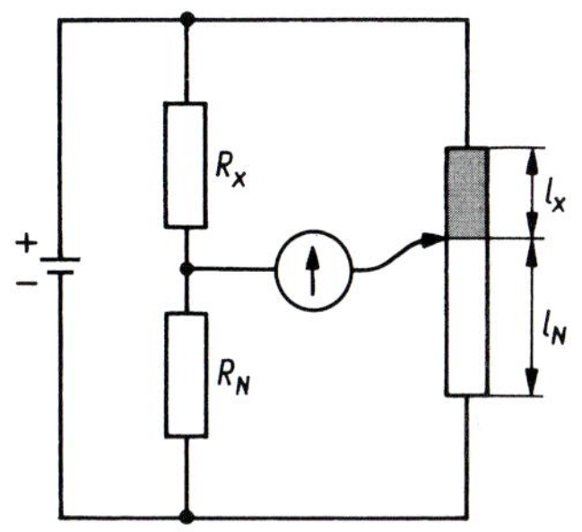

Bild 10.26: Prinzip der WHEATSTONEschen Brücke

Da der elektrische Widerstand temperaturabhängig ist (s. 10.4), lassen sich Messbrücken mit Widerstandsthermometern zur Temperaturmessung einsetzen (s. 7.5). Die Temperatur eines beheizten Drahtes ist bei konstanter Heizleistung umso kleiner, je höher die Wärmeleitfähigkeit seiner Umgebung ist (s. Kapitel 9). Änderungen der Wärmeleitfähigkeit durch unterschiedliche vorbeiströmende Gase sowie der Strömungsgeschwindigkeit oder des Gasdruckes können über die damit verbundenen Temperatur- und Widerstandsänderungen mit Messbrücken erfasst werden. Wärmeleitfähigkeitszellen für Gaschromatografen, Volumenstrommessgeräte und Pirani-Manometer (s. 6.3.3.2) arbeiten nach diesem Prinzip.

Zusammenfassung: Gleichstrom

- Der Gleichstrom transportiert elektrische Ladungen durch gerichtete Bewegung von Ladungsträgern. Der Quotient aus der transportierten Ladung und der dafür benötigten Zeit ist die elektrische Stromstärke.
- Ursache des elektrischen Stroms ist die Quellenspannung einer Spannungsquelle.
- Am vom Strom durchflossenen Widerstand tritt ein Spannungsabfall auf. Für metallische Leiter gilt bei gleichbleibender Temperatur das Ohmsche Gesetz.
- In Parallelschaltung von Widerständen liegt an jedem Widerstand die gleiche Spannung. Die Teilströme addieren sich zum Gesamtstrom.
- In Reihenschaltung von Widerständen wird jeder Widerstand vom gleichen Strom durchflossen. Die Teilspannungen addieren sich zur Gesamtspannung.
- Die elektrische Leistung ergibt sich als Produkt aus Stromstärke und Spannung.
- Zur Messung elektrischer Größen werden vorwiegend digitale Meßmethoden eingesetzt.

11 Elektrische und magnetische Felder

Fragen und Probleme: *Wie lassen sich elektrische und magnetische Felder anschaulich darstellen? Durch welche Feldgrößen werden sie beschrieben? Was sind ihre Quellen und Wirbel? Welche Kräfte üben sie aus? – Was versteht man unter elektromagnetischer Induktion? Welche technische Bedeutung hat sie?*

Ziehen Sie einen Handwagen, so ist die Übertragung der Kraft Ihrer Muskeln über Arm und Deichsel auf den Wagen unmittelbar anschaulich. Wie werden aber elektrische und magnetische Kräfte zwischen ruhenden und bewegten elektrischen Ladungen durch den Raum hindurch übertragen? Um das zu erklären, führte Michael Faraday zwischen 1830 und 1840 den **Begriff des elektrischen und magnetischen Kraftfeldes** ein, deren Gesetze James Clerk Maxwell 1856 mathematisch formulierte.

Elektrische und magnetische Felder übertragen Kräfte von jedem Raumpunkt des Feldes zu dessen Nachbarpunkten. Der felderfüllte Raum hat durch die Kraftrichtungen ausgezeichnete Vorzugsrichtungen und enthält Energie als elektrische und magnetische Feldenergie.

Die räumliche Feldverteilung kann durch **Feldlinienbilder modellhaft** veranschaulicht werden. Die *Richtung* der Feldlinien zeigt die Richtung des Feldes an, dessen Richtungssinn durch Vereinbarung festgelegt ist. Die *Feldliniendichte* entspricht der Stärke des Feldes am jeweiligen Ort. Das Feld ist dort am stärksten, wo die Feldlinien im geringsten Abstand voneinander verlaufen.

Feldlinienbilder elektrischer und magnetischer Felder lassen sich mit Stromlinienbildern strömender Flüssigkeiten vergleichen (s. 6.4.1). Man spricht ganz allgemein dort von „*Quellen*" eines Feldes, wo Feldlinien beginnen und sich in den Raum hinaus erstrecken. „*Wirbel*" eines Feldes treten an Stellen auf, wo Feldlinien in sich geschlossen ohne Anfang und Ende z. B. in Form konzentrischer Kreise verlaufen. Die Gesamtheit der eine Fläche senkrecht durchstoßenden Feldlinien veranschaulicht in Analogie zu Flüssigkeitsströmungen den sog. „*Fluss*" des Feldes, obwohl im Feld gar nichts fließt.

Felder lassen sich durch **Feldgrößen** wie *Feldstärke* und *Flussdichte* beschreiben. Das Feld stellt die Gesamtheit der allen Punkten des felderfüllten Raumes zugeordneten Werte dieser Feldgrößen dar. In *statischen* Feldern sind die Feldgrößen zeitlich konstant. Die Ausführungen in 11.1 beziehen sich auf statische elektrische Felder, die in 11.2 auf statische magnetische Felder. Um mathematische Schwierigkeiten zu vermeiden, beschränken wir uns dabei im Wesentlichen auf Feldgrößen in *homogenen* Feldern. In homogenen Feldern ist die Feldstärke auch räumlich nach Betrag und Richtung konstant, so dass die Feldlinienbilder parallele Feldlinien in gleichen Abständen zeigen.

Zeitlich veränderliche elektrische und magnetische Felder bedingen sich gegenseitig und sind nicht voneinander zu trennen. Sie bilden *elektromagnetische* Felder, wobei wir in 11.4 speziell über die elektromagnetische Induktion sprechen wollen.

11.1 Elektrische Felder

11.1.1 Kräfte zwischen elektrischen Ladungen

Wir laden eine Metallkugel durch Verbindung mit einem Pol einer Spannungsquelle oder durch Reibungselektrizität elektrisch auf. Dabei verändert sich der Raum in der Umgebung der geladenen Kugel. In ihm können wir Kräfte auf andere elektrisch geladenen Körper beobachten. So wird z. B. ein Pendel, das aus einem geladenen Körper besteht, der an einem isolierenden Faden aufgehängt ist, je nach Ladungsvorzeichen ausgelenkt. Diese Kräfte werden durch das **elektrische Feld** übertragen, das den Raum in der Umgebung der aufgeladenen Kugel erfüllt. Allgemein können wir feststellen:

Elektrische Ladungen sind Quellen elektrischer Felder. Elektrische Felder üben Kräfte auf elektrische Ladungen aus.

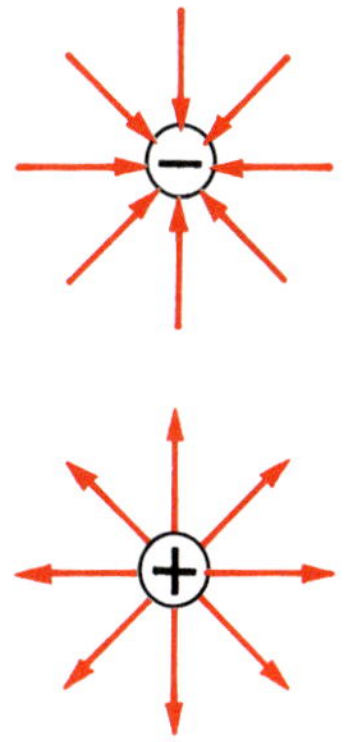

Bild 11.1: Feldlinienbild des elektrischen Feldes einer positiv und einer negativ geladenen Kugel

Elektrische Feldlinien *beginnen* am Sitz positiver Ladungen und *enden* am Sitz negativer Ladungen jeweils senkrecht zur Oberfläche der geladenen Körper. Bild 11.1 zeigt als Beispiel das Feldlinienbild des Feldes einer positiv bzw. negativ geladenen Kugel, die von entgegengesetzt geladenen Körpern sehr weit entfernt ist.

Die **Kraft** $\vec{F}$ des elektrischen Feldes auf eine Ladung Q wird durch die **elektrische Feldstärke** $\vec{E}$ bestimmt:

Kraft des elektrischen Feldes

$$\vec{F} = Q\vec{E} \tag{11.1}$$

Die elektrische Feldstärke wird im Feldlinienbild durch die Dichte der Feldlinien dargestellt. Aus Bild 11.1 erkennen Sie, dass sich die Feldlinien mit wachsendem Abstand r vom Kugelmittelpunkt auf immer größere Kugelflächen $4\pi r^2$ verteilen. Die Feldstärke dieses radialsymmetrischen Feldes nimmt bei wachsendem Abstand r mit $1/r^2$ ab.

Bringen wir in dieses Feld eine zweite elektrisch geladene Kugel, die ebenfalls von einem elektrischen Feld umgeben ist, so *überlagern* sich beide Felder. Daraus resultierende Felder zeigt Bild 11.2. Diese Feldlinienbilder ergeben einen anschaulichen Eindruck von den durch das elektrische Feld vermittelten Wechselwirkungen zwischen elektrischen Ladungen. Stellen Sie sich vor, dass sich die Feldlinien einerseits wie gespannte Gummifäden in ihrer Längsrichtung zu verkürzen suchen, andererseits wie gebogene elastische Stäbe in ihrer Querrichtung abstoßen. Dann erkennen Sie beim Betrachten der Feldlinienbilder 11.2a und 11.2b:

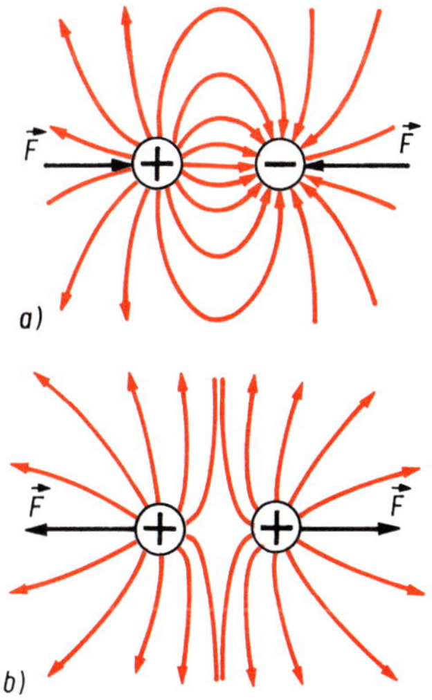

Bild 11.2: Feld zwischen
a) zwei entgegengesetzt geladenen Kugeln
b) zwei gleich geladenen Kugeln

Zwischen entgegengesetzt geladenen Körpern überträgt das elektrische Feld anziehende Kräfte, zwischen gleich geladenen dagegen abstoßenden Kräfte.

Der Betrag der zwischen zwei geladenen Kugeln wirkenden Kraft ist dem Produkt beider Ladungen direkt und dem Quadrat des Abstandes der Kugelmittelpunkte umgekehrt proportional:

Coulombsches Gesetz

$$F = \frac{1}{4\pi\varepsilon_0} = \frac{Q_1 Q_2}{r^2} \tag{11.2}$$

Darin ist $\varepsilon_0 = 8{,}854 \cdot 10^{-12}\ \mathrm{A \cdot s \cdot V^{-1} \cdot m^{-1}}$ die **elektrische Feldkonstante** und

$1/(4\,\pi\varepsilon_0) = 8{,}9877 \cdot 10^9\ \mathrm{V \cdot m \cdot A^{-1} \cdot s^{-1}} \approx 9 \cdot 10^9\ \mathrm{V \cdot m \cdot A^{-1} \cdot s^{-1}}$

11.1.2 Elektrische Felder im Vakuum

11.1.2.1 Elektrische Flussdichte und elektrische Feldstärke

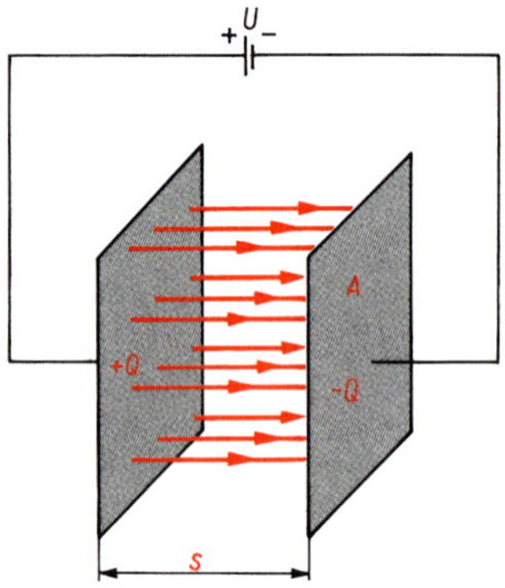

Bild 11.3: Homogenes Feld im Innern eines Plattenkondensators

Elektrische Felder werden durch zwei Feldgrößen charakterisiert: die **elektrische Flussdichte** $\vec{D}$ und die **elektrische Feldstärke** $\vec{E}$. Wir betrachten dazu das Feld im Innern eines *Plattenkondensators*, der aus zwei voneinander isolierten elektrisch leitenden Platten der Fläche A besteht, die sich im Abstand s parallel gegenüberstehen (Bild 11.3). Der Kondensator wird durch eine Spannung U aufgeladen, wonach jede Platte eine Ladung Q entgegengesetzten Vorzeichens trägt. Zwischen den Kondensatorplatten entsteht dabei ein homogenes elektrisches Feld, dessen Feldlinien parallel zueinander in gleichen Abständen verlaufen. Inhomogenitäten an den Plattenrändern werden vernachlässigt.

Die Beschreibung des elektrischen Feldes durch die *elektrische Flussdichte* geht von den *Ladungen als Quellen des Feldes* aus. Der Betrag der elektrischen Flussdichte D im homogenen Feld eines Plattenkondensators ist gleich der felderzeugenden Ladungsdichte Q/A auf einer Platte:

Elektrische Flussdichte

$$D = \frac{Q}{A} \tag{11.3}$$

$$[D] = \mathrm{A \cdot s \cdot m^{-2} = C \cdot m^{-2}}$$

Die Beschreibung des *elektrischen Feldes* durch die *Feldstärke* geht von den *Kraftwirkungen* des Feldes entsprechend Gl. (11.1) aus.

Die Feldstärke E ist gleich der Kraft F je Probeladung Q', wobei die Probeladung klein genug sein muss, um das ursprüngliche Feld nicht wesentlich zu ändern:

$$E = F/Q'$$

Der Betrag der elektrischen Feldstärke im homogenen Feld ergibt sich dann daraus als Quotient aus Spannung U und dem Abstand s längs einer Feldlinie:

Elektrische Feldstärke

$$E = \frac{U}{s} \tag{11.4}$$

$$[E] = \mathrm{V \cdot m^{-1}}$$

Elektrische Flussdichte und Feldstärke charakterisieren im Vakuum das gleiche Feld, einmal von den Ursachen, zum anderen von den Wirkungen her. Sie sind deshalb einander proportional:

$$D = \varepsilon_0 E \tag{11.5}$$

Dabei erscheint als Proportionalitätsfaktor die schon im Coulombschen Gesetz (11.1) auftretende **elektrische Feldkonstante** ε_0.

11.1.2.2 Kapazität

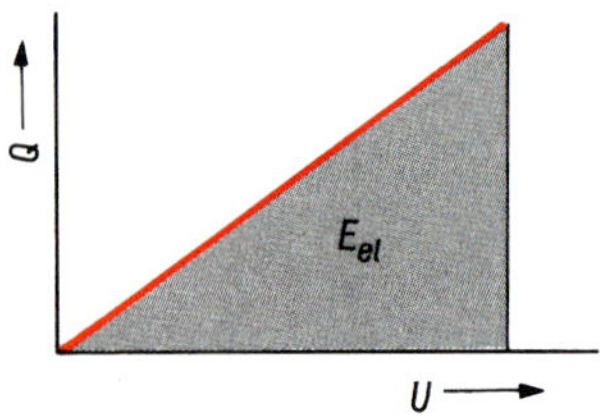

Bild 11.4: Ladung als Funktion der Spannung

Ein **Kondensator** nimmt um so mehr Ladung Q auf, je höher die Spannung U am Kondensator ist. Dabei sind Ladung und Spannung einander direkt proportional: $Q = CU$. Der Proportionalitätsfaktor C heißt **Kapazität** des Kondensators. Die grafische Darstellung dieses Zusammenhanges ergibt eine Gerade, deren Anstieg der Kapazität entspricht (Bild 11.4).

Die Kapazität C gibt an, wieviel Ladung Q ein Kondensator bei einer bestimmten Spannung U aufnehmen kann:

Kapazität

$$C = \frac{Q}{U} \tag{11.6}$$

$$[C] = \mathrm{A \cdot s \cdot V^{-1} = C \cdot V^{-1} = F} \quad \text{(Farad)}$$

Ein Farad ist eine sehr große Kapazität. Die Kapazitäten technischer Kondensatoren sind meist wesentlich kleiner und werden in Mikrofarad (1 µF = 10^{-6} F), Nanofarad (1 nF = 10^{-9} F) und Pikofarad (1 pF = 10^{-12} F) angegeben.

Wovon hängt die Kapazität eines Plattenkondensators ab? Setzen Sie in Gl. (11.6) $Q = DA$ sowie $U = Es$ ein und beachten nach Gl. (11.5) $D/E = \varepsilon_0$, so erhalten Sie

Kapazität des Plattenkondensators

$$C = \varepsilon_0 \frac{A}{s} \tag{11.7}$$

Die Kapazität ist eine *Eigenschaft* des Kondensators, die wesentlich durch seine geometrischen Abmessungen bestimmt wird. Beim Plattenkondensator ist sie um so größer, je größer die Plattenfläche und je kleiner der Plattenabstand ist.

11.1.2.3 Elektrische Feldenergie

Stellen Sie sich vor, Sie sollten einen Kondensator aufladen, indem Sie Teilladungen nacheinander von einer Platte zur anderen transportieren. Jede nachfolgende Teilladung müssten Sie gegen die Kraft des Feldes verschieben, das durch die vorher bereits übertragenen Teilladungen hervorgerufen wird. Dadurch ist für die Verschiebung jeder folgenden Teilladung bei immer größer werdendem Kraftaufwand immer mehr Arbeit zu verrichten. Die gesamte Arbeit zum Aufladen des Kondensators ergibt sich deshalb nicht wie im Gleichstromkreis einfach als Produkt von Ladung und Spannung. Sie kann grafisch aus der Fläche unter der Kurve im Q-U-Diagramm ermittelt werden (Bild 11.4). Der Dreiecksfläche entspricht

Elektrische Feldenergie

$$E_{\mathrm{el}} = \frac{1}{2} QU = \frac{1}{2C} Q^2 = \frac{1}{2} CU^2 \tag{11.8}$$

Die Arbeit zum Aufladen des Kondensators ist im Feld als **elektrische Feldenergie** gespeichert, die beim Entladen wieder freigesetzt wird. So kann z. B. die Energie

Beispiel 11.1

Berechnen Sie die Kapazität eines Kondensators mit 100 cm² Plattenfläche und 1,0 mm Plattenabstand! Wie groß ist die aufgenommene Ladung bei 100 V? Wie groß sind dann die Flussdichte, die Feldstärke und die Feldenergie des homogenen Feldes im Kondensator?

Lösung:

$$C = \varepsilon_0 \frac{A}{s} = 8{,}85 \cdot 10^{-12}\,\mathrm{A \cdot s \cdot V^{-1} \cdot m^{-1}} \cdot \frac{100 \cdot 10^{-4}\,\mathrm{m^2}}{10^{-3}\,\mathrm{m}} = 88{,}5\,\mathrm{pF}$$

$$Q = CU = 88{,}5 \cdot 10^{-12}\,\mathrm{F} \cdot 100\,\mathrm{V} = 8{,}85 \cdot 10^{-9}\,\mathrm{A \cdot s} = 8{,}85\,\mathrm{nC}$$

$$D = \frac{Q}{A} = \frac{8{,}85 \cdot 10^{-9}\,\mathrm{A \cdot s}}{100 \cdot 10^{-4}\,\mathrm{m^2}} = 0{,}885 \cdot 10^{-6}\,\mathrm{A \cdot s \cdot m^{-2}} = 0{,}885\,\mathrm{\mu C \cdot m^{-2}}$$

$$E = \frac{U}{s} = \frac{100\,\mathrm{V}}{10^{-3}\,\mathrm{m}} = 10^5\,\mathrm{V \cdot m^{-1}} = 100\,\mathrm{kV \cdot m^{-1}}$$

$$E_{\mathrm{el}} = \frac{1}{2} QU = 0{,}5 \cdot 8{,}85 \cdot 10^{-9}\,\mathrm{A \cdot s} \cdot 100\,\mathrm{V} = 0{,}443 \cdot 10^{-6}\,\mathrm{W \cdot s} = 0{,}443\,\mathrm{\mu J}$$

für eine Fotoblitzlampe einem aufgeladenen Kondensator entnommen werden. Zur Speicherung größerer Energiemengen sind jedoch Kondensatoren praktisch nicht brauchbar.

11.1.3 Stoffe im elektrischen Feld

11.1.3.1 Influenz

Wir bringen einen ungeladenen *elektrisch leitenden* Körper, z. B. ein Metallstück, in ein elektrisches Feld. Die im Metall vorhandenen frei beweglichen Leitungselektronen werden durch die Kraft des elektrischen Feldes so *verschoben,* dass sich gegenüberliegende Seiten des Metallkörpers entgegengesetzt *aufladen* (Bild 11.5a). Nehmen wir den Körper aus dem Feld heraus, so gleichen sich auch diese Ladungen wieder aus. Das könnte nur verhindert werden, wenn man vorher die entgegengesetzt geladenen Teile des Körpers im äußeren Feld voneinander trennt (Bild 11.5c).

Die *Ladungsverschiebung* in einem Körper durch die Kräfte eines elektrischen Feldes heißt **Influenz**. Durch die influenzierten Ladungen bildet sich im Innern des Leiters ein elektrisches Feld, das dem äußeren Feld entgegen gerichtet ist und dieses aufhebt. Das *Innere* des leitenden Körpers ist dann *feldfrei*, auch wenn es sich um einen Hohlkörper handelt (Bild 11.5b). Auf diese Weise lassen sich elektrische Felder abschirmen. Denken Sie z. B. an die von einem Drahtgeflecht umgebenen Leiter eines Abschirmkabels. Auch das Innere eines Pkw mit Metallkarosserie ist bei Gewitter feldfrei, und die Insassen sind gegen Blitzschlag geschützt. Die abschirmenden Leiter bilden einen sog. „Faradayschen Käfig“.

Ein elektrisches Feld kann im Innern eines Leiters nur durch ständige Energiezufuhr über eine angeschlossene Spannungsquelle aufrechterhalten werden. Dann erfolgt ein ständiger Ladungstransport; es fließt elektrischer Strom.

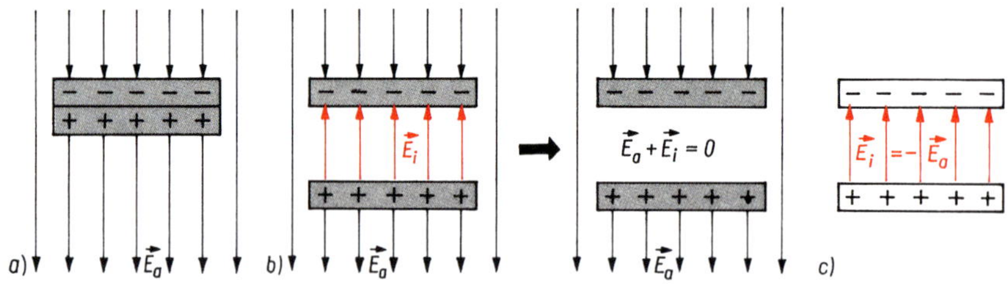

Bild 11.5: Influenz
a) in zwei aufeinanderliegenden Metallplatten, die b) im Feld getrennt und c) getrennt aus dem äußeren Feld herausgebracht werden.

11.1.3.2 Dielektrische Polarisation

Wir bringen einen *nichtleitenden* Körper (Isolator), ein sog. Dielektrikum, in ein elektrisches Feld. Im Dielektrikum fehlen frei bewegliche Ladungsträger. Die Kräfte des elektrischen Feldes wirken jedoch auf die positiven Atomkerne und die negativen Elektronen in den Atomhüllen der Moleküle des Dielektrikums. Dadurch wird die Elektronenhülle der Moleküle so *verschoben*, dass jedes Molekül einen positiven und einen negativen Pol erhält; es wird zum *Dipolmolekül* (Verschiebungspolarisation). Bei Stoffen, deren Moleküle auf Grund ihrer Struktur auch ohne äußeres Feld Dipole sind, *orientieren* sich diese durch die Feldkräfte in

Feldrichtung. So bilden sich Ketten aus Dipolmolekülen. Das Dielektrikum ist **dielektrisch polarisiert** (Bild 11.6) (Orientierungspolarisation).

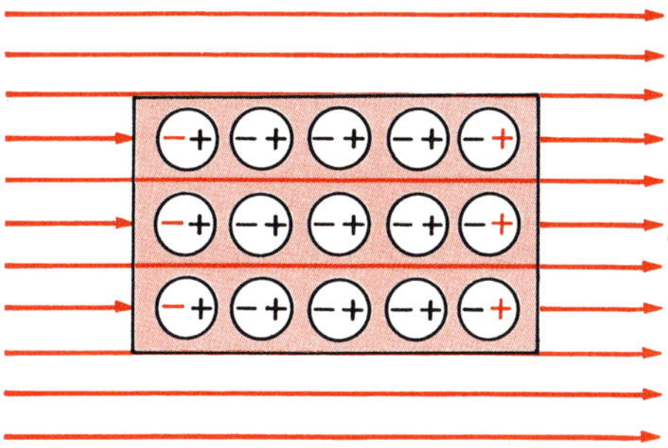

Bild 11.6: Dielektrische Polarisation

Im Innern der Dipolketten kompensieren sich die aufeinanderfolgenden positiven und negativen Ladungen. An der Oberfläche des Dielektrikums treten jedoch dort, wo das äußere Feld eintritt, unkompensierte negative Ladungen und dort, wo das Feld austritt, unkompensierte positive Ladungen auf. Dadurch wird das Feld im Innern des Dielektrikums gegenüber dem äußeren Feld geschwächt. Füllen Sie den Raum zwischen den Platten eines aufgeladenen Kodensators, der von der Spannungsquelle getrennt ist, mit einem Dielektrikum, so sinkt die Feldstärke und damit die Spannung am Kondensator. Halten Sie dagegen die Feldstärke durch eine angeschlossene Spannungsquelle aufrecht, so nimmt der Kondensator mit Dielektrikum mehr Ladung auf. Durch das Dielektrikum vergrößert sich die Kapazität $C = Q/U$ des Kondensators. Das Verhältnis der Kapazität C_m mit Dielektrikum zur Kapazität C_0 im Vakuum ergibt die **Permittivitätszahl** des Dielektrikums:

Tabelle 11.1: Permittivitätszahlen (Richtwerte)

Stoff	ε_r
Glas	5 … 15
Gummi	2,6
Holz (trocken)	6
Luft (0 °C, 1013 hPa)	1,000592 ≈ 1
Papier (trocken)	2,5
Transformatorenöl	2,4
Wasser	≈ 81

$$\varepsilon_r = \frac{C_m}{C_0} > 1 \qquad (11.9)$$

Permittivitätszahl

Ist der gesamte Raum, in dem sich die felderzeugenden Ladungen befinden, mit einem Dielektrikum ausgefüllt, so tritt in allen Gleichungen anstelle von ε_0 das Produkt $\varepsilon_0\varepsilon_r$. Die Beziehung zwischen elektrischer Flussdichte und Feldstärke ist dann

$$D = \varepsilon_0\varepsilon_r E \qquad (11.10)$$

Beispiel 11.2

Wie ändern sich die in Beispiel 11.1 berechneten Größen, wenn sich zwischen den Platten des Kondensators Glimmer als Dielektrikum ($\varepsilon_r = 4$) befindet?

Lösung: Die Kapazität erhöht sich auf $C = \varepsilon_0\varepsilon_r A/s = 4 \cdot 88{,}5$ pF = 354 pF. Wurde der Kondensator aufgeladen und vor dem Einbringen des Dielektrikums von der Spannungsquelle getrennt, so ändern sich Ladung und Flussdichte nicht, während Spannung, Feldstärke und Feldenergie auf $1/\varepsilon_r = 1/4$ absinken. Ist der Kondensator während des Einbringens des Dielektrikums an die Spannungsquelle angeschlossen, so bleiben Spannung und Feldstärke unverändert, während Ladung, Flussdichte und Feldenergie auf das ε_r-fache, also das 4-fache, anwachsen.

11.1.4 Kondensatoren

Im Prinzip stellt jede Anordnung aus *zwei voneinander isolierten elektrischen Leitern* einen **Kondensator** dar, der entsprechend seiner Kapazität C durch eine Spannung U mit der Ladung $Q = CU$ aufgeladen werden kann. **Technische Kondensatoren** werden als Festkondensatoren in Form von Wickel-, Keramik- und Elektrolytkondensatoren hergestellt.

Für *Wickelkondensatoren* wird Aluminiumfolie mit paraffingetränktem Papier oder Kunststofffolie aufgewickelt. Bei *MP-Kondensatoren* (Bild 11.7a) nimmt man stattdessen gleich metallbedampftes Papier. Sie sind selbstheilend, da im Schadensfall das Metall an der Schadensstelle verdampft, so dass der MP-Kondensator wieder funktionstüchtig ist.

Keramikkondensatoren haben als Dielektrikum spezielle keramische Substanzen in Form von Röhrchen oder Scheiben mit z. T. extrem großen Permittivitätszahlen bis zu 10000. Sie zeichnen sich vor allem durch hohe Spannungsfestigkeit aus.

Elektrolytkondensatoren (Bild 11.7b) sind gepolte Festkondensatoren für Gleichspannungen. Elektrolytkondensatoren müssen stets richtig gepolt werden! Sie bestehen aus einer metallischen Anode aus Al, Ta oder Nb, auf die eine dünne Oxidschicht als Dielektrikum aufgebracht ist. Als Kathode wirkt ein Elektrolyt. Sie ermöglichen wegen der sehr dünnen Oxidschicht als Dielektrikum große Kapazitätswerte auf kleinem Raum, allerdings bei relativ geringer Spannungsfestigkeit.

a) *b)*

Bild 11.7: Verschiedene Ausführungsformen technischer Kondensatoren
a) Leistungs-MP-Kondensatoren
b) Aluminium-Elektrolyt-Leistungskondensatoren

Auf den meisten Kondensatoren ist neben dem Kapazitätswert auch die Nennspannung angegeben. Bei *veränderbaren* Kondensatoren können Sie durch Variieren der wirksamen Kondensatorfläche und des Plattenabstandes die gewünschten Kapazitätswerte einstellen.

Auf Beispiele für Verwendungen von Kondensatoren werden wir in einigen der folgenden Kapitel eingehen, z. B. als Blindwiderstände im Wechselstromkreis (s. 12.2.2), zur Blindleistungskompensation (s. 12.4.4), als Schwingkreiskondensatoren (s. 14.2.1) oder als Lade- und Siebkondensatoren bei Gleichrichtern (s. 13.3).

11.2 Magnetische Felder

Jeder von uns hat sicher schon gesehen, wie sich die Magnetnadel eines Kompasses durch das Magnetfeld der Erde in Nord-Süd-Richtung einstellt. 1820 beobachtete HANS CHRISTIAN OERSTED erstmals, wie eine Magnetnadel durch einen in der Nähe befindlichen stromdurchflossenen Leiter abgelenkt wird. Die auf diese Weise entdeckten **magnetischen Wirkungen elektrischer Ströme** hat vor allem ANDRÉ-MARIE AMPÈRE untersucht. Er erklärte bereits den Magnetismus von Dauermagneten durch das Auftreten von „Molekularströmen", von denen wir heute wissen, dass sie in Form der sich bewegenden Elektronen in der Atomhülle existieren. Deshalb lassen sich auch Nord- und Südpol eines Dauermagneten *nicht* voneinander trennen. Schneiden Sie ihn in zwei Teile auseinander, so ist jeder Teil wieder ein vollständiger Magnet mit zwei Polen. Es gibt im Unterschied zu elektrischen Ladungen *keine* freien magnetischen Pole, sondern nur magnetische Dipole.

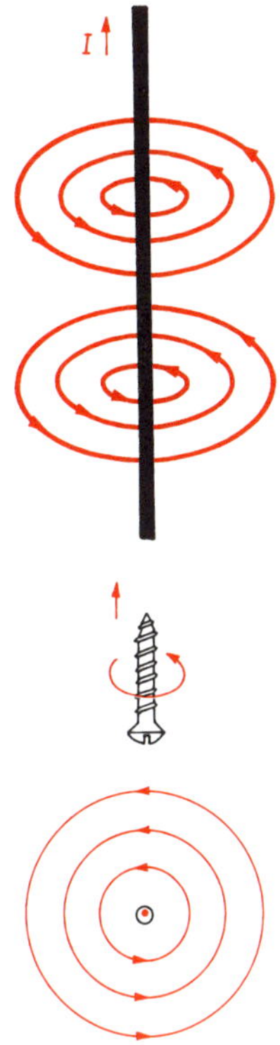

Bild 11.8: Feldlinienbild des magnetischen Feldes eines stromdurchflossenen Leiters

11.2.1 Magnetische Felder stromdurchflossener Leiter

Wir lassen einen elektrischen Strom durch einen Leiter fließen, wobei sich im Leiter Ladungsträger gerichtet bewegen. Durch diese Bewegung elektrischer Ladungen verändert sich der Raum in der Umgebung des stromdurchflossenen Leiters. In diesem Raum können wir Kräfte auf andere elektrische Ströme beobachten. So wird z. B. ein zweiter stromdurchflossener Leiter je nach Stromrichtung angezogen oder abgestoßen. Diese Kräfte werden durch das **magnetische Feld** übertragen, welches den Raum in der Umgebung stromdurchflossener Leiter erfüllt.

Elektrische Ströme erzeugen Wirbel magnetischer Felder. Magnetische Felder üben Kräfte auf elektrische Ströme aus.

Die Feldlinien magnetischer Felder sind *stets in sich geschlossen*, haben also weder Anfang noch Ende. Sie umschließen den elektrischen Strom. Bild 11.8 zeigt als Beispiel das Feldlinienbild eines stromdurchflossenen Leiters. Der Richtungssinn des Feldes ist wie bei einer *Rechtsschraube* festgelegt, die sich in Stromrichtung fortschraubt und dabei rechtsherum in Feldrichtung dreht.

Bringen wir in dieses Feld einen zweiten stromdurchflossenen Leiter, der ja ebenfalls von einem magnetischen Feld umgeben ist, so *überlagern* sich beide Felder. Feldlinienbilder der daraus resultierenden Felder zeigt Bild 11.9. Diese Feldlinienbilder ergeben einen anschaulichen Eindruck von den durch das magnetische Feld vermittelten Wechselwirkungen zwischen stromdurchflossenen Leitern. Stellen Sie sich dazu vor, dass das Feld den Leiter aus Bereichen hoher Feld-

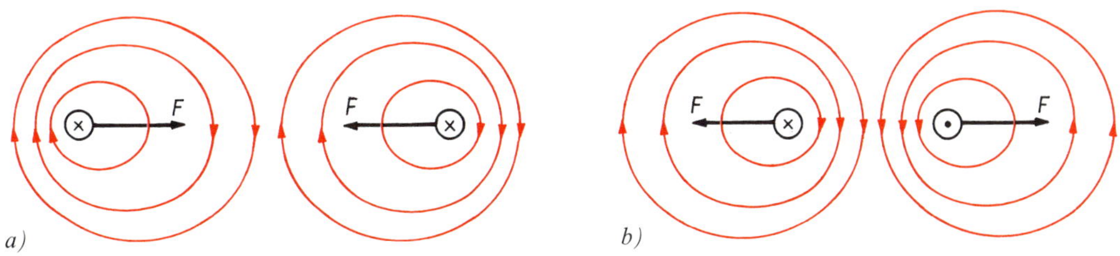

Bild 11.9: Feld zwischen
a) zwei in gleicher Richtung, b) zwei in entgegengesetzter Richtung vom Strom durchflossenen Leitern

liniendichte in Bereiche geringerer Feldliniendichte zu drängen sucht. Sie erkennen aus Bild 11.9:

Zwischen zwei in gleicher Richtung vom Strom durchflossenen parallelen Leitern überträgt das magnetische Feld anziehende, zwischen entgegengesetzt durchflossenen Leitern dagegen abstoßende Kräfte.

11.2.2 Magnetische Felder im Vakuum

11.2.2.1 Magnetische Feldstärke und magnetische Flussdichte

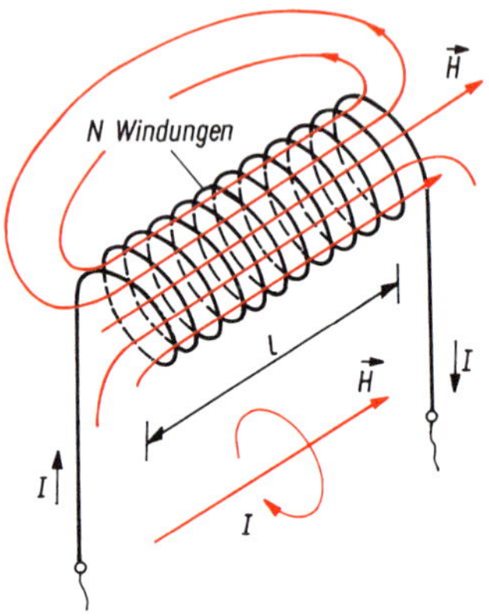

Bild 11.10: Homogenes Feld im Innern einer langen Zylinderspule

Magnetische Felder werden wie elektrische Felder durch zwei **Feldgrößen** charakterisiert: die **magnetische Feldstärke** $\vec{H}$ und die **magnetische Flussdichte** $\vec{B}$, die auch als **Induktion** $\vec{B}$ bezeichnet wird. Wir betrachten dazu das Feld im Innern einer *langen Zylinderspule* aus N Windungen mit der Windungsfläche A und der Länge l (Bild 11.10). Die Spule wird von einem elektrischen Strom der Stromstärke I durchflossen. In der Spule entsteht dabei ein homogenes magnetisches Feld. Das relativ schwache inhomogene Feld außerhalb der Spule soll vernachlässigt werden. Die Beschreibung des magnetischen Feldes durch die *Feldstärke* geht von den *Strömen als Wirbel* magnetischer Felder aus. Der Betrag H der **magnetischen Feldstärke** im homogenen Feld einer Zylinderspule ergibt sich als Quotient aus der das Feld erzeugenden Stromstärke I und der Spulenlänge l, multipliziert mit der Windungszahl N:

Magnetische Feldstärke

$$H = N\frac{I}{l} \qquad (11.11)$$

$$[H] = \mathrm{A \cdot m^{-1}}$$

Die Beschreibung des magnetischen Feldes durch die *Flussdichte* geht von den *Kraftwirkungen* des magnetischen Feldes aus (s. 11.2.4). Der Betrag der magnetischen Flussdichte B ergibt sich als Quotient aus magnetischem Fluss Φ und der vom Fluss durchsetzten Fläche A:

Magnetische Flussdichte, Induktion

$$B = \frac{\Phi}{A} \qquad (11.12)$$

$$[B] = \mathrm{V \cdot s \cdot m^{-2} = T} \ \text{(Tesla)}$$

Den **magnetischen Fluss** $\Phi = BA$ des Feldes durch die Fläche A müssen Sie sich als die Gesamtheit der Feldlinien vorstellen, die diese Fläche durchstoßen. Die Einheit des magnetischen Flusses ist V · s = Wb (Weber), wie sich aus dem Induktionsgesetz ergibt (s. 11.4.1).

Feldstärke und Flussdichte charakterisieren im Vakuum das gleiche Feld, einmal von den Ursachen, zum anderen von den Wirkungen her. Sie sind deshalb einander proportional:

$$B = \mu_0 H \qquad (11.13)$$

Der Proportionalitätsfaktor ist die **magnetische Feldkonstante**

$$\mu_0 = 1{,}257 \cdot 10^{-6}\ \mathrm{V \cdot s \cdot A^{-1} \cdot m^{-1}}$$

Stellen Sie die Gleichungen (11.11) bis (11.13) für das magnetische Feld den Gleichungen (11.3) bis (11.5) für das elektrische Feld gegenüber, so finden Sie trotz aller Unterschiede zwischen magnetischen und elektrischen Feldern weitgehende formale *Analogie*. Bei magnetischen Feldern tritt lediglich die Windungszahl von Spulen als zusätzlicher Faktor auf. Diese Analogie wollen wir im folgenden Abschnitt nutzen.

11.2.2.2 Induktivität und magnetische Feldenergie

Entsprechend der Kapazität C als Eigenschaft eines Kondensators ist die **Induktivität** L eine *Spuleneigenschaft*. Die Induktivität L einer Spule gibt an, wie groß der magnetische Fluss Φ in einer Spule aus N Windungen bei einer bestimmten Stromstärke I ist:

$$L = N\frac{\Phi}{I} \qquad (11.14)$$

Induktivität

$$[L] = \mathrm{V \cdot s \cdot A^{-1} = H} \text{ (Henry)}$$

Für eine lange Zylinderspule ergibt sich daraus die Induktivität zu

$$L = N^2\mu_0\frac{A}{l} \qquad (11.15)$$

Induktivität der Zylinderspule

Die beim Aufbau des magnetischen Feldes in einer Spule der Induktivität L durch den elektrischen Strom verrichtete Arbeit ist im Feld als **magnetische Feldenergie** gespeichert. Sie beträgt analog zu Gl. (11.8)

$$E_{\mathrm{mag}} = \frac{1}{2}LI^2 \qquad (11.16)$$

Magnetische Feldenergie

Diese Energie wird beim Abbau des Feldes wieder freigesetzt. So liefert z. B. beim Ausschalten des Spulenstromes das zusammenbrechende magnetische Feld die Energie für die Funkenbildung an den Schaltkontakten.

Beispiel 11.3

Berechnen Sie die Induktivität einer mehrlagig gewickelten Zylinderspule von 1000 Windungen, 5,0 cm Länge und 3,0 mm mittlerem Windungsdurchmesser! Wie groß sind magnetischer Fluss, Flussdichte, Feldstärke und Feldenergie des homogenen Feldes in der Spule bei einer Stromstärke von 0,10 A?

Lösung:
$L = N^2\mu_0\,A/l = 0{,}18$ mH, $\Phi = L\,I/N = 18 \cdot 10^{-9}$ V · s = 18 nWb, $B = \Phi/A = 2{,}55$ mT, $H = N\,I/l = 2{,}0 \cdot 10^3\,\mathrm{A \cdot m^{-1}}$ = 2,0 kA · m^{-1}, $E_{\mathrm{mag}} = (L/2)\,I^2 = 0{,}90$ µJ.

Bei der gegebenen Feldstärke sind die übrigen Werte der leeren Spule sehr klein. Deshalb haben technische Spulen meist einen Eisenkern (s. 11.2.3).

11.2.3 Stoffe im magnetischen Feld

Die Bahnbewegung und der Spin der Elektronen ergeben atomare elektrische Ströme in den Elektronenhüllen der Atome. Dadurch haben alle Stoffe bestimmte *magnetische Eigenschaften.* Befindet sich ein Stoff im magnetischen Feld der Feldstärke H, so ändert sich die Flussdichte B gegenüber dem Vakuum um einen Faktor μ_r

$$B = \mu_0 \mu_r H \tag{11.17}$$

μ_r ist die **Permeabilitätszahl** des Stoffes.

In *diamagnetischen* Stoffen verringert sich die Flussdichte gegenüber dem Vakuum (Bild 11.11a): $\mu_r < 1$. Diamagnetisch sind z. B. Kupfer, Zink, Wasser, Stickstoff. In den Atomen bzw. Molekülen diamagnetischer Stoffe heben sich die durch die einzelnen Elektronen hervorgerufenen magnetischen Wirkungen gerade auf. Die Atome werden erst durch das äußere Feld magnetisch polarisiert, wobei die atomaren Dipole der Feldrichtung entgegen gerichtet sind.

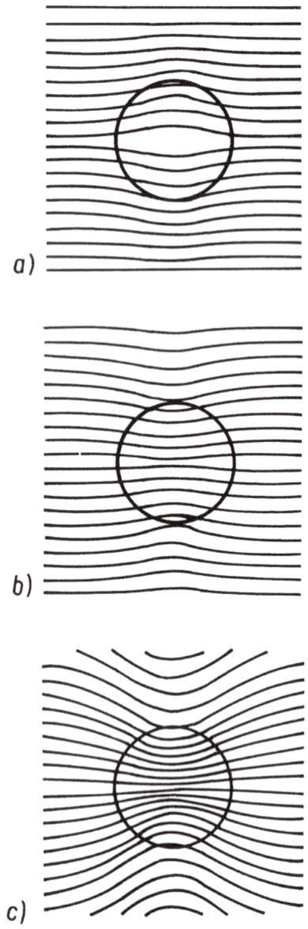

Bild 11.11: *Kugel aus a) diamagnetischem, b) paramagnetischem, c) ferromagnetischem Material in einem ursprünglich homogenen Magnetfeld*

In *paramagnetischen* Stoffen erhöht sich die Flussdichte gegenüber dem Vakuum (Bild 11.11b): $\mu_r > 1$. Paramagnetisch sind z. B. Aluminium, Zinn, Platin, Sauerstoff. Die Atome bzw. Moleküle dieser Stoffe sind bereits ohne äußeres Feld magnetische Dipole, welche sich im äußeren Feld in Feldrichtung orientieren. Die Permeabilitätszahlen dia- und paramagnetischer Stoffe sind allerdings so wenig von 1 verschieden, dass die magnetischen Eigenschaften dieser Stoffe in der Technik kaum eine Rolle spielen. Anders ist das bei **ferromagnetischen** Stoffen wie Eisen, Cobalt und Nickel sowie eisenoxidhaltigen Mischoxiden und speziellen Legierungen, die sich schon bei kleinen Feldstärken stark magnetisieren lassen (Bild 11.11c). Sie erkennen dies daran, dass ferromagnetische Körper von Magneten stark angezogen werden. **Ferromagnetismus** tritt nur bei Festkörpern unterhalb der sog. Curie-Temperatur auf, die z. B. bei Eisen 769 °C beträgt. Oberhalb dieser Temperatur ist Eisen paramagnetisch.

In ferromagnetischen Stoffen haben sich die Dipole der paramagnetischen Atome bereits ohne äußeres Feld innerhalb bestimmter Bezirke des Festkörpers parallel zueinander orientiert. Diese Bezirke sind *spontan* magnetisiert. Ihre Magnetisierungsrichtungen sind jedoch ohne äußeres Feld regellos verteilt, der Körper ist also insgesamt unmagnetisch.

Durch ein anwachsendes äußeres Feld vergrößern sich die Bezirke, deren Magnetisierungsrichtung günstig zur Feldrichtung liegt, auf Kosten der anderen durch sog. Wandverschiebungen und klappen schließlich durch Drehprozesse bei höheren Feldstärken in Feldrichtung um. Diese Vorgänge sind z. T. nicht umkehrbar, wodurch der Eisenkern einer Spule beim Ausschalten des Feldes einen Restmagnetismus behält und die Eigenschaften eines Dauermagneten angenommen hat.

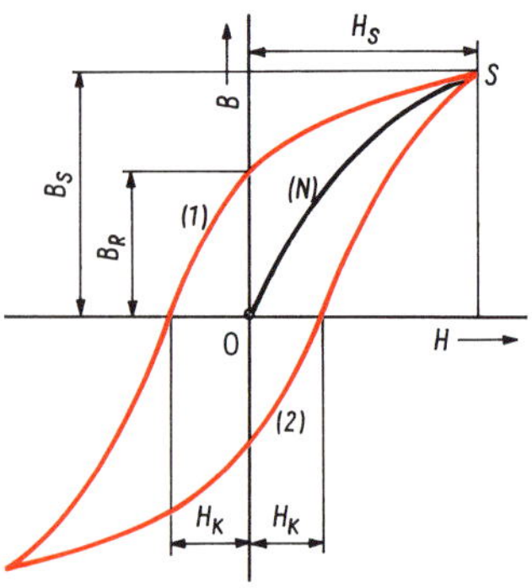

Bild 11.12: *Hysteresiskurve*

Den Zusammenhang zwischen Flussdichte und Feldstärke können Sie an Hand der für das jeweilige ferromagnetische Material charakteristischen **Magnetisierungskurve** verfolgen (Bild 11.12). Beim erstmaligen Magnetisieren bewegen wir uns entlang der sog. Neukurve (N) von 0 nach S. Im Punkt S sind bei der **Sättigungsfeldstärke** H_S alle spontan magnetisierten Bezirke in Feldrichtung orientiert. Bei weiterer Erhöhung der Feldstärke können sich also nicht noch mehr Bezirke ausrichten. Verringern wir die Feldstärke wieder, so bewegen wir uns jetzt entlang des Astes (*1*) der Magnetisierungskurve. Bei $H = 0$, d. h. ohne äußeres Feld, bleibt ein bestimmter Restbetrag an Flussdichte, die **Remanenzflussdichte** B_R, erhalten. Diese Remanenz kann erst durch ein entgegengesetztes Feld der **Koerzitivfeldstärke** H_K zum Verschwinden gebracht werden. Bei weiterer Erhöhung der Feldstärke in entgegengesetzter Richtung wird die Flussdichte negativ bis zur Sättigung in Gegenrichtung. Danach bewegen wir uns bei Verringerung der Feldstärke entlang des Astes (*2*) der Kurve.

Bei einem vollen Ummagnetisierungszyklus werden nacheinander beide Äste der Magnetisierungskurve durchlaufen, die eine sog. **Hysteresisschleife** bilden. Ihr Flächeninhalt ist ein Maß für die bei der Ummagnetisierung im ferromagnetischen Material in Wärme umgesetzte Energie. Sie stellt die bei eisengefüllten, mit Wechselstrom betriebenen Spulen auftretenden Hysteresisverluste dar.

Durch die Hysterese ist *B keine eindeutige* Funktion von *H*. **Technische Magnetisierungskurven** (Bild 11.13) stellen eine Mittelung über beide Kurvenäste (*1*) und (*2*) dar (und nicht etwa die Neukurve). Gl. (11.17) lässt sich für Ferromagnetika anwenden, wenn man die Permeabilitätszahl μ_r für die jeweilige Feldstärke aus der technischen Magnetisierungskurve ermittelt (Bild 11.14). μ_r durchläuft mit wachsender Feldstärke ein ausgeprägtes Maximum, um erst im Sättigungsbereich einem konstanten Wert zuzustreben.

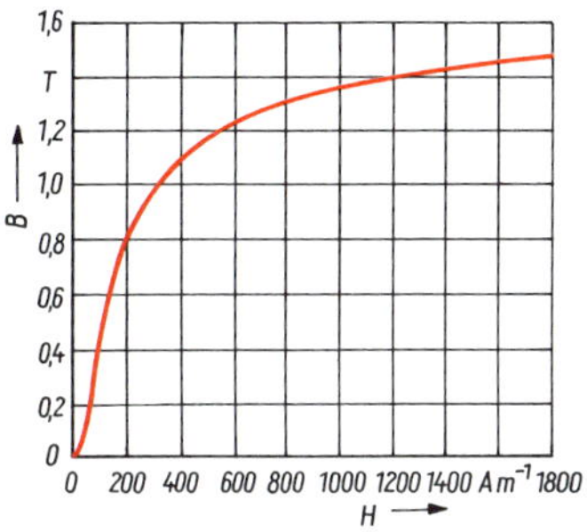

Bild 11.13: Technische Magnetisierungskurve von Elektroblech

Stromdurchflossene Spulen mit Eisenkern stellen Elektromagnete dar, die z. B. als Hubmagnete für Eisenschrott oder als Erregermagnete in elektrischen Maschinen eingesetzt werden können.

Hat eine Spule einen geschlossenen Eisenkern, so verlaufen nahezu alle Feldlinien innerhalb des Eisenkerns (Bild 11.15). Die Feldstärke lässt sich dafür nach Gl. (11.11) berechnen, wenn Sie für *l* die mittlere Länge der Feldlinien im geschlossenen Eisenkern einsetzen. Die Flussdichte können Sie der technischen Magnetisierungskurve entnehmen. Ist der Eisenkern nicht geschlossen, so treten an den freien Enden Magnetpole auf, wodurch die Flussdichte gegenüber einem geschlossenen Eisenkern verringert wird. Diese sog. *Entmagnetisierung* hängt in komplizierter Weise von der Geometrie des Eisenkerns ab.

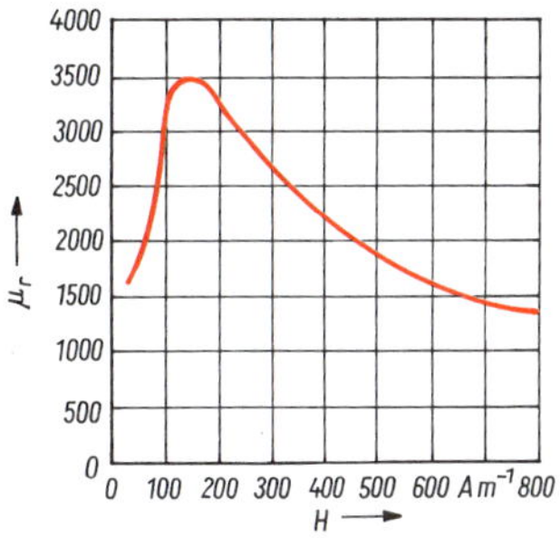

Bild 11.14: Permeabilitätszahl von Elektroblech

Beispiel 11.4

Wie groß ist die magnetische Flussdichte in einer von 0,30 A durchflossenen Ringspule mit 200 Windungen und einem geschlossenen Eisenkern aus Elektroblech von 20 cm mittlerem Umfang?

Lösung:
Die Feldstärke beträgt $H = N\,I/l = 200 \cdot 0{,}3$ A/20 cm = 300 A · m^{-1}. Für diese Feldstärke entnehmen Sie der technischen Magnetisierungskurve (Bild 11.13) eine Flussdichte von B = 1,0 T. Bei doppelter Stromstärke ist H = 600 A · m^{-1}, aber die Flussdichte steigt nur auf 1,26 T. Eine weitere Steigerung der Stromstärke in den Sättigungsbereich hinein erhöht die Flussdichte nur noch geringfügig.

11.2.4 Kraftwirkungen auf stromdurchflossene Leiter im magnetischen Feld

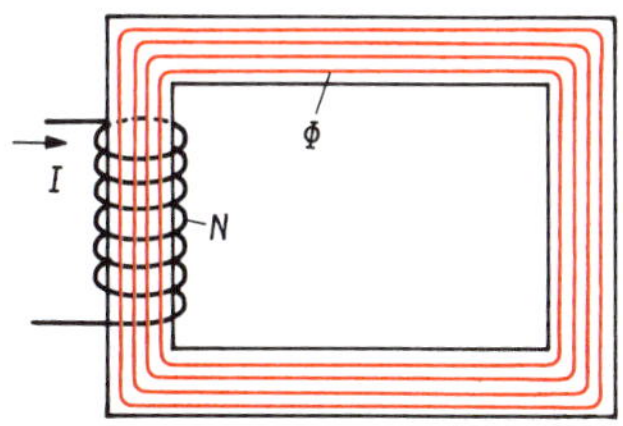

Bild 11.15: Spule mit geschlossenem Eisenkern

Auf einen vom Strom durchflossenen Leiter, der sich senkrecht zu den Feldlinien in einem magnetischen Feld befindet, wirkt eine **Kraft**, die sowohl *senkrecht zur Stromrichtung* als auch *senkrecht zur Feldrichtung* gerichtet ist (Bild 11.16a). Dem vorhandenen Magnetfeld überlagert sich dabei das Feld, das durch den Strom im Leiter hervorgerufen wird (Bild 11.16b). Drehen Sie in Gedanken die Stromrichtung durch eine Rechtsdrehung in Feldrichtung, so würde sich eine *Rechtsschraube* in Kraftrichtung fortschrauben. Strom-, Feld- und Kraftrichtung stehen in dieser

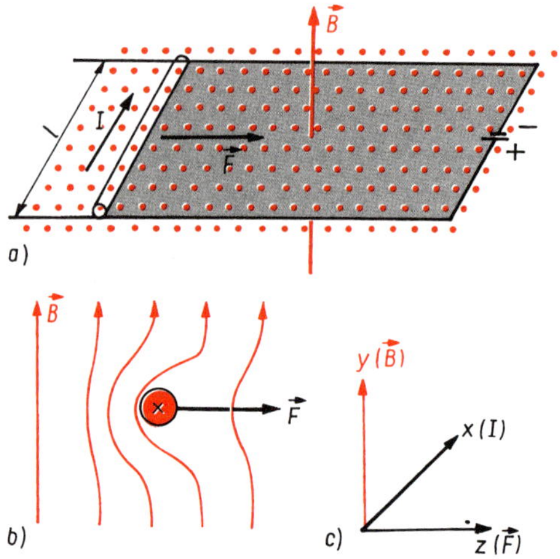

Bild 11.16: Kraftwirkung des Magnetfeldes auf einen stromdurchflossenen Leiter
a) Leiteranordnung; b) Resultierendes Magnetfeld; c) Richtungsbeziehungen

Reihenfolge wie die x-, y- und z-Achse eines räumlichen Koordinatensystems senkrecht aufeinander (Bild 11.16c).

Der Betrag F der **Kraft** auf einen stromdurchflossenen Leiter im Magnetfeld ist um so größer, je größer die Stromstärke I durch den Leiter, die Länge l des im Magnetfeld liegenden Teils des Leiters und die Flussdichte B des Feldes ist:

Kraft auf stromdurchflossenen Leiter

$$F = IlB \tag{11.18}$$

Wenn der Strom unter einem von 90° verschiedenen Winkel α zur Feldrichtung fließt, dürfen Sie in Gl. (11.18) für B nur deren Komponente $B \sin \alpha$ senkrecht zur Stromrichtung einsetzen. Auf Ströme in Feldrichtung mit $\alpha = 0$ wirkt keine magnetische Kraft. Befindet sich eine rechteckige, drehbar gelagerte Spule aus N Windungen mit der Seitenlänge l im Magnetfeld der Flussdichte B, so resultiert aus den Kräften auf die beiden Spulenlängsseiten im Abstand d ein **Drehmoment** von

$$M = 2Fr = NIlBd \tag{11.19}$$

Bild 11.17 zeigt dies für eine Leiterschleife ($N = 1$).

(Über Drehmomente können Sie sich in 4.1 und 4.4 zur Wiederholung informieren!) Gl. (11.19) bringt das **Motorprinzip** zum Ausdruck. Das Antriebsmoment

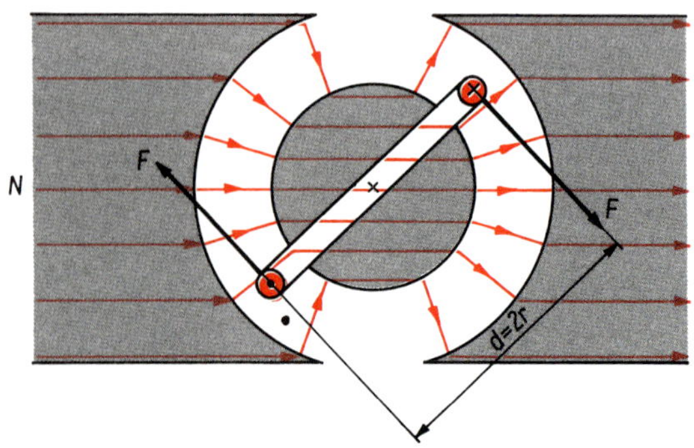

Bild 11.17: Drehmoment auf eine rechteckige Leiterschleife im Magnetfeld

von Elektromotoren entsteht durch die Kraftwirkungen auf die stromdurchflossenen Läuferwicklungen im magnetischen Feld, das vom Erregerstrom mittels der Ständerwicklungen hervorgerufen wird.

Beispiel 11.5

Wie groß ist das Drehmoment eines Elektromotors, dessen Läuferwicklung aus 150 Windungen von 200 mm Länge am Umfang des Läufers von 150 mm Durchmesser besteht? Die Läuferwicklung wird von 20 A durchflossen und befindet sich in einem Magnetfeld von 1,26 T. Welche Leistung gibt der Motor bei einer Drehzahl von 750 min^{-1} ab?

Lösung:
Das Drehmoment ist nach Gl. (11.19) $M = NIlBd = 150 \cdot 20\,\text{A} \cdot 0{,}2\,\text{m} \cdot 1{,}26\,\text{V} \cdot \text{s} \cdot \text{m}^{-2} \cdot 0{,}15\,\text{m} = 113\,\text{N} \cdot \text{m}$ und die angegebene Leistung nach Gl. (4.10)

$$P = M\omega = M \cdot 2\,\pi n = 113\,\text{N} \cdot \text{m} \cdot 2\,\pi \cdot \frac{750}{60\,\text{s}} \approx 9\,\text{kW}$$

11.3 Bewegung von Elektronen in elektrischen und magnetischen Feldern

Interessante technische Anwendungen elektrischer und magnetischer Felder ergeben sich aus ihren **Kraftwirkungen auf Ladungsträger im Vakuum**.

Zur Erforschung von Elementarteilchen werden elektrisch geladene Teilchen durch die COULOMB-Kraft im elektrischen Feld in Feldrichtung auf hohe Energien beschleunigt. In Ringbeschleunigern werden diese zusätzlich durch die LORENZ-Kraft (11.21) senkrecht zur Bewegungsrichtung im Magnetfeld auf Kreisbahnen geführt. So ging 2008 der leistungsstärkste Teilchenbeschleuniger der Welt, der Large Hadron Collider (LHC), mit einem Beschleunigertunnel von 27 km (!) Umfang in Betrieb.

In der Elektronik wurden Vakuumelektronenröhren als Gleichrichter- und Verstärkerröhren durch Halbleiterbauelemente verdrängt. (s. Kapitel 13). Sie werden noch als Bildröhren in Oszilloskopen (s. 11.3.2) und als Fernsehröhren verwendet, aber immer häufiger durch LCDs (Liquid Crystal Displays) ersetzt.

Große Bedeutung haben Vakuumelektronenröhren als Röntgenröhren (Bild 16.24) für die Anwendung von Röntgenstrahlen in Medizin und Werkstoffprüfung. Elektronenstrahlen werden auch eingesetzt zur Werkstoffbearbeitung beim Elektronenstrahlschweißen, anstelle von Licht in der Elektronenoptik (Bild 11.23) und zur Elektronenstrahllithographie bei der Halbleiterfertigung.

11.3.1 Erzeugung von Elektronenstrahlen

Zur **Erzeugung eines Elektronenstrahls** werden Elektronen durch ein elektrisches Feld zwischen Kathode und Anode einer Vakuumröhre beschleunigt (Bild 11.18).

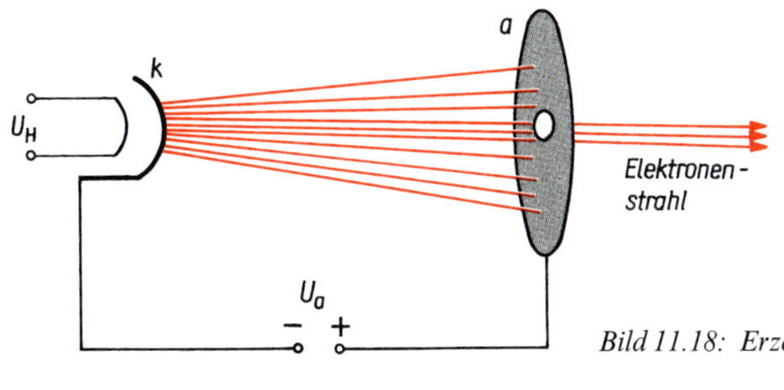

Bild 11.18: Erzeugung eines Elektronenstrahls

Dazu müssen zunächst freie Elektronen vorhanden sein. Diese werden von der Kathode emittiert, wenn im Kathodenmaterial vorhandene Leitungselektronen genügend Energie haben, um die Austrittsarbeit aus der Kathodenoberfläche aufbringen zu können. Die erforderliche Energie kann durch direkte oder indirekte Beheizung der Kathode zugeführt werden (*Glühemission*). Elektronen können auch bei Bestrahlung der Kathode mit Licht (*Fotoemission*) oder beim Auftreffen von Elektronen (*Sekundärelektronenemission*) sowie bei sehr hohen elektrischen Feldstärken (*Feldemission*) aus der Metalloberfläche austreten.

Die emittierten Elektronen werden durch das elektrische Feld *beschleunigt*, welches durch eine zwischen Kathode und Anode anliegende **Anodenspannung** U_a entsteht. Sie nehmen dabei eine **Energie** E_{el} aus dem elektrischen Feld auf, die gleich dem Produkt aus Elektronenladung e und durchlaufener Beschleunigungsspannung U_a ist:

$$E_{el} = eU_a \qquad (11.20)$$

$$[E_{el}] = 1\ \text{eV} = 1{,}6 \cdot 10^{-19}\ \text{A} \cdot \text{s} \cdot 1\ \text{V} = 1{,}6 \cdot 10^{-19}\ \text{J}$$

Um einfach handhabbare Zahlenwerte für die Energie eines Elektrons zu erhalten, verwendet man die Einheit *Elektronvolt* (eV), wobei e für die Elementarladung $1{,}6 \cdot 10^{-19}$ A · s steht. 1 eV ist demnach die Energie eines Elektrons, die es beim Durchlaufen einer Beschleunigungsspannung von 1 V erhält.

Beispiel 11.6

Mit welcher Geschwindigkeit treffen die Elektronen in einer Röntgenröhre auf die Anode, wenn die Beschleunigungsspannung 20 kV beträgt?

Lösung:
Nach dem Energiesatz ist $(m/2)\ v^2 = eU_a$. Daraus folgt mit der spezifischen Elektronenladung $e/m = 1{,}76 \cdot 10^{11}\ \text{A} \cdot \text{s} \cdot \text{kg}^{-1}$ für die Geschwindigkeit $v = \sqrt{2\,(e/m)\,U_a} = \sqrt{2 \cdot 1{,}76 \cdot 10^{11}\ \text{A} \cdot \text{s} \cdot \text{kg}^{-1} \cdot 20 \cdot 10^3\ \text{V}} = 84 \cdot 10^6\ \text{m} \cdot \text{s}^{-1}$.

Beim Abbremsen der Elektronen in der Anode und durch Anregung des Anodenmaterials wird Röntgenstrahlung entsprechender Energie emittiert. (Rechnungen für höhere Beschleunigungsspannungen müssen die nach der Relativitätstheorie mit wachsender Geschwindigkeit auftretende Zunahme der Masse berücksichtigen. Die oben berechnete Geschwindigkeit ist so um 4% zu groß.)

11.3.2 Ablenkung von Elektronen im elektrischen Querfeld

Fliegen die in einer Röhre beschleunigten Elektronen durch eine Öffnung in der Anode (Bild 11.18), so erhalten wir einen Elektronenstrahl, der durch weitere Felder beeinflusst werden kann.

In der **BRAUNSCHEN Röhre** durchläuft der Elektronenstrahl ein *homogenes elektrisches Querfeld* (Bild 11.19). Das Querfeld in y-Richtung entsteht durch eine **Ablenkspannung** u_y. Sie liegt an den Platten eines Plattenkondensators mit dem Plattenabstand s. Dieses Feld der Feldstärke $E_y = u_y/s$ (s. Gl. (11.4)) durchlaufen die Elektronen auf *Parabelbahnen*, wie es auch für waagerecht geworfene Körper im Schwerefeld der Erde der Fall ist (s. 2.1.1.5, Bild 2.19, Gl. (2.27)). Dort müssen Sie nur die Fallbeschleunigung g durch die Beschleunigung a_y im elektrischen Feld ersetzen. Nach dem Grundgesetz der Dynamik Gl. (3.8) ist $F_y = eE_y = ma_y$ und $a_y = eu_y/(ms)$. Deshalb ist die Gesamtablenkung y des Elektronenstrahls der Ablenkspannung u_y direkt proportional. Schnellen zeitlichen Änderungen der Ablenkspannung folgt der Elektronenstrahl nahezu trägheitslos.

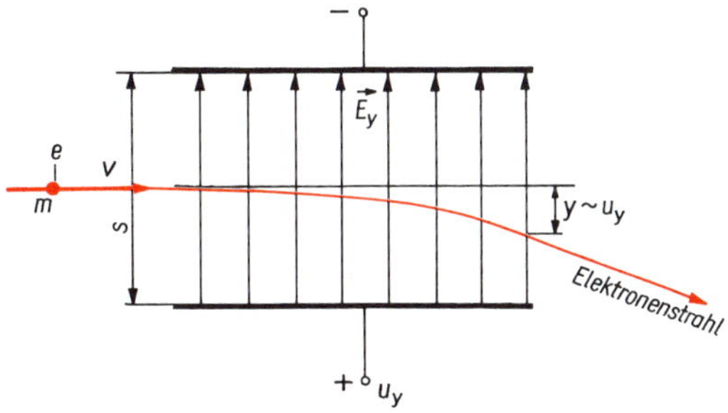

Bild 11.19: Ablenkung eines Elektronenstrahls

Die BRAUNsche Röhre eines *Elektronenstrahloszilloskops* hat ein zweites Ablenkplattenpaar zur Ablenkung in x-Richtung (Bild 11.20). Dadurch ist die Ablenkung des Elektronenstrahls in zwei zueinander senkrechten Richtungen möglich. Der abgelenkte Strahl trifft dann auf einen fluoreszierenden Leuchtschirm.

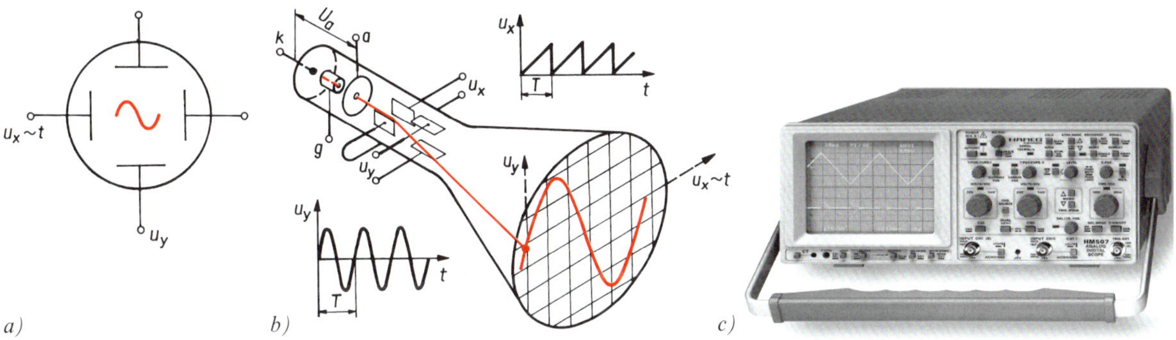

Bild 11.20: Elektronenstrahloszilloskop
a) Schaltbild; b) Prinzip der BRAUNschen Röhre; c) Zweikanal-Oszilloskop

Legt man an die x-Platten eine zeitabhängige Spannung u_x, die periodisch gleichmäßig ansteigt, um schnell wieder auf null abzufallen, so läuft der Elektronenstrahl während jeder Periode mit konstanter Geschwindigkeit von links nach rechts über den Leuchtschirm, um dann in die Ausgangslage zurückzuspringen. Auf diese Weise schreibt der Strahl in x-Richtung eine Zeitachse, und die zu untersuchende zeitabhängige Spannung u_y wird als Funktion der Zeit auf dem Leuchtschirm dargestellt. Bild 11.20 zeigt dies als Beispiel. Bei kalibrierter x- und y-Ablenkung eines Oszilloskops lassen sich durch einen Raster vor dem Leuchtschirm in x-Richtung Zeitabstände und in y-Richtung Momentanwerte der Spannung ausmessen.

11.3.3 Elektronen in magnetischen Feldern

Wir kennen die Kraftwirkung eines magnetischen Feldes auf einen stromdurchflossenen Leiter (s. 11.2.4). Diese resultiert aus den Einzelkräften, die das Magnetfeld auf die Elektronen ausübt, welche sich durch den Leiter bewegen. Die Kraft des Magnetfeldes auf ein Elektron, das sich im Magnetfeld bewegt, heißt **LORENTZ-Kraft** F_L. Sie steht sowohl *senkrecht auf der Bewegungsrichtung* des Elektrons als auch auf der Feldrichtung (Bild 11.21). Ihr Betrag hängt ab von der

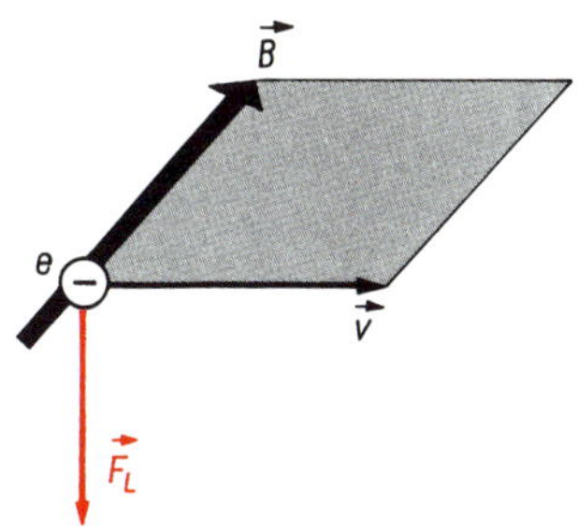

Bild 11.21: Richtung der LORENTZ-Kraft auf ein Elektron, das sich senkrecht zum Magnetfeld bewegt

Lorentz-Kraft

Ladung e des Elektrons, seiner Geschwindigkeit v im Magnetfeld, dessen Flussdichte B und dem Winkel α zwischen Bewegungs- und Feldrichtung:

$$F_L = evB \sin \alpha \tag{11.21}$$

Auf ein im Magnetfeld ruhendes Elektron ($v = 0$) oder ein sich längs der magnetischen Feldlinien bewegendes Elektron ($\alpha = 0$) übt das Magnetfeld keine Kraft aus. Die Lorentz-Kraft ist am größten, wenn sich das Elektron senkrecht zu den Feldlinien bewegt.

Da diese Lorentz-Kraft stets senkrecht zur Bewegungsrichtung wirkt, kann sie *keine* Arbeit am Elektron verrichten und somit dessen Energie nicht ändern. Die Lorentz-Kraft ändert nur die *Bewegungsrichtung*. Im *homogenen* Magnetfeld laufen wegen der räumlich konstanten Flussdichte senkrecht zum Magnetfeld bewegte Elektronen auf *Kreisbahnen* (s. 3.1.6, Fall 3, Bild 3.14). Vom Standpunkt eines auf der Kreisbahn mitbewegten Beobachters halten sich dabei Lorentz-Kraft und Zentrifugalkraft (s. 3.1.11) das Gleichgewicht: $evB = mv^2/r$. Damit ergibt sich der Radius der Kreisbahn zu $r = mv/(eB)$. Ein Vollkreis wird in einer Zeit (s. Gl. (2.30)) von $T = 2\pi r/v = 2\pi m/(e \cdot B)$ durchlaufen. Die Umlaufzeit T ist *unabhängig* vom Radius r der Bahn und der Geschwindigkeit v der Elektronen, da sich die schnelleren Elektronen auf entsprechend größeren Kreisbahnen bewegen (Bild 11.22).

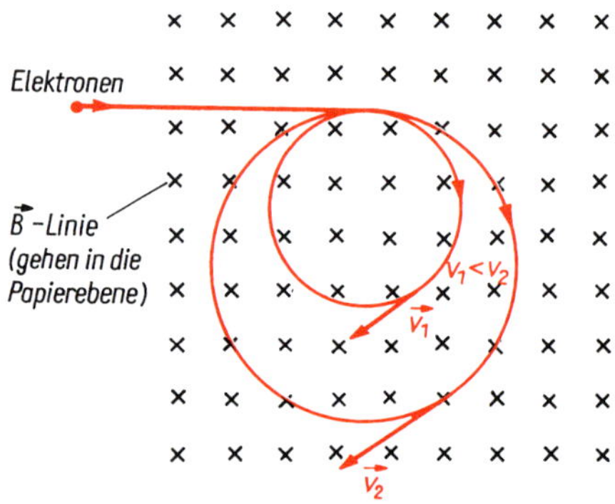

Bild 11.22: Kreisbahnen von Elektronen unterschiedlicher Geschwindigkeit im homogenen magnetischen Feld

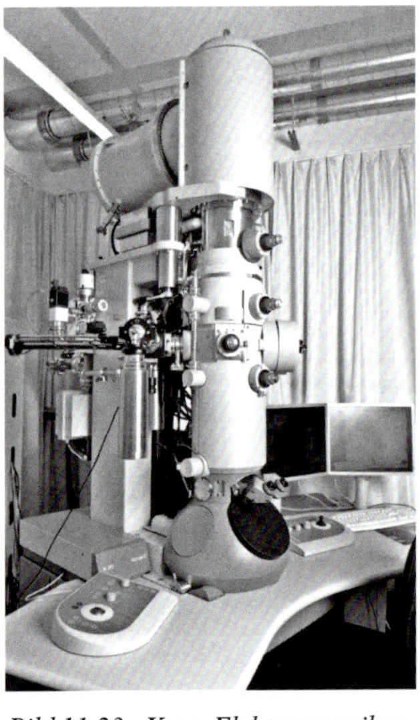

Bild 11.23: Kryo-Elektronenmikroskop zur Untersuchung organischer Strukturen in schockgefrorenen Proben

Durch rotationssymmetrische elektrische und magnetische Felder lassen sich Elektronenstrahlen ähnlich ablenken wie Lichtstrahlen durch Linsen. Dies stellt die Grundlage der Elektronenoptik dar. Sie wird in Elektronenmikroskopen (Bild 11.23) und zur Elektronenstrahllithographie angewendet.

11.3.4 Gasentladungen

Gase mit neutralen Atomen und Molekülen enthalten normalerweise keine Ladungsträger in Form von Elektronen und Ionen. Sie sind Nichtleiter (Isolatoren). Es müssen für eine Gasentladung, bei der Strom durch das Gas fließt, erst Ladungsträger durch Ionisation erzeugt werden. Die Vorgänge sind dabei von Gasart, Gasdruck, Elektrodenanordnung, Ladungsverteilung, Feldverlauf und weiteren Faktoren abhängig. Wir geben daher nur einen kurzen Überblick zur Klärung einiger Begriffe.

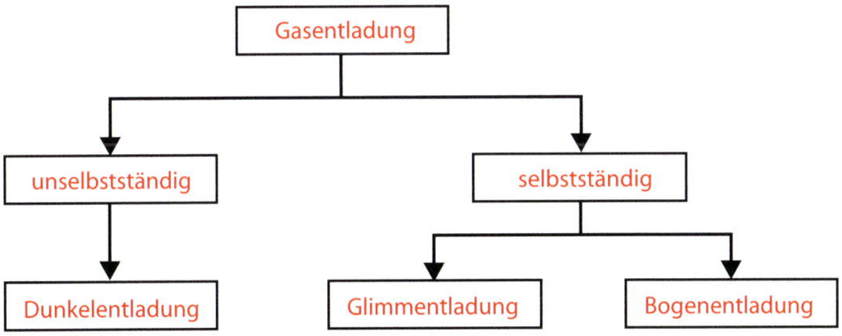

Bild 11.24: Gasentladungen

Für *unselbstständige Gasentladungen* wird das Gas durch äußere Quellen z.B. durch ionisierende Strahlung radioaktiver Stoffe angeregt. Diese Primärionisation setzt eine ganze Ionenlawine als Kettenreaktion in Gang. Die Entladung erlischt aber wieder, wenn die Quellen abgeschaltet werden.

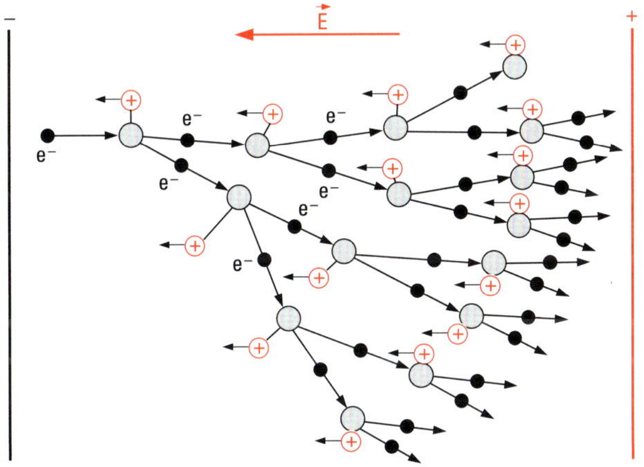

Bild 11.25: Kettenreaktion bei der Stoßionisation von Gasen

Die zugehörige Kennlinie (Bild 11.26a) steigt zunächst fast linear an, um dann bei einer bestimmten Spannung einen Sättigungszustand I_S zu erreichen. Der Strom ist dann unabhängig von der Spannung. In diesem Bereich arbeiten Auslösezählrohre (GEIGER-MÜLLER-Zählrohre), deren Wirkungsweise in Abschnitt 16.3.2.6 kurz beschrieben wird.

Selbstständige Gasentladungen müssen zwar durch eine unselbstständige Entladung gezündet werden, brennen aber nach deren Abschaltung selbstständig weiter. Durch Ionisation bildet sich ein Plasma aus positiven Ionen, Elektronen und neutralen Gasatomen. Gleichzeitig bilden sich aus Elektronen und positiven Ionen neutrale Gasatome, es findet Rekombination statt. Damit Strom fließt, muss die Erzeugungsrate durch Ionisation größer als die Rekombinationsrate sein. Die dafür notwendigen Elektronen werden durch die Entladung selbst freigesetzt. Bei *Glimmentladungen* erfolgt dies durch Ablösen von Elektronen durch die Energie der auf die Kathode aufschlagenden Ionen. Wenn sich bei höheren Stromstärken die Temperatur der Kathode aufheizt, kommt es zu Glühemission, es zündet ein *Lichtbogen.* Die Kennlinien für selbstständige Gasentladung sind fallend. Ein kurzes zufälliges Anwachsen der Stromstärke verstärkt den Strom weiter, da immer mehr Elektronen emittiert werden. Für einen stabilen Betrieb muss deshalb der Strom nach oben elektronisch oder durch Widerstände begrenzt werden. Die

Einstellung eines stabilen Arbeitspunktes erfolgt in ähnlicher Weise wie die Drehzahleinstellung nach Bild 4.15.

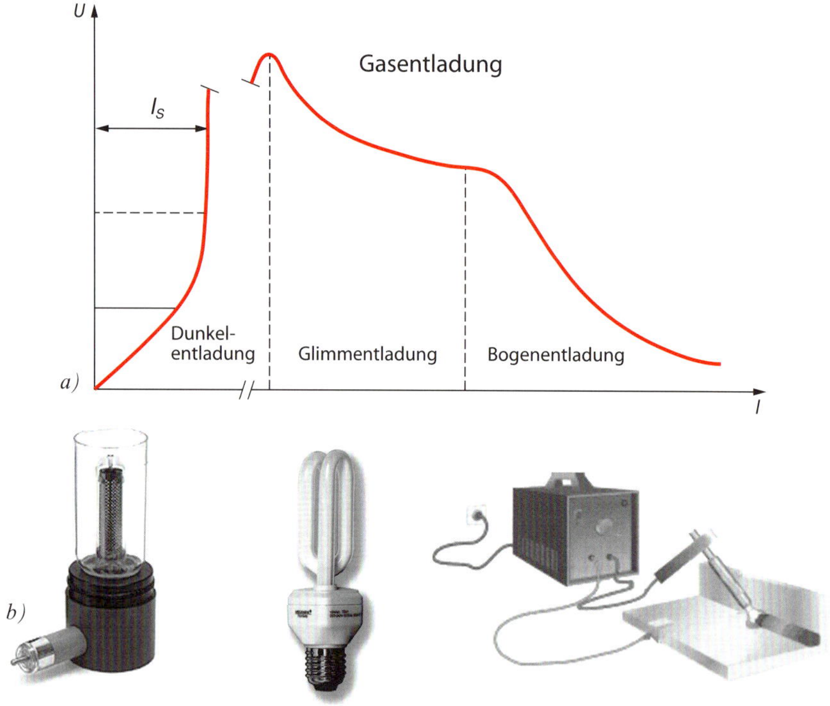

Bild 11.26: a) Spannungs-Strom-Kennlinien von Gasentladungen; b) Anwendungsbeispiele: links Auslösezählrohr mit Dunkelentladung, Mitte Leuchtstofflampe mit Glimmentladung, rechts Lichtbogenschweißen

Anwendung findet eine Glimmentladung z. B. in Leuchtstofflampen. Quecksilberdampf wird darin durch Stöße und bei der Rekombination zur Lichtemission hauptsächlich im UV-Bereich angeregt. Eine auf der Innenfläche der Röhre angebrachte Leuchtstoffschicht transformiert das UV-Licht in den sichtbaren Bereich. Die Zünd- und Strombegrenzungselektronik ist im Sockel der Lampe untergebracht.

Im Lichtbogen erreicht die Temperatur des Plasmas sehr hohe Temperaturen, die beim Lichtbogenschweißen das Aufschmelzen des zu verschweißenden Materials ermöglicht. Der zugehörende Schweißtransformator ist dabei für kleine Spannungen bei sehr hohen Stromstärken ausgelegt.

11.4 Elektromagnetische Induktion

Nachdem Oersted 1820 die Entstehung von Magnetismus durch elektrischen Strom beobachtet hatte, ergab sich die Frage, ob auch der umgekehrte Vorgang möglich sei. So schrieb sich 1822 Faraday als Aufgabe in sein Merkbuch: „Umwandlung von Magnetismus in Elektrizität!“ Da man jedoch mit konstanten Magnetfeldern und ruhenden Leitern nach Dauerströmen suchte, blieb zunächst der Erfolg aus. Erst 1831 gelang Faraday die experimentelle Verwirklichung der **elektromagnetischen Induktion**. Er wickelte zunächst zwei Spulen auf einen Eisenkern. Wenn er den Strom in der einen Spule ein- oder ausschaltete, wurde in der zweiten Spule ein kurzer Stromstoß induziert. Später gelang es ihm auch, Dauerströme zu erzeugen, indem er eine Leiterschleife im Magnetfeld rotieren ließ. Wir erkennen in den Versuchsanordnungen FARADAYS unschwer das Prinzip unserer heutigen Transformatoren und *Generatoren.*

Bis zur technischen Nutzung dieser physikalischen Erkenntnisse war ein weiter Weg zurückzulegen. Wichtige Etappen dieses Weges wurden durch den Bau der ersten Dynamomaschine 1866 durch WERNER VON SIEMENS, die Errichtung des ersten Kraftwerkes mit angeschlossenem Leitungsnetz 1881 in New York durch THOMAS ALVA EDISON und die erste Hochspannungsfernübertragung von Dreiphasen-Wechselstrom durch OSKAR VON MILLER 1891 markiert.

11.4.1 Induktionsgesetz

Auf die Frage, unter welchen Bedingungen Spannungen induziert werden und wie hoch diese Spannungen sind, gibt das **Induktionsgesetz** Antwort:

$$u_{\text{ind}} = N \frac{\Delta \Phi}{\Delta t} \qquad (11.22)$$

Induktionsgesetz

- In einer Spule aus N Windungen wird dann eine Spannung induziert, wenn sich der die Spule durchsetzende magnetische Fluss zeitlich ändert.
- Der Betrag der induzierten Spannung ist um so größer, je schneller sich der magnetische Fluss ändert.
- Die induzierte Spannung ist so gepolt, dass der durch sie hervorgerufene Induktionsstrom mit seinem Magnetfeld der Flussänderung entgegen wirkt (LENZsches Gesetz).

Das LENZsche Gesetz stellt die Anwendung des Energieerhaltungssatzes auf Induktionsvorgänge dar (Bild 11.27).

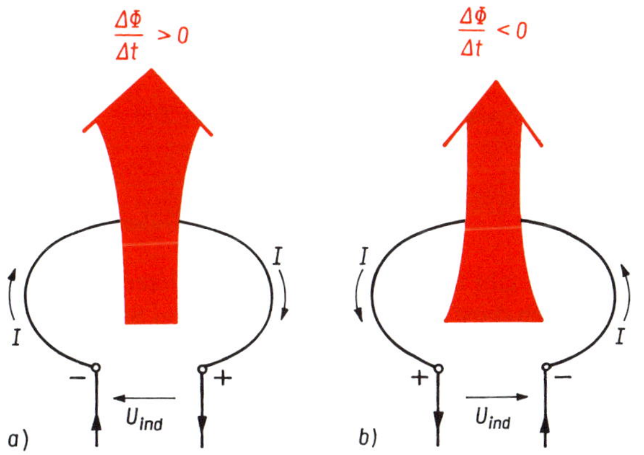

Bild 11.27: Orientierung der Induktionsspannung als Quellenspannung und Richtung des Induktionsstroms

Da die induzierten Spannungen im Allgemeinen zeitlich veränderlich sind, wurde in Gl. (11.22) als Symbol der Spannung der Kleinbuchstabe u gewählt, wie es in der Elektrotechnik für *zeitabhängige* Spannungen üblich ist. Die induzierte Spannung ist nur während einer gleichförmigen Änderung des magnetischen Flusses konstant. Sonst müssen Sie für die *Änderungsgeschwindigkeit* $\Delta\Phi/\Delta t$ des magnetischen Flusses ebenso Durchschnitts- und Momentanwerte unterscheiden wie bei der Geschwindigkeit $v = \Delta s/\Delta t$ in der Kinematik (s. 2.1.1.1). Der *Momentanwert* der Änderungsgeschwindigkeit des Flusses entspricht dem *Anstieg* der Tangente an die Kurve im Fluss-Zeit-Diagramm.

Beispiel 11.7

Ermitteln Sie grafisch den zeitlichen Verlauf der induzierten Spannung, wenn der Fluss in Abhängigkeit von der Zeit durch die Diagramme in Bild 11.28 gegeben ist!

Lösung:

a) Der Fluss wächst gleichförmig an, wodurch eine konstante Spannung induziert wird.

b) Der Fluss wächst immer langsamer an, um dann einem konstanten Wert zuzustreben, wie es beim Einschalten einer Spule der Fall ist. Deshalb ist der Betrag der induzierten Spannung am Anfang am größten, um dann abzunehmen und gegen null zu streben.

c) Der Fluss ändert sich sinusförmig mit der Zeit, wie es in Spulen der Fall ist, die von Wechselstrom durchflossen werden. Die Sinuskurve ist bei den Nulldurchgängen am steilsten, so dass dort die induzierten Spannungen den größten Betrag haben. Dagegen verlaufen die Tangenten an die Maxima und Minima der Sinuskurve waagerecht. Ihr Anstieg ist null und somit dort auch die induzierte Spannung.

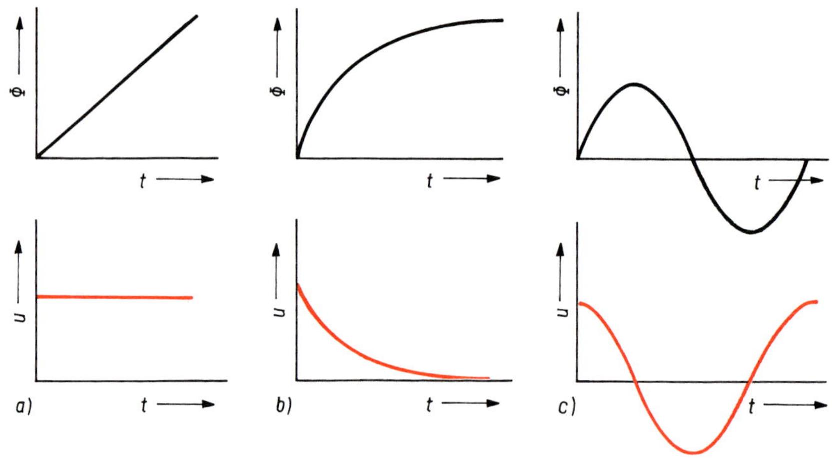

Bild 11.28: Magnetischer Fluss und induzierte Spannung in Abhängigkeit von der Zeit

11.4.2 Transformator- und Generatorprinzip

Welche Möglichkeiten gibt es, Spannungen zu induzieren und diese technisch zu nutzen? Stellen Sie sich dazu eine Anordnung aus zwei Spulen vor. Die *Feldspule* wird von einem Strom durchflossen und erzeugt ein magnetisches Feld. In der *Induktionsspule* soll durch dieses Feld eine Spannung induziert werden. Wegen $\Phi = BA$ ist eine Flussänderung $\Delta\Phi$ auf zwei prinzipiell verschiedene Arten möglich, einmal durch Änderung der Flussdichte B bei konstanter Fläche A, zum Anderen durch Änderung der Fläche A bei konstanter Flussdichte B (Bild 11.29).

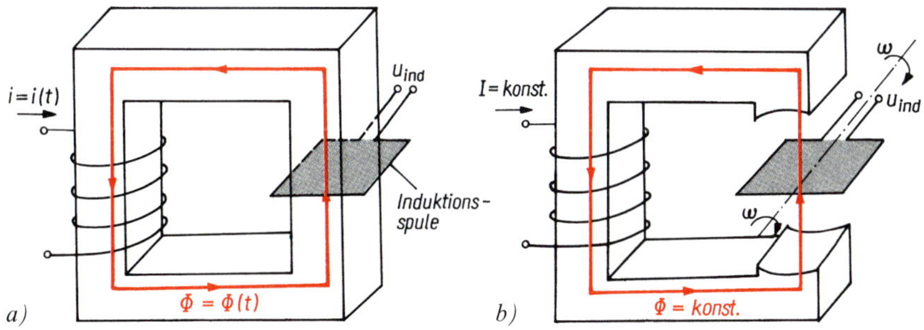

Bild 11.29: a) Transformatorprinzip; b) Generatorprinzip

11.4.2.1 Transformatorprinzip

Wir *ändern* die *magnetische Flussdichte B*, die durch die Feldspule am Ort der Induktionsspule erzeugt wird, um ΔB, indem wir die Stromstärke durch die Feldspule ändern. Dabei bleibt die vom Fluss durchsetzte *Fläche A* der Induktionsspule *unverändert*, da beide Spulen zueinander relativ in Ruhe sind. In der Induktionsspule wird die Spannung $u_{ind} = NA\ \Delta B/\Delta t$ induziert (Bild 11.29a).

Dies stellt das **Prinzip des Transformators** dar. Das Transformieren von Wechselspannungen behandeln wir in 12.5. ausführlicher. Weitere Beispiele für die Anwendung des Transformatorprinzips sind die Zündanlage eines Ottomotors und eine elektrische Weidezaunanlage. In beiden Fällen wird der Strom, der von einer Batterie durch eine Feldspule geringer Windungszahl fließt, mechanisch unterbrochen. Dadurch bricht das Magnetfeld zusammen und induziert in einer Induktionsspule mit großer Windungszahl kurzzeitig eine Hochspannung. Diese Hochspannung ruft beim Ottomotor den Zündfunken zwischen den Elektroden der Zündkerze hervor. Beim Weidezaun liegen die Hochspannungsimpulse am Draht des Zaunes. Beim Berühren des Weidezaunes empfindet selbst ein Rindvieh die dadurch erhaltenen Stromstöße als unangenehm und meidet die Berührung.

Beispiel 11.8

Wie groß ist die mittlere induzierte Spannung in einer Induktionsspule von 1000 Windungen, die vollständig vom magnetischen Fluss einer Feldspule durchsetzt wird, wenn die Stromstärke in der Feldspule in 0,1 s von 2 A auf null absinkt? Die Feldspule hat bei einer Windungszahl von 10 eine Induktivität von 1 mH.

Lösung:
Aus Gl. (11.14) folgt für die Flussänderung $\Delta\Phi = (L_1/N_1)\ \Delta I = 0{,}1\ \mathrm{V\cdot s/(A\cdot 10)\cdot(0-2\ A)} = -0{,}2\ \mathrm{mV\cdot s}$. Die mittlere induzierte Spannung innerhalb von 0,1 s ist $U_{ind} = N_2\ \Delta\Phi/\Delta t = 1000\cdot(-0{,}2\ \mathrm{mV\cdot s})/0{,}1\ \mathrm{s} = -2\ \mathrm{V}$. Das Minuszeichen der Induktionsspannung ist so zu verstehen, dass sie nach dem Lenzschen Gesetz der den ursprünglichen Spulenstrom antreibenden Spannung entgegen wirkt.

11.4.2.2 Generatorprinzip

Wir *ändern* die vom magnetischen Fluss durchsetzte *Fläche A* der Induktionsspule um ΔA, indem wir die Induktionsspule relativ zum *konstanten* Feld der Feldspule bewegen. Dabei wird die Spannung $u_{ind} = NB\ \Delta A/\Delta t$ induziert.

Eine im Magnetfeld *rotierende* Leiterschleife als Induktionsspule stellt das Modell eines **Generators** dar (Bild 11.29b). Bei größeren Generatoren bewegen sich die Feldspulen des Läufers an den Induktionsspulen am Ständer der Maschine vorbei

(Innenpolmaschinen). Für Kleingeneratoren wie Fahrraddynamos werden statt stromdurchflossener Feldspulen Dauermagnete verwendet.

Wir wollen dem Induktionsgesetz (11.22) eine spezielle Form geben, die zur Berechnung der Induktionsspannung für im Magnetfeld bewegte Leiter besser geeignet ist. Dazu betrachten wir eine Anordnung ähnlich Bild 11.16, wobei ein stabförmiger Leiter der Länge l mit der Geschwindigkeit v senkrecht zum Feld der Flussdichte B bewegt wird (Bild 11.30). In der Zeitspanne Δt verändert sich die vom Fluss durchsetzte Fläche bei konstanter Flussdichte B um $\Delta A = l\Delta s = lv\Delta t$. Setzen Sie die zugehörige Flussänderung $\Delta\Phi = B\Delta A = Blv\Delta t$ in das Induktionsgesetz Gl. (11.22) ein, so erhalten Sie

Induktionsspannung in bewegtem Leiter

$$u_{\text{ind}} = NBlv \tag{11.23}$$

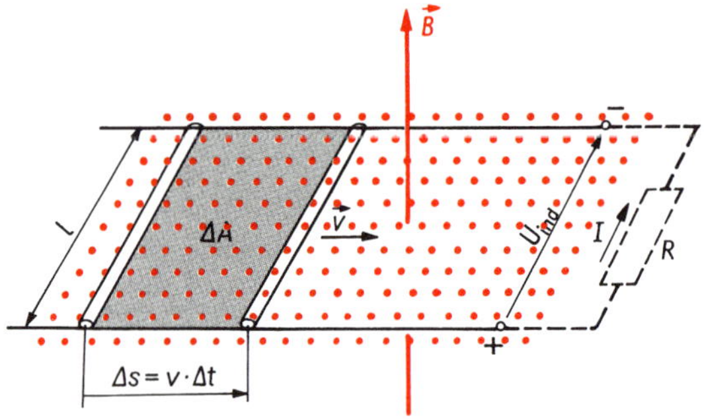

Bild 11.30: Induktion in einem im Magnetfeld bewegten Leiter

Nach dem LENZschen Gesetz ist der dadurch in einem geschlossenen Stromkreis hervorgerufene Induktionsstrom so gerichtet, dass die Kraft $F = NIlB$ auf den im Magnetfeld bewegten und nunmehr vom Strom durchflossenen Leiter dessen Bewegung bremst (s. 11.2.4). Um eine konstante Spannung zu induzieren, muss deshalb zur Aufrechterhaltung einer gleichbleibenden Geschwindigkeit eine mechanische Leistung $P_{\text{mech}} = Fv = NIlBv$ aufgewendet werden. Dadurch wird eine elektrische Leistung $P_{\text{el}} = UI$ erzeugt, die im Idealfall gleich der mechanischen Leistung ist. Überzeugen Sie sich selbst, indem Sie für U den Betrag der induzierten Spannung nach Gl. (11.23) einsetzen!

Beispiel 11.9

Wie groß ist die von einem Generator erzeugte Spannung, bei dem 80 Leiterstäbe von 40 cm Länge am Umfang eines trommelförmigen Läufers von 30 cm Durchmesser im Feld von 0,6 T mit einer Drehzahl von 750 min^{-1} umlaufen?

Lösung:
Mit der Geschwindigkeit $v = \omega r = \pi n d$ (s. 2.1.2.2, Gl. (2.42)) der Leiterstäbe beträgt die induzierte Spannung $U = NBl\pi n d = 80 \cdot 0{,}6\ \text{V} \cdot \text{s} \cdot \text{m}^{-2} \cdot 0{,}4\ \text{m} \cdot \pi \cdot 750/60\ \text{s} \cdot 0{,}3\ \text{m} = 226\ \text{V}$.

11.4.2.3 Elektrische Maschinen

Elektrische Maschinen mit rotierendem Läufer und feststehendem Ständer arbeiten nach den gleichen physikalischen Gesetzen. Motor- und Generatorprinzip wirken gleichzeitig und bedingen einander. Ein Elektromotor kann prinzipiell auch als Generator betrieben werden und umgekehrt. (s. Beispiel 3.28)

Beim Elektromotor wird eine äußere Spannung angelegt, die größer als die induzierte Gegenspannung sein muss. Der entsprechend der Spannungsdifferenz aufgenommene Strom bewirkt durch die Wechselwirkung mit dem Erregerfeld das Drehmoment z. B. zum Antrieb einer Arbeitsmaschine. Ein Elektromotor setzt elektrische Energie in mechanische Energie um. (s. Bild 3.47)

Der Generator ist durch die auf Grund der Relativbewegung zwischen Läufer und Ständer induzierte Spannung eine Spannungsquelle. Der für den Verbraucher entnommene Strom bewirkt ein Gegendrehmoment, das durch einen Antrieb z. B. durch eine Turbine aufgebracht werden muss. Ein Generator setzt mechanische Energie in elektrische Energie um. (s. Bild 3.48)

11.4.3 Wirbelströme

Ändert sich der magnetische Fluss in einem *massiven elektrisch leitenden* Körper, so sind die dabei im Körper induzierten Spannungen auf Grund seiner Leitfähigkeit kurzgeschlossen. Es fließen sehr starke Ströme, die das induzierende Feld in geschlossenen Bahnen umfassen und als **Wirbelströme** bezeichnet werden. (Bild 11.31)

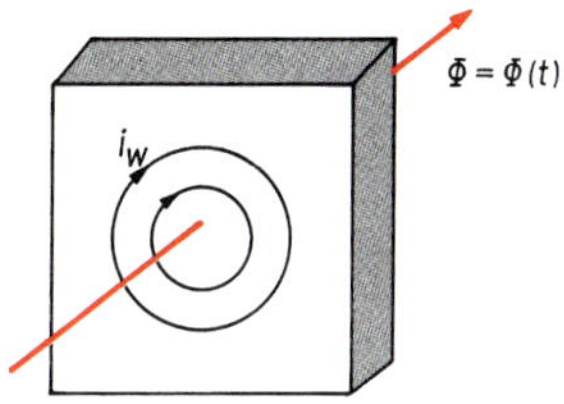

Bild 11.31: Induktion von Wirbelströmen

Unerwünschte Wirbelströme werden in Eisenkernen von Spulen induziert, wenn diese mit Wechselstrom betrieben werden oder in magnetischen Feldern rotieren. Das ist z. B. bei Transformatoren und rotierenden elektrischen Maschinen der Fall. In massiven Eisenkernen würden Wirbelströme zu einer unzulässig starken Erwärmung führen und den Wirkungsgrad der Maschinen unzumutbar herabsetzen.

Deshalb sind Eisenkerne zur Vermeidung größerer Wirbelströme als Blechpakete aus voneinander isolierten dünnen Blechen aufgebaut.

Werden die Wirbelströme durch die Bewegung der leitenden Körper im Magnetfeld induziert, so wird die Bewegung durch die Kräfte des Magnetfeldes auf die Wirbelströme gebremst. Das kann in Wirbelstrombremsen technisch genutzt werden.

So besitzt der ICE 3 zusätzliche Wirbelstrombremsen, die beim Absenken von Elektromagneten bis 7 mm über Schienenoberkante durch die in der Schiene induzierten Wirbelströme verschleißfrei abbremsen.

Auch kann die Wärmeentwicklung durch Wirbelströme sowohl zum Schmelzen von Metallen als auch zum Kochen auf einem Induktionsherd Anwendung finden.

11.4.4 Selbstinduktion

Durch eine Änderung der Stromstärke um Δi ändert sich der magnetische Fluss in einer Spule um $\Delta\Phi = (L/N)\,\Delta i$. Dabei wird in den Windungen der felderzeugenden Spule *selbst* eine Spannung induziert. Diese **Selbstinduktionsspannung** ist nach dem Lenzschen Gesetz so gerichtet, dass sie die Stromänderung aufzuhalten sucht. Wegen der Selbstinduktion reagieren Spulen „träge“ auf Stromänderungen.

Das Induktionsgesetz (11.22) nimmt für die Selbstinduktion mit der Induktivität L der Spule und der *Änderungsgeschwindigkeit* der Stromstärke $\Delta i/\Delta t$ die Form an

$$u_{\text{ind}} = L\,\frac{\Delta i}{\Delta t} \qquad (11.24)$$

Selbstinduktionsspannung

Beim *Einschalten* einer Spule wächst die Stromstärke unter Überwindung der Selbstinduktionsspannung erst allmählich an. Eine mit der Spule in Reihe geschaltete Glühlampe fängt nach dem Einschalten mit deutlicher Verzögerung an zu leuchten (Bild 11.32a). Die Spannungsquelle muss Arbeit gegen die Wirkung der Selbstinduktion beim Aufbau des Feldes verrichten, die als magnetische Feldenergie im Magnetfeld der Spule gespeichert wird (s. Gl. (11.16)).

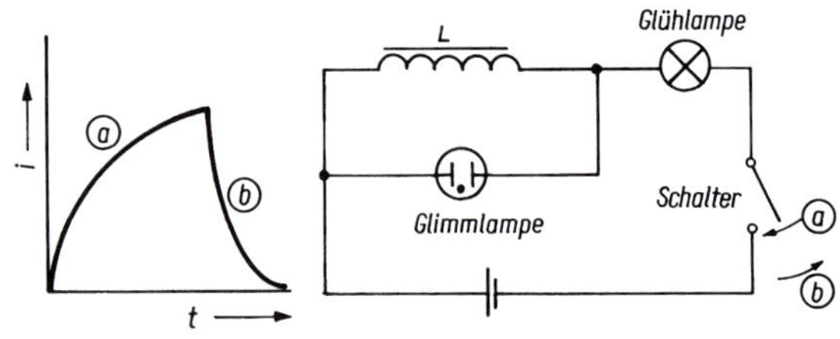

Bild 11.32: a) Ein- und b) Ausschaltvorgang an einer Spule

Beim *Ausschalten* einer Spule bricht das Magnetfeld wegen der Unterbrechung des Stromkreises plötzlich zusammen, wodurch sehr hohe Selbstinduktionsspannungen auftreten können. Eine parallel zur Spule geschaltete Glimmlampe hoher Zündspannung wird nur beim Ausschalten der Spule kurzzeitig gezündet (Bild 11.32b). Die im Magnetfeld gespeicherte Feldenergie muss sich letztendlich in Wärme umsetzen.

Beispiel 11.10

Um beim Abschalten von Spulen Funkenbildung an den Kontakten zu vermeiden, werden z. B. Kondensatoren parallel zum Schalter angeschlossen. Wie groß muss die Nennspannung eines Funkenlöschkondensators von 4,0 μF für eine von 2,0 A durchflossene Spule der Induktivität 1,0 H sein?

Lösung:
Die beim Abschalten des Spulenstromes frei werdende magnetische Feldenergie muss zur Funkenlöschung im Kondensator als elektrische Feldenergie zwischengespeichert werden: $(L/2)\,I^2 = (C/2)\,U^2$. Daraus ergibt sich die maximal am Kondensator durch Selbstinduktion auftretende Spannung zu $U = I\,\sqrt{L/C} = 1{,}0$ kV.

Zusammenfassung: Elektromagnetische Induktion

- In einer Spule wird eine Spannung induziert, wenn sich der die Spule durchsetzende magnetische Fluss zeitlich ändert, entweder durch ein zeitlich veränderliches Magnetfeld (Transformatorprinzip) oder durch die Bewegung der Spule im Feld (Generatorprinzip).
- Der Betrag der induzierten Spannung ist umso größer, je schneller sich der magnetische Fluss ändert.
- Die induzierte Spannung ist so gepolt, dass der durch sie hervorgerufene Induktionsstrom mit seinem Magnetfeld der Flussänderung entgegen wirkt (LENZsches Gesetz).

Zusammenfassung: Elektrische und magnetische Felder

11.1 Elektrische Felder

Elektrische Ladungen sind Quellen elektrischer Felder.

Elektrische Felder üben Kräfte auf elektrische Ladungen aus.

Zwischen entgegengesetzt geladenen Körpern überträgt das elektrische Feld anziehende Kräfte,

zwischen gleich geladenen dagegen abstoßende Kräfte.

Für das **homogene elektrische Feld** im Innern eines Plattenkondensators der Plattenfläche A im Abstand s, der durch die Spannung U mit der Ladung Q aufgeladen ist, gilt für

die **elektrische Feldstärke *E***

$$E = \frac{U}{s} \quad \text{in V/m}$$

und für die **elektrische Flussdichte** oder Verschiebungsdichte ***D***

$$D = \frac{Q}{A} \quad \text{in} \quad \text{A} \cdot \text{s/m}^2 = \text{C/m}^2$$

mit der Beziehung

$$D = \varepsilon_0 \varepsilon_r E$$

Auf einen geladenen Körper der Ladung Q' im Feld der Feldstärke E wirkt die **elektrostatische Kraft** F

$$F = Q'E$$

in Richtung des elektrischen Feldes.

Der Plattenkondensator hat die **Kapazität *C***:

$$C = \frac{Q}{U} = \varepsilon_0 \varepsilon_r \frac{A}{s}$$

Im Feld ist die **elektrische Feldenergie** gespeichert:

$$W_{el} = \frac{C}{2} U^2$$

11.2 Magnetische Felder

Elektrische Ströme sind Wirbel magnetischer Felder.

Magnetische Felder üben Kräfte auf elektrische Ströme aus.

Zwischen zwei in gleicher Richtung fließenden Strömen überträgt das magnetische Feld anziehende Kräfte,

zwischen entgegengesetzt fließenden dagegen abstoßende Kräfte.

Für das **homogene magnetische Feld** im Innern einer langen Zylinderspule mit N Windungen, dem Querschnitt A und der Länge l, die vom Strom I durchflossen wird, gilt für

die **magnetische Feldstärke *H***

$$H = \frac{NI}{l} \quad \text{in A/m}$$

und für die **magnetische Flussdichte** oder Induktion ***B***

$$B = \frac{\Phi}{A} \quad \text{in} \quad \text{V} \cdot \text{s/m}^2 = \text{T} \quad \text{(Tesla)}$$

mit der Beziehung

$$B = \mu_0 \mu_r H$$

Auf einen Strom durchflossenen Leiter der Länge l' bzw. eine sich mit v bewegende Ladung Q im Feld der Induktion B wirkt die **Lorentz-Kraft** F_L

$$F_L = Il B = QvB$$

senkrecht zu Feld- und Strom- bzw. Bewegungsrichtung.

Eine lange Zylinderspule hat die **Induktivität *L***:

$$L = \frac{N\Phi}{I} = \mu_0 \mu_r N^2 \frac{A}{l}$$

Im Feld ist die **magnetische Feldenergie** gespeichert:

$$W_{mag} = \frac{L}{2} I^2$$

12 Wechselstrom

Fragen und Probleme: *Welche Größen bestimmen den Verlauf einer Wechselspannung? Was sind Blindwiderstände? Wovon hängt die Phasenverschiebung ab? Wie lassen sich Größen im Wechselstromkreis durch Zeiger-Diagramme darstellen? Was bedeutet der Leistungsfaktor cos φ?*

In Wechselstromkreisen fließen **Wechselströme,** die ihre Stärke ständig nach *Betrag* und *Richtung ändern.* Sie werden durch entsprechende **Wechselspannungen** hervorgerufen. Ihr zeitlicher Verlauf kann auf dem Schirm eines Oszilloskops sichtbar gemacht werden (Bild 12.2). Die sich periodisch mit der Zeit ändernden Wechselspannungen und -ströme werden nach der Form der die Zeitabhängigkeit darstellenden Kurven benannt. Besonders wichtig sind *sinusförmige* Wechselspannungen und -ströme, weil mit ihnen Industrie und Haushalt über Wechselstromnetze mit Elektroenergie versorgt werden.

Wechselspannungen lassen sich zur Verringerung der Übertragungsverluste (s. 10.7.3) auf hohe Übertragungsspannungen herauftransformieren, die dann beim Verbraucher wieder auf niedrigere Betriebsspannungen herabtransformiert werden. Dabei behalten aber nur sinusförmige Wechselspannungen ihre Kurvenform bei. Sinusförmigkeit ist deshalb Voraussetzung für einen stabilen Netzbetrieb. Nur bei sinusförmiger Wechselspannung sind auch alle Ströme, Teilspannungen und Leistungen wiederum sinusförmig, und es treten keine Spitzen und Sprünge auf.

Wir beschränken uns deshalb in diesem Kapitel 12 auf **sinusförmige Wechselspannungen und -ströme**, ohne dies in Folgendem stets ausdrücklich zu betonen.

12.1 Wechselspannungen und Wechselströme

12.1.1 Bestimmungsgrößen

Rotiert eine Leiterschleife mit konstanter Winkelgeschwindigkeit in einem homogenen Magnetfeld, wie es Bild 11.29b eines Generatormodells zeigt, so wird in der Leiterschleife eine *sinusförmige Wechselspannung* induziert. In Bild 12.1 sind auf

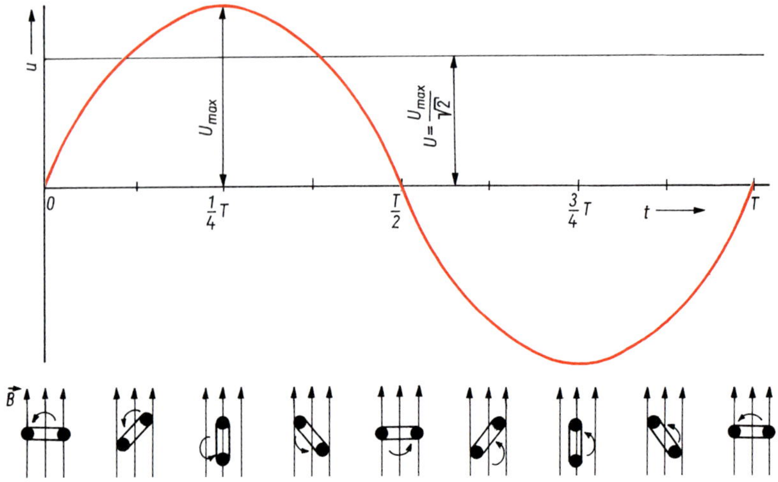

Bild 12.1: Wechselspannung, durch eine rotierende Leiterschleife erzeugt

der Zeitachse nacheinander auftretende Stellungen der Leiterschleife dargestellt. Darüber wurden die **Momentanwerte** u der induzierten Wechselspannung aufgetragen. Eine Umdrehung der Leiterschleife erzeugt eine **Periode** der Wechselspannung.

Bei technischen Generatoren sind besondere konstruktive Maßnahmen erforderlich, z. B. geeignete Anordnung der Wicklungen und entsprechende Form des Luftspaltes zwischen den Polschuhen, um die Sinusförmigkeit der erzeugten Wechselspannung zu erreichen.

Wir wollen die in Bild 12.1 dargestellte Spannungs-Zeit-Funktion als Oszillogramm einer Wechselspannung auffassen, bei dem die y-Achse in Volt, die x-Achse in Millisekunden kalibriert ist (s. 11.3.2). Daran können Sie die charakteristischen Bestimmungsgrößen der Wechselspannung ausmessen:

- U_{max} ist der Maximalwert (Amplitude, Scheitelwert) der Wechselspannung, häufig auch mit $\hat{u}$ (gelesen „u Dach") bezeichnet.
- T ist die Periodendauer der Wechselspannung, nach der sich der Spannungsverlauf periodisch wiederholt.

Zur Kennzeichnung der Wechselspannung wird jedoch meist die **Frequenz** als Kehrwert der Periodendauer angegeben:

$$f = \frac{1}{T} \qquad (12.1)$$

Frequenz

$[f] = s^{-1} = Hz$ (Hertz)

So beträgt die Netzfrequenz 50 Hz, die Periodendauer also 20 ms.

Für viele Berechnungen wird das 2π-fache der Frequenz benötigt. Diese Größe heißt **Kreisfrequenz** ω:

$$\omega = 2\pi f \qquad (12.2)$$

Kreisfrequenz

$[\omega] = s^{-1}$

Die Frequenzeinheit Hz darf für ω nicht benutzt werden! Beim Modellgenerator nach Bild 12.1 ist die Winkelgeschwindigkeit ω der rotierenden Leiterschleife gleich der Kreisfrequenz der induzierten Wechselspannung. Mit den Bestimmungsgrößen U_{max} und ω lässt sich der Momentanwert u in Abhängigkeit von der Zeit t durch eine Sinusfunktion ausdrücken:

$$u = U_{max} \sin \omega t \qquad (12.3)$$

Momentanwert der Wechselspannung

Entsprechendes gilt auch für den Wechselstrom.

12.1.2 Elektronische Messung der Bestimmungsgrößen

Für die Messung von Wechselstromstärken und Wechselspannungen werden wie beim Gleichstrom digitale Vielfachmessgeräte eingesetzt. Was zeigen nun diese Geräte an? – Die gewonnenen Messwerte sind üblicherweise die Effektivwerte der Stromstärke bzw. der Spannung, sie werden wie bei Gleichstrom mit Großbuchstaben I und U bezeichnet.

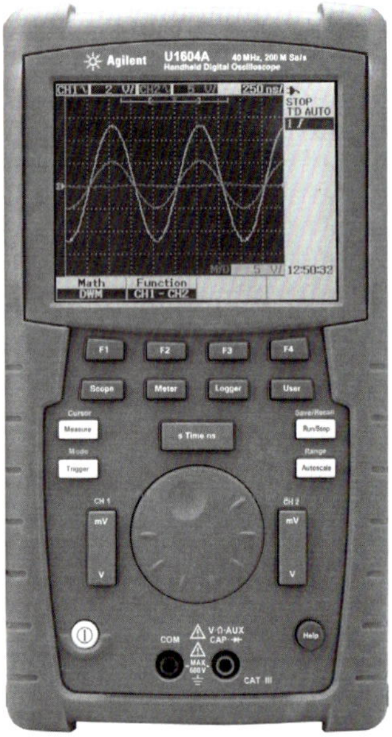

Bild 12.2: Digitales Zweikanal-Oszilloskop mit Multimeter, Frequenzzähler und Drehzahlmesser

Die am Eingang eines Messgerätes für Wechselstrom analog anliegenden Messgrößen werden digitalisiert, elektronisch weiterverarbeitet und über LC-Displays ausgegeben. Die Mikroelektronik macht es möglich, die dafür erforderlichen unterschiedlichen Funktionen schon in einem Handmessgerät zu integrieren.

Bild 12.2 zeigt als Beispiel ein Zweikanal-Oszilloskop mit integriertem Multimeter. Der zeitliche Verlauf der Momentanwerte wird mit dem Oszilloskop auf einem Farb-LC-Display dargestellt. Mit dem Multimeter können Spitzenwerte, Durchschnittswerte und Effektivwerte ermittelt sowie Periodendauer und Frequenz gemessen werden.

Über eine USB-Schnittstelle können die Daten auch abgespeichert und weiterverarbeitet werden. (Und das handliche Gerät kann noch einiges mehr.)

Der Effektivwert I oder U gibt denjenigen Wert eines Wechselstromes oder einer Wechselspannung an, der an einem OHMschen Widerstand R die gleiche Leistung umsetzt wie ein gleich großer Gleichstrom I oder eine Gleichspannung U.

Wegen $P = I^2R = U^2/R$ stellen Effektivwerte quadratische Mittelwerte dar. Dazu werden die Momentanwerte quadriert, der Mittelwert der Quadrate gebildet, und anschließend wird wieder die Wurzel gezogen (Bild 12.3). Man erhält

$$I = \frac{I_{\text{max}}}{\sqrt{2}}, \quad U = \frac{U_{\text{max}}}{\sqrt{2}} \tag{12.4}$$

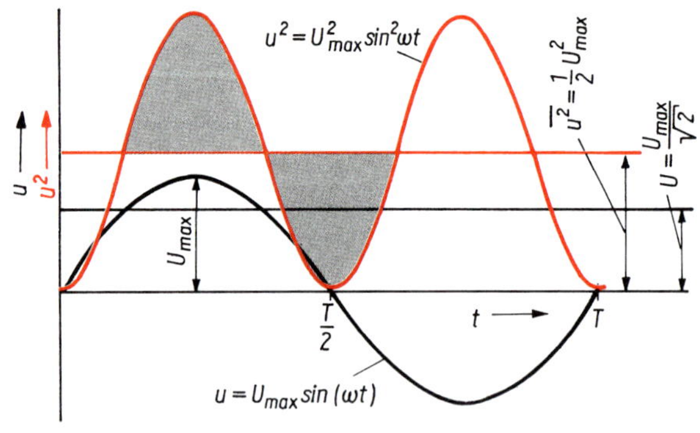

Bild 12.3: Effektivwert als quadratischer Mittelwert

Wenn wir sagen, die Netzspannung betrage 230 V oder ein Stromkreis sei mit 10 A abgesichert, so geben wir mit 230 V und 10 A stets Effektivwerte an. Der Maximalwert der Netzspannung beträgt $U_{\text{max}} = \sqrt{2}\,U = \sqrt{2} \cdot 230\ \text{V} = 325\ \text{V}$. Dies ist z. B. bei der Verwendung von Kondensatoren zu beachten. Die Spannungsfestigkeit muss für die auftretenden Maximalwerte ausgelegt sein.

Beispiel 12.1

Wie groß sind bei der Eisenbahn Maximalwert, Periodendauer und Kreisfrequenz der Fahrspannung von 15 kV und 16 2/3 Hz?

Lösung:

$U_{\text{max}} = \sqrt{2}\,U = 21\ \text{kV};\ T = \frac{1}{f} = \frac{1}{16{,}67 \cdot \text{s}^{-1}} = 60\ \text{ms};$

$\omega = 2\pi f = 105\ \text{s}^{-1}$

12.2 Einfache Wechselstromkreise

Wir wollen untersuchen, welche Wechselströme fließen, wenn *OHMsche Widerstände, Spulen* oder *Kondensatoren einzeln* an eine Wechselspannung angeschlossen werden.

12.2.1 Wirkwiderstände

Wirkwiderstände *R* sind Wechselstromwiderstände, an denen sich elektrische Energie des Wechselstromes in nichtelektrische Energieformen umwandelt. Dazu gehören OHMsche Widerstände, bei denen elektrische Energie in Wärme umgewandelt wird, aber auch diejenigen Anteile an Wechselstrommotoren, die elektrische in mechanische Energie umsetzen.

Legen wir Wechselspannung an einen OHMschen Widerstand, so führen die Leitungselektronen periodische Hinundherbewegungen im Takte der Frequenz der Wechselspannung aus. Dabei stoßen sie wie beim Gleichstrom ständig mit den Atomrümpfen des Kristallgitters im Leitermaterial zusammen (s. 10.4). Da die Elektronen der Spannung praktisch trägheitslos folgen, erreicht der so hervorgerufene Wechselstrom *gleichzeitig* mit der Spannung seine Maximalwerte und geht gleichzeitig mit ihr durch Null (Bild 12.4).

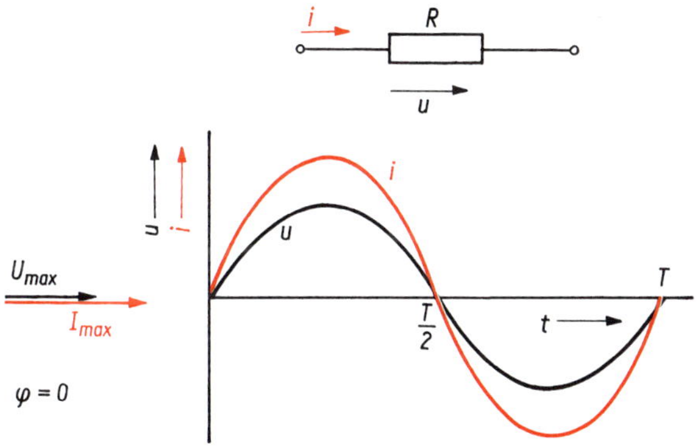

Bild 12.4: Stromstärke- und Spannungsverlauf bei einem OHMschen Widerstand

Der zeitliche Abstand der Momentanwerte vom Koordinatenursprung kennzeichnet die jeweilige **Phase** der Wechselspannung bzw. des Wechselstroms. Eine Periode entspricht dabei einem **Phasenwinkel** von 360°. So erkennen Sie an Bild 12.4:

An einem Wirkwiderstand sind Spannung und Strom in Phase. Der Winkel der Phasenverschiebung zwischen Spannung und Strom ist

$$\varphi = 0$$

Die Beziehung zwischen Stromstärke und Spannung ist durch das OHMsche Gesetz gegeben, das sowohl für die Momentanwerte als auch für die daraus folgenden Effektivwerte gilt:

$$i = \frac{u}{R}, \quad I_R = \frac{U_R}{R} \qquad (12.5)$$

OHMsches Gesetz

In einem Wechselstromkreis, der nur Wirkwiderstände enthält, gelten deshalb die *gleichen* Gesetzmäßigkeiten wie im Gleichstromkreis (s. Kapitel 10), wenn Sie für I und U die *Effektivwerte* des Wechselstroms einsetzen. Dies trifft jedoch nicht mehr zu, wenn Spulen und Kondensatoren vorhanden sind.

12.2.2 Blindwiderstände

Blindwiderstände X sind Wechselstromwiderstände von Spulen und Kondensatoren, in denen *periodisch Felder auf- und abgebaut* werden. Dabei pendelt die Feldenergie ständig zwischen Spannungsquelle und Blindwiderstand hin- und her, so dass im Zeitmittel *kein Energieumsatz* erfolgt. Wir unterscheiden die *induktiven* Blindwiderstände X_L von Spulen, in denen durch den Wechselstrom *magnetische* Felder auf- und abgebaut werden, und die *kapazitiven* Blindwiderstände X_C von Kondensatoren, in denen durch die Wechselspannung *elektrische* Felder auf- und abgebaut werden.

Wie mit „Widerstand" sowohl die physikalische Größe als auch das betreffende Bauelement bezeichnet wird, verwendet man die Begriffe „Induktivität" bzw. „Kapazität" nicht nur für die Eigenschaft von Spulen bzw. Kondensatoren, sondern meint damit häufig das zugehörige ideale Bauelement selbst. Davon wird z. T. auch hier Gebrauch gemacht.

12.2.2.1 Induktiver Blindwiderstand

Durch eine **ideale Spule mit der Induktivität L** (s. 11.2.2.2) fließt Wechselstrom. Dabei tritt Selbstinduktion auf (s. 11.4.4). Durch die sich zeitlich ändernde Stromstärke wird eine Spannung induziert. Der Wechselstrom kann in seinem Verlauf nur aufrecht erhalten werden, wenn eine von außen angelegte Spannung dieser Selbstinduktionsspannung das Gleichgewicht hält: $u = u_{\text{ind}}$. Die Beziehung zwischen Spannung und Stromstärke ist deshalb durch das **Induktionsgesetz** bestimmt:

$$u = L\frac{\Delta i}{\Delta t} \tag{12.6}$$

Auf Grund der *Selbstinduktion* muss die angelegte Wechselspannung ihren Maximalwert dann erreichen, wenn sich die Stromstärke am schnellsten ändert, also $|\Delta i/\Delta t|$ am größten ist. Dies ist beim Nulldurchgang des Stromes der Fall (Bild 12.5). Dadurch kommt es zu einer **Phasenverschiebung zwischen Spannung und Stromstärke**:

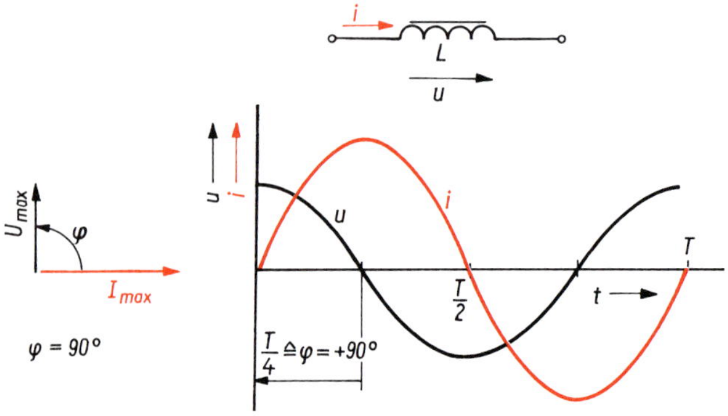

Bild 12.5: Stromstärke- und Spannungsverlauf bei einer idealen Spule (Induktivität)

An einer Induktivität eilt die Spannung der Stromstärke eine Viertelperiode voraus.

Der Winkel der Phasenverschiebung zwischen Spannung und Stromstärke ist

$$\varphi = +90°$$

Die durch den Wechselstrom in der Spule induzierte Gegenspannung wirkt sich *formal* wie der Spannungsabfall an einem Widerstand aus, der bei Gleichstrom nicht vorhanden ist. Dieser **induktive Blindwiderstand** X_L errechnet sich aus dem Quotienten der Effektivwerte von Spannung und Stromstärke an der Induktivität L:

$$\frac{U_L}{I_L} = X_L = \omega L = 2\pi f L \qquad (12.7)$$

Im Gegensatz zu Wirkwiderständen sind Blindwiderstände von der *Frequenz* des Wechselstroms *abhängig* (Bild 12.6). Der induktive Blindwiderstand *nimmt mit wachsender Frequenz zu,* weil sich bei höheren Frequenzen der die Selbstinduktion verursachende Wechselstrom i schneller ändert. Deshalb wird bei höheren Frequenzen die gleiche Spannung schon durch Wechselströme mit geringeren Effektivwerten I_L induziert. Das entspricht nach Gl. (12.7) bei gleicher Spannung U_L einem größeren Blindwiderstand $X_L = \omega L$ (Bild 12.6a).

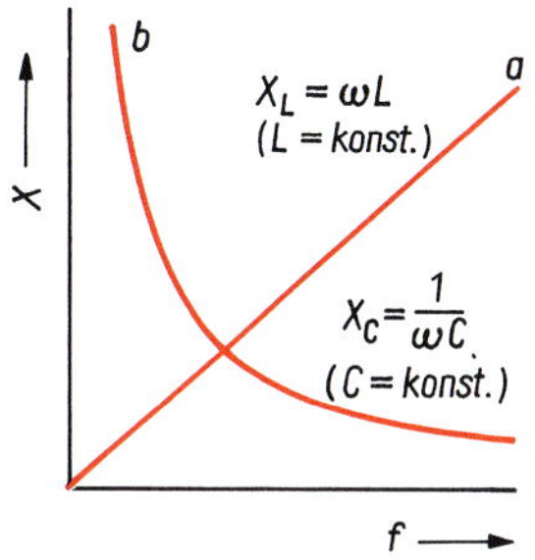

Bild 12.6: Frequenzabhängigkeit der Blindwiderstände
a) induktiver Blindwiderstand
b) kapazitiver Blindwiderstand

Beispiel 12.2

Wie groß ist die Stromstärke durch eine Induktivität von 20 mH bei einer Spannung von 2,0 V/50 Hz? Wie ändert sich die Stromstärke, wenn die Frequenz verdoppelt wird?

Lösung:

$$I_L = \frac{U_L}{X_L} = \frac{U_L}{2\pi f L} = \frac{2{,}0\ \text{V} \cdot \text{A}}{2\pi \cdot 50\ \text{s}^{-1} \cdot 20 \cdot 10^{-3}\ \text{V} \cdot \text{s}} = 0{,}32\ \text{A}$$

Mit doppelter Frequenz wird der induktive Blindwiderstand bei konstanter Induktivität ebenfalls doppelt so groß. Die Stromstärke sinkt auf die Hälfte und beträgt nur noch 0,16 A.

Beachten Sie, dass wir bei der Diskussion von Gl. (12.6) von den zeitabhängigen Momentanwerten ausgehen, bei Berechnungen mit den Blindwiderständen jedoch die Effektivwerte benutzen!

12.2.2.2 Kapazitiver Blindwiderstand

An einem **Kondensator mit der Kapazität *C*** (s. 11.1.2.2) liegt Wechselspannung. Dadurch wird der Kondensator periodisch aufgeladen und entladen. Weil die Kondensatorbeläge durch ein Dielektrikum voneinander isoliert sind, fließt durch den Kondensator selbst kein Leitungsstrom. In den Zuleitungen fließen jedoch die Lade- und Entladeströme. Dabei wird durch einen Strom der Stromstärke i in der Zeitspanne Δt die Teilladung $\Delta q = i\Delta t$ transportiert. Ladung und Spannung sind beim Kondensator einander proportional (Bild 11.4). So ergibt sich aus $\Delta u = C\Delta q = Ci\Delta t$ die **Beziehung zwischen Stromstärke und Spannung am Kondensator** zu

$$i = \frac{1}{C}\frac{\Delta u}{\Delta t} \qquad (12.8)$$

Die Stromstärke erreicht dann ihren Maximalwert, wenn sich die Spannung am schnellsten ändert, also $|\Delta u/\Delta t|$ am größten ist. Dies ist beim Nulldurchgang der Spannung der Fall (Bild 12.7). Bei maximaler Spannung ist dagegen der Kondensator voll aufgeladen, und es fließt in diesem Moment kein Strom. Dadurch kommt es zur **Phasenverschiebung zwischen Spannung und Stromstärke**:

An einer Kapazität eilt die Spannung der Stromstärke eine Viertelperiode nach.

Der Winkel der Phasenverschiebung zwischen Spannung und Strom ist

$$\varphi = -90°$$

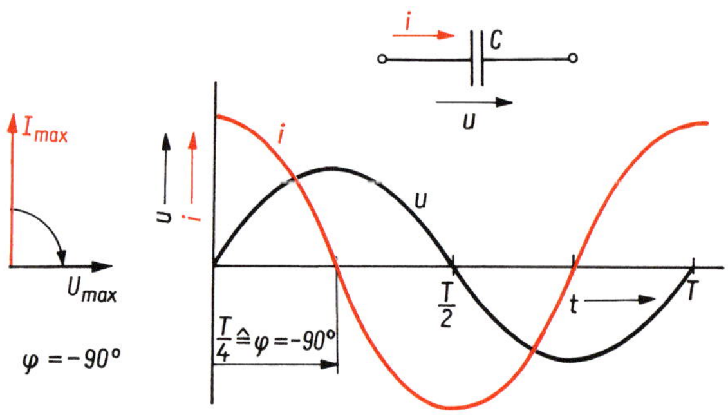

Bild 12.7: Stromstärke- und Spannungsverlauf bei einem idealen Kondensator (Kapazität)

Indem die Lade- und Entladeströme als Wechselstrom in den Zuleitungen fließen, verhält sich ein Kondensator *formal* wie ein Widerstand. Dieser **kapazitive Blindwiderstand X_C** errechnet sich aus dem Quotienten der Effektivwerte von Spannung und Stromstärke an der Kapazität C:

Kapazitiver Blindwiderstand

$$\frac{U_C}{I_C} = X_C = \frac{1}{\omega C} = \frac{1}{2\pi f C} \qquad (12.9)$$

Der kapazitive Blindwiderstand **nimmt mit wachsender Frequenz ab,** weil sich bei höheren Frequenzen der Kondensator schneller auf- und entladen muss (Bild 12.6b). Da bei höheren Frequenzen die gleichen Ladungen in kürzeren Zeiten transportiert werden, treten Wechselströme mit größeren Effektivwerten I_C auf. Das entspricht nach Gl. (12.9) bei gleicher Spannung U_C einem geringerem Blindwiderstand $X_C = 1/(\omega C)$.

Beispiel 12.3

Wie groß ist die Stromstärke durch eine Kapazität von 20 μF bei einer Spannung von 2,0 V/50 Hz? Wie ändert sich die Stromstärke, wenn die Frequenz verdoppelt wird?

Lösung:

$$I_C = \frac{U_C}{X_C} = U_C \omega C = U_C \cdot 2\pi f C$$
$$= 2{,}0\ \text{V} \cdot 2\pi \cdot 50\ \text{s}^{-1} \cdot 20 \cdot 10^{-6}\ \text{A} \cdot \text{s} \cdot \text{V}^{-1} = 12{,}6\ \text{mA}$$

Bei doppelter Frequenz ist der kapazitive Blindwiderstand nur noch halb so groß. Die Stromstärke verdoppelt sich und beträgt jetzt 25,2 mA.

12.3 Zusammengesetzte Wechselstromkreise

Zusammengesetzte Wechselstromkreise enthalten *sowohl Wirk- als auch Blindwiderstände.* Wir wollen uns auf reine Reihen- und Parallelschaltungen beschränken. Die dafür aus dem Gleichstromkreis (s. Kapitel 10) bekannten KIRCHHOFFschen Gesetze (s. 10.5.1 und 10.5.2) gelten auch im Wechselstromkreis für die zeitabhängigen Momentanwerte von Stromstärke und Spannung.

In Parallelschaltung ist der Momentanwert der Gesamtstromstärke gleich der Summe der Momentanwerte der Teilstromstärken:

$$i_{\text{ges}} = i_1 + i_2 + i_3 + \dots \tag{12.10}$$

1. KIRCHHOFFsches Gesetz

In Reihenschaltung ist der Momentanwert der Gesamtspannung gleich der Summe der Momentanwerte der Teilspannungen:

$$u_{\text{ges}} = u_1 + u_2 + u_3 + \dots \tag{12.11}$$

2. KIRCHHOFFsches Gesetz

Schwierigkeiten, Wechselströme oder Wechselspannungen zu addieren, entstehen durch ihre gegenseitige Phasenverschiebung. Die rechnerische Addition von Sinusfunktionen ist ebenso wie die punktweise grafische Addition der zugehörigen Sinuskurven umständlich und aufwendig. Bild 12.8b zeigt die grafische Addition zweier phasenverschobener Wechselspannungen. Sie erkennen daran, dass aus zwei sinusförmigen Wechselspannungen gleicher Frequenz wieder eine sinusförmige Wechselspannung derselben Frequenz resultiert, die jedoch eine andere Amplitude und eine andere Phasenlage hat.

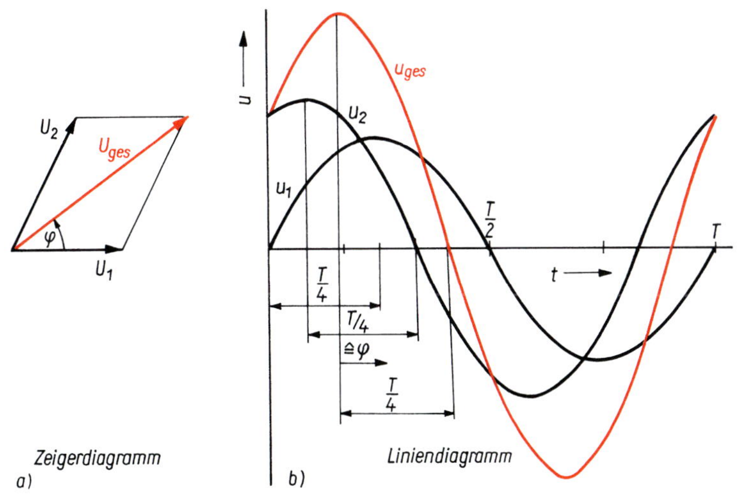

Bild 12.8: Addition zweier phasenverschobener Wechselspannungen
a) im Zeigerdiagramm; b) im Liniendiagramm

Zur einfacheren Berechnung von Wechselstromkreisen wurden symbolische Rechenmethoden entwickelt. Sie beruhen darauf, dass **Wechselgrößen** symbolisch durch rotierende **Zeiger** darstellbar sind.

So wie Sie sich die Entstehung einer Wechselspannung in einem Modellgenerator durch eine rotierende Leiterschleife vorstellen können, lässt sich die Sinuskurve dieser Wechselspannung durch einen rotierenden Zeiger entstanden denken (Bild 12.8a). Die *Länge des Zeigers* entspricht dem *Maximalwert* und ist deshalb auch dem Effektivwert proportional. Die *Winkelgeschwindigkeit des Zeigers* ist gleich der *Kreisfrequenz*. Der *Winkel* φ zwischen zwei Zeigern gibt die *Phasenverschiebung* zwischen den beiden Wechselgrößen an. Haben beide Wechselgrößen die gleiche Frequenz, so rotieren beide Zeiger mit der gleichen Winkelgeschwindigkeit, wodurch sich ihre Winkelstellung relativ zueinander nicht ändert. Wir können deshalb bei der weiteren Behandlung auch von *ruhenden* Zeigern ausgehen. (Die Zeiger von Spannung und Strom an R, L und C sind in den Bildern 12.4, 12.5 und 12.7 bereits mit dargestellt.)

Um die Summe zweier Wechselgrößen gleicher Frequenz zu erhalten, werden die zugehörigen *Zeiger wie Vektoren* geometrisch addiert (s. 3.1.4). Aus solchen **Zeigerdiagrammen** können die gesuchten Größen bei maßstabsgerechter Zeichnung grafisch ermittelt oder durch Anwendung von Winkelfunktionen berechnet werden. Speziell bei Phasenverschiebungen von 90°, wie sie zwischen Wirk- und Blindanteilen der elektrischen Größen auftreten, können Sie den Satz des PYTHAGORAS anwenden. Im Wechselstromkreis dürfen Sie *niemals* einfach die Effektivwerte arithmetisch addieren, wenn die zugehörigen Wechselgrößen phasenverschoben sind!

12.3.1 Reihenschaltung von *R* und *L*

Als Beispiel betrachten wir eine *reale Spule*, die neben dem induktiven Blindwiderstand X_L auch den OHMschen Widerstand R der Spulenwicklungen hat. Das Ersatzschaltbild (Bild 12.9a) stellt eine **Reihenschaltung von Wirkwiderstand *R* und Induktivität *L*** dar, die vom gleichen Wechselstrom der Stromstärke I durchflossen werden. Wir zeichnen das zugehörige Zeigerdiagramm der Spannungen und des Stromes (Bild 12.9b). Der Spannungsabfall U_R am Wirkwiderstand R ist mit der Stromstärke I in Phase; die Spannung U_L am induktiven Blindwiderstand X_L um

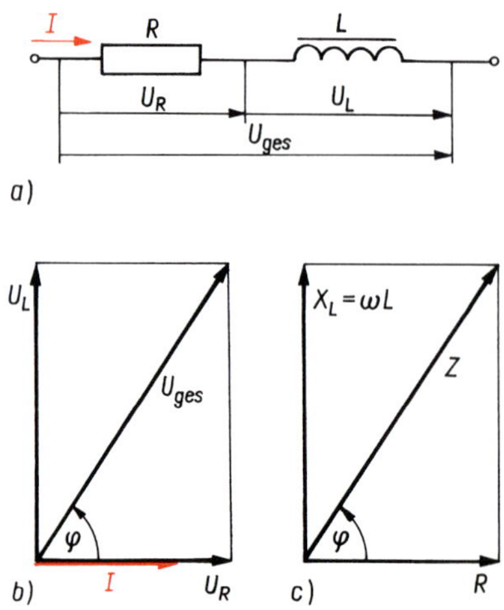

Bild 12.9: Reihenschaltung von R und L
a) Schaltbild; b) Zeigerdiagramm für Stromstärke und Spannungen; c) Zeigerdiagramm für Widerstände

+90° phasenverschoben. Die resultierende **Gesamtspannung** ergibt sich aus den Teilspannungen zu

$$U_{ges} = \sqrt{U_R^2 + U_L^2} \qquad (12.12)$$

und die **Teilspannungen** aus der Gesamtspannung zu

$$U_R = U_{ges} \cos \varphi; \quad U_L = U_{ges} \sin \varphi \qquad (12.13)$$

Der Winkel φ ist die resultierende **Phasenverschiebung** zwischen Gesamtspannung und Stromstärke. Sie errechnet sich aus

$$\tan \varphi = \frac{U_L}{U_R} \qquad (12.14)$$

Bilden wir den Quotienten von Gesamtspannung U_{ges} und Stromstärke I, so erhalten wir *formal* eine Art Gesamtwiderstand. Er wird als **Scheinwiderstand** $\boldsymbol{Z}$ bezeichnet und setzt sich aus Wirk- und Blindwiderstand der Schaltung zusammen:

$$Z = \frac{U_{ges}}{I} \qquad (12.15)$$

Scheinwiderstand

Da in Reihenschaltung die Spannungen den Widerständen proportional sind, lässt sich für die Wechselstromwiderstände ein den Spannungen entsprechendes Zeigerdiagramm zeichnen (Bild 12.9c). Formal erhalten Sie die **Widerstandszeiger**, indem Sie die zugehörigen Spannungszeiger durch die Stromstärke dividieren, die in allen in Reihe geschalteten Bauelementen gleich ist.

Bild 12.9 entnehmen wir:

$$Z = \sqrt{R^2 + X_L^2} \qquad (12.16)$$

$$\tan \varphi = \frac{X_L}{R} \qquad (12.17)$$

Die Phasenverschiebung an einer realen Spule ist auf Grund des induktiven Blindwiderstandes größer als null, aber wegen des gleichzeitig vorhandenen Wirkwiderstandes kleiner als 90° : $0 < \varphi < +90°$.

Beispiel 12.4

Wie groß ist die Induktivität einer Spule, die einen Wirkwiderstand von 1,64 Ω hat, wenn bei einer Wechselspannung von 10,0 V/50 Hz ein Strom von 1,99 A fließt?

Lösung:
Die Spule hat einen Scheinwiderstand von $Z = U/I$ = 10,0 V/1,99 A = 5,03 Ω. Der induktive Blindwiderstand ist nach Gl. (12.16) $X_L = \sqrt{Z^2 - R^2}$ = 4,76 Ω, woraus sich nach Gl. (12.7) die Induktivität $L = X_L/\omega = X_L/(2\pi f)$ = 15,1 mH ergibt.

12.3.2 Reihenschaltung von *R*, *L* und *C*

Für eine **Reihenschaltung von Wirkwiderstand *R*, Induktivität *L* und Kapazität *C*** (Bild 12.10a) sind die Zeigerdiagramme in Bild 12.10b und c dargestellt. Beachten Sie, dass die Zeiger für die induktiven und kapazitiven Anteile der betreffenden elektrischen Größe wegen des entgegengesetzten Vorzeichens der Phasenverschiebung an Induktivität und Kapazität entgegengesetzt gerichtet sind. Deshalb sind

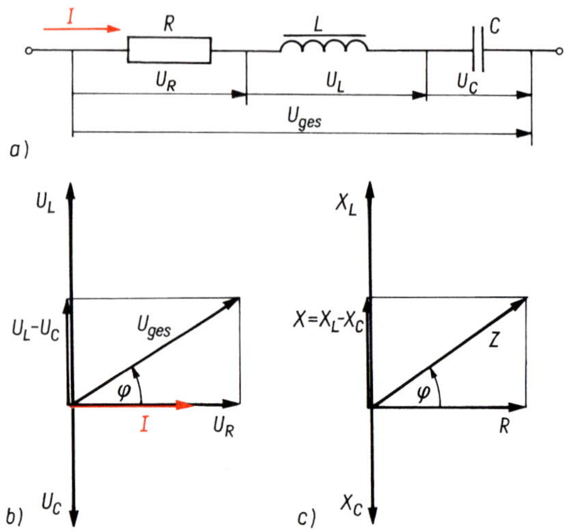

Bild 12.10: Reihenschaltung von R, L und C
a) Schaltbild; b) Zeigerdiagramm für Stromstärke und Spannungen;
c) Zeigerdiagramm für Widerstände

die kapazitiven von den induktiven Anteilen zu subtrahieren. Wir entnehmen Bild 12.10 die Gleichungen

$$U_{\text{ges}} = \sqrt{U_R^2 + (U_L - U_C)^2} \tag{12.18}$$

$$Z = \sqrt{R^2 + (X_L - X_C)^2} = \sqrt{R^2 + \left(\omega L - \frac{1}{\omega C}\right)^2} \tag{12.19}$$

$$\tan\varphi = \frac{U_L - U_C}{U_R} = \frac{X_L - X_C}{R} = \frac{\omega L - \dfrac{1}{\omega C}}{R} \tag{12.20}$$

Für $X_L > X_C$ ist die resultierende Phasenverschiebung positiv, für $X_L < X_C$ dagegen negativ.

Interessant ist der *Sonderfall* $X_L = X_C$. Hierbei heben sich die Wirkungen von induktiven und kapazitiven Blindwiderständen gegenseitig auf. Die Phasenverschiebung ist $\varphi = 0$ und der Scheinwiderstand $Z = R$. Dabei können die sich gegenseitig aufhebenden Teilspannungen U_L und U_C einzeln wesentlich größer als die Gesamtspannung U_{ges} sein (s. 14.2.3.1).

Beispiel 12.5

Berechnen Sie die Blindwiderstände, den Scheinwiderstand und die Phasenverschiebung für eine Reihenschaltung von $R = 1{,}00\ \text{k}\Omega$, $L = 2{,}53$ H und $C = 1{,}00\ \mu\text{F}$ bei drei verschiedenen Frequenzen von 50 Hz, 100 Hz und 150 Hz! Wie groß sind die Stromstärken und die Teilspannungen bei einer Gesamtspannung von 230 V?

Lösung:
Die Ergebnisse sind auf der nächsten Seite tabellarisch zusammengestellt.

Achten Sie auf die Frequenzabhängigkeit der berechneten Größen! Überzeugen Sie sich von der Richtigkeit der berechneten Größen, indem sie maßstabsgerecht die zugehörigen Zeigerdiagramme zeichnen!

	50 Hz	100 Hz	150 Hz
X_L nach Gl. (12.7)	0,795 kΩ	1,59 kΩ	2,38 kΩ
X_C nach Gl. (12.9)	3,18 kΩ	1,59 kΩ	1,06 kΩ
$X = X_L - X_C$	–2,38 kΩ	0	1,32 kΩ
Z nach Gl. (12.19)	2,58 kΩ	1,00 kΩ	1,66 kΩ
I nach Gl. (12.15)	89,1 mA	230 mA	139 mA
φ nach Gl. (12.20)	–67,2°	0°	+52,8°
$U_R = RI$	89,1 V	230 V	139 V
$U_L = X_L I$	70,8 V	366 V	331 V
$U_C = X_C I$	283 V	366 V	1,47 V

12.3.3 Parallelschaltung von *R*, *L* und *C*

In einer **Parallelschaltung von Wirkwiderstand *R*, Induktivität *L* und Kapazität *C*** (Bild 12.11a), an denen die gleiche Wechselspannung U liegt, ergibt sich die Gesamtstromstärke I_{ges} nach dem 1. Kirchhoffschen Gesetz (12.10) aus der Summe der Teilstromstärken. Dies führt auf das Zeigerdiagramm für die Ströme in Bild 12.11b. Da in Parallelschaltung die Stromstärken den Widerständen umgekehrt proportional sind, ergibt sich der Kehrwert des Scheinwiderstandes geometrisch aus den Kehrwerten von Wirk- und Blindwiderstand. Die Kehrwerte der Widerstände bezeichnet man als Leitwerte. Das Zeigerdiagramm der Leitwerte zeigt Bild 12.11c. Formal erhalten Sie die Leitwertzeiger, indem Sie die zugehörigen Stromstärkezeiger durch die Spannung dividieren, die an allen parallel geschalteten Bauelementen gleich ist.

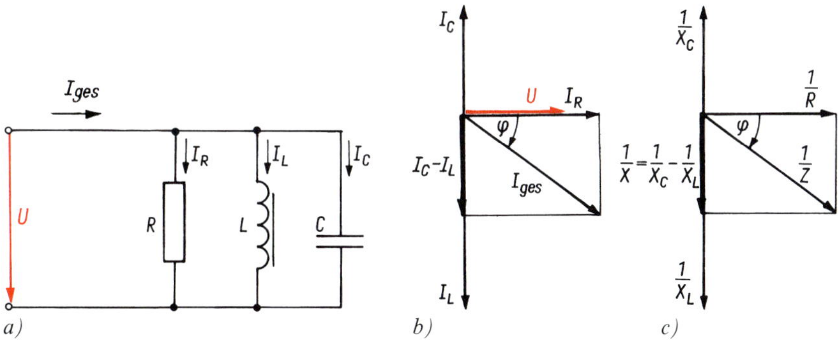

Bild 12.11: Parallelschaltung von R, L und C
a) Schaltbild; b) Zeigerdiagramm für Spannungen und Stromstärken; c) Zeigerdiagramm für Leitwerte

Wir entnehmen Bild 12.11 die Gleichungen

$$I_{ges} = \sqrt{I_R^2 + (I_C - I_L)^2} \qquad (12.21)$$

$$\frac{1}{Z} = \frac{I_{ges}}{U} = \sqrt{\frac{1}{R^2} + \left(\frac{1}{X_C} - \frac{1}{X_L}\right)^2} = \sqrt{\frac{1}{R^2} + \left(\omega C - \frac{1}{\omega L}\right)^2} \qquad (12.22)$$

$$\tan\varphi = \frac{I_C - I_L}{I_R} = \frac{\frac{1}{X_C} - \frac{1}{X_L}}{\frac{1}{R}} = \frac{\omega C - \frac{1}{\omega L}}{\frac{1}{R}} \qquad (12.23)$$

Diese Gleichungen für die Parallelschaltung unterscheiden sich von den entsprechenden Gleichungen für die Reihenschaltung dadurch, dass einerseits Spannungen und Stromstärken, andererseits Widerstände und Leitwerte vertauscht sind (s. 14.2.3.2).

12.4 Leistung des Wechselstroms

12.4.1 Momentanleistung und Wirkleistung

Fließt ein Gleichstrom durch einen Verbraucher, so wird eine konstante Leistung umgesetzt, die gleich dem Produkt aus Spannung und Stromstärke ist (s. 10.6). Wie ist das aber beim Wechselstrom, wo Spannung und Stromstärke zeitlich veränderliche periodische Größen sind?

Multiplizieren wir die Momentanwerte von u und i zu jedem Zeitpunkt, so erhalten wir die **Momentanwerte** $p = ui$ der ebenfalls **zeitlich veränderlichen Leistung**. Sie schwankt mit der doppelten Frequenz des Wechselstroms. Diese schnellen Leistungsschwankungen können wir jedoch beim Betrieb elektrischer Geräte und Maschinen praktisch nicht beobachten. So mitteln die Trägheit des Auges und die thermische Trägheit der Glühwendel über die mit der Momentanleistung schwankende Helligkeit einer Glühlampe ebenso, wie die mechanische Trägheit der rotierenden Teile eines Elektromotors einen gleichmäßigen Lauf gewährleistet.

Bild 12.12a: Elektromechanischer Energiezähler (Kilowattstundenzähler)

Von praktischem Interesse ist deshalb nicht die zeitabhängige Momentanleistung p, sondern ihr *zeitlicher Mittelwert.* Dieser Mittelwert ist die **Wirkleistung** $\boldsymbol{P}$ des Wechselstroms.

> Die Wirkleistung P gibt effektiv an, wieviel Elektroenergie in einem bestimmten Zeitraum in andere Energieformen umgesetzt wird.

12.4.2 Messung von Energieumsatz und Wirkleistung

Steigende Energiepreise stellen wirtschaftlich einen immer stärker ins Gewicht fallenden Kostenfaktor dar. Für die Abrechnung der vom Versorger gelieferten Elektroenergie ist die Ermittlung des Energieumsatzes mit geeichten Energiezählern (kWh-Zählern) unerlässlich.

Beispiel 12.6

Wie kann man mit einem elektromechanischen Kilowattstundenzähler die Leistung ermitteln?

Lösung:
Der Zähler trägt die Aufschrift „375 Umdr./kWh" (Bild 12.12a). Ich stoppe die Zeit für eine bestimmte Anzahl Umdrehungen, z. B. 21,3 s für 5 Umdrehungen. Die Leistung beträgt dann (5/375) kW · 3600 s/21,3 s = 2,25 kW.

Beispiel 12.7

Ein elektronischer Zähler zeigt 105284,8 kW · h und 996 W an (Bild 12.12b). Wie groß war die Betriebsdauer, wenn am Vortage 105281,6 kW · h bei gleicher Leistung abgelesen wurde?

Lösung:
(105284,8 kW · h – 105281,6 kW · h)/0,996 kW = 3,21 h.

Der klassische, in den meisten Haushalten noch installierte elektromechanische Energiezähler (Bild 12.12a) treibt mit Wirbelströmen, die durch die Überlagerung der Felder einer Spannungs- und einer Stromspule induziert werden, eine Aluminiumscheibe an. Die durch einen Bremsmagneten belastete Aluminiumscheibe erreicht eine Drehzahl, die der Wirkleistung proportional ist. Ein mechanisches Zählwerk zählt dann die der Energie entsprechende Anzahl Umdrehungen.

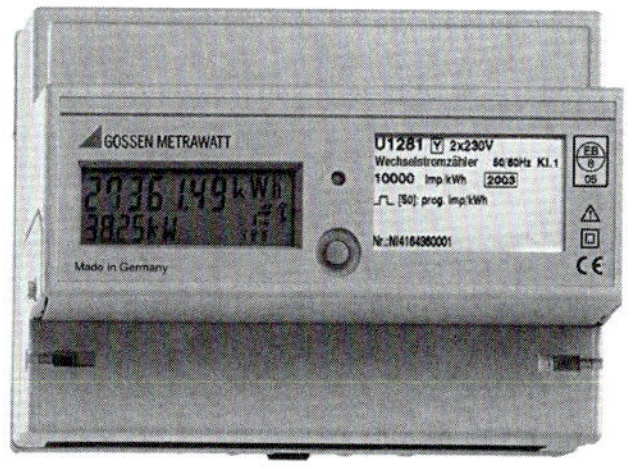

Bild 12.12b: Elektronischer Energiezähler (Kilowattstundenzähler)

Moderne Zähler arbeiten vollelektronisch (Bild 12.12b). Stromstärke und Spannung werden digital einem Prozessor zugeführt, der die Multiplikation und Mittelwertbildung ausführt, so dass die momentane Wirkleistung angezeigt werden kann. Die Integration über die Zeit liefert dann die Anzahl der umgesetzten Kilowattstunden.

12.4.3 Wirk-, Blind- und Scheinleistung

Wir betreiben einen Wechselstrommotor. Dabei messen wir gleichzeitig sowohl die Effektivwerte U und I von Spannung und Stromstärke als auch die Wirkleistung P. Dabei fällt auf, dass die Wirkleistung P kleiner als das Produkt UI der Effektivwerte ist. Die Ursache dafür ist die Phasenverschiebung zwischen Spannung und Stromstärke durch die Induktivität der Motorwicklungen. Spannung und Stromstärke erreichen nicht mehr gleichzeitig ihre Maximalwerte. Das Produkt UI stellt deshalb eine *Rechengröße* dar, die als **Scheinleistung** S bezeichnet und zur Unterscheidung von der Wirkleistung P nicht in Watt, sondern in Voltampere angegeben wird.

$$S = UI \qquad (12.24)$$

Scheinleistung

$$[S] = \mathrm{V} \cdot \mathrm{A} \quad \text{(Voltampere)}$$

Um den Zusammenhang zwischen Wirk- und Scheinleistung zu erkennen, zerlegen wir im Zeigerdiagramm Bild 12.13a die Stromstärke I in einen Wirkstromanteil $I_W = I \cos\varphi$ parallel zu U und einen Blindstromanteil $I_B = I \sin\varphi$ senkrecht zu U. Nur die *Wirkstromstärke* I_W, die mit der Spannung in Phase ist, *verrichtet Arbeit*, die beim Wechselstrommotor größtenteils dem Wirkungsgrad entsprechend zum mechanischen Antrieb genutzt wird. Ein geringerer Teil führt zur unerwünschten Erwärmung des Motors.

Die **Wirkleistung** ist das Produkt aus der Spannung und der Wirkstromstärke

$$P = UI_W = UI\cos\varphi = S\cos\varphi \qquad (12.25)$$

Wirkleistung

$$[P] = \mathrm{W} \quad \text{(Watt)}$$

Dabei tritt der Kosinus des Winkels der Phasenverschiebung zwischen Spannung und Stromstärke als **Leistungsfaktor** $\cos\varphi$ auf. Der Leistungsfaktor gibt den An-

Beispiel 12.8

Wie groß sind Scheinleistung, Wirkleistung und Wirkungsgrad eines Wechselstrommotors, der mit den auf dem Typenschild angegebenen Nennwerten betrieben wird? Nennspannung 230 V; Nennstromstärke 3,5 A; Nennleistung 500 W; Nennleistungsfaktor $\cos\varphi = 0{,}75$.

Lösung:
$S = UI = 230\ \mathrm{V} \cdot 3{,}5\ \mathrm{A} = 805\ \mathrm{V} \cdot \mathrm{A}$; $P = S\cos\varphi = 805\ \mathrm{V} \cdot \mathrm{A} \cdot 0{,}75 = 604\ \mathrm{W}$ bei einem Wirkstrom von $I_W = I\cos\varphi = 2{,}63\ \mathrm{A}$. Die auf dem Typenschild angegebene Nennleistung ist die unter Nennbedingungen nutzbare mechanische Leistung. Damit ist der Wirkungsgrad $\eta = P_{mech}/P_W = 500\ \mathrm{W}/604\ \mathrm{W} = 0{,}83 = 83\,\%$.

teil der Wirkleistung an der Scheinleistung an. Verwechseln Sie ihn nicht mit dem Wirkungsgrad des Motors, der den Anteil der genutzten mechanischen Leistung an der aufgewendeten elektrischen Wirkleistung angibt! Der Leistungsfaktor wird auch im Unterschied zum Wirkungsgrad nie in Prozent angegeben.

Der *Blindstrom* I_B, der gegenüber der Spannung um 90° phasenverschoben ist, *verrichtet keine Arbeit.* Er *erzeugt* die für den Betrieb des Motors erforderlichen *Magnetfelder* (s. 11.2.4). Während jeweils in einer Viertelperiode das Magnetfeld aufgebaut wird, liefert die Wechselspannungsquelle die dafür erforderliche magnetische Feldenergie, die in der folgenden Viertelperiode beim Abbau des Magnetfeldes zurückgeliefert wird. Die dieser *hin- und herflutenden Energie* entsprechende Momentanleistung pendelt so zwischen Spannungsquelle und Blindwiderstand. Ihr zeitlicher Mittelwert ist null. Ihre Amplitude wird als **Blindleistung *Q*** bezeichnet:

$$Q = UI_B = UI \sin \varphi = S \sin \varphi \qquad (12.26)$$

$[Q]$ = var („voltampère rèactif")

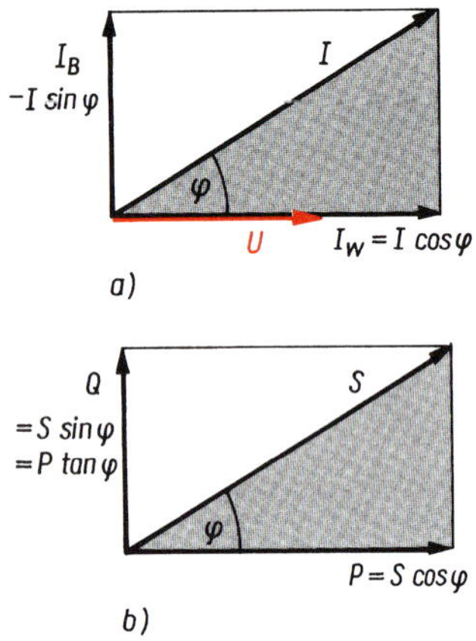

Bild 12.13: a) Zerlegung der Stromstärke in Wirk- und Blindanteil; b) Zeigerdiagramm für Wirk-, Blind- und Scheinleistung

Die der Wirk-, Blind- und Gesamtstromstärke entsprechende Wirk-, Blind- und Scheinleistung lässt sich ebenfalls in einem Zeigerdiagramm darstellen (Bild 12.13b). Formal erhalten Sie Leistungszeiger, wenn Sie die Stromstärkezeiger von Bild 12.13a mit der Spannung U multiplizieren.

Sie erkennen in Bild 12.13b die Beziehung

$$S = \sqrt{P^2 + Q^2} \qquad (12.27)$$

Enthält ein Wechselstromkreis nur Wirkwiderstände, so erfolgt keine Phasenverschiebung. Der Leistungsfaktor ist cos 0° = 1, so dass die Wirkleistung gleich der Scheinleistung UI ist. Es tritt keine Blindleistung auf.

Würde ein Wechselstromkreis nur Blindwiderstände enthalten, so wäre der Betrag der Phasenverschiebung 90°. Der Leistungsfaktor wäre dann cos 90° = 0, so dass keine Wirkleistung auftritt. Die Blindleistung wäre gleich der Scheinleistung UI.

Beispiel 12.9

Wie groß sind Blindstromstärke und Blindleistung des Wechselstrommotors von Beispiel 12.8?

Lösung:
Bei einem Leistungsfaktor $\cos \varphi = 0{,}75$ ist die Phasenverschiebung $\varphi = \arccos 0{,}75 = 41{,}4°$. Mit $\sin 41{,}4° = 0{,}66$ ergibt sich der Blindstrom zu $I_B = 3{,}5\ \text{A} \cdot 0{,}66 = 2{,}31\ \text{A}$; die Blindleistung zu $Q = 230\ \text{V} \cdot 2{,}31\ \text{A} = 531$ var. Der Blindstrom verrichtet selbst keine Arbeit. Er belastet aber zusätzlich das Netz, weil dadurch statt des für die Wirkleistung allein erforderlichen Wirkstromes von 2,63 A ein Gesamtstrom von 3,5 A fließt.

12.4.4 Blindleistungskompensation

Die in Kraftwerken erzeugte Elektroenergie wird in Wechselstromnetze eingespeist, um den Nutzern Wirkleistung zur Verfügung zu stellen. Alle elektrischen Maschinen benötigen jedoch zum Aufbau von Magnetfeldern Blindströme, die keine Arbeit verrichten. Durch diese Blindströme wird das Netz zusätzlich induktiv belastet. Die auftretenden Blindleistungen sind deshalb unerwünscht. Der Anteil der Wirkleistung an der zu übertragenden Scheinleistung soll möglichst groß sein. Diesen Anteil drückt der Leistungsfaktor $\cos \varphi$ aus.

Zur Übertragung einer bestimmten benötigten Wirkleistung ist bei kleinerem Leistungsfaktor eine größere Gesamtstromstärke notwendig. Dadurch erhöhen sich aber die Übertragungsverluste, da die Verlustleistung vom Quadrat der Stromstärke abhängt (s. 10.7.3). Die Übertragungsfähigkeit des elektrischen Netzes sinkt. Ein schlechter Leistungsfaktor cos φ verhindert die volle Ausnutzung der installierten Energieeinrichtungen. Aus diesem Grunde sind die Nutzer verpflichtet, den cos φ durch **Blindleistungskompensation** zu verbessern, so dass er dem Wert 1 nahekommt. Zur Verbesserung des Leistungsfaktors regt der in manchen Industrietarifen enthaltene Leistungspreis an. Danach müssen Sie nicht nur die verbrauchte Elektroenergie in kWh zu einem bestimmten Arbeitspreis bezahlen, sondern zusätzlich wird für jedes kVA der monatlichen Scheinleistungsspitze ein Leistungspreis berechnet. Da dem Leistungspreis die Scheinleistung $S = P/\cos\varphi$ zu Grunde liegt, sinken die anfallenden Leistungskosten nicht nur durch kontinuierlichen Energiebezug, sondern sind auch um so geringer, je höher der durchschnittliche monatliche Leistungsfaktor cos φ ist.

Eine **Kompensation** der durch die elektrischen Maschinen verursachten **induktiven Blindleistung** ist durch **Parallelschalten von Kondensatoren** möglich. Wird deren Kapazität so gewählt, dass der Betrag der von ihnen hervorgerufenen kapazitiven Blindleistung gleich der zu kompensierenden induktiven Blindleistung ist, so heben sich die Blindleistungen wegen der entgegengesetzten Phasenverschiebung an Kapazität und Induktivität gegenseitig auf. Auch die Blindströme kompensieren sich, die Phasenverschiebung wird null, der Leistungsfaktor $\cos\varphi = 1$.

Dabei wird die beim Abbau der Magnetfelder während einer Viertelperiode frei werdende magnetische Feldenergie im Kondensator als elektrische Feldenergie gespeichert, um in der nächsten Viertelperiode zum Aufbau der Magnetfelder wieder zur Verfügung zu stehen. Die zugehörige Blindleistung pendelt nur noch zwischen Verbraucher und Kompensationskondensator und nicht mehr zwischen Erzeuger und Verbraucher, so dass der Blindstrom das Netz nicht mehr mitbelastet.

Beispiel 12.10

Wie groß muss die Kapazität eines Kondensators sein, der die Blindleistung des Motors von Beispiel 12.9 vollständig kompensiert?

Lösung:
Der Blindstrom des parallel zum Motor liegenden Kondensators muss zur Blindleistungskompensation bei der gleichen Spannung den gleichen Betrag wie der Blindstrom des Motors haben, ihm gegenüber aber um 180° phasenverschoben sein. Aus dem kapazitiven Blindwiderstand $X_C = 1/(\omega C) = U/I_B = U/(I \sin\varphi)$ errechnet sich die erforderliche Kapazität zu

$$C = \frac{I \sin\varphi}{\omega U} = \frac{2{,}31\ \text{A}}{314\ \text{s}^{-1} \cdot 230\ \text{V}} = 32\ \mu\text{F}$$

Geben Sie von der zu kompensierenden Blindleistung $Q_L = Q_C = U^2/X_C = U^2\omega C$ aus, so erhalten Sie das gleiche Ergebnis aus $C = Q/(\omega U^2)$.

12.5 Transformatoren

Ein wichtiges Anwendungsgebiet für **Transformatoren** (s. 11.4.2.1) ist das *Umspannen von Wechselströmen* bei der Übertragung von Elektroenergie auf dem Weg vom Kraftwerk zum Nutzer (Bild 12.14). Sie kennen sicher auch Transformatoren, um die Netzspannung von 230 V auf Kleinspannungen, z. B. zum Betrieb elektrischer Modellbahnen, herabzutransformieren.

Bild 12.14: Umspannwerk mit Transformator 110 kV/10 kV

Bei einem Transformator befinden sich *zwei Spulen auf einem gemeinsamen Eisenkern,* die **Primärwicklung** mit der Windungszahl N_1 und die **Sekundärwicklung** mit der Windungszahl N_2 (Bild 12.15).

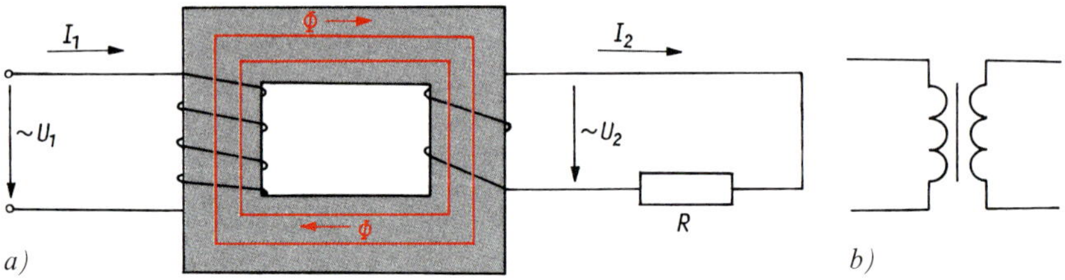

Bild 12.15: Transformator
a) Prinzip; b) Schaltbild

An die Primärwicklung wird eine Wechselspannung angelegt. Dadurch fließt ein Primärstrom, der als Magnetisierungsstrom ein magnetisches Wechselfeld erzeugt. Dessen magnetischer Fluss koppelt die beiden Spulen miteinander. In der Primärwicklung wird durch Selbstinduktion eine Gegenspannung induziert, die von der angelegten Primärspannung überwunden werden muss, während gleichzeitig in der Sekundärspule eine Sekundärspannung induziert wird. Dafür ergibt das Induktionsgesetz (11.22)

$$u_1 = N_1 \frac{\Delta\Phi}{\Delta t}; \quad u_2 = N_2 \frac{\Delta\Phi}{\Delta t}$$

Primär- und Sekundärspannung sind um 180° phasenverschoben. Dividieren wir beide Gleichungen durcheinander, so erkennen Sie, dass sich die Beträge der Spannungen wie die zugehörigen Windungszahlen verhalten. Das gilt auch für die Effektivwerte

Übersetzungsverhältnis

$$\frac{U_1}{U_2} = \frac{N_2}{N_1} \qquad (12.28)$$

So lassen sich Wechselspannungen nach dem Verhältnis der Windungszahlen herauf- oder herabtransformieren. Gl. (12.28) gilt allerdings nur *näherungsweise*, da sich ein geringer Teil des magnetischen Flusses als Streufluss außerhalb des Eisenkerns in Luft schließt. Dadurch werden beide Spulen nicht von genau gleichem Fluss durchsetzt. Um diese Streuungen klein zu halten, werden die Spulen von Transformatoren nicht wie im Bild 12.16 nebeneinander, sondern übereinander auf speziell geformte Eisenkerne gewickelt.

Schließt man an die Sekundärwicklung einen Verbraucher an, so fließt ein Sekundärstrom. Dieser erzeugt ebenfalls ein Magnetfeld, welches wegen der Phasenverschiebung das durch den ursprünglichen Primärstrom erzeugte Feld schwächen würde. Dadurch würde die Selbstinduktionsspannung in der Primärspule sinken. Da aber weiterhin die gleiche äußere Primärspannung anliegt, fließt statt dessen ein höherer Primärstrom. Die Stromaufnahme der Primärspule passt sich so von selbst der Strombelastung der Sekundärspule an, wobei das magnetische Feld effektiv unverändert bleibt.

Da der gleiche magnetische Fluss in einer Spule größerer Windungszahl durch einen Strom kleinerer Stromstärke erzeugt werden kann, verhalten sich die Stromstärken näherungsweise umgekehrt wie die Windungszahlen:

$$\frac{I_1}{I_2} \approx \frac{N_2}{N_1} \tag{12.29}$$

Transformiert man mit einem Transformator die Spannungen herauf, so werden die Ströme etwa im gleichen Verhältnis herabtransformiert und umgekehrt.

Im Transformator wird elektrische Energie wiederum in elektrische Energie anderer Spannung überführt. Dabei treten im Transformator **Energieverluste** auf, die auch das Übersetzungsverhältnis Gl. (12.28) beeinflussen. Wir unterscheiden dabei „Eisenverluste“ und „Kupferverluste“.

„*Eisenverluste*“ entstehen durch das periodische Ummagnetisieren des Eisens (*Hystereseverluste* s. 11.2.3) und durch die Induktion von Wirbelströmen (*Wirbelstromverluste* s. 11.4.3). Solche Verluste treten bereits im Leerlauf bei $I_2 = 0$ auf. Um die Eisenverluste möglichst klein zu halten, werden spezielle Eisenlegierungen mit schmaler Hysteresisschleife verwendet, und die Kerne sind nicht massiv, sondern als Blechpaket aus voneinander isolierten Eisenblechen aufgebaut.

„*Kupferverluste*“ entstehen durch die OHMschen Widerstände der Kupferwicklungen der Spulen. Sie treten besonders bei Belastung auf und wachsen mit I^2 an. Deshalb muss vor allem die Kleinspannungswicklung wegen der größeren Stromstärke aus dickerem Draht gewickelt werden.

Der Wirkungsgrad des Transformators ist das Verhältnis der nutzbaren sekundären Wirkleistung zur aufgewendeten primären Wirkleistung:

$$\eta = \frac{P_2}{P_1} \tag{12.30}$$

Der Wirkungsgrad erreicht bei Großtransformatoren bis zu 98 %. Trotzdem ist die auftretende Verlustwärme so groß, dass sie durch Kühlung abgeführt werden muss.

12.6 Dreiphasenwechselstrom (Drehstrom)

In Bild 12.1 wurde gezeigt, wie eine Wechselspannung erzeugt wird, wenn eine Leiterschleife in einem homogenen Magnetfeld rotiert. Die bisherigen Abschnitte 12.1 bis 12.5 handelten von derartigen Einphasenwechselspannungen.

Die Stromnetze zur Versorgung mit Elektroenergie werden aber mit **Dreiphasenwechselstrom** gespeist, der auch als **Drehstrom** bezeichnet wird. Die Erzeugung der entsprechenden Dreiphasenwechselspannung können Sie sich so vorstellen, dass statt einer Leiterschleife drei gekreuzte Leiterschleifen im Magnetfeld rotieren, die jeweils um 120° räumlich versetzt sind (Bild 12.16a). Bei Generatoren in Form von Innenpolmaschinen drehen sich die mit Gleichstrom erregten Magnetpole an den um 120° versetzten Ständerwicklungen vorbei. Dabei werden drei Wechselspannungen induziert, die um 120° entsprechend jeweils einem Drittel einer Periode phasenverschoben sind (Bild 12.16b).

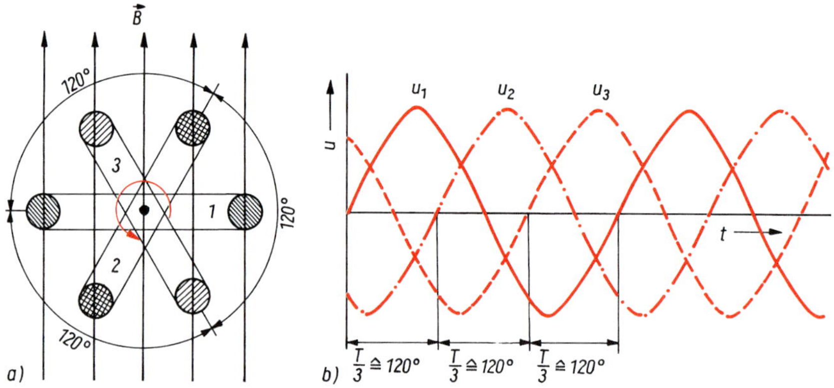

Bild 12.16: a) Modell eines Dreiphasenwechselspannungs-Generators
b) Dreiphasenwechselspannung aus drei um 120° phasenverschobenen Wechselspannungen

Da die Summe von 3 um 120° phasenverschobenen Wechselspannungen gleicher Amplitude gleich null ist, lässt sich jeweils ein Ende jeder Leiterschleife zu einem gemeinsamen *Sternpunkt* verbinden (Bild 12.17a). Durch diese Verkettung benötigt man für die Übertragung des Dreiphasenwechselstroms statt 6 Leitungen nur *3 Außenleiter* L1, L2 und L3. Dazu kommt ein vom Sternpunkt ausgehender

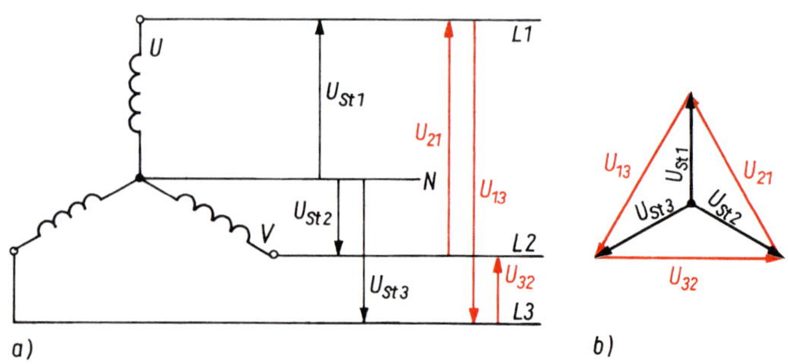

Bild 12.17: Strang- und Leiterspannungen einer durch Sternschaltung verketteter Dreiphasenwechselspannung
a) Schaltbild; b) Zeigerdiagramm

Mittelpunktsleiter als *Neutralleiter* N, der meist geerdet ist. Auf diese Weise stehen 2 verschiedene Spannungswerte zur Verfügung, nämlich die **Strangspannung** U_{St} zwischen einem Außenleiter und dem Neutralleiter und die $\sqrt{3}$-mal so große **Leiterspannung** U zwischen zwei Außenleitern. Der **Verkettungsfaktor** $\sqrt{3}$ lässt sich an Hand des Zeigerdiagramms der Spannungen errechnen (Bild 12.17b).

Die 230 V an der Steckdose in Ihrem Haushalt sind die Strangspannung einer Dreiphasenwechselspannung, deren Leiterspannung $\sqrt{3} \cdot 230\ \text{V} = 400\ \text{V}$ beträgt. An die eine Buchse der Steckdose ist ein Außenleiter, an die andere Buchse der Neutralleiter angeschlossen. Berühren Sie den Außenleiter mit der Prüfspitze eines Phasenprüfers, so leuchtet dessen Glimmlampe auf, während sie beim Neutralleiter dunkel bleibt.

Woher kommt nun die Bezeichnung „Drehstrom" für den Dreiphasenwechselstrom? Werden drei räumlich um 120° versetzte Spulen jeweils von einem um 120° phasenverschobenen Wechselstrom durchflossen, so entsteht ein magnetisches Feld, das mit einer Drehzahl rotiert, die gleich der Frequenz des Wechselstroms ist. So wird durch den Drehstrom ein **magnetisches Drehfeld** erzeugt, das den Bau von *Drehstrommotoren* ermöglicht. Bei einem Kurzschlussläufermotor z. B. induziert das Drehfeld in den kurzgeschlossenen Läuferwicklungen den zum Antrieb erforderlichen Strom, wobei sich der Läufer entsprechend der Belastung langsamer als das Drehfeld drehen muss, so dass eine Relativbewegung zwischen Läufer und Drehfeld vorhanden ist (s. 11.4.2.2) (Schlupf).

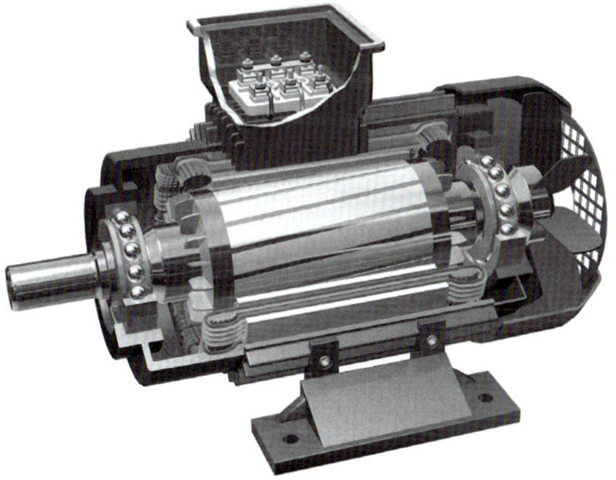

Bild 12.18: Schnittmodell eines Dreiphasenwechselstrom-Asynchronmotors
Man erkennt die beiderseits durch Kurzschlussringe kurzgeschlossenen, im Läuferblechpaket schräg eingelegten Kurzschlussstäbe des Käfigläufers. Die Ständerwicklungen sind in Stern geschaltet, wie man am Klemmkasten sieht.

Für den Anschluss von Drehstrommotoren oder anderer Verbraucher an ein Drehstromnetz bestehen zwei mögliche Arten der Verkettung durch **Sternschaltung** (Bild 12.19a) oder **Dreieckschaltung** (Bild 12.19b). Wir wollen dabei voraussetzen, dass alle drei Phasen gleichmäßig belastet werden. Für den Fall *symmetrischer* Belastung gelten dann die folgenden Beziehungen:

In Sternschaltung ist die Leiterspannung $\sqrt{3}$-mal so groß wie die Strangspannung, während die Leiterstromstärke gleich der Strangstromstärke ist.

$$U_\curlywedge = \sqrt{3}\,U_{St} \qquad I_\curlywedge = I_{St} \tag{12.31}$$

Spannung / Stromstärke in Sternschaltung

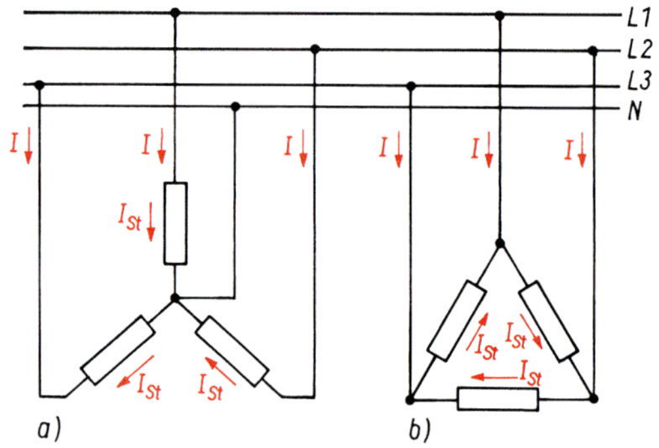

Bild 12.19: a) Sternschaltung; b) Dreieckschaltung von Verbrauchern

In Dreieckschaltung ist die Leiterstromstärke $\sqrt{3}$-mal so groß wie die Strangstromstärke, während die Leiterspannung gleich der Strangspannung ist.

Spannung } in Dreieck-
Stromstärke } schaltung

$$U_\triangle = U_{\mathrm{St}} \qquad I_\triangle = \sqrt{3}\, I_{\mathrm{St}} \tag{12.32}$$

Die Leistung des Dreiphasenwechselstroms ist bei symmetrischer Belastung gleich der 3-fachen Leistung des Wechselstroms im einzelnen Strang.

$$P = 3\,U_{\mathrm{St}} I_{\mathrm{St}} \cos\varphi \tag{12.33}$$

Setzen Sie in Gl. (12.33) für die Strangwerte die üblicherweise angegebenen Leiterwerte nach Gl. (12.31) bzw. (12.32) ein, so erhalten Sie unabhängig von der Verkettungsart

Wirkleistung des Drehstroms

$$P = \sqrt{3}\, U I_{\mathrm{St}} \cos\varphi \tag{12.34}$$

Dieselbe Gleichung für die Leistung des Drehstroms in Stern- und Dreieckschaltung bedeutet aber nicht, dass die gleiche Maschine in beiden Schaltungen mit der gleichen Leistung arbeitet.

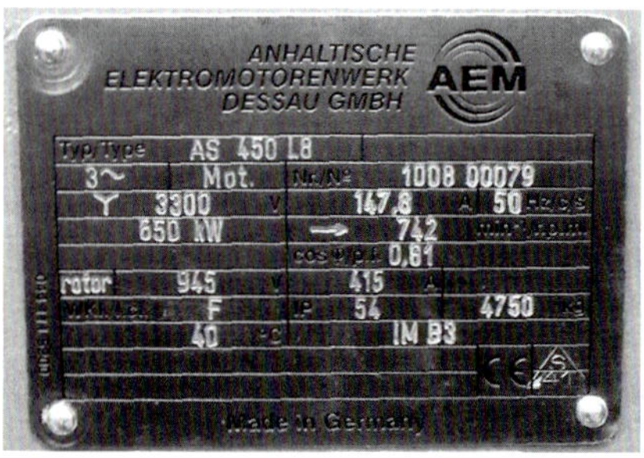

Bild 12.20: Leistungsschild eines Dreiphasenwechselstrom-Asynchronmotors in Sternschaltung Aus den angegebenen Daten ergibt sich eine elektrische Leistungsaufnahme von

$$\sqrt{3} \cdot 3{,}3\ kV \cdot 147{,}8\ A \cdot 0{,}81 = 684\ kW\,.$$

Bei einer Nennleistung von 650 kW ist der Wirkungsgrad 95 %.
Der Schlupf beträgt bei 4 Wicklungssträngen 3000 min^{-1}/4 – 742 min^{-1} = 8 min^{-1}.

Wegen $I_\curlywedge = I_\triangle/3$ werden oft zur Verminderung der hohen Anlassstromstärken beim Einschalten von Drehstrommotoren die für Dreieckschaltung ausgelegten Motoren in Sternschaltung angelassen und erst nach Erreichen einer bestimmten Drehzahl auf Dreieck umgeschaltet.

Beispiel 12.11

Ein Drehstrommotor für 400 V nimmt in Dreieckschaltung einen Strom von 22 A bei einem Leistungsfaktor von 0,83 auf. Wie groß sind die Strang- und Leiterwerte sowie die Wirkleistungen in Dreieck- und Sternschaltung?

Lösung:
In Dreieckschaltung ist die Strangspannung gleich der Leiterspannung von 400 V. Bei einer Leiterstromstärke von $I_\triangle = 22$ A beträgt die Strangstromstärke $I_{St\,\triangle} = 22\ \text{A}/\sqrt{3} = 12{,}7$ A. Die Wirkleistung ist $P_\triangle = \sqrt{3}U_\triangle I_\triangle \cos\varphi = \sqrt{3} \cdot 400\ \text{V} \cdot 22\ \text{A} \cdot 0,83 = 12{,}7$ kW. In Sternschaltung liegt dagegen an jedem Strang eine Spannung von $U_{St\triangle} = 400\ \text{V}/\sqrt{3} = 230$ V. Dadurch beträgt die Strangstrom stärke, die in Sternschaltung gleich der Leiterstromstärke $I_\curlywedge$ ist, nur $I_{St\curlywedge} = I_\curlywedge = I_{St\triangle}/\sqrt{3} = 12{,}7\ \text{A}/\sqrt{3} = 7{,}3$ A und damit 1/3 der Leiterstromstärke in Dreieckschaltung: $I_\curlywedge = I_\triangle/3$. Daraus folgt, dass auch die Wirkleistung der gleichen Maschine in Sternschaltung mit $P_\curlywedge = \sqrt{3}U_\curlywedge I_\curlywedge \cos\varphi = \sqrt{3} \cdot 400\ \text{V} \cdot 7{,}3\ \text{A} \cdot 0{,}83 = 4{,}2$ kW nur 1/3 derjenigen in Dreieckschaltung ist.

12.7 Schutz vor elektrischen Unfällen

Berührt ein spannungsführender Leiter z. B. infolge eines Isolationsfehlers leitfähige Teile eines elektrischen Gerätes, so spricht man von einem *Körperschluss*. Dadurch entsteht eine *Fehlerspannung* zwischen diesen Geräteteilen und der Erde. Berührt ein Mensch diese unter Spannung stehenden Teile, so greift er einen Teil dieser Fehlerspannung als *Berührungsspannung* ab. Sein Körper wird von einem Fehlerstrom durchströmt. Schon Stromstärken über 20 mA sind gefährlich und können ab 60 mA tödlich wirken. Ein Fehlerstrom von 20 mA fließt bei einem Körperwiderstand von etwa 3 kΩ bereits infolge einer Berührungsspannung von 60 V.

Schutzmaßnahmen an elektrischen Anlagen haben die Aufgabe, entweder das Zustandekommen oder das Bestehenbleiben zu hoher Berührungsspannungen zu verhindern. Die wichtigsten derartigen Schutzmaßnahmen seien in Folgendem kurz angeführt.

Schutzisolierung: Alle der Berührung zugänglichen leitfähigen Teile sind mit Isolierstoff bedeckt oder durch Isolierstücke getrennt. Dies ist z. B. bei vielen Haushaltsgeräten der Fall. Man erkennt es am einvulkanisierten Flachstecker und der Kennzeichnung durch zwei ineinandergesetzte Quadrate.

Schutzkleinspannung: Die elektrischen Anlagen werden mit Spannungen zwischen 42 V und 6 V betrieben, die unter der zulässigen Berührungsspannung liegen. Denken Sie z. B. an Ihre elektrische Modelleisenbahn.

Schutztrennung: Zwischen Netz und Verbraucher wird ein Trenntransformator geschaltet. Damit sind Netz und Verbraucher nicht mehr elektrisch leitend miteinander verbunden (s. 11.4.2.1). Auf der Sekundärseite des Trenntransformators besteht keine Spannung gegen Erde, so dass bei Körperschluss im Verbraucher keine Fehlerspannung auftritt. Schutztrennung wendet z. B. Ihr Fernsehmonteur an, wenn er im Fernsehgerät unter Spannung arbeiten muss.

Nullung: Das leitende Gehäuse oder andere Teil des zu schützenden Gerätes sind mit einem Schutzleiter verbunden (Kennbuchstaben PE, grüngelbe Farbmarkierung). Dieser führt bei ortsveränderlichen elektrischen Geräten an die Schutzkontakte des Steckers. Die Schutzkontakte der Steckdose sind mit dem geerdeten

Neutralleiter des Dreiphasenstromnetzes als Nullleiter verbunden (s. 12.6). Bei Anschalten eines Gerätes mit Körperschluss fließt so über den Nullleiter ein starker Strom zur Erde, der die Sicherungen ansprechen lässt, wodurch der Stromkreis unterbrochen wird.

Fehlerstromschutzschalter (FI): Sie vergleichen zu- und abfließende Ströme und schalten bei einer Stromstärkedifferenz von 30 mA innerhalb von höchstens 200 ms allpolig ab. Vom VDE sind derartige FI-Schalter zumindest für alle Steckdosenstromkreise vorgeschrieben.

Beachten Sie, dass all diese Schutzmaßnahmen nur sicher wirksam sind, wenn die elektrischen Anlagen und Geräte vom Fachmann fachgerecht installiert und überprüft worden sind.

Zusammenfassung: Wechselspannungen und Wechselströme

- Sinusförmige Wechselspannungen und Wechselströme sind durch Angabe von Maximalwert bzw. Effektivwert, Frequenz und Phase bestimmt.
- Ein induktiver Blindwiderstand ist der Frequenz proportional und verschiebt die Phase um +90°, ein kapazitiver Blindwiderstand ist der Frequenz umgekehrt proportional und verschiebt die Phase um −90°.
- Die Beziehungen in Wechselstromschaltungen aus Wirk- und Blindwiderständen lassen sich durch Zeigerdiagramme darstellen und nach ihnen berechnen.
- Die Wirkleistung ist als zeitlicher Mittelwert der Momentanleistung gleich dem Produkt aus den Effektivwerten von Spannung, Stromstärke und Leistungsfaktor cos φ.

13 Halbleiter

Fragen und Probleme: *Was ist der Unterschied zwischen Eigenleitung und Störstellenleitung? Was sind n-Leiter, was sind p-Leiter? Welche Verhältnisse liegen an einem pn-Übergang vor? Wie wird dieses Verhalten bei Halbleiterbauelementen genutzt?*

Leitungsvorgänge und spezielle Effekte in Halbleitern bilden die *festkörperphysikalischen* Grundlagen der Mikroelektronik. Bevorzugtes Halbleitermaterial ist dabei Silicium (Si).

Ausgangspunkt dieser Entwicklung war 1947 die Entdeckung des Transistoreffektes durch BARDEEN, BRATTAIN und SHOCKLEY. Die bis dahin in der Elektronik zur Gleichrichtung und Verstärkung vorherrschenden Elektronenröhren wurden zunehmend durch Halbleiterbauelemente in Form von *Halbleiterdioden* und *Transistoren* verdrängt.

Der Durchbruch zur Mikroelektronik gelang, als es technologisch möglich wurde, *integrierte Schaltkreise* (IC) auf Siliciumbasis herzustellen.

Bild 13.1 zeigt eine Auswahl diskreter Halbleiterbauelemente und integrierter Schaltkreise.

Bild 13.1: Auswahl diskreter Halbleiterbauelemente und integrierter Schaltkreise

13.1 Leitungsmechanismen in Halbleitern

13.1.1 Eigenleitung

Betrachten wir als typisches Halbleitermaterial das *Silicium.* Silicium steht in der 4. Hauptgruppe des Periodensystems der Elemente. Jedes Si-Atom hat in seiner Atomhülle 4 Außenelektronen als Valenzelektronen, über die es im Si-Kristall mit seinen 4 nächsten Nachbaratomen durch Elektronenpaarbindungen gebunden ist. Somit scheinen im Unterschied zu Metallen keine freibeweglichen Elektronen im Si-Kristall zu existieren. Silicium müsste ein Isolator sein. Bei sehr tiefen Temperaturen nahe dem absoluten Nullpunkt ist dies auch tatsächlich der Fall.

Bei Zimmertemperatur zeigt Silicium dagegen eine merkliche elektrische Leitfähigkeit. Durch Energiezufuhr infolge *thermischer Anregung* lösen sich **Elektronen** aus den Elektronenpaarbindungen und stehen als Leitungselektronen zur Verfügung (Bild 13.2). Mit jedem *Leitungselektron* entsteht gleichzeitig ein „*Loch*" in der Bindung, da dort ein Elektron für die Paarbindung fehlt. Zwischen der Erzeugung (Generation) von Elektron-Loch-Paaren und deren Wiedervereinigung (Rekombination) stellt sich ein *temperaturabhängiges dynamisches Gleichgewicht* ein. Die Konzentration n an Leitungselektronen ist dabei gleich der Konzentration p an Löchern: $n = p$.

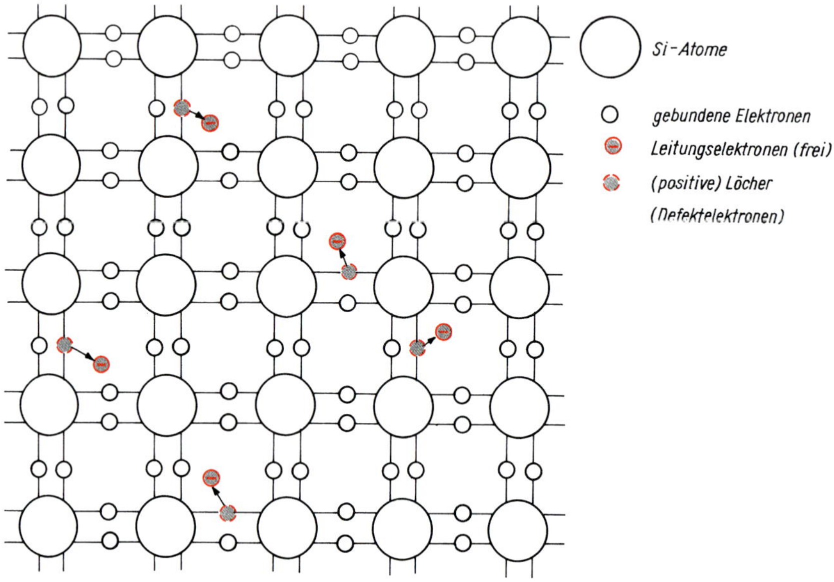

Bild 13.2: Schematische Darstellung der Eigenleitung durch Erzeugung von Elektron-Loch-Paaren

Die **Löcher**, auch Defektelektronen genannt, ermöglichen ebenfalls einen Ladungstransport. Beim Anlegen einer elektrischen Spannung füllen Elektronen aus anderen Bindungen die Löcher aus, wodurch neue Löcher näher zum Minuspol der Spannungsquelle hin entstehen. Scheinbar wandern so die Löcher entgegengesetzt zu den Leitungselektronen durch den Si-Kristall. Sie können deshalb formal wie positive Ladungsträger beschrieben werden.

An der Eigenleitung in Halbleitern sind Leitungselektronen und Löcher zu gleichen Anteilen beteiligt.

Da deren Konzentration mit steigender Temperatur stark zunimmt, wird der Widerstand eines eigenleitenden Halbleiters im Unterschied zu Metallen mit zunehmender Temperatur kleiner.

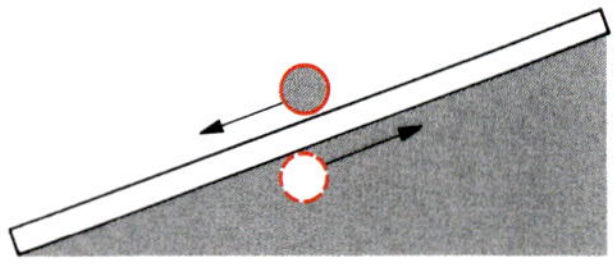

Bild 13.3: Wassertropfen und Luftblase als Modell für Leitungselektron und Loch

Ein einfaches mechanisches Modell zur Eigenleitung stellt eine schrägstehende Glasplatte dar, unter der sich Wasser befindet. Entnimmt man unterhalb der Glasplatte einen Wassertropfen, so dass dort eine Luftblase entsteht, und gibt den Tropfen auf die Glasplatte, kann der Wassertropfen mit einem Leitungselektron, die Luftblase mit einem Loch verglichen werden (Bild 13.3). Während der Tropfen die Glasplatte hinabläuft, steigt die Luftblase durch nachfließendes Wasser unterhalb der Glasplatte empor.

13.1.2 Störstellenleitung

Das Gleichgewicht zwischen Leitungselektronen und Löchern wird durch den Einbau von Fremdatomen als **Störstellen** im Kristallgitter beeinflusst.

13.1.2.1 n-Leitung

Fremdatome aus der 5. Hauptgruppe des Periodensystems, z. B. Phosphor (P) haben mit 5 Außenelektronen gegenüber Silicium ein zusätzliches Valenzelektron, zu dessen thermischer Anregung eine wesentlich geringere Energie notwendig ist als zur Elektron-Loch-Paarerzeugung im Si-Grundgitter. Bei Zimmertemperatur ist praktisch jedes Phosphoratom ionisiert und liefert ein zusätzliches Leitungselektron (Bild 13.4). Die Phosphoratome sind **Donatoren** für Leitungselektronen. Das mit Phosphor dotierte Silicium ist **n-leitend.** Die Elektronenkonzentration ist um viele Zehnerpotenzen größer als die Konzentration der von der Eigenleitung her noch vorhandenen Löcher: $n \gg p$.

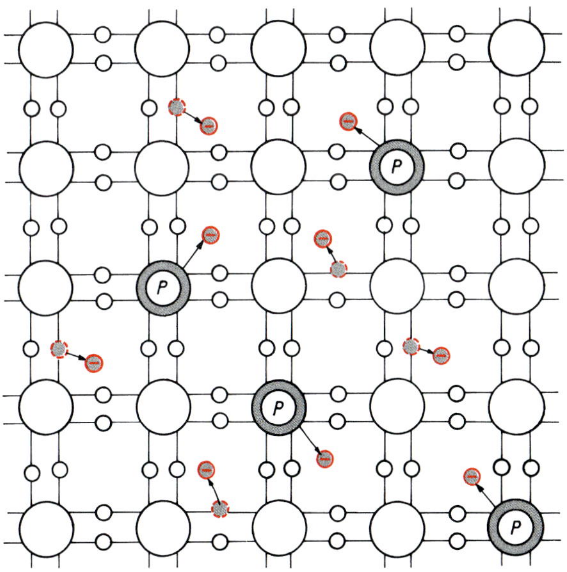

Bild 13.4: n-Leitung durch Dotierung mit Phosphor

Im n-leitenden Material erfolgt der Ladungstransport vorwiegend durch freie Leitungselektronen.

Die im n-leitenden Material in der Überzahl vorhandenen **Leitungselektronen** sind *Majoritätsladungsträger*, die in der Minderheit noch vorhandenen *Löcher Minoritätsladungsträger.*

13.1.2.2 p-Leitung

Fremdatome aus der 8. Hauptgruppe des Periodensystems, z. B. Bor (B), haben mit nur 3 Außenelektronen ein Valenzelektron weniger als Silicium. Die zu Elektronenpaarbindungen am Bor fehlenden Elektronen werden schon bei geringer Energiezufuhr durch Elektronen aus dem Si-Grundgitter geliefert, wodurch dort zusätzliche Löcher entstehen (Bild 13.5). Die Boratome sind **Akzeptoren** für Elektronen. Das mit Bor dotierte Silicium ist **p-leitend.** Die Löcherkonzentration ist um viele Zehnerpotenzen größer als die von der Eigenleitung her noch vorhandene Konzentration an Leitungselektronen: $p \gg n$.

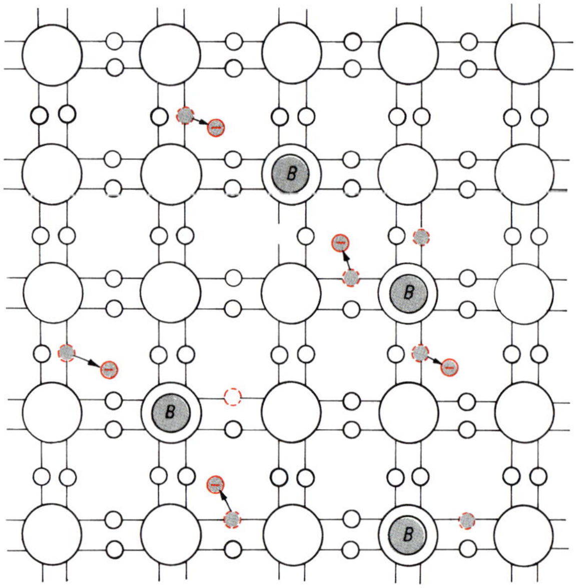

Bild 13.5: p-Leitung durch Dotierung mit Bor

Im p-leitendem Material erfolgt der Ladungstransport vorwiegend durch Löcher.

Die im p-leitenden Material in der Überzahl vorhandenen *Löcher* sind *Majoritätsladungsträger*, die in der Minderheit vorhandenen *Leitungselektronen Minoritätsladungsträger.*

13.2 pn-Übergang

pn-Übergänge bilden die Grundlage aller sog. *bipolaren* Halbleiterbauelemente, bei denen die Leitfähigkeit durch beide Ladungsträgerarten bedingt ist.

Ein pn-Übergang entsteht dort, wo im gleichen Si-Kristall ein p-leitendes Gebiet an ein n-leitendes Gebiet grenzt. Die unterschiedlichen Ladungsträgerkonzentrationen in den beiden aneinandergrenzenden Gebieten suchen sich durch Diffusion, die ihre Ursache in der Wärmebewegung hat, auszugleichen. Ohne Anliegen einer äußeren Spannung diffundieren Elektronen aus dem n-Gebiet in das p-Gebiet und umgekehrt Löcher aus dem p-Gebiet in das n-Gebiet. Dadurch wird aber die Ladungsneutralität gestört. Die in das p-Gebiet diffundierten Elektronen bilden dort eine negative, die ins n-Gebiet diffundierten Löcher eine positive *Raumladung*. Das elektrische Feld zwischen diesen Raumladungsschichten wirkt der weiteren Diffussion entgegen und verhindert einen vollständigen Konzentrationsausgleich. Es stellt sich ohne äußere Spannung ein *Gleichgewicht* ein, in dem ein durch die Konzentrationsunterschiede angetriebener **Diffusionsstrom** in der einen Richtung gleich einem entgegengesetzt fließenden **Feldstrom** ist, der durch das elektrische Feld zwischen den Raumladungen verursacht wird (Bild 13.6a).

Dieses Gleichgewicht kann mittels einer von außen angelegten Spannung gestört werden. Dabei gibt es zwei verschiedene Möglichkeiten für die Polung der Spannungsquelle.

Liegt der *Pluspol* der Spannungsquelle am *p-Gebiet*, der *Minuspol* am *n-Gebiet*, so werden die Majoritätsladungsträger in den pn-Übergang „hineingedrückt". Der pn-Übergang wird sehr schmal mit einer insgesamt relativ hohen Ladungsträgerkonzentration, so dass er in dieser Richtung nur noch einen sehr kleinen Widerstand hat. Es fließt ein durch die Majoritätsladungsträger getragener sehr hoher Durchlassstrom. Der pn-Übergang ist in **Durchlassrichtung** gepolt (Bild 13.6b).

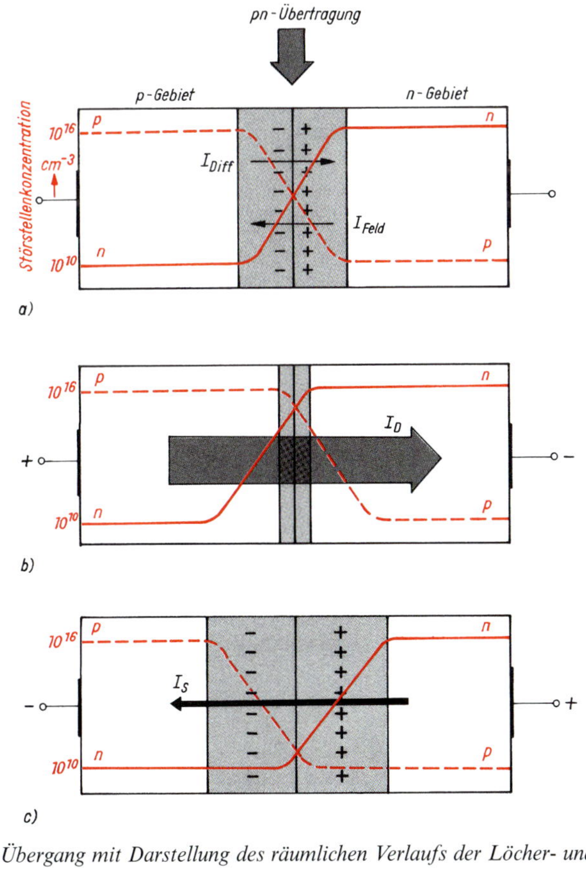

Bild 13.6: pn-Übergang mit Darstellung des räumlichen Verlaufs der Löcher- und Elektronenkonzentrat
a) im Gleichgewicht ohne äußere Spannung; b) bei Polung in Durchlassrichtung; c) bei Polung in Sperrrichtung

Liegt umgekehrt der *Pluspol* der Spannungsquelle am *n-Gebiet*, der *Minuspol* am *p-Gebiet*, so werden Majoritätsladungsträger aus dem pn-Übergang „abgesaugt“. Der pn-Übergang wird sehr breit und verarmt an Ladungsträgern, so dass er in dieser Richtung einen sehr großen Widerstand hat. Es fließt nur ein durch die Minoritätsladungsträger getragener sehr kleiner Sperrstrom. Der pn-Übergang ist in **Sperrrichtung** gepolt (Bild 13.6c).

13.3 Halbleiterdioden

Halbleiterdioden enthalten einen *pn-Übergang* und haben dadurch einen von der Polungsrichtung der Spannung abhängigen elektrischen Widerstand. Bild 13.7 zeigt den prinzipiellen Verlauf der *Kennlinie* einer Halbleiterdiode. In **Durchlassrichtung** fließt bereits bei relativ geringer Spannung ein sehr hoher Durchlassstrom. Praktisch darf die Durchlassstromstärke die maximale Belastbarkeit der Diode nicht überschreiten. In **Sperrrichtung** fließt dagegen bis zu einer relativ hohen maximalen Sperrspannung nur ein sehr geringer Sperrstrom. So sind z. B. Hochleistungsdioden in der Leistungselektronik bis zu vielen hundert Ampere belastbar und haben maximale Sperrspannungen von einigen Kilovolt.

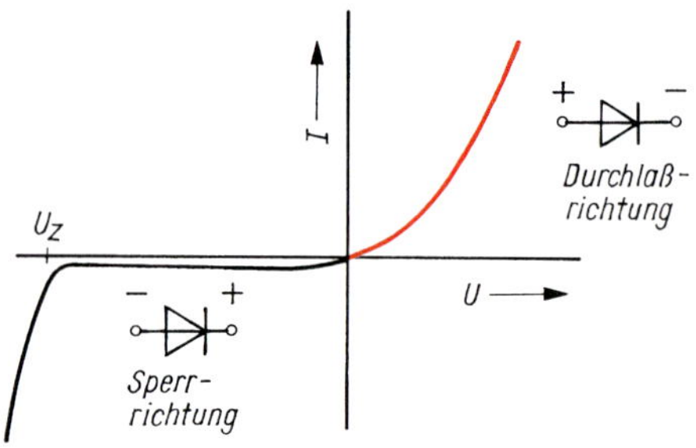

Bild 13.7: Stromstärke-Spannungs-Kennlinie einer Halbleiterdiode

Beim Überschreiten der maximalen Sperrspannung wird die ZENER-Spannung U_Z erreicht, bei der die Grenzschicht des pn-Übergangs durchbrochen wird und die Stromstärke bei nahezu konstanter Spannung steil anwächst. In *ZENER-Dioden* wird dieser Effekt zur Spannungsstabilisierung genutzt.

Der *richtungsabhängige* elektrische Widerstand eines pn-Übergangs wirkt wie ein Ventil für elektrische Ströme. In Halbleiter-Gleichrichterdioden nutzt man diese Ventilwirkung zur *Gleichrichtung* von Wechselströmen. Bei Anlegen einer sinusförmigen Wechselspannung ist die Diode abwechselnd während jeweils einer halben Periode in Durchlassrichtung und in Sperrrichtung gepolt. Bei einer Einweggleichrichtung (Bild 13.8a) entsteht so ein pulsierender Gleichstrom. Bei einer Zweiweggleichrichtung mit 4 Dioden in Brückenschaltung (GRAETZ-Schaltung Bild 13.8b) können beide Halbperioden der Wechselspannung genutzt werden. Dabei sind abwechselnd jeweils 2 gegenüberliegende Dioden gesperrt bzw. durchlässig.

Thyristoren sind steuerbare Gleichrichter mit 3 pn-Übergängen. Sie werden als kontaktlose Schalter und zur verlustfreien Steuerung des gleichgerichteten Stromes in der Leistungselektronik eingesetzt. *Fotodioden* nutzen den inneren Fotoeffekt. Bei der Bestrahlung eines pn-Übergangs mit Licht werden durch die Energie zusätzliche Elektron-Loch-Paare erzeugt. Dadurch erhöht sich bei Belichtung der Sperrstrom einer in Sperrrichtung betriebenen Diode.

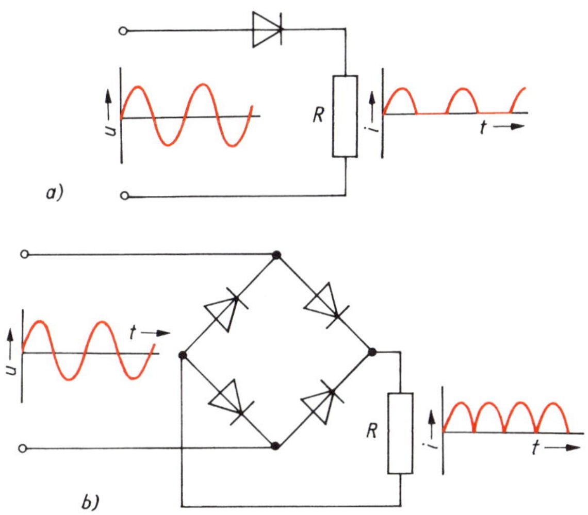

Bild 13.8: Gleichrichtung mit Halbleiterdioden
a) Einweggleichrichtung; b) Zweiweggleichrichtung (GRAETZ-Schaltung)

Lichtemitterdioden (LED) sind dagegen in Durchlassrichtung betriebene Dioden, in denen die bei der Rekombination von Elektron-Loch-Paaren frei werdende Energie in Licht umgesetzt wird. Als Halbleitermaterialien werden dafür Verbindungen aus 3- und 5-wertigen Elementen verwendet, z. B. Galliumphosphid (GaP) für grüne LED.

Solarzellen sind im Prinzip Dioden mit größerer Flächenausdehnung, an die keine äußere Spannung angelegt sondern die selbst als Spannungsquelle arbeiten. Licht erzeugt Elektron-Lochpaare am pn-Übergang in der Grenzschicht zwischen einer lichtdurchlässigen dünnen n-dotierten Oberschicht und einer stark p-dotierten Unterschicht. Die erzeugten Elektronen und Löcher werden durch das innere elektrische Feld am pn-Übergang getrennt. Damit wird die Sammelschiene der Kontaktfinger an der Oberfläche zum Minuspol, die Metallisierung an der Unterfläche zum Pluspol der Solarzelle (Bild 13.9b). Für die Nutzung des Lichtes der Sonne werden Solarzellen zu Solarmodulen zusammengeschaltet, mit denen Photovoltaikanlagen mit großem Flächenbedarf errichtet werden (Bild 13.9a).

Bild 13.9a: Teil der Photovoltaikanlage eines Solarparks

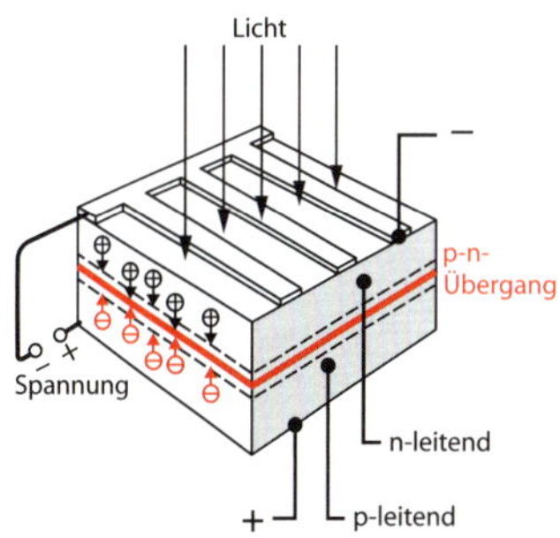

Bild 13.9b: Schematischer Aufbau einer Solarzelle

Durch die aneinandergrenzenden Raumladungsgebiete eines pn-Übergangs wirkt eine in Sperrrichtung betriebene Diode wie ein aufgeladener Plattenkondensator mit p- und n-Gebiet als Platten und der Sperrschicht als Dielektrikum. Die Kapazität nimmt mit wachsender Sperrspannung ab, da sich dadurch der pn-Übergang verbreitert, was einer Vergrößerung des Plattenabstandes entsprechen würde (s. 11.1.2.2, Gl. (11.7)). Diese Spannungsabhängigkeit der Sperrschichtkapazität wird in *Kapazitätsdioden* technisch genutzt.

13.4 Transistoren

Transistoren bilden die Grundlage der modernen Elektronik. Es sind Halbleiterbauelemente, in denen der *Strom* zwischen zwei Elektroden durch eine dritte Elektrode *gesteuert* werden kann, wozu nur eine sehr geringe Steuerleistung notwendig ist.

Vom Wirkprinzip unterscheiden sich Bipolartransistoren und Feldeffekttransistoren. Bei **Bipolartransistoren** sind beide Ladungsträgerarten, also Leitungselektronen und Löcher, am Ladungstransport beteiligt. Die Steuerwirkung beruht auf Ladungsträgerinjektion von Minoritätsladungsträgern in einen gesperrten pn-Übergang.

Feldeffekttransistoren sind *Unipolartransistoren.* In ihnen erfolgt der Ladungstransport nur durch eine Ladungsträgerart, nämlich durch die Majoritätsladungsträger in einem n- oder p-leitenden Kanal. Die Steuerwirkung beruht auf der Änderung der Konzentration an Majoritätsladungsträgern durch ein elektrisches Feld.

13.4.1 Bipolartransistoren

Bipolartransistoren enthalten in einem Si-Kristall *zwei dicht benachbarte pn-Übergänge*, die sich auf Grund ihres geringen räumlichen Abstandes von wenigen Mikrometern gegenseitig beeinflussen können. Entsprechend dem Leitungstyp der dazu notwendigen 3 aufeinanderfolgenden halbleitenden Gebiete gibt es npn-Transistoren und pnp-Transistoren, die sich im Betrieb durch die Vorzeichen von Spannungen und Strömen unterscheiden (Bild 13.10). Die beiden außenliegenden Gebiete gleichen Leitungstyps heißen *Emitter* (E) und *Kollektor* (C). Das dazwischenliegende, sehr schmale Gebiet entgegengesetzten Leitungstyps ist die *Basis* (B).

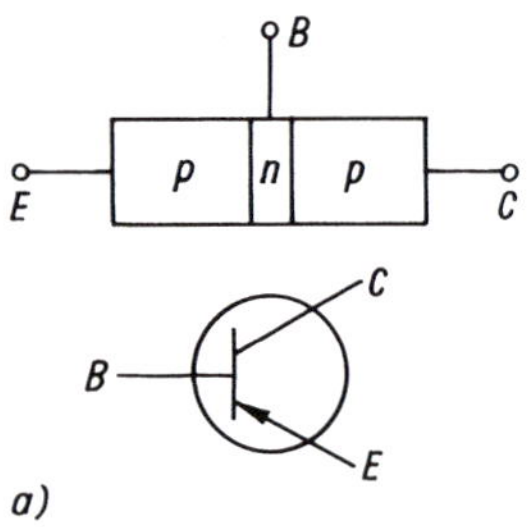

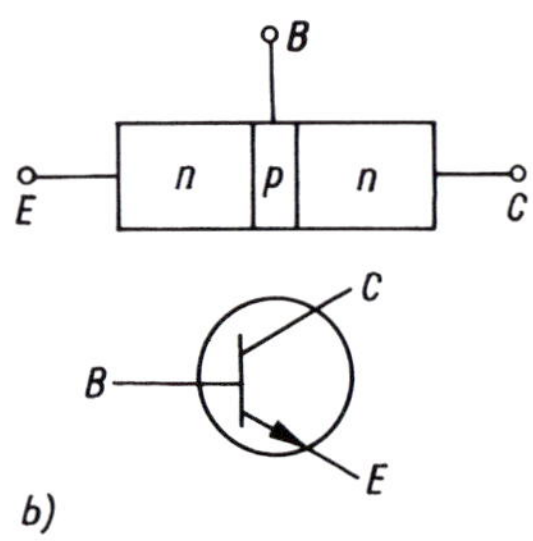

Bild 13.10: Schema und Schaltzeichen von Bipolartransistoren
a) pnp-Transistor; b) npn-Transistor

Wir betrachten zur **Erklärung des Transistoreffektes** einen npn-Transistor, dessen Kollektorstrom I_C durch den Basistrom I_B gesteuert wird (Bild 13.11). Der Emitter ist dabei gemeinsame Bezugselektrode für Kollektor- und Basisstromkreis. Diese danach benannte *Emitterschaltung* wird auch in der Praxis am häufigsten verwendet.

Wir legen zunächst den negativen Pol einer Spannungsquelle an den Emitter, den positiven Pol an den Kollektor (Bild 13.11a). Bezüglich dieser Kollektorspannung U_{CE} ist der pn-Übergang zwischen Basis und Kollektor in Sperrrichtung gepolt. Es fließt praktisch kein Kollektorstrom. Würden wir dagegen allein eine positive Basisspannung U_{BE} anlegen (Bild 13.11b), so wäre der Emitter-Basis-Übergang in Durchlassrichtung gepolt, und es könnte ein kräftiger Basistrom fließen. Der eingezeichnete farbige Pfeil gibt die Bewegungsrichtung der Elektronen an; die konventionelle Stromrichtung ist entgegengesetzt.

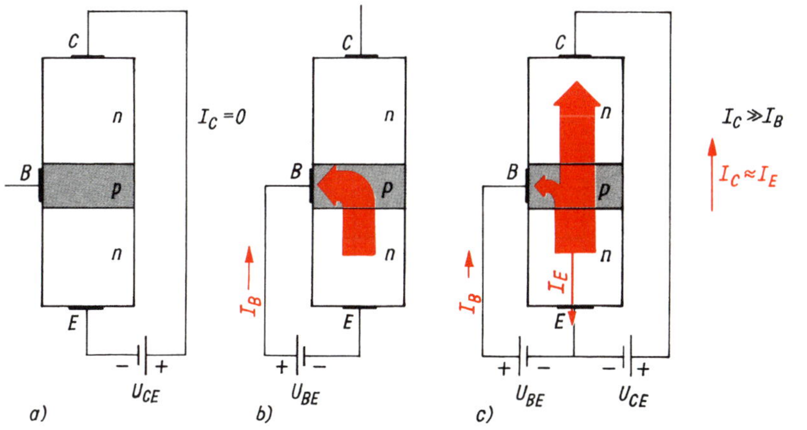

Bild 13.11: Zum Transistoreffekt im Bipolartransistor
a) Durch den in Sperrrichtung betriebenen Basis-Kollektor-Übergang fließt praktisch kein Kollektorstrom.
b) Durch den in Durchlassrichtung betriebenen Basis-Emitter-Übergang kann ein kräftiger Basisstrom fließen.
c) Infolge Ladungsträgerinjektion in den gesperrten Basis-Kollektor-Übergang fließt der größte Teil des Emitterstromes über den Kollektor ab.

Bei gleichzeitigem Anliegen von Kollektor- und Basisspannung (Bild 13.11c) fließen jedoch die vom Emitter durch den in Durchlassrichtung gepolten Emitter-Basis-Übergang hindurchtretenden Elektronen nur zum kleinsten Teil als Basisstrom über die Basis ab. Der größte Teil gelangt wegen des geringen räumlichen Abstandes in den gesperrten Basis-Kollektor-Übergang. Wir sprechen von einer **Ladungsträgerinjektion**, da gleichsam Minoritätsladungsträger vom Emitter in den gesperrten pn-Übergang „eingespritzt" werden. Diese injizierten Minoritätsladungsträger werden vom Kollektor „abgesaugt" und ergeben den Kollektorstrom. Es findet eine Stromteilung des Emitterstromes statt, wobei der Kollektorstrom wesentlich größer als der Basisstrom ist. Das Verhältnis von Kollektor- und Basisstromstärke ist der *Stromverstärkungsfaktor* des Transistors in Emitterschaltung, der je nach Transistortyp bis zu 10^3 betragen kann. Eine kleine Änderung der Basisstromstärke ergibt eine um den Stromverstärkungsfaktor größere Änderung der Kollektorstromstärke. Der Bipolartransistor kann als *stromgesteuerter* Widerstand aufgefasst werden.

13.4.2 Elementarer Spannungsverstärker

Der einfachste **Spannungsverstärker** besteht aus der *Reihenschaltung* eines konstanten *Arbeitswiderstandes* R_A und eines *Transistors* als steuerbaren Widerstand, an der die Betriebsspannung U_B als Gesamtspannung anliegt (Bild 13.12). Diese Reihenschaltung stellt einen Spannungsteiler dar (s. 10.5.2, Beispiel 10.12). *Ausgangsspannung* des Verstärkers ist die Kollektorspannung U_{CE}, die am Transistor als Teilspannung von U_B abgegriffen wird. *Eingangsspannung* ist die Basisspannung U_{BE} zur Steuerung des Transistors.

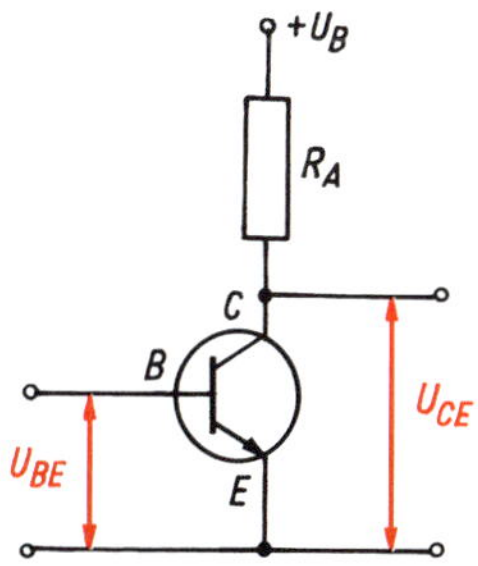

Bild 13.12: Elementarer Transistorverstärker, U_{BE} Eingangsspannung; U_{CE} Ausgangsspannung; U_B Betriebsspannung

Messen wir die Ausgangsspannung U_{CE} in Abhängigkeit von der Eingangsspannung U_{BE}, so erhalten wir die **Kennlinie des Transistorverstärkers,** die in Bild 13.13 dargestellt ist. Als Betriebsspannung wurde $U_B = 10$ V gewählt und die Basisspannung zur Vermeidung unzulässig hoher Basisströme auf 1 V begrenzt. Verwech-

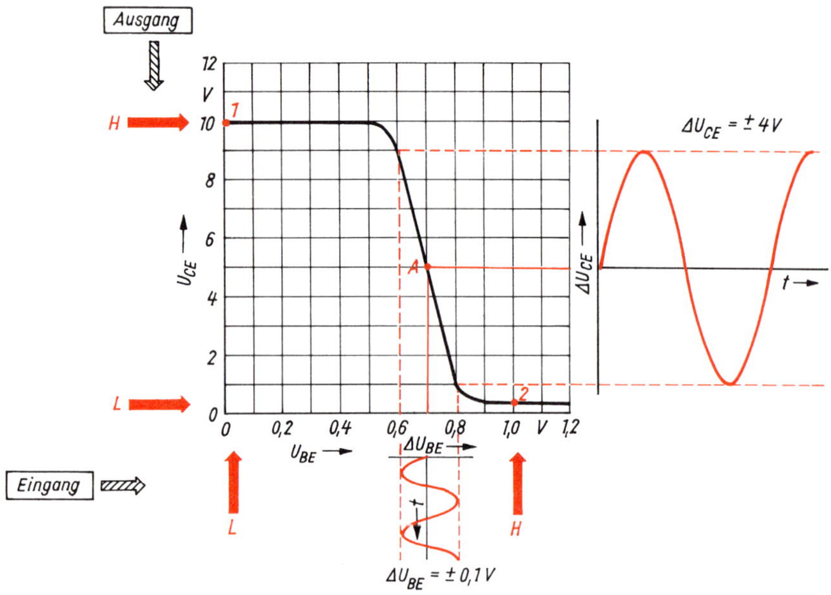

Bild 13.13: Kennlinie eines elementaren Transistorverstärkers mit digitaler und analoger Signalverarbeitung

seln Sie diese Kennlinie eines elementaren Transistorverstärkers nicht mit den Kennlinien des Transistors selbst, die hier nicht angegeben sind!

Im Punkt *1* der Kennlinie bei einer Eingangsspannung $U_{BE} = 0$ ist der Transistor *gesperrt.* Es fließt kein Kollektorstrom. Der Emitter-Kollektor-Widerstand ist nahezu unendlich groß, so dass praktisch die gesamte Betriebsspannung von 10 V als Ausgangsspannung zwischen Kollektor und Emitter liegt.

Im Punkt *2* ist die höchste Eingangsspannung von $U_{BE} = 1$ V erreicht. Der Transistor ist *durchgesteuert.* Der Kollektorstrom erreicht seinen höchsten Wert, der durch die Größe der Betriebsspannung und des Arbeitswiderstandes bestimmt ist. Der Kollektor-Emitter-Widerstand ist extrem klein, so dass an ihm nur eine minimale Spannung von etwa 0,3 V als Ausgangsspannung abfällt. Sie erkennen durch die Verhältnisse am Anfang und Ende der Kennlinie, dass der Transistorverstärker zwei *diskrete* Zustände annehmen kann, bei denen die Spannungen entweder relativ hoch oder niedrig sind. Transistoren eignen sich deshalb zur Verarbeitung binärer Signale mit den Spannungspegeln *H* (high) und *L* (low) in der **digitalen** Informationsverarbeitung. Der hier beschriebene elementare Transistorverstärker ist speziell ein Negator, der auf *L* am Eingang mit *H* am Ausgang und umgekehrt reagiert.

Der steil abfallende Teil der Kennlinie kann zur Verstärkung **analoger** Signale genutzt werden. Dazu wählen wir einen Arbeitspunkt A im linearen Teil der fallenden Kennlinie, der z. B. für eine Basisvorspannung von 0,7 V bei einer Kollektorspannung von 5 V liegt. Die Basisvorspannung wird durch den Spannungsabfall über einen entsprechenden Basisvorwiderstand zwischen Basis und Kollektor erzeugt. Legen wir zusätzlich das zu verstärkende Signal z. B. in Form einer sinusförmigen Wechselspannung mit einer Amplitude von 0,1 V an die Basis des Transistors, so erhalten wir am Ausgang eine analoge Wechselspannung mit einer Amplitude von 4 V. Diese Ausgangswechselspannung ist der Kollektorgleichspannung von 5 V überlagert und kann über einen Kondensator ausgekoppelt werden. Es ergibt sich eine Spannungsverstärkung von 4 V/0,1 V = 40. Sind die Amplituden des Eingangssignales zu groß (Übersteuerung) oder liegt der Arbeitspunkt derart, dass die Eingangsspannung in den nichtlinearen Teil der Kennlinie aussteuert, so sind die Ausgangsspannungen in ihrer Kurvenform gegenüber der Eingangsspannung verzerrt.

13.4.3 Feldeffekttransistoren

Die Transistorfunktionen in integrierten Schaltkreisen werden vor allem von unipolaren **Metall-Oxid-Feldeffekttransistoren (MOSFET)** übernommen.

In *unipolaren* Transistoren ist nur eine der beiden Ladungsträgerarten am Stromfluss beteiligt. Es gibt deshalb sowohl n-MOSFETs als auch p-MOSFETs.

Betrachten wir den Aufbau eines **n-MOSFET** (Bild 13.14). In einem p-leitendem Si-Substrat werden zwei parallele Streifen im Abstand von wenigen Mikrometern stark n-leitend dotiert. Diese beiden n-leitenden Gebiete bilden, mit Kontakten versehen, zwei Elektroden, die als *Source* S (deutsch: Quelle) und *Drain* D (deutsch: Senke) bezeichnet werden. Die Oberfläche des noch p-leitenden Gebietes zwischen Source und Drain erhält eine isolierende SiO_2-Schicht, auf die eine Metallschicht aufgebracht wird. Diese Metallschicht ist das *Gate* G (deutsch: Tor) des MOSFET zur Steuerung des Drainstromes I_D.

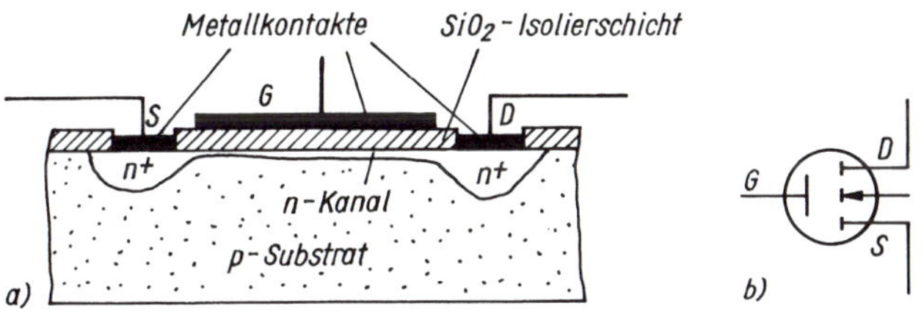

Bild 13.14: Prinzipieller Aufbau und Schaltbild eines MOSFET des n-Kanal-Anreicherungstyps

Legen wir nur eine Spannung U_{DS} zwischen Drain und Source, so dass D positiv gegen S ist, kann kein Drainstrom fließen, da der pn-Übergang zwischen n-leitendem Drain und p-leitendem Substrat sperrt. Auf Grund einer zusätzlichen positiven Gatespannung U_{GS} werden durch das entstehende elektrische Feld negative Ladungen infolge Influenz (s. 11.1.3.1) an der Halbleiteroberfläche unter der isolierenden SiO_2-Schicht erzeugt. Dadurch kommt es dort zu einer *Inversion* (Umkehrung) des Leitungstyps des ursprünglich p-leitenden Substrats. Es bildet sich ein mit Elektronen *angereicherter* n-leitender Kanal, der Source und Drain leitend verbindet. Es fließt ein Drainstrom, der um so größer wird, je höher die positive Gatespannung ist. Der n-MOSFET ist bei $U_{GS} = 0$ gesperrt und bei hohen positiven Gatespannungen durchgesteuert. Er wird als MOSFET vom *Anreicherungstyp* bezeichnet.

Hat ein n-MOSFET herstellungsbedingt bereits ohne Gatespannung einen n-leitenden Kanal zwischen S und D, so fließt bereits bei $U_{GS} = 0$ ein kräftiger Drainstrom. Bei einer negativen Gatespannung werden aber durch das zugehörige elektrische Feld Leitungselektronen aus dem n-leitenden Kanal verdrängt, so dass dieser an Ladungsträgern verarmt. Der Drainstrom wird um so kleiner, je höher der Betrag der negativen Gatespannung ist. Dieser MOSFET ist also bereits bei

$U_{GS} = 0$ durchgesteuert und sperrt bei hohen negativen Gatespannungen. Er wird als MOSFET vom *Verarmungstyp* bezeichnet.

Entsprechendes gilt für p-MOSFETs, bei denen sich wegen der entgegengesetzten Ladungsträgerart die Vorzeichen von Spannungen und Strömen umkehren.

MOSFETs können demnach als *spannungsgesteuerte* Widerstände aufgefasst werden.

13.4.4 Integrierte Schaltkreise

Integrierte Schaltkreise (IC) als Mikroprozessoren, Speicherschaltkreise oder für anwendungsspezifische Zwecke (ASIC) enthalten im Wesentlichen einen Chip in Form eines Si-Scheibchens von wenigen Millimetern Kantenlänge. Anstelle diskreter Bauelemente wie einzelner Widerstände, Kondensatoren, Dioden und Transistoren, die zu einer Schaltung zusammengelötet sind, werden entsprechende Bauelementefunktionen durch bestimmte mikroskopische Strukturen auf dem Chip realisiert. In einem einheitlichen technologischen Prozess wird auf einer einkristallinen hochreinen Siliziumscheibe, einem Wafer, gleichzeitig eine große Anzahl von Chips hergestellt. Dazu werden in mehreren aufeinanderfolgenden Schritten durch Lithografie, Dotierung und Ätzen die gewünschten Strukturen erzeugt. Eine aufgedampfte Metallisierung stellt intern die Verbindung zur gewünschten Schaltung her. Der Schaltkreis steht nur noch über relativ wenige Kontakte für Signaleingabe und -ausgabe sowie die Versorgungsleitungen mit der Umgebung in Verbindung.

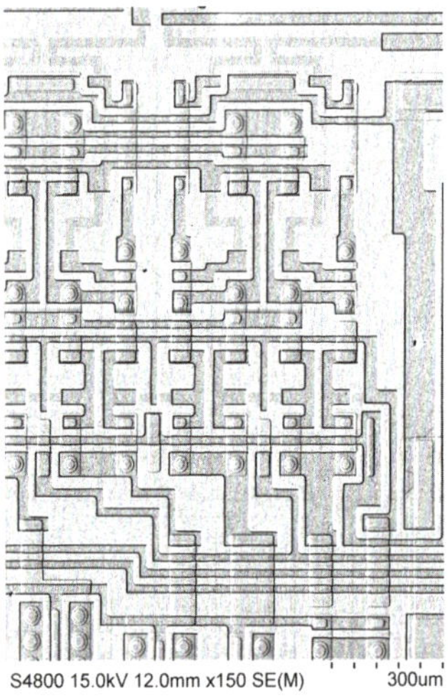

Bild 13.15: Rasterelektronenmikroskopische Aufnahme der Struktur eines integrierten Schaltkreises

Bei Speicherschaltkreisen hat sich die Speicherkapazität in den 20 Jahren zwischen 1988 und 2008 etwa aller zwei Jahre verdoppelt. So besteht ein 4-Gigabit-DRAM (*Dynamic random access memory*) aus vier 1-Gigabit-Speicherschaltkreisen. Für jedes einzelne Bit ist ein MOSFET mit Speicherkondensator integriert. Auf einem 4-Gigabit-Speicher kann so der Inhalt fast einer ganzen Bibliothek gespeichert werden. Insgesamt befinden sich bei einem Speicherschaltkreis mehrere 10^9 Bauelemente auf einem Chip mit Abmessungen von wenigen Quadratzentimetern. Man spricht von *Giant Scale Integration* (GSI).

Mikroprozessoren und ASIC zeigen eine parallele zeitliche Entwicklung, wenn auch mit entsprechend niedrigeren Integrationsgraden.

Zusammenfassung: Halbleiter

- Die Leitfähigkeit von Halbleitern für *Eigenleitung* entsteht durch thermische Anregung zum Übergang von Elektronen aus dem Valenzband in das Leitungsband.
- Bei Störstellenleitung unterscheiden wir *n-Leitung* mit Elektronen als Majoritätsladungsträger im Leitungsband und *p-Leitung* mit Löchern als Majoritätsladungsträger im Valenzband.
- In einem *pn-Übergang* wird die Leitfähigkeit durch Anlegen einer Spannung bzw. durch elektrische Felder beeinflusst.
- Die meisten Halbleiterbauelemente nutzen die Eigenschaften von *pn-Übergängen* bei Anlegen von Spannung bzw. der Einwirkung elektrischer Felder.

SCHWINGUNGEN UND WELLEN

14 Schwingungen

Fragen und Probleme: *Unter welchen Voraussetzungen treten Schwingungen auf, wann sind sie harmonisch? Wovon hängt deren Eigenfrequenz ab? Wie verlaufen gedämpfte Schwingungen? Was sind erzwungene Schwingungen, wann tritt Resonanz ein? Wie funktioniert ein elektrischer Schwingkreis?*

Die Untersuchung von **Schwingungen** ist eine wichtige Aufgabe der Physik, da Schwingungen an vielen technischen Vorgängen beteiligt sind. Sie treten als Vibrationen von Bauwerken und Maschinenfundamenten ebenso auf wie beim Einschwingen von Messgeräten und Regeleinrichtungen in der Automatisierungstechnik. Schwingende Pendel, Unruhen und Schwingquarze sind Grundlage der meisten Zeitmessverfahren.

Die Beschreibung der recht anschaulichen *mechanischen* Schwingungen kann in *analoger* Weise auf *elektrische* Schwingungen übertragen werden. So wird es möglich, die weniger anschaulichen Vorgänge in elektrischen Schwingkreisen besser zu verstehen.

14.1 Mechanische Schwingungen

Um **mechanische Schwingungsvorgänge** untersuchen zu können, müssen wir unsere Kenntnisse der Mechanik anwenden, wie sie in den Kapiteln 2 bis 6 dargelegt sind. Deshalb bedeutet die Behandlung mechanischer Schwingungen für Sie eine Wiederholung wichtiger mechanischer Begriffe und Gesetzmäßigkeiten, insbesondere der Kinematik (s. Kapitel 2) und Dynamik (s. Kapitel 3 und 4). Wir empfehlen dringend, bei Hinweisen auf die entsprechenden Abschnitte dort noch einmal nachzulesen.

14.1.1 Freie ungedämpfte Schwingungen

Wird ein Körper aus einer *stabilen* Gleichgewichtslage ausgelenkt und dann sich selbst überlassen, so beginnt er, **freie Schwingungen** um diese Gleichgewichtslage als Nulllage auszuführen (s. 5.1.2). Bei fehlenden Reibungskräften würden die Schwingungen *ungedämpft* verlaufen.

Die bei einer Auslenkung des Körpers auftretende *rücktreibende* Kraft beschleunigt ihn in die Nulllage zurück. Er schwingt auf Grund seiner Trägheit über die Nulllage in entgegengesetzter Richtung hinaus aus, wird dabei bis zum Erreichen einer maximalen Auslenkung verzögert, um dann umzukehren und wieder beschleunigt zur Nulllage zurückzuschwingen.

Auslenkung, **Geschwindigkeit** und **Beschleunigung** des Körpers sind dabei *periodische* Funktionen der Zeit. Ist die rücktreibende Kraft der Auslenkung aus der Nulllage proportional, wie es z.B. bei der Federkraft (s. 3.1.1, Gl. (3.2) und

Bild 3.5a)) der Fall ist, so sind diese Funktionen Sinus- bzw. Kosinusfunktionen. Danach heißen solche Schwingungen sinusförmig oder kurz **Sinusschwingungen**. Weil reine Töne durch Sinusschwingungen, z. B. durch die Zinken einer Stimmgabel, entstehen, werden *sinusförmige* Schwingungen auch als *harmonische* Schwingungen und die derart schwingungsfähigen Systeme als **harmonische Oszillatoren** bezeichnet. Ein Masse-Feder-Schwinger ist ein Beispiel für einen harmonischen Oszillator, der bereits in 3.1.6 bei der Anwendung des Grundgesetzes der Dynamik als Fall 4 beschrieben und in Bild 3.15 dargestellt ist.

In den nachfolgenden Abschnitten werden wir uns auf die Behandlung von Sinusschwingungen beschränken, ohne dies in jedem Falle besonders zu betonen.

14.1.1.1 Kinematik der Sinusschwingung

Wir wollen am typischen Beispiel des *Masse-Feder-Schwingers* die Bewegung eines Körpers beschreiben, der an einer Schraubenfeder hängt und *freie ungedämpfte* Schwingungen um seine Gleichgewichtslage ausführt. Der Körper lässt sich dabei als Punktmasse auffassen, die eine spezielle geradlinige, ungleichmäßig beschleunigte Bewegung ausführt (s. 2.1).

Die **Auslenkung** (Elongation) y aus der Nulllage ist in Abhängigkeit von der Zeit in Bild 14.1a dargestellt. Das y-t-Diagramm zeigt eine *Sinuskurve.* Der Körper

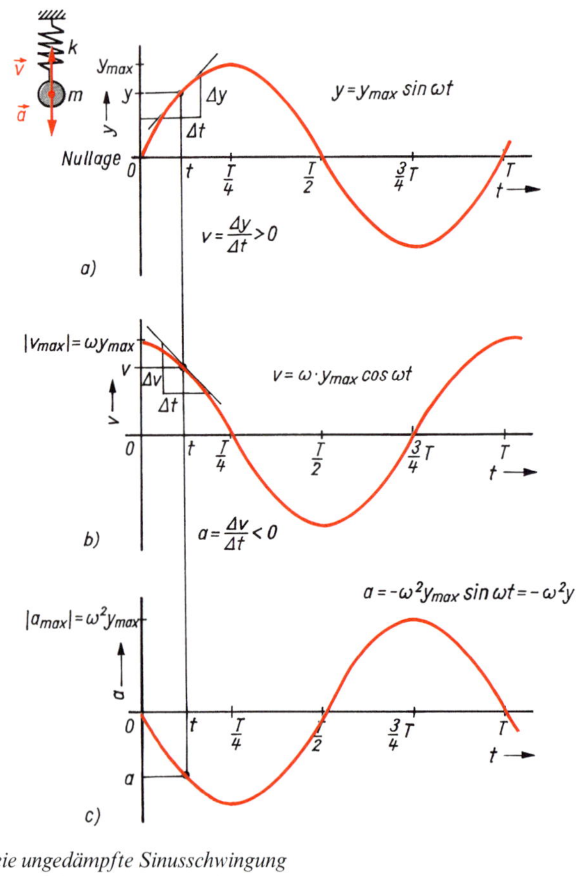

Bild 14.1: Freie ungedämpfte Sinusschwingung
a) y-t-Diagramm; b) v-t-Diagramm; c) α-t-Diagramm

schwingt bei $t = 0$ durch die Nulllage und erreicht in der 1. Viertelperiode nach dem Nulldurchgang bei $t = T/4$ eine maximale Auslenkung $y = y_{max}$, die gleich der Amplitude der Schwingung ist. Dort kehrt er um und schwingt in der 2. Viertelperiode zurück, bis er bei $t = T/2$ wieder durch Null geht. Während der 3. Viertelperiode erreicht der Körper bei $t = 3/4T$ seine größte Auslenkung $y = -y_{max}$ in entgegengesetzter Richtung, kehrt wieder um und befindet sich nach der 4. Viertelperiode bei $t = T$ wieder in der Anfangslage $y = 0$. Danach wiederholt sich dieser Schwingungsvorgang periodisch.

Die *Periodendauer* ist als **Schwingungsdauer** T die für eine volle Schwingung benötigte Zeit. Die **Frequenz** f als Kehrwert der Schwingungsdauer T gibt die Anzahl z der Schwingungen an, die in einer bestimmten Zeitspanne Δt erfolgen. Das bei Berechnungen häufig auftretende 2π-fache der Frequenz f heißt **Kreisfrequenz** ω.

$$T = \frac{\Delta t}{z} \qquad (14.1)$$

Schwingungsdauer

$[T] = \mathrm{s}$

$$f = \frac{1}{T} = \frac{z}{\Delta t} \qquad (14.2)$$

Frequenz

$[f] = \mathrm{s}^{-1} = \mathrm{Hz}$ (Hertz)

$$\omega = 2\pi f \qquad (14.3)$$

Kreisfrequenz

$[\omega] = \mathrm{s}^{-1}$

Die gleichen Größen finden sich auch zur Kennzeichnung anderer periodischer Vorgänge wie der gleichförmigen Bewegung auf der Kreisbahn (s. 2.1.2, Gln. (2.33) und (2.29)) und bei sinusförmigen Wechselströmen (s. 12.1.1, Gln. (12.1) und (12.2).

Mit der **Amplitude** y_{max} als **maximaler** Auslenkung und der **Kreisfrequenz** ω lässt sich die Auslenkung y in Abhängigkeit von der Zeit t durch eine Sinusfunktion ausdrücken:

$$y = y_{max} \sin \omega t \qquad (14.4)$$

Auslenkung (Elongation)

Die **Geschwindigkeit** v entspricht dem *Anstieg* der Kurve im y-t-Diagramm (s. 2.1.1.1). Zur grafischen Ermittlung der Geschwindigkeiten legen wir zu verschiedenen Zeitpunkten Tangenten an die Sinuskurve im y-t-Diagramm und bestimmen aus den Steigungsdreiecken deren Anstieg. Für einen Punkt haben wir die Bestimmung des Anstiegs im Bild 14.1a eingezeichnet. Auf diese Weise können wir zu jedem Zeitpunkt die *Momentangeschwindigkeit* des schwingenden Körpers erhalten.

Das Ergebnis ist im v-t-Diagramm vom Bild 14.1b dargestellt. Der Betrag der Geschwindigkeit ist dann am größten, wenn die Sinuskurve im y-t-Diagramm am steilsten verläuft. Dies ist jedesmal beim Nulldurchgang der Fall. Für diese Maximalgeschwindigkeit errechnet sich $v_{max} = \omega y_{max}$. Dagegen ist die Geschwindigkeit momentan dann gleich null, wenn die Tangenten an die Kurve im y-t-Diagramm waagerecht verlaufen. Dies ist an den Umkehrpunkten der Bewegung der Fall, wenn die Auslenkungen dem Betrag nach maximal sind. Die Geschwindigkeit v in Abhängigkeit von der Zeit ist

Geschwindigkeit

$$v = \omega y_{max} \cos \omega t \tag{14.5}$$

Die **Beschleunigung** a entspricht dem *Anstieg* der Kurve im v-t-Diagramm. Aus dem Verlauf der Kosinuskurve für die Geschwindigkeit in Bild 14.1b erkennen Sie, dass die Beschleunigung dem Betrag nach dann am größten ist, wenn die Geschwindigkeit durch Null geht. Dies ist an den Umkehrpunkten der Schwingung der Fall, wo die Feder, an der der Körper schwingt, maximal gespannt ist. Für die Maximalbeschleunigung ergibt sich $a_{max} = \omega^2 y_{max}$. Dagegen ist die Beschleunigung dann gleich null, wenn der Körper mit maximaler Geschwindigkeit durch die Nulllage schwingt. Dort befindet sich der Körper momentan im Gleichgewicht, so dass keine resultierende Kraft auf ihn einwirkt. Die Beschleunigung a in Abhängigkeit von der Zeit t ist

Beschleunigung

$$a = -\omega^2 y_{max} \sin \omega t = -\omega^2 y \tag{14.6}$$

Es zeigt sich, dass bei einer Sinusschwingung die Beschleunigung a der Auslenkung y **proportional**, ihr aber stets *entgegen gerichtet* ist. Der Proportionalitätsfaktor ist negativ und hat einen Betrag gleich dem Quadrat der Kreisfrequenz.

14.1.1.2 Dynamik der Sinusschwingung

Die kinematische Beschreibung der Sinusschwingung lässt die Frage offen, wodurch **Frequenz** und **Amplitude** der Schwingung bestimmt werden. Diese Frage wird beantwortet, wenn wir die bei einer Schwingung auftretenden **Kräfte** und **Energien** untersuchen und dabei das Grundgesetz der Dynamik (s. 3.1.6) und den Energieerhaltungssatz (s. 3.2.3) anwenden.

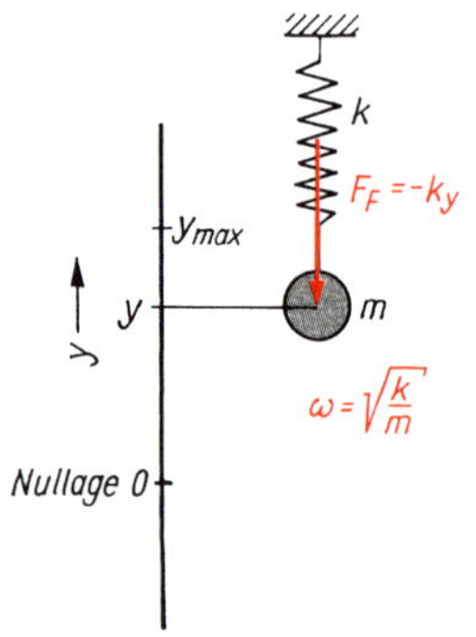

Bild 14.2: Masse-Feder-Schwinger

Wir betrachten dazu wiederum als Beispiel einen Masse-Feder-Schwinger, bei dem ein Körper der Masse m an einer Feder der Federkonstante k (s. 3.1.3) hängt (Bild 14.2). Bei einer Auslenkung des Körpers um die Strecke y aus seiner Gleichgewichtslage wirkt die **Federkraft** $F_F = -ky$ als *rücktreibende* Kraft, die der Auslenkung *proportional* und ihr *entgegen gerichtet* ist. (Beachten Sie, dass Sie hierbei die Gewichtskraft des Körpers nicht zu berücksichtigen brauchen, da sie bei $y = 0$ durch eine gleich große Federkraft im Gleichgewicht gehalten wird. Die rücktreibende Kraft ist nur die Federkraft, die zusätzlich bei einer Auslenkung aus dieser Gleichgewichtslage auftritt.) Schwingungsfähige Systeme, für die ein **lineares Kraftgesetz** gilt, sind **harmonische Oszillatoren**.

Setzen wir die rücktreibende Kraft $-ky$ für F in das Grundgesetz der Dynamik $F = ma$ ein, so erhalten wir daraus die Beschleunigung

Beschleunigung eines Masse-Feder-Schwingers

$$a = -\frac{k}{m} y = -\omega^2 y \tag{14.7}$$

Dabei haben wir nach dem zweiten Gleichheitszeichen den sich aus der Kinematik der Sinusschwingung ergebenden Ausdruck (14.6) für die Beschleunigung eingesetzt. Ein Vergleich liefert die Kreisfrequenz

Kreisfrequenz eines Masse-Feder-Schwingers

$$\omega = \sqrt{\frac{k}{m}} \tag{14.8}$$

Eigenfrequenz eines Masse-Feder-Schwingers

und daraus die **Frequenz der freien ungedämpften Schwingung**

$$f_0 = \frac{1}{2\pi}\sqrt{\frac{k}{m}} \qquad (14.9)$$

Die Frequenz der Sinusschwingung hängt nur von den Eigenschaften des harmonischen Oszillators, nicht hingegen von der Amplitude der Schwingung ab. Sie heißt deshalb Eigenfrequenz f_0 des Oszillators.

Die Eigenfrequenz f_0 eines Masse-Feder-Schwingers ist nach Gl. (14.9) um so größer, je härter die Feder, ausgedrückt durch ihre Federkonstante k, und je kleiner die Trägheit des Körpers ist, die durch seine Masse m zum Ausdruck kommt.

Um einen Oszillator zu *freien* Schwingungen anzuregen, muss er *einmalig angestoßen* und dann sich *selbst überlassen* werden. Die beim Anstoß am Oszillator von außen her verrichtete Arbeit bleibt im Oszillator als **Schwingungsenergie** in Form von kinetischer und potentieller Energie gespeichert (s. 3.2.2.1 und 3.2.2.2.).

Bei einer Schwingung findet eine periodische Umwandlung zwischen kinetischer und potentieller Energie statt.

Nach dem Energieerhaltungssatz (s. 3.2.3) bleibt bei einer *ungedämpften* Schwingung die Schwingungsenergie E_S als Summe aus kinetischer und potentieller Energie im Zeitablauf konstant (Bild 14.3):

$$E_S = E_k + E_p = \frac{m}{2}v^2 + \frac{k}{2}y^2 = \frac{k}{2}y_{max}^2 = \text{konst.} \qquad (14.10)$$

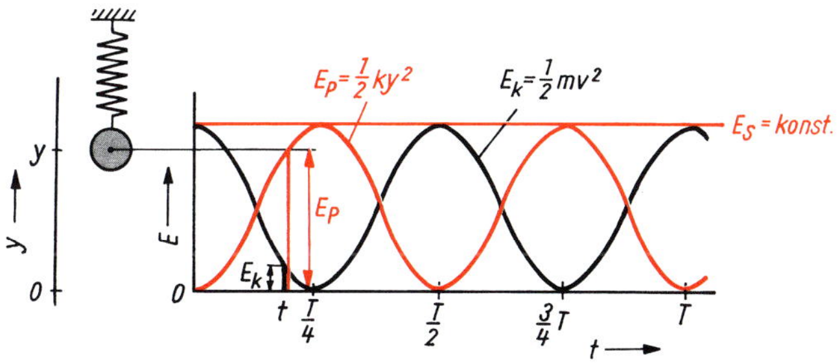

Bild 14.3: Energie in Abhängigkeit von der Zeit bei einer ungedämpften Sinusschwingung

Die Schwingungsenergie ist $E_S = k/2\ y_{max}^2$, weil an den Umkehrpunkten der Schwingung bei $y = y_{max}$ die Geschwindigkeit $v = 0$ ist. Dort liegt die gesamte Schwingungsenergie als potentielle Energie der maximal um die Strecke y_{max} gespannten Feder vor, während die kinetische Energie null ist.

Das Quadrat der Amplitude ist der Schwingungsenergie proportional.

Beispiel 14.1

Wie groß sind Kreisfrequenz, Eigenfrequenz, Schwingungsdauer, Amplitude, Maximalgeschwindigkeit und Maximalbeschleunigung der ungedämpften Schwingungen eines Masse-Feder-Schwingers mit der Federkonstante 25 N · m^{-1} und der Masse 100 g? Die Schwingung wurde mit einer Energie von 20 mJ angeregt.

Lösung:
Die Kreisfrequenz ist

$$\omega = \sqrt{\frac{k}{m}} = \sqrt{\frac{25\ \mathrm{N \cdot m^{-1}}}{0{,}1\ \mathrm{kg}}} = 15{,}8\ \mathrm{s^{-1}}$$

die Eigenfrequenz $f_0 = \omega/2\pi = 2{,}5$ Hz. Es finden also 2,5 Schwingungen in einer Sekunde mit einer Schwingungsdauer von $T = 1/f_0 = 0{,}40$ s statt. Die Amplitude errechnet sich nach Gl. (14.10) zu

$$y_{\max} = \sqrt{\frac{2E_S}{k}} = \sqrt{\frac{2 \cdot 0{,}020 \cdot \mathrm{J}}{24\ \mathrm{N \cdot m^{-1}}}} = 0{,}041\ \mathrm{m} = 4{,}1\ \mathrm{cm}$$

(vgl. 3.2.1.3, Bsp. 3.20). Der Körper schwingt mit der Maximalgeschwindigkeit $v_{\max} = \omega y_{\max} = 15{,}8\ \mathrm{s^{-1}} \cdot 0{,}041\ \mathrm{m} = 0{,}65\ \mathrm{m \cdot s^{-1}}$ durch die Nulllage und erfährt an den Umkehrpunkten eine Maximalbeschleunigung $a_{\max} = \omega^2 y_{\max} = 15{,}8^2\ \mathrm{s^{-2}} \cdot 0{,}041\ \mathrm{m} = 10{,}2\ \mathrm{m \cdot s^{-2}}$.

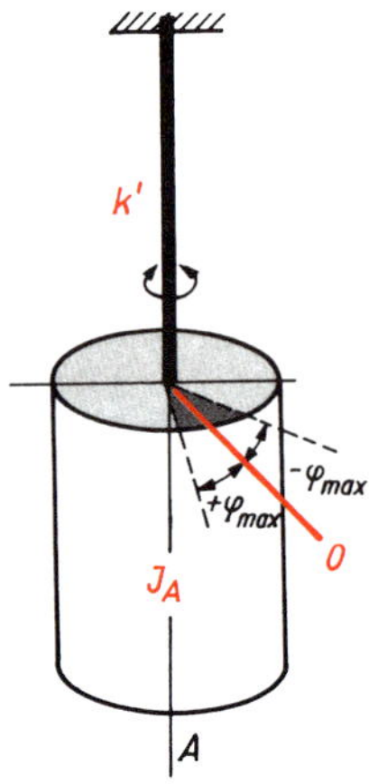

Bild 14.4: Beispiel für Drehschwinger

14.1.1.3 Dreh- und Pendelschwingungen

Bild 14.4 zeigt ein Beispiel für einen Drehschwinger. Es ist ein an einem Draht aufgehängter Zylinder, etwa zur experimentellen Bestimmung des Massenträgheitsmoments (s. 4.2.2). Drehen Sie den Zylinder um einen Winkel φ aus seiner Gleichgewichtslage bei $\varphi = 0$, so wird der Draht verdrillt. Diese *Verdrillung* bewirkt ein *rücktreibendes Drehmoment* $M = -k'\varphi$ (s. 4.1, Gl. (4.5)), das der *Auslenkung* um den Winkel φ *proportional* und ihr *entgegen gerichtet* ist. k' ist die Winkelrichtgröße des Drahtes bezüglich Verdrillung. Nach dem Loslassen des ausgelenkten Körpers führt dieser **Drehschwingungen** aus, bei denen sich der Drehwinkel sinusförmig mit der Zeit ändert (Winkelauslenkung eines Drehschwingers):

$$\varphi = \varphi_{\max} \sin \omega t \tag{14.11}$$

Setzen Sie das rücktreibende Drehmoment $-k'\varphi$ für M in das Grundgesetz der Dynamik $M = J_A\alpha$ bei Rotation ein (s. 4.4), so erhalten Sie für die Winkelbeschleunigung *analog* zu Gl. (14.7)

$$\alpha = -\frac{k'}{J_A}\varphi = -\omega^2\varphi \tag{14.12}$$

Dabei charakterisiert das Massenträgheitsmoment J_A die Trägheit des Körpers bei Drehungen um die Achse A.
Aus Gl. (14.12) folgt für die Kreisfrequenz

Kreisfrequenz eines Drehschwingers

$$\omega = \sqrt{\frac{k'}{J_A}} \tag{14.13}$$

und daraus die Eigenfrequenz des Drehschwingers

Eigenfrequenz eines Drehschwingers

$$f_0 = \frac{1}{2\pi}\sqrt{\frac{k'}{J_A}} \tag{14.14}$$

Beispiel 14.2

Wie groß ist das Massenträgheitsmoment des Läufers eines Elektromotors, der an einem Draht aufgehängt, Drehschwingungen mit einer Schwingungsdauer von 0,765 s um seine Längsachse ausführt? Zum Vergleich wurde für die Drehschwingungen eines Zylinders von 2,00 kg und 61,2 mm Durchmesser um die Zylinderachse am gleichen Draht eine Schwingungsdauer von 1,135 s ermittelt.

Lösung:
Nach Gl. (14.14) ergibt sich aus der Schwingungsdauer T_L das Massenträgheitsmoment des Läufers $J_L = k'/(4\pi^2 f_0^2) = k' T_L^2/(4\pi^2)$. Um die schwierig zu bestimmende Winkelrichtgröße k' des Drahtes zu eliminieren, vergleichen wir mit dem bekannten Massenträgheitsmoment des Zylinders $J_Z = (m/2)\, r^2$. Aus der Schwingungsdauer T_Z ergibt sich dieses Massenträgheitsmoment zu $J_Z = k'\, T_Z^2/(4\pi^2)$. Die Massenträgheitsmomente verhalten sich wie die Quadrate der zugehörigen Schwingungsdauern: $J_L/J_Z = T_L^2/T_Z^2$. Das Massenträgheitsmoment des Läufers ist danach

$$J_L = J_Z \left(\frac{T_L}{T_Z}\right)^2 = \frac{m}{2}\, r^2 \left(\frac{T_L}{T_Z}\right)^2$$
$$= \frac{2{,}00\ \text{kg}}{2} \cdot 30{,}6^2 \cdot 10^{-6}\ \text{m}^2 \cdot \left(\frac{0{,}765}{1{,}135}\right)^2$$
$$= 0{,}425 \cdot 10^{-3}\ \text{kg} \cdot \text{m}^2$$

Ein Körper, der um eine waagerechte Achse drehbar ist, die nicht durch den Schwerpunkt geht und auch außerhalb des Körpers liegen kann, stellt ein **physisches Pendel** dar. Es ist in der Lage, Drehschwingungen um seine stabile Gleichgewichtslage auszuführen, in der sich der Schwerpunkt senkrecht unter der Drehachse befindet (s. 5.1.3, Bild 5.2). Das rücktreibende Drehmoment bei einer Auslenkung um den Winkel φ aus der Gleichgewichtslage wird durch die im Schwerpunkt des Körpers angreifenden Gewichtskraft hervorgerufen. Mit a als Abstand zwischen Schwerpunkt und Drehachse erhalten Sie dafür $M = -mga \sin\varphi$ (Bild 14.5).

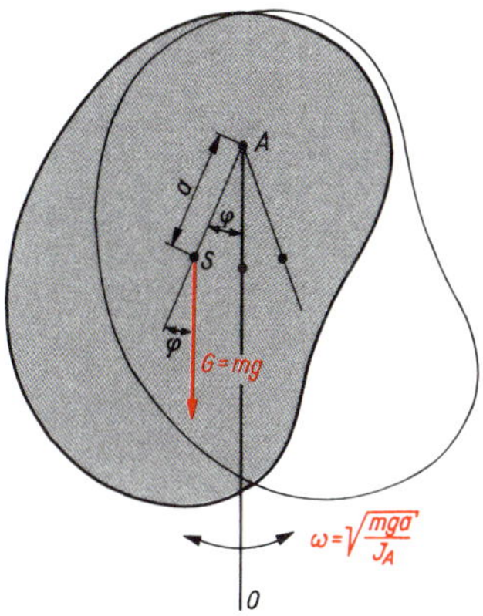

Bild 14.5: Physisches Pendel

Dieses Drehmoment ist jedoch nicht dem Auslenkungswinkel, sondern dessen Sinus proportional. Pendelschwingungen sind wegen dieser Nichtlinearität *keine* reinen Sinusschwingungen. Für *kleine Winkel* ist aber der Sinus des Winkels näherungsweise gleich dem Winkel φ im Bogenmaß. (So sind z. B. sin 6° = 0,1045 und 6° im Bogenmaß 6°/180° = 0,1047). Deshalb sind bei kleinen Amplituden φ_{max} auch Pendelschwingungen *näherungsweise* sinusförmig. Das rücktreibende Drehmoment ist dann $M \approx -mga\varphi$, wobei im Vergleich mit $M = -k'\varphi$ der Faktor mga anstelle von k' als Winkelrichtgröße auftritt. Damit ist entsprechend Gl. (14.14) die Eigenfrequenz eines physischen Pendels mit dem Trägheitsmoment J_A bezüglich der Drehachse A für kleine Amplituden

$$f_0 = \frac{1}{2\pi}\sqrt{\frac{mga}{J_A}} \qquad (14.15)$$

Eigenfrequenz eines physischen Pendels

Das Massenträgheitsmoment im Nenner von Gl. (14.15) ist nach dem Satz von Steiner (s. 4.2.2, Gl. (4.8)) wegen $J_A = J_S + ma^2$ vom Quadrat des Schwerpunktsabstandes a abhängig, während der Zähler diese Größe nur linear enthält. Deshalb ist die Eigenfrequenz eines physischen Pendels um so kleiner, je größer der Abstand des Schwerpunktes von der Drehachse ist.

Ein **mathematisches Pendel** besteht *idealisiert* aus einem punktförmigen Körper der Masse m an einem masselos gedachten Faden der Länge $l = a$. Für seine

Eigenfrequenz ergibt sich bei kleinen Amplituden aus Gl. (14.15) mit dem Massenträgheitsmoment $J_A = ma^2$ einer Punktmasse

$$f_0 = \frac{1}{2\pi}\sqrt{\frac{g}{l}} \tag{14.16}$$

Die Eigenfrequenz eines mathematischen Pendels ist *unabhängig* von seiner Masse m und wird bei gegebener Fallbeschleunigung g nur von der Pendellänge l bestimmt.

Beispiel 14.3

Wie groß ist das Massenträgheitsmoment J_S bezüglich der Schwerpunktsachse S einer nierenförmigen Scheibe (Bild 14.5) mit einer Masse von 3,85 g? Die Scheibe führt 10 Pendelschwingungen mit einer Amplitude kleiner als 6° in 5,53 s um eine 29,0 mm vom Schwerpunkt S entfernte Achse A aus.

Lösung:
Mit der Frequenz f = 10/5,53 s = 1,81 Hz ist nach Gl. (14.15) das Massenträgheitsmoment bezüglich der Drehachse A

$$J_A = \frac{mga}{4\pi^2 f^2} = \frac{3{,}85 \cdot 10^{-3}\,\text{kg} \cdot 9{,}81\,\text{m} \cdot 29{,}0 \cdot 10^{-3}\,\text{m}}{4\pi^2 \cdot 1{,}81^2\,\text{s}^{-2} \cdot \text{s}^2} = 8{,}47 \cdot 10^{-6}\,\text{kg} \cdot \text{m}^2$$

Das Massenträgheitsmoment J_S bezüglich einer Achse senkrecht durch den Schwerpunkt S der Scheibe errechnet sich nach dem Satz von Steiner Gl. (4.8) zu

$$J_S = J_A - ma^2 = 8{,}47 \cdot 10^{-6}\,\text{kg} \cdot \text{m}^2 - 3{,}85 \cdot 10^{-3}\,\text{kg} \cdot 29^2 \cdot 10^{-6}\,\text{m}^2 = 5{,}23 \cdot 10^{-6}\,\text{kg} \cdot \text{m}^2$$

14.1.2 Freie gedämpfte Schwingungen

Bei mechanischen Schwingungen treten in der Praxis wie bei allen mechanischen Bewegungsvorgängen *bewegungshemmende* Reibungskräfte auf. Dadurch werden die Schwingungen *gedämpft*. Bei jeder Schwingung wird ein Teil der Schwingungsenergie durch Reibung in Wärme umgesetzt. Wegen der kleiner werdenden Schwingungsenergie werden auch die *Amplituden* mit der Zeit immer *kleiner*.

Will man Schwingungen *konstanter* Amplitude erzeugen, z. B. bei Uhrenpendeln oder Schwingquarzen, so müssen die Schwingungen *entdämpft* werden. Dazu wird die verlorengegangene Schwingungsenergie aus einem Energiespeicher ersetzt, wobei die Energiezufuhr vom Oszillator mit seiner Eigenfrequenz selbst gesteuert werden muss. Andererseits will man z. B. bei Fahrzeugen, Pendeltüren oder Messgeräten unerwünschte Schwingungen durch entsprechende Dämpfung unterdrücken.

Wie die Amplituden gedämpfter Schwingungen mit der Zeit abnehmen, hängt von den Eigenschaften der Dämpfungskräfte ab. Erfolgt die **Dämpfung durch trockene Reibung** mit konstanten Reibungskräften (s. 3.1.8), so ist die Differenz zweier aufeinanderfolgender Amplituden stets gleich. Die Amplituden bilden eine fallende *arithmetische* Folge. Die Einhüllenden der Kurve im y-t-Diagramm sind Geraden (Bild 14.6). Dabei geht jedoch die Auslenkung am Ende nicht auf Null zurück. Der Körper bleibt bei einer Auslenkung stehen, bei der die rücktreibende Kraft kleiner als die Reibungskraft geworden ist. Deshalb muss trockene, Reibung bei Messgeräten weitgehend vermieden werden.

Erfolgt die **Dämpfung durch innere Reibung** in Flüssigkeiten oder Gasen bei laminarer Umströmung, so sind die Reibungskräfte der Geschwindigkeit proportional (s. 6.4.3.3, Gl. (6.19)). Ähnlich ist es bei **elektromagnetischer Dämpfung** durch

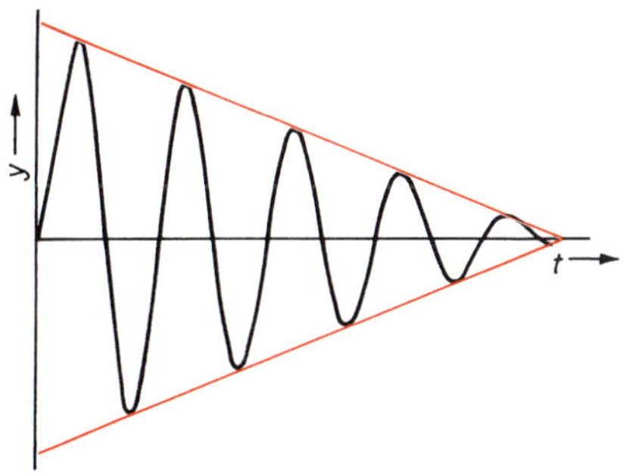

Bild 14.6: Dämpfung durch konstante Dämpfungskraft

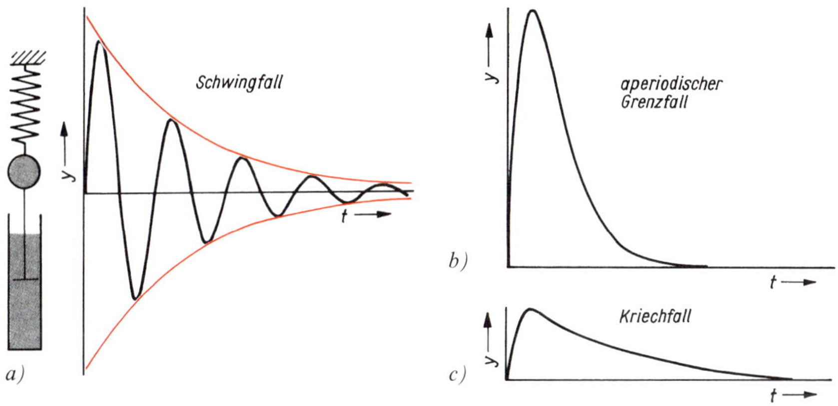

Bild 14.7: Dämpfung durch geschwindigkeitsproportionale Dämpfungskraft
a) Schwingfall; b) aperiodischer Grenzfall; c) Kriechfall

magnetische Kräfte auf stromdurchflossene Leiter (s. 11.2.4), wenn elektrische Ströme durch die Schwingungen des Leiters im Magnetfeld induziert werden, z. B. in Form von Wirbelströmen (s. 11.4.3). Auch diese elektromagnetische Dämpfung ist auf Grund des Induktionsgesetzes Gl. (11.23) geschwindigkeitsproportional.

Wir denken uns als Beispiel geschwindigkeitsproportionaler Dämpfung die Schwingungen eines Masse-Feder-Schwingers allein dadurch gedämpft, dass sich eine Scheibe mit dem schwingenden Körper in einem gas- bzw. flüssigkeitsgefüllten Dämpfungszylinder mitbewegt (Bild 14.7). Dabei ist der Quotient zweier aufeinanderfolgender Amplituden gleichen Vorzeichens konstant. Die Amplituden bilden eine fallende *geometrische* Folge. Die Einhüllenden an die Kurve im y-t-Diagramm stellen *fallende Exponentialfunktionen* dar (Bild 14.7a). Bei stärkerer Dämpfung, z. B. durch Flüssigkeiten höherer Viskosität im Dämpfungszylinder, klingen die Schwingungen schneller ab, wobei auch die Eigenfrequenz der stärker gedämpften Schwingung kleiner ist.

Erreicht die Dämpfung eine bestimmte Stärke, so tritt überhaupt kein Schwingfall mehr auf. Der Körper geht bei diesem **aperiodischen Grenzfall** nach einmaliger Auslenkung in kürzester Zeit in die Nulllage zurück, ohne über diese nochmals hinausschwingen zu können (Bild 14.7b).

Bei noch stärkerer Dämpfung „kriecht" der ausgelenkte Körper sehr langsam wieder auf die Nulllage zu. Wir sprechen vom **Kriechfall** (Bild 14.7c).

Damit sich der Zeiger einer Waage oder eines elektrischen Messgerätes mit Drehspule möglichst schnell auf den Nullpunkt oder den Anzeigewert einstellt, sind Dämpfungsglieder mit Luft- oder Wirbelstromdämpfung erforderlich.

Die Stärke der Dämpfung wird damit auf den aperiodischen Grenzfall eingestellt. Bei zu schwacher Dämpfung würde der Zeiger recht lange um den Anzeigewert schwingen. Bei zu starker Dämpfung kriecht der Zeiger langsam auf den Anzeigewert zu, um ihn erst nach längerer Zeit zu erreichen. Beides würde eine schnelle Ablesung unmöglich machen.

Schwingungsdämpfer, die nicht ganz exakt als Stoßdämpfer bezeichnet werden, finden Sie an Straßenfahrzeugen. Diese sollen die durch Stöße während der Fahrt auftretenden Schwingungen des Fahrzeuges dämpfen (Bild 14.8).

Bild 14.8: Dreilenker-Vorderachse mit McPherson-Federbein (und Schwingungsdämpfer) an einem Pkw

14.1.3 Erzwungene Schwingungen

Vibrationen von Maschinenfundamenten bei laufender Maschine, von Brücken beim Darüberfahren von Fahrzeugen sowie von Fahrzeugteilen bei bestimmten Motordrehzahlen sind Beispiele für **erzwungene Schwingungen**.

Einfacher sind die Verhältnisse bei erzwungenen Schwingungen eines Masse-Feder-Schwingers zu übersehen. Durch einen *Erreger* wird die Aufhängung der Feder mit der *Erregerfrequenz* f_E periodisch auf und ab bewegt. Der Masse-Feder-Schwinger führt als Resonator dabei Schwingungen aus, jedoch nicht mit seiner Eigenfrequenz, sondern mit der Erregerfrequenz, die ihm aufgezwungen wird.

Die Größe der *Amplitude hängt* bei erzwungenen Schwingungen *von der Erregerfrequenz ab*, wie es die **Resonanzkurven** in Bild 14.9 zeigen. Bei sehr kleinen Erregerfrequenzen wirkt die Feder nahezu wie eine starre Verbindung, und die Amplitude des Resonators ist nur wenig größer als die des Erregers. Bei sehr hohen Erregerfrequenzen ist der Körper des Resonators durch seine Trägheit nicht mehr in der Lage, den schnellen Änderungen zu folgen, und die Amplitude des Resonators geht gegen null. Dazwischen erreicht die *Amplitude* bei einer bestimmten Erregerfrequenz ein *Maximum*. Bei dieser Frequenz, die näherungsweise gleich der Eigenfrequenz des Resonators ist, tritt **Resonanz** auf. Sie wird deshalb als *Resonanzfrequenz* bezeichnet.

Im Resonanzfall führt der Resonator erzwungene Schwingungen mit der Resonanzfrequenz $f_R \approx f_0$ und maximaler Amplitude aus.

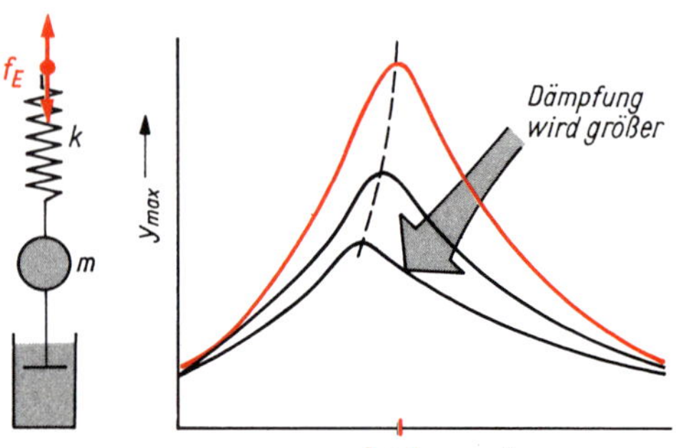

Bild 14.9: Resonanzkurven

Die Amplituden sind im Resonanzfall um so größer, je kleiner die Dämpfung des Resonators ist. Dadurch kann es bei schwacher Dämpfung zur „*Resonanzkatastrophe*“ kommen, wenn das Material des Resonators den dabei auftretenden extremen Beanspruchungen nicht mehr gewachsen ist und bricht.

Deshalb darf die Betriebsdrehzahl einer Maschine nicht in der Nähe der Eigenfrequenz des Systems Maschine – Fundament liegen. Ist die Betriebsdrehzahl als Erregerfrequenz größer als die Eigenfrequenz, so wird allerdings beim Einschalten der Resonanzbereich durchlaufen. Um zu vermeiden, dass sich etwa die Maschine im Resonanzfall vom Fundament losreißt, muss das System Maschine – Fundament stark gedämpft aufgebaut sein und der Resonanzbereich so schnell durchlaufen werden, dass es sich auf gefährlich große Amplituden erst gar nicht einschwingen kann. Derartige Verhältnisse sind sehr gut beim Anlaufen Ihrer Wäscheschleuder zu beobachten.

Beispiel 14.4

Beim Aufstellen eines Motors mit der Masse $m_1 = 55{,}0$ kg wurde das elastische Fundament mit der Masse $m_2 = 150$ kg um $\Delta s = 2{,}0$ mm zusammengedrückt. Bei welcher Drehzahl würde Resonanz eintreten?

Lösung:
Die kritische Drehzahl wird abgeschätzt, indem das System Motor-Fundament vereinfacht als Masse-Feder-System aufgefasst wird und dessen Eigenfrequenz berechnet wird. Die Federkonstante ist dann $k = m_1 g/\Delta s$, die schwingende Masse $m = m_1 + m_2$. Daraus erhält man nach Gl. (14.9) eine Eigenfrequenz von

$$f_0 = \frac{1}{2\pi}\sqrt{\frac{k}{m}} = \frac{1}{2\pi}\sqrt{\frac{m_1 g}{(m_1 + m_2)\,\Delta s}}$$

$$= \frac{1}{2\pi} = \sqrt{\frac{55{,}0\ \text{kg} \cdot 9{,}81\ \text{m} \cdot \text{s}^{-2}}{(55{,}0 + 150)\ \text{kg} \cdot 0{,}002\ \text{m}}}$$

$$= 5{,}8\ \text{Hz} \approx 6\ \text{Hz}$$

Die kritische Drehzahl ist also bei diesem System in der Nähe von 360 min^{-1} zu erwarten.

14.2 Elektrische Schwingungen

Vorgänge in **elektrischen Schwingkreisen**, die formale Ähnlichkeit mit mechanischen Schwingungen haben, werden analog als **elektrische Schwingungen** bezeichnet. Unsere Kenntnisse über elektrische und magnetische Felder (s. Kapitel 11) und über Wechselströme (s. Kapitel 12) helfen uns, elektrische Schwingungsvorgänge zu verstehen.

14.2.1 Elektrischer Schwingkreis

Der einfachste **elektrische Schwingkreis** enthält einen *Kondensator* der Kapazität C (s. 11.1.2.2) und eine *Spule* der Induktivität L (s. 11.2.2.2) (Bild 14.10a). Er enthält keine Spannungsquelle, so dass im Gleichgewichtszustand der Kondensator ungeladen ist und durch die Spule kein Strom fließt.

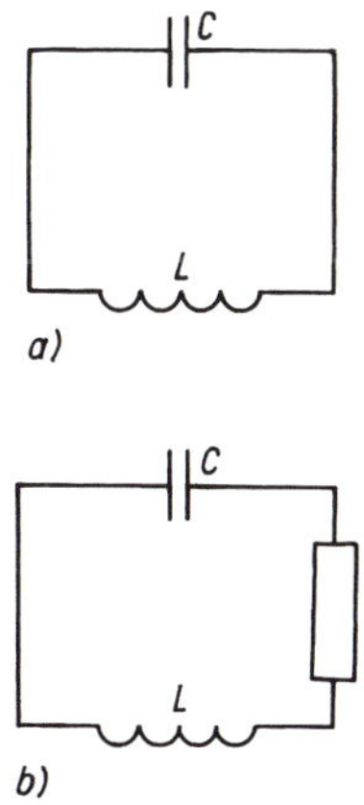

Bild 14.10: Elektrischer Schwingkreis
a) ungedämpft; b) gedämpft

Wir können dieses Gleichgewicht stören, indem wir zunächst den Kondensator an einer Gleichspannungsquelle aufladen und danach mit der Spule zu einem Schwingkreis zusammenschalten. Jetzt entlädt sich der Kondensator über die Spule. Der dabei durch die Spule fließende zeitlich veränderliche Strom erzeugt ein Magnetfeld, das durch Selbstinduktion (s. 11.4.4) eine Spannung induziert, die der ursprünglichen Spannung am Kondensator entgegen gerichtet ist. Dadurch wird der entladene Kondensator mit entgegengesetzter Polung wieder aufgeladen, wonach der gleiche Vorgang im zweiten Teil einer Periode umgekehrt abläuft (Bild 14.11). Es würden bei fehlenden Wirkwiderständen **freie ungedämpfte elektrische Schwingungen** auftreten.

Dabei **findet eine periodische Umwandlung** *zwischen* der *Feldenergie des elektrischen Feldes* im geladenen Kondensator (s. 11.1.2.3) und der *Feldenergie des magnetischen Feldes* in der stromdurchflossenen Spule (s. 11.2.2.2) statt. Bei ungedämpften Schwingungen ist die Schwingungsenergie als Summe aus elektrischer und magnetischer Feldenergie zeitlich konstant. *Gedämpft* werden elektrische Schwingungen durch im Schwingkreis vorhandene *Wirkwiderstände* (s. 12.2.1), in denen elektrische Schwingungsenergie in Wärme umgesetzt wird (Bild 14.10b).

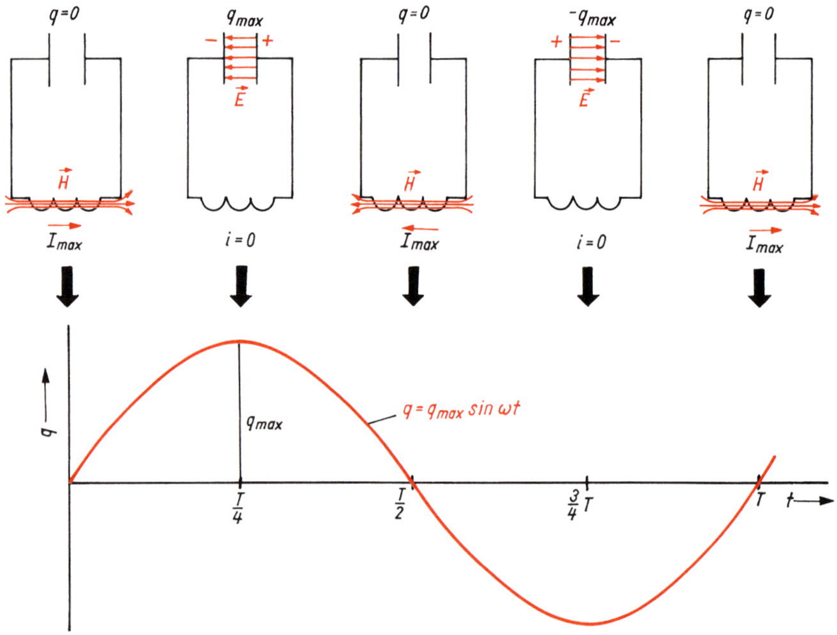

Bild 14.11: Freie ungedämpfte elektrische Schwingung

14.2.2 Analogie zwischen mechanischen und elektrischen Schwingungen

Sie können die Gleichungen und Kurven für mechanische Schwingungen eines Masse-Feder-Schwingers *formal* auf elektrische Schwingungen in elektrischen Schwingkreisen übertragen (Bild 14.12). Dabei entsprechen sich folgende Größen:

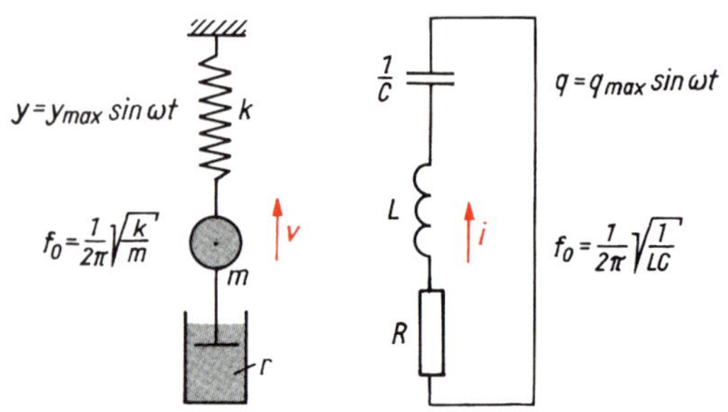

Bild 14.12: Analogie zwischen Masse-Feder-Schwinger und elektrischem Schwingkreis

Mechanische Schwingungen	Elektrische Schwingungen
Auslenkung y	Ladung q
Geschwindigkeit $v = \Delta y/\Delta t$	Stromstärke $i = \Delta q/\Delta t$
Beschleunigung $a = \Delta v/\Delta t$	zeitliche Stromänderung $\Delta i/\Delta t$
Federkonstante k	reziproke Kapazität $1/C$
Masse m	Induktivität L
Kraft F	Spannung u
potentielle Energie E_p	elektrische Feldenergie E_{el}
kinetische Energie E_k	magnetische Feldenergie E_{mag}
mechanischer Dämpfungsfaktor r	Wirkwiderstand R

So erhalten Sie in Analogie zur Eigenfrequenz des Masse-Feder-Schwingers Gl. (14.9) die Eigenfrequenz des ungedämpften Schwingkreises:

$$f_0 = \frac{1}{2\pi}\sqrt{\frac{1}{LC}} \qquad (14.17)$$

Eigenfrequenz eines Schwingkreises

Gl. (14.17) ist als **THOMSONsche Schwingungsgleichung** bekannt. Die Analogie zwischen mechanischen und elektrischen Schwingungen geht so weit, dass Vorgänge an komplizierten schwingungsfähigen mechanischen Systemen an leichter zu untersuchenden elektrischen Schwingkreisen simuliert werden.

Beispiel 14.5

Wie groß ist die Eigenfrequenz eines elektrischen Schwingkreises mit einer Kapazität von 1,0 μF und einer Induktivität von 2,53 H?

Lösung:

$$f_0 = \frac{1}{2\pi}\sqrt{\frac{1}{2{,}53\ \text{V}\cdot\text{s}\cdot\text{A}^{-1}\cdot 1{,}0\cdot 10^{-6}\ \text{A}\cdot\text{s}\cdot\text{V}^{-1}}} = 100\ \text{Hz}$$

14.2.3 Erzwungene elektrische Schwingungen

Ein Wechselstromkreis (s. Kapitel 12), in dem Kapazitäten und Induktivitäten vorhanden sind und der an eine Wechselspannungsquelle angeschlossen ist, kann als Schwingkreis aufgefasst werden, der mit der Frequenz der *Wechselspannung zu* **erzwungenen elektrischen Schwingungen** *erregt* wird.

14.2.3.1 Reihenresonanz

Für eine **Reihenschaltung aus *R*, *L* und *C*** (s. 12.3.2, Bild 12.10) berechnet sich die Stromstärke I in Abhängigkeit von der Kreisfrequenz $\omega = 2\pi f$ der angelegten Wechselspannung U mit dem Scheinwiderstand Z nach Gl. (12.19) zu

$$I = \frac{U}{Z} = \frac{U}{\sqrt{R^2 + \left(\omega L - \frac{1}{\omega C}\right)^2}} \qquad (14.18)$$

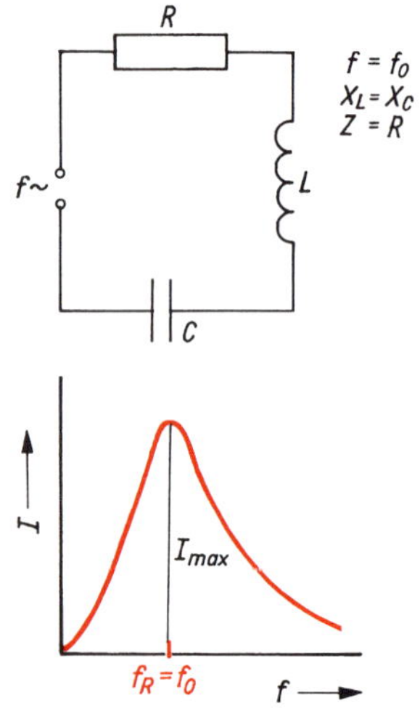

Bild 14.13: Reihenresonanz

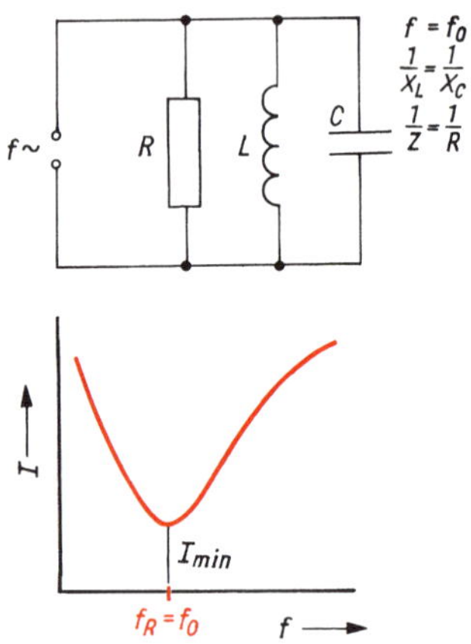

Bild 14.14: Parallelresonanz

In Beispiel 12.5 wurden danach u.a. die Stromstärken für drei verschiedene Frequenzen berechnet. Mit weiteren Werten lässt sich die **Resonanzkurve** von Bild 14.13 zeichnen. Das *Maximum der Stromstärke* tritt auf, wenn $\omega L - 1/(\omega C) = 0$ ist. Das ist bei der **Resonanzfrequenz** $f_R = 1/(2\pi)\sqrt{1/(LC)}$ der Fall, die exakt mit der Eigenfrequenz f_0 nach der THOMSONschen Schwingungsgleichung (14.17) übereinstimmt. Die beiden *Teilspannungen* am induktiven und kapazitiven Blindwiderstand (s. 12.2.2), die sich wegen der entgegengesetzten Phasenverschiebung bei gleichem Betrag im Resonanzfall gerade aufheben, sind bei $f \approx f_0$ ebenfalls *maximal.* Deshalb wird die **Reihenresonanz** auch als *Spannungsresonanz* bezeichnet. Die *Phasenverschiebung* zwischen Gesamtspannung und Stromstärke ist im Resonanzfall gleich *null.*

Wir haben bei den bisherigen Betrachtungen die Effektivwerte und nicht die Amplituden benutzt. Das ist möglich, da sich beide nur durch einen Faktor $\sqrt{2}$ unterscheiden (s. Gl. (12.4)).

14.2.3.2 Parallelresonanz

Für eine **Parallelschaltung aus *R*, *L* und *C*** (s. 12.3.3, Bild 12.11) berechnet sich die Stromstärke I in Abhängigkeit von der Kreisfrequenz $\omega = 2\pi f$, der angelegten Wechselspannung U mit dem Scheinleitwert $1/Z$ zu

$$I = \frac{U}{Z} = U\sqrt{\frac{1}{R^2} + \left(\omega C - \frac{1}{\omega L}\right)^2} \qquad (14.19)$$

Im Unterschied zur Reihenresonanz tritt bei Parallelresonanz ein *Minimum der Stromstärke* auf, wenn $\omega C - 1/(\omega L) = 0$ ist. Dies ist wiederum der Fall für eine **Resonanzfrequenz** $f_R = f_0$, die gleich der Eigenfrequenz ist (Bild 14.14).

Die beiden *Teilströme* durch den induktiven und kapazitiven Blindwiderstand, die sich wegen der entgegengesetzten Phasenverschiebung bei gleichem Betrag im Resonanzfall gerade aufheben, sind bei $f \approx f_0$ jedoch *maximal.* Danach wird die **Parallelresonanz** auch *Stromresonanz* genannt. Die Phasenverschiebung zwischen Spannung und Gesamtstromstärke ist im Resonanzfall gleich null.

Eine praktische Anwendung der Parallelresonanz finden Sie bei der *Blindleistungskompensation* (s. 12.4.4). Zu den Induktivitäten von Wechselstrommotoren werden Kondensatoren parallel geschaltet, deren Kapazität für den Resonanzfall dimensioniert ist. Dadurch wird die Gesamtstromaufnahme bei fehlender Phasenverschiebung minimal.

14.3 Überlagerung von Schwingungen

Wirken mehrere Schwingungen an einem Ort, entsteht eine *Überlagerungsschwingung* (resultierende Schwingung). Diese ist abhängig von den Schwingungsrichtungen sowie den Frequenzen, Amplituden und Phasenverschiebungen der Einzelschwingungen.

Von den vielen Möglichkeiten untersuchen wir einige Überlagerungen harmonischer Schwingungen (ungedämpfte Sinusschwingungen). Dabei ist es zweckmäßig, die Elongation y nicht allein als Funktion der Zeit t darzustellen, sondern die Schwingung als einen mit der Kreisfrequenz $\omega = 2\pi f$ *rotierenden* Zeiger mit der Länge der Amplitude y_m aufzufassen.

Zeigt der Zeiger zurzeit $t_0 = 0$ in Richtung der positiven x-Achse, so erreicht er nach der Zeit t den Winkel $\varphi = \omega t$ mit der jeweilige Elongation

$$y = y_\mathrm{m} \sin \varphi = y_\mathrm{m} \sin \omega t$$

Das ist die Gleichung einer ungedämpften Sinusschwingung (s. 14.1.1.1).

(Die Darstellung von Sinusfunktionen durch Zeiger wird auch in 12.3 für sinusförmige Wechselspannungen und -ströme angewendet.)

14.3.1 Überlagerung in gleicher Richtung

Wir betrachten einige Fälle der Überlagerung zweier harmonischer Schwingungen *gleicher* Schwingungsrichtung.

14.3.1.1 Schwingungen gleicher Frequenz

Bei zwei Schwingungen gleicher Frequenz rotieren beide Zeiger zur Darstellung der Sinusfunktionen mit gleicher Winkelgeschwindigkeit. Da sich jedoch dabei der Winkel zwischen beiden Zeigern nicht ändert, können wir diese auch als ruhend behandeln.

Betrachten wir dazu Bild 14.15. Die Schwingung y_2 eilt y_1 um $\alpha \neq 0$ voraus. Die Einzelschwingungen werden durch $y_1 = y_\mathrm{m1} \sin \omega t$ und $y_2 = y_\mathrm{m2} \sin(\omega t + \alpha)$ beschrieben. Der Kosinussatz liefert aus dem Zeigerdiagramm die Amplitude der Überlagerungsschwingung

$$y_\mathrm{m} = \sqrt{y_\mathrm{m1}^2 + y_\mathrm{m2}^2 + 2 y_\mathrm{m1} y_\mathrm{m2} \cos \alpha} \qquad (14.20)$$

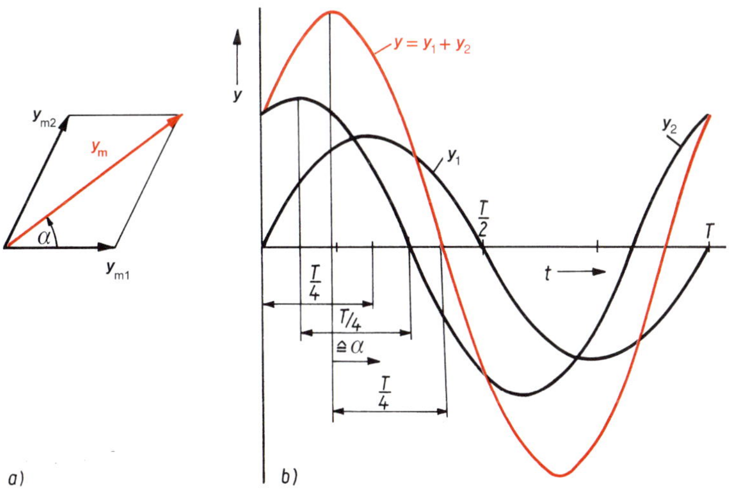

Bild 14.15: Überlagerung zweier harmonischer Schwingungen gleicher Frequenz
a) Zeigerdiagramm; b) Liniendiagramm

Sonderfälle sind:

1. Beide Schwingungen haben die *gleiche* Phasenlage. Deshalb zeigen die Zeiger in gleiche Richtung (analog Bild 3.7 oben). Die Amplitude der Überlagerungsschwingung ist

$$y_\mathrm{m} = y_\mathrm{m1} + y_\mathrm{m2}$$

   Es findet *maximale Verstärkung* statt.

2. Zwischen beiden Schwingungen ist eine Phasenverschiebung $\alpha = \pi/2 = 180°$ vorhanden. Die beiden Zeiger zeigen in entgegen gesetzte Richtungen (analog Bild 3.7 unten). Die Amplitude für Überlagerungsschwingung ist.

$$y_m = y_{m1} - y_{m2}$$

Es findet *maximale Schwächung* und für $|y_{m1}| = |y_{m2}|$ *Auslöschung* statt.

3. Zwischen beiden Schwingungen ist eine Phasenverschiebung $\alpha = \pi/4 = 90°$ vorhanden. Die beiden Zeiger stehen senkrecht aufeinander (analog Bild 3.8). Die Amplitude für die Überlagerungsschwingung ist

$$y_m = \sqrt{y_{m1}^2 + y_{m2}^2}$$

Das ist ein wichtiger Sonderfall elektrischer Schwingungen im Wechselstromkreis. Z. B ergibt sich für eine Reihenschaltung von R und L oder C (s. Abschnitt 12.3) eine Phasenverschiebung von 90° zwischen Spannungsabfall U_R am OHMschen Widerstand R und dem Spannungsabfall U_X am Blindwiderstand X. Die resultierende Amplitude entspricht der Gesamtspannung U_{ges}.

14.3.1.2 Schwebungen

Ist Ihr Klavier verstimmt oder hat ein Schwingkreis nicht die richtige Eigenfrequenz? Solche Fragen lassen sich nach Schwebungsmethoden entscheiden. Schwebungen entstehen durch Überlagerung harmonischer Schwingungen in gleicher Richtung, aber etwas unterschiedlicher Frequenz. Schlagen Sie gleichzeitig die Klaviersaite und eine Stimmgabel an, so hören Sie bei Verstimmung einen Ton mit einer sich periodisch verändernden Lautstärke. Überlagern Sie der elektrischen Schwingung des Schwingkreises die Schwingung eines Normalfrequenzgenerators, so können Sie die Schwebung auf dem Bildschirm eines Oszilloskops mit periodisch schwankender Amplitude sichtbar machen (Bild 14.16).

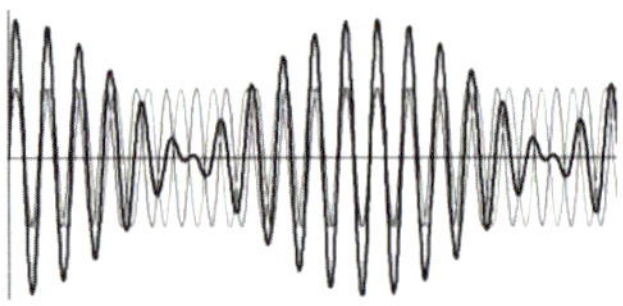

Bild 14.16: Schwebung $f_1 = 10$ Hz, $f_2 = 11$ Hz

Man kann die resultierende Schwebung berechnen, indem man die Sinusfunktionen addiert. (Probieren Sie es selbst als kleine mathematische Übung mit dem Additionstheorem für Sinusfunktion bei gleichen Amplituden.) Man erhält als Schwebung eine resultierende Schwingung mittlerer Frequenz mit der Differenzfrequenz als Schwebungsfrequenz

Schwebungsfrequenz

$$f_S = |f_1 - f_2| \tag{14.21}$$

Bei gleichen Einzelamplituden schwankt die resultierende Amplitude mit der Schwebungsfrequenz zwischen Null und dem Doppelten der Einzelamplitude.

Anschaulich lässt sich auch dies durch Zeiger darstellen, wie es schon für die Addition von Schwingungen in Abschnitt 14.3.1.1 angewendet wurde. Allerdings war es dort einfacher, weil die Schwingungen gleiche Frequenzen hatten, so dass sich die Winkel zwischen den Zeigern nicht änderten. Dies ist hier anders. Zwei Zeiger gleicher Länge rotieren hier mit etwas unterschiedlicher Winkelgeschwindigkeit, so dass sich der Winkel zwischen den Zeigern mit der Differenz der entsprechenden Winkelgeschwindigkeiten ändert. Der schnellere überholt den langsameren periodisch. Zeigen die beiden Zeiger in entgegen gesetzte Richtung, so ist bei gleichen Einzelamplituden die Resultierende zu diesem Zeitpunkt Null. Liegen die beiden Zeiger gerade übereinander, so ergibt sich dann das Doppelte der Länge des Einzelzeigers.

Man kann allerdings so nicht feststellen, welche der beiden Teilschwingungen die höhere, welche die geringere Frequenz hat. Dazu müsste man eine der beiden Frequenzen ändern können. Erhalten wir dabei langsamere Schwebungen, so nähern sich die beiden Frequenzen an. Stimmen schließlich beide Frequenzen überein, so verschwindet die Schwebung (Schwebungsnull). Ändern wir im Beispiel elektrischer Schwingungen die Eigenfrequenz des Schwingkreises durch Verstellen des Kondensators, so ist bei Schwebungsnull die Eigenfrequenz auf die bekannte Normalfrequenz des Frequenzgenerators abgeglichen. Wenn wir jedoch bei fester Eigenfrequenz die Frequenz des Frequenzgenerators variieren, so können wir durch die Frequenzgleichheit bei Schwebungsnull die Eigenfrequenz des Schwingkreises bestimmen.

14.3.2 Überlagerung senkrecht zueinander

Stehen die beiden sich überlagernden Schwingungen aufeinander senkrecht, zeichnen die Überlagerungsschwingungen bei Projektion in die x-y-Ebene die sogenannten Lissajous-Figuren. Hier wollen wir zunächst den Fall gleicher Frequenzen betrachten. Ist zwischen den beiden Einzelschwingungen $x = x_{\mathrm{m}} \sin \omega t$ und $y = y_{\mathrm{m}} \sin (\omega t + \alpha)$ die Phasenverschiebung $\alpha = 0$, ergibt die Überlagerungsschwingung eine Gerade. Bei einer Phasenverschiebung $\alpha = \pi/4 = 90°$ ergibt sich eine Ellipse, die bei *gleichen* Amplituden $y_{\mathrm{m}} = x_{\mathrm{m}}$ zu einem Kreis wird.

Sie können diese beiden Fälle mit einem Pendel ausprobieren. Stoßen Sie ein bereits schwingendes Pendel nochmals senkrecht beim Nulldurchgang an, so schwingt es längs der resultierenden Geraden. Stoßen Sie es dagegen am Umkehrpunkt an, so beschreibt das Pendel eine Ellipse als Bahnkurve.

Gibt man die Schwingung eines kalibrierten Frequenzgenerators an den y-Eingang eines Oszilloskops und eine Schwingung unbekannter Frequenz an den x-Eingang, so kann durch Änderung der Frequenz des Generators eine derartige Figur erhalten werden. Dann stimmen beide Frequenzen überein. Durch diesen Abgleich hat man somit die Möglichkeit, Frequenzen zu messen.

Bei verschiedenen Frequenzen der sich senkrecht überlagernden Schwingungen treten komplizierte Lissajous-Figuren auf, die vor allem vom Frequenzverhältnis der Einzelschwingungen abhängen. Ist dieses Verhältnis irrational wie z. B. $2 : \pi$, so erhält man keine stationären geschlossenen Figuren. Für ein rationales Frequenzverhältnis wie $2 : 3$ ergibt sich dagegen eine immer wieder periodisch durchlaufene Lissajous-Figur als stehendes Bild, wie es für dieses Frequenzverhältnis von $2 : 3$ in Bild 14.17 dargestellt ist.

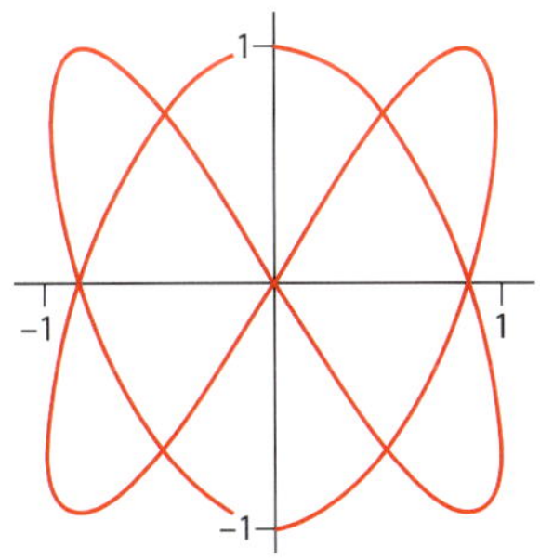

Bild 14.17: Lissajous-Figur für ein Frequenzverhältnis 2 : 3

14.3.3 Anharmonische Schwingungen

Die Eigenschaften von nicht sinusförmigen Schwingungen zu untersuchen ist relativ schwierig. Derartige *reale* Schwingungen sind oft nur näherungsweise periodisch. Ihre Elongation y ist dann meistens eine komplizierte Funktion der Zeit. Mittels spezieller Verfahren (harmonische Analyse oder Fourier-Analyse) ist es möglich, die vorliegende Schwingung in eine Summe zahlreicher harmonischer Schwingungen zu zerlegen. Man erhält eine Fourier-Reihe. Umgekehrt ist es möglich, durch harmonische Synthese eine beliebige Schwingungsform anzunähern, z. B. die in der Digitaltechnik wichtigen Rechteckschwingungen.

Zusammenfassung: Schwingungen und Wellen

- Schwingungen treten nach Auslenkungen aus einer stabilen Gleichgewichtslage auf. Sind dabei die rücktreibenden Kräfte diesen Auslenkungen proportional, so verlaufen die Schwingungen harmonisch.
- Die Eigenfrequenz eines harmonischen Oszillators hängt nur von dessen Eigenschaften ab während die Amplitude durch die Anfangsbedingungen bestimmt wird.
- Bei gedämpften Schwingungen mit geschwindigkeitsproportionaler Dämpfung klingen die Amplituden exponentiell ab.
- Bei erzwungenen Schwingungen wird einem Oszillator die Erregerfrequenz aufgezwungen. Die Amplitude ist jetzt eine Funktion der Erregerfrequenz mit einem ausgeprägten Maximum im Resonanzfall.
- Resonanz tritt ein, wenn die Erregerfrequenz mit der Eigenfrequenz des mitschwingenden Oszillators (Resonators) übereinstimmt.
- Elektrische Schwingungen treten in Schwingkreisen aus Induktivitäten und Kapazitäten auf. Der Verlauf der Stromstärke ist analog dem Verlauf der Geschwindigkeit eines mechanischen harmonischen Oszillators.
- Bei der Überlagerung von zwei harmonischen Schwingungen in gleicher Richtung und nur wenig unterschiedlicher Frequenz entstehen Schwebungen.

15 Wellen

Fragen und Probleme: *Wie unterscheiden sich Wellen von Schwingungen? Wie breiten sich Wellen aus? Was wird dabei transportiert? – Was versteht man unter Brechung, Beugung, Interferenz und Polarisation von Wellen? – Wie konstruiert und berechnet man optische Abbildungen durch Spiegel und Linsen?*

Wir beobachten, wie Tropfen auf eine Wasseroberfläche fallen, und sehen, dass sich von den Stellen, an denen Tropfen auftreffen, Störungen der Wasseroberfläche als **Wellen** kreisförmig nach außen ausbreiten. Viele Wellenerscheinungen wie *Reflexion*, *Brechung*, *Interferenz* und *Beugung* lassen sich an Wasserwellen zeigen. Die anschauliche Vorstellung von Wasserwellen können wir auf andere Wellen übertragen, die sich nicht nur auf Oberflächen, sondern auch im Raum ausbreiten. Besondere Beachtung schenken wir *Schall-* und *Lichtwellen*, auf die unsere Sinnesorgane ansprechen. Dabei stellen Lichtwellen nur einen kleinen Ausschnitt aus dem Spektrum *elektromagnetischer Wellen* dar, angefangen von Rundfunkwellen bis zur Röntgen- und γ-Strahlung, die vielfältige technische Anwendungen finden.

15.1 Wellenausbreitung

Betrachten wir genauer, wie durch einen auf die Wasseroberfläche fallenden Tropfen eine Welle erzeugt wird. Beim Auftreffen des Tropfens wird die im Gleichgewicht befindliche Wasseroberfläche gestört. An der Auftreffstelle beginnen die Teilchen des Wassers unter der Wirkung von Schwerkraft und Oberflächenspannung zu schwingen. Sie stoßen benachbarte Teilchen an, die dadurch ebenfalls in Schwingungen geraten. **Der Schwingungsvorgang breitet sich räumlich aus.** Die *Schwingungsphasen*, die den jeweiligen Schwingungszustand darstellen, sind nicht nur *zeit-*, sondern auch *ortsabhängig*.

Die **Ausbreitungs- oder Fortpflanzungsgeschwindigkeit** der Welle ist die *Geschwindigkeit*, mit der sich die *Schwingungsphase* ausbreitet. Sie heißt **Phasengeschwindigkeit** c. Die um ihre Gleichgewichtslagen schwingenden Teilchen bleiben jedoch im Zeitmittel am gleichen Ort. Mit der Welle wird also *kein* Stoff transportiert. Durch die Übertragung von Schwingungsenergie von Teilchen zu Teilchen strömt aber Energie in Ausbreitungsrichtung der Welle.

Eine Welle ist die Ausbreitung eines Schwingungsvorganges im Raum, wobei Energie, jedoch kein Stoff transportiert wird.

15.1.1 Arten von Wellen

Wellen lassen sich nach verschiedenen Merkmalen unterscheiden. Ihrer *physikalischen Natur* nach werden Wellen u. a. als *Wasserwellen*, *Schallwellen* und *elektromagnetische Wellen* bezeichnet. Weiterhin werden die Eigenschaften von Wellen durch den Verlauf der *Schwingungsrichtung relativ zur Ausbreitungsrichtung* der Welle bestimmt. In den Bildern 15.1a, b und c sind Schwingungsphasen einzelner

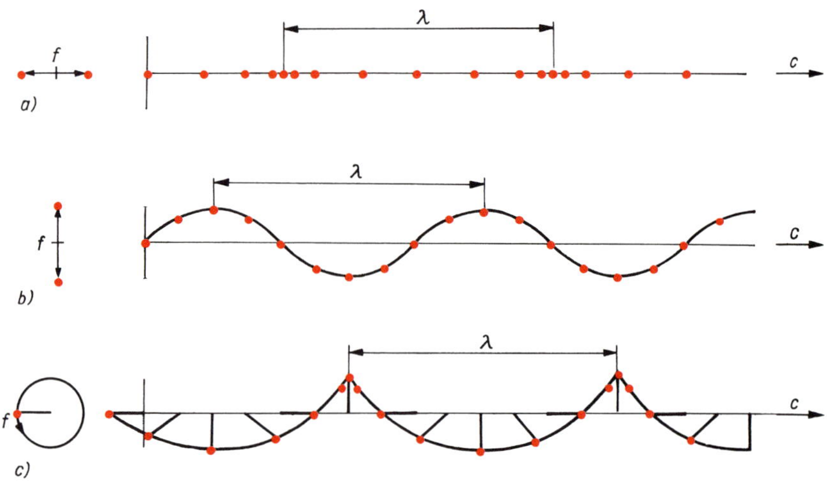

Bild 15.1: Schwingungsrichtung und Ausbreitungsrichtung bei einer
a) Längs- oder Longitudinalwelle, b) Quer- und Transversalwelle, c) Wasserwelle

Teilchen einer Welle für verschiedene gegenseitige Lagen von Schwingungs- und Ausbreitungsrichtung zu einem festen Zeitpunkt dargestellt.

Schwingen Teilchen *parallel* zur Ausbreitungsrichtung der Welle, so handelt es sich um **Längswellen** oder **Longitudinalwellen** (Bild 15.1a). Schallwellen in Gasen sind Längswellen. Der Schall breitet sich in Form von Dichte- und Druckschwankungen des Gases im Raum aus.

Erfolgen die Schwingungen *senkrecht* zur Ausbreitungsrichtung der Welle, so handelt es sich um **Querwellen** oder **Transversalwellen** (Bild 15.1b). Elektromagnetische Wellen sind Querwellen, wobei allerdings keine Teilchen schwingen, sondern elektromagnetische Felder Schwingungen in Form zeitlich periodischer Änderungen der Feldstärke senkrecht zur Ausbreitungsrichtung ausführen. Deshalb ist die Ausbreitung elektromagnetischer Wellen an kein stoffliches Medium gebunden, sondern erfolgt auch im Vakuum.

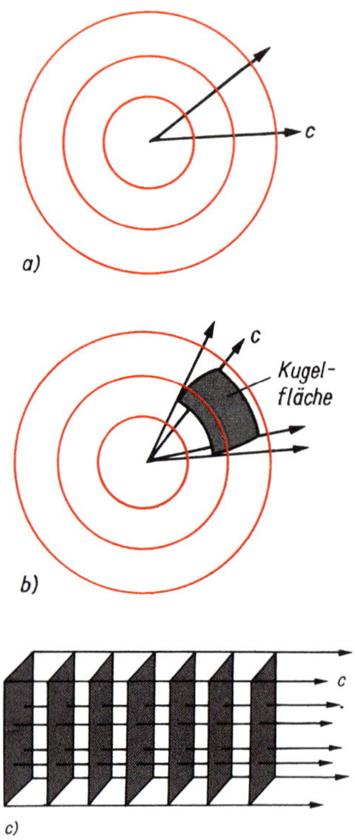

Bild 15.2: Wellenfronten und Wellenstrahlen bei einer
a) Kreiswelle; b) Kugelwelle; c) ebenen Welle

Die Schwingungen einer Querwelle liegen in einer Ebene, die von der Schwingungsrichtung und der Ausbreitungsrichtung aufgespannt wird. Eine Querwelle mit einer einzigen Schwingungsrichtung ist polarisiert (s. 15.4). Aus einem Gemisch von Querwellen mit verschiedenen Schwingungsebenen lässt sich durch eine geeignete Vorrichtung eine Schwingungsebene durch Polarisation aussondern.

Querwellen sind im Unterschied zu Längswellen polarisierbar.

Sind die Schwingungen in einer Längs- oder Querwelle *sinusförmig*, so ist die Welle *harmonisch*. Die Auslenkung in Abhängigkeit vom Ort ist dann ebenfalls *sinusförmig* (Bild 15.1b).

Wasserwellen sind *nicht* harmonisch. Die Wasserteilchen führen Kreisbewegungen aus, so dass flache Wellentäler und spitze Wellenberge entstehen (Bild 15.1c). Wir können sie als Kombination von Längs- und Querwellen auffassen.

Eine Vorstellung vom räumlichen Verlauf einer Welle erhalten Sie, wenn wir die Welle durch Wellenfronten und Wellenstrahlen zeichnerisch darstellen. Die **Wel-**

lenfronten ergeben sich, wenn alle Punkte mit gleicher Schwingungsphase verbunden werden. Das bedeutet, dass alle Teilchen in einer Wellenfront gleichzeitig die gleiche Phase, z. B. einen Wellenberg oder ein Wellental, erreichen. Die von einem fallenden Tropfen an der Wasseroberfläche hervorgerufene Welle ist nach der Form ihrer Wellenfronten eine *Kreiswelle* (Bild 15.2a). Von einer punktförmigen Schall- oder Lichtquelle breiten sich *Kugelwellen* im Raum aus, deren Wellenfronten konzentrische Kugelschalen bilden (Bild 15.2b). Bei einer *ebenen Welle* sind die Wellenfronten parallele Ebenen (Bild 15.2c).

Die Wellenfronten werden von **Wellenstrahlen** *senkrecht* durchstoßen. Strahlen sind *Wellennormalen.* Wellenstrahlen von Kreis- und Kugelwellen laufen vom Wellenzentrum *radial* nach außen. Die Wellenstrahlen ebener Wellen sind *parallele* Geraden. Wir können so den von der Wellenbewegung erfassten Raum als **Wellenfeld** durch Wellenfronten und Wellenstrahlen veranschaulichen.

15.1.2 Frequenz und Doppler-Effekt

Zählen Sie von einem festen Ort aus, wieviel Wellenberge z in einer bestimmten Zeitspanne Δt an Ihnen vorbeilaufen. Sie erhalten so die **Frequenz** der Welle zu $f = z/\Delta t$. Die zugehörige **Periodendauer** $T = 1/f$ charakterisiert die *zeitliche* Periodizität der Welle.

Geht die Welle von einer ruhenden Quelle aus, so stimmt die Frequenz der Welle mit der Frequenz der sie hervorrufenden Schwingungen überein. Bewegen sich jedoch Quelle und Beobachter aufeinander zu, dann zählen Sie in der gleichen Zeitspanne eine größere Anzahl von Wellenbergen, die an Ihnen vorbeikommen. Die Frequenz ist größer als bei ruhender Quelle und ruhendem Beobachter. Entfernen sich Quelle und Beobachter voneinander, verringert sich die Frequenz. Diese Erscheinung ist als **Doppler-Effekt** bekannt. Die *relative Frequenzänderung* $\Delta f/f$ ist gleich dem Verhältnis der Relativgeschwindigkeit v zwischen Quelle und Beobachter und der Phasengeschwindigkeit c der Welle, wobei die Relativgeschwindigkeit kleiner als die Phasengeschwindigkeit sein muss: $\Delta f/f = v/c$; $(v < c)$.

Sie können die Frequenzänderung als Umschlag der Tonhöhe von hoch nach tief hören, wenn sich eine Schallquelle an Ihnen vorbeibewegt. Denken Sie z. B. an das Motorengeräusch bei einem Auto- oder Motorradrennen. Die Verkehrspolizei nutzt den Doppler-Effekt bei der Radarkontrolle, wobei aus der Frequenzänderung zwischen abgestrahlter und vom Fahrzeug reflektierter Radarwelle die Geschwindigkeit des Fahrzeuges bestimmt wird.

15.1.3 Wellenlänge und Phasengeschwindigkeit

Messen Sie den Abstand zweier benachbarter Wellenberge, so erhalten Sie die **Wellenlänge** λ (Bild 15.1). Sie charakterisiert die *räumliche* Periodizität der Welle. Die Ausbreitungsgeschwindigkeit der Welle ist ihre **Phasengeschwindigkeit** c, mit der sich z. B. die Phase „Wellenberg" in Ausbreitungsrichtung fortbewegt. Da die Welle innerhalb einer Periodendauer T gerade um eine Wellenlänge λ weiterwandert, ergibt sich für die Phasengeschwindigkeit $c = \lambda/T$, und mit $T = 1/f$ ist

$$c = \lambda f \qquad (15.1)$$

Phasengeschwindigkeit

Beispiel 15.1

Wie groß ist die Wellenlänge einer Schallwelle in Luft, die von einer Stimmgabel mit einer Frequenz von 440 Hz ausgeht?

Lösung:
Mit der Phasengeschwindigkeit des Schalls in Luft von rund 340 m · s^{-1} errechnet sich die Wellenlänge zu $\lambda = c/f = 340\ m \cdot s^{-1}/440\ s^{-1} = 0,77\ m$.

Beispiel 15.2

Wie groß ist die Frequenz der Kurzwelle mit der Wellenlänge 41 m beim Rundfunk?

Lösung:
Elektromagnetische Wellen breiten sich im Vakuum und annähernd auch in Luft mit einer Phasengeschwindigkeit von $3,0 \cdot 10^5\ km \cdot s^{-1}$ aus, die uns auch als Lichtgeschwindigkeit bekannt ist. Die Frequenz ist $f = c/\lambda = 3,0 \cdot 10^8\ m \cdot s^{-1}/41\ m = 7,3\ MHz$. Vergleichen Sie mit der Angabe auf der Skale eines Rundfunkgerätes im Kurzwellenbereich! (Bild 15.36)

15.1.4 Energiestrom und Amplitude

Durch Wellen, die von einer Quelle abgestrahlt werden, strömt *Energie* in den Raum. Die **Strahlungsflussdichte** φ gibt an, wieviel Energie ΔE mit der Welle in der Zeit Δt durch eine Fläche A hindurchtritt. Sie entspricht der *Intensität* der Welle und ist dem *Quadrat der Wellenamplitude* y_{max} als „Höhe" der Wellenberge *proportional*:

Strahlungsflussdichte

$$\varphi = \frac{\Delta E}{\Delta t A} \sim y_{max}^2 \qquad (15.2)$$

Die „Höhe" der Wellenberge muss nicht wie bei Wasserwellen eine Länge sein. Bei Schallwellen ist es der Druck bzw. die Dichte, bei elektromagnetischen Wellen die Feldstärke.

Da sich die von einer punktförmigen Quelle abgestrahlte Energie mit wachsender Entfernung r von der Quelle auf immer größere Kugelflächen $4\pi r^2$ verteilt, nimmt die Strahlungsflussdichte oder Intensität einer ungedämpften Kugelwelle mit $1/r^2$ und die Wellenamplitude folglich mit $1/r$ ab.

15.1.5 HUYGENSsches Prinzip

Das **HUYGENSsche Prinzip** erklärt die *Wellenausbreitung*:

Jeder von einer Wellenfront getroffene Punkt wird wiederum Ausgangspunkt von Wellen, sogenannter Elementarwellen. Diese Elementarwellen überlagern sich in Ausbreitungsrichtung derart, dass die gemeinsamen, die Wellenfronten der Elementarwellen einhüllenden Berührungsflächen die neuen Wellenfronten der sich ausbreitenden Welle ergeben.

Bild 15.3a zeigt mittels eines Wasserwellengerätes, wie sich die von vielen dicht benachbarten Erregerzentren ausgehenden Wellen, die als Modell solcher Elementarwellen dienen können, zu ebenen Wellen überlagern. In Bild 15.3b wurde die sich ausbreitende Welle aus den Wellenfronten der Elementarwellen nach dem HUYGENSschen Prinzip konstruiert. In dieser Weise wollen wir in Folgendem vorgehen, um *Reflexion*, *Brechung* und *Beugung* von Wellen zu erklären.

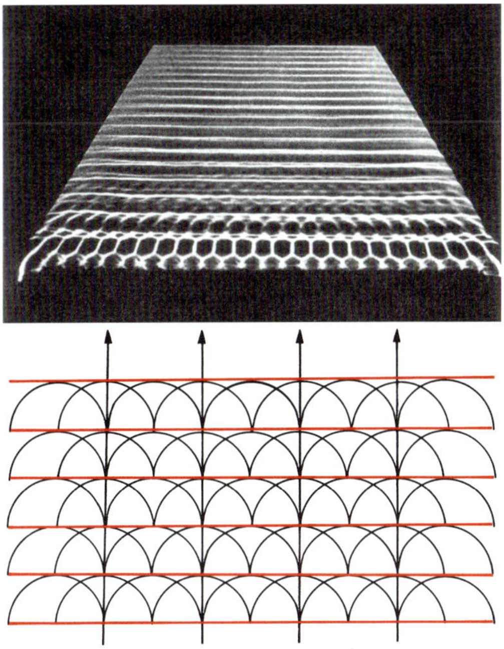

Bild 15.3: Zum Huygensschen Prinzip
a) Demonstration der Überlagerung vieler Kreiswellen zu einer ebenen Welle mit dem Wasserwellengerät; b) Konstruktion einer ebenen Welle aus Elementarwellen

15.2 Reflexion und Brechung

Eine Welle, die sich in einem Medium *1* mit der Phasengeschwindigkeit c_1 ausbreitet, trifft auf die Grenzfläche zu einem Medium *2*. Dabei wird die Welle an der Grenzfläche *reflektiert.*

Kann sich die Welle im Medium *2*, wenn auch mit anderer Phasengeschwindigkeit c_2, ausbreiten, so wird nur ein Teil der einfallenden Welle reflektiert. Der andere Teil läuft im Medium *2* mit anderer Ausbreitungsrichtung weiter. Die Wellenstrahlen erhalten an der Grenzfläche einen Knick, die Welle wird *gebrochen.* Ursache der Brechung ist die unterschiedliche Phasengeschwindigkeit in beiden Medien.

15.2.1 Reflexion

In Bild 15.4 wird durch zwei Wellenstrahlen *a* und *b* dargestellt, wie eine ebene Welle unter dem Einfallswinkel α auf eine ebene Grenzfläche zwischen zwei Medien trifft. Die Winkel werden dabei stets zwischen den Wellenstrahlen und dem Lot auf die Grenzfläche gemessen.

Während Strahl *a* im Punkte *A* bereits die Grenzfläche erreicht hat, befindet sich die gleiche Wellenfront mit Strahl *b* erst bei *B*. In der Zeit, in der die Welle mit der Phasengeschwindigkeit c_1 von *B* zur Grenzfläche bei *C* läuft, breitet sich um *A* eine Elementarwelle im Medium *1* mit der gleichen Phasengeschwindigkeit aus. Deshalb ist der Radius der Elementarwelle in dieser Zeit gleich der Strecke $\overline{BC}$.

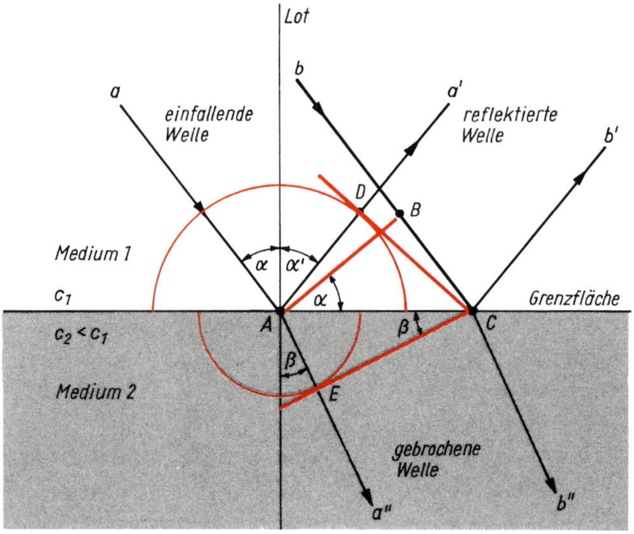

Bild 15.4: Reflexion und Brechung einer ebenen Welle

Ziehen wir von C aus die Tangente an die Wellenfront dieser Elementarwelle, die diese im Punkt D berührt, so erhalten wir eine Wellenfront der *reflektierten Welle.* Die Wellenstrahlen a' und b' der reflektierten Welle stehen senkrecht auf dieser Wellenfront. Sie bilden mit dem Lot den **Reflexionswinkel** α', der gleich dem Einfallswinkel ist:

Reflexionsgesetz

$$\alpha' = \alpha \tag{15.3}$$

Einfallender Strahl, Lot und reflektierter Strahl liegen in einer Ebene. Der Reflexionswinkel ist gleich dem Einfallswinkel.

15.2.2 Brechung

Verfolgen wir in Bild 15.4, wie sich in der Laufzeit des Strahles b von B nach C eine Elementarwelle um A im angrenzenden Medium *2* mit einer *kleineren* Phasengeschwindigkeit $c_2 < c_1$ ausbreitet. Wegen der kleineren Phasengeschwindigkeit ist der Radius dieser Elementarwelle kleiner als die Strecke $\overline{BC}$. Die Tangente von C aus an die Wellenfront der Elementarwelle berührt diese in E und bildet eine Wellenfront der gebrochenen Welle. Die Wellenstrahlen a'' und b'' werden beim Übergang in ein Medium kleinerer Phasengeschwindigkeit *zum Lot hin gebrochen* und bilden mit diesem den **Brechungswinkel** β, der kleiner als der Einfallswinkel ist.

Vergleichen Sie in Bild 15.4 die beiden Dreiecke ABC und ACE! Wegen der gleichen Hypotenuse $\overline{AC}$ verhalten sich die Strecken $\overline{BC}$ und $\overline{AE}$ wie $\sin\alpha$ und $\sin\beta$. Da die beiden Strecken in gleicher Zeit durchlaufen werden, sind sie den zugehörigen Phasengeschwindigkeiten proportional. Wir erhalten so das Brechungsgesetz:

Brechungsgesetz

$$\frac{\sin\alpha}{\sin\beta} = \frac{c_1}{c_2} = n_{12} \tag{15.4}$$

Einfallender Strahl, Lot und gebrochener Strahl liegen in einer Ebene. Der Sinus des Einfallswinkels verhält sich zum Sinus des Brechungswinkels wie die zugehörigen Phasengeschwindigkeiten.

Der Quotient n_{12} wird speziell für Lichtstrahlen in der *Optik* als **Brechzahl** oder **Brechungsindex** zwischen den beiden Medien *1* und *2* bezeichnet. Tabellenwerte beziehen sich auf Vakuum oder Luft als Medium *1*. Die Brechzahl hängt von der Wellenlänge des Lichtes ab. Wellen kürzerer Wellenlänge werden stärker als längere Wellen gebrochen. Es tritt **Dispersion** auf. Dadurch wird z. B. weißes Licht beim Durchgang durch ein Prisma in die den Wellenlängen entsprechenden Spektralfarben zerlegt, es entsteht ein Spektrum.

Tabelle 15.1: Brechzahlen (bezogen auf Luft für $\lambda = 589{,}3$ nm)

Stoff	n
Benzen	1,50
Diamant	2,417
Flintglas SF	1,74
Kalkspat	
ordentlicher Strahl	1,658
außerordentl. Strahl	1,486
Kronglas BaK	1,57
Wasser	1,333

15.2.3 Totalreflexion

Läuft eine Welle aus einem Medium *kleinerer* in ein Medium *größerer* Phasengeschwindigkeit, dann werden die Strahlen *vom Lot weg gebrochen.* Der Brechungswinkel ist größer als der Einfallswinkel. Bild 15.5 zeigt dies für den Strahl *a … a″* mit relativ kleinem Einfallswinkel.

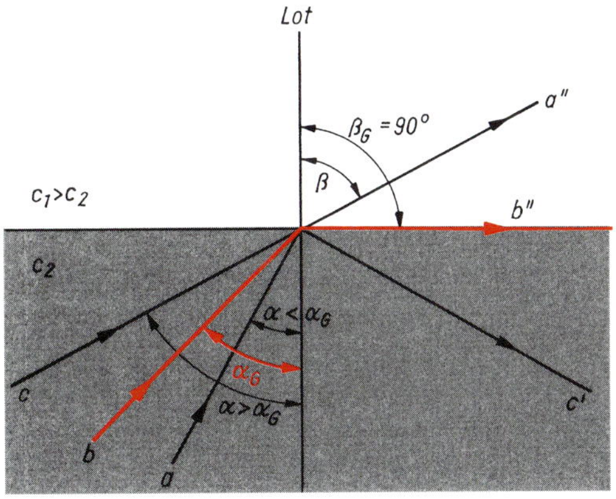

Bild 15.5: Brechung und Totalreflexion beim Übergang in ein Medium mit größerer Phasengeschwindigkeit

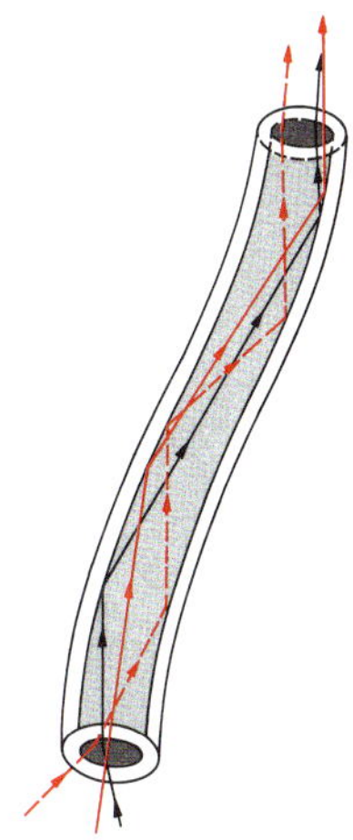

Bild 15.6: Totalreflexion in der Glasfaser eines Lichtleitkabels

Vergrößern wir den Einfallswinkel, dann erreicht bei einem bestimmten **Grenzwinkel** α_G der Brechungswinkel gerade 90°. Bei noch größeren Einfallswinkeln kann überhaupt keine Brechung mehr auftreten. Es findet **Totalreflexion** statt. Alle Wellen, die unter einem Winkel größer als der Grenzwinkel α_G einfallen, werden an der Grenzfläche vollständig reflektiert. Der Grenzwinkel der Totalreflexion folgt aus dem Brechungsgesetz (15.4) mit $\sin \beta_G = \sin 90° = 1$:

$$\sin \alpha_G = \frac{c_2}{c_1} = \frac{1}{n_{12}} \tag{15.5}$$

Eine Anwendung findet die Totalreflexion bei *Lichtwellenleitern* in Glasfaserkabeln. Die Brechzahl der Glasfaser ist in einer Randschicht kleiner als im Kern. Dadurch können die meisten an einer Endfläche eintretenden Lichtstrahlen den Kern seitlich nicht verlassen. Sie werden an der Randschicht immer wieder total reflektiert und so im Kern weitergeleitet, dass sie an der anderen Endfläche wieder austreten. Dabei spielen Krümmungen der Glasfaser keine Rolle (Bild 15.6, Bild 15.7).

Bild 15.7: Lichtleiter

Die Ermittlung des Grenzwinkels der Totalreflexion dient auch zur Bestimmung der Brechzahl von Stoffen.

Beispiel 15.3

Wie groß ist die Brechzahl einer Glassorte in Luft für Licht einer bestimmten Wellenlänge, wenn der Grenzwinkel der Totalreflexion zu 38,3° gemessen wurde? Wie groß ist die Lichtgeschwindigkeit im Glas?

Lösung:
Nach Gl. (15.5) ist

$$n_{12} = \frac{1}{\sin \alpha_G} = \frac{1}{0{,}6198} = 1{,}613$$

Die Lichtgeschwindigkeit in dieser Glassorte beträgt nur

$$c_2 = \frac{c_1}{n_{12}} = \frac{3{,}00 \cdot 10^5\ \mathrm{km \cdot s^{-1}}}{1{,}613} = 1{,}86 \cdot 10^5\ \mathrm{km \cdot s^{-1}}$$

15.3 Beugung und Interferenz

Beugung und Interferenz sind *typische* Wellenerscheinungen. Ihr Auftreten lässt die Wellennatur einer Strahlungsart erkennen.

15.3.1 Beugung

Beugung tritt auf, wenn eine Welle auf ein festes Hindernis trifft, dessen Abmessungen der Wellenlänge vergleichbar sind. Dabei läuft die Welle um das Hindernis herum. Ursache der Beugung sind die typischen Eigenschaften der Wellenausbreitung, wie sie durch das Huygenssche Prinzip erklärt werden.

Die Beugung einer Welle ist eine Abweichung von der geradlinigen Ausbreitung, die nicht durch Reflexion oder Brechung hervorgerufen wird.

Bild 15.8 zeigt die Beugung einer ebenen Welle an einer Kante. Während sich in der ursprünglichen Ausbreitungsrichtung alle Elementarwellen wieder zu einer ebenen Welle überlagern, ergeben die Elementarwellen am Rande hinter der Kante eine seitlich gebeugte Welle.

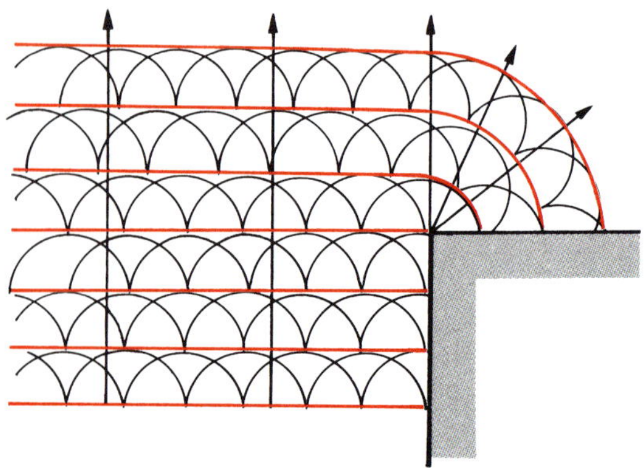

Bild 15.8: Beugung einer ebenen Welle an einer Kante

Die Beugung von Schallwellen ermöglicht es, „um die Ecke“ zu hören; dass wir nicht auch „um die Ecke“ sehen können, ist durch die wesentlich kleineren Wellenlängen des Lichtes bedingt. Deutliche Beugungserscheinungen des Lichtes treten erst an mikroskopisch kleinen Objekten auf. Sie begrenzen z. B. das Auflösungsvermögen von Mikroskopen, weil zwei sehr dicht benachbarte punktförmige Objekte durch die an ihnen auftretende Beugung nicht mehr getrennt wahrgenommen werden können.

15.3.2 Interferenz

Wenn sich zwei Wellen in einem gemeinsamen Raumbereich ausbreiten, so *überlagern* sie sich, indem an jeder Stelle des gemeinsamen Bereichs die momentanen Auslenkungen (Elongationen) beider Wellen addiert werden.

Unter Interferenz verstehen wir die Erscheinungen bei der Überlagerung von Wellen, bei denen Verstärkung und Schwächung bzw. Auslöschung der Wellen auftreten.

Die Schwingungen von zwei sich überlagernden Wellen gleicher Frequenz sind an jedem Ort des gemeinsamen Wellenfeldes in bestimmter Weise phasenverschoben. Um eine stabile Interferenz zu erhalten, müssen diese *Phasenverschiebungen im Zeitablauf konstant* bleiben. Dabei treten zwei Extremfälle auf:

1. An bestimmten Orten des Wellenfeldes treffen die beiden Wellen so aufeinander, dass stets ein Wellenberg der einen Welle wieder mit einem Wellenberg der anderen Welle zusammentrifft. Dort verstärken sich die beiden Wellen (Bild 15.9a). Es treten **Interferenzmaxima** mit besonders heftiger Wellenbewegung auf.

2. An anderen Orten treffen die Wellenberge der einen Welle mit Wellentälern der anderen Welle zusammen. Dort schwächen sich die beiden Wellen (Bild 15.9b). Es entstehen **Interferenzminima.** Bei gleichen Amplituden löschen sich die beiden Wellen sogar ganz aus. Dort tritt dann keine Wellenbewegung mehr auf.

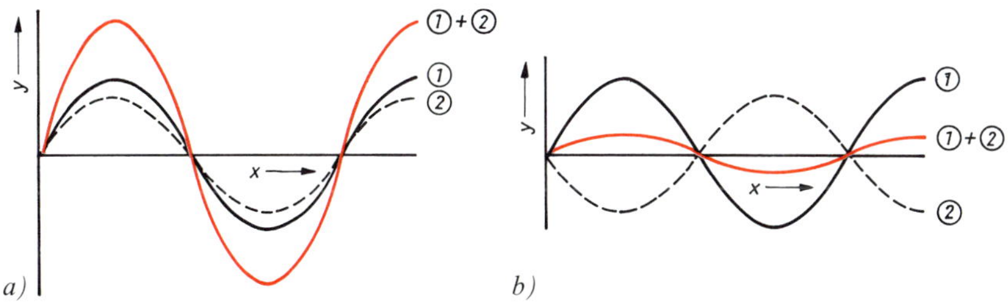

Bild 15.9: Entstehung von
a) Interferenzmaxima und b) Interferenzminima bei der Überlagerung zweier Wellen

Bild 15.10 demonstriert Interferenzmaxima und -minima bei der Überlagerung zweier Wasserwellen, die kreisförmig von zwei Erregerzentren ausgehen. Jede der beiden Wellen muss von ihrem Erregerzentrum zum gleichen Ort des Wellenfeldes im Allgemeinen einen unterschiedlich langen Weg zurücklegen (Bild 15.11). Der dadurch auftretende **Gangunterschied** Δs bestimmt die Interferenzerscheinung am betreffenden Ort.

Bild 15.10: Demonstration der Interferenz zweier Kreiswellen mit dem Wasserwellengerät

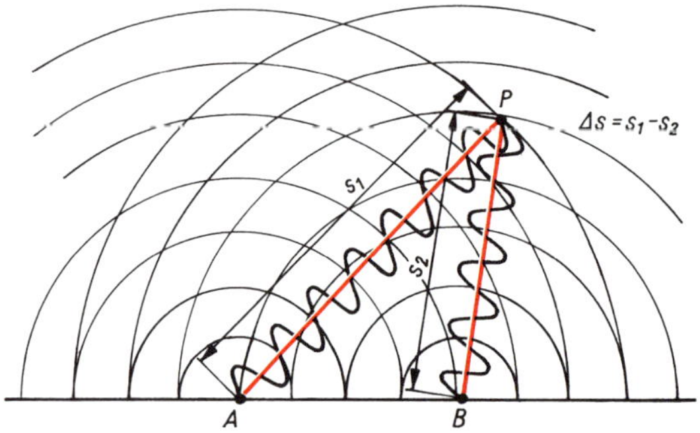

Bild 15.11: Gangunterschied Δs an einem Ort P zwischen zwei sich überlagernden Wellen

Ist kein Gangunterschied vorhanden oder beträgt er ein Vielfaches einer ganzen Wellenlänge, so trifft Wellenberg auf Wellenberg, und es treten Interferenzmaxima auf:

Gangunterschied für Interferenzmaxima

$$\Delta s_{\max} = 0; \lambda; 2\lambda; 3\lambda; \ldots; n\lambda \tag{15.6}$$

Die Zahlen 0; 1; 2; 3; …; n bezeichnen die *Ordnung* des Maximums.

Ist der Gangunterschied ein ungeradzahliges Vielfaches einer halben Wellenlänge, so trifft Wellenberg auf Wellental, und es tritt ein Interferenzminimum auf:

Gangunterschied für Interferenzminima

$$\Delta s_{\min} = \frac{\lambda}{2}; \frac{3\lambda}{2}; \ldots; \frac{(2n+1)\,\lambda}{2} \tag{15.7}$$

Durch Interferenz kommt es im gesamten Wellenfeld beider Wellen zu einer räumlich ungleichmäßigen Verteilung der Energie. Im Mittel über alle Maxima und Minima ist natürlich der Energieerhaltungssatz erfüllt.

Drehen Sie eine angeschlagene Stimmgabel neben Ihrem Ohr, so hören Sie die Interferenzen der von den beiden Zinken der Stimmgabel ausgehenden Schallwellen abwechselnd als lauten und leisen Ton. Sie werden nun vielleicht die Frage stellen, warum Sie dann keine Interferenzen des Lichts in Form abwechselnd heller und dunkler Bereiche beobachten, wenn Sie zwei Lampen gleichzeitig eingeschaltet haben. Dies liegt daran, dass die Lichtwellen von verschiedenen Lichtquellen *keine* konstante Phasenbeziehung zueinander haben. Von den angeregten

Atomen in den Lichtquellen werden nur einzelne Wellenzüge mit begrenzter Länge und zufällig verteilten Phasenlagen ausgesandt. Wir beobachten die Mittelwerte der sich ständig ändernden Überlagerungen. Anstelle von Interferenzmaxima und -minima finden wir gleichmäßige Helligkeit als Summe der Bestrahlungsstärken der Lichtquellen.

Interferenz des Lichtes tritt dann auf, wenn wir eine Lichtwelle, die *zur gleichen Zeit vom gleichen Ort* der Lichtquelle ausgeht, in zwei Teilwellen aufspalten und sie nach Durchlaufen unterschiedlicher optischer Weglängen wieder überlagern. Solches interferenzfähige Licht ist **kohärent**.

Ein Beispiel sei die **Interferenz an einer dünnen Schicht**, wie sie etwa durch einen Ölfilm auf einer Wasseroberfläche gebildet wird. Zur Interferenz gelangen Lichtwellen, die an der Öloberfläche reflektiert werden, mit Lichtwellen, die an der darunterliegenden Wasseroberfläche reflektiert werden. Dies ist schematisch in Bild 15.12 dargestellt. Erfüllt unter dem betreffenden Blickwinkel der Gangunterschied zwischen den reflektierten Wellen die Bedingung (15.7) für das Interferenzminimum bei einer bestimmten Wellenlänge, die im einfallenden weißen Licht enthalten ist, so wird Licht der dieser Wellenlänge entsprechenden Farbe durch Interferenz ausgelöscht. Die Ölschicht erscheint dort in der entsprechenden Komplementärfarbe.

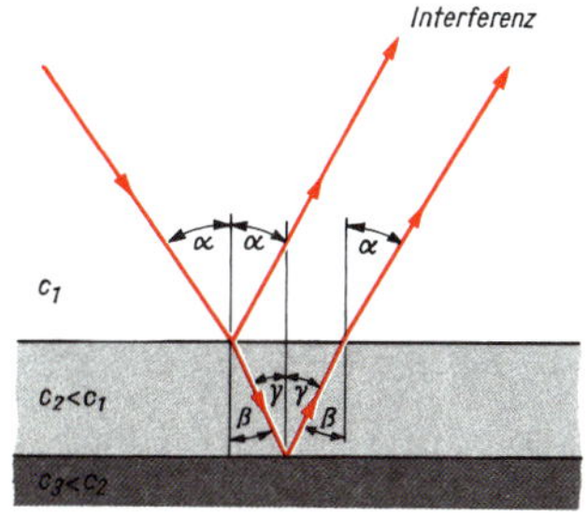

Bild 15.12: Zur Interferenz an dünnen Schichten

15.3.3 Stehende Wellen

Eine spezielle Interferenzerscheinung ist die Ausbildung stehender Wellen.

> Stehende Wellen bilden sich durch Überlagerung von zwei harmonischen Wellen gleicher Amplitude und Frequenz, aber entgegengesetzter Ausbreitungsrichtung.

Dies ist z. B. bei der *Reflexion* zwischen einer senkrecht einfallenden Welle und der reflektierten Welle der Fall. In der resultierenden stehenden Welle findet *keine* Ausbreitung der Schwingphase mehr statt. Sie stellt eine *phasengleiche räumliche Schwingung mit von Ort zu Ort verschiedenen Amplituden* dar (Bild 15.13). Wo die

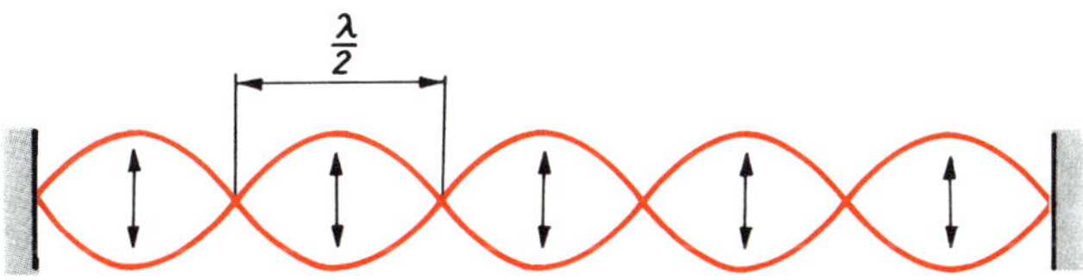

Bild 15.13: Schwingungsknoten und Schwingungsbäuche einer stehenden Welle

beiden sich überlagernden Wellen entgegengesetzte Schwingungsphase haben, ist die resultierende Amplitude null. Die stehende Welle hat dort **Schwingungsknoten**. Wo die beiden sich überlagernden Wellen gleiche Schwingungsphase haben, verdoppelt sich die Amplitude. Die stehende Welle hat dort **Schwingungsbäuche**. Schwingungsknoten und Schwingungsbäuche wiederholen sich periodisch im Abstand von jeweils einer halben Wellenlänge. Die Beobachtung stehender Wellen erlaubt so durch Ausmessen der Knotenabstände die Bestimmung der Wellenlänge.

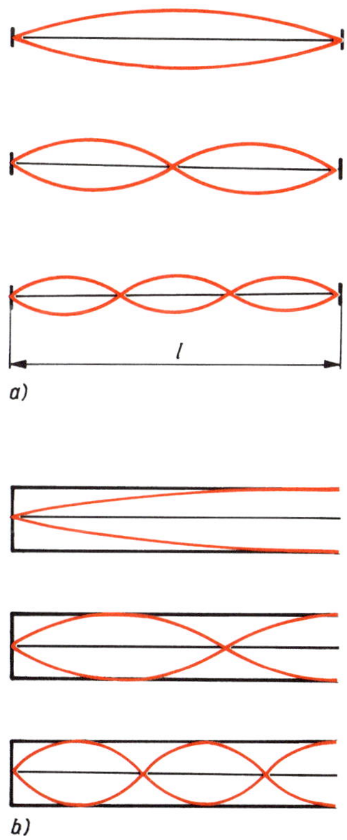

Bild 15.14: Eigenschwingungen
a) einer angerissenen Saite
b) einer angeblasenen Luftsäule

Die *Eigenschwingungen räumlicher Objekte*, z. B. einer angerissenen Saite (Bild 15.14a) oder einer angeblasenen Luftsäule (Bild 15.14b) der Länge l, können als stehende Wellen aufgefasst werden. Dabei müssen an den Einspannstellen der Saite Schwingungsknoten liegen. Dagegen hat die Luftsäule am offenen Ende des Rohres einen Schwingungsbauch. Den verschiedenen Eigenfrequenzen entsprechen Wellenlängen, die

bei der Saite der Länge l durch $l = \lambda/2, \lambda, 3\lambda/2, \ldots$ und
bei der Luftsäule der Länge l durch $l = \lambda/4, 3\lambda/4, 5\lambda/4, \ldots$ bestimmt sind.

15.3.4 Beugung und Interferenz am Doppelspalt

Beugungsvorgänge sind stets mit Interferenzen der gebeugten Wellen verbunden. Wir betrachten dazu speziell die **Interferenz** nach der **Beugung** einer ebenen Welle **an einem Doppelspalt** (Bild 15.15).

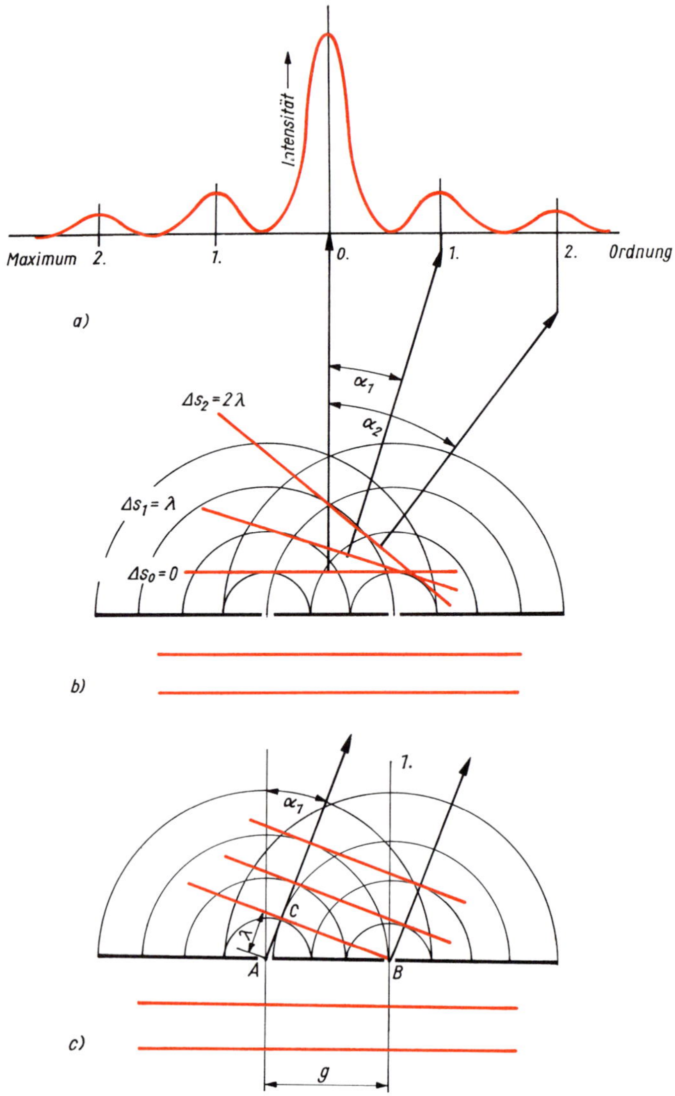

Bild 15.15: Beugung und Interferenz am Doppelspalt
a) Intensitätsverlauf des Beugungsbildes; b) Konstruktion der Beugungsmaxima nach dem HUYGENSschen Prinzip; c) Ermittlung des Beugungswinkels für das Maximum 1. Ordnung

Eine ebene Welle treffe auf eine Wand, in der sich zwei parallele Spalte im Abstand g befinden. Die Spalte seien so eng, dass sich hinter jedem Spalt nach Auftreffen der ebenen Welle praktisch nur je eine Elementarwelle ausbreitet. Das Foto der Wasserwellen von Bild 15.10 kann als Modell für die Überlagerung dieser beiden Elementarwellen dienen. Sie erkennen deutlich die abwechselnd auftretenden Interferenzmaxima und -minima.

In Bild 15.12b haben wir je eine Wellenfront des Maximums 0. Ordnung in Richtung der einfallenden Welle und der Beugungsmaxima 1. und 2. Ordnung rechts davon konstruiert. Dazu wurde nach dem HUYGENSschen Prinzip jeweils eine gemeinsame Tangente an zwei Wellenfronten der beiden Elementarwellen mit einem Gangunterschied von 0, λ und 2λ gezogen. Maxima 1. und 2. Ordnung treten symmetrisch zum Maximum 0. Ordnung auch auf der linken Seite auf. Sie sind in den Bildern 15.12b und c nicht mit gezeichnet.

Um die Richtungen zu finden, in denen Beugungsmaxima auftreten, ist die Entstehung des Maximums 1. Ordnung in Bild 15.13c ausführlicher dargestellt. Für den Beugungswinkel α_1 lesen Sie in dem Dreieck ABC die Beziehung $\sin\alpha_1 = \lambda/g$ ab. Allgemein erhält man so für die **Beugungsmaxima *n*-ter Ordnung**

Beugungsmaxima
n-ter Ordnung

$$\sin\alpha_n = n\,\frac{\lambda}{g} \qquad (15.8)$$

Da $\sin\alpha_n$, nicht größer als 1 werden kann, ist die höchste mögliche Ordnung $n \leq g/\lambda$. In Bild 15.13 ist der Spaltabstand g das Dreifache der Wellenlänge λ, so dass ein Maximum 3. Ordnung unter einem Beugungswinkel von 90° nicht mehr beobachtbar ist und Maxima höher als 3. Ordnung nicht auftreten können.

Mit einfarbigem Licht erscheint auf einem Schirm das Beugungsbild eines Doppelspaltes in Form heller und dunkler Streifen. Dabei nimmt die Intensität der Beugungsmaxima mit zunehmender Ordnung rasch ab (Bild 15.13a).

Die Intensität des Beugungsbildes lässt sich insgesamt steigern, indem man statt eines Doppelspaltes ein **Strichgitter** mit vielen parallelen Spalten in gleichen Abständen g benutzt. Der Spaltabstand g heißt **Gitterkonstante**. Optische Gitter haben 50 bis 1 000 Spalte je mm. Das entspricht Gitterkonstanten von 20 μm bis 1 μm. Nach Gl. (15.8) wird rotes Licht mit größerer Wellenlänge stärker gebeugt als blaues Licht mit kürzerer Wellenlänge. Auf diese Weise wird Licht mit einem Gitter *durch Beugung und Interferenz* in seine *Spektralfarben* zerlegt. Es entstehen **Beugungsspektren**, wobei die Reihenfolge der Farben umgekehrt wie bei Prismenspektren ist (s. 15.2.2).

Die periodische Anordnung der Atome in einem Kristallgitter stellt ein *Raumgitter* dar, an dem Röntgenstrahlen gebeugt werden (Bild 15.16). Diese Erscheinung wurde von MAX VON LAUE 1912 theoretisch vorausgesagt und von WALTER FRIEDRICH und PAUL KNIPPING erstmalig experimentell beobachtet. Dadurch konnte sowohl die Wellennatur der Röntgenstrahlung als auch der Gitteraufbau der Kristalle nachgewiesen werden. Aus der Lage der Beugungsmaxima lässt sich die Kristallstruktur erkennen. **Röntgenbeugung** ist deshalb eine wichtige Methode zur Strukturaufklärung kristalliner Substanzen (s. 16.2.4).

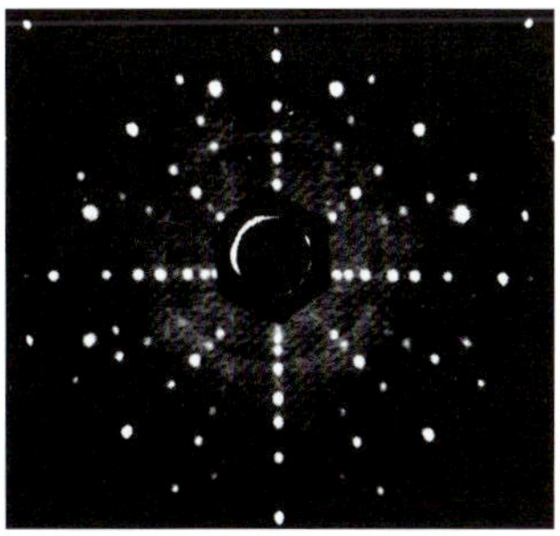

Bild 15.16: LAUE-Diagramm durch Beugung von Röntgenstrahlen an Spinell

15.4 Polarisation

Nach 15.1.1 unterscheidet man *Longitudinal-* und *Transversalwellen. Elektromagnetische Wellen* (s. 15.7), zu denen auch das Licht gehört, sind *Transversalwellen.* Bei mechanischen Transversalwellen schwingen Teilchen senkrecht zur Ausbreitungsrichtung. Bei elektromagnetischen Wellen breiten sich zeitlich periodische elektrische und magnetische Felder, die aufeinander senkrecht stehen, mit Lichtgeschwindigkeit c aus (Bild 15.17). Ist nur eine Schwingungsrichtung der elektrischen Feldstärke E (und damit auch der magnetischen Feldstärke H) vorhanden, spricht man von einer *linear polarisierten* elektromagnetischen Welle.

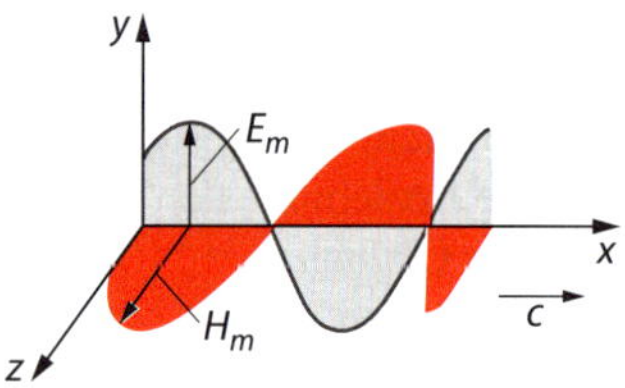

Bild 15.17: Modell einer linear polarisierten Lichtwelle. Periodisch veränderliche elektrische Feldstärke E (in x-y-Ebene), magnetische Feldstärke H (in x-z-Ebene) und Richtung der Ausbreitungsgeschwindigkeit c (x-Achse) stehen senkrecht aufeinander.

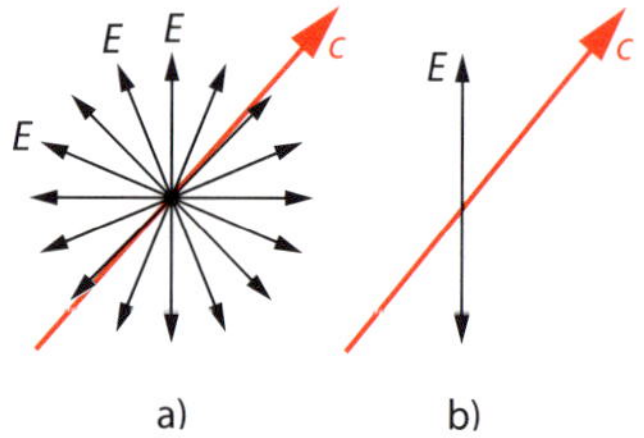

Bild 15.18: Richtungen der elektrischen Feldstärke E bei natürlichem Licht (a) und bei polarisiertem Licht (b)

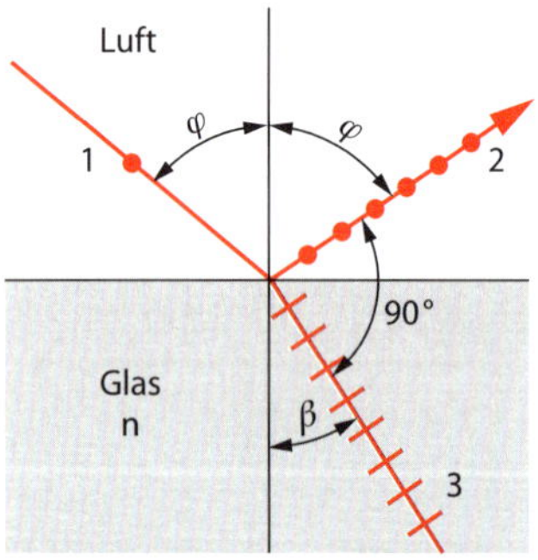

Bild 15.19: Polarisation durch Reflexion und Brechung. Das natürliche Licht (1) trifft mit Polarisationwinkel φ auf die Grenzfläche Luft – Glas. Das reflektierte Licht (2) ist vollständig, das durchgehende (3) ist unvollständig polarisiert. Aus $\beta = 180° - (90° + \alpha) = 90° - \alpha$ und dem Brechungsgesetz folgen $\sin\alpha / \sin\beta = \sin\varphi / \cos\varphi = n$ und daraus das Gesetz von BREWSTER: $\tan\varphi = n$

Das Licht der Sonne und fast aller uns umgebender Lichtquellen hat *keine* ausgewählte Schwingungsrichtung, es ist *nicht* polarisiert und wird *natürliches Licht* genannt. (Bild 15.18). Während man sich leicht vorstellen kann, dass eine nicht polarisierte mechanische Welle nach dem Durchgang durch einen Spalt als linear polarisierte Welle weiterläuft, sind zur Erzeugung von polarisiertem Licht aus natürlichem Licht einige z. T. bereits bekannte physikalische Vorgänge nötig.

Polarisation der Reflexion und Brechung

Fällt Licht unter einem speziellen Polarisationswinkel φ so auf eine Glasplatte, dass die Ausbreitungsrichtungen von *reflektiertem* und *gebrochenem* Lichtstrahl aufeinander senkrecht stehen, ist das *reflektierte* Licht *vollständig* und das *durchgehende* Licht *unvollständig polarisiert.* Der Polarisationswinkel ergibt sich mit der Brechzahl n aus dem Gesetz von BREWSTER (s. auch Bild 15.19):

Bedingung für den Polarisationswinkel (BREWSTERsches Gesetz)

$$\tan\varphi = n \qquad (15.9)$$

Für Glas mit der Brechzahl $n = 1{,}48$ ist $\varphi = 56°$. Der gebrochene Lichtstrahl kann nach Durchgang durch mehrere Glasplatten (Plattensatz) ebenfalls fast vollständig polarisiert werden.

Polarisation durch Doppelbrechung

Polarisiertes Licht entsteht auch durch *Doppelbrechung* bei einigen Kristallen (z. B. Kalkspat Bild 15.20) Die beiden unterschiedlich gebrochenen Strahlen (ordentlicher und außerordentlicher Strahl genannt) sind jeweils vollständig polarisiert.

Ihre Polarisationsrichtungen stehen aufeinander senkrecht. Wird einer dieser Strahlen ausgeblendet, liegt *vollständig linear polarisiertes Licht* vor.

Dichroismus

Eine weitere Möglichkeit zur Erzeugung von polarisiertem Licht ist der *Dichroismus*, der ebenfalls bei einigen Kristallen sowie auch in lichtdurchlässigen Kunststoffen auftritt. Hier wird einer der beiden nach Doppelbrechung des natürlichen Lichtes durchgehenden polarisierten Lichtstrahlen *wesentlich* stärker absorbiert als der andere. So wird bei Turmalin bereits bei einer Dicke von 1 mm der sogenannte *ordentliche* Strahl fast vollständig absorbiert, während der *außerordentliche* Strahl als *polarisiertes Licht* zur Verfügung steht.

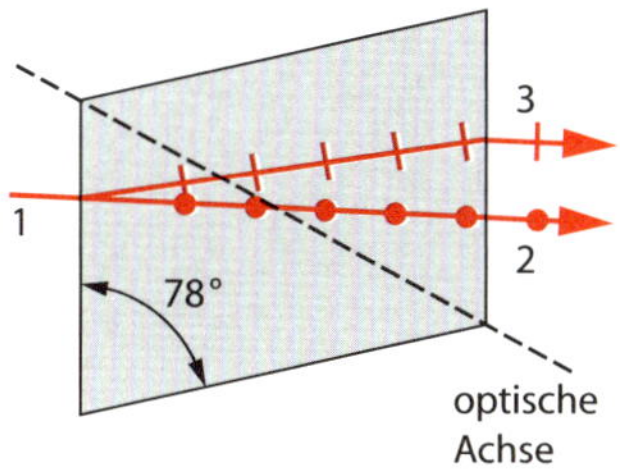

Bild 15.20: Doppelbrechung. Das auf den Kristall senkrecht auftreffende natürliche Licht (1) wird im Kristall in zwei Strahlen gebrochen, den ordentlichen (2) und den außerordentlichen (3). Die Polarisationsrichtungen der beiden Strahlen stehen aufeinander senkrecht.

Auf dieser Grundlage beruhen die heute eingesetzten Polarisationsfilter in Polarisationsapparaten, deren Wirkungsweise im Bild (15.21) erklärt wird. Die beiden Polarisationsfilter (*Polarisator* und *Analysator*) sind Folien oder dünne Glasplättchen, bei denen dichroitische bzw. nadelförmige Kristalle *parallel* zueinander eingelagert oder aufgedampft sind.

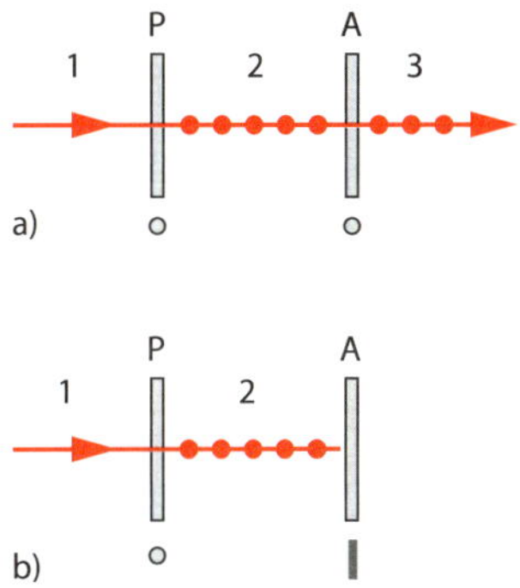

Bild 15.21: Prinzip des Polarisationsapparates.
a) Sind Polarisator P und Analysator A in gleicher Polarisationsrichtung, entsteht aus natürlichem Licht (1) durch P polarisiertes Licht (2), welches durch A hindurchgeht (3); b) Sind die Durchlassrichtungen von P und A aufeinander senkrecht, geht das polarisierte Licht (2) nicht durch A hindurch. Man sagt, die Polarisationsfilter A und P sind gekreuzt.

Anwendungen

Zu zahlreichen Anwendungen des polarisierten Lichtes einige Beispiele:

- Innere Spannungen in Modellen aus Glas oder Kunststoffen werden durch Spannungsdoppelbrechung zwischen gekreuzten Polarisationsfiltern sichtbar und geben Aufschluss für die auftretenden Spannungen im realen Bauteil bzw. Gerät.
- Manche Stoffe haben die Eigenschaft, die Polarisationsebene des sie durchsetzenden linear polarisierten Lichtes zu drehen. Dies wird als *optische Aktivität* bezeichnet. Der zu untersuchende optisch aktive Stoff wird zwischen gekreuzte Polarisatoren gebracht. Es entsteht durch die Drehung der Polarisationsebene hinter dem Analysator Aufhellung. Nun kann u.a. aus dem Drehwinkel des nachgestellten Analysators, der die durch optische Aktivität erzeugte Aufhellung wieder rückgängig macht, auf den Gehalt von gelösten Stoffen (z.B. Zucker) in wässrigen Lösungen geschlossen werden.
- In den Resonatoren der Laser (s. 16.2.2) werden oft sogenannte Brewster-Fenster eingesetzt, um Reflexionsverluste der schon polarisierten Laserstrahlen zu vermeiden.
- Bei Flüssigkristall-Anzeigen haben spezielle organische Moleküle die Eigenschaft, in schwachen elektrischen Feldern die Polarisationsebene von polarisiertem Licht zu drehen. Man erhält ein spannungsgesteuertes Ventil für das Licht, so dass die entsprechenden Bereiche absorbieren oder transparent sind. Zwischen gekreuzten Polarisatoren können in reflektiertem Licht so Zahlen und Buchstaben in LCD-Anzeigen bei Messinstrumenten oder die Bildpunkte (Pixel) bei Flachbildschirmen sichtbar werden.

15.5 Optische Abbildung

Schauen Sie in einen Spiegel oder blicken Sie durch eine Brille, so benutzen Sie **optische Systeme**, mit denen durch Reflexion oder Brechung des Lichtes Gegenstände abgebildet werden. In diesem Sinne ist auch unser Auge ein optisches

System, dessen Linse Bilder der von uns betrachteten Gegenstände auf der Netzhaut entwirft. Wir wollen im Folgenden versuchen, zwei Fragen bezüglich der **Abbildung durch optische Systeme** zu beantworten:

1. Wie lassen sich die durch optische Systeme erzeugten Bilder geometrisch *konstruieren?*
2. Wie können wir *berechnen*, an welchem Ort und in welcher Größe das Bild eines Gegenstandes erscheint?

Dabei beschränken wir uns im Wesentlichen auf einfachste optische Systeme in Form ebener sowie sphärisch gekrümmter Spiegel und dünner Linsen.

15.5.1 Bildkonstruktion

Bei der **Bildkonstruktion** suchen wir die Punkte, welche sich durch Abbildung der entsprechenden Punkte eines Gegenstandes ergeben. Dazu lassen wir von jedem Objektpunkt mindestens zwei **Strahlen** ausgehen und auf ein optisches System treffen. Dort werden die Strahlen reflektiert oder gebrochen. Wo sich die von einem Objektpunkt ausgehenden Strahlen wieder *schneiden*, entsteht der zugehörige *reelle* Bildpunkt. Alle reellen Bildpunkte ergeben insgesamt ein **reelles Bild** des Gegenstandes (Bild 15.22a). Die optische Achse ist dabei eine Bezugsgerade senkrecht durch die Mitte des optischen Systems.

Schneiden sich die reflektierten oder gebrochenen Strahlen *nicht,* sondern laufen sie auseinander, so können wir sie in ihrer *rückwärtigen Verlängerung* miteinander zum Schnitt bringen. Dieser Schnittpunkt stellt einen *virtuellen* Bildpunkt dar. Alle virtuellen Bildpunkte ergeben insgesamt ein **virtuelles Bild** des Gegenstandes (Bild 15.22b). Virtuelle Bilder können Sie zwar sehen, sie lassen sich jedoch im Unterschied zu reellen Bildern nicht auf einem Schirm oder einer Mattscheibe auffangen.

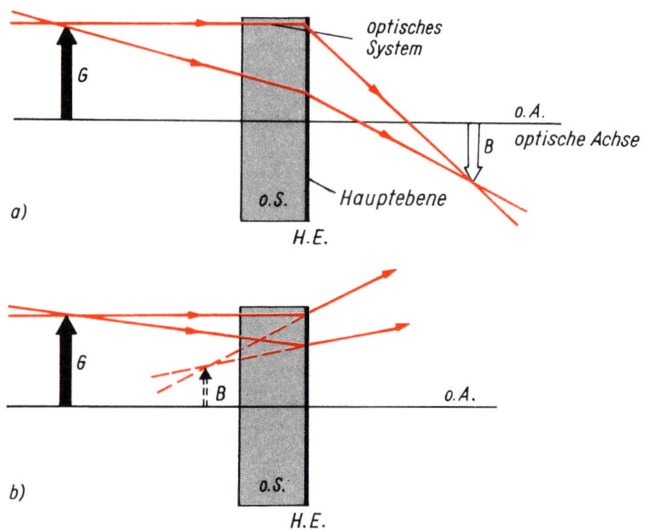

Bild 15.22: Entstehung a) reeller und b) virtueller Bildpunkte durch ein optisches System

Beispiel 15.4

Konstruieren Sie das Bild eines Pfeils bei der Abbildung an einem ebenen Spiegel!

Lösung:
Die Bildkonstruktion ist in Bild 15.23 zu erkennen. Wir können uns auf die Konstruktion des Bildpunktes der Pfeilspitze beschränken, falls der Fußpunkt des Pfeils auf der optischen Achse liegt. Dann ist auch dessen Bildpunkt auf dieser. Sonst verläuft die Konstruktion des Bildes vom Fußpunkt aus genauso wie die von der Pfeilspitze. Zwei von der Pfeilspitze ausgehende Strahlen werden nach dem Reflexionsgesetz (15.3) am Spiegel reflektiert und ergeben in ihrer rückwärtigen Verlängerung den virtuellen Bildpunkt der Pfeilspitze (Bild 15.23). Insgesamt entsteht ein virtuelles, gleich großes und seitenverkehrtes Bild in gleichem Abstand hinter dem Spiegel, wie der Gegenstand vor dem Spiegel liegt.

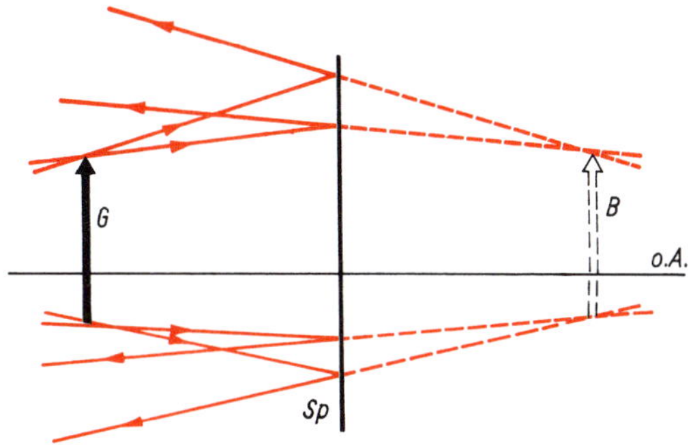

Bild 15.23: Bildentstehung am ebenen Spiegel

15.5.2 Bildentstehung an gekrümmten Spiegeln und Linsen

Wir betrachten als einfachste optische Systeme **Spiegel** und **dünne Linsen**, die durch Kugelflächen begrenzt sind. Bei *Hohlspiegeln* wird das Licht an der *konkaven*, bei *Wölbspiegeln* an der *konvexen* Fläche reflektiert (Bilder 15.24a und b). *Sammellinsen* sind *in der Mitte dicker* als am Rand. *Zerstreuungslinsen* sind dagegen *am Rand dicker* als in der Mitte (Bilder 15.24c und d). Die Brechung der beiden Linsenflächen kann durch eine einmalige Brechung an der Mittelebene als Hauptebene der dünnen Linse ersetzt werden.

Alle **Parallelstrahlen** (Bild 15.24), die nahe der optischen Achse und parallel zu dieser auf das optische System auftreffen, schneiden sich nach der Reflexion oder Brechung in einem Punkt, dem **Brennpunkt** des Systems. Der Abstand des Brennpunktes F vom optischen System ist dessen Brennweite f. Bei Hohlspiegeln und Sammellinsen schneiden sich die Strahlen in einem *reellen* Brennpunkt; die Brennweite ist *positiv.* Bei Wölbspiegeln und Zerstreuungslinsen ergeben die Parallelstrahlen nach Reflexion oder Brechung erst in ihrer rückwärtigen Verlängerung einen Schnittpunkt, den sog. *virtuellen* Brennpunkt; die Brennweite ist *negativ.* Da der Strahlenverlauf prinzipiell umkehrbar ist, verlaufen durch den Brennpunkt einfallende **Brennpunktstrahlen** nach dem Passieren des optischen Systems parallel zur optischen Achse.

Der Betrag der **Brennweite** sphärisch gekrümmter *Spiegel* ist gleich dem halben Krümmungsradius:

$$f = \frac{r}{2} \tag{15.10}$$

Brennweite von Spiegeln

Die **Brennweite** f einer *Linse* hängt von der Brechzahl n des Linsenmaterials und den Krümmungsradien r_1 und r_2 der beiden begrenzenden Kugelflächen ab, wobei

Reziproke Brennweite

Krümmungsradien konkav gekrümmter Flächen negativ sind. Für dünne Linsen gilt

$$\frac{1}{f} = (n-1) = \left(\frac{1}{r_1} + \frac{1}{r_2}\right) \qquad (15.11)$$

$$\left[\frac{1}{f}\right] = \mathrm{m}^{-1} = \mathrm{dpt} \quad \text{(Dioptrie)}$$

Der Kehrwert der Brennweite $1/f$ wird vom Optiker als Brechwert der Linse bezeichnet und in Dioptrien (dpt) angegeben.

In Bild 15.24 sind außer Parallel- und Brennpunktstrahlen noch **Mittelpunktstrahlen** eingezeichnet. Das sind Strahlen durch den Krümmungsmittelpunkt der sphärischen Spiegel oder durch den Mittelpunkt der Linsen. Sie werden an Spiegeln in sich reflektiert oder gehen ungebrochen durch Linsen hindurch, so dass sie nach Passieren des optischen Systems wiederum Mittelpunktstrahlen sind.

Damit stehen für die Bildkonstruktion drei Arten von Strahlen als **Hauptstrahlen** zur Verfügung:

Parallelstrahlen werden Brennpunktstrahlen. Brennpunktstrahlen werden Parallelstrahlen. Mittelpunktstrahlen bleiben Mittelpunktstrahlen.

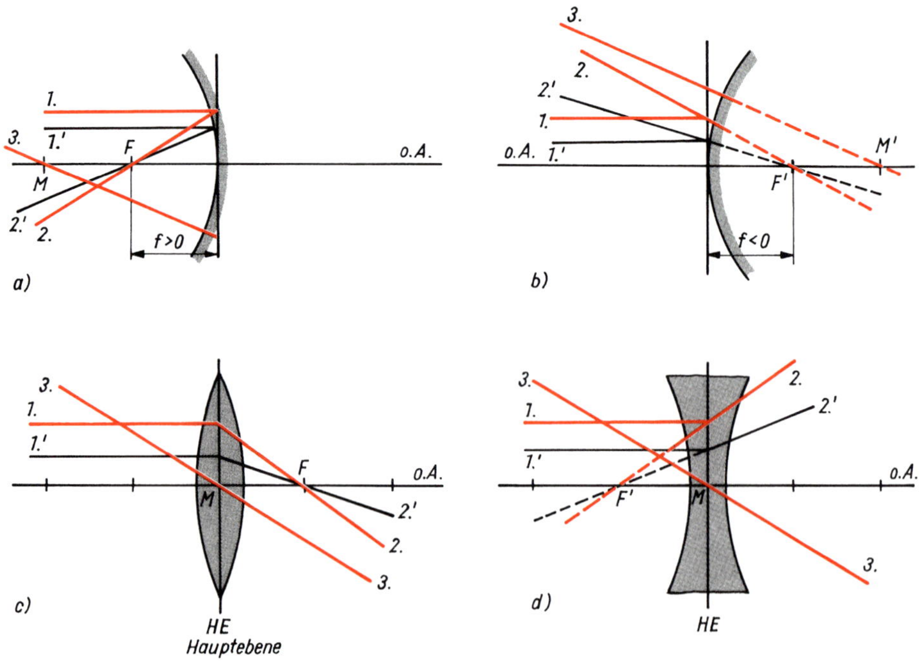

Bild 15.24: Verlauf von Parallelstrahl, Brennpunktstrahl und Mittelpunktstrahl an a) Hohlspiegel; b) Wölbspiegel; c) Sammellinse; d) Zerstreuungslinse Hauptstrahlen: 1, 1′ Parallelstrahl; 2, 2′ Brennpunktstrahl; 3 Mittelpunktstrahl

Beispiel 15.5

Konstruieren Sie das Bild eines Pfeils bei Abbildung durch a) Hohlspiegel, b) Wölbspiegel, c) Sammellinse und d) Zerstreuungslinse! Der Pfeil als Gegenstand befinde sich zwischen einfacher und doppelter Brennweite.

Lösung:
Wir lassen jeweils von der Pfeilspitze einen Parallelstrahl und einen Mittelpunktstrahl ausgehen, die sich nach dem optischen System als Brennpunktstrahl und Mittelpunktstrahl im gesuchten Bildpunkt schneiden (Bild 15.25).

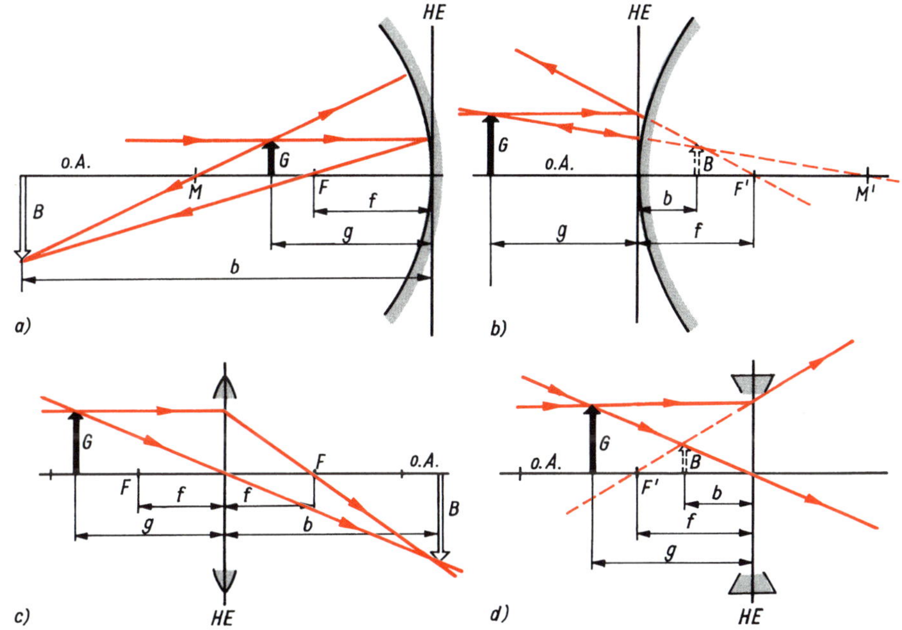

Bild 15.25: Bildkonstruktion an
a) Hohlspiegel; b) Wölbspiegel; c) Sammellinse; d) Zerstreuungslinse

15.5.3 Abbildungsgleichung und Abbildungsmaßstab

Charakteristische geometrische Abmessungen für die Abbildung durch ein optisches System sind neben der **Brennweite** f des Systems die **Gegenstandsweite** g und die **Bildweite** b als Abstand von Gegenstand und Bild vom optischen System sowie die **Gegenstandsgröße** G und die **Bildgröße** B. Aus den geometrischen Verhältnissen bei der Bildkonstruktion (Bild 15.25) lassen sich nach dem Strahlensatz für achsnahe Strahlen zwei Beziehungen zwischen diesen fünf Größen ableiten:

$$\frac{1}{f} = \frac{1}{g} + \frac{1}{b} \qquad (15.12) \quad \text{Abbildungsgleichung}$$

$$\beta = \frac{B}{G} = \frac{b}{g} \qquad (15.13) \quad \text{Abbildungsmaßstab}$$

Reelle Größen sind *positiv*, *virtuelle* Größen *negativ* einzusetzen.

Beispiel 15.6

Berechnen Sie Bildweite und Bildgröße für die Abbildungen nach Beispiel 15.5! Der Betrag der Brennweite aller 4 Systeme sei 5,0 cm, die Gegenstandsweite 8,0 cm und die Gegenstandsgröße 1,0 cm.

Lösung:
Abbildungsgleichung (15.12) und Abbildungsmaßstab (15.13) ergeben $b = (1/f - 1/g)^{-1}$ und $B = Gb/g$. An a) Hohlspiegel und c) Sammellinse ist mit $f = +5{,}0$ cm die Bildweite $b = +13{,}3$ cm und die Bildgröße $B = +1{,}7$ cm. Die Bilder sind reell, umgekehrt und vergrößert (Bilder 15.25a und c). An b) Wölbspiegel und d) Zerstreuungslinse sind mit der Brennweite $f = -5{,}0$ cm die Bildweite $b = -3{,}1$ cm und die Bildgröße $B = -0{,}38$ cm. Die Bilder sind virtuell, aufrecht und verkleinert (Bild 15.25b und d). (Die Bilder 15.25a bis d sind zur besseren Übersicht nicht maßstabsgerecht zu den Werten von Beispiel 15.6 gezeichnet.)

An Wölbspiegeln und Zerstreuungslinsen entstehen unabhängig von der Gegenstandsweite stets virtuelle, aufrechte und verkleinerte Bilder. Anders ist es an Hohlspiegeln und Sammellinsen. Lassen wir einen Gegenstand aus dem Unendlichen kommend sich Hohlspiegel oder Sammellinse nähern, so wandert ein reelles, umgekehrtes und verkleinertes Bild vom Brennpunkt weg, wobei es zunehmend größer wird. Erreicht der Gegenstand die doppelte Brennweite, so ist das Bild genau so groß wie der Gegenstand und befindet sich im gleichen Abstand zum optischen System wie der Gegenstand. Nähert sich der Gegenstand weiter dem optischen System, so wird das reelle, umgekehrte Bild immer größer und wandert bis ins Unendliche, wenn die Gegenstandsweite gleich der Brennweite ist. Wird die Gegenstandsweite kleiner als die Brennweite, entstehen virtuelle, aufrechte und vergrößerte Bilder, die aus dem negativ Unendlichen kommend sich von der entgegengesetzten Seite her dem optischen System nähern, wobei sie zunehmend kleiner werden. Sie können das mit einem Rasierspiegel oder einer Lupe ausprobieren (Bild 15.26).

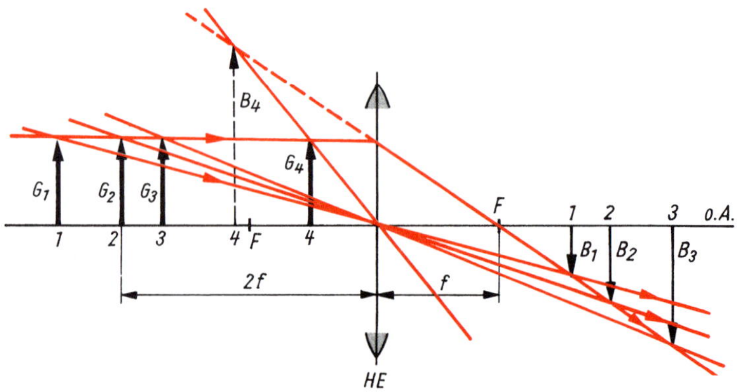

Bild 15.26: Bilder durch eine Sammellinse bei unterschiedlichen Gegenstandsweiten

15.5.4 Vergrößerung durch Fernrohr und Mikroskop

Zwei verschieden große Gegenstände erscheinen uns gleich groß, wenn wir sie in unterschiedlichen Abständen unter gleichem **Sehwinkel** erblicken (Bild 15.27). Wir sehen sowohl große Gegenstände, die weit von uns entfernt sind, als auch sehr

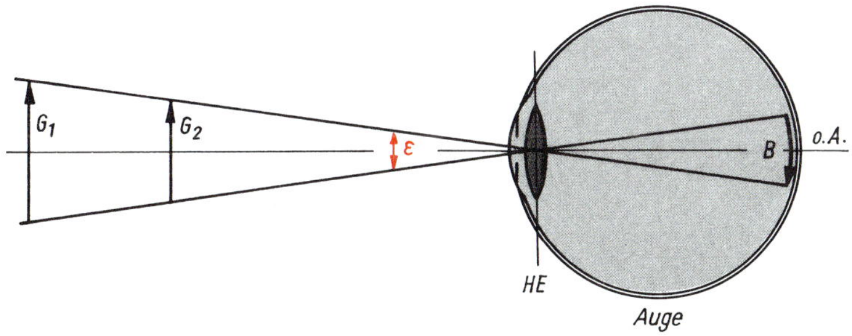

Bild 15.27: Sehwinkel

kleine Objekte, die sich in deutlicher Sehweite befinden, ähnlich klein, weil in beiden Fällen die Sehwinkel sehr klein sind. Deshalb benutzen wir einerseits Fernrohre, um weit entfernte Gegenstände, andererseits Mikroskope, um sehr kleine Objekte unter vergrößerten Sehwinkeln beobachten zu können. Die **Vergrößerung** V eines optischen Instrumentes ist der Quotient von Sehwinkel ε mit und ε_o ohne Instrument:

$$V = \frac{\varepsilon}{\varepsilon_o} \qquad (15.14)$$

Vergrößerung

Verwechseln Sie die Vergrößerung V eines optischen Instrumentes nicht mit dem Abbildungsmaßstab $\beta = B/G$!

Fernrohre und **Mikroskope** haben im Allgemeinen zwei Linsen oder Linsensysteme, das *Objektiv* und das *Okular.* Das Objektiv entwirft ein Zwischenbild, welches durch das Okular betrachtet wird.

Beim Fernrohr befinden sich die Objekte in sehr großer Entfernung vor dem langbrennweitigen Objektiv (Bild 15.28). Die **Vergrößerung eines Fernrohrs** ist gleich dem Quotienten aus den Brennweiten von Objektiv und Okular:

$$V_F = \frac{f_{obj}}{f_{ok}} \qquad (15.15)$$

Fernrohrvergrößerung

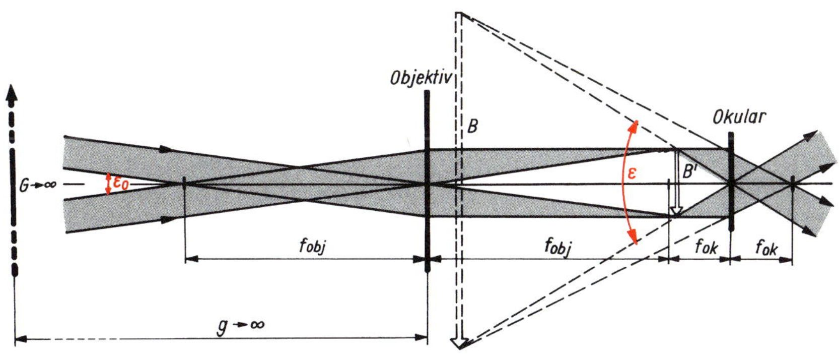

Bild 15.28: Vergrößerung des Sehwinkels durch ein Fernrohr

Mikroskopvergrößerung

Beim Mikroskop befinden sich die Objekte in einem Abstand vor dem kurzbrennweitigen Objektiv, der nur wenig größer als die Objektivbrennweite ist (Bild 15.29). Die **Vergrößerung eines Mikroskops** ist:

$$V_M = \frac{st}{f_{obj} f_{ok}} \tag{15.16}$$

Dabei ist s die deutliche Sehweite von 25 cm und t die optische Tubuslänge, die den Abstand der inneren Brennpunkte von Objektiv und Okular darstellt und meist 160 mm beträgt.

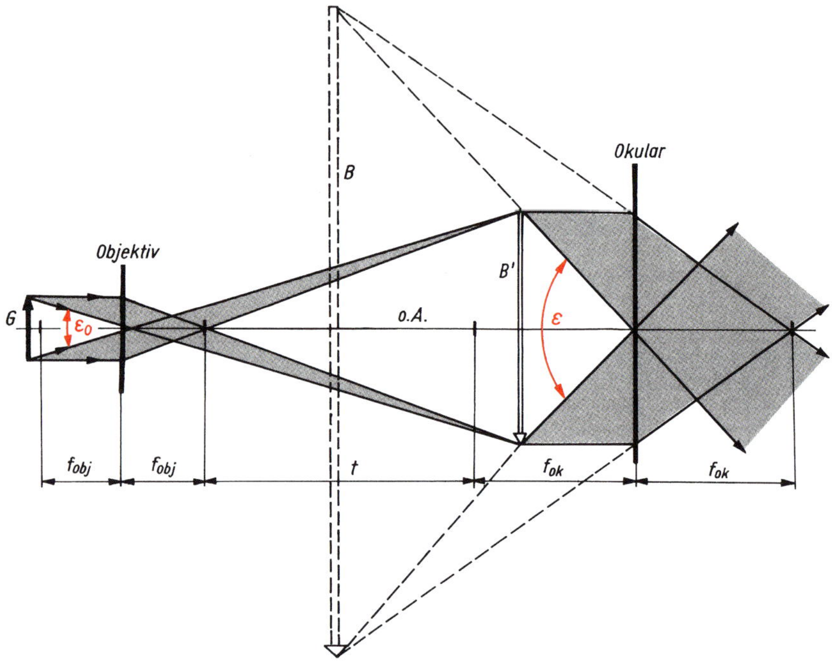

Bild 15.29: Vergrößerung des Sehwinkels durch ein Mikroskop

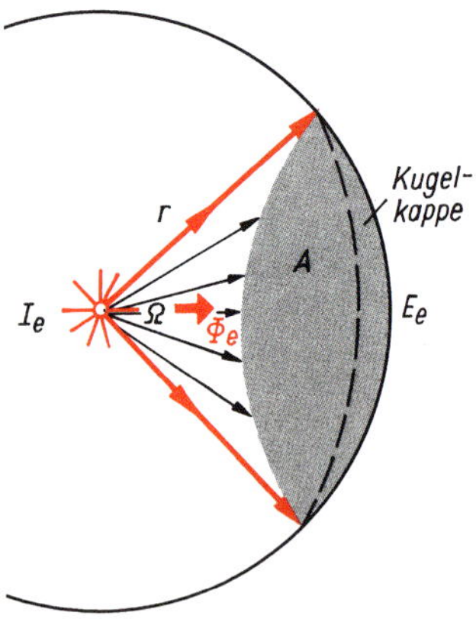

Bild 15.30: Zusammenhang zwischen Strahlstärke, Strahlungsfluss und Bestrahlungsstärke

15.6 Energieübertragung durch Wellen

15.6.1 Physikalische Strahlungsgrößen

Mit einer sich ausbreitenden Welle wird Energie transportiert, die von einer Quelle abgestrahlt wird. Bild 15.30 zeigt dies schematisch für den Fall einer punktförmigen Strahlungsquelle. Die *Strahlungsleistung* der Quelle liefert einen *Energiestrom*, der als **Strahlungsfluss** bezeichnet wird. Der Strahlungsfluss Φ_e ist der Quotient aus der mit der Welle in den Raum transportierten Energie ΔE und der zugehörigen Zeitspanne Δt:

$$\Phi_e = \frac{\Delta E}{\Delta t} \tag{15.17}$$

$$[\Phi_e] = \mathrm{J \cdot s^{-1} = W}$$

Die **Strahlstärke** I_e der Quelle ist durch den Strahlungsfluss gekennzeichnet, der in einen Raumwinkel Ω abgestrahlt wird:

Strahlstärke

$$I_e = \frac{\Phi_e}{\Omega} \tag{15.18}$$

$$[I_e] = \mathrm{W \cdot sr^{-1}}$$

Während der ebene Winkel φ als Quotient aus der Bogenlänge und dem Radius des zugehörigen Kreisbogens bestimmt wird (s. 2.1.2.2, Gl. (2.35)), ist der **Raumwinkel** Ω der Quotient von der durch einen Kegel aus einer Kugelfläche herausgeschnittenen Fläche A und dem Quadrat des Kugelradius r (Bild 15.30):

Raumwinkel

$$\Omega = \frac{A}{r^2} \tag{15.19}$$

$$[\Omega] = \frac{\mathrm{m^2}}{\mathrm{m^2}} = 1 = \mathrm{sr}$$

Der Raumwinkel einer Vollkugel ist demzufolge $4\pi\, r^2/r^2 = 4\pi$. Soll betont werden, dass es sich bei einer Zahlenangabe um einen Raumwinkel handelt, verwendet man die Einheit „Steradiant" (sr).

Der senkrecht auf eine Empfängerfläche A treffende Strahlungsfluss Φ_e ruft dort die **Bestrahlungsstärke** E_e hervor:

Bestrahlungsstärke

$$E_e = \frac{\Phi_e}{A} \tag{15.20}$$

$$[E_e] = \mathrm{W \cdot m^{-2}}$$

Wie Bild 15.31 erkennen lässt, verteilt sich der gleiche Strahlungsfluss in doppelter Entfernung von der Strahlenquelle auf eine 4mal so große Fläche. Deshalb ist die Bestrahlungsstärke durch eine punktförmige Quelle der Strahlstärke I_e dem Quadrat des Abstandes r zwischen Quelle und Empfänger umgekehrt proportional:

Quadratisches Abstandsgesetz

$$E_e = \frac{\Phi_e}{A} = \frac{\Phi_e}{\Omega r^2} = \frac{I_e}{r^2} \tag{15.21}$$

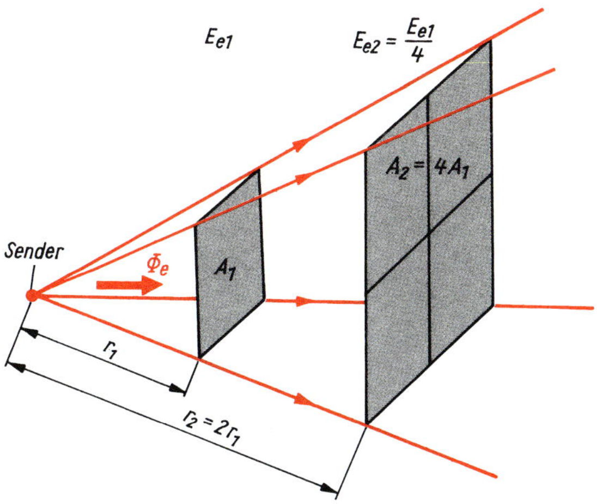

Bild 15.31: Zum quadratischen Abstandsgesetz

Zum Vergleich zweier Leistungen P und P_0, auch in Form zweier Strahlungsflüsse oder Bestrahlungsstärken, deren Größenordnungen sich häufig um viele Zehnerpotenzen unterscheiden, verwendet man zweckmäßigerweise logarithmische Pegelmaße in Dezibel (dB):

Leistungspegel

$$L_P = 10 \lg \frac{P}{P_0} \text{ dB} \qquad (15.22)$$

Davon wird im folgenden Abschnitt Gebrauch gemacht.

15.6.2 Physiologische Schall- und Lichtempfindungen

Das menschliche Ohr kann *Schallwellen* im Frequenzbereich von 16 Hz bis 20 kHz wahrnehmen. Elektromagnetische Wellen in einem Wellenlängenbereich von 380 nm bis 780 nm werden vom Auge als *Licht* empfunden. Die **Stärke der Schall- und Lichtempfindungen** ist von Frequenz bzw. Wellenlänge der Strahlung abhängig. Die Empfindungsstärke kann deshalb *nicht* durch die von den Sinnesorganen empfangene Bestrahlungsstärke *physikalisch* gemessen, sondern muss *physiologisch* durch die Wirkung der Strahlung auf unsere Sinne beurteilt werden.

Physikalisch gleiche Bestrahlungsstärken, hervorgerufen durch Strahlungen verschiedener Frequenzen bzw. Wellenlängen, werden entsprechend der spektralen Empfindlichkeit von Ohr und Auge unterschiedlich stark empfunden. Wir beurteilen deshalb die Empfindungsstärke durch Vergleich der Strahlung einer Quelle mit derjenigen einer Normalquelle vereinbarter Frequenz. Diese Normalfrequenzen sind für Schallwellen 1000 Hz, andererseits für Lichtwellen 540 THz (entsprechend einer Wellenlänge von 555 nm).

15.6.2.1 Schallstärke und Lautstärke

Die auf eine Empfängerfläche treffende **Schallstärke** oder Schallintensität J in $\text{W} \cdot \text{m}^{-2}$ ist physikalisches Maß für die Bestrahlungsstärke durch Schallwellen. Der zugehörige absolute **Schallintensitätspegel** ist

Schallintensitätspegel

$$L_J = 10 \lg \frac{J}{J_0} \text{ dB} \qquad (15.23)$$

Er wird auf eine Schallintensität $J_0 = 10^{-12}\ \text{W} \cdot \text{m}^{-2}$ bezogen.

Das physiologische Maß für die Stärke der Schallempfindung ist der **Lautstärkepegel** L_N. Er kann ermittelt werden, indem die zu beurteilende Lautstärke einer Schallquelle mit beliebigen Frequenzen mit derjenigen einer Normalschallquelle von 1000 Hz verglichen wird. Rufen beide Schallquellen gleich starke Schallempfindungen hervor, so ist der zu beurteilende Lautstärkepegel gleich dem durch die Normalschallquelle hervorgerufenen Schallintensitätspegel. Der so ermittelte Lautstärkepegel wird dann im Unterschied zum Schallintensitätspegel nicht in Dezibel, sondern in Phon angegeben. Bild 15.32 zeigt Kurven gleichen Lautstärkepegels in Abhängigkeit von Frequenz und Schallintensitätspegel. Lautstärkepegel und Schallintensitätspegel stimmen entsprechend der vereinbarten Normalfrequenz nur bei 1000 Hz überein. Die Hörschwelle von 0 phon entspricht bei 1000 Hz einer Schallintensität von $10^{-12}\ \text{W} \cdot \text{m}^{-2}$; 120 phon ist die Schmerzgrenze und entspricht bei 1000 Hz einer Schallintensität von $1\ \text{W} \cdot \text{m}^{-2}$.

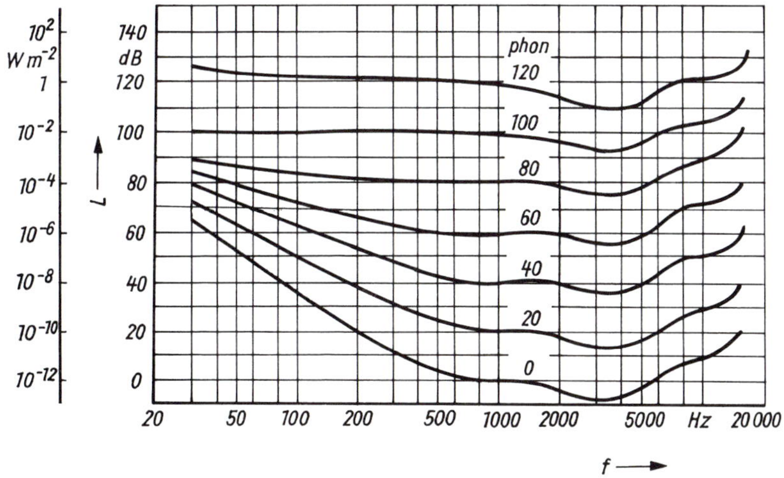

Bild 15.32: Kurven gleicher Lautstärke

In *Lautstärkepegelmessgeräten* aus Mikrofon, Verstärker und Anzeigeinstrument (Bild 15.33) wird die objektiv empfangene Schallintensität durch elektrische Filter nach ihrer Frequenz unterschiedlich bewertet. Dafür sind international Frequenzbewertungskurven festgelegt. Ein nach der Frequenzbewertungskurve A gemessener Lautstärkepegel wird in dB(A) angegeben und stimmt bei nicht zu hohen Pegelwerten mit dem subjektiv empfundenen Lautstärkepegel in Phon überein.

Bild 15.33: Präzisions-Schallpegelmesser bei der Erfassung von Verkehrslärm

Beispiel 15.7

Welchen Lautstärkepegel ergeben 10 gleiche Schallquellen, die einzeln einen Lautstärkepegel L_1 hervorrufen?

Lösung:

$$L_{10} = 10 \lg \frac{10\,J}{J_0} \text{ phon}$$
$$= 10 \lg \frac{J}{J_0} \text{ phon} + 10 \lg 10 \text{ phon}$$
$$= L_1 + 10 \text{ phon}$$

Der Lautstärkepegel wächst unabhängig von L_1 um 10 phon. Zehn Taschenuhren von je 10 phon ticken demzufolge mit 20 phon doppelt so laut. Dagegen ergeben 10 Motorräder von je 90 phon mit 100 phon nur einen um rund 10 % höheren Lautstärkepegel.

15.6.2.2 Lichttechnische Größen

Zur *physiologischen* Beurteilung der Lichtempfindungen werden die *physikalischen Größen*

Strahlstärke I_e, Strahlungsfluss Φ_e, Bestrahlungsstärke E_e

durch die **lichttechnischen Größen**

Lichtstärke I, **Lichtstrom** Φ, **Beleuchtungsstärke** E

ersetzt. Zwischen diesen lichttechnischen Größen (jetzt ohne den Index e geschrieben) gelten dieselben Gleichungen (15.17) bis (15.21) wie zwischen den entsprechenden Strahlungsgrößen (s. 15.6.1). Anstelle der Einheiten der Strahlungsgrößen treten aber entsprechende physiologisch bedingte Einheiten für lichttechnische Größen.

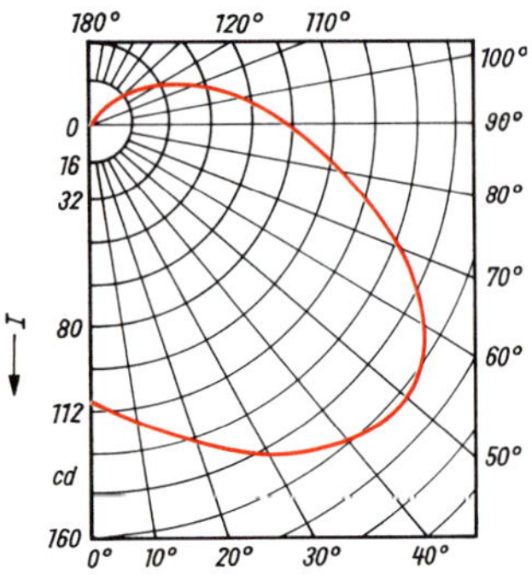

Bild 15.34: Lichtstärkeverteilungskurve einer Quecksilberdampf-Hochdrucklampe mit Innenreflektor

Als **Einheit der Lichtstärke** dient die Basiseinheit **Candela**:

$$[I] = \text{cd} \quad (\text{Candela}) \tag{15.24}$$

Eine Lichtquelle strahlt mit einer Lichtstärke von 1 cd Licht beliebiger spektraler Zusammensetzung in eine bestimmte Richtung, wenn sie die gleiche Lichtstärke wie eine Normallichtquelle von 540 THz hat, deren Strahlstärke in dieser Richtung (1/683) $\text{W} \cdot \text{sr}^{-1}$ beträgt. Die unterschiedlichen Lichtstärken technischer Lichtquellen in verschiedenen Richtungen des Raumes werden durch **Lichtstärkeverteilungskurven** dargestellt (Bild 15.34).

Der Anteil $\Delta\Phi$ des Lichtstromes, der durch die Lichtstärke I in einen Raumwinkel $\Delta\Omega$ bestimmter Richtung hervorgerufen wird, ergibt sich nach Gl. (15.18) zu

Lichtstrom

$$\Delta\Phi = I\Delta\Omega \tag{15.25}$$

$$[\Phi] = \text{cd} \cdot \text{sr} = \text{lm} \quad (\text{Lumen})$$

Um den *gesamten* **Lichtstrom** Φ zu erhalten, der von einer Lichtquelle ausgeht, müssen wir die einzelnen Anteile $\Delta\Phi$ unter Berücksichtigung der räumlichen Lichtstärkeverteilung summieren. Nur bei in allen Richtungen gleicher Lichtstärke erhält man einfach $\Phi = 4\pi I$.

Wichtig für die Beurteilung elektrischer Lichtquellen ist die **Lichtausbeute** η als Verhältnis des ausgestrahlten Lichtstromes zur dafür aufgewendeten elektrischen Leistung P_{el}:

Lichtausbeute

$$\eta = \frac{\Phi}{P_{el}} \tag{15.26}$$

$$[\eta] = \text{lm} \cdot \text{W}^{-1}$$

Tabelle 15.2: Lichtausbeute typischer Lichtquellen (Richtwerte)

Lampe	η in $\text{lm} \cdot \text{W}^{-1}$
Halogen- und Glühlampen	10 … 25
Hg-Hochdruck	25 … 60
Fluoreszenzlampen	30 … 60
LED	bis 100
Metall-Halogenid	60 … 120
Na-Hochdruck	60 … 130
Na-Niederdruck	60 … 200

So ist z. B. die Lichtausbeute von Leuchtstofflampen mit bis 100 $\text{lm} \cdot \text{W}^{-1}$ mindestens 5mal so groß wie von Glühlampen.

Trifft der Lichtstrom $\Delta\Phi$ senkrecht auf eine Empfängerfläche ΔA, so ruft er dort die **Beleuchtungsstärke** E hervor:

$$E = \frac{\Delta\Phi}{\Delta A} \tag{15.27}$$

$$[E] = \text{lm} \cdot \text{m}^{-2} = \text{lx} \quad (\text{Lux})$$

Bei schrägem Lichteinfall unter dem Einfallswinkel α verteilt sich der gleiche Lichtstrom auf eine größere Fläche. Dadurch sinkt die Beleuchtungsstärke. Es wird praktisch nur ein Lichtstrom $\Delta\Phi \cos\alpha$ wirksam (Bild 15.35).

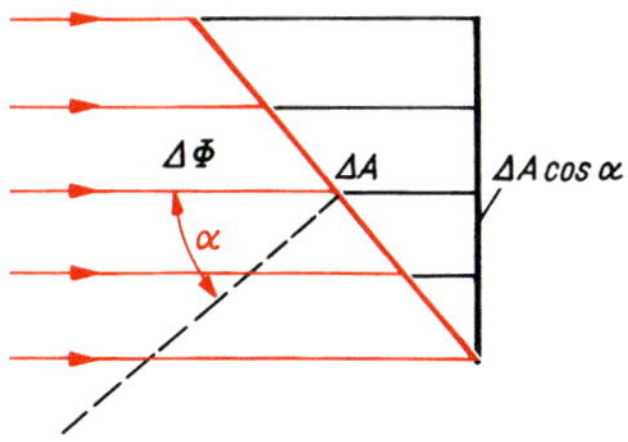

Bild 15.35: Beleuchtung bei schrägem Lichteinfall

Die Beleuchtungstechnik hat die Aufgabe, neben guter Allgemeinbeleuchtung genügend hohe Beleuchtungsstärken an Arbeitsplätzen zu schaffen. So sind z. B. schon für grobe Montagearbeiten Beleuchtungsstärken von mindestens 300 lx erforderlich.

Für praktische Berechnungen ist eine zugeschnittene Größengleichung nützlich:

$$\frac{E_\alpha}{\text{lx}} = \frac{\frac{I}{\text{cd}} \cos\alpha}{\left(\frac{r}{\text{m}}\right)^2} \qquad (15.28)$$

E_α ist die Beleuchtungsstärke auf einer Fläche, deren Flächennormale mit der auftreffenden Lichtstärke I den Winkel α bildet, r ist der Abstand zwischen der punktförmig gedachten Lichtquelle und der Empfängerfläche.

Beleuchtungsstärken lassen sich sowohl *visuell vergleichen* als auch *objektiv messen.* Die Messungen erfolgen ähnlich, wie Sie es vom elektrischen Belichtungsmesser beim Fotografieren her kennen. Der auf einen optoelektronischen Empfänger (Fotoelement, Fotodiode, Fototransistor) auftreffende Lichtstrom bewirkt entsprechende elektrische Spannungen bzw. Ströme, die zur Anzeige gebracht werden. Die unterschiedliche spektrale Empfindlichkeit von Empfänger und Auge wird durch entsprechend kalibrierte Skalen oder Filter berücksichtigt.

Beispiel 15.8

Wie groß muss die Lichtstärke einer Lampe sein, um ein Zeichenbrett aus 2 m Entfernung hinreichend mit 300 lx zu beleuchten?

Lösung:
Nach Gl. (15.21) ist $I = Er^2 = 300\ \text{lx} \cdot (2\ \text{m})^2 = 1200\ \text{cd}$. Verringert man den Abstand auf 1 m, reichen bereits 300 cd. Fällt das Licht bei 1 m Abstand schräg von oben unter einem Winkel von 41° ein, sind $I = Er^2/\cos\alpha = 400\ \text{cd}$ erforderlich (Gl. 15.27).

Obwohl heute die unterschiedlichsten Lampentypen auf dem Markt sind, wird Licht prinzipiell nur auf drei Arten erzeugt:

1. Durch Strahlungsemission eines festen Stoffes im thermischen Gleichgewicht (z. B. Glühfaden der herkömmlichen Glühlampen) (s. 9.3).
2. Durch Stoßanregungen (s. Gasentladungen) von Atomen, Ionen oder auch Molekülen in der Gasphase (z. B. Leuchtstofflampen, Energiesparlampen) (s. 11.3.4).
3. Durch Rekombination (Wiedervereinigung) von negativen und positiven Ladungsträgern in Festkörpern (z. B. Lichtemitterdioden (LED)) (s. 13.3).

Weltweit werden zur Lichterzeugung ca. 20 % der Energieproduktion benötigt. Durch Einsatz von Gasentladungslampen und energieeffizienten LED könnten davon bis 70 % eingespart werden.

Ziel von Forschungseinrichtungen und Industrie ist es, energiesparende Lampen mit einer Lichtausbeute von mehr als 100 lm/W zu erreichen. Theoretisch sind bis 300 lm/W möglich.

15.7 Elektromagnetische Strahlung

Die Frequenzen mit den zugehörigen Wellenlängen elektromagnetischer Strahlung erstrecken sich über viele Zehnerpotenzen. Das Spektrum ist auf Bild 15.36 in logarithmischen Maßstab dargestellt. Ihre Erzeugung oder Entstehung, ihre Eigenschaften und die daraus erwachsenden Anwendungen hängen stark von der Frequenz ab. Trotzdem können wir einzelne Bereiche mit ähnlichen Eigenschaften unterscheiden, die allerdings nicht scharf zu trennen sind, sondern fließend ineinander übergehen. Dies gilt auch für die Angaben in Tabelle 15.3.

Tabelle 15.3: Wellenlängen elektromagnetischer Strahlung

Bezeichnung	λ
Funkwellen	
lang	1 … 10 km
mittel	100 … 1000 m
kurz	10 … 100 m
ultrakurz	1 … 10 m
Fernsehen	0,1 … 1 m
Mikrowellen	0,1 … 10 cm
Ultrarot	
IR-C	3,0 … 1000 μm
IR-B	1,4 … 3,0 μm
IR-C	0,8 … 1,4 μm
Licht	
rot	650 … 780 nm
gelb	570 … 650 nm
grün	490 … 570 nm
blau	420 … 490 nm
violett	380 … 420 nm
Ultraviolett	
UV-A	315 … 380 nm
UV-B	280 … 315 nm
UV-C	100 … 280 nm
Röntgenstrahlen	0,006 … 38 nm
Gammastrahlen	< 0,1 nm

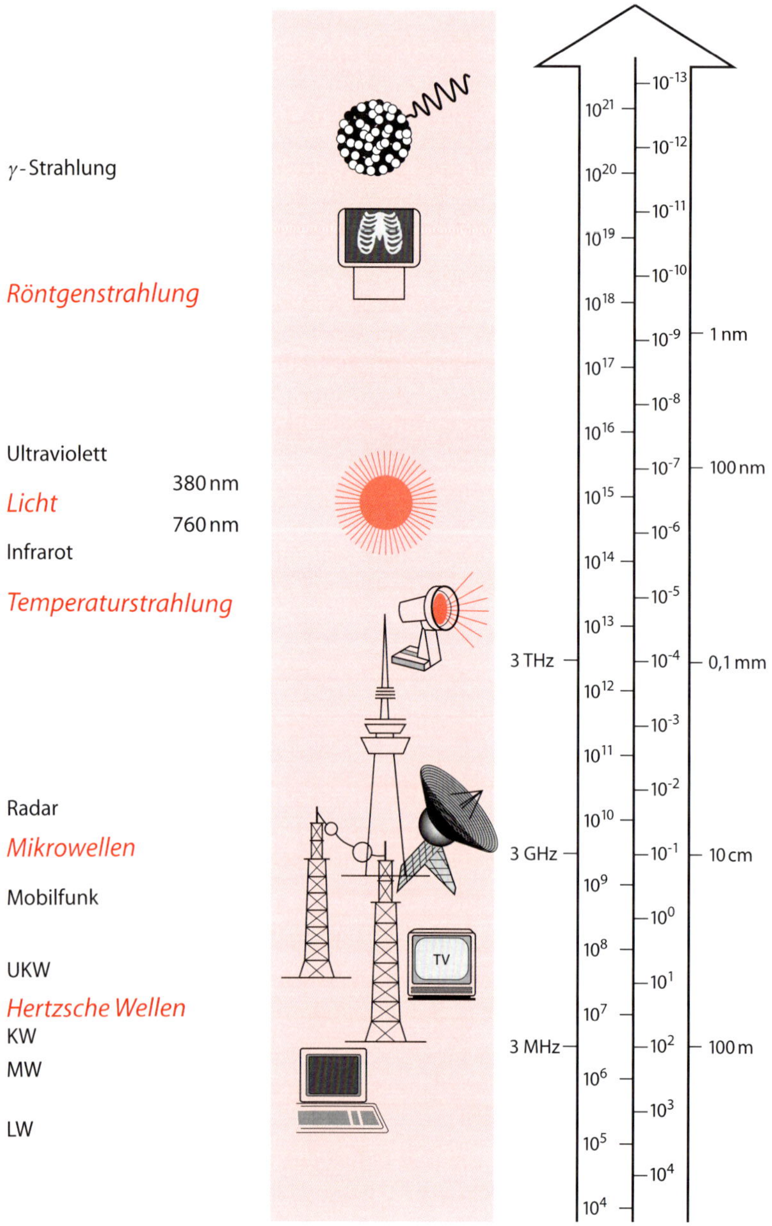

Bild 15.36: Elektromagnetisches Spektrum

Im Einzelnen finden Sie Ausführungen dazu in verschiedenen Kapiteln des Buches:

- HERTZsche Wellen in 15.7.1
- Mikrowellen in 15.7.2
- Temperaturstrahlung in 9.3
- Licht als Wellen über Reflexion und Brechung in 15.2, Beugung und Interferenz in 15.3 sowie Polarisation in 15.4.2
- Licht als Photonen in 16.2.1, 16.2.2 und als Laser in 16.2.3
- Röntgenstrahlung in 16.2.4
- γ-Strahlung in 16.3.2

15.7.1 HERTZsche Wellen

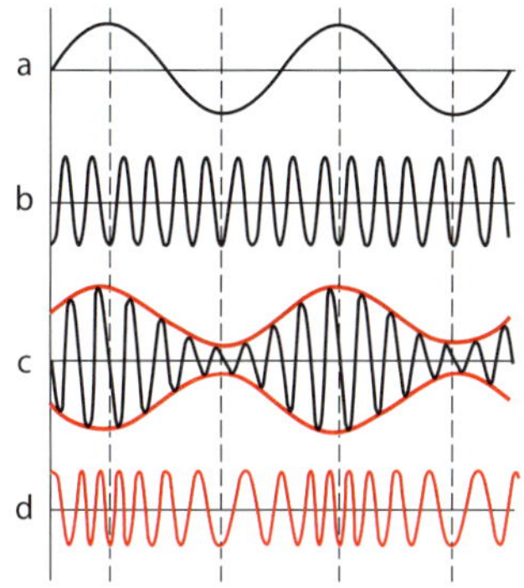

Bild 15.37: Modulation
a) Tonfrequenz;
b) Trägerfrequenz;
c) Amplitudenmodulation (AM);
d) Frequenzmodulation (FM)

Elektromagnetische Wellen, wie sie für Hörfunk, Fernsehen und Mobilfunk über Antennen abgestrahlt werden, heißen auch HERTZsche Wellen. HEINRICH HERTZ hatte erstmalig mit einem Funkensender eine Dipolantenne zu elektrischen Schwingungen angeregt. Dadurch bilden sich im Nahbereich des Dipols elektromagnetische Felder, die sich ablösen und als elektromagnetische Wellen mit Lichtgeschwindigkeit ausbreiten. Dabei schwingen elektrischer und magnetischer Feldvektor gleicher Phase in zwei zueinander senkrechten Schwingungsebenen quer zur Ausbreitungsrichtung.

Antennen zur Sendung elektromagnetische Wellen werden natürlich heute nicht mehr durch Funken angeregt, die höchstens den Empfang stören können. Nur sprachlich hat sich „Funk" und „funken" noch erhalten. Moderne Sender arbeiten elektronisch mit Schaltungen aus Schwingkreisen, Rückkopplungen, Modulatoren und Verstärkern. Sie senden mit einer für den jeweiligen Sender charakteristische Trägerfrequenzen.

Eine sinusförmige Welle trägt aber keinerlei Informationen. Diese müssen ihr durch Modulation aufgeprägt werden. Am Radio findet man für den Mittelwellenbereich die Bezeichnung **AM**. Das bedeutet Amplitudenmodulation, bei der die Amplitude der hochfrequenten Trägerfrequenz im Takt der Tonfrequenz schwankt. Die Bezeichnung **FM** für den UKW-Bereich steht für Frequenzmodulation. Hier wird die Trägerfrequenz im Takte der Tonfrequenz variiert (Bild 15.37).

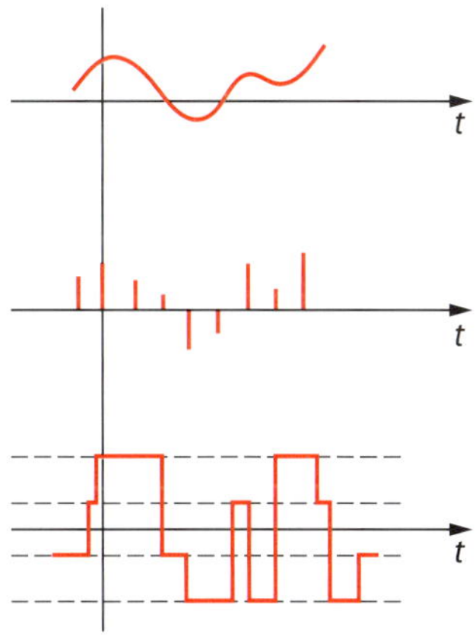

Bild 15.38: Zwei Arten der Digitalisierung

Diese Analogtechnik wird zunehmend durch digitale Verfahren verdrängt. Dafür wird das Signal in kurzen Zeitabständen abgetastet, die Amplitude quantisiert und in einen Digitalcode umgesetzt (Bild 15.38).

Beispiel 15.9

Das Display meines Radios zeigt an a) AM 531 kHz; b) FM 97,4 MHz. Wie groß sind die Wellenlängen?

Lösung:
Mit $c = 3 \cdot 10^8$ m/s ergibt sich für a) $\lambda = c/f = 3 \cdot 10^8\ \mathrm{m \cdot s^{-1}} / (531 \cdot 10^3\ \mathrm{s^{-1}}) = 565$ m im Kurzwellenbereich; b) $\lambda = 3{,}08$ m im UKW-Bereich.

15.7.2 Mikrowellen

Beim Mobilfunk werden **Mikrowellen** eingesetzt. Man arbeitet im Dezimeterwellenbereich, im GSM-1 800-Standard mit 1,8 GHz, für USTM in einem 3-GHz-Netz. Die Kommunikation der Gesprächsteilnehmer erfolgt nicht direkt, sondern nur zwischen Handy und der Mobilfunkantenne der nächstgelegenen Basisstation.

Dafür sind auch nur Sendeleistungen von maximal 1 W nötig. Die Signale zwischen den Basisstationen werden dann durch Richtfunk oder mit Glasfaserkabel über einen Zentralrechner weitergeleitet.

Bild 15.39: Radarantenne

Mikrowellen höherer Leistung werden zur Entfernungsmessung und zur Geschwindigkeitskontrolle genutzt. Im II. Weltkrieg konnten bereits feindliche Flugzeuge mit Mikrowellen aufgrund ihres guten Reflexionsvermögen geortet werden (**RADAR:** ***Ra****dio* ***D****etection* ***a****nd* ***R****anging*). Bis heute haben sich daraus Radar-Systeme für eine Vielzahl von Anwendungen entwickelt (Bild 15.40). Die dafür erforderlichen hohen Sendeleistungen werden mit der Erzeugung und Verstärkung der Mikrowellen durch spezielle Elektronenröhren erreicht.

Bild 15.40: Hochleistungs-Radar an Bord der Korvette „Braunschweig" der Marine

Die Entfernung eines Objekts von der Radarantenne wird im Pulsverfahren gemessen. Sie ergibt sich aus der Laufzeit kurzer Radarimpulse hoher Leistung zwischen Senden und Empfang des reflektierten Signals. Die Antenne dient im Duplexbetrieb sowohl als Sender als auch als Empfangsantenne.

Zur Messung der Relativgeschwindigkeit zwischen einem bewegten Objekt und der Radarantenne wird mit einer kontinuierlichen Mikrowelle im Dauerstrichverfahren gearbeitet. Die Geschwindigkeit ergibt sich durch die Dopplerverschiebung (s. 15.1.2) zwischen gesendeter und reflektierter Welle. So wird beim Verkehrsradar z. B. ein Radarstrahl an der Vorderseite eines entgegenkommenden Kraftfahrzeuges reflektiert. Ein Detektor, der neben dem Sender steht, misst die Frequenzverschiebung des reflektierten Strahls gegenüber der Sendefrequenz. Ein Rechner im Radargerät ermittelt daraus sofort die Geschwindigkeit.

Beispiel 15.10

Die Laufzeit des Signals des Höhenradars mit 4,1 GHz beträgt 12 µs. Wie groß ist die Flughöhe über Grund?

Lösung:
$h = ct/2 = 3 \cdot 10^8$ m/s $\cdot\ 6 \cdot 10^{-6}$ s = 1 800 m. Natürlich hat der Pilot nicht Zeit für solche Rechnungen. Die Messdaten werden vom Bordcomputer ausgewertet und an der Instrumententafel angezeigt.

Beispiel 15.11

Mit welcher Geschwindigkeit nähert sich ein Auto, wenn die Radarkontrolle mit $f = 9$ GHz eine Frequenzverschiebung von $\Delta f = f - f_R = -0{,}6$ kHz zeigt?

Lösung:
$v = c\Delta f/f = 3 \cdot 10^8$ m/s $\cdot\ (-0{,}6 \cdot 10^3)/(9 \cdot 10^9) = -20$ m/s $= -72$ km/h. Da sich bei Annäherung die Frequenz erhöht, ist wegen $\Delta f < 0$ die Geschwindigkeit negativ. (Hoffentlich war das nicht innerhalb geschlossener Ortschaften.)

Mikrowellen können durch ihr elektrisches Wechselfeld Dipolmoleküle von gering leitenden Stoffen mit hoher Permittivszahl (s. Gl. 11.9) zu Rotationsschwingungen anregen. Durch Dämpfung infolge zwischenmolekularer Reibung wird die Schwingungsenergie in Wärme umgesetzt. Der Vorteil besteht darin, dass dem zu erwärmende Körper die Wärme nicht über die Oberfläche durch Wärmeübergang zugeführt wird, sondern er wegen der großen Eindringtiefe der Mikrowellen gleich im Inneren erwärmt wird. Deshalb können wesentlich kürzere Prozesszeiten als bei üblichen Erwärmungsverfahren erzielt werden.

Die „*Mikrowelle*" in der Küche – eigentlich der mit Mikrowellen arbeitende Mikrowellenherd – nutzt diese Eigenschaften von Mikrowellen zur Erwärmung von Speisen. Die von einem Magnetron mit einer Resonanzfrequenz von 2,45 GHz erzeugten Mikrowellen werden über einen Hohlleiter in den reflektierenden Garraum geleitet und erwärmen dort das wasserhaltige Gargut (Bild 15.41).

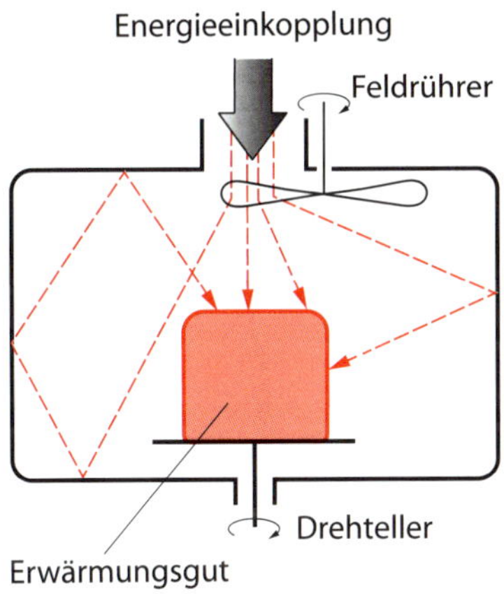

Bild 15.41: Schema eines Mikrowellenofens

Die Anwendung von Mikrowellen zur Erwärmung ist aber nicht auf Ihre Küche beschränkt. In der pharmazeutischen und chemischen Industrie werden Trocknungsanlagen mit Mikrowellen betrieben (Bild 15.42). Es gibt auch mobile Mikrowellengeräte zur Trocknung von Mauerwerk. Auch bestimmte Stoffe wie Siliziumnitrit lassen sich in Mikrowellenöfen sogar sintern.

Bild 15.42: Mikrowellen-Vakuumtrockner 2,45 GHz/12 kW

Zusammenfassung: Wellen

- Eine Welle ist die Ausbreitung eines Schwingungsvorganges im Raum.
- Die Phasengeschwindigkeit ist gleich dem Produkt aus Frequenz und Wellenlänge.
- Reflexion und Brechung von Wellen lassen sich nach dem HUYGENSschen Prinzip erklären.
- Beugung einer Welle ist die Abweichung von der geradlinigen Ausbreitung, die nicht auf Reflexion oder Brechung beruht.
- Nach der Beugung z. B. am Doppelspalt überlagern sich die von den Spalten ausgehenden Wellenzüge derart, dass je nach Gangunterschied eine Intensitätsverteilung mit Interferenzmaxima und Interferenzminima auftritt.
- Die geometrische Optik befasst sich mit der Bildkonstruktion an Spiegel- und Linsensystemen.
- Mit jeder Welle wird Energie transportiert. Bei Schall- oder Lichtwellen führt das zu entsprechenden Sinnesempfindungen.

QUANTEN UND ATOME

16 Atom- und Kernphysik

***Fragen und Probleme:** Worin liegen die Anfänge der Quantentheorie? Welche Bedeutung haben Photonen? Wie sind Atome aufgebaut? Was für Arten radioaktiver Umwandlung gibt es? Welche Arten der Kernstrahlung werden dabei emittiert? Was gibt der Massendefekt an? Wie kann man Kernenergie nutzen?*

Betrachten wir die Vielfalt von Stoffen mit den unterschiedlichsten chemischen und physikalischen Eigenschaften, aus denen unsere Welt besteht! Die Frage von GOETHES Faust, „was die Welt im Innersten zusammenhält", erfordert als Antwort eine Erklärung dieser Vielfalt. Es ist die Frage nach den Strukturen und Wechselwirkungen bis hinab in die kleinsten Dimensionen.

Eine erste Antwort stellt die Auffassung dar, dass alle Stoffe aus **Atomen** bestehen, deren unterschiedliche Eigenschaften das verschiedenartige chemische und physikalische Verhalten der Stoffe bestimmen. Was sind aber nun wiederum die Ursachen für diese Eigenschaften der Atome? Das ist die Frage nach der Struktur der Atome selbst, die sich als nicht so unteilbar erweisen, wie ihr Name „Atom: das Unteilbare" ursprünglich ausdrücken sollte.

Ein noch recht primitives, aber in seinen Grundzügen brauchbares Atommodell entwarf ERNEST RUTHERFORD im Jahre 1911. Danach hat jedes Atom einen Z-fach positiv geladenen Kern mit einem Durchmesser von 10^{-14} bis 10^{-15} m, in dem nahezu die gesamte Masse des Atoms konzentriert ist. Um den positiven Kern kreisen Z Elektronen im Abstand von etwa 10^{-10} m, welche die Atomhülle bilden. Atome verschiedener chemischer Elemente unterscheiden sich durch ihre Kernladungszahl Z, die gleich der Ordnungszahl des betreffenden Elementes im Periodensystem ist.

Dieses RUTHERFORDsches Atommodell fand zuerst wenig Anerkennung. Es widerspricht den Gesetzen der klassischen Physik, wie sie in der NEWTONschen Mechanik und der von FARADAY und MAXWELL begründeten Elektrodynamik zum Ausdruck kommen. Danach müsste ein im elektrischen Feld des positiven Atomkerns kreisendes negativ geladenes Elektron seine Energie als elektromagnetische Welle abstrahlen und in kürzester Zeit in den Atomkern stürzen. Atome dürften nach den Gesetzen der klassischen Physik gar nicht stabil sein. Sie sind es trotzdem. Hier zeigt sich, dass die klassische Physik auf Strukturen atomarer Abmessungen nicht uneingeschränkt anwendbar ist. Als Theorie atomarer Strukturen entwickelte sich in den ersten Jahrzehnten des 20. Jahrhunderts die **Quantenphysik**. Sie enthält die klassische Physik als Grenzfall für Objekte makroskopischer Dimensionen. Mit den Methoden der Quantenphysik beschreibt die Atomphysik das Verhalten der Elektronen in der Atomhülle und untersucht die Kernphysik die Struktur der Atomkerne.

Die theoretischen Ergebnisse der Quantentheorie konnten bisher in allen Fällen experimentell bestätigt werden. Es sind keine Tatsachen bekannt, die ihr widersprechen. Technologien, die auf der Quantentheorie beruhen, wie etwa die Nutzung der Kernenergie, die Anwendung von Quantengeneratoren als Laser oder der Einsatz der Halbleiterbauelemente in der Mikroelektronik, funktionieren hervorragend. Doch hat man damit die Quantentheorie wirklich verstanden? Die schockierende Erkenntnis war, dass man exakte Werte von Größen wie Ort und Impuls oder Energie und Zeit zur Beschreibung von Atomen, Elektronen oder Photonen als quantenmechanische Objekte prinzipiell nicht gleichzeitig mit beliebiger Genauigkeit bestimmen kann. Nicht wegen der Unzulänglichkeit unserer Mittel, sondern als Naturgesetz, denn Aussagen der Quantentheorie sind stets Wahrscheinlichkeitsaussagen.

16.1 Quanten

16.1.1 Energiequantelung

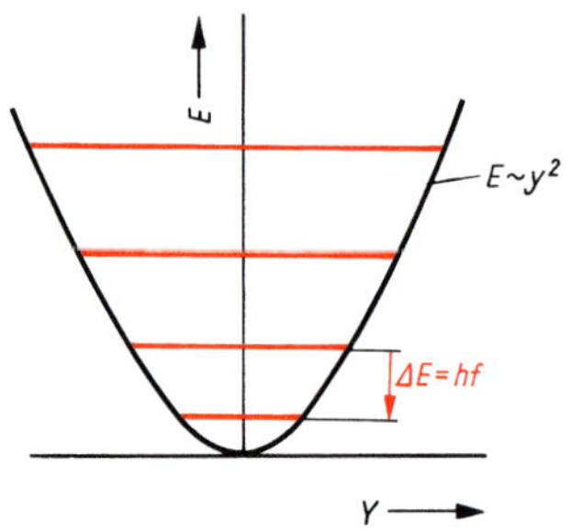

Bild 16.1: Energiequantelung eines harmonischen Oszillators

Die Anfänge der Quantenphysik entstanden um 1900 gewissermaßen als „Nebenprodukt" der sich entwickelnden Berliner Glühlampenindustrie. Es wurden sehr genaue Messungen der Temperaturstrahlung ausgeführt, deren Ergebnisse sich jedoch nicht mittels der klassischen Physik deuten ließen.

Das richtige Strahlungsgesetz für einen thermischen Strahler fand Max Planck durch einen radikalen Bruch mit bisherigen Vorstellungen. Er musste erkennen, dass die Atome, die wegen ihrer Wärmeschwingungen als Quellen elektromagnetischer Strahlung wirken, bei thermischer Anregung nicht beliebige Energien annehmen können. Für die atomaren Oszillatoren sind nur ganz bestimmte **diskrete Energiezustände** möglich (s. 9.3). Bild 16.1 zeigt in der kontinuierlich ausgezogenen Kurve die Abhängigkeit der Energie $E \sim y^2$ bei einem klassischen harmonischen Oszillator, der sinusförmige Schwingungen mit der Frequenz f ausführen kann (s. 14.1.1.2). Die horizontalen Linien sind die diskreten Energieniveaus eines atomaren Oszillators, der nur solche Energien aufnehmen oder abgeben kann, die der Energiedifferenz zwischen zwei Energieniveaus entsprechen. Diese Energiedifferenz ist der Frequenz des Oszillators proportional:

Energie-Frequenz-Beziehung

$$\Delta E = hf \qquad (16.1)$$

Der Proportionalitätsfaktor h ist die für die gesamte Quantenphysik charakteristische Planckscche Konstante:

Plancksche Konstante

$$h = 6{,}626 \cdot 10^{-34}\ \mathrm{J \cdot s} \qquad (16.2)$$

Sie wird auch als Plancksches Wirkungsquantum bezeichnet. Ein thermisch angeregter „gequantelter" Oszillator kann wegen dieser Energiequantelung auch nicht kontinuierlich elektromagnetische Wellen beliebiger Energie abstrahlen. Die Strahlungsemission erfolgt diskontinuierlich durch einzelne Elementarakte, bei denen der Oszillator von einem höheren Energieniveau in ein niedrigeres Niveau übergeht. Die elektromagnetische Strahlung wird dabei in Form einer Art „Energiepakete" der Energie $E = hf$ ausgesandt, die als **Quanten** bezeichnet werden. Die Quanten elektromagnetischer Strahlung, zu der auch das Licht gehört, heißen *Photonen.*

Beispiel 16.1

Wie groß sind die Energien der Photonen roten Lichtes von 780 nm Wellenlänge und violetten Lichtes von 360 nm Wellenlänge?

Lösung:
Aus Gl. (16.1) folgt mit Gl. (15.1) für die Photonenenergie $E = hf = hc/\lambda$.
Für rotes Licht ist $E = 2{,}55 \cdot 10^{-19}$ J = 1,59 eV für violettes Licht $E = 5{,}52 \cdot 10^{-19}$ J = 3,45 eV. (Zur Energieeinheit Elektronvolt (eV) s. 11.3.1.)

16.1.2 Welle-Teilchen-Dualismus

So wurde erneut die Frage nach der Natur des Lichtes aufgeworfen. Ist Licht eine elektromagnetische Welle, wie wir es in Kapitel 15 behandelt haben, oder ist Licht eine Art Teilchenstrom aus Photonen, die sich mit Lichtgeschwindigkeit bewegen? „Welle oder Teilchen?" ist hier die Frage!

Während wir eine Wasserwelle von einem Wasserstrahl wohl deutlich unterscheiden können, reichen die unserer unmittelbaren Anschauung entnommenen Begriffe der Welle und des Teilchens in atomaren Bereichen zur *Charakterisierung quantenphysikalischer Objekte* nicht aus. **Licht** ist *weder* Wellen- *noch* Teilchenstrahl, *sondern* hat *sowohl* Wellen- *als auch* Teilcheneigenschaften.

Dieser **Welle-Teilchen-Dualismus** ist anschaulich nur schwer vorstellbar. Er kommt jedoch deutlich im unterschiedlichen Verhalten des Lichtes unter verschiedenen Bedingungen zum Ausdruck. So zeigt Licht seine *Welleneigenschaften* bei den für Wellen charakteristischen Beugungs- und Interferenzerscheinungen (s. 15.3). Dagegen lassen sich Wechselwirkungseffekte zwischen Licht und Stoff nur durch die *Teilcheneigenschaften* des Lichtes verstehen. Betrachten wir als Beispiel eines solchen Effektes den äußeren Fotoeffekt.

16.1.3 Äußerer Fotoeffekt

Wenn eine Metalloberfläche mit Licht bestrahlt wird, können Elektronen aus dem Metall herausgelöst werden. Dazu muss eine für jedes Metall charakteristische *Ablösearbeit* W_A aufgebracht werden. Die kinetische Energie der abgelösten Fotoelektronen hängt nur von der Frequenz des eingestrahlten Lichtes ab, wobei der **Fotoeffekt** überhaupt erst oberhalb einer für das betreffende Metall charakteristischen Grenzfrequenz auftritt. Die Elektronenenergie ist unabhängig von der Bestrahlungsstärke (s. 15.6.1). Durch sie wird dagegen die Anzahl der in einer bestimmten Zeit abgelösten Elektronen bestimmt.

Tabelle 16.1: Ablösearbeit (Austrittsarbeit)

Stoff	W_A in eV
Aluminium	4,2
Ba-Film auf Wolfram	0,3
Cs-Film auf Wolfram	0,001
Kupfer	4,25
Platin	5,36
Th-Film auf Wolfram	2,62

Diese experimentellen Ergebnisse sind vom Standpunkt einer Wellentheorie des Lichtes völlig unverständlich. Ihre quantenphysikalische Deutung gelang ALBERT EINSTEIN 1905, indem er Licht als Teilchenstrom aus Photonen auffasste. Jedes **Photon** löst ein Elektron heraus, wenn seine Energie $E = hf$ größer als die Ablöserarbeit W_A ist. Die kinetische Energie des Elektrons ist dann die Differenz zwischen Photonenenergie und Ablösearbeit:

$$E_k = hf - W_A \qquad (16.3)$$

EINSTEINsche Gleichung

Die Grenzfrequenz für den Fotoeffekt folgt aus dieser Energiebilanz mit $E_k = 0$ zu $f_G = W_A/h$.

Beispiel 16.2

Wie groß ist die kinetische Energie der Fotoelektronen, wenn Kalium mit einer Ablösearbeit von 2,24 eV durch rotes und violettes Licht bestrahlt wird.

Lösung:
Die Photonenenergie für rotes Licht ist nach Beispiel 16.1 mit 1,59 eV kleiner als die erforderliche Ablösearbeit. Es tritt kein Fotoeffekt auf. Bei Bestrahlung mit violettem Licht der Photonenenergie 3,45 eV ist die kinetische Energie der Fotoelektronen nach Gl. (16.3) $E_k = 3{,}45$ eV – 2,24 eV = 1,21 eV.

Der quantenphysikalische Welle-Teilchen-Dualismus beschränkt sich aber nicht auf elektromagnetische Strahlung. Auch ein klassisch als Teilchenstrahl aufzufassender Elektronenstrahl zeigt diese Doppelnatur. Durchstrahlen wir einen Kristall mit Elektronen, so erhalten wir die für Wellen typischen Beugungs- und Interferenzbilder, wie wir sie andererseits von Röntgenstrahlen her kennen (s. 16.2.4).

Der Welle-Teilchen-Dualismus zeigte sich auch theoretisch bei der Entwicklung der Quantenmechanik um 1925. Während Werner Heisenberg von einer Teilchentheorie ausging, entwickelte Erwin Schrödinger eine Wellentheorie. Beide Theorien führen trotz verschiedener Ausgangspunkte mit unterschiedlichen mathematischen Methoden zu gleichen Ergebnissen.

16.1.4 Heisenbergsche Unschärferelation

Quantenphysikalische Gesetze sind *statistische* Gesetze, die Aussagen über **Wahrscheinlichkeiten** von Prozessen und Zuständen in atomaren Dimensionen machen. Die darin enthaltenen Unsicherheiten liegen aber nicht an unserer subjektiven Unkenntnis, sondern beruhen auf objektiven Eigenschaften der Quantenobjekte wie Photonen und Elektronen.

So erfolgen die Übergänge eines Oszillators zwischen zwei Energiezuständen völlig spontan und zufällig. Es lassen sich jedoch dafür Übergangswahrscheinlichkeiten angeben. Durch die Welleneigenschaften des Elektrons scheint es stets über einen bestimmten Raumbereich „verschmiert" zu sein. Man kann jedoch die Aufenthaltswahrscheinlichkeiten für das Elektron in den einzelnen Raumbereichen ermitteln. Damit verliert auch der klassische Begriff der Bahn eines Elektrons seine Bedeutung. Den klassischen Elektronenbahnen entsprechen Bereiche maximaler Aufenthaltswahrscheinlichkeit, die z. B. für Elektronen in der Atomhülle als Orbitale bezeichnet werden.

Deshalb sind Impuls p und der Ort x eines Elektrons prinzipiell *nicht gleichzeitig* mit beliebiger Genauigkeit messbar. Das Produkt aus der Unschärfe Δp des Impulses und der Unschärfe Δx des Ortes ist größer oder mindestens gleich der Plankschen Konstante:

Heisenbergsche Unschäferelation

$$\Delta p \Delta x \geq h \tag{16.4}$$

Die **Heisenbergsche Unschärferelation** drückt den Welle-Teilchen-Dualismus und den statistischen Charakter der Quantenphysik aus.

16.1.5 Masse und Energie

Haben Photonen der Energie *hf* entsprechend ihren Teilcheneigenschaften auch eine Masse? Antwort darauf gibt die von ALBERT EINSTEIN 1905 aufgestellte spezielle Relativitätstheorie. Danach sind *Energie* und *Masse* einander *äquivalent:*

$$E = mc^2 \qquad (16.5)$$

Masse-Energie-Äquivalenz

Als Umrechnungsfaktor tritt das Quadrat der Lichtgeschwindigkeit $c \approx 3 \cdot 10^8\ \mathrm{m \cdot s^{-1}}$ auf. Diese Vakuumlichtgeschwindigkeit ist die *größtmögliche* Geschwindigkeit zur Übertragung von Signalen.

Ein Elektron, das durch elektrische Felder beschleunigt wird, kann auch bei noch so hohen Beschleunigungsspannungen die Lichtgeschwindigkeit nicht erreichen (Bild 16.2). Das lässt sich dadurch erklären, dass die Trägheit des Elektrons mit zunehmender kinetischer Energie und somit die Masse des Elektrons mit wachsender Geschwindigkeit immer größer wird:

$$m = \frac{m_0}{\sqrt{1 - \frac{v^2}{c^2}}} \qquad (16.6)$$

Relativistische Masse

m_0 ist die **Ruhmasse** des Elektrons bei $v = 0$. Für $v \to c$ geht die Masse gegen unendlich. Deshalb kann ein Teilchen mit Ruhmasse nicht auf Lichtgeschwindigkeit beschleunigt werden.

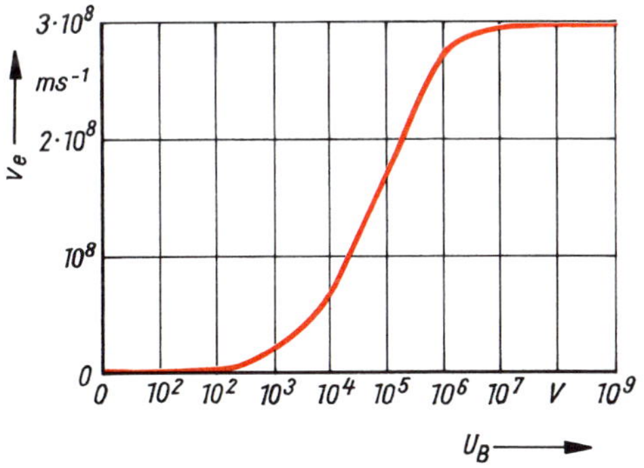

Bild 16.2: Endgeschwindigkeit der Elektronen in Abhängigkeit von der Beschleunigungsspannung

Beispiel 16.3

Wegen der Äquivalenz von Masse und Energie können Massen statt in Kilogramm (kg) auch in Energieeinheiten wie Elektronvolt (eV) angegeben werden. Wie groß ist die Ruhmasse des Elektrons von $9{,}11 \cdot 10^{-31}$ kg in Elektronvolt?

Lösung:

$$E = m_0\, c^2 = 8{,}20 \cdot 10^{-14}\ \mathrm{J} = 0{,}51\ \mathrm{MeV}$$

Photonen bewegen sich stets mit Lichtgeschwindigkeit. Sie können deshalb keine Ruhmasse haben. Ihre gesamte Masse ergibt sich aus ihrer Quantenenergie *hf* nach Gl. (16.5) zu $m = hf/c^2$. Es ist auch nicht möglich, ein Photon auf Geschwindigkeiten kleiner als die Lichtgeschwindigkeit abzubremsen. Stößt z. B. ein Photon mit einem Atom zusammen, so dass es unelastisch gestreut wird, äußert sich die geringere Energie des Photons nach der Streuung nicht in einer geringeren Geschwindigkeit, sondern in einer kleineren Frequenz (COMPTON-Effekt s. 16.3.2.5).

16.2 Photonen

16.2.1 BOHRsches Atommodell

NIELS BOHR entwickelte 1913 ein **Atommodell**, in dem er die bis dahin gewonnenen Erkenntnisse der Quantenphysik berücksichtigte. Danach können die in der Atomhülle gebundenen Elektronen nur in ganz bestimmten diskreten Energiezuständen existieren. BOHR wandte diese Quantenvorstellungen zunächst auf das Wasserstoffatom an, dass nur aus einem Proton als Kern und einem Elektron in der Hülle besteht. Für die **diskreten Energieniveaus** des Wasserstoffatoms errechnete er

Energieniveaus des Wasserstoffs

$$E_n = hR_{\mathrm{H}} \frac{1}{n^2}; \quad n = 1, 2, 3, \ldots \tag{16.7}$$

mit n als **Hauptquantenzahl** und der RYDBERG-Frequenz $R_{\mathrm{H}} = 3{,}29 \cdot 10^{15}$ Hz. Die RYDBERG-Frequenz war experimentell aus der Untersuchung von Spektren sehr genau bekannt und konnte jetzt von BOHR aus atomaren Daten in guter Übereinstimmung mit dem experimentellen Wert theoretisch berechnet werden.

Der stabile Grundzustand des Wasserstoffs ist mit $n = 1$ der energieärmste Zustand. Wird das Atom *angeregt*, so kann das Elektron auf ein *höheres Energieniveau* übergehen. Nach einer mittleren Verweilzeit von 10^{-8} s springt das Elektron wieder in einen energieärmeren Zustand zurück. Dabei wird ein *Photon* emittiert, dessen Energie gleich der Energiedifferenz zwischen den beiden Energieniveaus des Überganges ist:

$$E = E_n - E_m = hf = hR_{\mathrm{H}} \left(\frac{1}{n^2} - \frac{1}{m^2} \right) \tag{16.8}$$

Damit wird das Auftreten **diskreter Spektrallinien** im Linienspektrum des Wasserstoffs durch Quantensprünge zwischen diskreten Energieniveaus der Atomhülle erklärt. *Quantensprünge*, die auf dem gleichen Niveau enden, ergeben eine Spektralserie. Bild 16.3 zeigt das Schema der Energieniveaus, das sog. **Termschema** des Wasserstoffs, in dem die Wellenlängen der Strahlung beim Übergang zwischen entsprechenden Termen angegeben sind. Die Energieniveaus rücken mit wachsendem n immer dichter zusammen und streben für $n \to \infty$ dem Grenzwert $E_\infty = 0$ zu. Der Abstand des Grundzustandes von diesem Grenzwert stellt die Bindungsenergie des Elektrons im Grundzustand des Wasserstoffatoms dar. Wird der Grundzustand mit einer Energie, die größer als der Betrag der Bindungsenergie ist, angeregt, so kommt es zur völligen Abtrennung des Elektrons vom Kern. Das Wasserstoffatom ist ionisiert. Die **Ionisierungsenergie** des Wasserstoffs folgt aus Gl. (16.8) mit $n = 1$ und $m \to \infty$ zu $E_{\mathrm{Ion}} = hR_{\mathrm{H}} = 13{,}53$ eV.

Das BOHRsche Atommodell für Wasserstoff versagt allerdings bei Atomen mit mehreren Elektronen in der Hülle. Seine grundsätzlichen Aussagen bleiben aber allgemein für die Emission und Absorption von Photonen anwendbar. Heute bietet die Quantenelektrodynamik (QED) die Möglichkeit, elektromagnetische Wechselwirkungen mit extremer Genauigkeit quantentheoretisch zu berechnen.

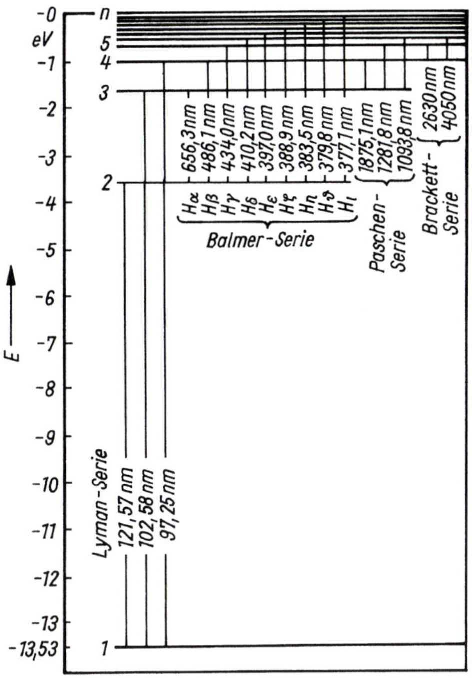

Bild 16.3: *Termschema des Wasserstoffs*

16.2.2 Absorption und Emission von Photonen

Absorption und *Emission* von Photonen geschehen in der Elektronenhülle der Atome. Die *Elektronen* nehmen bestimmte *diskrete Energiestufen* ein. Je nach Stoffart sind die Energiestufen unterschiedlich und können einfach aber auch kompliziert und unübersichtlich sein. Im Bild 16.4 werden zwei Energiezustände E_1 und E_2 dargestellt.

Befinden sich in einem Atomsystem N_1 Atome im Grundzustand E_1 und N_2 Atome im energetisch angeregten Zustand E_2, so ist im Allgemeinen $N_1 > N_2$:

Im Grundzustand befinden sich mehr Atome als im angeregten Zustand.

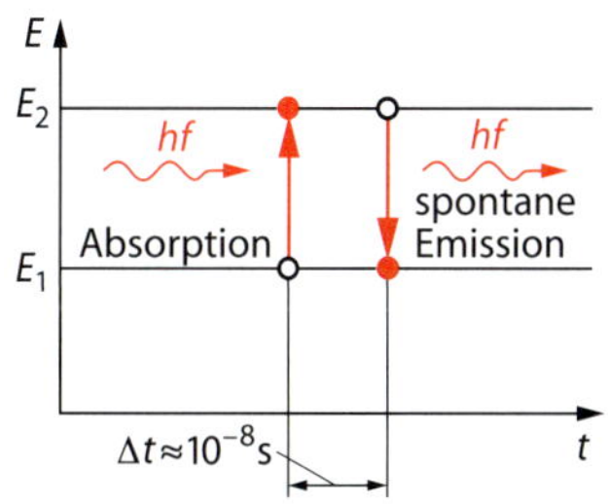

Bild 16.4: Absorption und spontane Emission
Nach Absorption eines Photons mit der Energie hf wird ein Photon mit der gleichen Energie emittiert, indem das Elektron in das Ausgangsniveau zurückkehrt. Zwischen Anregung und Emission vergehen gerade 10^{-8}s. Die Emission erfolgt ohne äußere Einwirkung spontan.

Absorption

Das Photon mit der Energie hf wird absorbiert (Bild 16.4). Dabei geht ein Elektron aus dem niederen Energiezustand E_1 in den höheren Energiezustand E_2 über, wenn die Bedingung

$$hf = E_2 - E_1 \tag{16.9}$$

erfüllt ist:

Die Energie hf des absorbierten Photons ist gleich der Energiedifferenz $E_2 - E_1$ der beiden Energieniveaus.

Photonen, die Atome aus dem Grundzustand heraus anregen, werden dadurch absorbiert. Ihre Frequenz bzw. Wellenlänge ist gleich derjenigen, die die Atome umgekehrt beim Übergang vom angeregten Zustand in den Grundzustand emittieren würden. Zwar wird die absorbierte Strahlung auch wieder emittiert, jetzt aber in alle Richtungen, so dass die Intensität in Einstrahlungsrichtung vermindert ist. Man erhält ein Atomabsorptionsspektrum.

Spontane Emission

Unmittelbar nach Energiezufuhr (in einer sehr kurzen Zeit von ca. 10^{-8} s) verlässt das Elektron den höheren Energiezustand E_2 und kehrt in das Energieniveau E_1 *ohne* äußere Einwirkung zurück. Die Emission erfolgt *spontan* auf die Absorption, wobei die Energie des emittierten Photons wiederum

$$E_2 - E_1 = hf$$

ist. (Bild 16.4)

Spontane Emission erfolgt ohne äußere Einwirkung.

Bei den überaus zahlreichen Atomen in einem Körper erfolgt bei den angeregten Atomen die spontane Emission *unabhängig* voneinander. Die den Photonen im Wellenbild der Materie entsprechenden Wellen schwingen nicht in gleicher Phase. Die ausgesandte Strahlung ist *nicht kohärent* (inkohärent). Dies ist bei den natürlichen Lichtquellen (Sonne, Lampen) der Fall, wobei die energetische Anregung auch durch andere Energieformen (z. B. elektrisch oder durch Wärme) erfolgen kann.

Wird die Strahlung eines zum Leuchten angeregten Gases oder Dampfes durch Brechung und Dispersion (s. 15.2.2) mittels Prisma oder durch Beugung und Interferenz (s. 15.3.3) am Gitter nach ihren Wellenlängen sortiert, erhält man ein Atomemissionsspektrum.

Induzierte oder stimulierte Emission

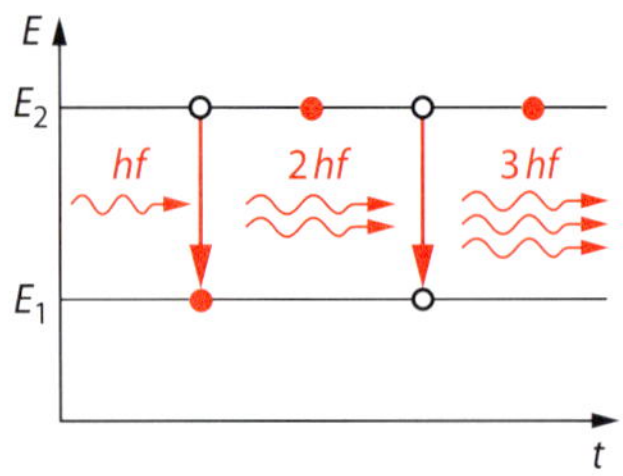

Bild 16.5: Induzierte oder stimulierte Emission

Bei der stimulierten Emission löst *ein* auftreffendes Photon mit der *passenden* Energie $hf = E_2 - E_1$ den Übergang eines sich bereits im höheren Energiezustand E_2 befindlichen Elektrons in den Grundzustand E_1 aus. Das ausgesandte Photon hat die *gleiche* Energie hf wie das auslösende (stimulierende) Photon. Durch den Übergang des angeregten Elektrons aus dem Zustand E_2 in den Zustand E_1 entsteht ein Photon der gleichen Energie hf wie die des auftreffenden Photons (Bild 16.5).

Das erste (stimulierende) Photon wird durch das zweite (ausgesandte) Photon verstärkt. Stimulierte Emission erfolgt durch äußere Einwirkung.

Beide Photonen stimmen in ihrer Phase, Frequenz und Polarisationsrichtung überein, sie sind kohärent.

Ein genau passendes Photon mit der Energie hf bewirkt also, dass sich ein bereits in einem höheren Energieniveau E_2 befindliches Elektron in ein niedrigeres Niveau E_1 zurückkehrt und dadurch ein zweites Photon der mit gleicher Energie emittiert wird. Somit liegen jetzt 2 Photonen mit der Energie hf vor. Es können weitere im höheren Niveau befindliche Elektronen zum Verlassen von E_2 stimuliert (veranlasst) werden, wobei neue Photonen mit der Energie hf emittiert werden. Die induzierte Emission ist Grundlage des Lasers (Bild 16.5).

16.2.3 LASER

Mit **dem Begriff** „*Light Amplification by Stimulated Emission of Radiation*" wird nicht jeder sofort etwas anzufangen wissen, während die Abkürzung *LASER* längst in die Umgangssprache übernommen wurde. So steht **Laser** sogar im Duden: „(*Physik* Gerät zur Verstärkung von Licht od. zur Erzeugung eines scharf gebündelten Lichtstrahl.)" Es handelt sich um einen Oszillator und Verstärker für einfarbiges kohärentes Licht, wobei ein leistungsstarker Impuls (Impulslaser) oder ein konvergentes kontinuierliches Strahlenbündel (Dauerstrichlaser) ausgesendet wird. Die Wellenlängen liegen zwischen 100 nm und 3 mm, also weit über den Bereich im Sichtbaren hinaus.

Für Laser muss ein laseraktives Material zur Verfügung stehen, das in eine „*Besetzungsinversion*" überführt werden kann. Normalerweise befinden sich wesentlich mehr Atome im energetisch niedrigen Grundzustand E_1 als in einem angeregten Zustand $E_2 > E_1$. Die Besetzungszahl N_1 ist größer als die Besetzungszahl N_2. Der Sprung eines Elektrons von E_2 nach E_1 erfolgt ***spontan*** unter Emission eines Photons. ***Spontan*** springen auch Soldaten von einem Fahrzeug, wenn sie einzeln zu willkürlichen Zeitpunkten springen. Der gemeinsame koordinierte Absprung kann durch den Befehl des Vorgesetzten ***stimuliert*** werden.

Um eine ***stimulierte Emission*** von Photonen zu erhalten, müssen *mehr* Atome im *angeregten* Zustand E_2 als im Grundzustand E_1 sein, sodass mit $N_2 > N_1$ eine **Besetzungsinversion** vorhanden ist. Dazu benötigt man geeignetes *laseraktives Material* mit Atomen, die einen ***metastabilen*** Energiezustand $E_2 > E_1$ besitzen, wo die Verweilzeit der Elektronen mit ca. 10^{-2} s ein Vielfaches größer ist als die Verweilzeit von ca. 10^{-8} s bei spontaner Emission. Die Besetzungsinversion im aktiven Lasermaterial muss durch Energiezufuhr (*Pumpen*) von außen erfolgen. Dies kann *optisch* durch Photonen einer äußeren Lichtquelle erfolgen oder durch *elektrische* Anregung von Gaslasern.

1. Besetzungsinversion: Die Anzahl der Atome eines laseraktiven Materials im angeregten Zustand muss größer sein als die Zahl der Atome im Grundzustand. Dies muss durch eine entsprechende Energiezufuhr bewirkt werden.

Durch ein paralleles Spiegelsystem erhält man einen optischen Resonator zur Verstärkung. Der Abstand der Spiegel wird so gewählt, dass er genau ein ganzzahliges Vielfaches der halben Wellenlänge der stimulierten Strahlung ist. Durch Reflexion an den Spiegeln entsteht eine stehende Welle, die Strahlung durchläuft das aktive Material mehrfach und bringt damit immer mehr Atome zur stimulierten Emission. Die entstandene Strahlung wird weiter verstärkt und kann als Laserpuls oder kontinuierlichen Laserstrahl durch einen der Spiegel, der teildurchlässig ist, das System verlassen.

2. Resonanzverstärkung: Das laseraktive Material muss sich in einem optischen Resonator befinden. Er besteht aus zwei parallel stehenden Spiegelflächen, von denen eine teildurchlässig ist. Ein passendes Lichtquant löst die stimulierte Emission aus, die durch den Resonator verstärkt wird und durch den teildurchlässigen Spiegel das System als Laserstrahlung verlässt.

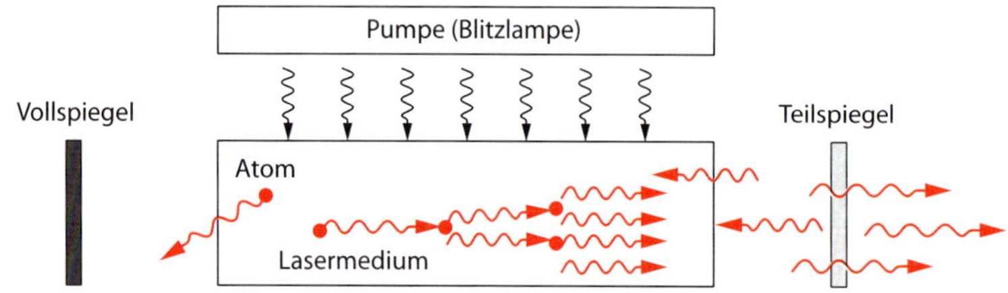

Bild 16.7: Prinzipieller Aufbau eines Lasers (Schema)

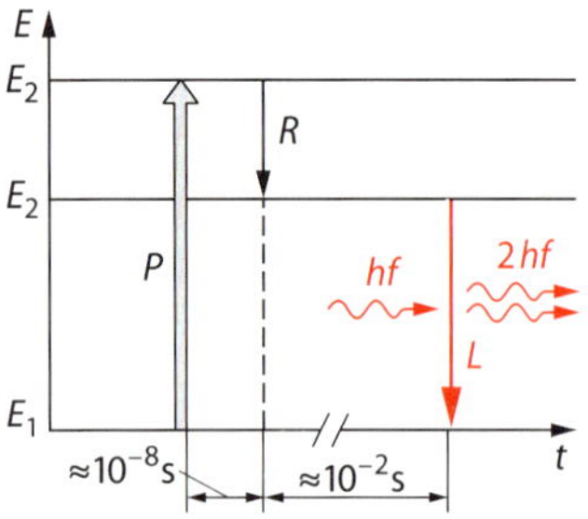

Bild 16.6: Schematische Darstellung der Wirkungsweise eines Drei-Niveau-Lasers
P Energiezufuhr durch Photonen aus der Blitzlampe (Pumpprozess),
R (spontaner) strahlungsloser Übergang (Relaxation),
L Laserübergang

Die Wirkungsweise soll an einem einfachen Energie-Niveau-Termschema, einem „*Drei*-Niveau-System“ (Bild 16.6) erklärt werden, wie es beim **Rubinlaser** (Bild 16.7) vorliegt, des ersten Laser, den MAIMAN 1960 entwickelte.

In einem synthetischen Rubinkristall (Al_2O_3) wurden in geringer Zahl Chromionen Cr^{+++} als laseraktives Material eingelagert. Der Pumpprozess geschieht durch eine äußere Xenon-Blitzlampe. Durch deren Lichtquanten im grünen Spektralbereich mit der Energie $hf_p = E_3 - E_1$ werden Elektronen zunächst aus dem Grundzustand E_1 in den angeregten Zustand E_3 gebracht. Vom Zustand E_3 erfolgt *spontan* ein *strahlungsloser Übergang* (Relaxation) in das niedere Niveau E_2. In diesem *metastabilen Laserniveau* ist die Verweilzeit mit etwa 10^{-2} s wesentlich größer als in E_3. Es liegt jetzt Besetzungsinversion vor.

Emittierte Photonen der Frequenz $f = (E_2 - E_1)/h$ vervielfachen sich durch Stimulation. Die entsprechenden Wellenzüge verstärken sich im Resonator. Das Laserlicht ist deswegen monochromatisch und kohärent in einem konvergenten Laserstrahl entsprechend hoher Intensität.

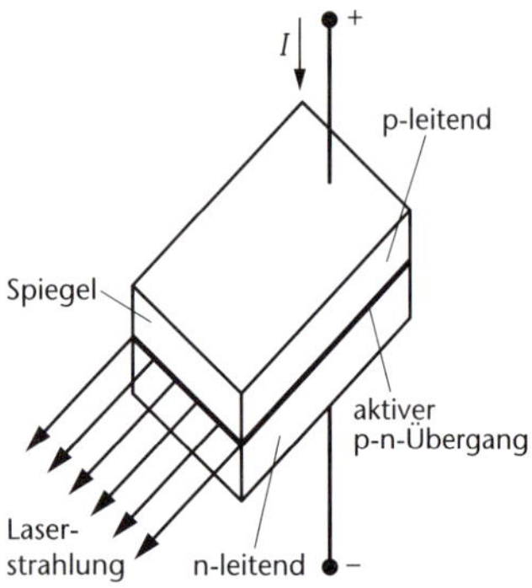

Bild 16.8: Schematischer Aufbau einer Laserdiode

Durch die Fortschritte der Halbleitertechnologie seit den 80ziger Jahren wurde es möglich, Halbleiterdioden herzustellen, die als Laserdioden betrieben werden (Bild 16.8). Heute finden wir sie als Scanner an der Kaufhauskasse, zum Abtasten einer CD im CD-Player oder als Laserpointer (Bild 16.9) bei der Vorlesung im Hörsaal. Es handelt sich dabei um Halbleiterdioden, die in Durchlassrichtung betrieben werden (s. Abschn. 13.3). Die Rekombination von Elektronen und Löchern im pn-Übergang, die bei Leuchtdioden spontan erfolgt, führt oberhalb eines Schwellenwertes der Stromstärke zur Besetzungsinversion und damit zur stimulierten Emission. Zwischen spiegelnden oder verspiegelten Kristallflächen als Resonator erfolgt die Verstärkung.

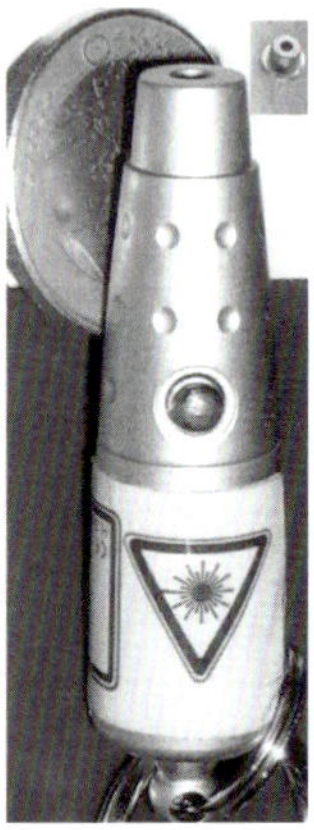

Bild 16.9: Laserdiode und Laserpointer mit Laserwarnschild im Größenvergleich

Eine kleine Auswahl der vielfältigen Laserarten mit einigen Anwendungsmöglichkeiten dieser besonderen Lichtquellen zeigt folgende Tabelle:

Lasertyp	**Material**	**Wellenlänge**	**Leistung**	**Anwendungen**
Festkörper	Rubin	694 nm	Puls	Historisch, Dermatologie
	Neodym-YAG	1064 nm	< 500 W Puls < 1 GW	Medizintechnik, Materialbearbeitung
	Erbium-YAG	2940 nm	10 mW	Zahnmedizin, Augenheilkunde
Gaslaser	He-Ne	633 nm	< 50 mW	Messtechnik, Markierungen
	CO_2	10,6 µm	< 45 kW Puls 1 GW	Schneiden, Bohren, Schweißen
Halbleiter	InGaAlP	670 nm	1 mW	Scanner, CD-Player, Markierungen

Beispiel 16.4

Welchen Weg legt ein Laserimpuls von 3,30 fs Dauer zurück?

Lösung:
Der zurückgelegte Weg ist
(Lichtgeschwindigkeit $c_0 = 3{,}00 \cdot 10^8$ m/s)

$$s = c_0 t = 3{,}00 \cdot 10^8 \text{ m/s} \cdot 3{,}30 \cdot 10^{-15} \text{ s} = 9{,}90 \cdot 10^{-7} \text{ m} = 0{,}99\ \mu\text{m}$$

Die Entfernung, die der Lichtpuls zurückgelegt hat ist also gerade rund 1 μm!

Beispiel 16.5

Durch einen auf dem Mond abgesetzten Spiegel wurden Laserimpulse zur Erde zurückgesandt. Die Laufzeit der Lichtimpulse betrug 2,56 s. Wie groß ist im Fall dieses Experiments die Entfernung Erde – Mond?

Lösung:
Aus der Lichtgeschwindigkeit $c_0 = 3{,}00 \cdot 10^8$ m/s im Vakuum und der Laufzeit $\Delta t = 2{,}56$ s erhält man den zurückgelegten Weg s aus $c_0 = 2\, s/\Delta t$.

$$s = c_0 \Delta t/2 = 3{,}00 \cdot 10^8 \text{ m/s} \cdot 2{,}56 \text{ s}/2 = 3{,}84 \cdot 10^8 \text{ m} = 384\,000 \text{ km}$$

Während des durchgeführten Experiments war der Mond rund 384000 km von der Erde entfernt.

Beispiel 16.6

Die zeitliche Impulsbreite eines Lasers beträgt $1{,}00 \cdot 10^{-8}$ s, die abgestrahlte Energie während eines Pulses ist 1,50 μJ. Der Strahldurchmesser beträgt 15,0 μm. Wie groß ist die Leistungsdichte (Bestrahlungsstärke)?

Lösung:
Die Leistung pro Laserpuls ist

$$P = E/t = 1{,}50 \cdot 10^{-6} \text{ J}/10^{-8} \text{ s} = 1{,}50 \cdot 10^2 \text{ W} = 0{,}15 \text{ kW}$$

Daraus erhält man die Leistungsdichte

$$E_e = P/(\pi d^2/4) = 1{,}50 \cdot 10^2 \text{ W}/[\pi \cdot (15 \cdot 16^{-6} \text{ m})^2/4] = 8{,}49 \cdot 10^{11} \text{ W/m}^2$$

Die Leistungsdichte (Bestrahlungsstärke) ist
$8{,}50 \cdot 10^5$ W/mm² = 0,85 MW/mm².
Mit Hochleistungslasern erreicht man sogar bis 1 GW/mm².

16.2.4 Röntgenstrahlen

In einer Röntgenröhre werden die aus der Glühkathode austretenden Elektronen durch die angelegte Hochspannung beschleunigt und treffen mit entsprechend hoher kinetischer Energie auf die Antikathode aus Metall. Dabei entsteht Röntgenstrahlung als Photonenstrom (Bild 16.10). Die Emission dieser Röntgenquanten erfolgt durch zwei verschiedene Effekte, als Röntgenbremsstrahlung und als charakteristische Röntgenstrahlung (16.11).

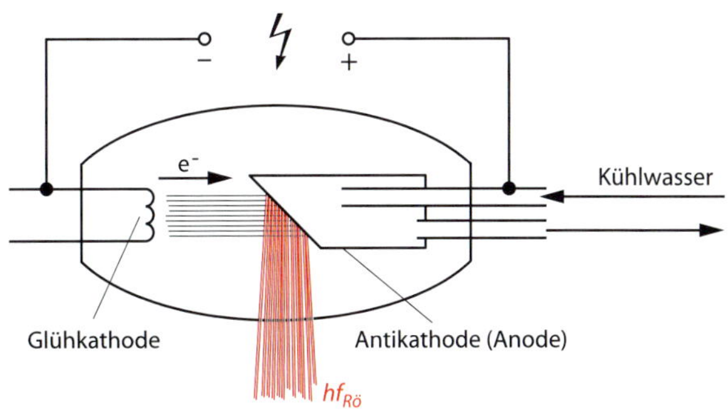

Bild 16.10: Prinzip der Röntgenröhre

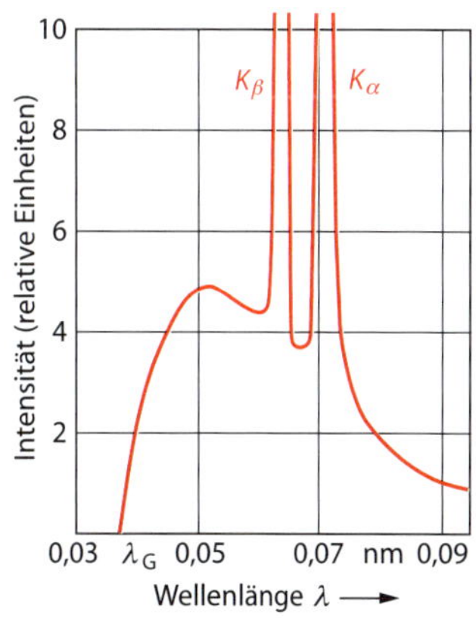

Bild 16.11: Röntgenspektrum

Röntgenbremsstrahlung hat ein kontinuierliches Röntgenspektrum. Es stellt die Intensität der Röntgenstrahlung in Abhängigkeit von der Wellenlänge für die betreffende Beschleunigungsspannung dar. Das Spektrum wird durch eine bestimmte kleinste Wellenlänge begrenzt, da die Energie der Röntgenquanten nicht größer sein kann als die kinetische Energie der Elektronen, die sie auslösen:

$$W_{kin} = eU_0 = hf_{max} = hc/\lambda_{min} \quad (16.10)$$

Diese Röntgenbremsstrahlung entsteht (neben einer beträchtlichen Wärmeentwicklung) beim Abbremsen von Elektronen durch Ablenkung im Coulombfeld der Atomkerne des Antikathodenmaterials mit der Kernladungszahl Z.

Beispiel 16.7

Bei welcher Wellenlänge liegt die untere Grenze des Röntgenbremsspektrums bei einer Beschleunigungsspannung der Röntgenröhre von $U_0 = 20$ kV?

Lösung:
Aus (16.10) folgt

$$\lambda_{min} = hc/(eU_0) = (6{,}63 \cdot 10^{-34}\,\mathrm{J \cdot s} \cdot 3 \cdot 10^{8}\,\mathrm{m \cdot s^{-1}})/(1{,}60 \cdot 10^{-19}\,\mathrm{A \cdot s} \cdot 20 \cdot 10^{3}\,\mathrm{V}) = 6{,}2 \cdot 10^{-11}\,\mathrm{m}$$

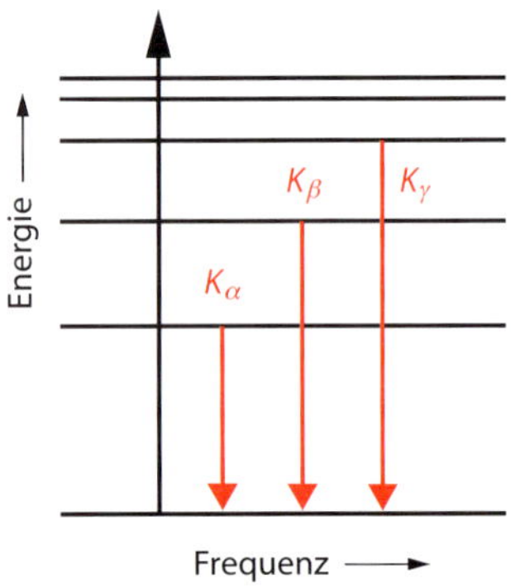

Bild 16.12: Zur Entstehung der charakteristischen Röntgen-K-Strahlung

Die **Charakteristische Röntgenstrahlung** zeigt ein Linienspektrum aus einzelnen scharfen Linien, dass dem Bremsspektrum überlagert ist. Die Lage der Linien ist charakteristisch für das Metall, aus dem die Antikathode besteht. Bei der Anregung der charakteristischen Röntgenstrahlung durch Beschuss einer Metallelektrode mit beschleunigten Elektronen werden durch Elektronenstöße Löcher in inneren Elektronenschalen erzeugt, in die Elektronen aus äußeren Elektronenschalen springen. Dabei wird ein **Röntgenquant** als Photon mit der Energie hf, abgestrahlt, die gleich der Energiedifferenz der entsprechenden Energieniveaus ist (16.12)

Nach der Entdeckung Röntgens trat sofort die Frage nach der Natur der Röntgenstrahlen auf. Einerseits treten wellentypische Beugungs- und Interferenzerscheinungen an Kristallgittern auf. Darauf beruht die Röntgenstrukturanalyse von Kristallen und Molekülen. Bild 16.13 zeigt als Beispiel das Beugungsbild kristallisierter DNS, das bei der Entdeckung der DNS-Struktur als Dopppelhelix eine wichtige Rolle spielte.

Andererseits erfolgt die Compton-Streuung durch unelastischen Stoß zwischen Elektron und Photon, wobei auch das Photon als Teilchen wirkt. Der Compton-

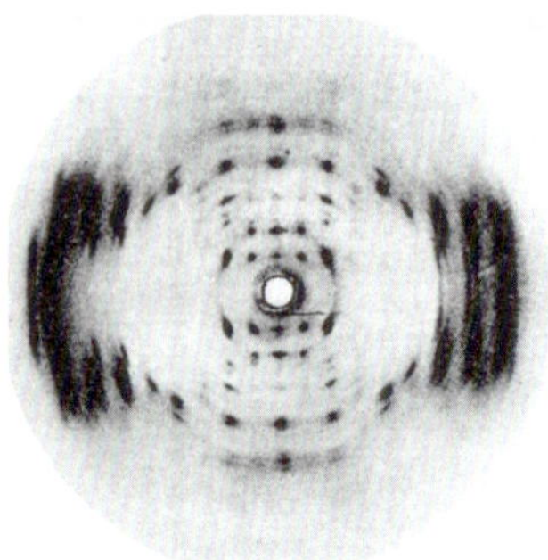
Bild 16.13: Beugung von Röntgenstrahlen an kristallisierter DNS

Bild 16.14: Mini-Mikro-Röntgen-CT eines Kunststoffgetriebes

effekt ist vorherrschender Absorptionsprozess für Röntgenstrahlen. Es gilt das Absorptionsgesetz (16.21) wie bei γ-Strahlen, wobei der Schwächungskoeffizient von der Energie der Röntgenstrahlung, der Dichte und der Kernladungszahl des absorbierenden Stoffes abhängt. Deshalb eignet sich Blei besonders gut zur Abschirmung von Röntgenstrahlen. Weichteilgewebe und Knochenbau lassen sich im Schattenbild bei Röntgenuntersuchungen unterscheiden. Die Radiographie mit Röntgenstrahlen ist eine häufig angewendete Methode zerstörungsfreier Prüftechnik, um Wanddickenänderungen, Fehler und bauliche Einzelheiten des Prüfteils sichtbar zu machen (Bild 16.14).

16.3 Atomkern

16.3.1 Aufbau des Atomkerns

Der *Atomkern* besteht aus **Nukleonen**, wobei die Masse eines Nukleons etwa 1 840-mal so groß wie die eines Elektrons ist. Deshalb ist im Atomkern mit einem Durchmesser in der Größenordnung von 10^{-15} m nahezu die gesamte Masse des Atoms konzentriert. Dabei kommen die Nukleonen in zwei verschiedenen Zuständen vor: als einfach *positiv geladenes* **Proton** und als *elektrisch neutrales* **Neutron.**

Eine bestimmte *Kernart* ist durch die **Protonenzahl** Z, die gleich der **Kernladungszahl** ist, und durch die **Neutronenzahl** N des Kerns charakterisiert. Die Summe von Protonenzahl Z und **Neutronenzahl** N ergibt die Anzahl der Nukleonen im Kern und wird als **Massenzahl** A bezeichnet:

$$A = Z + N \qquad (16.11)$$

Massenzahl

Ein **Nuklid** besteht aus Atomen, die sowohl in ihrer Kernladungszahl Z als auch in ihrer Massenzahl A übereinstimmen. Sie werden durch das Symbol des Elements mit der Massenzahl A als linken oberen Index und der Kernladungszahl als linken unteren Index bezeichnet, z. B. $^{4}_{2}He$, $^{60}_{27}Co$, $^{238}_{92}U$. Da die Kernladungszahl mit der **Ordnungszahl** des betreffenden Elements im Periodensystem übereinstimmt, schreibt man oft kürzer nur He 4, Co 60, U 238.

Während bei stabilen Nukliden mit leichten Kernen Protonen- und Neutronenzahl gleich sind, übersteigt mit wachsender Massenzahl die Neutronenzahl immer mehr die Protonenzahl. Man kennt etwa 270 stabile Nuklide und über 1 200 radioaktive Nuklide, die sich spontan in stabile Nuklide umwandeln (s. 16.3.2).

Nuklide *gleicher Kernladungszahl* Z, aber *verschiedener Massenzahl* A, deren Kerne sich also durch die Neutronenzahl unterscheiden, heißen **Isotope**. Isotope sind chemisch identische Elemente an gleicher Stelle im Periodensystem, z. B. $^{58}_{27}Co$, $^{59}_{27}Co$, $^{60}_{27}Co$.

Nuklide mit *gleicher Massenzahl* A, die sich jedoch *im Verhältnis von Protonen- und Neutronenzahl unterscheiden*, heißen **Isobare**. Isobare sind chemisch verschiedene Elemente, z. B. $^{60}_{27}Co$, $^{60}_{28}Ni$, $^{60}_{29}Cu$.

Während die Massenzahl A als Anzahl der Nukleonen stets ganzzahlig ist, trifft dies für die relative Atommasse A_r nicht zu. Die **relative Atommasse** A_r eines

Nuklids ${}^{A}_{Z}X$ ist der Quotient aus seiner absoluten Atommasse $m_a\,({}^{A}_{Z}X)$ und 1/12 der absoluten Atommasse des Nuklids C 12:

Relative Atommasse

$$A_r = \frac{m_a({}^{A}_{Z}X)}{\frac{1}{12}\,m_a({}^{12}_{6}C)} \qquad (16.12)$$

Die **absolute Atommasse** ergibt sich dann als Produkt aus der relativen Atommasse und 1/12 der absoluten Atommasse von C 12, die als *atomare Masseneinheit* 1 u = 1,66054 · 10^{-27} kg dient:

Absolute Atommasse

$$m_a = A_r \cdot 1\mathrm{u} \qquad (16.13)$$

Durch sehr genaue Atommassenbestimmungen weiß man, dass die Masse des Atomkerns stets kleiner als die Summe der Massen der ihn bildenden Nukleonen ist. Dieser **Massendefekt** Δm entspricht nach der EINSTEINschen Masse-Energie-Äquivalenz Gl. (16.5) der **Bindungsenergie** E_B der Nukleonen im Kern:

Bindungsenergie

$$E_B - \Delta mc^2 \qquad (16.14)$$

Diese Bindungsenergie würde frei, wenn der Kern aus einzelnen Nukleonen aufgebaut werden könnte, und müsste aufgewendet werden, um ihn wieder in seine Bestandteile zu zerlegen.

Die Bindung der Nukleonen im Kern erfolgt durch sehr *starke*, *kurzreichweitige* **Kernkräfte**, die *unabhängig* von der Ladung des Nukleons wirken. Sie übertreffen wesentlich die elektrostatische Abstoßung der gleichnamig geladenen Protonen. Ein Maß für die Stärke der Bindung und damit für die Stabilität des Kerns ist die **relative Bindungsenergie** ε, die angibt, wieviel von der Bindungsenergie E_B im Mittel auf jedes Nukleon des Kerns entfällt:

Relative Bindungsenergie

$$\varepsilon = \frac{E_B}{A} \qquad (16.15)$$

Beispiel 16.8

Wie groß ist die relative Bindungsenergie für ${}^{4}_{2}He$?

Lösung:
Der Heliumkern mit einer absoluten Masse m_{He} = 4,00142 · 1u besteht aus 2 Protonen mit der Masse m_p = 1,00728 · 1u und 2 Neutronen der Masse m_n = 1,00866 · 1u in atomaren Masseneinheiten. Der Massendefekt beträgt

$$\Delta m = 2m_p + 2m_n - m_{He}$$
$$= 2 \cdot 1{,}00728 \cdot 1\mathrm{u} + 2 \cdot 1{,}00866 \cdot 1\mathrm{u} - 4{,}00142 \cdot 1\mathrm{u}$$
$$= 0{,}03046 \cdot 1\mathrm{u} = 0{,}05058 \cdot 10^{-27}\,\mathrm{kg}.$$

Das entspricht einer Bindungsenergie von
$E_B = \Delta mc^2 = 4{,}5459 \cdot 10^{-12}$ J = 28,4 MeV.
Dies ergibt im Mittel für jedes der 4 Nukleonen 7,1 MeV.

Die relativen Bindungsenergien ε sind in Bild 16.15 in Abhängigkeit von der Massenzahl A dargestellt. Sie betragen für mittelschwere Kerne zwischen Ar 40 und Sn 120 etwa 8,5 MeV und sinken bei schweren Kernen bis auf 7,5 MeV beim U 238. Sehr steil ist der Abfall bei leichten Kernen, wobei jedoch Kerne mit gerader Protonen- und gerader Neutronenzahl, z. B. He 4 mit 7,1 MeV, gegenüber ihren Nachbarn besonders stabil sind. Die Bindungsenergien der Nukleonen im Kern mit durchschnittlich 8 MeV sind mindestens eine Million Mal so groß wie die Bindungsenergien von einigen eV für die Valenzelektronen auf der äußeren

Schale der Atomhülle. Wir können deshalb bei Kernprozessen Energieumsätze erwarten, die mindestens 10^6-mal so groß sind wie bei chemischen Prozessen, z. B. bei der Verbrennung von Brennstoffen.

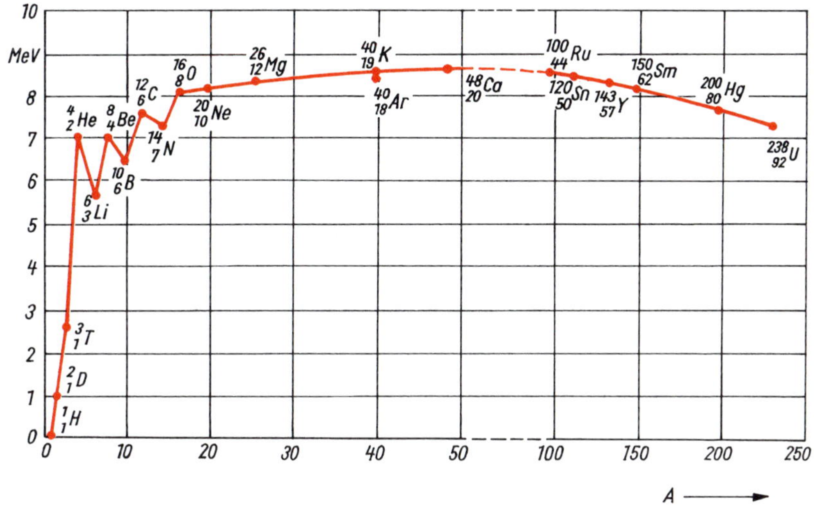

Bild 16.15: Relative Bindungsenergie in Abhängigkeit von der Massenzahl

16.3.2 Radioaktivität

Radionuklide sind *instabile* Nuklide, deren Kerne sich unter Aussendung von Strahlung so umwandeln, dass am Ende stabile Nuklide entstehen. Sie kommen z. T. in der Natur vor oder entstehen durch Kernreaktionen. Die **radioaktive Umwandlung** der Atomkerne, auch als radioaktiver Zerfall bezeichnet, erfolgt völlig *spontan.* Sie lässt sich als Vorgang im Atomkern weder durch Temperatur und Druck noch durch die Art der chemischen Bindung des Nuklids beeinflussen.

Die bei radioaktiven Umwandlungen entstehende *energiereiche, ionisierend wirkende* Strahlung kommt als **Kernstrahlung** in Form von α-, β^+- oder β^--Strahlung vor, die von γ-Strahlung begleitet werden kann. α- und β-Strahlung sind Teilchenstrahlungen. α-Teilchen sind zweifach positiv geladene Heliumkerne: $^{4}_{2}\alpha = {}^{4}_{2}\mathrm{He}^{++}$. β^--Strahlung besteht aus Elektronen $^{0}_{-1}$e, β^+-Strahlung aus Positronen $^{0}_{+1}$e, den positiv geladenen Antiteilchen des Elektrons mit einer der Elektronenmasse gleichen Masse. γ-Strahlung ist eine elektromagnetische Strahlung aus energiereichen Photonen, den γ-Quanten.

16.3.2.1 α-Umwandlung

Für schwere Kerne nimmt die relative Bindungsenergie mit wachsender Massenzahl ab (Bild 16.15). Obwohl bei diesen schweren Kernen die Neutronenzahl wesentlich größer als die Protonenzahl ist, um die elektrostatische Abstoßung der Protonen zu kompensieren, sind fast alle Isotope der Nuklide mit Protonenzahlen größer als 82 *instabil* und zeigen **radioaktive α-Umwandlung.** Der Mutterkern wandelt sich dabei unter Aussendung eines α-Teilchens in einen Tochterkern um, dessen Massenzahl A um 4 und dessen Kernladungszahl Z um 2 kleiner ist, z. B.

$$^{238}_{90}\mathrm{U} \rightarrow {}^{234}_{90}\mathrm{Th} + {}^{4}_{2}\alpha\,.$$

Die α-Teilchen haben diskrete kinetische Energien von einigen MeV, die dem Energieunterschied zwischen diskreten Energieniveaus von Mutter- und Tochterkern entsprechen. Die Tochterkerne können selbst wieder radioaktiv sein. So ergeben sich für natürliche Radionuklide ganze Umwandlungsreihen, die von einem Uran- oder Thoriumisotop ausgehend über α- und β-Umwandlungen zu stabilen Bleiisotopen führen.

16.3.2.2 β-Umwandlung

Die relative Bindungsenergie der Kurve in Bild 16.15 gilt für Nuklide, die gegen β-Umwandlungen stabil sind. Isobare, die sich im Protonen-Neutronen-Verhältnis von einem stabilen Nuklid der gleichen Massenzahl unterscheiden, weisen geringere Bindungsenergien auf. Sie sind deshalb *instabil* gegen **β-Umwandlungen**. Ein Atomkern, der gegenüber einem stabilen Kern gleicher Massenzahl eine *höhere Neutronenzahl* und deshalb dementsprechend eine geringere Protonenzahl hat, ist **β^--aktiv**. Es wandelt sich ein Neutron ${}_0^1\mathrm{n}$ des Mutterkerns in ein Proton ${}_1^1\mathrm{p}$ um, wobei ein im Kern gebildetes Elektron ${}_{-1}^{0}\mathrm{e}$ als β^--Teilchen emittiert wird:

$$ {}_0^1\mathrm{n} \rightarrow {}_1^1\mathrm{p} + {}_{-1}^{0}\mathrm{e} $$

Dadurch entsteht ein Tochterkern mit einer um 1 größeren Kernladungszahl Z bei gleichbleibender Massenzahl A, z. B.

$$ {}_{27}^{60}\mathrm{Co} \rightarrow {}_{28}^{60}\mathrm{Ni} + {}_{-1}^{0}\mathrm{e} $$

Ein Atomkern, der gegenüber einem stabilen Kern gleicher Massenzahl eine *höhere Protonenzahl* und eine dementsprechend geringere Neutronenzahl hat, ist **β^+-aktiv**. Es wandelt sich ein Proton ${}_1^1\mathrm{p}$ des Mutterkerns in ein Neutron ${}_0^1\mathrm{n}$ um, wobei ein im Kern gebildetes Positron ${}_{+1}^{0}\mathrm{e}$ als β^+-Teilchen emittiert wird:

$$ {}_1^1\mathrm{p} \rightarrow {}_0^1\mathrm{n} + {}_{+1}^{0}\mathrm{e} $$

Dadurch entsteht ein Tochterkern mit einer um 1 kleineren Kernladungszahl Z bei gleichbleibender Massenzahl A, z. B.

$$ {}_{29}^{60}\mathrm{Cu} \rightarrow {}_{28}^{60}\mathrm{Ni} + {}_{+1}^{0}\mathrm{e} $$

In bestimmten Kernen mit relativem Protonenüberschuss kann die Umwandlung eines Protons in ein Neutron statt unter Emission eines Positrons auch durch Absorption eines Elektrons erfolgen, das vom Kern aus der K-Schale der Atomhülle eingefangen wird:

$$ {}_1^1\mathrm{p} + {}_{-1}^{0}\mathrm{e} \rightarrow {}_0^1\mathrm{n} $$

Ein Beispiel für eine β^--Umwandlung durch **K-Einfang** ist

$$ {}_{26}^{55}\mathrm{Fe} + {}_{-1}^{0}\mathrm{e} \rightarrow {}_{25}^{55}\mathrm{Mn} $$

Auf das frei gewordene Niveau der K-Schale springt ein Elektron aus einem höheren Energieniveau der Atomhülle nach. Dabei wird ein Röntgenquant emittiert.

Die kinetischen Energien der β-Teilchen verteilen sich im Unterschied zu der von α-Teilchen kontinuierlich auf alle Werte unterhalb einer bestimmten Maximalenergie. Nur diese Maximalenergie entspricht der Energiedifferenz zwischen diskreten Energieniveaus von Mutter- und Tochterkern. Wird ein β-Teilchen mit einer kleineren Energie emittiert, so wird gleichzeitig ein zweites neutrales Teilchen ausgesandt, dessen Energie gleich dem Unterschied zwischen der β-Energie und der Maximalenergie ist. Dieses neutrale Teilchen heißt **Neutrino** und hat keine Ruhmasse. Es ist wegen seiner extrem geringen Wechselwirkung mit anderen Teilchen experimentell sehr schwer nachweisbar.

16.3.2.3 γ-Strahlung

Die bei einer α- oder β-Umwandlung entstehenden Tochterkerne befinden sich meist noch in energiereichen angeregten Zuständen. Beim Übergang in den Grundzustand werden **γ-Quanten** emittiert, deren Energie $E = hf$ den Energiedifferenzen zwischen den betreffenden Kernniveaus der Tochterkerne entsprechen. Die Lebensdauer dieser angeregten Kernzustände ist so kurz, dass α- bzw. β-Teilchen und γ-Quanten nahezu gleichzeitig emittiert werden.

Bild 16.16 zeigt das vereinfachte Energieniveauschema für die β^--Umwandlung von Co 60 in stabiles Ni 60. Es wird ein β^--Teilchen emittiert, das maximal eine kinetische Energie von 0,37 MeV besitzen kann. Der entstehende Nickelkern hat Anregungsniveaus mit Energien von 2,50 und 1,33 MeV über dem Grundzustand. Beim schrittweisen Übergang in den Grundzustand werden 2 γ-Quanten von 1,17 MeV und 1,33 MeV emittiert.

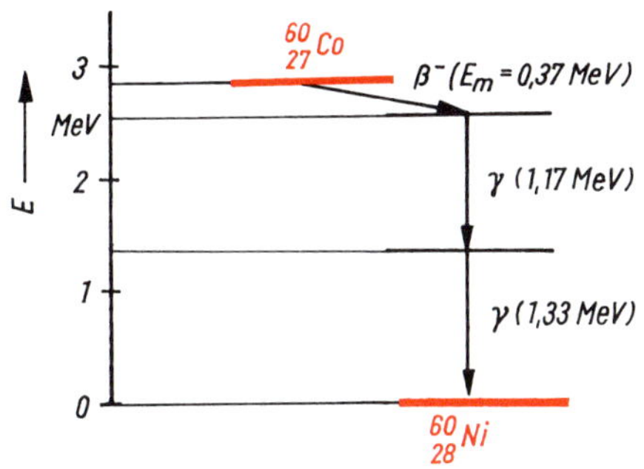

Bild 16.16: Energieniveauschema für die β^--Umwandlung von Co 60

16.3.2.4 Gesetz der radioaktiven Umwandlung

In einer für jedes Radionuklid charakteristischen Zeitspanne, der **Halbwertszeit** $T_{1/2}$, wandelt sich im Mittel jeweils die Hälfte der vorher vorhandenen Kerne um. Die Halbwertszeit ist ein statistischer Mittelwert über eine große Anzahl N von Kernen. Sie kann nichts über den Zeitpunkt der Umwandlung eines einzelnen instabilen Kerns aussagen, da seine Umwandlung spontan und zufällig erfolgt.

Nach 2 Halbwertszeiten sind dann im Mittel nur noch 1/4, nach 3 Halbwertszeiten 1/8, nach n Halbwertszeiten $1/2^n$ der zum Anfangszeitpunkt $t = 0$ vorhandenen Mutterkerne N_0 vorhanden (Bild 16.17). Die Anzahl N der vorhandenen Mutterkerne in Abhängigkeit von der Zeit t ergibt eine *fallende Exponentialfunktion*:

Gesetz der radioaktiven Umwandlung

$$N = N_0 e^{-\lambda t} \qquad (16.16)$$

Aus dieser Gleichung folgt für $N/N_0 = 1/2$ die Halbwertszeit zu

Halbwertszeit

$$T_{1/2} = \frac{\ln 2}{\lambda} \qquad (16.17)$$

Die Halbwertszeit $T_{1/2}$ eines Radionuklids ist also seiner Umwandlungs- oder Zerfallskonstante λ umgekehrt proportional. Beispielsweise betragen die Halbwertszeiten für die α-Umwandlung von U 238 $T_{1/2} = 4{,}5 \cdot 10^9$ Jahre, für die β^--Um-

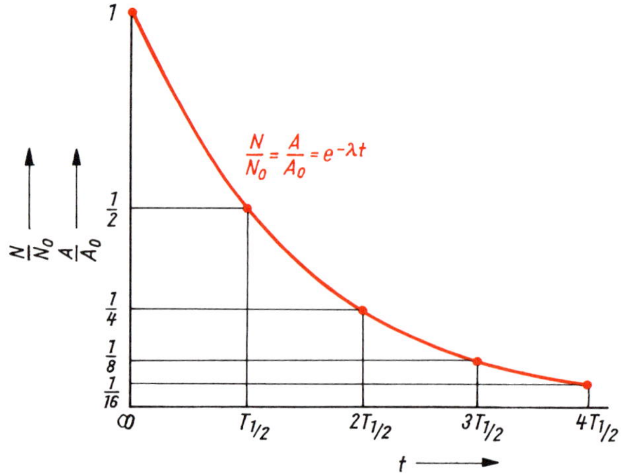

Bild 16.17: Darstellung des Gesetzes der radioaktiven Umwandlung

Tabelle 16.2: Halbwertszeiten

Nuklid	Z	A	$T_{1/2}$	**Ausgesandte Strahlung**
Kohlenstoff C 14	6	14	5570 a	β^-
Kalium K 40	19	40	$1{,}35 \cdot 10^9$ a	β^-, γ
Cobalt Co 60	27	60	5,26 a	β^-, γ
Iod I 131	53	131	8,04 d	β^-, γ
Caesium Cs 137	55	137	30 a	β^-, γ
Polonium Po 218	84	218	3,05 min	α, γ
Radon Rn 222	86	222	3,825 d	α, γ
Radium Ra 226	88	226	1620 a	α, γ
Uran U 238	92	238	$4{,}5 \cdot 10^9$ a	α, γ
Plutonium Pu 239	94	239	$2{,}4 \cdot 10^4$ a	α, γ

wandlung von Co 60 $T_{1/2}$ = 5,3 Jahre und für die β^+-Umwandlung von Cu 60 $T_{1/2}$ = 24,6 min. Durch die radioaktiven Umwandlungen verringert sich die Anzahl N der Mutterkerne in einer Zeitspanne Δt um ΔN. Der Betrag der *Umwandlungsgeschwindigkeit* $\Delta N/\Delta t$ gibt die **Aktivität** A eines radioaktiven Stoffes an. Sie ist nach Gl. (16.16) gleich dem Produkt aus Umwandlungskonstante λ und Anzahl N der vorhandenen radioaktiven Kerne:

Aktivität

$$A = \left|\frac{\Delta N}{\Delta t}\right| = \lambda N = \frac{\ln 2}{T_{1/2}} N \qquad (16.18)$$

$$[A] = s^{-1} = Bq \quad \text{(Becquerel)}$$

Die Einheit der Aktivität ist nach HENRI BECQUEREL benannt, der 1896 die Radioaktivität an Uranverbindungen entdeckte. Die Aktivität in Becquerel gibt an, wieviel Umwandlungen in einer Sekunde stattfinden. Sie ist um so größer, je größer die Umwandlungskonstante λ bzw. je kleiner die Halbwertszeit $T_{1/2}$ ist und je mehr radioaktive Kerne vorhanden sind. Das zeitliche Abklingen der Aktivität eines radioaktiven Stoffes wird ebenfalls durch Gl. (16.16) beschrieben, wenn N bzw. N_0 durch A bzw. A_0 ersetzt wird.

Beispiel 16.9

Wie lange dauert es bis die Anfangsaktivität von 1 GBq des Nuklids I-131, eines β-Strahlers mit 8 Tagen Halbwertszeit, auf 125 MBq abgeklungen ist?

Lösung:
Aus dem Umwandlungsgesetz in der Form $A = A_0 e^{-\lambda t}$ folgt $t = -(1/\lambda) \cdot \ln (A/A_0) = (T_{1/2}/\ln 2) \cdot \ln (A_0/A) = (8\ \text{d}/\ln 2) \cdot \ln (1\,000/125) = 24\ \text{d}$. In diesem einfachen Fall hätte man das Ergebnis jedoch durch einfache Überlegung finden können. Wenn die Aktivität auf 1/8 absinkt sind ja gerade 3 Halbwertszeiten vergangen.

16.3.2.5 Absorption von ionisierender Strahlung

Ein radioaktiver Stoff erzeugt in seiner Umgebung ein seiner Aktivität und der Strahlenart entsprechendes Strahlungsfeld. Körper, die sich in diesem Strahlungsfeld befinden, *absorbieren* einen Teil der ionisierenden Strahlung. Dabei wird die Energie der absorbierten Strahlung vor allem durch die Ionisation von Atomen des bestrahlten Körpers auf diesen übertragen. Die dadurch aufgenommene **Energiedosis** D ist der Quotient aus der absorbierten Strahlungsenergie und der Masse des absorbierenden Körpers:

$$D = \frac{E}{m} \qquad (16.19)$$

Energiedosis

$$[D] = \text{J} \cdot \text{kg}^{-1} = \text{Gy} \quad \text{(Gray)}$$

Aus der Dosis D, die ein Körper während der Zeit t an einem Ort des Strahlungsfeldes aufnehmen kann, ergibt sich die dort vorhandene **Dosisrate** $\dot{D}$, die auch als *Dosisleistung* P_D bezeichnet wird:

$$\dot{D} = \frac{D}{t} \qquad (16.20)$$

Dosisrate

$$[\dot{D}] = \text{Gy} \cdot \text{s}^{-1}$$

α- und β-Teilchen verlieren beim Durchstrahlen einer Stoffschicht ihre kinetische Energie schrittweise durch unelastische Stöße mit den Atomen des durchstrahlten Stoffes. Dabei werden vor allem Elektron-Ionen-Paare gebildet.

α-Strahlung weist das größte Ionisationsvermögen auf. Ein α-Teilchen hat im betreffenden Stoff nur eine seiner diskreten Energie entsprechende Reichweite, innerhalb der es vollständig abgebremst wird. Die *Reichweiten* von α-Strahlen betragen in Luft einige Zentimeter, in Feststoffen nur Bruchteile von Millimetern. Das Ionisationsvermögen von *β-Strahlung* ist geringer. Deshalb sind die *maximalen Reichweiten* von β-Teilchen maximaler Energie auch entsprechend größer und betragen in Luft einige Meter. Wegen der kontinuierlichen Energieverteilung der β-Strahlung unterhalb der Maximalenergie klingt jedoch im Unterschied zur α-Strahlung die Strahlungsintensität zunächst für kleine Schichtdicken exponentiell ab. Dafür gilt ein Absorptionsgesetz, das Gl. (16.21) für γ-Strahlung analog ist.

γ-Strahlung hat als Quantenstrahlung keine begrenzte Reichweite. Die **Absorption der γ-Quanten** kann durch Fotoeffekt, COMPTON-Streuung und Paarbildung erfolgen. Beim **Fotoeffekt** wird durch die Ionisation eines Atoms die gesamte Energie des γ-Quants auf das abgelöste Elektron übertragen (Bild 16.18a). Bei der **COMPTON-Streuung** ist dies nur ein Teil der γ-Energie, wodurch das γ-Quant nach der Streuung mit verringerter Frequenz in anderer Richtung weiterläuft (Bild 16.18b). Bei der **Paarbildung** wird durch Wechselwirkung des γ-Quants mit einem Atomkern des absorbierenden Stoffes ein Elektron-Positron-Paar erzeugt (Bild 16.18c). Dafür muss das γ-Quant eine Energie von mindestens 1,02 MeV haben, um die der Ruhmasse der beiden erzeugten Teilchen von je 0,51 MeV entsprechende Energie aufzubringen (s. Bsp. 16.3).

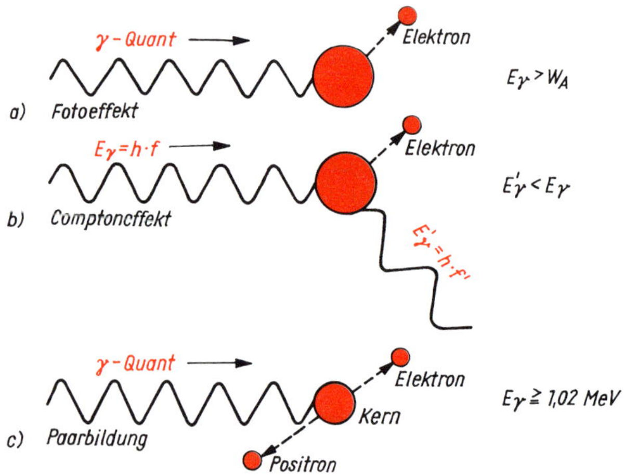

Bild 16.18: Absorption von γ-Strahlung durch a) Fotoeffekt; b) COMPTON-Streuung; c) Paarbildung

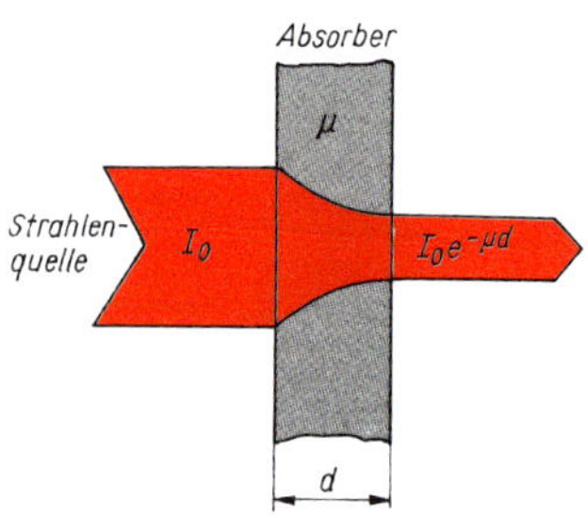

Bild 16.19: Zum Absorptionsgesetz von γ-Strahlung

Die **Intensität** I der γ-Strahlung, welche durch die Anzahl der γ-Quanten bestimmt ist, klingt mit wachsender Schichtdicke d exponentiell ab (Bild 16.19):

$$I = I_0 e^{-\mu d} \tag{16.21}$$

Der lineare Schwächungskoeffizient μ hängt von der Art des absorbierenden Stoffes und der Energie der γ-Quanten ab. Die **Halbwertsdicke** $d_{1/2}$ ist dem Schwächungskoeffizienten umgekehrt proportional und gibt die Schichtdicke an, durch welche die Strahlungsintensität auf die Hälfte der Anfangsintensität I_0 herabgesetzt wird:

$$d_{1/2} = \frac{\ln 2}{\mu} \tag{16.22}$$

μ und $d_{1/2}$ werden experimentell ermittelt (Bild 16.20).

Beispiel 16.10

Wie groß ist die Halbwertsdicke von Blei für γ-Strahlung von Co 60 mit einer mittleren γ-Energie von 1,25 MeV, für die der Schwächungskoeffizient 0,60 cm^{-1} beträgt? Bei welcher Schichtdicke sinkt die Intensität auf 10 % der Anfangsintensität?

Lösung:
$d_{1/2} = \ln 2/\mu = 0{,}693/0{,}60\ cm^{-1} = 1{,}1$ cm. Für $I/I_0 = 0{,}10$ ist die Schichtdicke $d = \ln 10/\mu = 3{,}8$ cm.

Technische Anwendungen der Absorption von γ-Strahlung ergeben sich aus der Abhängigkeit der Intensität von der Dicke der durchstrahlten Stoffschicht und vom Schwächungskoeffizienten des absorbierenden Materials. Radiometrische Dickenmessgeräte dienen der berührungslosen Dickenmessung und der automatischen Steuerung bei der Blech-, Papier- und Folienherstellung. Der Füllstand von Flüssigkeiten und Schüttgütern in geschlossenen Behältern kann mittels Durchstrahlung mit γ-Strahlen von außen kontrolliert und gemessen werden. Die Gammadefektoskopie als Methode der zerstörungsfreien Werkstoffprüfung erlaubt es z. B., Lufteinschlüsse in Gussstücken auf Grund ihrer geringeren Absorption der γ-Strahlung festzustellen.

Tabelle 16.3: Halbwertsdicken (Richtwerte) für Gammastrahlen $E_\gamma \approx 2$ MeV und für Neutronenstrahlen $E_{k,n} \approx > 0{,}1$ MeV

Stoff	$d_{1/2}$ in cm γ	n
Blei	1,6	9,0
Stahl	2,8	4,5
Beton	≈ 10	≈ 12
Wasser	20	3,0
Holz	25	10

16.3.2.6 Nachweis von Kernstrahlung

Nachweis und Messung von Kernstrahlen erfolgt durch Strahlungsmessgeräte mit geeigneten Detektoren (Bild 16.20). Die wichtigsten Strahlungsdetektoren sind Zählrohre (Auslöse- und Proportionalitätszählrohre), Szinzillationsmesssonden, Halbleiterdetektoren (Festkörperdetektoren), Spurendetektoren sowie Filmdosimeter zur Personenüberwachung im Strahlenschutz (s. 16.3.2.7).

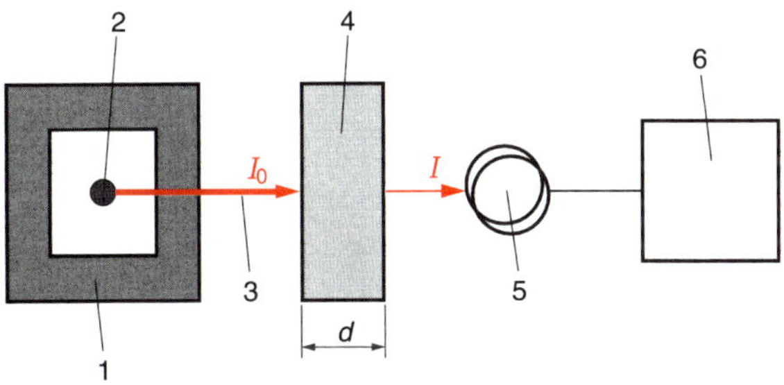

Bild 16.20: Prinzip einer Messeinrichtung zur Bestimmung des Schwächungskoeffizienten bzw. der Halbwertsdicke.
Ein durch die enge Öffnung der Abschirmung (1) tretendes schmales Strahlenbündel (3) der Quelle (2) trifft mit der Intensität I_0 auf den Absorber (4). Die noch vorhandene Intensität I hinter dem Absorber wird durch den Detektor (5) registriert und mit der Auswerteelektronik (6) erfasst. Mit (16.21) bzw. (16.22) können μ und $d_{1/2}$ bestimmt werden.

Im **Geiger-Müller-Zählrohr**, einem Auslösezählrohr, wird das Ionisationsvermögen der Kernstrahlung zum Strahlungsnachweis genutzt. Zwischen zwei Elektroden, an denen eine relativ hohe Zählrohrspannung liegt, befindet sich Gas unter vermindertem Druck (Bild 16.21). Tritt z. B. ein β-Teilchen in das Zählrohr ein, so

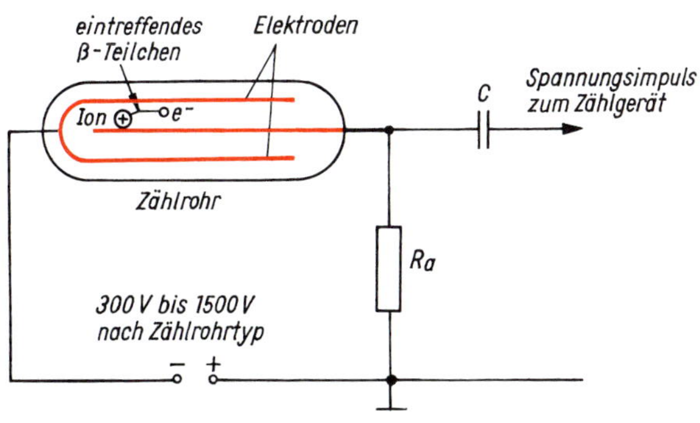

Bild 16.21: Prinzip des Auslösezählrohrs

werden Gasatome ionisiert und die durch das β-Teilchen primär abgelösten Elektronen auf Grund der hohen Zählrohrspannung stark beschleunigt. Sie erzeugen auf ihrem Weg zur positiven Sammelelektrode weitere Elektron-Ionen-Paare, deren Elektronen wiederum weiter Ionisationen hervorrufen können. Auf diese Weise löst ein β-Teilchen eine ganze Ionisationslawine aus. Das Gas im Zählrohr wird kurzzeitig elektrisch leitend. Es fließt ein Stromstoß, der an einem Arbeitswiderstand einen Spannungsimpuls hervorruft (s. 11.3.4). Im Strahlungsmessgerät werden die verstärkten Impulse entweder gezählt, um daraus die Impulsdichte als Anzahl der Impulse je Minute zu ermitteln, oder die Impulsdichte wird direkt zur Anzeige gebracht. Die gemessene Impulsdichte ist ein Maß für die Intensität der Strahlung am Ort des Detektors und lässt Rückschlüsse auf die Aktivität der Strahlenquelle zu.

In **Szintillationsmesssonden** wird die Fähigkeit bestimmter Substanzen genutzt, als Szintillatoren durch Kernstrahlung zur Lichtemission angeregt zu werden. Im Szintillator wird z. B. durch ein β-Teilchen ein als Szintillation bezeichneter Lichtblitz ausgelöst. Das auf eine Fotokatode treffende Licht erzeugt durch Fotoeffekt Fotoelektronen, die durch einen Sekundärelektronenvervielfacher (SEV) vervielfacht werden. Der dadurch hervorgerufene Impuls wird vom Strahlungsmessgerät registriert (Bild 16.22). Im Unterschied zum Geiger-Müller-Zählrohr ist die Impulshöhe im Szintillationszähler der Energie des betreffenden Teilchens oder Quants proportional, so dass durch Messung der Impulshöhen Energiespektren der Strahlung aufgenommen werden können.

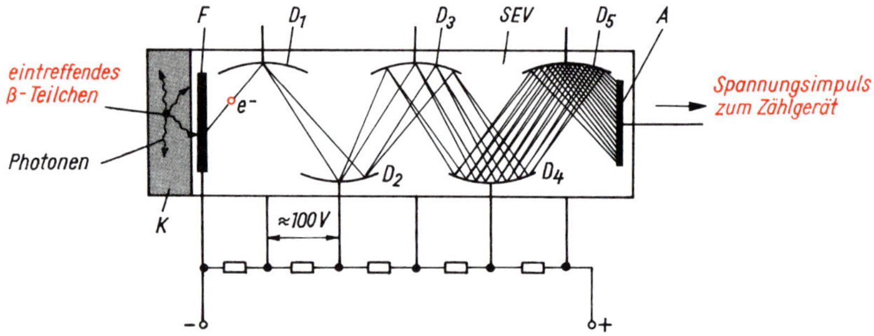

Bild 16.22: Prinzip der Szintillationsmesssonde
K Szintillatorkristall, F Fotokathode, D_1 bis D_5 Dynoden (Kathoden mit Sekundärelektronenemission)

Halbleiterdetektoren auch Festkörperdetektoren genannt, sind Flächendioden mit großer Ausdehnung. Sie sind in Sperrrichtung gepolt und werden bei auftreffenden Teilchen oder Quanten durch Ionisation der Sperrschicht leitend (s. 13.3). Der dadurch entstehende elektrische Impuls wird elektronisch registriert, ausgewertet und der Messwert angezeigt. **Spurendetektoren** zeichnen den Weg als Spur der Kernteilchen auf. Zu diesen Detektoren gehören Blasenkammern und Kernspurplatten. In einer Blasenkammer entstehen in einer überhitzten Flüssigkeit durch eindringende Teilchen Dampfbläschen, welche die Bahn der Teilchen anzeigen (s. Bild 2.2). Kernspurplatten weisen die Teilchenspuren in einer lichtempfindlichen fotografischen Schicht bei deren Entwicklung nach.

Die hohe Nachweisempfindlichkeit für Kernstrahlung führte zur Entwicklung von *Tracermethoden* (engl. trace „Spur"). Dabei werden an chemischen, technologischen oder biologischen Prozessen beteiligte Stoffe mit Radionukliden als sog. Tracer markiert. Durch Messung der Strahlung dieser als Indikatoren wirkenden

Tracer kann die zeitliche und räumliche Verteilung der radioaktiv markierten Stoffe ermittelt werden.

16.3.2.7 Biologische Wirkungen und Strahlenschutz

Ionisierende Strahlung übt auf lebendes Gewebe im Allgemeinen *schädigende Wirkungen* aus. Die biologischen Wirkungen durch unterschiedliche Strahlenarten sind bei gleicher Energiedosis aber verschieden stark. Deshalb wird die *biologische Wirkung* ionisierender Strahlen durch eine *Äquivalentdosis* bewertet. Die Äquivalentdosis H ergibt sich durch Multiplikation der Energiedosis D mit einem Qualitätsfaktor Q und wird zur Unterscheidung von der Energiedosis in Sievert (Sv) angegeben:

Äquivalentdosis

$$H = QD \tag{16.23}$$

$$[H] = \text{Sv} \quad \text{(Sievert)}$$

In den meisten Fällen ist der Qualitätsfaktor für β-, γ- und Röntgenstrahlen gleich 1, für α-Strahlen jedoch 20.

Bei der Einwirkung ionisierender Strahlen auf den menschlichen Körper (**Strahlenexposition**) wird darüber hinaus durch die *effektive* Äquivalentdosis auch die unterschiedliche Strahlenempfindlichkeit einzelner Organe und Gewebe berücksichtigt. Sie erfasst als Körperdosis die effektive Dosis sowohl bei *äußerer* Strahlenexposition durch Strahlenquellen außerhalb des Körpers als auch bei *innerer* Strahlenexposition durch Strahlenquellen innerhalb des Körpers, die mit der Nahrung (**Ingestion**) und der Atemluft (**Inhalation**) in den Körper aufgenommen wurden (**Inkorporation**).

Jeder Mensch ist einer *natürlichen* Strahlenexposition durch kosmische Strahlung, terrestrische Strahlung infolge der natürlichen Radioaktivität der Erde, Inhalation von Radon in Wohnungen und Inkorporation natürlicher radioaktiver Stoffe ausgesetzt. Die effektive Dosis, die durch diese natürliche Strahlenexposition während eines Jahres im Mittel je Person aufgenommen wird, beträgt in der Bundesrepublik ca. 2,4 mSv. Zusätzlich *zivilisatorisch* bedingte Strahlenexpositionen treten hauptsächlich durch Anwendung radioaktiver Stoffe und ionisierender Strahlen in der Medizin mit im Mittel ca. 1,5 mSv auf.

Die Nutzung der Kerntechnik und der Einsatz radioaktiver Stoffe erfordern Maßnahmen zum Schutz von Leben und Gesundheit der Menschen, um Strahlenschäden zu vermeiden oder die Wahrscheinlichkeit ihres Auftretens zu begrenzen. So werden in der **Strahlenschutzverordnung** u.a. Überwachungs- und Schutzvorschriften gesetzlich festgelegt. Als Grundsatz des Strahlenschutzes gilt, jede *unnötige* Strahlenexposition oder Verunreinigung durch radioaktive Stoffe (**Kontamination**) zu vermeiden und jede Strahlenexposition oder Kontamination auch *unterhalb* der in der Strahlenschutzverordnung festgelegten Grenzwerte so gering wie möglich zu halten.

Zum Schutz der Bevölkerung aus sogenannter *zielgerichteter Nutzung* von Strahlung wurde als **Grenzwert** der Ganzkörperdosis 1 mSv pro Jahr festgelegt. Die Strahlenbelastung durch kerntechnische Anlagen (Kernkraftwerke, Zwischen- und Endlager) ist bei störungsfreiem Betrieb etwa 0,01 mSv/a und liegt in der Größenordnung von Kohlekraftwerken. Mit der zusätzlichen natürlichen und der zivilisatorischen Belastung sollte jeder Bürger (Ausnahme beruflich strahlenexponierte Personen) nicht mehr als ca. 5 mSv im Jahr aufnehmen.

Als **Grenzwert** der Körperdosis für beruflich strahlenexponierte Personen der Kategorie A ist eine effektive Dosis von **20 mSv** im Jahr festgelegt. Diese Personen halten sich aus beruflichen Gründen in Kontrollbereichen auf, wo die Körperdosis 6 mSv übersteigen kann. Für sie ist die Ermittlung der Körperdosen vorgeschrieben. Das kann durch personendosimetrische Überwachung erfolgen. Dazu tragen die betreffenden Personen Personendosimeter. Als Filmdosimeter enthalten sie in einer Plastplakette lichtdicht verschlossen ein Stück fotografischen Films. Dessen Schwärzung durch ionisierende Strahlung wird bei der regelmäßigen Auswertung zur Bestimmung der inzwischen aufgenommenen Dosis gemessen.

Praktische Strahlenschutzmaßnahmen sind der Umgang mit möglichst *geringen Aktivitäten*, die Einhaltung *großer Abstände* von den Strahlenquellen, die *Abschirmung* der Strahlung durch geeignete Absorber und möglichst *geringe Aufenthaltszeit* in Strahlenfeldern. Kontaminationen von Personen, Sachgütern und der Umwelt sowie die Inkorporation radioaktiver Stoffe sind durch technische und arbeitsorganisatorische Maßnahmen zu verhindern.

16.3.3 Kernenergie

Schauen wir uns nochmals die Darstellung der relativen Bindungsenergien für Nukleonen im Atomkern in Abhängigkeit von der Massenzahl an (Bild 16.23). Sie erkennen daran, dass es prinzipiell zwei verschiedene Möglichkeiten gibt, Kernenergie zu gewinnen:

1. Bei der **Kernspaltung** wird Energie durch die Spaltung schwerer Kerne relativ geringer Bindungsenergie in zwei mittelschwere Spaltprodukte größerer Bindungsenergie frei.
2. Bei der **Kernsynthese** durch *Kernfusion* wird Energie bei der Verschmelzung leichter Kerne zu schwereren Kernen größerer Bindungsenergie frei.

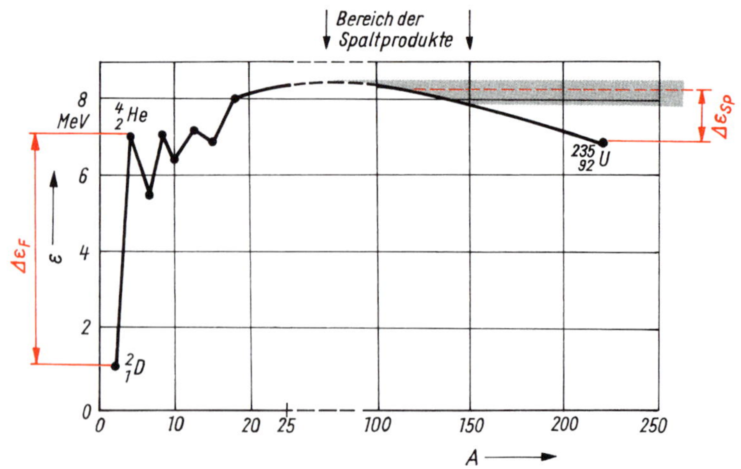

Bild 16.23: Energiegewinnung durch Kernspaltung und Kernfusion
ΔE_{Sp} bei Spaltung freigesetzte Energie je Nukleon
ΔE_F bei Fusion freigesetzte Energie je Nukleon

16.3.3.1 Kernspaltung

Absorbiert ein Kern der Kernladung Z ein Neutron bei einer Neutronenbestrahlung des betreffenden Nuklids, so entsteht ein β^--aktiver Kern, der sich unter Emission eines Elektrons in einen Kern der Kernladungszahl $Z + 1$ umwandelt (s. 16.3.2.2). Auf diese Weise entstehen bei der Bestrahlung von U 238 mit Neutronen die Transurane Neptunium und Plutonium:

$$^{238}_{92}\text{U} + ^{1}_{0}\text{n} \rightarrow ^{239}_{92}\text{U} \xrightarrow{\beta^-} ^{239}_{93}\text{Np} \xrightarrow{\beta^-} ^{239}_{94}\text{Pu}$$

Ende 1938 konnten Otto Hahn und Fritz Strassmann nachweisen, dass bestimmte schwere Kerne mit *ungerader* Massenzahl bei Neutronenbeschuss anders reagieren, indem sie in zwei ungleiche mittelschwere Bruchstücke „zerplatzen". Ihnen gelang die Entdeckung der **Kernspaltung** durch den chemischen Nachweis von Barium, das u. a. bei der Spaltung von U 235 durch langsame, sog. thermische Neutronen entsteht:

$$^{235}_{92}\text{U} + ^{1}_{0}\text{n} \rightarrow ^{145}_{56}\text{Ba} + ^{88}_{36}\text{Kr} + 3^{1}_{0}\text{n}$$

Der U-235-Kern ist einem Tröpfchen vergleichbar, das beim Eindringen eines Neutrons in starke Schwingungen gerät. Er schnürt sich an einer Stelle ein und zerbricht in zwei Spaltfragmente. Die beiden positiv geladenen Bruchstücke fliegen durch die abstoßende elektrostatische Kraft beschleunigt auseinander. Dabei geben sie Anregungsenergie durch Emission von Neutronen und γ-Quanten ab. Der Hauptanteil der Energie wird bei der Kernspaltung als kinetische Energie auf die Spaltfragmente übertragen und beim Abbremsen zum größten Teil in Wärme umgesetzt. Die nach dem Abbremsen verbleibenden Spaltprodukte sind stark radioaktiv und wandeln sich wegen ihres hohen Neutronenüberschusses durch eine Reihe von β^--Umwandlungen in stabile Nuklide um. Bei einem Spaltprozess wird insgesamt eine Energie von rund 200 MeV frei. Das ist etwa 10^8mal so viel wie bei exothermen chemischen Reaktionen, z. B. der Verbrennung von Kohle und Erdöl.

Da bei jedem Spaltprozess außerdem mehrere freie Neutronen entstehen, kann es zu einer **Kettenreaktion** kommen. Lösen z. B. 2 von jeweils 3 frei werdenden Neutronen 2 neue Kernspaltungen aus, so wächst die Anzahl der Spaltreaktionen lawinenartig an (Bild 16.24). Die Kernspaltungsrate vervielfacht sich jeweils um einen **Multiplikationsfaktor** $k = 2$.

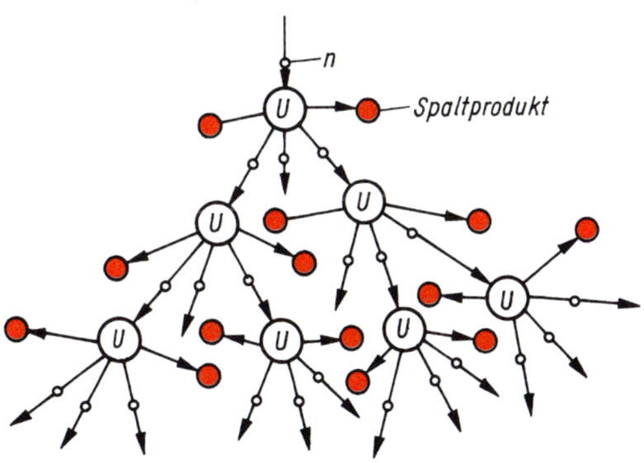

Bild 16.24: Schema einer Kettenreaktion bei der Kernspaltung

Allgemein führt ein Multiplikationsfaktor $k > 1$ bei einer ungesteuerten Kettenreaktion zur Detonation, wie sie mit einer **Kernspaltungswaffe** (umgangssprachlich als Atombombe bezeichnet) erzielt werden kann. Zur Auslösung der Detonation werden zwei unterkritische Massen der spaltbaren Nuklide U 235 oder Pu 239, in denen wegen der hohen Neutronenverluste über die Oberflächen noch $k < 1$ ist, zu einer überkritischen Masse mit $k > 1$ vereinigt.

Die Detonationsstärke der 1945 auf Hiroshima abgeworfenen Atombombe entsprach derjenigen von 20 kt des herkömmlichen Sprengstoffs Trinitrotoluol (TNT). Neben *Druckwelle* sowie *Licht-* und *Wärmestrahlung* wie bei konventionellen Waffen treten bei Kernspaltungswaffen mit der *Sofortkernstrahlung* und der *Restkernstrahlung* völlig andersartige Wirkungsfaktoren auf. Die Sofortkernstrahlung ist die unmittelbar bei der Detonation von den angeregten Spaltfragmenten emittierte Neutronen- und γ-Strahlung. Die Restkernstrahlung ist die Kernstrahlung der Spaltprodukte und des in der Umgebung der Detonationsstelle neutronenaktivierten Materials.

Die technische Nutzung der Kernspaltungsenergie erfolgt durch *gesteuerte Kettenreaktionen* in **Kernreaktoren**. Weltweit wird ein beträchtlicher Anteil der Elektroenergie auf diese Weise in Kernkraftwerken erzeugt (Bild 16.25).

Bild 16.25: Kernkraftwerk Emsland mit dem für Druckwasserreaktoren typischen kuppelförmigen Reaktorbau

Der am häufigsten eingesetzte Reaktortyp ist der *Druckwasserreaktor* (Bild 16.26). Brennstäbe aus Urandioxid, das mit U 235 angereichert ist, werden von Wasser unter einem Druck von etwa 16 MPa umspült. Das Wasser bremst als Moderator schnelle Spaltungsneutronen auf die für weitere Spaltungen notwendigen geringen Geschwindigkeiten ab und nimmt gleichzeitig als Kühlmittel die kinetische Energie der Spaltprodukte auf, um sie als Wärme in einem Wärmeübertrager auf einen zweiten Wasserkreislauf zur Dampferzeugung zu übertragen. Neutronenabsorbierende Steuerstäbe aus Cadmium können mehr oder weniger tief zwischen die Brennstäbe eingefahren werden. Dadurch wird der Multiplikationsfaktor gesteuert, der bei konstanter Reaktorleistung $k = 1$ betragen muss.

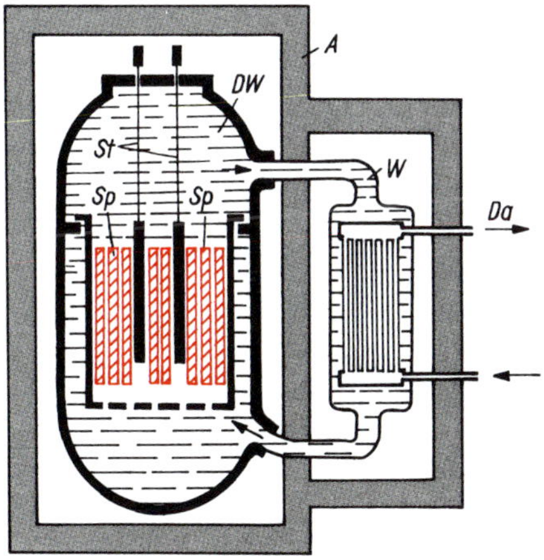

Bild 16.26: Schema eines Druckwasser-Reaktors
Sp Stäbe aus spaltbarem Material, DW unter Druck stehendes Wasser, W Wärmeüberträger, Da Dampf zur Turbine, A Abschirmung

16.3.3.2 Kernsynthese

Die **Synthese** schwerer Kerne kann durch die Verschmelzung (*Fusion*) leichterer Kerne bei Zusammenstößen infolge ihrer Wärmebewegung erfolgen. Bei einer solchen **thermonuklearen Reaktion** kann Energie in Form der kinetischen Energie der Syntheseprodukte sowie durch Neutronen- und γ-Strahlung frei werden.

Ein charakteristisches Beispiel ist die Verschmelzung der schweren Isotope des Wasserstoffs, Deuterium D und Tritium T, zu Helium:

$$^{2}_{1}\mathrm{D} + ^{3}_{1}\mathrm{T} \rightarrow ^{4}_{2}\mathrm{He} + ^{1}_{0}\mathrm{n}$$

Dabei wird eine Energie von 17,6 MeV frei (D-T-Reaktion).

Zur Fusion von zwei Atomkernen müssen sie sich gegen die elektrostatische Abstoßung ihrer positiven Ladungen bis auf die Reichweite der Kernkräfte von 10^{-14} m einander nähern. Das erfordert extrem hohe Temperaturen, bei denen die Reaktionspartner als Atomkerne und freie Elektronen in Form eines Plasmas vorliegen. Derartige Bedingungen existieren im Innern der Fixsterne. So entstammt die Sonnenenergie den im Sonneninnern ablaufenden Fusionsreaktionen.

Für eine **Kernfusion** muss eine *bestimmte Teilchendichte* des Plasmas bei solch *hohen Temperaturen* hinreichend *lange Zeit* aufrechterhalten werden. Technisch ist dies bisher nur in **Kernsynthesewaffen** gelungen, die umgangssprachlich als Wasserstoffbomben bezeichnet werden. Die Fusionsreaktion wird dabei durch eine Kernspaltungsreaktion gezündet. Eine Wasserstoffbombe hat also praktisch als „Zündhütchen" eine Atombombe! 1 kg D-T-Gemisch ergibt eine Detonationsstärke von 80 kt TNT, wobei ein großer Teil der Energie als Strom schneller Neutronen abgegeben wird.

An der technischen Realisierung einer gesteuerten thermonuklearen Reaktion zur Energiegewinnung in einem **Fusionsreaktor** wird intensiv gearbeitet. Dazu muss für eine D-T-Reaktion in einem Plasma eine Teilchendichte von 10^{20} m^{-3} bei einer Temperatur von 10^{8} K mindestens 1 s lang aufrechterhalten werden. Das ist bisher noch nicht gelungen. Mit der Möglichkeit der Energiegewinnung durch Kernfusion zeichnen sich jedoch neue Lösungen für unsere Energieprobleme in der ferneren Zukunft ab.

Zusammenfassung: Quanten und Atome

- Zu den Anfängen der Quantentheorie zählen
  - die Quantelung der Energie des harmonischen Oszillators zur Berechnung der Strahlungskurve der Hohlraumstrahlung (Planck 1900);
  - die Photonentheorie zur Deutung des lichtelektrischen Effekts (Einstein 1905);
  - das Bohrsche Atommodell zur Berechnung des Wasserstoffspektrums (Bohr 1913).
- Die Heisenbergsche Unschärferelation zeigt, dass die Quantentheorie nur Wahrscheinlichkeiten physikalischer Größen und Zustände im atomaren Bereich angeben kann.
- Innerhalb der Elektronenhülle des Atoms können Elektronen nur diskrete Energiezustände annehmen.
- Der Atomkern besteht aus Nukleonen in zwei Zuständen als elektrisch positiv geladenen Protonen und elektrisch neutrale Neutronen. Die Massenzahl eines Nuklids gibt die Anzahl der Nukleonen, die Kernladungszahl die Anzahl der Protonen an.
- Radioaktive Nuklide wandeln sich unter Emission von Kernstrahlung um. Ihre Aktivität klingt exponentiell ab.
- Bindungsenergie wird sowohl bei der Kernspaltung schwer Kerne in zwei mittlere Kerne als auch durch Kernfusion beim Aufbau leichterer Kerne frei.

AUFGABEN

2 Kinematik

A 2.1 Rechnen Sie um:

a) 36 dm^3/min	in dm^3/s	und	m^3/h,
b) 2,4 g/cm^3	in kg/dm^3	und	kg/m^3,
c) 35 N/mm^2	in N/m^2	und	kN/m^2

A 2.2 Zeichnen Sie maßstäblich das Weg-Zeit-Diagramm für die Bewegung des Fahrzeuges, die durch die folgende Tabelle beschrieben wird:

t in s	0	1	2	3	4	6	7	8	10	11	12
s in m	10	30	42	50	55	60	60	60	65	75	90

Bestimmen Sie daraus die Durchschnittsgeschwindigkeit zwischen der 1. und 6. Sekunde und die Momentangeschwindigkeiten zu folgenden Zeiten: 3 s, 7 s, 10 s. Beschreiben Sie den Bewegungsablauf!

A 2.3 Wie groß ist der zurückgelegte Weg, wenn sich ein Fahrzeug entsprechend dem im Bild A 2.1 dargestelltem Diagramm bewegt? Berechnen Sie die Beschleunigungen für die Teilbewegungen!

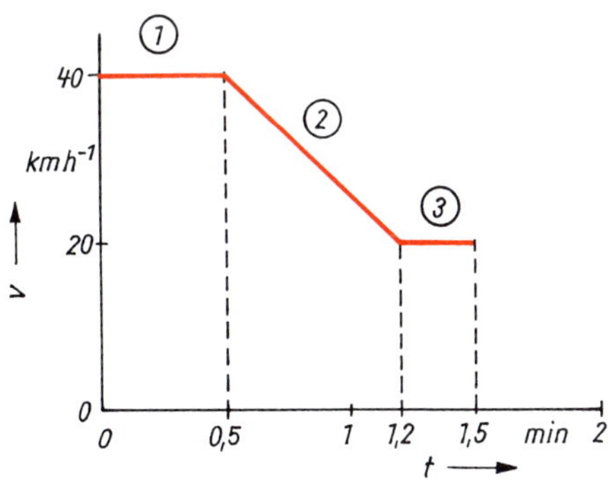

Bild A 2.1: Geschwindigkeits-Zeit-Diagramm

A 2.4 Entscheiden Sie, ob man einen Umweg von 500 m, der mit konstanter Geschwindigkeit von 40 km/h durchfahren wird, in Kauf nehmen kann, um das Anhalten, Warten und Wiederanfahren eines Fahrzeuges beim Überqueren einer Straße zu vermeiden! Das Transportfahrzeug muss zwischen zwei Betriebsteilen eine Hauptstraße kreuzen, dort am Stoppschild aus 40 km/h in 4 s bis zum Stillstand abbremsen, durchschnittlich 1,0 min warten und wird dann in 9,0 s wieder auf 40 km/h beschleunigt.

A 2.5 Berechnen Sie die fehlenden kinematischen Größen für die Teilbewegungen sowie die Gesamtstrecke und die Fahrzeit für folgenden Bewegungsablauf: An einer Baustelle wird ein Fahrzeug aus 72 km/h auf einer Strecke von 75 m auf 30 km/h abgebremst. Die Baustelle wird in 10 s mit konstanter Geschwindigkeit von 30 km/h durchfahren. Anschließend wird in 8,0 s auf 60 km/h beschleunigt. Zeichnen Sie die Bewegungsdiagramme!

A 2.6 Aus welcher Höhe muss ein Körper fallen, um mit der gleichen Geschwindigkeit aufzutreffen wie ein Fahrzeug beim Aufprall mit 72 km/h?

A 2.7 Mit welcher Geschwindigkeit erreicht ein mit der Anfangsgeschwindigkeit 15 m/s senkrecht nach oben geschleuderter Ball die Decke einer 10 m hohen Sporthalle? Die Abwurfhöhe ist 1,5 m. Könnte unter gleichen Abwurfbedingungen der Ball die Decke einer 14 m hohen Halle erreichen?

A 2.8 Mit welcher Geschwindigkeit strömt Wasser aus einem 6,5 m über dem Erdboden horizontal verlaufenden Rohr, wenn es in der x-Richtung 5,0 m von der Rohröffnung entfernt auf die Erde trifft? Zeichnen Sie maßstäblich die Wurfparabel!

A 2.9 Welche Geschwindigkeit relativ zur Erde hat ein Flugzeug, wenn es die Strecke von 1,0 km bei Rückenwind in 7,0 s, bei Gegenwind in 10 s zurücklegt? Wie groß ist die Windgeschwindigkeit?

A 2.10 Berechnen Sie die Winkelgeschwindigkeit und die Radialbeschleunigung für die Kurvenfahrt eines Kraftfahrzeuges a) bei der Geschwindigkeit 30 km/h und einem Kurvenradius von 60 m und b) bei 60 km/h und 120 m! Vergleichen Sie die Ergebnisse!

A 2.11 Welche Winkelbeschleunigung hat ein Rad, welches in 1,0 min aus dem Stillstand auf die Drehzahl 2 800 1/min gleichmäßig beschleunigt wird? Wie groß ist die Umfangsgeschwindigkeit bei voller Drehzahl, wenn der Durchmesser 1 200 mm ist?

A 2.12 Wie groß ist die Anzahl der Umdrehungen des Läufers eines Elektromotors, der 2,0 s nach dem Einschalten die Drehzahl 1 400 1/min erreicht?

A 2.13 Wie groß sind der überstrichene Drehwinkel und die Zahl der Umdrehungen eines Schwungrades, welches aus der Drehzahl 500 1/min in 12 s gleichmäßig bis zum Stillstand abgebremst wird?

A 2.14 Berechnen Sie alle fehlenden kinematischen Größen für das Anfahren eines Elektromotors in 4,0 s auf die Drehfrequenz 1420 1/min. Anschließend wird diese Drehzahl in 6,0 s auf 2800 1/min erhöht und bleibt dann 10 s konstant. Zeichnen Sie folgende Diagramme: Drehzahl-Zeit; Winkelgeschwindigkeit-Zeit und Winkelbeschleunigung-Zeit! Wie viel Umdrehungen führt der Motor in der Gesamtzeit aus?

A 2.15 Wie groß sind Winkelbeschleunigung, Anzahl der Umdrehungen und Länge des aufgewickelten Seiles, wenn sich bei einer Seilwinde mit dem Trommeldurchmesser 550 mm infolge großer Belastung die Drehzahl von 90 1/min auf 75 1/min in 1,5 s gleichmäßig ändert?

A 2.16 Berechnen Sie alle fehlenden kinematischen Größen für die Rollen und für den über diese geführten Gurt, wenn ein Gurtförderer während des Anfahrens bis zur Fördergeschwindigkeit 1,2 m/s das Fördergut 75 cm transportiert und die Rollen 250 mm Durchmesser haben!

3 Dynamik der Punktmasse

A 3.1 Welche der beiden Federn hat die größere Härte? Feder *1* wird durch die Kraft 1,25 N, Feder *2* durch die Kraft 7,50 N um 50 mm gedehnt.

A 3.2 Zeichnen Sie maßstäblich die Federkennlinie (Abhängigkeit der Kraft F von der Längenänderung Δs) für $0 \leq \Delta s < 100$ mm, wenn die Federkonstante 0,30 N/cm ist! Deuten Sie die Federkonstante in diesem Diagramm! Wie unterscheidet sich die Kennlinie einer härteren Feder von der gezeichneten Kennlinie?

A 3.3 Ermitteln Sie Betrag und Richtung der resultierenden Kraft für die Kräfte $F_1 = 150$ N und $F_2 = 110$ N, wenn
a) die Kräfte aufeinander senkrecht stehen,
b) der Winkel zwischen den Kräften 60°,
c) der Winkel zwischen den Kräften 110° beträgt!
(Die Kraft F_1 geht in Richtung der positiven x-Achse.) Lösen Sie die Aufgabe zeichnerisch und rechnerisch!

A 3.4 Wie groß sind Hangabtriebskraft und Normalkraft auf einen Körper mit der Gewichtskraft 10,0 kN, wenn der Neigungswinkel der geneigten Ebene 30° ist? Wie groß sind diese Kräfte bei einem Neigungswinkel von 10°? Was ist über die Größe der Normalkraft auszusagen, wenn der Neigungswinkel kleiner als 10° ist?

A 3.5 Der Kilogrammprototyp ist ein Metallzylinder von 39,0 mm Durchmesser und 39,0 mm Höhe. Wie groß ist seine Dichte, und aus welchem Metall könnte er bestehen?

A 3.6 Wie groß muss der Durchmesser einer Kugel aus Aluminium sein, damit sie die gleiche Masse hat wie ein Zylinder aus Holz (Dichte 0,80 g/cm^3) von 60 mm Durchmesser und 100 mm Höhe?

A 3.7 Geben Sie die Gleichung für die Masse eines Rohres an, dessen Dichte ϱ, Länge l, Außendurchmesser d_a und Innendurchmesser d_i bekannt sind!

A 3.8 Wie groß muss die resultierende Kraft sein, damit eine Lokomotive auf horizontaler Strecke mit der Beschleunigung 0,08 m/s^2 anfahren kann, wenn die Gesamtmasse des Zuges (einschließlich Lok) 520 t ist?

A 3.9 Wie groß ist die Bremskraft, um ein Auto mit der Masse 950 kg auf einer Strecke von 30 m aus 72 km/h auf 36 km/h gleichmäßig beschleunigt abzubremsen?

A 3.10 Berechnen Sie die Masse eines Körpers in t, wenn eine resultierende Kraft von 2,70 kN eine Beschleunigung von 0,70 m/s^2 hervorruft!

A 3.11 Ein zweiachsiger Eisenbahnwaggon kann eine Nutzmasse von 40,0 t fassen. Mit welcher Kraft wird dadurch ein Rad zusätzlich belastet, wenn die Ladung gleichmäßig verteilt ist?

A 3.12 Darf man an einen Kran, dessen maximale Belastung mit 12 kN angegeben wird, einen Körper mit der Masse 1,50 t anhängen?

A 3.13 Welche Belastung muss jeder der beiden Männer aufnehmen, die einen 8,20 m langen Holzbalken (Querschnitt rechteckig, 12 cm × 16 cm, Dichte 0,80 g/cm^3) an den Enden tragen?

A 3.14 Welche Zugkraft ist im Seil nötig, um eine Maschine mit der Masse 1,60 t durch einen Kran mit der Geschwindigkeit 45 m/min anzuheben? Wie groß muss die Seilkraft sein, wenn diese Geschwindigkeit beim Anfahren in 2,0 s erreicht wird?

A 3.15 Welche Schubkraft ist erforderlich, um eine Rakete mit der Startmasse 50 t senkrecht nach oben mit einer Beschleunigung zu starten, deren Betrag gleich der fünffachen Fallbeschleunigung ist?

A 3.16 Wie groß ist die Fahrwiderstandskraft, wenn ein Pkw mit der Masse 1,0 t auf horizontaler Strecke bei ausgekuppeltem Motor seine Geschwindigkeit in 7,0 s von 60 km/h auf 54 km/h verringert? Welchen Wert hat unter diesen Bedingungen die Fahrwiderstandszahl?

A 3.17 Welche Antriebskraft ist bei einer Fahrwiderstandszahl von 0,03 nötig, um einen Lkw mit der Masse 7,20 t auf konstanter Geschwindigkeit von 30 km/h zu halten (die Fahrstrecke ist horizontal)? Wie groß ist die erforderliche Antriebskraft, wenn die Geschwindigkeit in 10 s auf 40 km/h erhöht wird?

A 3.18 Ein Traktor zieht einen Anhänger mit der Masse 6,0 t auf ansteigender Straße (Steigung 6 %, d. h. auf 100 m Länge 6,0 m Höhenunterschied) mit konstanter Geschwindigkeit von 10 km/h aufwärts. Welche Zugkraft muss auf den Hänger übertragen werden, wenn die Fahrwiderstandszahl 0,03 ist? Welche resultierende Kraft wirkt auf den Hänger?

A 3.19 Welche Kraft ist jeweils nötig, um einen Körper mit der Masse 470 kg bei einer Haftreibungszahl von 0,4 und einer Gleitreibungszahl von 0,3 auf einer geneigten Ebene (Neigungswinkel 27°) a) im Ruhezustand zu halten, b) mit konstanter Geschwindigkeit aufwärts und c) abwärts zu bewegen?

A 3.20 Berechnen Sie die erforderliche Antriebskraft, um einen Pkw mit der Masse 940 kg auf ansteigender Straße (Steigung 6 %) in 8,0 s von 30 km/h auf 55 km/h zu beschleunigen? Die Fahrwiderstandszahl ist 0,03.

A 3.21 Welche Geschwindigkeit wird nach 60 m Fahrstrecke erreicht, wenn ein Pkw (Masse 950 kg) auf abschüssiger Straße (Steigung 4 %, Fahrwiderstandszahl 0,03) durch eine Antriebskraft von 1,0 kN aus der Geschwindigkeit 20 km/h gleichmäßig beschleunigt abwärts bewegt wird?

A 3.22 Welche Zentrifugalkraft wirkt auf einen Menschen (Masse 70 kg) ein, wenn dieser sich stehend in einem Bus befindet, der eine Kurve mit dem Krümmungsradius 50 m mit der Geschwindigkeit 36 km/h durchfährt?

A 3.23 Die Überhöhung der äußeren Schiene eines Eisenbahngleises der Spurweite 1435 mm (Normalspur) soll für eine Kurve mit dem Radius 1000 m so bemessen werden, dass bei der Geschwindigkeit 72 km/h keine seitliche Belastung auftritt. Wie groß ist die Überhöhung?

A 3.24 Ein Eisenbahnwaggon mit der Masse 42 t wird auf gerader Strecke über eine Seilwinde mit der konstanten Kraft von 2,10 kN 80 m weit mit konstanter Geschwindigkeit gezogen. Welche Arbeit wird verrichtet, wenn das Seil unter einem Winkel von 30° zur Bewegungsrichtung angreift?

A 3.25 Welche Arbeit müssen die Bremsen eines Lkw mit der Masse 7,50 t verrichten, wenn der Betrag der Bremsverzögerung 4,5 m/s und die Bremsstrecke 25 m beträgt? Aus welcher Geschwindigkeit wurde das Fahrzeug abgebremst?

A 3.26 Welche Hubarbeit verrichtet eine Pumpe, die 1 500 m^3 Wasser auf eine mittlere Höhe von 25 m fördert?

A 3.27 Ein Wagen mit der Masse 800 kg wird mit konstanter Geschwindigkeit reibungsfrei auf einer geneigten Ebene in eine Höhe von 6,0 m gezogen. Berechnen Sie die erforderliche Arbeit!

A 3.28 Wie viel Kubikmeter Kies können mit einer Förderanlage durchschnittlich 12 m hoch gefördert werden, wenn eine Hubarbeit von 1,0 kW · h verrichtet wird?

A 3.29 Welche Endkraft ist nötig, um eine bereits mit einer Kraft von 100 N vorgespannte Feder mit einem Arbeitsaufwand von 25 J um weitere 10 cm zu dehnen?

A 3.30 Berechnen Sie die mechanische Arbeit, die erforderlich ist, um einen Körper mit der Masse 470 kg auf einer geneigten Ebene mit dem Neigungswinkel 27° mit konstanter Geschwindigkeit 50 m aufwärts zu ziehen! Die Gleitreibungszahl sei 0,3.

A 3.31 Wie weit kann ein Pkw mit der Masse 1,0 t auf ansteigender Straße (Neigungswinkel 5°) mit konstanter Geschwindigkeit fahren, wenn die Arbeit 0,10 kW · h aufgewendet wird und die Fahrwiderstandszahl 0,02 beträgt?

A 3.32 Ermitteln Sie aus dem Energieerhaltungssatz der Mechanik die Geschwindigkeit, mit der ein aus der Höhe h frei fallender Körper mit der Masse m auf dem Erdboden auftrifft!

A 3.33 Welche Masse muss ein Schmiedehammer haben, der beim Auftreffen auf ein Werkstück die Geschwindigkeit 5,0 m/s und die kinetische Energie 250 J hat?

A 3.34 Wie groß ist der Energieaufwand für den Bär einer Ramme (Masse 300 kg) in kW · h, wenn er 1000mal 6,0 m angehoben wird?

A 3.35 Auf welche Höhe ist das Volumen von 10 000 m^3 Wasser durchschnittlich zu pumpen, damit die potenzielle Energie um 1 000 kW · h zunimmt?

A 3.36 Berechnen Sie unter Anwendung des Energieerhaltungssatzes die Fahrwiderstandszahl eines Fahrzeuges, welches mit ausgekuppeltem Motor aus der Geschwindigkeit 80 km/h auf horizontaler Strecke 800 m fährt, bis es zum Stillstand kommt!

A 3.37 Ein Körper mit der Masse 400 g liegt auf einer vertikal stehenden Schraubenfeder mit der Federkonstanten 20 N/cm. Die Feder wird um 30 mm zusammengedrückt und losgelassen. Mit welcher Geschwindigkeit erreicht der Körper seine Ausgangshöhe?

A 3.38 Ein Lkw (Masse 5,0 t) hat die Geschwindigkeit 36 km/h. Wie groß ist die kinetische Energie? Welche Arbeit wird verrichtet und welche mittlere Kraft tritt auf, wenn das Fahrzeug bei einem Aufprall auf einer Strecke von 2,0 m zum Stillstand kommt? Überlegen Sie, wie sich Energie und Kraft ändern, wenn die Masse bei gleicher Geschwindigkeit doppelt so groß bzw. die Geschwindigkeit bei gleicher Masse doppelt so groß wäre?

A 3.39 Welche Leistung muss aufgewendet werden, wenn ein Kran eine Maschine mit der Masse 3,4 t in 1,0 min mit konstanter Geschwindigkeit 12 m anhebt?

A 3.40 Welche Zugkraft kann eine Elektrolokomotive mit der Leistung 1,5 MW bei einer Geschwindigkeit von 72 km/h aufbringen?

A 3.41 Eine Werkbahn mit der Gesamtmasse 40 t fährt mit der Geschwindigkeit 12 km/h auf einem auf 100 m Streckenlänge um 4,0 m ansteigenden Gleis. Die Fahrwiderstandszahl ist 0,01. Welche Leistung muss die Lokomotive aufbringen, und welche konstante Beschleunigung wäre beim Anfahren auf dieser Strecke möglich, wenn noch eine zusätzliche Leistung von 15 kW zur Verfügung steht?

A 3.42 Welche Leistung verrichtet ein Mensch (Masse 70 kg), der mit konstanter Geschwindigkeit eine Treppe mit 80 Stufen (Höhe einer Stufe 12,5 cm) in 2,0 min hoch steigt? Welche Zeit würde er benötigen, wenn er eine durchschnittliche Leistung von 120 W aufbringt?

A 3.43 Wie groß ist der Wirkungsgrad, wenn in einem Pumpspeicherwerk in Belastungszeiten 590 kW · h Elektroenergie abgegeben werden, während $2{,}0 \cdot 10^6$ m^3 Wasser um durchschnittlich 145 m herunterstürzen?

A 3.44 Ein Kran benötigt 12 kW · h Elektroenergie, um bei einer mittleren Förderhöhe von 7,5 m ein Silo mit 380 t Kohle zu füllen. Berechnen Sie den Wirkungsgrad!

A 3.45 Ein Motor treibt ein Förderband an, mit dem in 10 min 5,0 t Baumaterial in 6,0 m Höhe transportiert werden. Berechnen Sie den Wirkungsgrad der Förderanlage, wenn der Motor die mechanische Leistung 1,0 kW abgibt!

A 3.46 Welche Masse kann mit einem Flaschenzug (Wirkungsgrad 80 %) um 0,5 m angehoben werden, wenn an der Zugkette eine Kraft von 0,30 kN wirkt und diese um 3,0 m bewegt wird?

A 3.47 Wie groß ist die einem Elektromotor zuzuführende Leistung, wenn dieser einen Wirkungsgrad von 85 % hat und eine Pumpe mit dem Wirkungsgrad 80 % antreibt, die in 7,0 h aus einer Grube 280 m^3 Wasser um durchschnittlich 8,5 m hoch fördert?

A 3.48 Welche Nutzleistung hat ein Elektromotor, bei dem eine Verbesserung des Wirkungsgrades von 90 % auf 93 % eine Erhöhung der Nutzleistung um 5,0 kW bewirkt?

A 3.49 Mit einem Gewehr (Masse 3,0 kg) wird eine Kugel von 10 g mit der Geschwindigkeit von 600 m/s abgeschossen. Wie groß ist die Rückstoßgeschwindigkeit des Gewehrs?

A 3.50 Wie groß ist die Geschwindigkeitsänderung eines Wagens mit der Masse 1,0 t, der sich geradlinig mit der Geschwindigkeit 0,3 m/s bewegt, wenn er im Vorbeifahren senkrecht von oben mit 500 kg beladen wird?

A 3.51 Die beiden Körper im Beispiel 3.30 (Bild 3.51) haben die Massen 200 g und 300 g. Die zwischen ihnen gespannte Feder ist um 100 mm zusammengedrückt und hat die Federkonstante 20 N/cm. Welche Geschwindigkeiten erhalten die Körper nach dem Entspannen der Feder?

A 3.52 Ein Hammer mit der Masse 500 g schlägt mit der Geschwindigkeit 5,0 m/s gegen eine elastische Stahlkugel mit der Masse 20 g. Mit welcher Geschwindigkeit fliegt diese davon?

A 3.53 Mit welcher gemeinsamen Geschwindigkeit fahren zwei Eisenbahnwagen weiter? Ein Wagen mit der Masse 36 t stößt mit der Geschwindigkeit 6,0 m/s auf einen ruhenden Wagen von 30 t, wobei die Anhängekupplung einklinkt (unelastischer Stoß).

A 3.54 Welche Geschwindigkeit hat das Geschoss (Masse 15 g) einer Pistole, wenn es in einen Holzklotz mit der Masse 1,0 kg eindringt und dieser sich dadurch auf ebener Unterlage 4,0 m weit bewegt? Rechnen Sie mit einer Gleitreibungszahl von 0,4!

A 3.55 Bei einem Auffahrunfall prallt ein Pkw mit der Masse 1,0 t und der Geschwindigkeit 72 km/h auf einen stehenden Lkw von 10 t Masse. Wie groß ist die gemeinsame Geschwindigkeit der verkeilten Fahrzeuge unmittelbar nach dem Stoß (der Lkw war ungebremst)? Wie groß ist die Verformungsarbeit?

A 3.56 Welche Kraft wirkt auf einen Pfahl mit der Masse 100 kg, der nach dem Stoß eines Rammbärs mit der Masse 500 kg um 100 mm in das Erdreich eindringt? Der Bär fällt aus 2,0 m Höhe.

A 3.57 Welche Schubkraft erfährt eine Rakete, wenn in jeder Sekunde 400 kg Gase mit 5,0 km/s ausströmen? Wie groß ist die Momentanbeschleunigung zu dem Zeitpunkt, an dem die Masse der Rakete 100 t beträgt?

4 Dynamik der Rotation

A 4.1 Wie groß sind die Drehmomente, die Sie mit einer Handkraft von 150 N an einem Schraubenschlüssel nach Bild 4.3 erreichen können, wenn der Abstand zwischen Drehachse und Angriffspunkt der Kraft 200 mm ist und der Winkel zwischen Kraftrichtung und Schlüssellängsachse 0, 30°, 45°, 70° oder 90° beträgt?

A 4.2 Wie viel Betonklötze sind bei der im Bild A 4.1 dargestellten Vorrichtung erforderlich, um eine Spannkraft von mindestens 900 N zu erzeugen? Die Betonklötze sind flache Zylinder mit 300 mm Durchmesser und 50 mm Dicke. Die Dichte des Betons ist 2,2 kg/dm³, die Raddurchmesser betragen 600 mm und 200 mm.

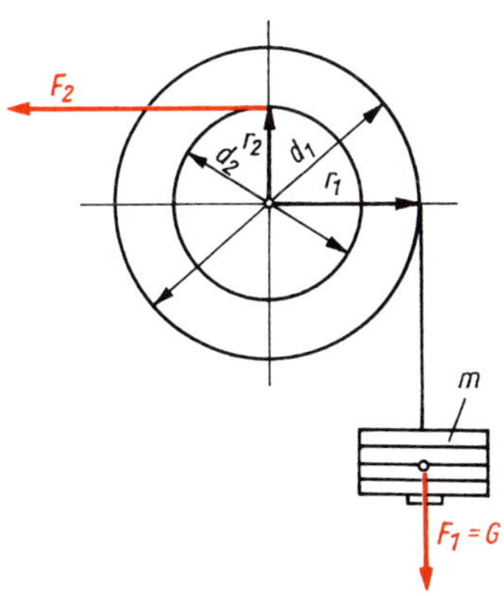

Bild A 4.1: Prinzip einer Spannvorrichtung

A 4.3 Welches Drehmoment erzeugt ein Motor, der mit der im Bild A 4.2 dargestellten Bremsvorrichtung auf konstanter Drehzahl gehalten wird? Rechnen Sie mit den Abmessungen $l = 1\,000$ mm, $a = 170$ mm, $d = 100$ mm und der Masse $m = 1{,}2$ kg. Die Gleitreibungszahl sei $\mu_G = 0{,}3$.

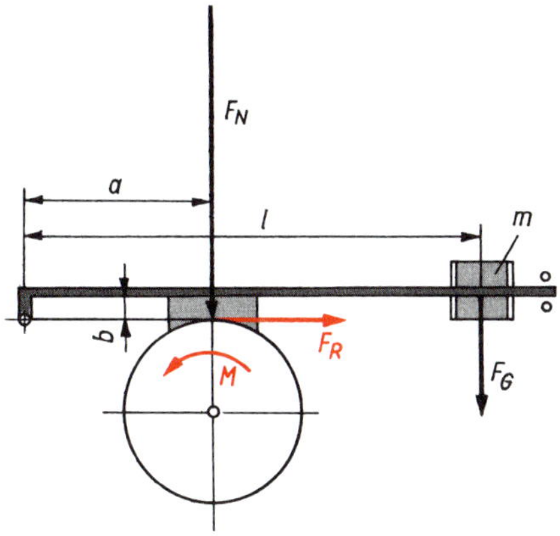

Bild A 4.2: Bremsvorrichtung

A 4.4 Wie groß ist das Drehmoment eines Motors, der das Rad *1* im Bild A 4.3 antreibt, und der auf diese Weise über die Vorrichtung, bestehend aus Rad *2* und Seiltrommel, einen Körper mit konstanter Geschwindigkeit anhebt? Die Durchmesser sind $d_1 = 500$ mm, $d_2 = 300$ mm und $d_3 = 150$ mm, Die Masse des Körpers ist 100 kg.

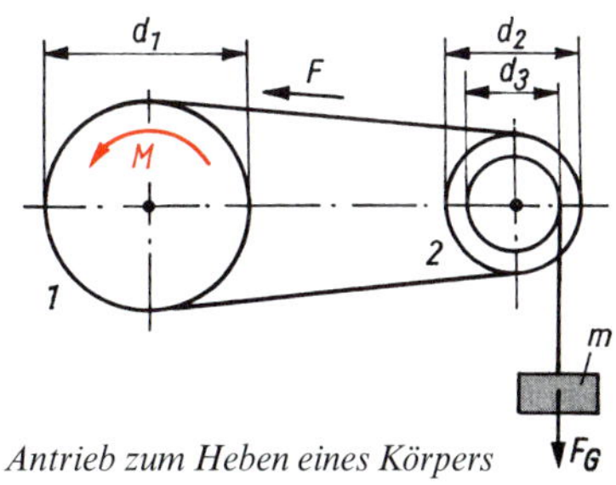

Bild A 4.3: Antrieb zum Heben eines Körpers

A 4.5 Welches Massenträgheitsmoment hat das im Bild A 4.4 dargestellte Rad aus Aluminiumguss (Dichte 2,56 g/cm³)? Die Abmessungen sind: $d_1 = 75$ mm, $d_2 = 55$ mm, $d_3 = 15$ mm, $d_4 = 7{,}0$ mm, $h_1 = 10$ mm, $h_2 = 3{,}0$ mm, $h_3 = 12$ mm. Vergleichen Sie das Ergebnis mit dem Massenträgheitsmoment des äußeren Radkranzes!

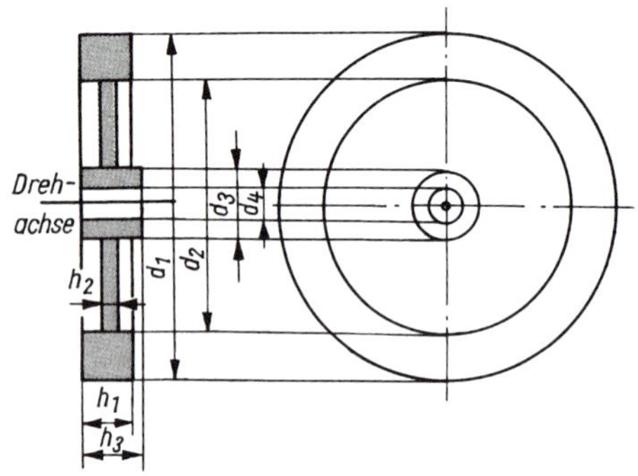

Bild A 4.4: Abmessungen eines Rades

A 4.6 Berechnen Sie die kinetische Energie für folgende Körper:

a) Schwungmasse mit dem Massenträgheitsmoment 0,50 kg · m² und der Drehzahl 1 500 1/mm,
b) Rotor eines Turbogenerators mit dem Massenträgheitsmoment 50 000 kg · m² und der Drehzahl 3 000 1/mm,
c) Rad eines Pkw (Durchmesser 600 mm, Massenträgheitsmoment 1,0 kg · m²) bei einer Fahrgeschwindigkeit von 72 km/h.

A 4.7 Eine Schwungmasse (Vollzylinder) mit der Masse 49 kg soll bei der Drehzahl 3 000 1/min die kinetische Energie 40 kJ haben. Welche Abmessungen sind erforderlich, wenn der Körper aus Stahlguss besteht (Dichte 7,8 g/cm³)?

A 4.8 Berechnen Sie das Massenträgheitsmoment der rotierenden Teile eines Motors, wenn dieser ausgekuppelt durch ein Belastungsdrehmoment vom Betrag 3,7 N · m in 5,0 s aus der Drehzahl 1 470 1/min bis zum Stillstand abgebremst wird!

A 4.9 Auf welche Drehzahl wird eine Turbine, deren rotierende Teile das Massenträgheitsmoment 650 kg · m² haben, durch ein vom antreibenden Wasser hervorgerufenes Drehmoment von 150 N · m in 5,0 min aus dem Stillstand beschleunigt?

A 4.10 Eine zylindrische Schwungscheibe aus Stahlguss (Dichte 7,8 g/cm³, Durchmesser 300 mm, Dicke 50 mm) rotiert mit der Drehzahl 1 500 1/min um die Zylinderachse. Welche Bremskraft muss tangential wirken, um sie in 10 s bis zum Stillstand abzubremsen?

A 4.11 Ein Elektromotor mit dem Wirkungsgrad 90 % nimmt bei einer Drehzahl von 2 880 1/min eine elektrische Leistung von 1,67 kW auf. Welches Drehmoment entwickelt der Motor?

A 4.12 Welche elektrische Leistung muss ein Elektromotor aufnehmen, wenn am Umfang einer Riemenscheibe mit dem Durchmesser 200 mm eine Kraft von 200 N tangential auf einen Treibriemen übertragen werden soll? Der Wirkungsgrad des Motors ist 85 %, die Drehzahl 1 420 1/min.

A 4.13 Eine Winde wird durch ein Drehmoment von 100 N · m angetrieben. Welche Arbeit wird verrichtet, wenn die Winde 50 Umdrehungen ausführt?

A 4.14 Ein Motor nimmt eine Leistung von 2,5 kW auf. Bei einem Wirkungsgrad von 82 % gibt er ein Drehmoment von 26 N · m ab. Wie groß ist seine Drehzahl?

A 4.15 Nach wie viel Umdrehungen hat ein Motor die Arbeit 1,0 kJ verrichtet, wenn er bei einem Wirkungsgrad von 83 % und einer Drehzahl von 960 1/min eine Leistung von 1,2 kW aufnimmt?

A 4.16 Durch ein Belastungsdrehmoment von 0,90 N · m wird der Rotor eines ausgekuppelten Motors in 5,0 s aus der Drehzahl 1 400 1/min auf 1 160 1/min abgebremst.

a) Wie groß ist die Drehimpulsänderung?
b) Welches Massenträgheitsmoment hat der Rotor?
c) Wie groß ist der Drehimpuls bei den angegebenen Drehzahlen?

A 4.17 Wie groß ist der Drehimpuls einer Schwungmasse (Vollzylinder) mit der Masse 10 kg und dem Durchmesser 100 mm, wenn die kinetische Energie bei der Rotation um die Zylinderachse 100 J betragen soll?

A 4.18 Beim Drehschemelversuch nach Beispiel 4.13 habe die Versuchsperson einschließlich Drehschemel ohne Hanteln ein Massenträgheitsmoment von 3,0 kg · m². Die Masse einer Hantel ist 5,0 kg. Mit ausgestreckten Armen ist der Schwerpunktabstand der Hanteln 1 600 mm, mit angelegten Armen 400 mm. Die Versuchsperson rotiert mit den Hanteln in den ausgestreckten Armen mit der Drehzahl 1,0 1/s. Wie groß ist die Drehzahl, wenn die Hanteln plötzlich an den Körper gezogen werden? Vernachlässigen Sie das Massenträgheitsmoment der ausgestreckten Arme und betrachten Sie die Hanteln als Massenpunkte!

5 Statik

A 5.1 Wie groß sind Betrag und Richtung der Kraft, die den drei Kräften im Bild A 5.1 das Gleichgewicht hält? Es sind F_1 = 2,50 kN, α_1 = 90°, F_2 = 3,50 kN, α_2 = 0° sowie F_3 = 6,00 kN und α_3 = 225°!

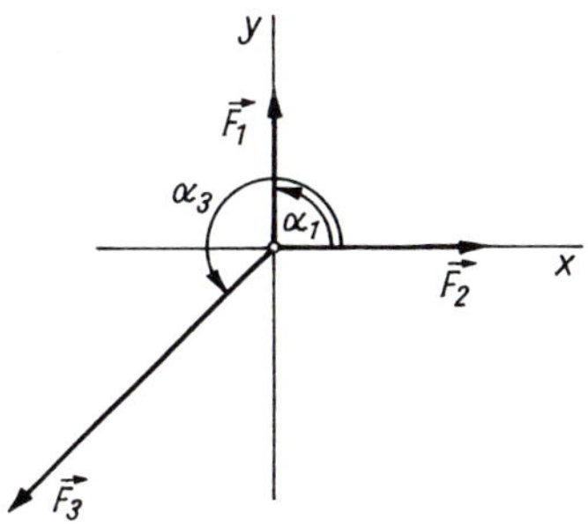

Bild A 5.1: Kraftsystem

A 5.2 Welche Kraft hält zwei an einem Körper in einem Punkt angreifenden Kräften das Gleichgewicht, die F_1 = 4,50 kN und F_2 = 3,50 kN betragen und deren Richtungen mit der positiven x-Achse die Winkel $\alpha_1 = 30°$ und $\alpha_2 = 110°$ einschließen?

A 5.3 An einem zweiseitigen Hebel (Bild A 5.2) soll Gleichgewicht herrschen. Berechnen Sie die Kraft F_2 und die Kraft, die vom Lager auf den Hebel einwirkt (Lagerkraft F_A)! Die Kraft F_1 beträgt 400 N, die Längen der Hebelarme sind l_1 = 560 mm und l_2 = 240 mm.

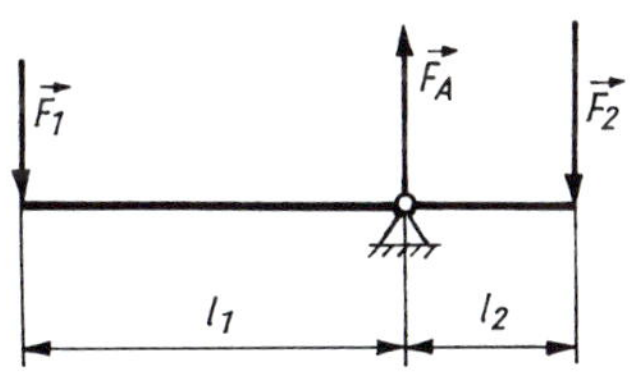

Bild A 5.2: Hebel

A 5.4 An einer Drehscheibe, deren Drehachse durch den Mittelpunkt geht, soll durch die Kräfte F_1 = 200 N und F_2 Gleichgewicht vorhanden sein (Bild A 5.3). Der Winkel $\alpha_2 = 40°$, die Längen sind l = 100 mm und r = 50 mm. Wie groß ist der Betrag von F_2? Berechnen Sie Betrag und Richtung der Lagerkraft!

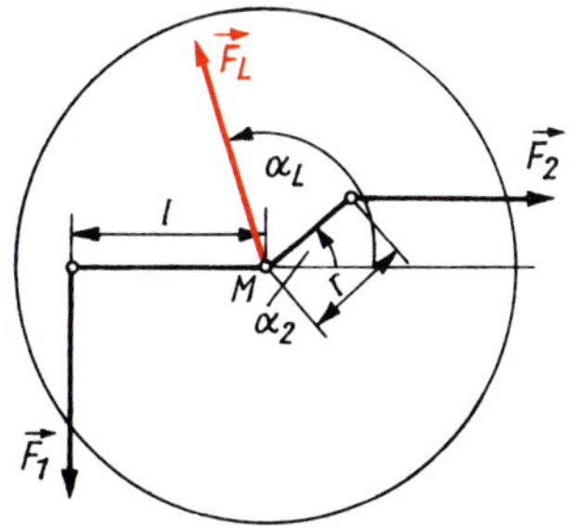

Bild A 5.3: Kräfte aus einer Drehscheibe

A 5.5 In welchem Abstand a muss die Kraft F_2 = 200 N angreifen, damit am einseitigen Hebel nach Bild A 5.4 Gleichgewicht vorhanden ist? Geben Sie Betrag und Richtung der Lagerkraft an, wenn F_1 = 180 N, l = 720 mm und $\alpha = 40°$ betragen!

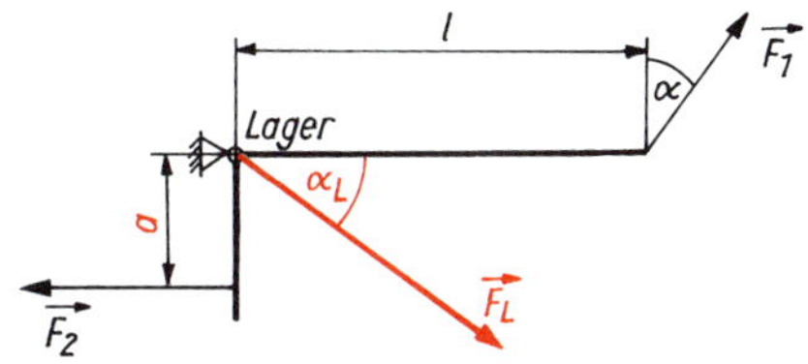

Bild A 5.4: Hebel

A 5.6 Stellen Sie allgemeine Gleichungen zur Berechnung der Auflagerkräfte F_A und F_B des im Bild A 5.5 dargestellten Trägers auf zwei Stützen auf!

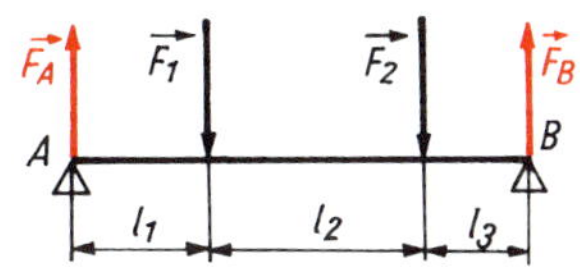

Bild A 5.5: Zwei Kräfte auf einen Träger

A 5.7 Berechnen Sie die Auflagerkräfte für drei Kräfte auf einem Träger auf zwei Stützen. Die Kräfte wirken (Bild A 5.6) senkrecht nach unten und haben die Beträge F_1 = 1,50 kN, F_2 = 1,50 kN und F_3 = 2,00 kN. Die zugehörigen Abstände zum Lager A sind a_1 = 1,00 m, a_2 = 1,50 m und a_3 = 2,50 m. Die Trägerlänge (Abstand der beiden Auflager) ist 4,00 m.

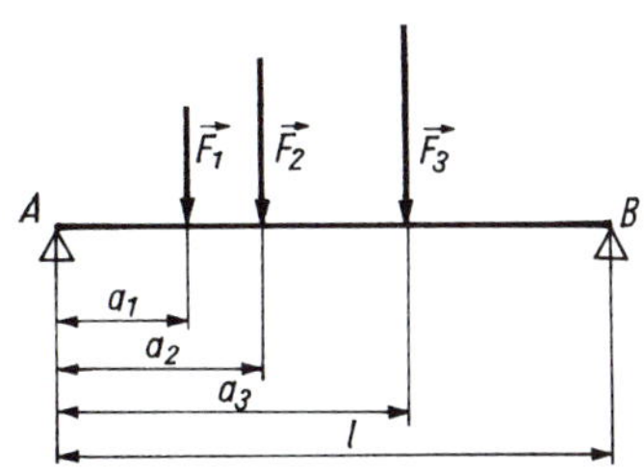

Bild A 5.6: Drei Kräfte auf einen Träger

A 5.8 In welchem Abstand a vom Auflager B einer Welle (Bild A 5.7) muss das rechte Rad angebracht werden, damit die Auflagerkräfte in beiden Lagern der Welle gleich sind? Die Eigenmasse der Welle ist 12,2 kg, die Kräfte betragen F_1 = 100 N, F_2 = 250 N und F_3 = 100 N, und die Längen sind l_1 = 60 mm, l_2 = 100 mm, l_3 = 140 mm und l_4 = 100 mm. *Hinweis:* Die Gewichtskräfte der Wellenteile greifen jeweils in der Mitte des betreffenden Teiles an.

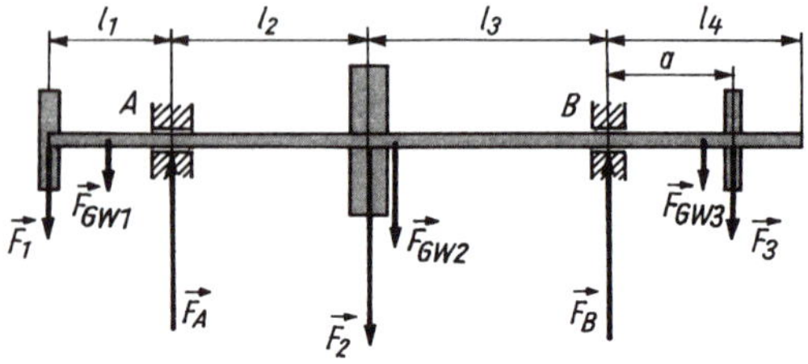

Bild A 5.7: Kräfte auf einer Welle

A 5.9 Wie groß ist die Standsicherheit des fahrbaren Drehkranes bezüglich des Kippens um eine Drehachse durch A im Beispiel 5.4 (Bild 5.10), wenn beim beschleunigten Anheben des Körpers mit der Gewichtskraft F_1 kurzzeitig die Beschleunigung 1,0 m/s² einwirkt? Begründen Sie, warum beim Anheben möglichst kleine Beschleunigungen erwünscht sind!

A 5.10 An der oberen Kante einer Kiste mit der Masse 400 kg greift eine horizontal wirkende Kraft von 320 N an (Bild A 5.8). Beurteilen Sie die Standsicherheit bezüglich der Kante K! Wie groß muss die Kraft mindestens sein, um die Kiste um die Kante K zu kippen? Die angegebenen Längen sind b = 800 mm, h = 1 000 mm und k = 150 mm.

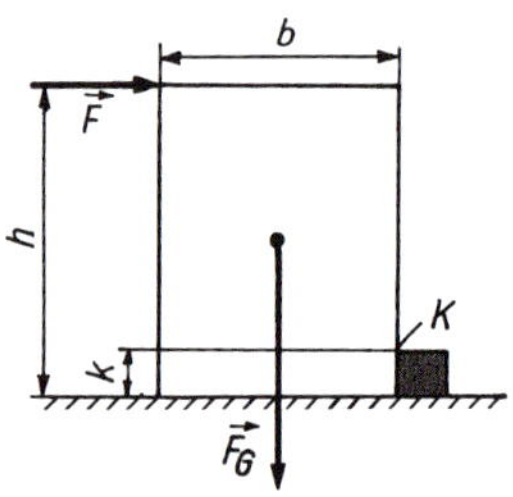

Bild A 5.8: Zur Berechnung der Standsicherheit einer Kiste

A 5.11 Ein Stab aus Stahl hat eine kreisförmige Querschnittsfläche mit einem Durchmesser von 10,0 mm. Seine Länge ist 1,25 m. Er wird durch eine Kraft von 12,0 kN auf Zug beansprucht. Berechnen Sie die Zugspannung und die Verlängerung des Stabes.

A 5.12 Ein Stahlkörper mit der eingespannten Grundfläche von 10,0 mm² und einer Höhe von 0,50 m wird am oberen freien Ende durch eine Tangentialkraft beansprucht. Berechnen Sie die angreifende Tangentialkraft und die Schubspannung, wenn der Schubwinkel höchstens 1,00° sein soll! Um wie viel wurde dann die freie obere Kante gegenüber der eingespannten unteren Kante verschoben?

6 Mechanik der Flüssigkeiten und Gase

A 6.1 Welche Kraft muss auf einen Bolzen mit kreisförmigem Querschnitt von 10,0 mm Durchmesser einwirken, damit dieser einen Druck von 0,15 MPa auf die Unterlage ausübt? Wie groß wäre der Druck, wenn die gleiche Kraft auf eine Fläche mit dem Durchmesser 1,0 mm übertragen wird?

A 6.2 Eine Maschine mit der Masse 6,0 t wird auf zwei Holzbalken (Querschnitt 12 cm × 12 cm) gelagert, deren Länge je 1,8 m beträgt. Wie groß ist der Druck auf die horizontale Bodenfläche? Welcher Druck ist vorhanden, wenn die Gewichtskraft der Maschine gleichmäßig auf eine Fläche von 1,8 m × 1,2 m verteilt wird?

A 6.3 Der Druckkolben einer hydraulischen Presse hat den Durchmesser 40 mm.

a) Welche Kraft muss auf ihn wirken, wenn am Presskolben (Durchmesser 400 mm) die Kraft 250 kN vorhanden sein soll?
b) Wie groß ist das Übersetzungsverhältnis?
c) Wie ändern sich Kraft am Druckkolben und Übersetzungsverhältnis, wenn der Durchmesser des Presskolbens verdoppelt wird?
d) Welche Kraft wäre am Presskolben bei einem Durchmesser von 1 000 mm zu erwarten, wenn am Druckkolben die Handkraft 160 N wirkt?

A 6.4 Wie groß ist der Schweredruck am Boden eines Behälters, der 1,0 m hoch mit Öl der Dichte 0,85 g/cm³ gefüllt ist? Welche Kraft wirkt auf einen Stopfen, der eine Öffnung mit 30 mm Durchmesser in 0,80 m bzw. in 1,0 m Tiefe verschließt?

A 6.5 In welcher Wassertiefe wird die zulässige Kraft von 2,0 MN auf eine Einstiegluke von 1,0 m² Fläche eines Unterwasserfahrzeuges erreicht?

A 6.6 Vergleichen Sie die Volumina und die Gewichtskräfte des Wassers in den Behältern nach Bild 6.13 und berechnen Sie die Bodendruckkraft, wenn d_1 = 100 mm, d_2 = 30 mm, d_3 = 200 mm, h_1 = 200 mm und h = 500 mm ist!

A 6.7 Um wie viel Meter Wassersäule kann sich die Saughöhe einer Pumpe ändern, wenn mit Luftdruckschwankungen von ± 40 hPa gegenüber dem Normaldruck gerechnet wird?

A 6.8 Berechnen Sie unter der Annahme, dass für geringe Höhenunterschiede in der Nähe der Erdoberfläche (etwa 0 bis 500 m) die mittlere Luftdichte von 1,29 kg/m³ konstant ist, welche Höhendifferenz eine Druckabnahme von 1,0 hPa hervorruft!

A 6.9 Ein mit Wasser gefülltes offenes Schrägrohrmanometer mit dem Neigungswinkel 40° zeigt mit einer Längenänderung der Wassersäule von 25 mm einen Überdruck in einem Gasbehälter an (Bild 6.18d). Wie groß ist der Überdruck des Gases, und welche Längenänderung würde bei dem Neigungswinkel 10° beobachtet werden?

A 6.10 Mit einem offenen wassergefüllten Flüssigkeitsmanometer wird an der Stadtgasleitung ein positiver Überdruck gemessen. Die Druckhöhe des Wassers ist 110 mm, der Barometerstand 980 hPa. Wie groß sind Überdruck und Druck des Gases?

A 6.11 Ein Saugteller eines Vakuumlasthebers (Bild A 6.1) hat den wirksamen Durchmesser 560 mm. Der Innendruck ist 200 hPa, der Luftdruck 1000 hPa. Wie groß ist die Masse des Körpers, der bei völliger Abdichtung theoretisch getragen werden kann? Wie groß sollte die Masse höchstens sein, wenn mit vierfacher Sicherheit gerechnet werden soll?

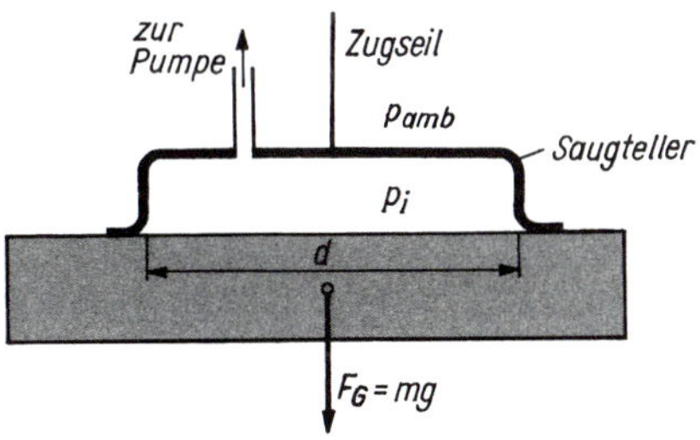

Bild A 6.1: Prinzip des Vakuumlasthebers

A 6.12 Ein Glasrohr ist entsprechend Bild A 6.2 mit zwei Flüssigkeiten unterschiedlicher Dichte gefüllt. In welchem Verhältnis stehen die Dichten zueinander? Welche Dichte hat die Flüssigkeit *2*, wenn die andere Flüssigkeit Wasser ist und die Höhen $h_1 = 136$ mm und $h_2 = 10$ mm betragen? Um welche Flüssigkeit handelt es sich?

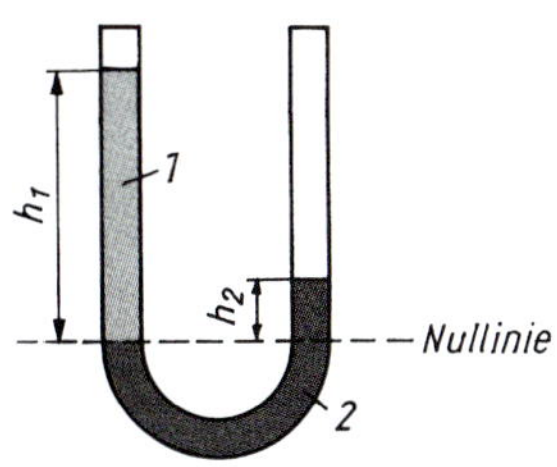

Bild A 6.2: Offenes U-Rohrmanometer mit zwei nichtmischbaren Flüssigkeiten unterschiedlicher Dichte

A 6.13 Wie viel Prozent des Volumens eines Eisberges von 0 °C befinden sich unter der Oberfläche des Meerwassers?

A 6.14 Mit welcher Kraft muss ein Granitblock mit der Masse 2,50 t und der Dichte 2,7 kg/dm³, der völlig in Wasser eintaucht und nicht am Boden aufliegt, unter Wasser mit konstanter Geschwindigkeit angehoben werden?

A 6.15 Ein Holzzylinder mit dem Durchmesser 200 mm und der Höhe 100 mm schwimmt in Wasser (Bild A 6.3). Wie groß ist die Eintauchtiefe, wenn die Dichte des Holzes 0,75 g/cm³ ist?

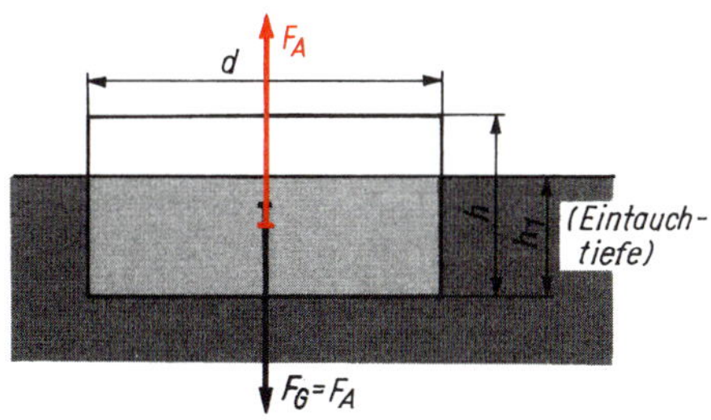

Bild A 6.3: Zur Berechnung der Eintauchtiefe eines Holzzylinders

A 6.16 Durch Auflegen von Betonklötzen (Dichte 2,2 kg/dm³) soll eine Holzkonstruktion mit 1,0 t und der Dichte 0,80 g/cm³ in Wasser versenkt werden. Welche Betonmasse ist mindestens erforderlich, damit die belastete Konstruktion unter Wasser schwebt?

A 6.17 Ein Reagenzglas mit dem äußeren Durchmesser 15,0 mm ist mit Blei beschwert und hat dadurch die Gesamtmasse 30,0 g. Wie tief taucht es in Wasser ein? Wie groß ist die Eintauchtiefe bei Vernachlässigung der Krümmung (Halbkugel) an der Unterseite des Glases?

A 6.18 Ein Schwimmkörper aus Stahl hat die rechteckige Grundfläche 4,0 m × 2,0 m und die Höhe 1,0 m. Seine Masse ist 800 kg. Beim Schwimmen in Wasser soll er noch 20 cm herausragen. Welches Wasservolumen ist einzufüllen? Berechnen Sie die mechanische Arbeit, um den gefüllten Schwimmkörper gerade aus dem Wasser zu heben?

A 6.19 Welche Kraft wirkt auf eine als Schwimmer für eine Füllstandsmessung dienende Hohlkugel (Durchmesser 100 mm, Wanddicke 0,5 mm) aus Kupfer, wenn sie vollständig in Benzin (Dichte 0,79 g/cm³) eingetaucht ist? Wie groß ist das über der Flüssigkeit herausragende Volumen der schwimmenden Kugel? Wie viel % des Volumens tauchen ein?

A 6.20 Ein Ballon zur Registrierung meteorologischer Daten mit dem Volumen 15,0 m³ enthält Wasserstoffgas mit der Dichte 0,09 kg/m³. Er soll bis in eine Höhe von 5000 m steigen, wo die Luftdichte im Mittel 0,78 kg/m³ beträgt. Wie groß darf die Masse der Ballonhülle einschließlich Ballast höchstens sein? Das Eigenvolumen von Ballonhülle und Ballast wird vernachlässigt!

A 6.21 Wie groß sind Volumenstrom und Strömungsgeschwindigkeit des Wassers in einer Wasserleitung mit dem Innendurchmesser 3/4 Zoll (1 Zoll = 2,54 cm), wenn zum Füllen eines Eimers bis zum Volumen 10 l die Zeit 40 s vergeht?

A 6.22 In einer Gasleitung strömen in 1,0 min 80 m³ Gas mit der Geschwindigkeit 20 m/s. Wie groß ist der Durchmesser der Leitung? Wie groß ist die Strömungsgeschwindigkeit beim Rohrdurchmesser 150 mm?

A 6.23 Bei welcher Strömungsgeschwindigkeit ist der dynamische Druck in einer Rohrleitung 1,0 kPa, wenn die Leitung a) von Wasser und b) von Luft der Dichte 1,3 kg/m³ durchströmt wird?

A 6.24 Ein Flüssigkeitsmanometer an einem Staurohr nach Prandtl (Bild 6.33) zeigt einen Höhenunterschied der Wassersäulen von 80 mm an. Wie groß ist der Volumenstrom in der Leitung mit 25 cm² Querschnitt, wenn der durchströmende Wasserdampf die Dichte 1,5 kg/m³ hat?

A 6.25 Welcher Volumenstrom fließt aus der Bodenöffnung von 20 mm Durchmesser eines 4,0 m hoch mit Wasser gefüllten oben offenen Behälters? Berechnen Sie die Ausflussgeschwindigkeit mit einem Korrekturfaktor $\mu = 0,65$ als Ausflusszahl!

A 6.26 Wie groß ist die Geschwindigkeit, mit der Propangas der Dichte 2,0 kg/m³ aus einem Behälter ausströmt, wenn es unter einem Druck von 0,20 MPa steht? Der atmosphärische Luftdruck ist 1000 hPa, der Korrekturfaktor 0,95.

A 6.27 In einem Druckbehälter befindet sich Wasser unter einem Überdruck von 1,0 MPa. Wie viel Kubikmeter Wasser spritzen in 1,0 h aus der Öffnung mit dem Querschnitt 1,0 cm², wenn sich die Druckverhältnisse nicht ändern und die Ausflusszahl 0,65 ist?

A 6.28 Wie groß ist der Unterdruck an der Düse eines Zerstäubers (Bild 6.36a)? Wie hoch kann damit Wasser angesaugt werden? Im waagerechten Rohr strömt Luft der Dichte 1,2 kg/m³ mit 2,0 m/s, dessen Durchmesser sich an der Düse auf 1/5 verringert!

A 6.29 Die Durchmesser einer Messblende (Venturi-Düse) nach Bild 6.37 sind 100 mm und 60 mm. Es wird die statische Druckdifferenz 50,0 hPa gemessen. Wie groß sind die Strömungsgeschwindigkeit und der Volumenstrom in dieser Druckluftleitung (Dichte der Druckluft 12,5 kg/m³)?

A 6.30 Bei sich ändernden Druckverhältnissen in der gleichen Messanordnung wie in A 6.29 ist es zweckmäßig, die Abhängigkeit des Volumenstroms von der Druckdifferenz im interessierenden Messbereich grafisch darzustellen. Stellen Sie diese Abhängigkeit für 0,5 kPa $\leq \Delta p \leq$ 10 kPa maßstäblich dar! Geben Sie dabei den Volumenstrom in m³/min an!

A 6.31 Welche Windkraft wirkt bei Spitzengeschwindigkeiten von 130 km/h auf eine ebene Fensterfläche mit den Abmessungen 1,50 m × 2,00 m die eine offene Terrassenseite begrenzt?

A 6.32 Welche Geschwindigkeit kann ein Pkw mit der Querschnittsfläche 2,20 m² und dem Widerstandsbeiwert 0,42 gegen ruhende Luft auf ebener Straße erreichen, wenn dafür die Leistung 18 kW aufgewendet wird?

A 6.33 Welche Leistung kann bei gleichbleibendem Querschnitt von 2,0 m² und der Geschwindigkeit 100 km/h bei einem Pkw eingespart werden, wenn der Widerstandsbeiwert von 0,42 auf 0,35 verbessert wird? Die Dichte der Luft ist 1,25 kg/m³.

A 6.34 Wie groß sind Windkraft und Winddruck auf einen frei stehenden Turm bei Windgeschwindigkeiten um 50 m/s? Die Querschnittsfläche gegen den Wind ist 320 m², der Widerstandsbeiwert 0,9 und die Dichte der Luft 1,25 kg/m³.

A 6.35 In einem Wasserbecken befindet sich 1,0 m unter der Wasseroberfläche in der Wand eine röhrenförmige Öffnung von 1,0 mm Durchmesser und 0,5 m Länge. Außerhalb der Wand herrscht der Luftdruck 1000 hPa. Wie groß ist der Volumenstrom in dm³/h in der waagerechten laminar durchströmten Röhre?

A 6.36 Wie groß ist der Druckverlust je 100 m Länge in einer turbulent durchströmten Wasserleitung von 100 mm Durchmesser bei einer Strömungsgeschwindigkeit von 3,0 m/s? Der Widerstandsbeiwert (Druckverlustfaktor) ist 0,02.

A 6.37 Wie groß ist die dynamische Viskosität von Triethanolamin? Eine Glaskugel mit dem Durchmesser 3,20 mm und der Dichte 2,43 g/cm^3 sinkt mit konstanter Geschwindigkeit in der Flüssigkeit mit der Dichte 1,12 g/cm^3. Dabei legt sie die Strecke 60 cm in 32 s zurück.

7 Wärme und innere Energie

A 7.1 Wie groß ist die Längenänderung eines Brückenträgers aus Stahl, wenn die Ausgangslänge bei der Temperatur 20 °C 350,00 m beträgt und Sommertemperaturen bis 50 °C sowie Wintertemperaturen bis –30 °C erwartet werden? Wie lang ist der Träger bei diesen extremen Temperaturen?

A 7.2 In welchen Abständen müssen die Ausgleichsbögen einer Rohrleitung für Heißdampf eingefügt werden, wenn die Stahlrohre bei 20 °C verlegt werden und die Verlängerung eines Rohrstranges im Betriebszustand bei 140 °C maximal 100 mm betragen soll?

A 7.3 Wie groß ist die Flächenänderung, die ein Aluminiumblech mit den Abmessungen 700 mm × 1200 mm (bei 20 °C) erfährt, wenn es auf 100 °C erwärmt wird? Geben Sie die relative Flächenänderung in Prozent an!

A 7.4 Ein Fass aus Stahlblech wird bei 15 °C mit 200,00 l Benzen (Benzol) gefüllt. Berechnen Sie den noch erforderlichen Hohlraum, damit bei der Temperatur von 45 °C keine Flüssigkeit ausläuft, und zwar
a) ohne die Ausdehnung des Fasses zu beachten und
b) unter Beachtung der Ausdehnung des Fasses.

A 7.5 Welches Volumen hat ein Pyknometer (Messglas) aus Labortherm G bei 80 °C, wenn dieses bei der Eichtemperatur von 20 °C 25,00 ml beträgt? Wie viel % beträgt die relative Volumenänderung?

A 7.6 Um den Ausdehnungskoeffizienten von Wasser zu ermitteln, wurde ein Messzylinder aus Glas mit 500 ml Wasser von 5,0 °C gefüllt.
Bei 95,0 °C hat sich das Wasser um 10 ml ausgedehnt. Die Ausdehnung des Gefäßes werde vernachlässigt.

A 7.7 Welche Dichte hat Quecksilber bei 100 °C? Bei welcher Temperatur ist seine Dichte 13,300 g/cm^3?

A 7.8 Eine Warmwasserheizung enthält 0,55 m^3 Wasser bei 20 °C. Welche Wärme ist erforderlich, um das Wasser auf 70 °C zu bringen?

A 7.9 Welches Wasservolumen kann mit der Wärme 1,0 GJ von 20 °C auf 90 °C erwärmt werden? (Verluste vernachlässigen.)

A 7.10 Vergleichen Sie die Wärmekapazitäten von jeweils 1,00 dm^3 Kupfer, Eisen und Wasser!

A 7.11 Auf welche Temperatur erwärmt sich 1,0 m^3 Ziegelmauerwerk (Dichte 1,80 kg/dm^3) von 10 °C, wenn eine Wärme von 20 MJ zugeführt wird? (Verluste vernachlässigen.)

A 7.12 Beim Kondensieren von Wasserdampf von 100 °C und 101 kPa bilden sich 100 l Wasser von 30 °C. Wie viel Wärme wurde abgegeben?

A 7.13 Wie viel Wärme wird benötigt, um in einem Schmelzofen 100 kg Aluminium von 20 °C Ausgangstemperatur zu schmelzen?

A 7.14 Welches Volumen Wasser von 20 °C kann bei einem Druck von 1013 hPa in Wasserdampf von 120 °C überführt werden, wenn bei 25 % Wärmeverlusten die Wärme 10 MJ aufgewendet wird?

A 7.15 Zu 500 ml Wasser von 20 °C werden 600 ml Wasser von 85 °C gegeben, wobei sich eine Mischungstemperatur von 50 °C ergibt. Wie groß ist die an das Gefäß und die übrige Umgebung abgegebene Wärme?

A 7.16 Ein glühender Stahlkörper mit der Masse 200 g wird zum Abschrecken in 2,0 l Wasser von 18 °C gebracht. Welche Temperatur hatte der Stahlkörper, wenn das Wasser auf 30 °C erwärmt wird? (Wärmeverluste vernachlässigen.)

A 7.17 Ein fester Körper mit der Masse 200 g wird auf 100 °C erwärmt und dann in 200 ml Wasser von 20 °C gebracht. Wie groß ist die spezifische Wärmekapazität des Körpers, wenn die Mischungstemperatur 33 °C beträgt und 10 % der vom Körper abgegebenen Wärme an das Kalorimetergefäß einschließlich Thermometer und Rührer verloren gehen? Um welchen Stoff könnte es sich handeln? Wie groß ist die Wärmekapazität des Kalorimeters?

A 7.18 Welche Masse Wasserdampf von 120 °C muss bei einem Druck von 1013 hPa in 1,0 m^3 Wasser eingeleitet werden, um dieses bei 30 % Wärmeverlusten von 20 °C auf 40 °C zu erwärmen?

A 7.19 Wie lange dauert es, um mit einem elektrischen Heißwasserbereiter, der die elektrische Leistung 2,0 kW aufnimmt und 95 % Wirkungsgrad hat, 10 l Wasser von 20 °C auf 80 °C zu erwärmen?

A 7.20 Welche Masse an Braunkohlenbrikett wird benötigt, um 1 000 m^3 Wasser von 20 °C auf 80 °C zu erwärmen, wenn der Wirkungsgrad der Heizungsanlage 40 % beträgt?

A 7.21 Welches Volumen Erdgas wäre theoretisch erforderlich, um die Luft in der im Beispiel 7.3 genannten Werkhalle zu erwärmen? Welche Zeit wäre erforderlich, wenn die Heizleistung 10 kW beträgt? Warum sind Ihre berechneten Größen viel zu niedrig?

A 7.22 Ein Wärmekraftwerk hat bei einem Wirkungsgrad von 55 % eine elektrische Leistung von 600 MW. Welche Masse an Braunkohle wird dafür in 24 h benötigt?

A 7.23 Welche Masse an Braunkohle könnte täglich eingespart werden, wenn in 1,0 Mio. Haushalten eine Glühlampe der Leistung 60 W, welche unnötig in Betrieb ist, für 60 min abgeschaltet wird? Rechnen Sie mit einem Wirkungsgrad der Energieumwandlung von 25 %!

A 7.24 Eine Wohnung soll von Kohleheizung auf Gasheizung umgestellt werden. Der jährliche Bedarf an Braunkohlenbrikett beträgt 4,0 t bei einem Wirkungsgrad von 30 %. Welches Volumen an Erdgas wird im gleichen Zeitraum mit der neuen Heizanlage bei einem Wirkungsgrad von 80 % benötigt?

A 7.25 Im Ofen einer Gießerei werden zum Einschmelzen von 40 t Eisen 3,2 t Koks benötigt. Die Ausgangstemperatur des Eisens ist 20 °C. Wie groß ist der Wirkungsgrad des Ofens, wenn für das Eisen in dem betrachteten Temperaturbereich mit einer mittleren spezifischen Wärmekapazität von 0,45 kJ/(kg · K) gerechnet wird?

A 7.26 Welche Masse an Braunkohlenbriketts ist zur Erzeugung von 2,0 t Wasserdampf von 120 °C und 101 kPa aus Wasser von 30 °C bei einem Wirkungsgrad von 40 % nötig?

A 7.27 In einer Anlage werden stündlich 2,0 t Wasserdampf von 130 °C und 1 013 hPa aus Wasser von 30 °C erzeugt. Welche Masse an Braunkohlenbrikett kann jeden Tag eingespart werden, wenn der Wirkungsgrad der Anlage von 40 % auf 45 % verbessert wird?

8 Zustandsänderungen von Gasen

A 8.1 Eine Sauerstoffflasche von 40,0 ℓ wurde bei 20,0 °C unter einem Überdruck von 12,0 MPa und einem Luftdruck von 1 000 hPa gefüllt. Welches Volumen nimmt der in der Flasche enthaltene Sauerstoff bei 30,0 °C und 1 000 hPa ein? Welches Gasvolumen kann der Flasche unter diesen Bedingungen entnommen werden?

A 8.2 Wie groß ist die Dichte des Sauerstoffs in der Druckflasche von 40,0 ℓ bei 20,0 °C und dem Druck von 12,1 MPa, und welche Masse Sauerstoff enthält die Flasche?

A 8.3 Berechnen Sie die spezifische Gaskonstante für Methan (CH_4) und Luft (relative Molekülmasse für Luft ist rund 29)!

A 8.4 Welche Temperatur haben 1,0 kg Stickstoff, der unter einem absoluten Druck von 2,5 MPa auf 100 ℓ zusammengedrückt ist?

A 8.5 Unter welchem Druck muss Wasserstoff stehen, damit 0,20 kg bei 20 °C das Volumen 10 ℓ einnehmen?

A 8.6 Berechnen Sie die Luftmasse in einem leeren Wohnraum mit den Abmessungen 3,20 m × 4,10 m × 2,60 m bei 20 °C und 980 hPa!

A 8.7 Welches Volumen nimmt 1,0 kg Distickstoffmonoxid (N_2O) bei einem Druck von 200 kPa und der Temperatur 100 °C ein?

A 8.8 Zeichnen Sie maßstäblich das p-V-Diagramm für die isotherme Zustandsänderung von 1,0 kg Luft, die bei 27 °C von 0,10 MPa auf 0,60 MPa komprimiert wird! Wie groß ist die dafür benötigte Volumenänderungsarbeit (Kompressionsarbeit)?

A 8.9 Ein Kompressor verdichtet die Luft nahezu isotherm. Aus Luft von 980 hPa sollen 2,50 m^3 Druckluft mit einem Überdruck von 0,63 MPa erzeugt werden. Berechnen Sie das Anfangsvolumen und die erforderliche Kompressionsarbeit! Welcher Enddruck würde bei gleichem Endvolumen mit der Kompressionsarbeit 2,0 MJ erreicht?

A 8.10 Welcher Enddruck wird mit der Volumenänderungsarbeit 1,0 kW · h erreicht, wenn 20 m^3 Luft mit dem Druck 100 kPa isotherm verdichtet werden?

A 8.11 In einer Druckflasche von 40,0 l werden die darin enthaltenen 2,0 kg Sauerstoff von 20 °C auf 60 °C erwärmt. Der Luftdruck beträgt 100 kPa. Wie groß sind Überdruck und innere Energie im Anfangs- und im Endzustand? Wie ändern sich Überdruck und innere Energie?

A 8.12 1,0 m^3 Luft von 20 °C und 100 kPa soll durch Temperaturerhöhung bei konstantem Volumen auf einen Druck von 300 kPa gebracht werden. Wie groß muss die Endtemperatur sein? Welche Wärme ist zuzuführen, wenn die mittlere spezifische Wärmekapazität in dem betrachteten Temperaturbereich 0,78 kJ/(kg · K) ist?

A 8.13 1,0 m^3 Luft von 27 °C und 100 kPa soll sich isobar auf das doppelte Volumen ausdehnen. Auf welche Endtemperatur muss die Luft erwärmt werden? Wie groß sind Volumenänderungsarbeit (Ausdehnungsarbeit), zugeführte Wärme und Änderung der inneren Energie (c_p = 1,02 kJ/(kg · K))?

A 8.14 Im Zylinder eines Dieselmotors wird im Kompressionstakt die angesaugte Luft (50 °C und 100 kPa) auf den 15. Teil des Anfangsvolumens zusammengedrückt (Verdichtungsverhältnis $\varepsilon = V_1/V_2 = 15$). Berechnen Sie Endtemperatur und Enddruck bei nahezu adiabatischer Verdichtung!

A 8.15 In A 8.8 wurde das p-V-Diagramm für die isotherme Kompression von 860 dm^3 Luft von 0,10 MPa auf 0,60 MPa dargestellt. Zeichnen Sie zum Vergleich das jeweilige p-V-Diagramm, wenn die Kompression adiabatisch ($\varkappa = 1{,}4$) bzw. polytrop ($n = 1{,}2$) erfolgt!

A 8.16 Berechnen Sie den thermischen Wirkungsgrad für einen Carnot-Prozess, wenn in den Wärmebehältern 70 °C bzw. 600 °C herrschen!

A 8.17 Wie viel Wasser muss je Kubikmeter Raumluft verdampft werden, damit bei 24 °C die relative Luftfeuchtigkeit von 30 % auf 65 % steigt?

A 8.18 In einem Raum mit 250 m^3 Luft wird bei 15 °C eine relative Luftfeuchte von 70 % gemessen. Wie groß ist diese, wenn die Temperatur auf 20 °C gestiegen und kein weiteres Wasser verdunstet ist? Wie viel Wasser muss verdampft werden, damit sich die relative Luftfeuchte nicht ändert?

9 Wärmetransport

A 9.1 Berechnen Sie den Wärmedurchgangskoeffizienten für die 10 mm dicke Wandung eines Stahlgusskessels (Wärmeleitfähigkeit 55 W/(m · K)), wenn die Wärme von Heizgasen mit der Temperatur 1 100 °C auf siedendes Wasser (100 °C) übertragen wird! Die Wärmeübergangskoeffizienten zwischen Heizgasen und Kesselwand sind 60 W/(m^2 · K) bzw. 5 000 W/(m^2 · K) zwischen Wand und siedendem Wasser. Wie groß ist der Wärmestrom durch 10 m^2 Wandfläche? Berechnen Sie den Wärmedurchgangswiderstand der Wand und die Wärme, die in 1,0 h übertragen wird!

A 9.2 Ein Leistungstransistor ist auf eine Kühlfläche von 10,0 cm^2 aus Aluminium montiert. Um den stationären Wärmedurchgang abzuschätzen, wollen wir folgende vereinfachende Annahmen machen: Der Wärmewiderstand in der Kühlfläche und zwischen Transistor und Kühlfläche werde vernachlässigt, die Temperatur der umgebenden Luft ist 25 °C, die des Transistors und damit die der Kühlfläche soll 75 °C nicht überschreiten. Der Wärmeübergangskoeffizient von der Kühlfläche zur Luft liege bei 20 W/(m^2 · K). Wie groß sind dann der Wärmewiderstand, der Wärmestrom und die Wärme, die in 1,0 h transportiert wird?

A 9.3 Die Fenster eines Gebäudes (Fensterfläche 32 m^2, Wärmedurchgangskoeffizient 3,2 W/(m^2 · K)) werden durch Wärmeschutzverglasung (Wärmedurchgangskoeffizient 1,1 W/(m^2 · K)) ersetzt. Um die Verbesserung der Wärmedämmung abzuschätzen, soll während einer Heizperiode von 150 d mit den mittleren Temperaturen von 18 °C innen und 3 °C außen gerechnet werden. Berechnen Sie die dadurch erreichbaren Änderungen des Wärmestroms und der Wärmeverluste!

A 9.4 Die Stärke der Dämmschicht des ebenen Deckels für einen Dampfbehälter ist so zu bestimmen, dass der Wärmedurchgangskoeffizient k = 1,2 W/(m^2 · K) wird. Die Dämmschicht (Wärmeleitfähigkeit 0,060 W/(m · K)) ist auf beiden Seiten durch 3,0 mm dickes Stahlblech begrenzt; ihre Fläche ist 3,0 m^2. Im Dampfbehälter ist kondensierender Wasserdampf, dessen Wärmeübergangskoeffizient zum Deckel 10 · 10^3 W/(m^2 · K) beträgt. Der Wärmeübergangskoeffizient zur Umgebungsluft von 20 °C ist 25 W/(m^2 · K). Wie groß sind bei der auf ganzzahlige Zentimeter gerundeten Dämmschichtdicke der vorhandene Wärmdurchgangskoeffizient und der Wärmestrom?

A 9.5 Zur Verringerung der Wärmeverluste durch eine fensterlose Giebelwand eines Gebäudes aus Betonelementen (Fläche 150 m^2, Dicke 200 mm, Wärmeleitfähigkeit

1,2 W/(m·K)) wird eine Dämmschicht aus Mineralwolleplatten (Dicke 60 mm, Wärmeleitfähigkeit 0,050 W/(m · K)) angebracht. Die Wärmeübergangskoeffizienten sind innen 8,0 W/(m² · K) und außen 25 W/(m² · K). Berechnen Sie den Wärmedurchgangskoeffizienten ohne und mit Dämmschicht! Wie groß ist die Senkung der Wärmeverluste an einem kalten Wintertag, wenn über 24 h die mittleren Temperaturen innen 20 °C und außen –15 °C sind?

A 9.6 Die Außenwand eines Gebäudes besteht von außen nach innen aus folgenden Schichten:

- Vormauerziegeln – Dicke d_1 = 11,5 cm, Wärmeleitfähigkeit λ_1 = 0,85 W/(m · K),
- Schalenfuge aus Kalkmörtel – d_2 = 2,00 cm, λ_2 = 0,87 W/(m · K),
- Leichthochlochziegeln – d_3 = 24,0 cm, λ_3 = 0,45 W/(m · K),
- Innenputz aus Kalkmörtel – d_4 = 1,50 cm, λ_4 = 0,87 W/(m · K).

Die Wärmeübergangskoeffizienten sind außen 25 W/(m² · K) und innen 8 W/(m² · K). Berechnen Sie

- den Wärmedurchgangskoeffizienten der Wand,
- die Wärmestromdichte bei einer Temperaturdifferenz zwischen Innen- und Außenluft von 25,0 K,
- den Wärmestrom durch die Wand in 24,0 h bei gleicher Temperaturdifferenz.

A 9.7 Bei einer Gebäudesanierung soll der Wärmedurchgangskoeffizient von 1,4 W/(m² · K) auf 0,5 W/(m² · K), verbessert werden. Wie dick muss eine außen anzubringende Dämmschicht mit der Wärmeleitfähigkeit 0,05 W/(m · K) gewählt werden?

A 9.8 Ein glühendes Werkstück aus Stahl hat eine strahlende Oberfläche von 25,0 cm². Das Maximum der abgegebenen Strahlungsenergie wurde bei einer Wellenlänge von 2,00 µm gemessen. Wie hoch ist die Temperatur des Werkstücks und wie groß ist die abgegebene Strahlungsleistung? Wie viel Energie wird in $^1/_4$ Stunde in die Umgebung abgestrahlt?

10 Gleichstrom

A 10.1 Eine Pkw-Batterie soll über Nacht in 12 h um 18 A · h nachgeladen werden. Welche elektrische Stromstärke ist am Ladegerät einzustellen? Wie groß ist die Stromdichte, wenn die Kabel zur Batterie aus Kupferlitze mit einem wirksamen Querschnitt von 1,5 mm² bestehen?

A 10.2 Welche Stromstärke ist bei einem Wasserkocher für 230 V/1 000 W bzw. einer Heizung für 230 V/1 800 W unter Betriebsbedingungen zu erwarten? Welche Leistung darf ein elektrisches Gerät bei der Spannung 230 V höchstens haben, um die zulässige Stromstärke bei einer Sicherung für 10 A bzw. 16 A zu erreichen?

A 10.3 Welche maximale Spannung darf an folgende Widerstände angelegt werden: 1,0 MΩ/0,25 W bzw. 375 kΩ/6 W?

A 10.4 Ein elektrisches Gerät hat die Betriebsdaten 230 V/1,6 kW. Berechnen Sie den elektrischen Widerstand, die elektrische Stromstärke, den Energieverbrauch in 20 min und die elektrische Ladung, die in dieser Zeit durch das Gerät transportiert wurde!

A 10.5 Der Widerstand des menschlichen Körpers ist bei trockener Haut im Mittel 1 kΩ. Welche Berührungsspannung kann schon lebensgefährlich sein, wenn eine Fehlerstromstärke von 40 mA bereits tödlich wirken kann? Wie groß ist die Fehlerstromstärke, wenn bei einer Berührungsspannung von 5,0 kV der Widerstand des Körpers infolge Hautdurchschlag auf 300 Ω sinkt?

A 10.6 Im Heizteil einer Kochplatte befinden sich 7,5 m Chromnickeldraht von 0,5 mm Durchmesser. Wie groß ist der elektrische Widerstand bei 20 °C und im Betriebszustand bei 200 °C? Welche elektrische Leistung wird unter Betriebsbedingungen bei Anschluss an 230 V umgesetzt?

A 10.7 Das Widerstandsthermometer Pt-100 (Bild 7.7) hat bei 0 °C den Widerstand 100 Ω und bei 100 °C 138,3 Ω. Wie groß ist unter Annahme einer linearen Temperaturabhängigkeit des Widerstandes für den angegebenen Temperaturbereich der Temperaturkoeffizient α? Wie groß ist die Temperatur in einem Behälter, wenn bei dem Widerstandsthermometer der Widerstand 120 Ω gemessen wird? Stellen Sie das Widerstands-Temperatur-Diagramm grafisch dar!

A 10.8 Berechnen Sie den Ersatzwiderstand, die Teilstromstärken und die Gesamtstromstärke, wenn eine 60-W- und eine 100-W-Lampe parallel an 230 V geschaltet werden! In welchem Verhältnis stehen die Teilstromstärken?

A 10.9 Ein Stromkreis ist bei einer Spannung von 230 V mit 10 A abgesichert. Es werden 2 Lampen zu je 40 W, 2 Lampen zu je 75 W, ein Bügeleisen von 600 W und ein weiterer Verbraucher mit einer Stromaufnahme von 1,1 A parallel geschaltet.

a) Berechnen Sie die Einzelwiderstände, den Ersatzwiderstand und die Gesamtstromstärke!
   Wie groß dürfen
b) der Ersatzwiderstand der Gesamtschaltung und

c) ein noch zuzuschaltender Widerstand sein, damit die Sicherung noch nicht anspricht?

A 10.10 Zwei Widerstände von 1,0 kΩ und 10 kΩ sind parallel geschaltet. Ein Strommesser zeigt die Gesamtstromstärke 110 mA an. Zeichnen Sie ein Schaltbild mit dem Strommessgerät und berechnen Sie den Ersatzwiderstand, die Einzelstromstärken und den Spannungsabfall an der Parallelschaltung!

A 10.11 Zu einem Widerstand von 650 Ω soll ein zweiter Widerstand parallel geschaltet werden, so dass bei der angelegten Spannung von 125 V die Gesamtstromstärke 200 mA beträgt. Berechnen Sie den zweiten Widerstand sowie die Teilstromstärken durch die beiden Widerstände!

A 10.12 Ein Verbraucher mit den Betriebsdaten 60 V/150 W soll über einen Vorwiderstand an 230 V angeschlossen werden und unter Betriebsbedingungen arbeiten. Berechnen Sie den Vorwiderstand und den Ersatzwiderstand der Schaltung! Überprüfen Sie Ihre Ergebnisse! [Gl. (10.26)].

A 10.13 Welchen veränderlichen Vorwiderstand benötigt man, wenn ein Gerät beim unmittelbaren Anschluss an 230 V die Leistung 600 W aufnimmt und diese stufenlos auf 400 W vermindert werden soll? Der Widerstand des Gerätes ist als konstant anzusehen. Wie groß ist die Verlustleistung des Vorwiderstandes?

A 10.14 Zwei Widerstände von 20 Ω und 10 Ω sind parallel geschaltet und dazu der Widerstand 20 Ω in Reihe. Zeichnen Sie ein Schaltbild! Wie groß sind Ersatzwiderstand, Teilstromstärken und Teilspannungen, wenn an der gesamten Schaltung der Spannungsabfall 25 V beträgt?

A 10.15 In welchen Grenzen ändert sich der Ersatzwiderstand der Schaltung nach Bild A 10.1, wenn $R_1 = R_2 = 100\ \Omega$ und R_3 stufenlos zwischen 0 und 100 Ω einstellbar ist?

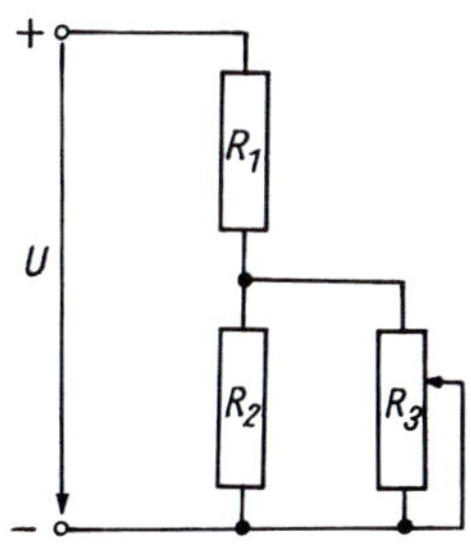

Bild A 10.1: Schaltbild

A 10.16 Welche Stromstärke ist im Widerstand R_1 im Bild A 10.2 vorhanden, wenn der Schalter S zunächst geöffnet und dann geschlossen wird?
Rechnen Sie mit $U = 12$ V, $R_1 = R_2 = 10\ \Omega$ und $R_3 = 20\ \Omega$!

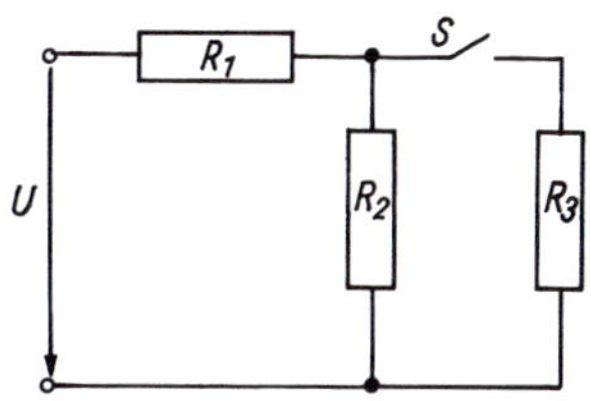

Bild A 10.2: Schaltbild

A 10.17 Zwei Widerstände $R_3 = 60\ \Omega$ und $R_4 = 80\ \Omega$ sind in Reihe geschaltet. Zu beiden liegt der Widerstand $R_2 = 40\ \Omega$ parallel. Die entstandene Schaltung liegt noch mit dem Widerstand $R_1 = 20\ \Omega$ in Reihe. Zeichnen Sie ein Schaltbild für diese Widerstandskombination! Wie groß ist der Ersatzwiderstand, und wie ändert er sich, wenn R_3 einmal gegen null und zum anderen gegen unendlich geht?

A 10.18 Berechnen Sie den Ersatzwiderstand der im Bild A 10.3 angegebenen Schaltung und die Stromstärke durch den Widerstand R_3! Rechnen Sie mit $U = 100$ V, $R_1 = R_5 = 10\ \Omega$, $R_4 = 30\ \Omega$ und $R_2 = R_3 = 15\ \Omega$!

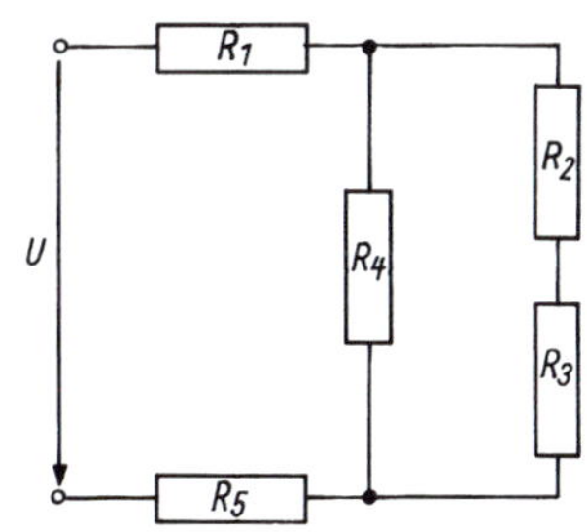

Bild A 10.3: Schaltbild

A 10.19 Ein Widerstand ist in den Grenzen 100 Ω bis 300 Ω stetig veränderlich. Er soll mit einem Festwiderstand so in Reihe geschaltet werden, dass bei Anschluss an 24 V der Messbereich 150 mA eines Strommessers nicht überschritten wird. Zeichnen Sie ein Schaltbild mit dem Strommessgerät! Wie groß muss der Festwiderstand gewählt werden, und in welchen Grenzen ändert sich die Stromstärke im Stromkreis? Zeichnen Sie maßstäblich die Abhängigkeit der Stromstärke vom Ersatzwiderstand!

A 10.20 An den Enden eines Spannungsteilers (Schiebewiderstand) mit dem Gesamtwiderstand 200 Ω wird die Spannung 200 V angeschlossen. Welche Teilspannung wird in Mittelstellung des Schiebekontaktes am unbelasteten Spannungsteiler abgegriffen? Wie groß ist bei gleicher Stellung des Schiebekontaktes die Teilspannung, wenn der Spannungsteiler mit einem Widerstand von 100 Ω belastet wird?

A 10.21 Ein Wasserkocher hat bei Anschluss an 230 V die elektrische Leistung 1,0 kW. Wie groß ist der Widerstand? Wie groß ist die Leistung, wenn die Spannung bei unveränderlichem Widerstand auf 180 V sinkt? Um wie viel Prozent sind Spannung und Leistung gesunken?

A 10.22 Ein Gleichstrommotor nimmt bei Anschluss an 440 V die Stromstärke 68,2 A auf und gibt die mechanische Leistung 24 kW ab. Wie groß sind der Wirkungsgrad des Motors und die Energieaufnahme in 8 h bei gleichmäßigem Betrieb?

A 10.23 Beim Anschluss eines elektrischen Heizgerätes werden an einem Energiezähler in 1,0 min 19 Umdrehungen der Zählscheibe festgestellt. 750 Umdrehungen der Zählscheibe entsprechen dem Energieverbrauch von 1,0 kW · h. Berechnen Sie Leistung, Stromstärke und Widerstand bei der Spannung 230 V!

A 10.24 Ein elektrisches Heizgerät hat 3 Heizstufen, die durch zwei gleiche Widerstände realisiert werden. Wie sind die beiden Widerstände in den einzelnen Stufen zu schalten? Wie groß sind ein Widerstand und die Heizleistung der einzelnen Heizstufen, wenn bei Entnahme der größten Leistung bei 230 V die Gesamtstromstärke 8,70 A ist?

A 10.25 Auf einer Heizplatte, die bei 230 V die Leistung 1,20 kW aufnimmt, werden in einem Topf 1,50 ℓ Wasser von 18 °C auf 90 °C erwärmt. Wie lange dauert dieser Vorgang bei einem mittleren Wirkungsgrad von 60 %, und wie groß sind Stromstärke, Widerstand und dem Netz in dieser Zeit entnommene elektrische Energie?

A 10.26 Einer Autobatterie mit der Quellenspannung 13,4 V wird bei Anschluss des Widerstandes 4,0 Ω eine Stromstärke von 3,3 A entnommen. Wie groß sind Innenwiderstand und Klemmenspannung? Welche Stromstärke, Klemmenspannung und äußere Leistung sind bei einem Verbraucher mit dem Widerstand 2,0 Ω zu erwarten?

A 10.27 Einem Akkumulator wird ein Strom der Stärke 5,0 A entnommen. Die Klemmenspannung ist 12,0 V. Bei einer Stromentnahme von 10,0 A sinkt die Klemmenspannung auf 11,0 V. Berechnen Sie den inneren Widerstand und die Quellenspannung der Batterie!

A 10.28 An eine Spannungsquelle (Quellenspannung 12,0 V, Innenwiderstand 5,0 Ω) wird ein zwischen 0 und 45,0 Ω einstellbarer Widerstand angeschlossen. Berechnen Sie Stromstärke und Klemmenspannung als Funktion des Belastungswiderstandes und stellen Sie die gefundenen Zusammenhänge grafisch dar [$I = f(R_a)$ und $U_k = f(R_a)$]!

A 10.29 Ein elektrisches Gerät nimmt bei Anschluss an 230 V die elektrische Leistung 400 W auf. Es wird jedoch über eine zweiadrige Kupferleitung von 100 m Länge und 1,5 mm² Querschnitt an die genannte Spannung angeschlossen. Berechnen Sie Geräte- und Leitungswiderstand! Welcher Spannungsabfall ist am Gerät vorhanden, wenn der Widerstand als konstant angesehen wird? Wie groß sind die elektrische Leistung des Gerätes und die Verlustleistung der Leitung?

A 10.30 Wie groß ist der Spannungsabfall an einer Doppelleitung aus Aluminium von 100 m Länge und 2,5 mm² Querschnitt, die von 80 A durchflossen wird? Wie groß sind die Leistung und die in 8 h umgesetzte Energie?

A 10.31 Drei Lampen für je 230 V/100 W und ein Heizgerät für 230 V/800 W werden parallel geschaltet und über eine 100 m lange Doppelleitung aus Aluminium (Querschnitt 2,5 mm²) an 230 V angeschlossen. Welche Stromstärke ist in der Leitung vorhanden? Wie groß ist die Klemmenspannung an den Verbrauchern und deren tatsächliche Leistung, wenn die Widerstände konstant sind?

A 10.32 Ein elektrisches Gerät nimmt bei Anschluss an 230 V die elektrische Leistung von 100 W auf. Der Kaltwiderstand bei 20 °C ist 458 Ω. Berechnen Sie die Temperatur der Kupferwicklung im Betriebszustand!

A 10.33 Mit der Schaltung nach Bild A 10.4 wurden 8,40 V und 3,10 A gemessen. Der Innenwiderstand des Strommessgerätes ist 0,08 Ω. Wie groß ist der Widerstand *R*? Wie groß ist der relative Fehler der Messung, wenn der Innenwiderstand des Strommessgerätes nicht berücksichtigt wird? Warum nennt man diese Schaltung „stromrichtige Schaltung“?

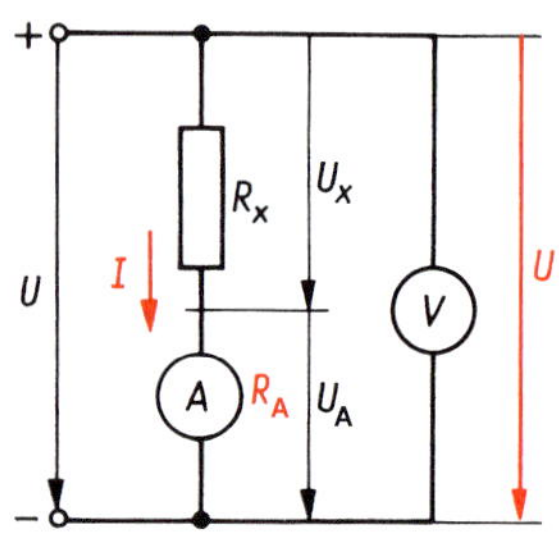

Bild A 10.4: Schaltbild

A 10.34 An einem Normalwiderstand von 750,0 Ω werden nach Schaltung (Bild A 10.5) 10,55 V und 14,28 mA gemessen. Wie groß ist der Innenwiderstand des Spannungsmessgerätes? Wie groß ist die tatsächliche Stromstärke durch den Normalwiderstand und warum nennt man diese Schaltung spannungsrichtige Schaltung?

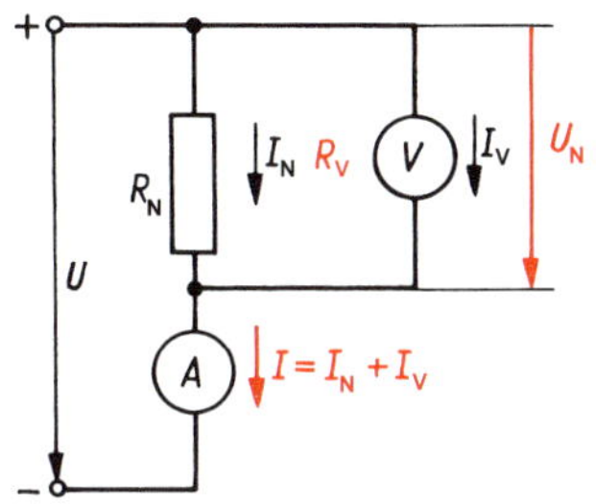

Bild A 10.5: Schaltbild

11 Elektrische und magnetische Felder

A 11.1 Wie groß muss die elektrische Feldstärke sein, damit auf einen Körper, der die Ladung 1,5 mC trägt, die Kraft 10 N wirkt?

A 11.2 Eine kleine Metallkugel trägt die Ladung 2,0 mC. Wie groß ist die Kraft auf ein mit 10 Elementarladungen aufgeladenes Staubteilchen in 50 cm bzw. in 100 cm Abstand von der Kugel?

A 11.3 Leiten Sie aus den Gleichungen (11.1) und (11.2) eine Beziehung für die elektrische Feldstärke in der Umgebung einer punktförmigen elektrischen Ladung ab! Bezeichnen Sie dazu $Q_1 = Q$ als felderzeugende Ladung und Q_2 als die Ladung, auf welche die Kraft einwirkt! Stellen Sie die Abhängigkeit der elektrischen Feldstärke in der Umgebung einer punktförmigen Ladung von 8,9 µC von der Entfernung r (0,25 m ≤ r ≤ 2,0 m) grafisch dar!

A 11.4 Auf welche Spannung dürfen zwei Platten höchstens geladen werden, wenn der Luftzwischenraum zwischen ihnen 5,0 mm beträgt? Die Durchschlagsfestigkeit von 20 kV/cm für trockene Luft ist die Feldstärke, bei der die Luft durch Funkenentladung durchschlagen wird.

A 11.5 Wie groß sind die elektrische Feldstärke und die elektrische Flussdichte (Verschiebungsdichte) in einem homogenen Feld, wenn zwischen zwei auf einer Feldlinie im Abstand 10,0 mm liegenden Punkten eine elektrische Spannung von 50,0 V vorhanden ist? Welche Kraft wirkt in diesem Feld auf eine kleine Kugel mit der elektrischen Ladung 1,0 µC?

A 11.6 Zwei Metallplatten (Plattenkondensator) haben 150 mm Durchmesser und einen Abstand von 10,0 mm. Berechnen Sie die Kapazität!

A 11.7 Die Blitzlampe eines Elektronenblitzgerätes wird mit der Energie 50 J betrieben. Die Betriebsspannung ist 250 V. Wie groß ist die Kapazität des die Energie speichernden Kondensators? Berechnen Sie die mittlere Leistung während der Blitzentladung, wenn die Blitzlampe 1,5 ms konstant leuchtet und der Kondensator vollständig entladen wird?

A 11.8 Ein Plattenkondensator (Plattenflache 100 cm^2, Plattenabstand 10,0 mm) wird an eine Spannungsquelle von 1,0 kV angeschlossen und aufgeladen. Berechnen Sie Kapazität, Ladung, Feldstärke und Verschiebungsdichte (elektrische Flussdichte)!

A 11.9 Wie ändern sich die in A 11.8 berechneten Größen bei Einfügen eines Dielektrikums?

a) Der Kondensator wird von der Spannungsquelle getrennt und mit einem Dielektrikum der Permittivitätszahl 3,0 vollständig gefüllt.
b) Der Kondensator bleibt dabei an der Spannungsquelle angeschlossen.

A 11.10 Im Innern einer leeren Zylinderspule mit 1 000 Windungen, 10 mm Windungsdurchmesser und 100 mm Länge soll die magnetische Feldstärke 1,0 kA/m vorhanden sein. Welche Stromstärke ist dafür erforderlich? Wie groß sind magnetische Flussdichte und magnetischer Fluss in der Spule? Welche Induktivität hat die Spule?

A 11.11 Welche Induktivität muss eine luftgefüllte Spule haben, wenn bei der elektrischen Stromstärke 1,0 A die magnetische Feldenergie 1,0 µJ beträgt? Welche Windungszahl wäre erforderlich, damit der magnetische Fluss 5,0 nV · s ist?

A 11.12 Welche Stromstärke ist nötig, um in einer Spule mit der Induktivität 0,2 H ein Feld mit der Feldenergie 10 mJ zu erzeugen?

A 11.13 Welche magnetische Flussdichte kann in einer Spule mit 750 Windungen und dem Windungsdurchmesser 20 mm erreicht werden, wenn die Induktivität 5,0 mH und die Stromstärke durch die Spule 2,5 A beträgt? Wie groß ist die magnetische Feldenergie?

A 11.14 Die magnetische Feldstärke einer mit einem geschlossenen Kern aus Elektroblech gefüllten Spule ist 600 A/m. Wie groß sind die magnetische Flussdichte und die relative Permeabilitätszahl? Ermitteln Sie für die gleiche Spule die genannten Größen bei doppelter Stromstärke!

A 11.15 In einem geschlossenen Kern aus Dynamoblech soll die magnetische Flussdichte 1,4 T vorhanden sein. Die mittlere Länge der Feldlinien ist 250 mm. Welche Stromstärke ist bei einer felderzeugenden Spule mit 1 000 Windungen erforderlich?

A 11.16 Wie groß ist der magnetische Fluss im geschlossenen Kern (Elektroblech) einer Spule mit 500 Windungen, wenn die mittlere Länge der Feldlinien im Kern 300 mm und der Kernquerschnitt 4,0 cm² betragen? Die Spule wird von einem Strom der Stärke 250 mA durchflossen. Wie groß ist die Permeabilitätszahl des Eisens?

A 11.17 Ein Draht mit der Länge 20 cm befindet sich in einem Magnetfeld mit der magnetischen Flussdichte 0,80 T. Wie groß muss die Stromstärke sein, wenn die auf den senkrecht zu den Feldlinien stehenden Draht wirkende Kraft 1,0 N betragen soll?

A 11.18 Die Läuferwicklung eines Gleichstrommotors wird von einem Strom der Stärke 10 A durchflossen. Es befinden sich jeweils 100 Drähte des Läufers von je 250 mm Länge im Feld mit der magnetischen Flussdichte 1,0 T. Berechnen Sie die am Umfang wirkende Kraft! Wie groß ist das Drehmoment bei einem Läuferdurchmesser von 150 mm? Welche Leistung gibt der Motor bei einer Drehzahl von 1 000 1/min ab?

A 11.19 Welche Stromstärke ist im Läufer des Motors von A 11.18 nötig, wenn bei der Drehzahl 1 500 1/min 2,5 kW abgegeben wird?

A 11.20 Wie groß ist die Lorentz-Kraft auf ein Elektron, wenn es mit der Geschwindigkeit 1 200 km/s senkrecht zu den Feldlinien eines Feldes mit der magnetischen Flussdichte 15 mT in das Feld eintritt?

A 11.21 Durch welche Anodenspannung wird ein ruhendes Elektron auf $3{,}0 \cdot 10^4$ km/s (10 % der Lichtgeschwindigkeit) beschleunigt? Wie groß ist dann die Energie des Elektrons?

A 11.22 Elektronen mit der Energie 20 keV bewegen sich senkrecht zu den Feldlinien in einem homogenen Magnetfeld mit der magnetischen Flussdichte 0,10 T. Berechnen Sie den Durchmesser der Kreisbahn, auf der sich die Elektronen bewegen, sowie die Umlaufzeit!

A 11.23 Berechnen Sie Beschleunigung und Kraft auf ein Elektron, das in einem elektrischen Feld auf einer Strecke von 20 mm aus dem Stillstand auf $3{,}0 \cdot 10^4$ km/s gebracht wird! Wie groß ist die Lorentz-Kraft, wenn das Elektron mit der erreichten Geschwindigkeit in ein Magnetfeld mit der magnetischen Flussdichte 0,10 T gelangt?

A 11.24 In einer luftgefüllten Zylinderspule (Primärspule) mit der Länge 300 mm, dem Windungsdurchmesser 40 mm und 1 000 Windungen befindet sich eine Induktionsspule (Sekundärspule) mit 5000 Windungen und annähernd gleichen Abmessungen. Wie groß sind die Änderung des magnetischen Flusses und die induzierte Spannung, wenn sich in 1/100 s die Stromstärke in der Primärspule von 2,0 A auf 5,0 A gleichmäßig ändert?

A 11.25 In einem homogenen Magnetfeld mit der magnetischen Flussdichte 1,0 T bewegt sich ein Leiter mit der Länge 10 cm senkrecht zu den Feldlinien. Mit welcher Geschwindigkeit müsste er bewegt werden, wenn zwischen seinen Enden die Spannung 1,0 V induziert wird?

A 11.26 Wie groß ist der in einem Generator induzierte Maximalwert der Spannung, wenn sich 100 Leiterstäbe eines Läufers mit der Leiterlänge 140 mm und dem Läuferdurchmesser 100 mm mit der Drehzahl 3000 1/min in einem Magnetfeld mit der Flussdichte 1,0 T bewegen?

A 11.27 Eine Spule mit Eisenkern hat die Induktivität 1,5 H und wird von 2,0 A durchflossen. Wie lange dauert der Ausschaltvorgang, wenn eine parallel geschaltete Glimmlampe mit der Zündspannung 120 V bei der Unterbrechung des Stromkreises gerade aufleuchtet?

A 11.28 Die Spule eines Relais hat den Widerstand 150 Ω und die Induktivität 1,0 H. Sie ist an eine Gleichspannung von 10 V angeschlossen. Berechnen Sie die Stromstärke und die beim Abschalten entstehende Selbstinduktionsspannung, wenn die Stromstärke in 1,0 ms gleichmäßig auf Null abfällt! Wie groß muss die Kapazität des parallel zu schaltenden Funkenlöschkondensators sein?

12 Wechselstrom

A 12.1 Bei welcher Frequenz eines Wechselstromes beträgt der induktive Blindwiderstand einer Drosselspule 1,0 kΩ, wenn die Induktivität 1,5 H ist? Wie groß sind Blindwiderstand und Stromstärke bei Anschluss an 230 V/50 Hz?

A 12.2 Wie groß ist die Kapazität eines Kondensators, dessen Blindwiderstand bei 50 Hz 106 Ω beträgt? Welche Stromstärke ist bei einer Wechselspannung von 10 V und 1,0 kHz vorhanden?

A 12.3 Bei welcher Frequenz sind die Blindwiderstände einer Spule mit der Induktivität 3,1 mH und eines Kondensators mit der Kapazität 250 pF gleich?

A 12.4 Berechnen Sie für die Frequenzen 10 Hz, 20 Hz, 30 Hz ... 100 Hz die Blindwiderstände eines Kondensators mit der Kapazität 10 μF und einer Spule mit der Induktivität 2,0 H! Stellen Sie die Blindwiderstände in Abhängigkeit der Frequenz grafisch dar! Vergleichen Sie mit Bild 12.6!

A 12.5 Ein Wirkwiderstand von 100 Ω ist mit einer Spule, deren ohmscher Widerstand vernachlässigt wird, in Reihe geschaltet. Die Schaltung liegt an 230 V/50 Hz, die Stromstärke ist 0,88 A. Berechnen Sie den Scheinwiderstand, den induktiven Blindwiderstand, die Induktivität der Spule, die Spannungsabfälle am Wirkwiderstand und am induktiven Blindwiderstand sowie den Phasenverschiebungswinkel zwischen der Gesamtspannung und der Stromstärke. Zeichnen Sie maßstabgerecht ein Widerstands-Zeigerdiagramm und kontrollieren Sie den dort abzulesenden Phasenwinkel mit dem berechneten Wert!

A 12.6 Durch eine Reihenschaltung aus einem Wirkwiderstand von 10 Ω, einem induktiven Blindwiderstand von 10 Ω und einem kapazitiven Blindwiderstand von 5,0 Ω fließt ein elektrischer Strom der Stärke 2,0 A. Die Frequenz ist 50 Hz. Berechnen Sie die Teilspannungen, die Gesamtspannung, den Scheinwiderstand sowie Induktivität und Kapazität! Wie groß ist der Phasenverschiebungswinkel zwischen Gesamtspannung und Stromstärke?

A 12.7 An einer Reihenschaltung von Wirkwiderstand und induktivem Blindwiderstand wurden folgende Messwerte ermittelt: Gesamtspannung 12,0 V Spannungsabfall am Wirkwiderstand 10,0 V Stromstärke 420 mA und Freqenz 50 Hz. Berechnen Sie Scheinwiderstand, Blindwiderstand, Induktivität, Spannungsabfall am Blindwiderstand sowie den Phasenverschiebungswinkel zwischen Gesamtspannung und Stromstärke!

A 12.8 Ein Kondensator und ein Wirkwiderstand sind in Reihe an 230 V/50 Hz angeschlossen. Am Wirkwiderstand wird ein Spannungsabfall von 160 V gemessen. Die Stromstärke ist 1,25 A. Zeichnen Sie ein vollständiges Schaltbild und tragen Sie die Messwerte ein! Berechnen Sie Wirkwiderstand, Scheinwiderstand, kapazitiven Blindwiderstand, Kapazität, Spannungabfall am Kondensator und die Phasenverschiebung zwischen Gesamtspannung und Stromstärke! Zeichnen Sie maßstabgerecht ein Spannungs-Zeigerdiagramm!

A 12.9 Wie groß ist die Kapazität des Kondensators, der einem Wirkwiderstand mit der Leistungsaufnahme 800 W parallel geschaltet ist, wenn bei Anschluss an 230 V/50 Hz eine Gesamtstromstärke von 5,0 A gemessen wird? Berechnen Sie Wirkwiderstand und Scheinwiderstand der Schaltung sowie den kapazitiven Blindwiderstand des Kondensators! Wie groß sind die Teilstromstärken und die Phasenverschiebung zwischen Spannung und Stromstärke? Zeichnen Sie maßstabgerecht das Stromstärke-Zeigerdiagramm!

A 12.10 Wie groß ist die Kapazität des Kondensators, der mit einem Wirkwiderstand von 100 Ω und einer Induktivität 150 mH parallel geschaltet ist, wenn bei 230 V/50 Hz ein Gesamtstrom der Stromstärke 2,30 A fließt? Wie groß sind dann die Teilstromstärken? Vergleichen Sie die Teilstromstärken mit der Gesamtstromstärke!

A 12.11 An einem Wechselstromverbraucher werden folgende Messwerte ermittelt: Spannung 215 V Frequenz 49,5 Hz, Stromstärke 7,50 A und Wirkleistung 1,20 kW. Wie groß sind Scheinleistung, Phasenverschiebungswinkel zwischen Spannung und Stromstärke, Blindleistung, Wirkstromstärke und Blindstromstärke?

A 12.12 Ein Motor nimmt bei einer Spannung von 230 V/50 Hz die Wirkleistung 5,0 kW bei einem Leistungsfaktor von 0,80 auf. Sein mechanischer Wirkungsgrad ist 85 %. Berechnen Sie Scheinleistung, Blindleistung, Stromstärke in der Zuleitung, Wirkstromstärke, Blindstromstärke und die mechanische Leistung des Motors!

A 12.13 Durch eine Spule fließen bei Anschluss an Gleichspannung von 12,0 V 0,20 A, bei Wechselspannung von 230 V/50 Hz 1,8 A. Berechnen Sie Wirkwiderstand, Scheinwiderstand, Blindwiderstand und Induktivität der Spule! Wie groß sind bei Betrieb mit Wechselspannung Leistungsfaktor, Scheinleistung, Wirkleistung und Blindleistung?

A 12.14 Ein Wechselstromverbraucher ist eine Reihenschaltung aus Wirkwiderstand von 120 Ω und Induktivität von 1,60 H. Wie groß ist bei 50 Hz der Leistungsfaktor? Berechnen Sie Wirk-, Schein- und Blindleistung bei Anschluss an 230 V! Wie groß werden der Leistungsfaktor und die Stromstärke, wenn zu dem Verbraucher ein Kondensator mit der Kapazität 5,0 μF in Reihe geschaltet wird? Bei welcher Kapazität wird der Blindwiderstand der Schaltung null, und wie groß sind dann Leistungsfaktor, Schein- und Blindleistung?

A 12.15 Ein Motor gibt bei 230 V/50 Hz die mechanische Leistung 1,5 kW ab. Der Wirkungsgrad ist 83,3%. Er nimmt dabei 10,2 A auf. Wie groß sind Wirk-, Schein- und Blindleistung sowie der Leistungsfaktor? Berechnen Sie die Kapazität des Kondensators, der die Blindleistung vollständig kompensiert! Wie groß ist dann die Stromstärke?

A 12.16 Wie groß ist die Kapazität des Kompensationskondensators, der den Leistungsfaktor des Motors von A 12.15 auf 0,90 verbessert?

A 12.17 Kann ein Kompensationskondensator mit 60 μF den Leistungsfaktor des Motors von A 12.15 auf mindestens 0,96 bringen?

A 12.18 Ein Motor nimmt bei einer Klemmenspannung von 210 V/50 Hz und einer Stromstärke von 28,0 A in 2,5 h die elektrische Energie 12,5 kW · h auf. Wie groß sind Wirk-, Schein- und Blindleistung sowie Leistungsfaktor, Wirkstromstärke, Blindstromstärke und die Kapazität des Kondensators, der den Leistungsfaktor auf 0,98 erhöht?

A 12.19 Durch Zuschalten von Kompensationskondensatoren wird der durchschnittliche Leistungsfaktor eines Betriebes von 0,75 auf 0,96 erhöht. Um wie viel Prozent vermindern sich dadurch die Wärmeverluste in der Zuleitung, wenn die entnommene Wirkleistung konstant bleibt?

14 Schwingungen

A 14.1 Bei einer Schwingung werden in 20 s 10 Schwingungen gezählt. Der Betrag der Amplitude von 5,0 cm bleibt konstant. Berechnen Sie Frequenz, Periodendauer (Schwingungsdauer), Kreisfrequenz sowie maximale Geschwindigkeit und Beschleunigung!

A 14.2 Eine Schwingung wird mathematisch durch die Gleichung $y = 4{,}0\ \text{cm} \cdot \sin(2{,}0\ \text{s}^{-1} \cdot t)$ dargestellt. Wie groß sind Frequenz und Schwingungsdauer? Stellen Sie die zugehörigen Gleichungen für die Geschwindigkeit und die Beschleunigung auf! Wie groß sind Elongation, Geschwindigkeit und Beschleunigung nach 1,0 s und 2,0 s? Nach welchen Zeiten haben die errechneten Größen den gleichen Wert?

A 14.3 Eine Feder wird durch Anhängen eines Körpers von 300 g um 30 mm gedehnt. Wie groß ist die Federkonstante? Mit welcher Eigenfrequenz schwingt dieses Masse-Feder-System nach einer einmaligen zusätzlichen Auslenkung um 20 mm? Berechnen Sie die Schwingungsenergie und die maximale Geschwindigkeit!

A 14.4 Eine Feder wird durch Aufwenden der Arbeit 1,0 J um 50 mm gedehnt und dann losgelassen. Wie groß sind Federkonstante sowie Schwingungsdauer bei einem schwingenden Körper von 100 g? Berechnen Sie potentielle und kinetische Energie des Körpers im Abstand von 20 mm von der Nulllage!

A 14.5 Wie groß ist das Massenträgheitsmoment des Läufers eines Elektromotors, der wie in Bild 14.4a an einem Draht mit der Winkelrichtgröße 1,0 N · m Drehschwingungen mit der Frequenz 1,0 Hz ausführt?

A 14.6 Bestimmen Sie die Winkelrichtgröße eines Drahtes, an dem ein Vollzylinder von 10,0 kg und 100 mm Durchmesser entsprechend Bild 14.4 als Drehschwinger in 30 s 36 Schwingungen ausführt! Berechnen Sie zuerst die Frequenz und das Massenträgheitsmoment des Kreiszylinders, bezogen auf die Schwerpunktsachse.

A 14.7 Welche Schwingungsdauer ist zu erwarten, wenn ein an einem Kranseil der Länge 15 m hängendes Bauteil beim Anfahren des Krans Schwingungen ausführt? Die Masse des Seils wird vernachlässigt. (Anordnung als mathematisches Pendel betrachten!)

A 14.8 Wie lang ist ein Fadenpendel mit 2,00 s Schwingungsdauer?

A 14.9 Ein Zahnrad von 4,10 kg ist an einem Draht, dessen Masse vernachlässigt wird, als physisches Pendel aufgehängt und schwingt bei sehr kleinen Winkelausschlägen mit der Frequenz 1,00 Hz. Der Abstand der Drehachse, um die das System schwingt, von der Schwerpunktsachse durch die Mitte des Zahnrades ist 200 mm. Wie groß ist das Massenträgheitsmoment des Zahnrades, bezogen auf die Schwerpunktsachse?

A 14.10 Die zweite Amplitude einer gedämpften Schwingung ist um 1,0 mm kleiner als die 30,0 mm große erste Amplitude. Wie groß ist bei geschwindigkeitsproportionaler Dämpfung die 10. Amplitude?

A 14.11 Beim Ein- bzw. Ausschalten einer Maschine mit der Masse 2,50 t wird das elastische Fundament bei der kritischen Drehzahl von 24 1/min zur Resonanzschwingung gebracht. Wie groß ist die Federkonstante des Fundaments, wenn wir wie im Beispiel 14.4 das System Maschine – Fundament als Masse-Feder-Schwinger auffassen?

A 14.12 Ein ungedämpfter Schwingkreis soll mit einem Kondensator von 10 pF die Eigenfrequenz 1,0 MHz haben. Wie groß muss die Induktivität der Spule sein? Wie ändert sich die Eigenfrequenz, wenn bei gleicher Spule die Kapazität verdoppelt wird?

A 14.13 Wie groß sind die Eigenfrequenz und die Stromstärke bei Reihenresonanz eines Wirkwiderstandes von 20 Ω, eines Kondensators mit 10 μF und einer Spule mit 1,0 mH? Welche Spannungsabfälle treten dann an den drei Widerständen auf, wenn an der gesamten Schaltung die Spannung 60 V (Effektivwert) liegt?

A 14.14 Ein Wirkwiderstand von 400 Ω ist zu einer Spule mit 1,0 H und einem Kondensator parallel geschaltet. Wie groß ist dessen Kapazität, damit bei 230 V/50 Hz Parallelresonanz auftritt? Wie groß sind dann die Gesamtstromstärke und die drei Teilstromstärken?

A 14.15 Zwei harmonische Schwingungen $y_1 = 10{,}0\ \text{mm} \cdot \sin(\omega t)$ und $y_2 = 12{,}0\ \text{mm} \cdot \sin(\omega t + \varphi)$ werden überlagert. Der Phasenwinkel ist 57,3°. Die Periodendauer ist 1,25 s. Wie groß ist die Amplitude der resultierenden Schwingung und die Phasenverschiebung dieser Schwingung gegenüber y_2? Wie lautet die Gleichung der resultierenden Schwingung und wie groß sind maximale Geschwindigkeit und maximale Beschleunigung? Wie groß wäre die Schwebungsfrequenz, wenn die Periodendauer von y_2 um 0,25 s kleiner wäre?

15 Wellen

A 15.1 Der Mensch kann Schallwellen zwischen den Frequenzen 16 Hz und 20 kHz hören. Berechnen Sie die zugehörigen Grenzwellenlängen in Luft und in Wasser! (Rechnen Sie mit den Schallgeschwindigkeiten 340 m/s in Luft bzw. 1480 m/s in Wasser.)

A 15.2 Die Wellenlängen 390 nm (violett) und 770 nm (dunkelrot) sind die Grenzen des Sichtbarkeitsbereiches elektromagnetischer Wellen für den Menschen. Welchen Frequenzen entsprechen diese Wellenlängen in Luft? (Lichtgeschwindigkeit rund 300 000 km/h.)

A 15.3 In der Entfernung 1,0 m von einer punktförmigen Schallquelle soll die Strahlungsflussdichte (Bestrahlungsstärke) 1,0 W/m² betragen. Wie groß ist die Strahlungsleistung (der Strahlungsfluss) der Schallquelle, und welche Strahlungsflussdichte ist in 2,0 m und in 4,0 m zu erwarten?

A 15.4 Wie groß ist die Lichtgeschwindigkeit in Glas bzw. in Wasser, wenn die Brechzahl Luft/Glas 1,50 bzw. Luft/Wasser 1,33 ist?

A 15.5 Monochromatisches Licht von 589 nm (Na-Licht) trifft entsprechend Bild A 15.1 auf ein gleichseitiges Prisma aus Glas mit der Brechzahl 1,52. Um welchen Winkel ε wird der Strahl abgelenkt?

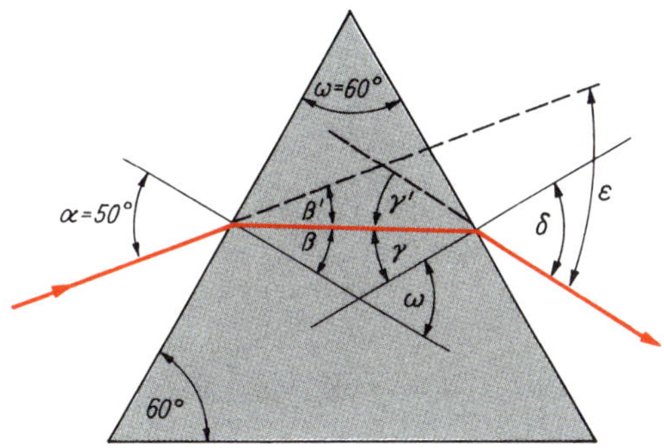

Bild A 15.1: Strahlengang durch ein Prisma

A 15.6 Wie groß ist die Parallelverschiebung beim Durchgang von Licht durch eine planparallele Platte mit der Dicke 10,0 mm, wenn auf beiden Seiten Luft ist und die Brechzahl von Luft in Glas für die betreffende Wellenlänge 1,53 ist? ($\alpha = 60°$, s. Bild A 15.2.)

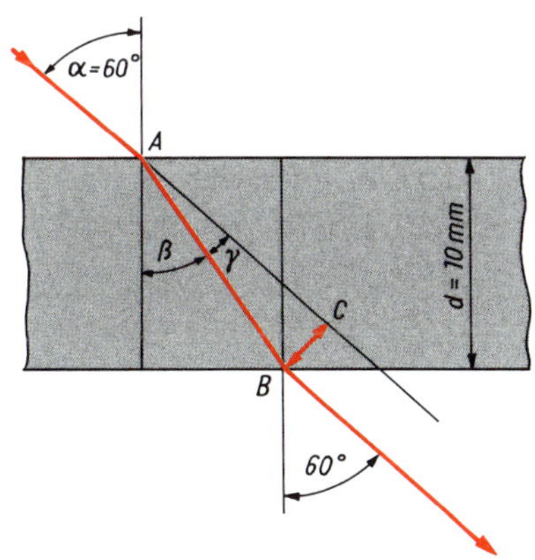

Bild A 15.2: Strahlengang durch eine planparallele Platte

A 15.7 Wie verläuft der Weg des Lichtstrahls, der senkrecht auf die Hypotenuse eines gleichschenkligen, rechtwinkligen Prismas mit der Brechzahl Luft/Glas von 1,55 trifft?

A 15.8 Ein Lichtstrahl tritt unter dem Winkel $\alpha = 60°$ (Bild A 15.3) aus Luft in einen Lichtwellenleiter (Glasfaser, Brechzahl 1,52). Zeigen Sie, dass der Strahl die Faser seitlich nicht verlässt!

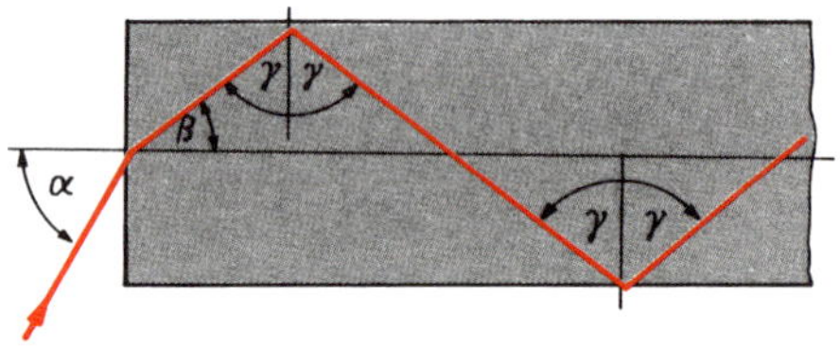

Bild A 15.3: Prinzip eines Lichtwellenleiters

A 15.9 Unter welchem Winkel erscheint in einem Beugungsversuch mit Licht der Wellenlänge 600 nm das Beugungsmaximum 2. Ordnung, wenn das verwendete Gitter die Gitterkonstante 6,25 µm hat?

A 15.10 Bei Verwendung eines Strichgitters mit 1 000 Spalten je Millimeter wird entsprechend Bild A 15.4 das 1. Beugungsmaximum beobachtet. Berechnen Sie die Wellenlänge des verwendeten Lichts!

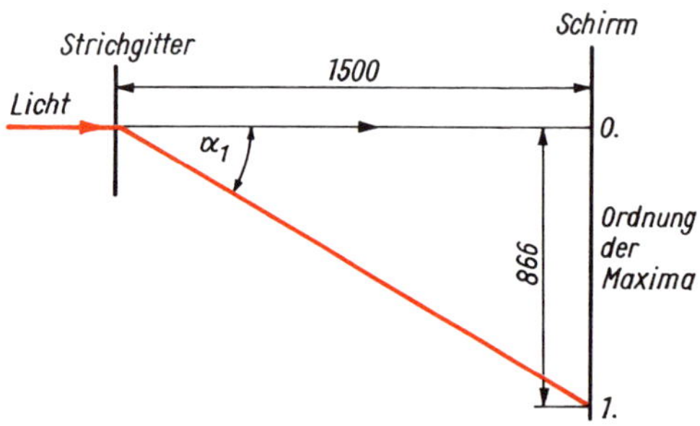

Bild A 15.4: Schema der Beugung am Gitter

A 15.11 Das Objektiv eines Bildwerfers kann als Sammellinse mit der Brennweite 125 mm aufgefasst werden. Ein Dia mit der Seitenlänge 24 mm soll auf einer ebenen Projektionswand mit der Bildseitenlänge von 1,0 m scharf abgebildet werden. Wie groß sind Gegenstandsweite und Bildweite?

A 15.12 Welche Brennweite muss das Objektiv eines Mikroskops haben, wenn eine Vergrößerung von 250 erreicht werden soll? Die Brennweite des Okulars ist 20 mm, die Tubuslänge 160 mm.

A 15.13 Wie groß ist der Schallintensitätspegel bei der Schallstärke 1,0 W/m²?

A 15.14 Welche Schallintensität gehört zum Schallpegel 85 dB?

A 15.15 Welchen Schallintensitätspegel ergeben zwei Schallquellen, die einzeln je 80 dB bzw. 80 dB und 90 dB haben?

A 15.16 Wie viel Schallquellen mit dem Schallintensitätspegel von je 90 dB ergeben 96 dB?

A 15.17 Das Licht einer Lampe trifft in 15 m Entfernung auf eine ebene Wand. Auf der beleuchteten Kreisfläche mit dem Durchmesser 3,0 m wird eine Beleuchtungsstärke von 1,5 lx gemessen. Wie groß ist der Raumwinkel, wenn die Lampe punktförmig angenommen und die beleuchtete Kreisfläche gleich der Fläche der Kugelkappe gesetzt wird? Berechnen Sie den auf die beleuchtete Kreisfläche einfallenden Lichtstrom und die Lichtstärke der Lampe!

A 15.18 Eine Lichtquelle strahlt senkrecht nach unten mit der Lichtstärke $I_0 = 1\,000$ cd auf eine ebene Fläche in 5,0 m Entfernung. Nach der Seite hin nimmt die Lichtstärke nach der Gleichung $I = I_0 \cos \alpha$ ab (LAMBERT-Strahler). Zeichnen Sie die Lichtstärkeverteilungskurve, und berechnen Sie die Beleuchtungsstärke auf der Ebene senkrecht unter der Lichtquelle und 2,5 m seitlich von diesem Fußpunkt!

A 15.19 Unter welchem Einfallswinkel muss natürliches Licht auf eine Glasplatte mit der Brechzahl 1,65 treffen, damit das reflektierte Licht vollständig polarisiert ist?

16 Atom- und Kernphysik

A 16.1 In welchem Bereich ändert sich die Energie der Lichtquanten im sichtbaren Bereich des elektromagnetischen Spektrums? Geben Sie das Ergebnis in der Einheit eV an!

A 16.2 Die intensivste K_α-Linie des charakteristischen Röntgenspektrums einer Kupferanode hat die Wellenlänge 0,1537 nm. Welche Energie hat ein Röntgenquant? Geben Sie das Ergebnis in eV an. Wie viele Quanten würden der Energie 1,00 mJ entsprechen?

A 16.3 Die Energie der energiereichsten γ-Quanten des Co 60 ist 1,33 MeV. Wie groß sind Frequenz und Wellenlänge?

A 16.4 Wie groß sind Grenzfrequenz und Grenzwellenlänge für die Ablösung von Elektronen bei Kupfer? Die Ablösearbeit ist 4,48 eV.

A 16.5 Welche Energie müssen die Quanten der Strahlung haben, wenn aus einer Fotokatode (Austrittsarbeit = Ablösearbeit = 2,8 eV) Elektronen mit einer Austrittsgeschwindigkeit von $1{,}00 \cdot 10^3$ km/s austreten? Welche Wellenlänge muss die Strahlung haben und wo ist sie im elektromagnetischen Spektrum einzuordnen?

A 16.6 Welche Masse entspricht der Energie eines Lichtquants mit der Wellenlänge 589 nm (Na-Licht)?

A 16.7 Um welchen Faktor erhöht sich die Masse eines Elementarteilchens, wenn es 80 % der Lichtgeschwindigkeit hat?

A 16.8 Bei welcher Geschwindigkeit ist die Masse eines Elementarteilchens doppelt so groß wie seine Ruhmasse?

A 16.9 Wie groß ist die Entfernung vom Stand eines Lasers bis zu einem angestrahlten Objekt, wenn der Laserimpuls dort reflektiert wird und bis zum Ausgangsstandort 0,12 ms benötigt?

A 16.10 Die Energiedifferenz der Laserniveaus des Rubinlasers beträgt 1,79 eV. Wie groß sind Frequenz und Wellenlänge des Laserlichts? Als welche Farbe nehmen wir das Licht wahr?

A 16.11 Ein CO_2-Laser arbeitet kontinuierlich und gibt die Strahlungsleistung 10,0 kW ab. Wie groß ist die Bestrahlungsstärke (Leistung/bestrahlte Fläche), wenn die gesamte Leistung der Laserstrahlung auf eine Fläche von 1,00 μm^2 trifft? Welche Energie wird in 1,00 min übertragen? Geben Sie das Ergebnis in kW · h an. In welcher Zeit wird die Energie 1,00 kW · h übertragen?

A 16.12 Bei welcher Wellenlänge (Grenzwellenlänge) liegt die untere Grenze des Röntgen-Bremsspektrums bei 25,0 kV Beschleunigungsspannung an der Röntgenröhre? Wie hängen Grenzwellenlänge, Grenzfrequenz und zugehörige Energie eines Röntgenquants von der Beschleunigungsspannung ab?

A 16.13 Berechnen Sie die relative Bindungsenergie für C 12!

A 16.14 Welcher Massendefekt entspricht einer kontinuierlichen Leistung von 5000 MW über den Zeitraum von 1a?

A 16.15 Wie lange dauert es, bis die Anfangsaktivät 20 GBq auf 1500 kBq abklingt? Die Halbwertszeit ist 7,1 d.

A 16.16 Wie viel aktive Kerne enthält ein Stoff mit der Aktivität 10 GBq und der Halbwertszeit 15 h?

A 16.17 Wie groß ist die Aktivität von 0,10 g Cs 137 (Halbwertszeit 30 a)?

A 16.18 Der Schwächungskoeffizient für Beton (ϱ = 2,2 kg/dm^3) ist bei mittlerer γ-Energie von 2,0 MeV rund 0,11 1/cm. Berechnen Sie die Halbwertsdicke und die Schichtdicke, welche die Dosisrate von 1,0 mGy/h auf 20 nGy/s schwächt.

A 16.19 Wie groß ist die Äquivalentdosis für γ- bzw. α-Strahlung, wenn die Dosisrate 100 nGy/s 3,0 d einwirkt?

A 16.20 Welche Energie wird freigesetzt, wenn bei Fusion 2,5 g He 4 entstehen? Der Massendefekt pro He-Kern ist $\Delta m_1 = 0{,}030$ u.

A 16.21 Wie viel U 235 muss in einem Kernkraftwerk gespalten werden, um kontinuierlich 2,5 a die Leistung 10 GW zu erzeugen? Je Spaltung wird die Energie $E_{Sp} \approx$ 200 MeV freigesetzt!

LÖSUNGEN

2 Kinematik

L 2.1

a) 36 dm^3/min = 0,600 dm^3/s = 2,16 m^3/h
b) 2,4 g/cm^3 = 2,4 kg/dm^3 = 2400 kg/m^3
c) 35 $N/mm^2 = 35 \cdot 10^6\ N/m^2 = 35 \cdot 10^3\ kN/m^2$

L 2.2

Diagramm s. Bild L 2.1
Durchschnittsgeschwindigkeit: $\bar{v}_{1,6} = 6$ m/s
Momentangeschwindigkeiten: $v_3 = 6$ m/s; $v_7 = 0$;
$v_{10} = 6$ m/s

0 bis 6 s: Verzögerte Bewegung bis zum Stillstand. Anschließend bis 8 s Stillstand, danach beschleunigte Bewegung.

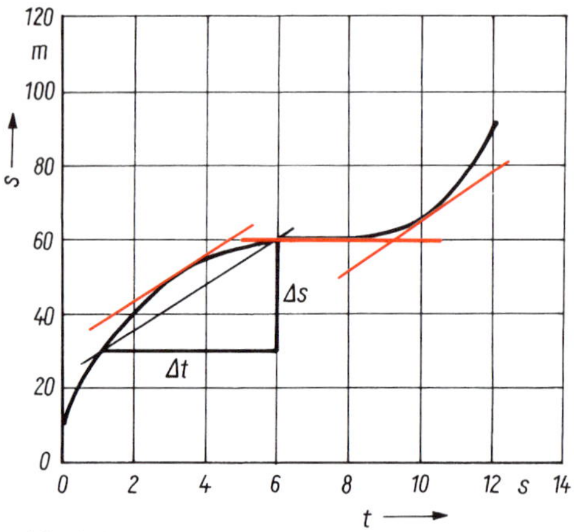

Bild L 2.1: Weg-Zeit-Diagramm

L 2.3

$s = s_1 + s_2 + s_3 = v_1 t_1 + (v_1 + v_2)\, t_2/2 + v_3 t_3$
s = 333 m + 350 m + 100 m = 783 m
Das gleiche Ergebnis erhalten Sie, wenn die Fläche (natürlich unter Beachtung der Einheiten) unter der v-t-Kurve berechnet wird.
$a_1 = 0$; $a_2 = \Delta v/\Delta t$; $a_2 = -0{,}13$ m/s^2; $a_3 = 0$

L 2.4

Fahrzeit für den Umweg $t_U = s_U/v$
$t_U = 45$ s
Durchschnittliche Zeit beim Überqueren der Hauptstraße
$t_D = t_{Br} + t_W + t_A$
$t_D = 73$ s
Der Umweg kann in Kauf genommen werden!

L 2.5

Teilbewegung 1: $a_1 = (v_1^2 - v_{01}^2)/(2 s_1)$
$a_1 = -2{,}2$ m/s^2
$t_1 = 2 s_1/(v_1 + v_{01})$
$t_1 = 5{,}3$ s

Teilbewegung 2: $s_2 = v_2 t_2$; $v_2 = v_1$
$s_2 = 83$ m

Teilbewegung 3: $a_3 = (v_3 - v_{03})/t_3$; $v_{03} = v_2$
$a_3 = 1{,}0$ m/s^2
$s_3 = (v_{03} + v_3)\, t_3/2$
$s_3 = 100$ m

Gesamtstrecke: $s = 258$ m; Fahrzeit: $t = 23{,}3$ s
(Grafische Darstellung s. Bild L 2.2)

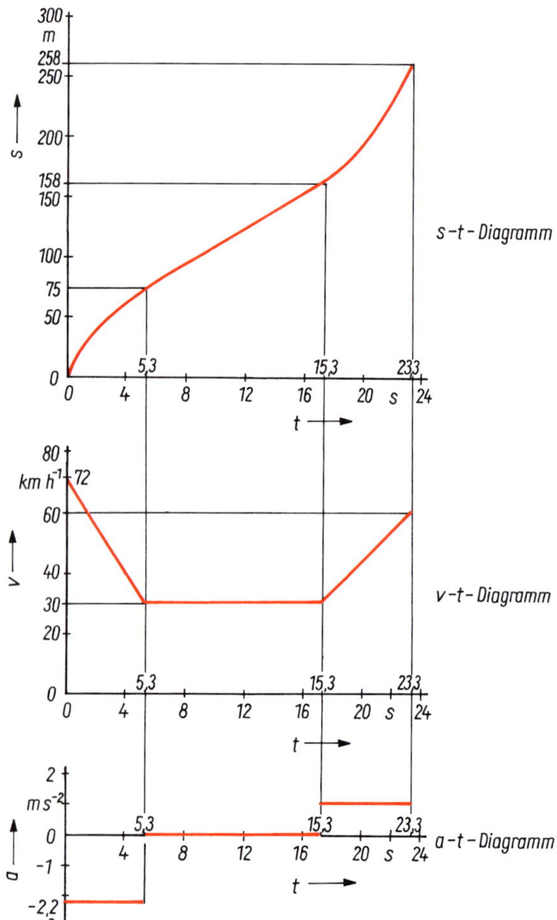

Bild L 2.2: Bewegungsdiagramme

L 2.6

$h = v^2/(2g)$
$h = 20{,}4$ m (rund 7 Stockwerke)

L 2.7

$v = \sqrt{v_0^2 - 2g\,(h - h_1)}$; für $h = 10$ m ist $v = 7{,}63$ m/s;
für $h = 14$ m erhält man $v = \sqrt{-20{,}3\ \text{m}^2/\text{s}^2}$, es gibt keine reelle Lösung. Physikalisch bedeutet dies, dass bei dieser Anfangsgeschwindigkeit die Decke nicht erreicht wird. Damit diese erreicht würde, muss $v = 0$, also $v_0 = \sqrt{2g\,(h - h_1)}$ $= 15{,}7$ m/s, sein.

L 2.8

$v_x = s_x\sqrt{g/(2s_y)}$
$v_x = 4{,}3$ m/s

Wurfparabel aus $s_y = gs_x^2/(2v_x^2)$;
$s_y = 0{,}26\ 1/\text{m} \cdot s_x^2$

s_x/m	0	1	3	4	5
s_y/m	0	0,26	2,3	4,2	6,5

Grafische Darstellung s. Bild L 2.3

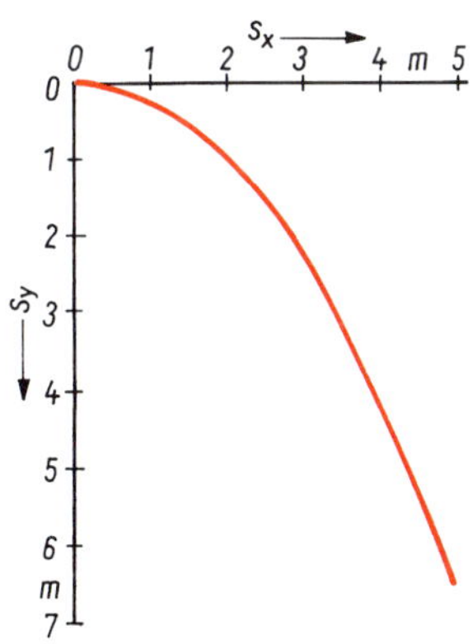

Bild L 2.3: Wurfparabel

L 2.9

Für Rückenwind gilt $v + v_W = s/t_1$
und für Gegenwind $v - v_W = s/t_2$
Addition beider Gleichungen ergibt $2v = s/t_1 + s/t_2$
Geschwindigkeit des Flugzeuges $v = (1/t_1 + 1/t_2)\,s/2$
$v = 121{,}5$ m/s $= 437$ km/h

Windgeschwindigkeit $v_W = s/t_1 - v$
$v_W = 21{,}4$ m/s $= 77$ km/h

L 2.10

$\omega = v/r$
$\omega_1 = 0{,}139\ 1/\text{s} = \omega_2$

$a_r = v^2/r$
$a_{r1} = 1{,}16\ \text{m/s}^2$
$a_{r2} = 2{,}31\ \text{m/s}^2$

Die Winkelgeschwindigkeiten sind gleich, die Radialbeschleunigung verdoppelt sich.

L 2.11

$\omega = 2\pi n = 293\ 1/\text{s}$; $\alpha = \omega/t = 4{,}9\ 1/\text{s}^2$; $v = \omega r = 176$ m/s

L 2.12

Aus $\varphi = \omega t/2$ folgt nach Division durch 2π
$z = nt/2$
$z = 23{,}3$

L 2.13

$\varphi = \omega_0 t/2 = \pi n_0 t$
$\varphi = 314$ rad

$z = n_0 t/2$
$z = 50$

L 2.14

Teilbewegung 1:
$\omega_0 = 0$, nach $t_1 = 4$ s ist

$\omega_1 = 2\pi n_1$
$\omega_1 = 149\ 1/\text{s}$

$\alpha_1 = \omega_1/t_1$
$\alpha_1 = 37{,}2\ 1/\text{s}^2$

$\varphi_1 = \alpha_1 t_1^2/2$
$\varphi_1 = 297$ rad

Teilbewegung 2: Am Ende der Beschleunigung ist $\omega_2 = \omega$
$\omega = 2\pi n_2$
$\omega = 293\ 1/\text{s}$

$\alpha_2 = \Delta\omega/\Delta t$
$\alpha_2 = 24\ 1/\text{s}^2$

$\varphi_2 = \alpha_2 t_2^2/2 + \omega_0 t_2$, $\omega_0 = \omega_1$
$\varphi_2 = 1\,326$ rad

Teilbewegung 3: $\alpha_3 = 0$, $\omega_3 = \omega_2$; $\varphi_3 = \omega_3 t_3$,
$\varphi_3 = 2930$ rad

Gesamtdrehwinkel = 4453 rad; Gesamtzeit $t = 20$ s

Zahl der Umdrehungen $z = \varphi/(2\pi)$
$z = 725$

(Grafische Darstellungen s. Bild L 2.4)

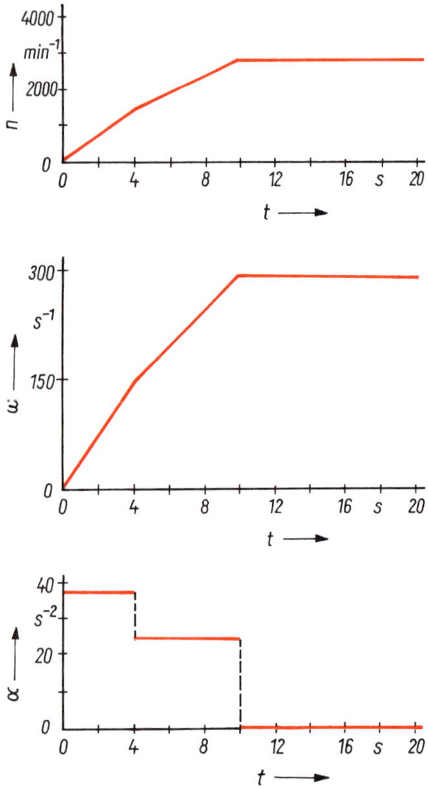

Bild L 2.4: Bewegungsdiagramme

L 2.15

$\alpha = \Delta\omega/\Delta t$
$\alpha = -1{,}05\ 1/\text{s}^2$

$z = (n_1 + n_2)t/2$
$z = 2{,}06$

$s = z\pi d$
$s = 3{,}56\ \text{m}$

L 2.16

Für die Rollen gilt $n_0 = 0$, $v_0 = 0$, $\omega_0 = 0$, $v = 1{,}2\ \text{m/s}$;

$\omega = v/r$
$\omega = 9{,}6\ 1/\text{s}$

$n = \omega/(2\pi)$
$n = 92\ 1/\text{min}$

$\varphi = s/r$
$\varphi = 6{,}0$ rad (fast 1 Umdrehung)

$t = 2\varphi/\omega$
$t = 1{,}25\ \text{s}$

$\alpha = \omega/t$
$\alpha = 7{,}68\ 1/\text{s}^2$

Beschleunigung des Gurtes $a = \alpha r$
$a = 0{,}96\ \text{m/s}^2$

3 Dynamik der Punktmasse

L 3.1

$k = F/\Delta s$ Feder *1* $k_1 = 25$ N/m Feder *2* $k_2 = 150$ N/m
$k_1 < k_2$; Feder *2* ist die härtere Feder.

L 3.2

$F = k\Delta s$ ist die Gleichung einer Geraden, das F-Δs-Diagramm ist eine Gerade (Bild L 3.1). k ist der Anstieg der Geraden. Die Kennlinie einer härteren Feder hat somit einen größeren Anstieg

(gestrichelte Linie im Bild L 3.1).

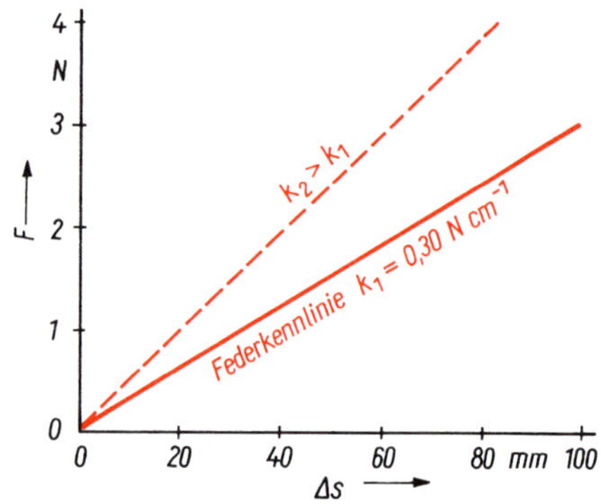

Bild L 3.1: Federkennlinien

L 3.3

Zeichnerische Lösung im Bild L 3.2. Ergebnisse:
a) $F_{res} = 185$ N, $\alpha = 36°$ b) 227 N, 25° c) 150 N, 42°

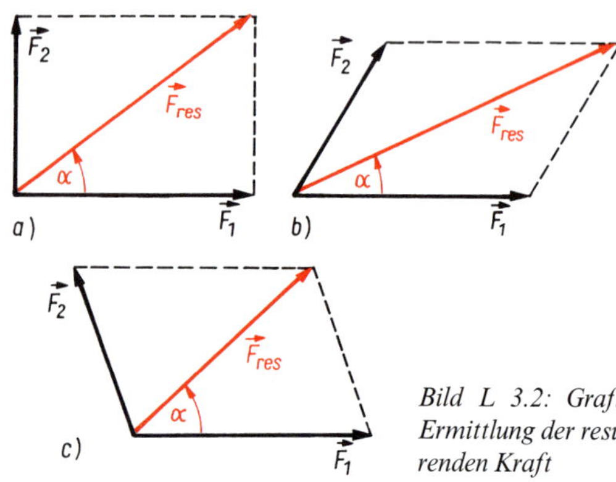

Bild L 3.2: Grafische Ermittlung der resultierenden Kraft

Rechnerisch für a) aus $F_{res} = \sqrt{F_1^2 + F_2^2}$
$F_{res} = 186\ \text{N}$

und aus $\tan \alpha = F_2/F_1$
$\alpha = 36{,}3°$

Bei b) und c) ergibt sich der Betrag von F_{res} aus dem Kosinussatz und die Richtung aus dem Sinussatz: b) 226 N, 25°; c) 153 N, 43°

L 3.4

$\alpha = 30°$: $F_H = 5{,}0\ \text{kN}$ $F_N = 8{,}66\ \text{kN}$
$\alpha = 10°$: $F_H = 1{,}74\ \text{kN}$ $F_N = 9{,}85\ \text{kN}$
Für $\alpha \leq 10°$ ist $F_N \approx F_G = mg$ bei einem Fehler kleiner als 1,5 %.

L 3.5

$\varrho = m/V$; $V = \pi d^2 h/4$; $\varrho = 4m/(\pi d^2 h)$
$\varrho = 21{,}5\ \text{kg/dm}^3$

Dies ist die Dichte von Platin.

L 3.6

Aluminiumkugel $m = \varrho_1 \pi d_1^3/6$; Holzzylinder $m = \varrho_2 \pi d_2^2 h_2/4$
Gleichsetzen der Massen und Umstellen nach d_1 ergibt
$d_1 = \sqrt[3]{3\varrho_2 d_2^2 h_2/(2\varrho_1)}$
$d_1 = 122\ \text{mm}$

L 3.7

$m = \varrho V$, $V = \pi(d_a^2 - d_i^2)l/4$
$m = \varrho \pi l\,(d_a^2 - d_i^2)/4$

L 3.8

$F_{res} = ma$
$F_{res} = 41{,}6\ \text{kN}$

L 3.9

$F = ma = m\,(v^2 - v_0^2)/(2s)$
$|F| = 4{,}75\ \text{kN}$

L 3.10

$m = F/a$
$m = 3{,}86\ \text{t}$

L 3.11

$F = F_G/4 = mg/4$
$F = 98{,}1\ \text{kN}$

L 3.12

$F_G = mg$
$F_G = 14{,}7\ \text{kN} > 12{,}0\ \text{kN}$, Körper nicht anhängen!

L 3.13

$F = F_G/2 = mg/2 = \varrho A l g/2$
$F = 618\ \text{N}$

L 3.14

$v =$ konst.: $F = mg$
$F = 15{,}7\ \text{kN}$

Anheben beschleunigt: $F = ma + mg = m\,(g + v/t)$
$F = 16{,}3\ \text{kN}$

L 3.15

Schubkraft $F = F_G + ma = m\,(g + a) = m\,(g + 5g) = m \cdot 6g$
$F = 3{,}0\ \text{MN}$

L 3.16

$F = ma = m\,(v - v_0)/t$
$F = 240\ \text{N}$

Fahrwiderstandszahl aus $ma = \mu_F mg$

$\mu_F = (v - v_0)/(gt)$
$\mu_F = 0{,}024$

L 3.17

$v =$ konst.: $F = \mu_F mg$
$F = 2{,}12\ \text{kN}$

beschleunigte Bewegung: $F = F_R + F_{res} = \mu_F mg + m\Delta v/t$
$F = m\,(\mu_F g - \Delta v/t)$
$F = 4{,}12\ \text{kN}$

L 3.18

Zugkraft: $F = F_H + F_R = mg\,(\sin \alpha + \mu_F \cos \alpha)$
$F = 5{,}4\ \text{kN}$

Resultierende Kraft auf den Hänger: $F_{res} = 0$, da $v =$ konst.!

L 3.19

a) $F = mg\,(\sin \alpha - \mu_H \cos \alpha)$
$F = 0{,}45\ \text{kN}$

b) $F = mg\,(\sin \alpha + \mu_G \cos \alpha)$
$F = 3{,}33\ \text{kN}$

c) $F = mg\,(\sin \alpha - \mu_G \cos \alpha)$
$F = 0{,}86\ \text{kN}$

Die Kräfte sind in allen drei Fällen hangaufwärts gerichtet.

L 3.20

$F = F_H + F_W + F_{res} = m\,[\Delta v/t + g\,(\sin \alpha + \mu_F \cos \alpha)]$
$F = 1{,}65\ \text{kN}$

L 3.21

$F_{res} = F_H + F - F_W$; $ma = mg \sin\alpha + F - \mu_F mg \cos\alpha$
$a = F/m + g(\sin\alpha - \mu_F \cos\alpha)$; $v = \sqrt{v_0^2 + 2as}$
$v = \sqrt{v_0^2 + 2s[F/m + g(\sin\alpha - \mu_F\cos\alpha)]}$
$v = 46$ km/h

L 3.22

$F_Z = mv^2/r$
$F_Z = 140$ N

L 3.23

s. Bild L 3.3: $\tan\alpha = F_Z/F_G = v^2/(rg)$
$\alpha = 2{,}33°$

$h = l \sin\alpha$
$h = 58{,}5$ mm

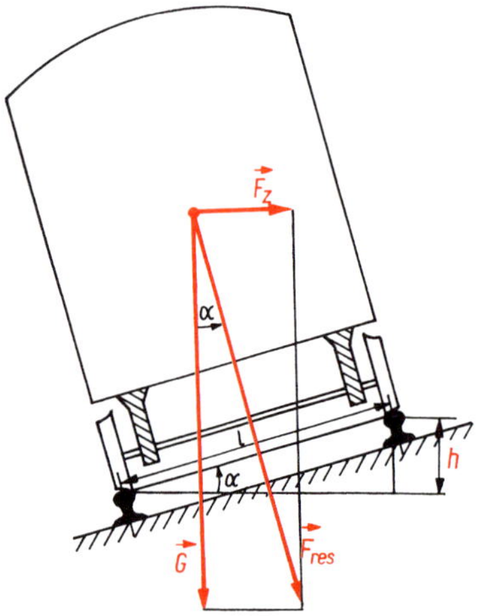

Bild L 3.3: Kräfte an einem Waggon bei Kurvenfahrt

L 3.24

$W = Fs\cos\alpha$
$W = 145$ kJ

L 3.25

$W_B = mas$; $v = \sqrt{2W_B/m}$
$W_B = 844$ kJ; $v = 54$ km/h

L 3.26

$W_H = \varrho Vgh$
$W_H = 368$ MJ

L 3.27

Die Arbeit ist unabhängig vom Neigungswinkel gleich:
$W = W_H = mgh$
$W = 47$ kJ

L 3.28

Die Schüttdichte von Kies ist rund $2{,}1 \cdot 10^3$ kg/m³
$V = W_H/(\varrho gh)$
$V = 14{,}6$ m³

L 3.29

$W_F = (F + F_0)\Delta s/2$; $F = 2W_F/\Delta s - F_0$
$F = 400$ N

L 3.30

$W = W_H + W_R = mgs\sin\alpha + \mu mgs\cos\alpha$
$W = 166$ kJ
oder
$W = Fs = (F_H + F)s = mg(\sin\alpha + \mu\cos\alpha)s$
$W = 166$ kJ

L 3.31

$W = Fs = (F_H + F_R)s = mgs(\sin\alpha + \mu\cos\alpha)$
$s = W/[mg(\sin\alpha + \mu\cos\alpha)$
$s = 340$ m

L 3.32

$E_P = E_k$; $mgh = mv^2/2$
$v = \sqrt{2gh}$

L 3.33

$E_k = mv^2/2$; $m = 2E_k/v^2$
$m = 20$ kg

L 3.34

$E_P = 1000 \cdot mgh$
$E_P = 17{,}7$ MJ $= 4{,}92$ kW · h

L 3.35

$h = E_P/(\varrho gV)$
$h = 37$ m

L 3.36

Abnahme der kinetischen Energie = Reibungsarbeit
$mv^2/2 = \mu mgs$; $\mu = v^2/(2gs)$
$\mu = 0{,}03$

L 3.37

Die potenzielle Energie $ks^2/2$ der um s gespannten Feder wandelt sich um in kinetische Energie $mv^2/2$ der mit v bewegten Kugel und in potentielle Energie der gleichzeitig um s gehobenen Kugel (s. Bild L 3.4).

$ks^2/2 = mv^2/2 + mgs; \quad v = \sqrt{ks^2/m - 2gs}$
$v = 2{,}0$ m/s

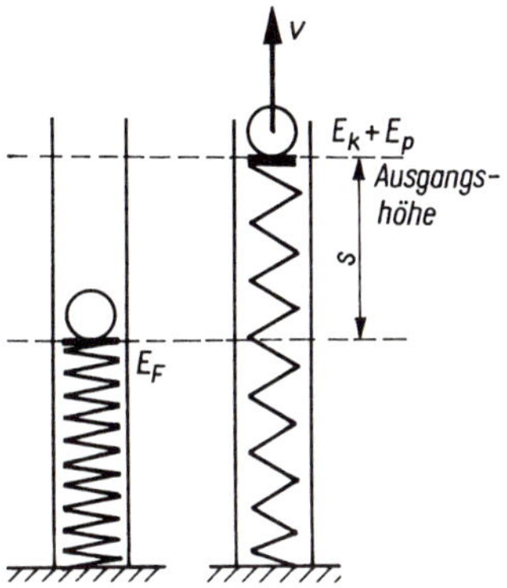

Bild L 3.4: Veranschaulichung der Energieverhältnisse an einer Feder

L 3.38

$E_k = mv^2/2$
$E_k = 250$ kJ
$E_k = W; \quad mv^2/2 = F_{mittel}s$

$F_{mittel} = mv^2/(2s)$
$F_{mittel} = 125$ kN

Verdoppeln der Masse bei gleicher Geschwindigkeit ergibt doppelte kinetische Energie und doppelte Kraft!
Doppelte Geschwindigkeit bei gleicher Masse ergibt vierfache kinetische Energie und vierfache Kraft!

L 3.39

$P = Fv = mgh/t$
$P = 6{,}7$ kW

L 3.40

$F = P/v$
$F = 75$ kN

L 3.41

$v =$ konst.: $P = (F_H + F_R)\,v = mgv\,(\sin\alpha + \mu\cos\alpha)$
$P = 65$ kW

Beschleunigung für maximale Leistung $P_{max} = 80$ kW:
aus $P_{max} = (ma + F_H + F_R)\,v$ folgt
$a = P_{max}/(mv) - g\,(\sin\alpha + \mu\cos\alpha)$
$a = 0{,}1$ m/s^2

L 3.42

$P_1 = Fv = mgzh_{St}/t_1$
$P_1 = 57$ W

$t_2 = mgzh_{St}/P_2$
$t_2 = 57$ s

L 3.43

$\eta = E_{el}/(\varrho Vgh)$
$\eta = 75\,\%$

L 3.44

$\eta = mgh/E_{el}$
$\eta = 65\,\%$

L 3.45

$\eta = mgh/(Pt)$
$\eta = 50\,\%$

L 3.46

$m = \eta Fs/(gh)$
$m = 147$ kg

L 3.47

$P = \varrho Vgh/(\eta_1\eta_2 t)$
$P = 1{,}36$ kW

L 3.48

$P_i = P_{el}/\eta_1, \quad \eta_2 = (P_{el} + \Delta P_e)/P_i$
$P_{el} = \Delta P_e\eta_1/(\eta_2 - \eta_1)$
$P_{el} = 150$ kW

Oder: Da 3 % der aufgewendeten Leistung 5,0 kW sind, ist der Leistungsaufwand 5,0 kW/0,03 = 167 kW, wovon 0,90 · 167 kW = 150 kW bzw. 0,93 ·167 kW = 155 kW genutzt werden.

L 3.49

$v_K/v_G = -m_G/m_K, \; v_G = -v_K m_K/m_G$
$v_G = -2{,}0$ m/s

Das negative Vorzeichen bedeutet, dass sich das Gewehr in entgegengesetzter Richtung wie die Kugel bewegt.

L 3.50

Der Impuls der auftreffenden Ladung m_2 in Bewegungsrichtung des Wagens ist null, also gilt $m_1v_1 = (m_1 + m_2)\,v_2$

$\Delta v = v_2 - v_1 = v_1\{[m_1/(m_1 + m_2)] - 1\}$
$\Delta v = -v_1m_2/(m_1 + m_2)$
$\Delta v = -0{,}1$ m/s

Die Geschwindigkeit des Wagens verringert sich.

L 3.51

$v_1 = \sqrt{ks^2/[m_1(1 + m_1/m_2)]}$
$v_1 = 7{,}75$ m/s

$v_2 = -v_1 m_1/m_2$
$v_2 = -5{,}17$ m/s

L 3.52

$v_{2N} = 2v_1/(1 + m_2/m_1), \quad v_{2N} = 1{,}92 v_1 \approx 2v_1$
$v_{2N} \approx 10$ m/s

L 3.53

$v_N = m_1 v_1/(m_1 + m_2)$
$v_N = 3{,}3$ m/s

L 3.54

Die kinetische Energie beider Körper nach dem Stoß wandelt sich durch Reibungsarbeit in Wärme um. Impulssatz $v_N = m_1 v_1/(m_1 + m_2)$ und Energiesatz $(m_1 + m_2)\, v_N^2/2 = (m_1 + m_2)\, \mu g s$ liefern
$v_1 = [(m_1 + m_2)/m_1]\sqrt{2\mu g s}$
$v_1 = 380$ m/s

L 3.55

$v_N = m_1 v_1/(m_1 + m_2)$
$v_N = 1{,}8$ m/s

$W_V = m_1 m_2 v_1^2/[2(m_1 + m_2)]$
$W_V = 180$ kJ

L 3.56

Potenzielle Energie nach dem Stoß + kinetische Energie nach dem Stoß = Reibungsarbeit:
$E_{pN} + E_{kN} = W_R$
$E_{pN} = (m_1 + m_2)\, g s; \quad E_{kN} = (m_1 + m_2)\, v_N^2/2$
$v_N = m_1 v_1/(m_1 + m_2); \quad v_1 = \sqrt{2gh}; \quad W_R = Fs$
Daraus ergibt sich

$$F = g\left[m_1 + m_2 + \frac{m_1^2 h}{(m_1 + m_2)\, s}\right]$$

$F = 14{,}3$ kN

L 3.57

$F = \Delta m_G v_G/\Delta t$
$F = 2{,}0$ MN

$a_R = F/m_R$
$a_R = 20\ \text{m/s}^2 \approx 2g$

4 Dynamik der Rotation

L 4.1

$M = Fr \sin\alpha$
$M = 0{,}15$ N · m, 21 N · m, 28 N · m, 30 N · m

L 4.2

$F_1 = F_2 d_2/d_1$
$F_1 = 300$ N

Gewichtskraft eines Klotzes: $F_G = \varrho(\pi/4)\, d^2 h g$
$F_G = 76{,}3$ N

Es sind vier Betonklötze erforderlich!

L 4.3

$M = F_R d/2; \quad F_R = \mu_G F_N; \quad F_N = F_G l/a = mgl/a$
$M = \mu_G mgld/(2a)$
$M = 1{,}04$ N · m unabhängig von der Drehrichtung

L 4.4

$M = mgd_1 d_3/(2d_2)$
$M = 123$ N · m

L 4.5

Mit $J_S = (1/2)\, m\, (r_a^2 + r_i^2)$ und $m = (\pi/4)\, \varrho\, (d_a^2 - d_i^2)h$ für einen Kreisring ist $J = J_1 + J_2 + J_3$

$J = (1/2)\, m_1 (r_1^2 + r_2^2) + (1/2)\, m_2 (r_2^2 + r_3^2) + (1/2)\, m_3 (r_3^2 + r_4^2)$
$J = (\pi/32)\, \varrho\, [h_1 (d_1^4 - d_2^4) + h_2 (d_2^4 - d_3^4) + h_3 (d_3^4 - d_4^4)];$
$J = 0{,}635 \cdot 10^{-4}\ \text{kg} \cdot \text{m}^2 = 0{,}635\ \text{kg} \cdot \text{cm}^2.$

Fast 90 % des Massenträgheitsmomentes ist im äußeren Radkranz mit $J_1 = 0{,}565\ \text{kg} \cdot \text{cm}^2$ enthalten.

L 4.6

$E_{kR} = (1/2) J\omega^2 = 2\pi^2 J n^2$
$E_{kR} = (1/2) J (v/r)^2 = 2Jv^2/d^2$
a) $E_{kR} = 6{,}2$ kJ
b) $E_{kR} = 2{,}5$ GJ
c) $E_{kR} = 2{,}2$ kJ

L 4.7

$d = [2/(\pi n)]\sqrt{E_{kR}/m}$
$d = 364\ \text{mm} \approx 36$ cm

$h = 4m/(\pi \varrho d^2) = \pi m^2 n^2/(\varrho E_{kR})$
$h = 60$ mm

L 4.8

$J = M/\alpha = Mt/(2\pi n)$
$J = 0{,}12\ \text{kg} \cdot \text{m}^2$

L 4.9

$n = Mt/(2\pi J)$
$n = 661\ \text{min}^{-1}$

L 4.10

$Fd/2 = J\alpha$ ergibt $F = \varrho\pi^2 d^3 hn/(8t)$
$F = 32{,}5\ \text{N}$

L 4.11

$M = \eta P_{el}/(2\pi n)$
$M = 5{,}0\ \text{N} \cdot \text{m}$

L 4.12

$P_{el} = 2\pi rnF/\eta$
$P_{el} = 3{,}5\ \text{kW}$

L 4.13

$W = M\varphi = Mz \cdot 2\pi$
$W = 31{,}4\ \text{kJ}$

L 4.14

$n = \eta P_{el}/(2\pi M)$
$n = 979\ \text{min}^{-1} \approx 980\ \text{min}^{-1}$

L 4.15

$z = nW/(\eta P_{el})$
$z = 16$

L 4.16

a) $\Delta L = M\Delta t$
$\Delta L = 4{,}5\ \text{kg} \cdot \text{m}^2/\text{s}$

b) $J = \Delta L/(2\pi \Delta n) = M\Delta t/(2\pi\Delta n)$
$J = 0{,}18\ \text{kg} \cdot \text{m}^2$

c) $L = J\omega$
$L_1 = 26{,}4\ \text{kg} \cdot \text{m}^2/\text{s}$ $L_2 = 21{,}9\ \text{kg} \cdot \text{m}^2/\text{s}$

L 4.17

$L = \sqrt{2E_{kR}J} = (d/2)/\sqrt{mE_{kR}}$
$L = 1{,}6\ \text{kg} \cdot \text{m}^2/\text{s}$

L 4.18

$J_H = mr^2;\quad J = J_p + 2J_H = J_P + md^2/2$
$n_2 = n_1 J_1/J_2 = n_1\,(J_P + md_1^2/2)/(J_P + md_2^2/2)$
$n_2 = 2{,}8\ 1/\text{s}$

5 Statik

L 5.1

Grafische Lösung: Bild L 5.1 zeigt die resultierende Kraft F_{res} durch Zusammensetzung der drei Kräfte. Die Gleichgewichtskraft F'_{res} ist der Resultierenden bei gleichem Betrag entgegen gerichtet. Mit ihr ist das Krafteck geschlossen:
$F'_{res} = 1{,}91\ \text{kN}$
$\alpha' = 68°$

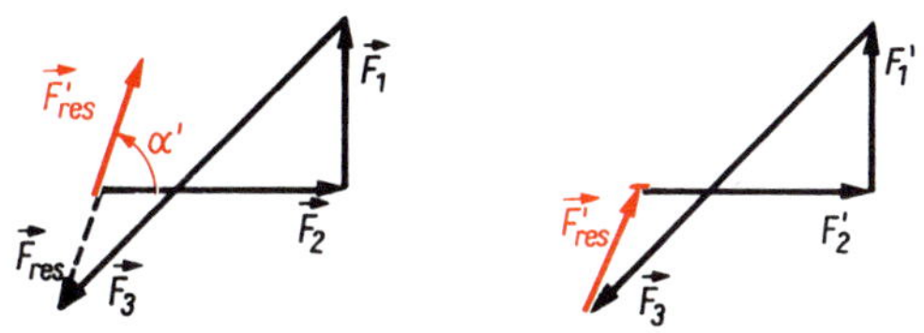

Bild L 5.1: Grafische Ermittlung der Gleichgewichtskraft

Rechnerische Lösung:
$F'_x = -(F_1 \cos\alpha_1 + F_2 \cos\alpha_2 + F_3 \cos\alpha_3)$
$F'_x = -(3{,}50\ \text{kN} + 6{,}00\ \text{kN} \cos 225°) = -(3{,}50\ \text{kN} - 4{,}24\ \text{kN})$
$F'_x = +0{,}743\ \text{kN}$

$F'_y = -(F_1 \sin\alpha_1 + F_2 \sin\alpha_2 + F_3 \sin\alpha_3)$
$F'_y = -(2{,}50\ \text{kN} + 6{,}00\ \text{kN} \sin 225°) = -(2{,}50\ \text{kN} - 4{,}24\ \text{kN})$
$F'_y = +1{,}74\ \text{kN}$

Betrag der Gleichgewichtskraft: $F'_{res} = \sqrt{F'^2_x + F'^2_y}$
$F'_{res} = 1{,}89\ \text{kN}$

aus $\tan\alpha' = F'_y/F'_x$ folgt $\alpha = 66{,}9°$

L 5.2

Grafische Lösung (Bild L 5.2): $F'_{res} = 6{,}2\ \text{kN}$, $\alpha' = 243°$

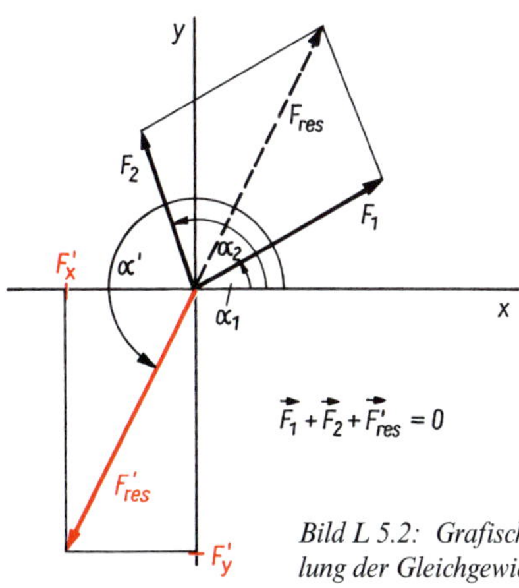

Bild L 5.2: Grafische Ermittlung der Gleichgewichtskraft

Rechnerische Lösung: Komponenten der Gleichgewichtskraft aus

$F'_x = -(F_1 \cos\alpha_1 + F_2 \cos\alpha_2)$
$F'_x = -2{,}70$ kN

$F'_y = -(F_1 \sin\alpha_1 + F_2 \sin\alpha_2)$
$F'_y = -5{,}54$ kN

Betrag der Gleichgewichtskraft nach Gl. (5.7) $F'_{res} = 6{,}16$ kN
Richtung der Gleichgewichtskraft nach Gl. (5.8) $\alpha' = 244°$

L 5.3

$\sum M = 0$: $F_1 l_1 - F_2 l_2 = 0$; $F_2 = F_1 l_1 / l_2$
$F_2 = 933$ N

$\sum F = 0$: $F_A - F_1 - F_2 = 0$; $F_A = F_1 + F_2$
$F_A = 1{,}33$ kN

L 5.4

$F_1 l - F_2 r \sin\alpha_2 = 0$; $F_2 = F_1 l / (r \sin\alpha_2)$
$F_2 = 622$ N

Betrag der Lagerkraft: $F_L = \sqrt{F_1^2 + F_2^2}$
$F_L = 653$ N

Richtung der Lagerkraft aus $\tan(180° - \alpha_L) = F_1/F_2$
$180° - \alpha_L = 17{,}8°$
$\alpha_L = 162°$

L 5.5

$F_1 l \cos\alpha - F_2 a = 0$; $a = F_1 l \cos\alpha / F_2$
$a = 496$ mm ≈ 500 mm

$F_{Lx} = F_2 - F_1 \sin\alpha$
$F_{Lx} = 84{,}3$ N

$F_{Ly} = -F_1 \cos\alpha$
$F_{Ly} = -137{,}9$ N

Betrag der Lagerkraft: $F_L = \sqrt{(F_2 - F_{1x})^2 + F_{1y}^2}$
$F_L = 162$ N

Richtung aus $\tan\alpha_L = F_{Ly}/F_{Lx}$
$\alpha_L = -58{,}6°$ (Bild A 5.4)

L 5.6

Drehachse durch A: $\sum M = 0$
$F_B(l_1 + l_2 + l_3) - F_2(l_1 + l_2) - F_1 l_1 = 0$
$F_B = [F_2(l_1 + l_2) + F_1 l_1]/(l_1 + l_2 + l_3)$
$\sum F = 0$, $F_A + F_B - F_1 - F_2 = 0$, $F_A = F_1 + F_2 - F_B$ oder
$F_A = [F_1(l_2 + l_3) + F_2 l_3]/(l_1 + l_2 + l_3)$
$F_B = F_1 + F_2 - F_A$

L 5.7

$F_B = (F_1 a_1 + F_2 a_2 + F_3 a_3)/l$
$F_B = 2{,}19$ kN

$F_A = F_1 + F_2 + F_3 - F_B$
$F_A = 2{,}81$ kN

L 5.8

Gewichtskraft der Welle: $F_{GW} = m_W g$
$F_{GW} = 120$ N

Entsprechend den Längen gilt
$F_{GW1} = 18$ N, $F_{GW2} = 72$ N, $F_{GW3} = 30$ N

Aus $\sum F = 0$ und $F_A = F_B$ folgt
$F_A = F_B = (F_1 + F_2 + F_3 + F_{GW})/2$
$F_A = F_B = 285$ N

Drehachse durch B und $\sum M = 0$ liefert
$a = [F_1(l_1 + l_2 + l_3) + F_{GW1}(l_1/2 + l_2 + l_3) + F_2 l_3$
$\quad + F_{GW2}(l_2 + l_3)/2 - F_A(l_2 + l_3) - F_{GW3} l_4/2]/F_3$
$a = 86$ mm

L 5.9

Angehängte Masse $m = F_1/g = 4590$ kg

Trägheitskraft $F_T = ma = 4{,}59$ kN $\approx 4{,}6$ kN

F_T wirkt in Richtung F_1 und erzeugt zusätzlich ein Kippmoment. Die Standsicherheit ist
$s_A = (F_3 l_3 + F_4 l_4)/[(F_1 + F_2)\, l_1 + F_2 l]$
$s_A = 1{,}83$

Die Standsicherheit wird durch die Trägheitskraft verringert. Damit Trägheitskräfte das Kippmoment nicht wesentlich vergrößern, müssen bei Aufwärtsbewegungen des anzuhebenden Körpers die Beschleunigungen möglichst klein sein!

L 5.10

$s_K = M_{St}/M_K = mgb/[2F(h - k)]$
$s_K = 5{,}77$

Die Kiste steht sicher: $s_K > 1$!

Die zum Kippen nötige Kraft erhalten Sie für
$s_K = 1$ zu $F_K = mgb/[2(h - k)]$
$F_K = 1{,}85$ kN

L 5.11

$$\sigma = \frac{F}{A} = \frac{4F}{\pi d^2}, \quad \Delta l = \frac{\sigma l}{E} = \frac{4Fl}{\pi d^2 E}$$

Für Stahl ist $E = 210$ GPa $= 2{,}1 \cdot 10^5$ MPa $= 2{,}1 \cdot 10^5$ N/mm²

$\sigma = 15{,}3 \cdot 10^7$ N/m² $= 153$ N/mm² $= 153$ MPa

$\Delta l = 0{,}000\,91$ m $= 0{,}91$ mm $\approx 1{,}0$ mm

L 5.12

$F_t = GA\gamma$, $\tau = G\gamma$, $a = h \tan \gamma$

Für Stahl ist $G = 81$ GPa $= 8{,}1 \cdot 10^4$ MPa $= 8{,}1 \cdot 10^4$ N/mm² $F_t = 14{,}2$ kN (γ ist in rad einzusetzen), $\tau = 1420$ N/mm² $= 1420$ MPa $= 1{,}42$ GPa, $a = 8{,}7$ mm

6 Mechanik der Flüssigkeiten und Gase

L 6.1

$F = (1/4)\,\pi p_1 d_1^2$
$F = 11{,}8$ N

$p_2 = 4F/(\pi d_2^2)$
$p_2 = 15$ MPa

L 6.2

$p_1 = mg/(2la)$
$p_1 = 136$ kPa

$p_2 = mg/(bl)$
$p_2 = 27$ kPa

L 6.3

a) $F_1 = F_2 d_1^2/d_2^2$
$F_1 = 2{,}5$ kN

b) $A_2/A_1 = d_2^2/d_1^2 = ü$
$ü = 100$

c) $ü = 400$
$F_1 = 0{,}625$ kN

d) $F_2 = F_1 d_2^2/d_1^2$
$F_2 = 100$ kN

L 6.4

$p = \varrho gh$
$p = 8{,}34$ kPa

$F_1 = \varrho g h_1 A$
$F_1 = 4{,}7$ N

$F_2 = \varrho g h_2 A$
$F_2 = 5{,}9$ N

L 6.5

$h = F/(\varrho g A)$
$h = 204\text{ m} \approx 200$ m

L 6.6

Bild 6.13 a) $V = (1/4)\,\pi d_1^2 h$ $F_G = \varrho V g$
$V = 3{,}93$ dm³ $F_G = 38{,}6$ N

Bild 6.13 b) $V = (1/12)\,\pi h\,(d_3^2 + d_3 d_1 + d_1^2)$
$V = 9{,}16$ dm³ $F_G = 89{,}9$ N

Bild 6.13 c) $V = (1/4)\,\pi\,[d_1^2 h_1 + d_2^2 (h - h_1)]$
$V = 1{,}78$ dm³ $F_G = 17{,}5$ N

Die Bodendruckkraft ist trotz unterschiedlicher Gewichtskraft gleich:
$F = (1/4)\,\varrho g h \pi d^2$
$F = 38{,}6$ N

L 6.7

$h = \Delta p/(\varrho_W g)$
$h = 0{,}82$ m

L 6.8

$h = \Delta p/(\varrho_L g)$
$h = 7{,}9$ m

L 6.9

$p_ü = \varrho_W g s_1 \sin \alpha_1$
$p_ü = 158$ Pa

$s_2 = p_ü/(\varrho_W g \sin \alpha_2)$
$s_2 = 93$ mm

L 6.10

$p_ü = \varrho_W g h$
$p_ü = 11$ hPa

$p = p_L + p_ü$
$p = 991$ hPa

L 6.11

$m = (p_{amb} - p_i)\,\pi d^2/(4g)$
$m = 2{,}0$ t

Bei vierfacher Sicherheit ist die zulässige Masse 500 kg.

L 6.12

$p_L + p_{s1} = p_L + p_{s2}$; $\varrho_1 g h_1 = \varrho_2 g h_2$ $\varrho_1/\varrho_2 = h_2/h_1$

Die Dichten verhalten sich umgekehrt wie die Höhen!

$\varrho_2 = \varrho_1 h_1/h_2$
$\varrho_2 = 13{,}6$ g/cm³ (Quecksilber)

L 6.13

$F_G = F_A$; $\varrho_{Eis} V g = \varrho_W V_W g$; $V_W/V = \varrho_{Eis}/\varrho_W$;
($\varrho_{Eis} = 0{,}917$ g/cm³, $\varrho_W = 1{,}02$ g/cm³)
$V_W/V = 90$ %

L 6.14

$F = mg - \varrho_W g V = mg\,(1 - \varrho_W/\varrho_K)$
$F = 15{,}4$ kN

L 6.15

$m_K g = \varrho_W g V_W;\quad (1/4)\,\pi d^2 h \varrho_K = (1/4)\,\pi d^2 h_1 \varrho_W$
$h_1 = h\varrho_K/\varrho_W$ für alle homogenen Körper mit konstantem Querschnitt:
$h_1 = 75$ mm

L 6.16

$F_A = F_{AH} + F_{AB} = F_{GH} + F_{GB} = \varrho_W\,(V_H + V_B)\,g$
$F_A = \varrho_W\,(m_H/\varrho_H + m_B/\varrho_B)\,g = (m_H + m_B)\,g$

$m_B = m_H\,(\varrho_W/\varrho_H - 1)/(1 - \varrho_W/\varrho_B)$
$m_B = 458$ kg $\approx 0{,}46$ t

L 6.17

s. Bild L 6.1: $m_R g = \varrho_W g\,[(1/4)\,\pi d^2\,(h - r) + (2/3)\,\pi r^3]$
$h = [m_R + (1/3)\,\pi r^3 \varrho_W]/(\varrho_W \pi r^2)$
$h = 17{,}48$ cm ≈ 175 mm

Vernachlässigung der Krümmung liefert
$h = m_R/(\varrho_W \pi r^2)$
$h = 16{,}98$ cm ≈ 170 mm, (Abweichung 2,9 %)

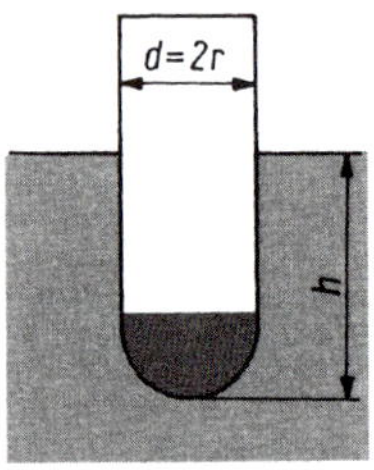

Bild L 6.1: Zur Berechnung der Eintauchtiefe eines Reagenzglases

L 6.18

s. Bild L 6.2: $F_A = m_S g + m_1 g;\quad \varrho_W A h_1 = m_S + m_1$
$V_1 = A h_1 - m_S/\varrho_W$
$V_1 = 5{,}6$ m³

$W = (1/2)\,(m_S + \varrho_W V_1)\,g h_1$
$W = 25$ kJ

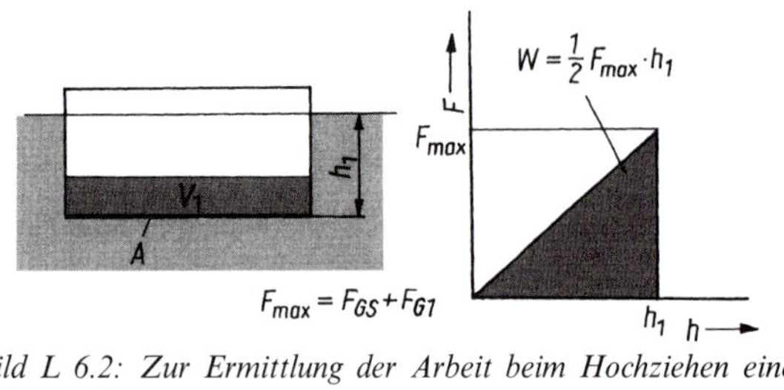

Bild L 6.2: Zur Ermittlung der Arbeit beim Hochziehen eines Schwimmkörpers

L 6.19

$V_K = (4/3)\,\pi r^3$
$V_K = 524$ cm³

$F = F_A - F_G = \varrho_B g V_K - m_K g \quad m_K = \varrho_{Cu} \cdot 4\pi r^2 s$
$F = 4\pi g r^2\,(\varrho_B r/3 - \varrho_{Cu} s);\ (\varrho_{Cu} = 8{,}962$ g/cm³)
$F = 2{,}68$ N

Eintauchendes Volumen V_U aus $F_A = F_{GK}$;
$\varrho_B g V_U = V_{Cu} \varrho_{Cu} g$
$V_U = 4\pi r^2 s \varrho_{Cu}/\varrho_B$
$V_U = 178$ cm³

Herausragendes Volumen $V_O = V_K - V_U$
$V_O = 346$ cm³ $\quad V_U/V_O = 34\,\%$

L 6.20

$F_A = (m_{nutz} + m_G) g = \varrho_L g V_G \quad m_G = \varrho_G V_G$
$m_{nutz} = (\varrho_L - \varrho_G)\,V_G$
$m_{nutz} = 10{,}4$ kg

L 6.21

$\dot{V} = V/t$
$\dot{V} = 0{,}25$ dm³/s

$v = 4V/(\pi d^2 t) = \dot{V}/A$
$v = 0{,}88$ m/s

L 6.22

$d_1 = 2\sqrt{V/(\pi t v_1)}$
$d_1 = 290$ mm

$v_2 = v_1 (d_1/d_2)^2$
$v_2 = 75$ m/s

L 6.23

$v = \sqrt{2p_{dyn}/\varrho}$
a) $v_W = 1{,}4$ m/s; b) $v_L = 39$ m/s

L 6.24

$\dot{V} = A\sqrt{2p_{dyn}/\varrho}$
$\dot{V} = 0{,}0809$ m³/s = 80,9 ℓ/s ≈ 290 m³/h

L 6.25

$\dot{V} = (1/4)\,\pi d^2 \mu \sqrt{2gh}$
$\dot{V} = 1{,}8$ dm³/s

L 6.26

$v = \mu\sqrt{2\,(p_G - p_L)/\varrho_G}$
$v = 300$ m/s

L 6.27

$V = \mu A t \sqrt{2p_ü/\varrho}$
$V = 10{,}5\ \text{m}^3$

L 6.28

$p_u = \Delta p = (1/2)\varrho_L v_1^2 [(A_1/A_2)^2 - 1]$
$p_u = (1/2)\ \varrho_L v_1^2 [(d_1/d_2)^4 - 1]$
$p_u = 1{,}5\ \text{kPa}$

Saughöhe: $h = p_u/(\varrho_W g)$
$h = 15\ \text{cm}$

L 6.29

$v_1 = \sqrt{2\Delta p/\{\varrho\,[(d_1/d_2)^4 - 1]\}}$
$v_1 = 10{,}9\ \text{m/s}$

$\dot V = (1/4)\ \pi d_1^2 v_1$
$V = 5{,}14\ \text{m}^3/\text{min}$

L 6.30

$\dot V = (1/4)\ \pi d_1^2 \sqrt{2\Delta p/\{\varrho\,[(d_1/d_2)^4 - 1]\}}$

Gleichung auf die gewünschten Einheiten zuschneiden ergibt $\dot V/(\text{m}^3/\text{min}) = 2{,}30\sqrt{\Delta p/\text{kPa}}$

Daraus erhält man die folgende Wertetafel:

Δp/kPa	0,5	1	2	3	4	5	6	8	10
$\dot V/(\text{m}^3 \cdot \text{min}^{-1})$	1,63	2,30	3,25	3,40	4,60	5,14	5,63	6,50	7,27

Grafische Darstellung s. Bild L 6.3

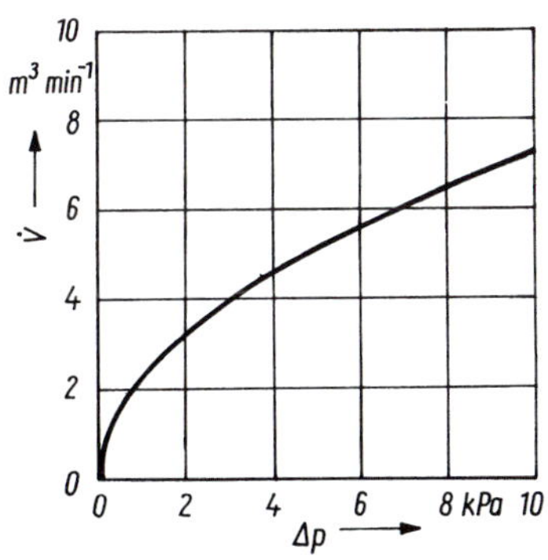

Bild L 6.3: Abhängigkeit des Volumenstroms von der Druckdifferenz bei einem VENTURI-Rohr

L 6.31

$F = (1/2)\ c_W A \varrho v^2 \quad (c_W = 1{,}1,\ \varrho = 1{,}25\ \text{kg/m}^3)$
$F = 2{,}7\ \text{kN}$

L 6.32

$v = \sqrt[3]{2P/(c_W A \varrho)} \quad (\varrho = 1{,}25\ \text{kg/m}^3)$
$v = 113\ \text{km/h}$

L 6.33

$\Delta P = (1/2)\ \varrho A v^3 (c_{W1} - c_{W2})$
$\Delta P = 1950\ \text{W} = 1{,}95\ \text{kW}$

L 6.34

$F = (1/2)\ \varrho c_W A v^2$
$F = 450\ \text{kN}$

$p = F/A$
$p = 1{,}4\ \text{kPa}$

L 6.35

$\dot V = \pi r^4 \Delta p/(8\eta l) \quad \Delta p = p_ü = \varrho_W g h$
$\dot V = \pi r^4 \varrho_W g h/(8\eta l)$
$\dot V = 1{,}7\ \text{dm}^3/\text{h}$

L 6.36

$\Delta p = \zeta \varrho l v^2/(2d)$
$\Delta p = 90\ \text{kPa}$

L 6.37

$\eta = (\varrho_K - \varrho_F)\ g d^2 t/(18 s)$
$\eta = 0{,}39\ \text{Pa} \cdot \text{s}$

7 Wärme und innere Energie

L 7.1

$\Delta l = \alpha l_1 \Delta\vartheta \ (\alpha = 12 \cdot 10^{-6}\ 1/\text{K})$
$\Delta l = 0{,}336\ \text{m}$

$l_2 = l_1 + \Delta l = l_1 (1 + \alpha\Delta\vartheta)$,
bei 50 °C $l_2 = 350{,}13\ \text{m}$
bei –30°C $l_2 = 349{,}79\ \text{m}$

L 7.2

$l_1 = \Delta l/(\alpha\Delta\vartheta) \ (\alpha = 12 \cdot 10^{-6}\ 1/\text{K})$
$l_1 = 69{,}4\ \text{m} \approx 70\ \text{m}$

L 7.3

$\beta = 2\alpha \ (\alpha = 23{,}8 \cdot 10^{-6}\ 1/\text{K})$
$\beta = 47{,}6 \cdot 10^{-6}\ 1/\text{K}$

$\Delta A = \beta A \Delta\vartheta$
$\Delta A = 32{,}0\ \text{cm}^2,\ \Delta A/A = 0{,}38\ \%$

L 7.4

a) $\Delta V = \gamma_{\text{Fl}} V_1 \Delta\vartheta \quad (\gamma_{\text{Fl}} = 123 \cdot 10^{-5}\ 1/\text{K})$
$\Delta V = 7{,}38\ \ell$

b) $\Delta V = (\gamma_{\text{Fl}} - 3\gamma_{\text{G}})\ V_1 \Delta\vartheta \quad (\alpha_{\text{G}} = 12 \cdot 10^{-6}\ 1/\text{K})$
$\Delta V = 7{,}16\ \ell$

L 7.5

$V_2 = V_1\ (1 + \gamma\Delta\vartheta) \quad (\alpha = 4{,}7 \cdot 10^{-6}\ 1/\text{K}),\ \gamma = 3\alpha$
$V_2 = 25{,}02\ \text{ml},\ \Delta V / V_2 = 0{,}08\ \%$

L 7.6

$\gamma = \Delta V / (V_1 \Delta\vartheta)$
$\gamma = 22 \cdot 10^{-5}\ 1/\text{K}$

Der berechnete Wert stimmt mit dem Tabellenwert (Tab. 7.2) gut überein.

L 7.7

$\varrho_2 = \varrho_1 / (1 + \gamma\Delta\vartheta) \quad (\gamma = 18{,}2 \cdot 10^{-5}\ 1/\text{K})$
Bei $\vartheta_1 = 20\ °\text{C}$ ist $\varrho_1 = 13{,}546\ \text{g/cm}^3$
$\varrho_2 = 13{,}352\ \text{g/cm}^3$

$\vartheta_3 = (\varrho_1 - \varrho_3)/(\varrho_3 \gamma) + \vartheta_1$
$\vartheta_3 = 122\ °\text{C}$

L 7.8

$Q = c\varrho V \Delta\vartheta$
$Q = 115\ \text{MJ}$

L 7.9

$V = Q/(c\varrho\Delta\vartheta)$
$V = 3{,}42\ \text{m}^3$

L 7.10

$C\ = cm = c\varrho V \quad (c_{\text{W}} = 4{,}18\ \text{kJ/(kg} \cdot \text{K)},$
$\varrho_{\text{W}} = 1{,}00\ \text{g/cm}^3$

$\varrho_{\text{Fe}} = 7{,}70\ \text{g/cm}^3 \quad c_{\text{Fe}} = 0{,}45\ \text{kJ/(kg} \cdot \text{K)}$
$\varrho_{\text{Cu}} = 8{,}96\ \text{g/cm}^3) \quad c_{\text{Cu}} = 0{,}383\ \text{kJ/(kg} \cdot \text{K)},$

$C_{\text{W}} = 4{,}18\ \text{kJ/K} > C_{\text{Fe}} = 3{,}47\ \text{kJ/K} > C_{\text{Cu}} = 3{,}43\ \text{kJ/K}$

L 7.11

$\vartheta_2 = Q/(c\varrho V) + \vartheta_1 \quad (c = 0{,}92\ \text{kJ/(kg} \cdot \text{K))}$
$\vartheta_2 = 22\ °\text{C}$

L 7.12

$Q = \varrho V\ [c_{\text{W}}\ (\vartheta_{\text{sd}} - \vartheta_{\text{W}}) + r]$
$Q = 255\ \text{MJ}$

L 7.13

$Q\ = m\ [c_{\text{Al}}\ (\vartheta_{\text{sm}} - \vartheta_1) + q] \quad (c_{\text{Al}} = 0{,}896\ \text{kJ/(kg} \cdot \text{K)},$
$q_{\text{Al}} = 397\ \text{kJ/kg}, \quad \vartheta_{\text{smAl}} = 660\ °\text{C})$
$Q\ = 97\ \text{MJ}$

L 7.14

$V = Q/\{\varrho\ [c_{\text{W}}\ (\vartheta_{\text{sd}} - \vartheta_{\text{W}}) + r + c_{p\text{D}}\ (\vartheta_{\text{D}} - \vartheta_{\text{sd}})]\}$
$(c_{p\text{D}} \approx 1{,}8\ \text{kJ /(kg} \cdot \text{K))}$
$V = 2{,}85\ \text{dm}^3 = 2{,}85\ \ell$

L 7.15

$Q_{\text{v}} = c_{\text{W}}\ [m_2\ (\vartheta_2 - \vartheta_{\text{m}}) - m_1\ (\vartheta_{\text{m}} - \vartheta_1)]$
$Q_{\text{v}} = 25{,}1\ \text{kJ}$

Dies sind ca. 28 % der vom warmen Wasser abgegebenen Wärme.

L 7.16

$\vartheta_2 = c_1 m_1\ (\vartheta_{\text{m}} - \vartheta_1)/(c_2 m_2) + \vartheta_{\text{m}}$
$(c_2 = c_{\text{Stahl}} = 0{,}45\ \text{kJ/(kg} \cdot \text{K))}$
$\vartheta_2 = 1\,145\ °\text{C}$

L 7.17

$c_2 = c_1 m_1\ (\vartheta_{\text{m}} - \vartheta_1)/[\eta m_2\ (\vartheta_2 - \vartheta_{\text{m}})]$
$c_2 = 0{,}90\ \text{kJ/(kg} \cdot \text{K)}$

Der Stoff hat die spezifische Wärmekapazität wie Beton.

$C_{\text{K}} = (1 - \eta)\ c_2 m_2\ (\vartheta_2 - \vartheta_{\text{m}})/(\vartheta_{\text{m}} - \vartheta_1)$
$C_{\text{K}} = 0{,}093\ \text{kJ/K}$

L 7.18

$m_{\text{D}} = c_{\text{W}} m_{\text{W}}\ (\vartheta_{\text{m}} - \vartheta_{\text{W}})/\{\eta\ [c_{p\text{D}}\ (\vartheta_{\text{D}} - \vartheta_{\text{sd}}) + r + c_{\text{W}}\ (\vartheta_{\text{sd}} - \vartheta_{\text{m}})]\}$
$(c_{p\text{D}} \approx 1{,}8\ \text{kJ/(kg} \cdot \text{K))}$
$m_{\text{D}} = 46{,}9\ \text{kg} \approx 47\ \text{kg}$

L 7.19

$t = c_{\text{W}} m_{\text{W}} \Delta\vartheta/(\eta P_{\text{el}})$
$t = 22\ \text{min}$

L 7.20

$m_{\text{B}} = c\varrho V \Delta\vartheta/(\eta H)$
$(H = 20\ \text{MJ/kg})$
$m_{\text{B}} = 31{,}4\ \text{t}$

L 7.21

$V = Q/H' \quad (H' = 35\ \text{MJ/m}^3)$
$V = 0{,}35\ \text{m}^3$

$t\ = Q/P$
$t\ = 960\ \text{s} = 16\ \text{min}$

Die errechneten Werte sind aus folgenden Gründen zu niedrig:

- Die Heizungsanlage hat einen Wirkungsgrad kleiner als 1,
- der Wärmebedarf zum Erwärmen der Wände, der Decke und des Fußbodens wurde nicht berücksichtigt,
- der Wärmedurchgang durch Wände, Decken, Türen und vor allem Fenster wurde nicht beachtet.

L 7.22

$m_B = P_{el}t/(\eta H)$ $(H = 9{,}0\ \mathrm{MJ/kg})$
$m_B = 10{,}5$ kt (Dies sind etwa 260 Güterwagen mit je 40 t.)

L 7.23

$m_B = zP_{el}t/(\eta H)$ $(H = 8{,}5\ \mathrm{MJ/kg})$
$m_B = 101{,}6\ \mathrm{t} \approx 100\ \mathrm{t}$

L 7.24

$V = \eta_K m_B H/(\eta_G H')$
$(H = 20\ \mathrm{MJ/kg},\ H' = 35\ \mathrm{MJ/m^3})$
$V = 760\ \mathrm{m^3}$

L 7.25

$\eta = m\,[c\,(\vartheta_{sm} - \vartheta_m) + q]/(m_B H)$
$(H = 30\ \mathrm{MJ/kg},\ q = 277\ \mathrm{kJ/kg},\ \vartheta_{sm} = 1\,535\ °\mathrm{C},$
$c \approx 0{,}45\ \mathrm{kJ/(kg \cdot K)})$
$\eta = 40\ \%$

L 7.26

$m_B = m_D\,[c_W\,(\vartheta_{sd} - \vartheta_W) + r + c_{pD}\,(\vartheta_D - \vartheta_{sd})]/(\eta H)$
$(H = 17{,}5\ \mathrm{MJ/kg},\ c_{pD} \approx 1{,}8\ \mathrm{kJ/(kg \cdot K)})$
$m_B = 0{,}75\ \mathrm{t}$

L 7.27

$\Delta m_B = m_D\,[c_W\,(\vartheta_{sd} - \vartheta_W) + r + c_{pD}\,(\vartheta_D - \vartheta_{sd})]/[H\,(1/\eta_1 - 1/\eta_2)]$
$(H = 20\ \mathrm{MJ/kg},\ c_{pD} \approx 1{,}8\ \mathrm{kJ/(kg \cdot K)})$
Einsparung in einer Stunde: $\Delta m_{B1} = 72{,}1$ kg
in 24 Stunden: $\Delta m_{B24} = 1730\ \mathrm{kg} = 1{,}73\ \mathrm{t}$

8 Zustandsänderungen von Gasen

L 8.1

$V_2 = p_1 V_1 T_2/(p_2 T_1),\quad p_1 = p_ü + p_L$
$V_2 = 5{,}01\ \mathrm{m^3}$

Entnommenes Volumen: $V = V_2 - V_1$
$V = 4{,}97\ \mathrm{m^3}$

L 8.2

$\varrho_1 = \varrho_0 T_0 p_1/(p_0 T_1);$
$\varrho_1 = 160\ \mathrm{kg/m^3}$

$m = \varrho_1 V_1$
$m = 6{,}38$ kg

L 8.3

$R_{sp} = R/M$
Methan: $R_{sp} = 520\ \mathrm{J/(kg \cdot K)}$
Luft: $R_{sp} = 287\ \mathrm{J/(kg \cdot K)}$

L 8.4

$T = pV/(R_{sp}m) = MpV/(Rm)$
$T = 842\ \mathrm{K},\ \vartheta = 569\ °\mathrm{C}$

L 8.5

$p = mR_{sp}T/V = mRT/(MV)$
$p = 24{,}4$ MPa

L 8.6

$m = pV/(R_{sp}T) = MpV/(RT)$
$m = 39{,}8\ \mathrm{kg} \approx 40\ \mathrm{kg}$

L 8.7

$V = mR_{sp}T/p = mRT/(Mp)$
$V = 0{,}352\ \mathrm{m^3}$

L 8.8

Aus $pV = mR_{sp}T = mRT/M$ erhält man $pV = 86$ kJ und daraus die Wertetafel:

p/MPa	0,10	0,15	0,20	0,30	0,40	0,50	0,60
V/dm³	860	570	430	290	220	170	140

Grafische Darstellung Bild L 8.1
$W = -mR_{sp}T\ \ln(p_1/p_2) = -pV \cdot \ln(V_2/V_1)$
$W = 154$ kJ

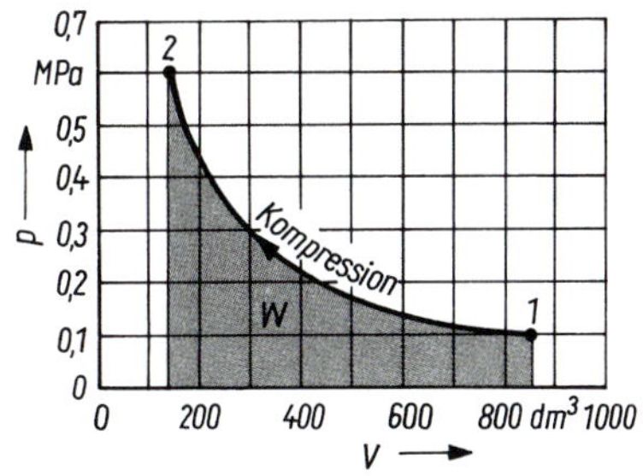

Bild L 8.1: Isotherme Kompression im p-V-Diagramm

L 8.9

$V_1 = p_2 V_2 / p_1$
$V_1 = 18{,}6\ \text{m}^3$

$W = -p_2 V_2 \ln (p_1/p_2)$
$W = 3{,}65\ \text{MJ}$

Enddruck für $W = 2{,}0$ MJ:
$p_2 = -W/[V_2 \ln (V_2/V_1)]$
$p_2 = 0{,}40\ \text{MPa}$

L 8.10

$p_2 = p_1 \exp [W/(p_1 V_1)]$
$p_2 = 605\ \text{kPa}$

L 8.11

$p = m R_{sp} T / V$ $\quad p_1 = 3{,}81$ MPa, $\quad p_{ü1} = 3{,}71$ MPa,
$p_2 = 4{,}33$ MPa, $\quad p_{ü2} = 4{,}23$ MPa,
$\Delta p_ü = 0{,}52$ MPa

$U = c_V m T$, mit $c_V = 0{,}657$ kJ/(kg · K) erhält man $U_1 = 385$ kJ, $U_2 = 438$ kJ, $Q = \Delta U = 53$ kJ

L 8.12

$T_2 = T_1 p_2 / p_1$
$T_2 = 879$ K, $\vartheta_2 = 606$ °C

$Q = c_V m (T_2 - T_1)$ und $m = p_1 V / (R_{sp} T)$ ergeben
$Q = c_V p_1 V (T_2 - T_1)/(R_{sp} T_1)$
$Q = 544$ kJ

L 8.13

$T_2 = T_1 V_2 / V_1$
$T_2 = 600$ K, $\vartheta_2 = 327$ °C

$W = -p (V_2 - V_1)$
$W = -100$ kJ

$Q = c_p p_1 V_1 (T_2 - T_1)/(R_{sp} T_1)$
$Q = 350$ kJ

$\Delta U = Q + W$
$\Delta U = 250$ kJ

L 8.14

$p_2 = p_1 (V_1/V_2)^{\varkappa} = p_1 \varepsilon^{\varkappa}$
$p_2 = 4{,}4$ MPa

$T_2 = T_1 (V_1/V_2)^{\varkappa-1} = T_1 \varepsilon^{\varkappa-1}$
$T_2 = 954$ K, $\vartheta_2 = 681$ °C

L 8.15

Für die adiabatische Zustandsänderung folgt aus $p/p_1 = (V_1/V)^{\varkappa}$ für das Volumen

$V = \sqrt[\varkappa]{p_1/p}\, V_1$

Bei der polytropen Zustandsänderung ist $\varkappa = 1{,}4$ durch den Polytropenexponenten $n = 1{,}2$ zu ersetzen:

Adiabate: $V = \sqrt[1{,}4]{0{,}100\ \text{MPa}/p} \cdot 860\ \text{dm}^3$

Polytrope: $V = \sqrt[1{,}2]{0{,}100\ \text{MPa}/p} \cdot 860\ \text{dm}^3$

Daraus errechnet sich die folgende Tabelle:

	p/MPa	0,10	0,15	0,20	0,30	0,40	0,50	0,60
Adiabate	V/dm³	860	644	524	392	320	272	239
Polytrope	V/dm³	860	613	483	344	271	225	193

Die Polytrope verläuft zwischen der Isothermen und der Adiabaten! (Grafische Darstellung s. Bild L 8.2.)

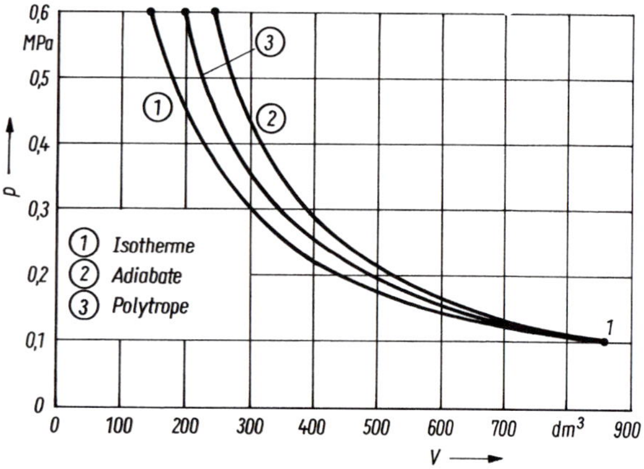

Bild L 8.2: Adiabatische, isotherme und polytrope Zustandsänderung im p-V-Diagramm

L 8.16

$\eta = (T_1 - T_2)/T_1$
$\eta = 0{,}607 \approx 60\,\%$

L 8.17

$m = (\varphi_2 - \varphi_1) V f_{max}$
$m = 7{,}65$ g

L 8.18

$\varphi_2 = \varphi_1 f_{max1} / f_{max2}$
$\varphi_2 = 52\,\%$

$m = (f_2 - f_1)\, V = \varphi_1 (f_{max2} - f_{max1})\, V$
$m = 0{,}79$ kg

9 Wärmetransport

L 9.1

$k = (1/\alpha_1 + d/\lambda + 1/\alpha_2)^{-1}$
$k = 58{,}7\ \text{W/(m}^2\cdot\text{K)} \approx 59\ \text{W/(m}^2\cdot\text{K)}$

$\dot{Q} = kA\Delta\vartheta$
$\dot{Q} = 587\ \text{kW} \approx 590\ \text{kW}$

$R_W = 1/(kA) = \Delta\vartheta/\dot{Q}$
$R_W = 0{,}0017\ \text{K/W}$

$Q = \dot{Q}t$
$Q = 587\ \text{kW}\cdot\text{h} \approx 590\ \text{kW}\cdot\text{h} = 2{,}12\ \text{GJ}$

L 9.2

$R_W = 1/(\alpha A)$
$R_W = 50\ \text{K/W}$

$\dot{Q} = \Delta\vartheta/R_W$
$\dot{Q} = 1{,}0\ \text{W}$

$Q = \dot{Q}t$
$Q = 3{,}6\ \text{kJ}$

L 9.3

$\Delta\dot{Q} = \Delta kA\Delta\vartheta$
$\Delta\dot{Q} = 1008\ \text{W} \approx 1{,}0\ \text{kW}$

$\Delta Q = \Delta\dot{Q}t$
$\Delta\dot{Q} = 13{,}1\ \text{GJ} \approx 3{,}6\cdot 10^3\ \text{kW}\cdot\text{h}$

L 9.4

$d_{\text{Stahl}}/\lambda_{\text{Stahl}}$ und $1/\alpha_1$ sind sehr klein und können vernachlässigt werden.

$d_D = \lambda_D\,(1/k - 1/\alpha_2)$
$d_D = 47{,}4\ \text{mm} \approx 5{,}0\ \text{cm}$

$k_{\text{vorh}} = (d_{\text{Dvorh}}/\lambda_D + 1/\alpha_2)^{-1}$
$k_{\text{vorh}} = 1{,}15\ \text{W/(m}^2\cdot\text{K)} < 1{,}2\ \text{W/(m}^2\cdot\text{K)}$

$\dot{Q} = kA\Delta\vartheta$
$\dot{Q} = 275\ \text{W}$

L 9.5

$k_1 = (1/\alpha_1 + d_B/\lambda_B + 1/\alpha_2)^{-1}$
$k_1 = 3{,}017\ \text{W/(m}^2\cdot\text{K)} \approx 3{,}0\ \text{W/(m}^2\cdot\text{K)}$

$k_2 = (1/k_1 + d_D/\lambda_D)^{-1}$
$k_2 = 0{,}653\ \text{W/(m}^2\cdot\text{K)}$

$\Delta Q = \Delta kAt\Delta\vartheta$
$\Delta Q = 1{,}07\ \text{GJ} = 298\ \text{kW}\cdot\text{h} \approx 300\ \text{kW}\cdot\text{h}$

L 9.6

$$k = \left(\frac{1}{\alpha_i} + \frac{1}{\alpha_e} + \frac{d_1}{\lambda_1} + \frac{d_2}{\lambda_2} + \frac{d_3}{\lambda_3}\right)^{-1},\quad q = k\Delta\vartheta,\quad \dot{Q} = kA\Delta\vartheta$$

$k = 1{,}15\ \text{W/(m}^2\cdot\text{K)}$, (Hinweis: Im Bauwesen wird der Wärmedurchgangskoeffizient mit U bezeichnet) $q = 28{,}8\ \text{W/m}^2$
$\dot{Q} = 690\ \text{W}$

L 9.7

$$d_D = \lambda_D\left(\frac{1}{k_{\text{neu}}} - \frac{1}{k_{\text{alt}}}\right)$$

$d_D = 0{,}064\ \text{m} = 6{,}4\ \text{mm}$. Wählt man $d_D = 8{,}0\ \text{cm}$, ist

$$k_{\text{vorh}} = \left(\frac{1}{k_{\text{alt}}} + \frac{d_D}{\lambda_D}\right)^{-1} = 0{,}43\ \text{W/(m}^2\cdot\text{K)} < 0{,}5\ \text{W/(m}^2\cdot\text{K)}$$

L 9.8

$$T = \frac{b}{\lambda_{\max}},\quad P = \sigma AT^4,\quad E = \sigma AT^4 t$$

$T = 1450\ \text{K}$, $\vartheta = 1180\ °\text{C}$, $P = 625\ \text{W}$,
$E = 56{,}2\cdot 10^4\ \text{J} = 0{,}156\ \text{kW}\cdot\text{h}$

10 Gleichstrom

L 10.1

$I = Q/t \quad J = I/A$
$I = 1{,}5\ \text{A} \quad J = 1{,}0\ \text{A/mm}^2$

L 10.2

$I = P/U$
$I_1 = 4{,}35\ \text{A} \quad I_2 = 7{,}82\ \text{A}$
$P = UI$
$P_1 = 2{,}30\ \text{kW} \quad P_2 = 3{,}68\ \text{kW}$

L 10.3

$U = \sqrt{PR}$
$U_1 = 500\ \text{V} \quad U_2 = 1500\ \text{V}$

L 10.4

$R = U^2/P \quad I = P/U$
$R = 33{,}1\ \Omega \quad I = 6{,}96\ \text{A}$

$E = Pt \quad Q = Pt/U$
$E = 1{,}92\ \text{MJ} = 0{,}53\ \text{kW}\cdot\text{h} \quad Q = 8{,}30\ \text{kC}$

L 10.5

$U = RI \quad I = U/R$
$U = 40\ \text{V} \quad I = 16{,}7\ \text{A}$

L 10.6

$R_1 = \varrho l/A$
$R_1 = 42{,}0\ \Omega$ (bei 20°C)

$R_2 = R_1\,(1 + \alpha\Delta\vartheta)\quad (\alpha = 0{,}00035\ 1/\text{K})$
$R_2 = 44{,}6\ \Omega$

$P = U^2/R_2$
$P = 1190\ \text{W}$

L 10.7

$\alpha = (R_t/R_0 - 1)/(\vartheta - 0\ °\text{C})$
$\alpha = 0{,}003\,83\ 1/\text{K}$

$\vartheta = (R/R_0 - 1)/\alpha + \vartheta_0$
$= 52\ °\text{C}$

Die Temperatur kann auch aus Bild L 10.1 entnommen werden!

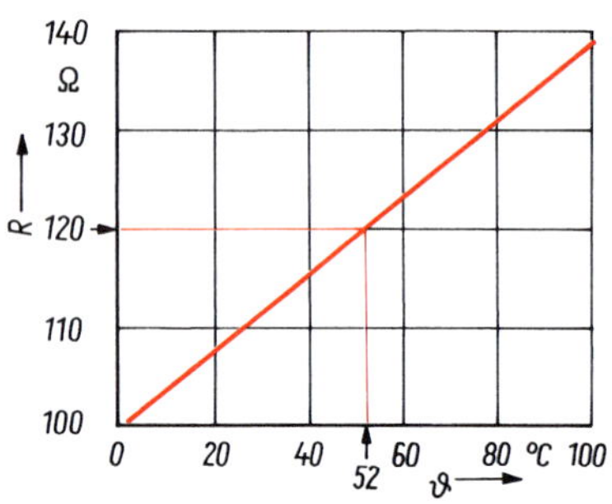

Bild L 10.1: Abhängigkeit des Widerstandes von der Temperatur

L 10.8

$R = U^2/P$
$R_1 = 882\ \Omega,\ \ R_2 = 529\ \Omega$

$R_{ers} = R_1R_2/(R_1 + R_2)$
$R_{ers} = 331\ \Omega$

$I = P/U$
$I_1 = 0{,}261\ \text{A},\ \ I_2 = 0{,}435\ \text{A}$

$I_{ges} = I_1 + I_2$
$I_{ges} = 0{,}696\ \text{A}$

$z = I_1/I_2 = R_2/R_1 = P_1/P_2$
$z = 0{,}60$

L 10.9

a) $R = U^2/\text{P}$
40-W-Lampe $R_1 = 1320\ \Omega$
75-W-Lampe $R_2 = 705\ \Omega$
Bügeleisen $R_3 = 88{,}2\ \Omega$
Gerät $R_4 = 209\ \Omega$

$R_{ers} = (2/R_1 + 2/R_2 + 1/R_3 + 1/R_4)^{-1}$
$R_{ers} = 54{,}6\ \Omega$

$I_{ges} = U/R_{ers}$
$I_{ges} = 4{,}21\ \text{A}$

b) $R = U/I$
$R_{zul} = 23{,}0\ \Omega$

c) $R_5 = (1/R_{zul} - 1/R_{ers})^{-1}$
$R_5 = 39{,}7\ \Omega$

L 10.10

Schaltbild s. Bild L 10.2.
$R_{ers} = R_1R_2/(R_1 + R_2)$
$R_{ers} = 0{,}909\ \text{k}\Omega$

$I_1/I_2 = R_2/R_1;\quad I_1 = 10I_2;\quad I = I_1 + I_2;\quad I_2 = I/11;\quad U = RI$
$I_2 = 10\ \text{mA}\quad I_1 = 100\ \text{mA}\quad U = 100\ \text{V}$

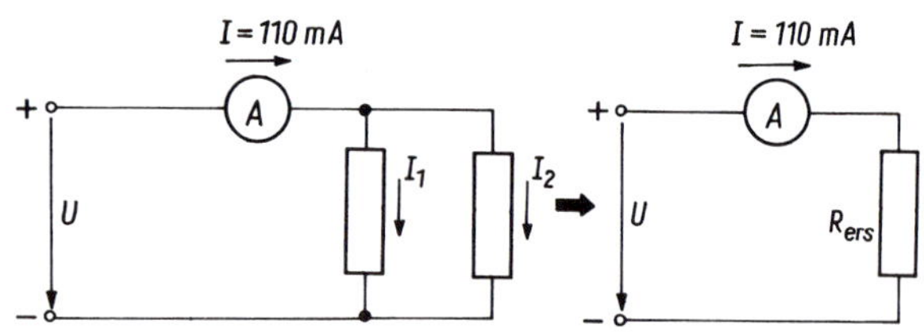

Bild L 10.2: Schaltbild

L 10.11

$R_2 = (I/U - 1/R_1)^{-1}$
$R_2 = 16{,}25\ \text{k}\Omega$

$I_1 = U/R_1\qquad I_2 = U/R_2$
$I_1 = 192{,}3\ \text{mA}\quad I_2 = 7{,}7\ \text{mA}$

L 10.12

Verbraucher $R_1 = U_1^2/P_1;\quad I = I_1 = P_1/U_1$
$R_1 = 24{,}0\ \Omega\quad I = 2{,}50\ \text{A}$

Vorwiderstand $R_2 = (U_{ges} - U_1)/I = U_2/I$
$R_2 = 68{,}0\ \Omega$

Ersatzwiderstand $R_{ers} = R_1 + R_2 = U_{ges}/I$
$R_{ers} = 92{,}0\ \Omega$

Kontrolle $U_1/U_2 = R_1/R_2 = 0{,}353$

L 10.13

Bild L 10.3.
$R_G = U^2/P_1$
$R_G = 88{,}2\ \Omega$

$I_2 = \sqrt{P_2/R_G}$
$I_2 = 2{,}13\ \text{A}$

$U_{2G} = \sqrt{P_2 R_G} = I_2 R_G$
$U_{2G} = 188$ V

$R_{Vmax} = (U - U_{2G})/I_2$
$R_{Vmax} = 19{,}7\ \Omega$

Einstellbereich: 0 … 20 Ω

$P_V = I_2^2 R_{Vmax}$
$P_V = 89{,}4$ W

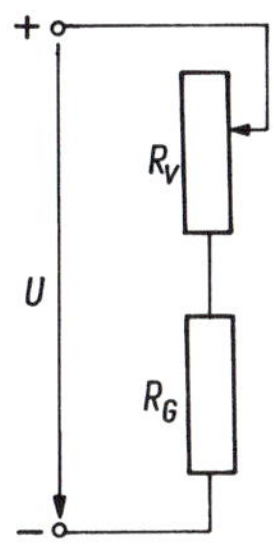

Bild L 10.3: Schaltbild

L 10.14

Bild L 10.4.
$R_{23} = R_2 R_3/(R_2 + R_3)$
$R_{23} = 6{,}67\ \Omega$

$R_{ers} = R_1 + R_{23}$
$R_{ers} = 26{,}7\ \Omega$

$I = I_1 = U/R_{ers}$
$I = 0{,}94$ A

$U_1 = I_1 R_1 = IR_1$
$U_1 = 18{,}7$ V

$U_{23} = U_{ges} - U_1 = IR_{23}$
$U_{23} = 6{,}3$ V

$I_2 = U_{23}/R_2$
$I_2 = 0{,}63$ A

$I_3 = I - I_2 = U_{23}/R_3$
$I_3 = 0{,}31$ A

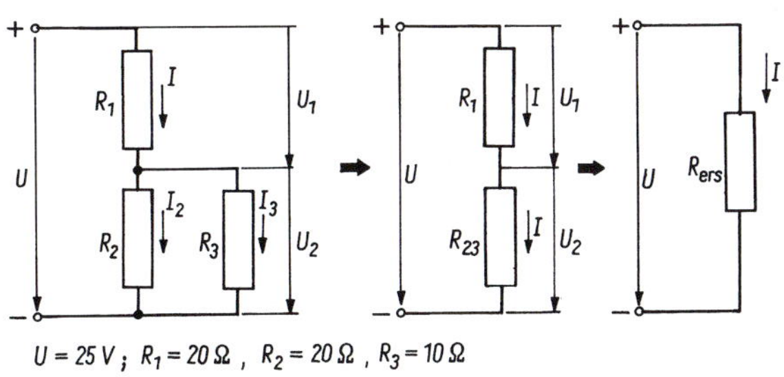

Bild L 10.4: Schaltbild

L 10.15

Bild L 10.5.
$R_3 = 0$: $R_{ers} = R_1$
$R_{ers} = 100\ \Omega$

$R_3 = 100\ \Omega$: $R_{ers} = R_1 + [R_2 R_3/(R_2 + R_3)]$
$R_{ers} = 150\ \Omega$

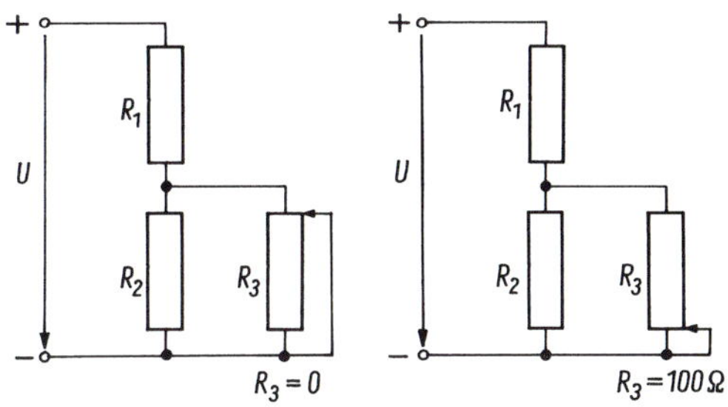

Bild L 10.5: Schaltbild

L 10.16

$I = U/R_{ers}$
Schalter geöffnet: $R_{ers} = R_1 + R_2$
$I = 0{,}6$ A

geschlossen: $R_{ers} = R_1 + [R_2 R_3/(R_2 + R_3)]$
$I = 0{,}72$ A

L 10.17

Bild L 10.6
$R_{ers} = R_1 + [1/(R_3 + R_4) + 1/R_2]^{-1}$
$R_{ers} = 51{,}1\ \Omega$

$R_3 \to 0$
$R_{ers} = 46{,}7\ \Omega$

$R_3 \to \infty$
$R_{ers} = 60{,}0\ \Omega$

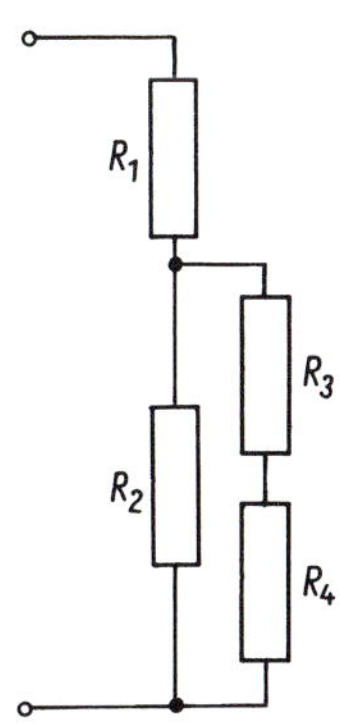

Bild L 10.6: Schaltbild

L 10.18

$R_{ers} = R_1 + R_5 + [1/R_4 + 1/(R_2 + R_3)]^{-1}$
$R_{ers} = 35\ \Omega$

$I = U/R_{ers}$
$I = 2{,}86\ \text{A}$

$U_4 = U - I\,(R_1 + R_5)$
$U_4 = 42{,}8\ \text{V}$

$U_3 = U_4/2$ (da $R_2 = R_3$)
$U_3 = 21{,}4\ \text{V}$

$I_3 = U_3/R_3$
$I_3 = 1{,}43\ \text{A}$

L 10.19

Bild L 10.7
$R_x = U/I - R_{\text{Vmin}}$
$R_x = 60\ \Omega$

$I_{max} = U/(R_x + R_{\text{Vmin}})$
$I_{max} = 150\ \text{mA}$
$I_{min} = U/(R_x + R_{\text{Vmax}})$
$I_{min} = 67\ \text{mA}$

R/Ω	160	180	200	240	270	300	330	360
I/mA	150	133	120	100	89	80	73	67

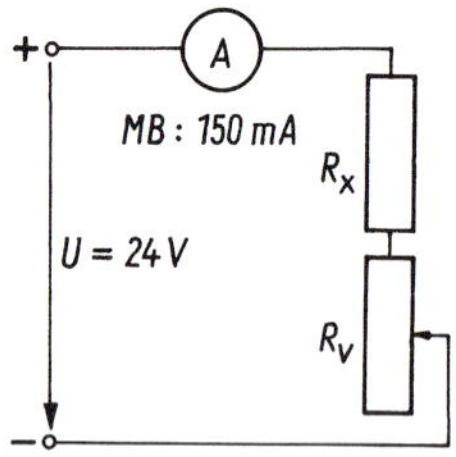

Bild L 10.7: Schaltbild

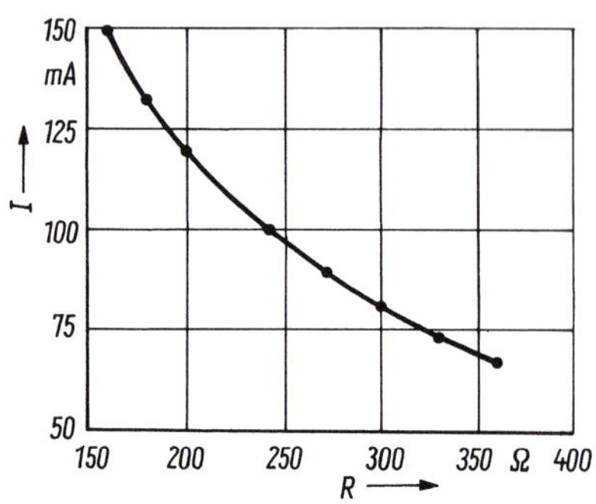

Bild L 10.8: Elektrische Stromstärke in Abhängigkeit vom elektrischen Widerstand

L 10.20

Unbelastet (Bild L 10.9a)
Da $R_1 = R_2$ und $R = 2R_1$, ist $U_1 = UR_1/R = U/2$;
$U_1 = 100\ \text{V}$

Belastet (Bild L 10.9b)
$U_3 = U/[1 + R_2\,(R_1 + R_3)/(R_1R_3)]$
$U_3 = 66{,}7\ \text{V}$

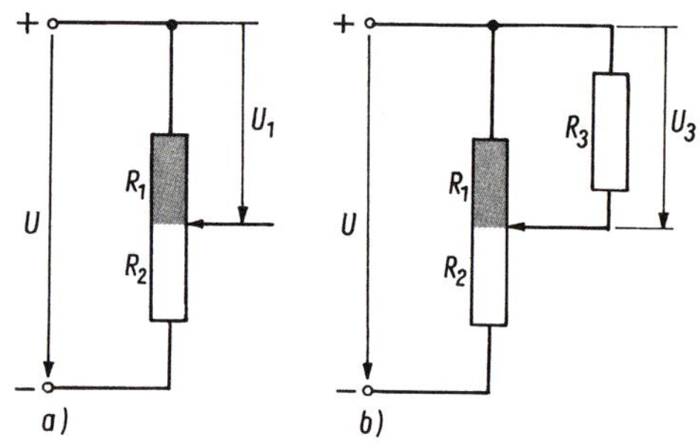

Bild L 10.9: Spannungsteiler

L 10.21

$R = U_1^2/P_1$
$R = 52{,}9\ \Omega$

$P_2 = P_1U_2^2/U_1^2$
$P_2 = 612\ \text{W}$

$\Delta U/U = 22\ \%$, $\Delta P/P = 39\ \%$
Die Leistung sinkt auf 61 % der Nennleistung!

L 10.22

$\eta = P_{mech}/P_{el}$
$\eta = 80\ \%$

$E_{el} = P_{el}t = UIt$
$E_{el} = 240\ \text{kW} \cdot \text{h}$

L 10.23

$P = z/(kt)$
$z = 19$, $k = 750\ (\text{kW} \cdot \text{h})^{-1}$, $P = 1{,}53\ \text{kW}$

$I = P/U$ $R = U^2/P$
$I = 6{,}65\ \text{A}$; $R = 39{,}6\ \Omega$

L 10.24

Stufe 3 (Widerstände sind parallel geschaltet):
$P_3 = UI$ $R = U/I$ $R_1 = 2R$
$P_3 = 2{,}0\ \text{kW}$ $R = 26{,}4\ \Omega$ $R_1 = 52{,}8\ \Omega$

Stufe 2 (nur ein Widerstand ist eingeschaltet):
$P_2 = U^2/R_1$
$P_2 = 1{,}0\ \text{kW}$

Stufe 1 (Widerstände sind in Reihe geschaltet):
$P_1 = U^2/(2R_1)$
$P_1 = 0{,}5$ kW

L 10.25

$t = c\varrho V(\vartheta_2 - \vartheta_1)/(\eta P_{el})$
$t = 10{,}5$ min

$I = P/U$
$I = 5{,}22$ A

$E_{el} = P_{el}t$
$E_{el} = 0{,}21$ kW · h

L 10.26

$R_i = (U_q - I_1R_{a1})/I_1 = U_q/I_1 - R_{a1}$
$R_i = 0{,}061\ \Omega$

$U_{k1} = I_1R_{a1}$
$U_{k1} = 13{,}2$ V

$I_2 = U_q/(R_i + R_{a2})$
$I_2 = 6{,}5$ A

$U_{k2} = U_q - I_2R_i = I_2R_{a2}$
$U_{k2} = 13{,}0$ V

$P_{a2} = U_{k2}I_2$
$P_{a2} = 84{,}5$ W

L 10.27

$R_i = (U_{k1} - U_{k2})/(I_2 - I_1) = \Delta U_k/\Delta I$
$R_i = 0{,}20\ \Omega$

$U_q = U_{k1} + I_1R_i$
$U_q = 13{,}0$ V

L 10.28

Aus $I = U_q/(R_i + R_a)$ und $U_k = U_q - IR_i$ folgt

R_a/Ω	0	10	20	30	45
I/A	2,4	0,8	0,48	0,34	0,24
U_k/V	0	8	9,6	10,3	10,8

s. Bild L 10.10

L 10.29

$R_G = U^2/P_G$
$R_G = 132{,}2\ \Omega$

$R_L = \varrho l/A$
$R_L = 2{,}40\ \Omega$

$I = U/(R_G + R_L)$
$I = 1{,}71$ A

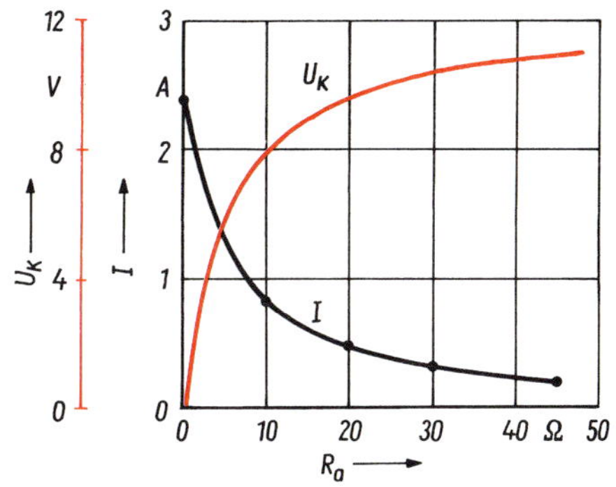

Bild L 10.10: Klemmenspannung und Stromstärke in Abhängigkeit vom Außenwiderstand

$U_G = IR_G$; $P_{G2} = U_GI$
$U_G = 225{,}9$ V; $P_{G2} = 386$ W

$U_L = IR_L$; $P_L = U_LI$
$U_L = 4{,}1$ V; $P_L = 7{,}0$ W

L 10.30

$U = \varrho lI/A$
$U = 18{,}3$ V

$P = UI$
$P = 146$ W

$E = UIt$
$E = 1{,}17$ kW · h

L 10.31

$R_{Lampe} = U^2/P_{Lampe}$
$R_{Lampe} = 529\ \Omega$

$R_w = U^2/P_w$
$R_w = 66{,}1\ \Omega$

$R_{gesV} = U^2/P_{gesV}$
$R_{gesV} = 58{,}8\ \Omega$

$R_L = \varrho l/A$
$R_L = 2{,}29\ \Omega$

$I = U/(R_{gesV} + R_L)$
$I = 3{,}77$ A

$U_{kG} = IR_{gesV}$
$U_{kG} = 222$ V

$P_{Lampe} = U_{kG}^2/R_{Lampe}$
$P_{Lampe} = 92{,}8$ W

$P_w = U_{kG}^2/R_w$
$P_w = 743$ W

L 10.32

$$R_w = \frac{U^2}{P}, \quad \vartheta = \frac{R_w - R_{20}}{\alpha R_{20}} + 20\,°C = \frac{\frac{U^2}{P} - R_{20}}{\alpha R_{20}} + 20\,°C$$

$\vartheta = 60\,°C$

L 10.33

$$R = \frac{U}{I} - R_A$$

$R = 2{,}63\ \Omega$. Ohne Berücksichtigung von R_A ergibt sich $2{,}71\ \Omega$.

Der relative Fehler ist $\left|\frac{\Delta R}{R}\right| = 0{,}03 = 3{,}0\ \%$

Die Schaltung heißt stromrichtige Schaltung, weil zwar die Stromstärke durch den Widerstand richtig gemessen wird, der Spannungsabfall wird aber an dem Gesamtwiderstand $R + R_A$ gemessen, ist somit etwas zu groß $\rightarrow U_{mess} = U_R + U_A$ (s. Bild A 10.4).

L 10.34

$$R_V = \frac{U}{I - \frac{U}{R_N}}$$

$R_V = 50{,}0\ k\Omega$

Die Schaltung heißt spannungsrichtige Schaltung, weil zwar der Spannungsabfall am Widerstand richtig gemessen wird, die Stromstärke dagegen ist etwas zu groß, denn das Strommessgerät misst die Summe der Stromstärken durch den Widerstand und das Spannungsmessgerät, also $I_{mess} = I_R + I_V$. (s. Bild A 10.5).

11 Elektrische und magnetische Felder

L 11.1

$E = F/Q$
$E = 6{,}67$ kV/m

L 11.2

$F = [1/(4\pi\varepsilon_0)]Q_1Q_2/r^2$
$r = 0{,}5$ m: $F = 1{,}15 \cdot 10^{-10}$ N
$r = 1{,}0$ m: $F = 0{,}29 \cdot 10^{-10}$ N

L 11.3

Aus $F = Q_2E$ und $F = [1/(4\pi\varepsilon_0)]QQ_2/r^2$ folgt
$E = Q/(4\pi\varepsilon_0 r^2)$

r/m	0,25	0,30	0,40	0,50	0,70	0,80	1,0	1,5	2,0
E/(MV/m)	1,28	0,39	0,50	0,32	0,16	0,13	0,08	0,036	0,02

Grafische Darstellung s. Bild L 11.1.

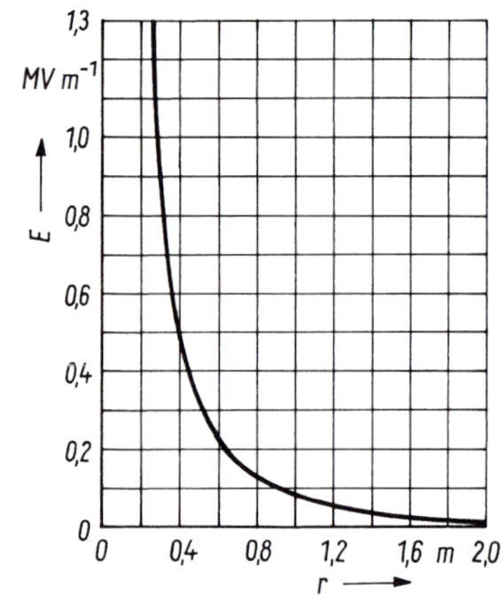

Bild L 11.1: Elektrische Feldstärke um eine punktförmige Ladung als Funktion der Entfernung

L 11.4

$U = Es$
$U = 10$ kV

L 11.5

$E = U/s$
$E = 5{,}0$ kV/m

$D = \varepsilon_0 E$ $\quad F = QE$
$D = 44{,}3\ nC/m_2$ $\quad F = 5{,}0$ mN

L 11.6

$C = \varepsilon_0 A/s = \varepsilon_0 \pi d^2/(4s)$
$C = 15{,}6$ pF

L 11.7

$C = 2E_{el}/U^2$
$C = 1{,}6$ mF

$P = \Delta W_{el}/\Delta t = W_{el}/t$
$P = 33{,}3$ kW

L 11.8

$C = \varepsilon_0 A/s$ $\quad Q = CU$
$C = 8{,}85$ pF $\quad Q = 8{,}85$ nC

$E = U/s$ $\quad D = \varepsilon_0 E$
$E = 0{,}10$ MV/m $\quad D = 0{,}88\ \mu C/m^2$

L 11.9

C, Q, E und D mit Luft zwischen den Platten wie L 11.8

a) $C = \varepsilon_r \varepsilon_0 A/s$
$C = 26{,}6$ pF

Q und damit $D = Q/A$ ändern sich nicht.

$E = D/(\varepsilon_r \varepsilon_0)$ $\quad U = Es$
$E = 0{,}033$ MV/m $\quad U = 333$ V

E und U werden um den Faktor $1/\varepsilon_r$ kleiner.

b) C wie bei a)
$C = 26{,}6$ pF

U und damit $E = U/s$ ändern sich nicht.

$Q = CU$ $\quad D = \varepsilon_r \varepsilon_0 E$
$Q = 26{,}6$ nC $\quad D = 2{,}66\ \mu\text{C/m}^2$

Q und D werden um den Faktor ε_r größer

L 11.10

$I = lH/N$ $\quad B = \mu_0 H$
$I = 100$ mA $\quad B = 1{,}26$ mT

$\Phi = BA = \mu_0 H \pi d^2/4$
$\Phi = 98{,}6\ \text{nV} \cdot \text{s} \approx 0{,}1\ \mu\text{V} \cdot \text{s}$

$L = N^2 \mu_0 \pi d^2/(4l) = N\Phi/I$
$L = 0{,}986\ \text{mH} \approx 1$ mH

L 11.11

$L = 2W_{mag}/I^2$ $\quad N = LI/\Phi$
$L = 2{,}0\ \mu$H $\quad N = 400$

L 11.12

$I = \sqrt{2W_{mag}/L}$
$I = 0{,}316$ A

L 11.13

$B = 4LI/(\pi N d^2)$
$B = 53$ mT

$W_{mag} = (1/2)LI^2$
$W_{mag} = 15{,}6$ mJ

L 11.14

B aus Bild 11.13: $B = 1{,}25$ T; $\mu_r = B/(\mu_0 H)$
$\mu_r = 1650$

Bei doppelter Stromstärke ist auch die Feldstärke doppelt so groß. Aus Bild 11.13 folgt $B = 1{,}42$ T und $\mu_r = 942$. Mit zunehmender magnetischer Feldstärke wird bei Dynamoblech μ_r nach einem Maximum bei etwa 150 A/m kleiner (Bild 11.14). B strebt einem Sättigungswert zu, der ungefähr bei der Flussdichte 2 T liegt.

L 11.15

Aus Bild 11.13 folgt für $B = 1{,}4$ T die magnetische Feldstärke $H = 1100$ A/m;

$I = Hl/N$
$I = 0{,}55$ A

L 11.16

$H = NI/l$
$H = 417$ A/m; aus Bild 11.13 folgt $B = 1{,}1$ T

$\Phi = BA$ $\quad \mu_r = B/(\mu_0 H)$
$\Phi = 0{,}44\ \text{mV} \cdot \text{s}$ $\quad \mu_r = 2100$

L 11.17

$I = F/(lB)$
$I = 6{,}25$A

L 11.18

$F = NIlB$
$F = 250$ N

$M = Fd$ $\quad P = 2\pi n M$
$M = 37{,}5\ \text{N} \cdot \text{m}$ $\quad P = 3{,}93$ kW

L 11.19

Aus $P = 2\pi n M$, $M = Fd$ und $F = NIlB$ folgt
$I = P/(2\pi n N l B d)$
$I = 4{,}25$ A

L 11.20

$F_L = evB$
$F_L = 7{,}21 \cdot 10^{-14}$ N

L 11.21

$U_A = mv^2/(2a)$
$U_A = 2{,}56$ kV

$E_{el} = eU_A = (1/2)mv^2$
$E_{el} = 0{,}41 \cdot 10^{-15}\ \text{J} = 2{,}56$ keV

L 11.22

$r = mv/(eB)$ und $v = \sqrt{2eU_A/m}$ ergeben
$r = \sqrt{2mU_A/(eB^2)}$
$r = 4{,}77$ mm $\quad d \approx 10$ mm

$T = 2\pi m/(eB)$
$T = 0{,}36$ ns

L 11.23

$a = v^2/(2s)$
$a = 2{,}25 \cdot 10^{16}\ \mathrm{m/s^2}$

$F = ma$
$F = 2{,}05 \cdot 10^{-14}\ \mathrm{N}$

$F_\mathrm{L} = evB$
$F_\mathrm{L} = 4{,}81 \cdot 10^{-14}\ \mathrm{N}$

L 11.24

$\Delta\Phi = A\Delta B$, $B = \mu_0 H$, $A = \pi d^2/4$ und $H = NI/l$ ergeben
$\Delta\Phi = \pi d^2 \mu_0 N_1 \Delta I/(4l)$
$\Delta\Phi = 15{,}8\ \mu\mathrm{Wb}$

$U_\mathrm{i} = N_2 \Delta\Phi/\Delta t$
$U_\mathrm{i} = 7{,}9\ \mathrm{V}$

L 11.25

$v = U/(Bl)$
$v = 10\ \mathrm{m/s}$

L 11.26

$U = NlB\pi nd$
$U = 220\ \mathrm{V}$

L 11.27

$\Delta t = L\Delta I/U$
$\Delta t = 25\ \mathrm{ms}$

L 11.28

$I = U/R \qquad U_\mathrm{i} = L\Delta I/\Delta t$
$I = 66{,}7\ \mathrm{mA} \qquad U_\mathrm{i} = 66{,}7\ \mathrm{V}$

$C = LI^2/U^2$
$C = 1{,}0\ \mu\mathrm{F}$

12 Wechselstrom

L 12.1

$f = X_L/(2\pi L)$
$f = 106\ \mathrm{Hz}$

$X_L = 2\pi f L \qquad I = U/X_L$
$X_L = 471\ \Omega \qquad I = 0{,}488\ \mathrm{A}$

L 12.2

$C = 1/(2\pi f X_C) \qquad I = 2\pi f C U$
$C = 30\ \pi F \qquad I = 1{,}88\ \mathrm{A}$

L 12.3

$X_L = X_C$, daraus $f = 1/(2\pi\sqrt{LC})$
$f = 181\ \mathrm{kHz}$

L 12.4

$X_L = 2\pi f L, \quad X_C = 1/(2\pi f C)$

f/Hz	10	20	30	40	50	60	70	80	90	100
X_L/Ω	126	251	377	503	628	754	880	1005	1131	1257
X_C/Ω	1592	796	531	398	318	265	227	199	177	159

Grafische Darstellung s. Bild L 12.1.

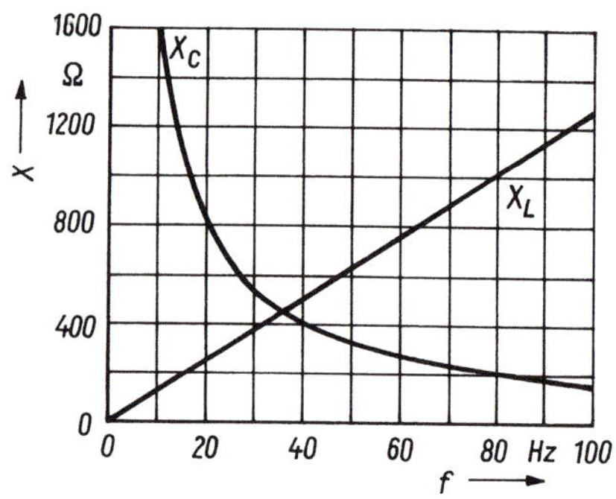

Bild L 12.1: Abhängigkeit der Blindwiderstände von der Frequenz

L 12.5

$Z = U/I$
$Z = 261\ \Omega$

$X_L = \sqrt{Z^2 - R^2}$
$X_L = 241\ \Omega$

$L = X_L/(2\pi f)$
$L = 0{,}767\ \mathrm{H}$

$U_R = IR$
$U_R = 88\ \mathrm{V}$

$U_L = IX_L$
$U_L = 212\ \mathrm{V}$

$\varphi = \arctan(X_L/R)$
$\varphi = 67{,}5\,°$

Widerstands-Zeigerdiagramm s. Bild L 12.2

L 12.6

$U_R = IR$
$U_R = 20\ \mathrm{V}$

$U_L = IX_L$

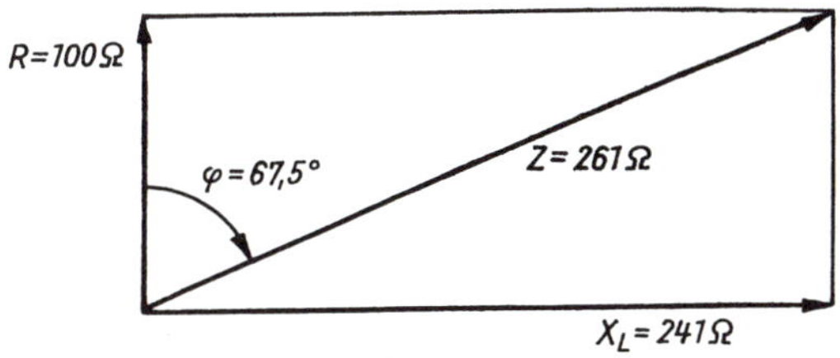

Bild L 12.2: Widerstandsdiagramm

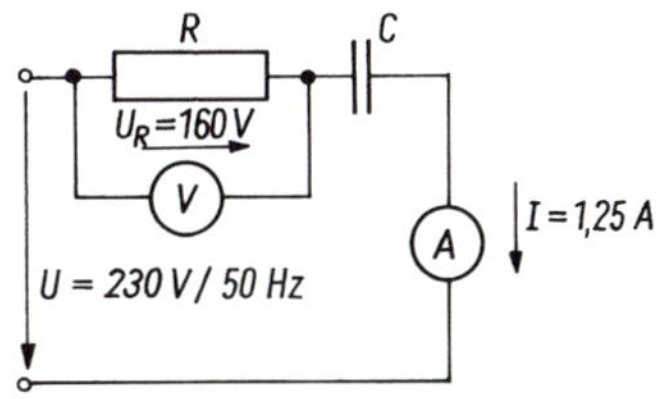

Bild L 12.3: Schaltbild

$U_L = 20$ V

$U_C = IX_C$
$U_C = 10$ V

$U = \sqrt{U_R^2 + (U_L - U_C)^2}$
$U = 22{,}4$ V

$Z = U/I$ oder $Z = \sqrt{R^2 + (X_L - X_C)^2}$
$Z = 11{,}2\ \Omega$

$L = X_L/(2\pi f)$
$L = 31{,}8$ mH

$C = 1/(2\pi f X_C)$
$C = 637\ \mu$F

$\varphi = \arctan\,[(X_L - X_C)/R]$
$\varphi = 26{,}6°$

L 12.7

$Z = U/I$ $R = U_R/I$
$Z = 28{,}6\ \Omega$ $R = 23{,}8\ \Omega$

$X_L = \sqrt{Z^2 - R^2}$ $L = X_L/(2\pi f)$
$X_L = 15{,}8\ \Omega$ $L = 50{,}3$ mH

$U_L = IX_L$ oder $U_L = \sqrt{U^2 - U_R^2}$
$U_L = 6{,}63$ V

$\varphi = \arctan\,(X_L/R)$
$\varphi = 33{,}6°$

L 12.8

$R = U_R/I$ $Z = U/I$
$R = 128\ \Omega$ $Z = 184\ \Omega$

$X_C = \sqrt{Z^2 - R^2}$
$X_C = 132\ \Omega$

$C = 1/(2\pi f X_C)$
$C = 24{,}1\ \mu$F

$U_C = \sqrt{U^2 - U_R^2}$ oder $U_C = IX_C$
$U_C = 165$ V

$\varphi = \arctan\,(-X_C/R)$
$\varphi = -45{,}9°$
s. Bild L 12.3 und Bild L 12.4.

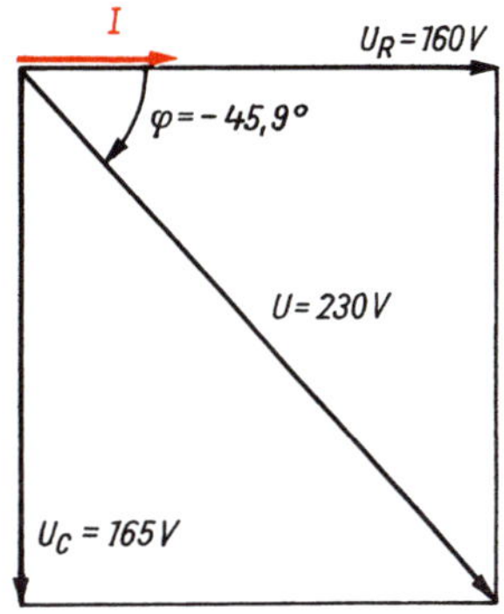

Bild L 12.4: Spannungs-Zeigerdiagramm

L 12.9

$R = U^2/P$ $Z = U/I$
$R = 66{,}1\ \Omega$ $Z = 46{,}6\ \Omega$

$X_C = 1/\sqrt{1/Z^2 - 1/R^2}$
$X_C = 64{,}1\ \Omega$

$C = 1/(2\pi f X_C)$
$C = 48{,}4\ \mu$F

$I_R = U/R = P/U$
$I_R = 3{,}48$ A

$I_C = U/X_C$
$I_C = 3{,}50$ A

$\varphi = \arctan\,(2\pi f RC)$
$\varphi = 45{,}1°$
s. Bild L 12.5

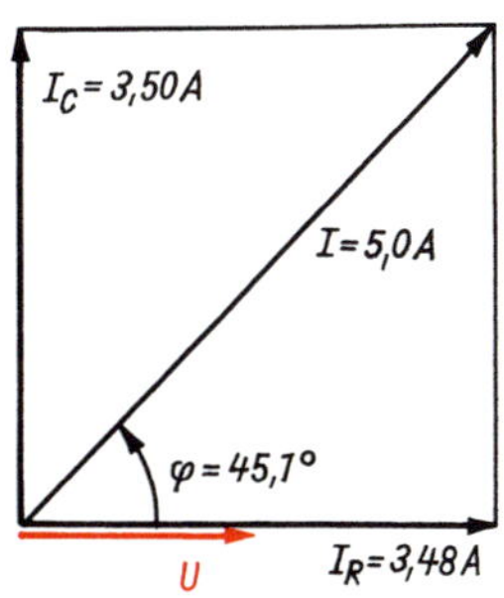

Bild L 12.5: Stromstärke-Zeigerdiagramm

L 12.10

Wegen $Z = U/I$ ist $Z = 100\ \Omega$, also $Z = R$ und damit $1/X_C = 1/X_L$ bzw. $X = X_L$. Daraus ergibt sich

$C = 1/(4\pi^2 f^2 L)$
$C = 67{,}5\ \mu F$

$I_R = U/R = U/Z = I$
$I_R = 2{,}30\ A$

$I_C = I_L = U/X_C = U/X_L$
$I_C = I_L = 4{,}88\ A$

Die Teilstromstärken sind größer als die Gesamtstromstärke. Dies kann zu Überlastungen der Spule oder des Kondensators führen. Skizzieren Sie sich ein Stromstärke-Zeigerdiagramm!

L 12.11

$S = UI$
$S = 1{,}613\ kV \cdot A$

$\cos\varphi = P/S$
$\cos\varphi = 0{,}744 \quad \varphi = 41{,}9°$

$Q = S \sin\varphi = P \tan\varphi = \sqrt{S^2 - P^2}$
$Q = 1{,}077\ kvar$

$I_W = P/U = I \cos\varphi$
$I_W = 5{,}58\ A$

$I_B = Q/U = I \sin\varphi$
$I_B = 5{,}01\ A$

L 12.12

$S = P/\cos\varphi$
$S = 6{,}25\ kV \cdot A$

$Q = P \tan\varphi = \sqrt{S^2 - P^2}$
$Q = 3{,}75\ kvar$

$I = S/U \qquad I_W = P/U = I \cos\varphi$
$I = 27{,}7\ A \quad I_W = 21{,}7\ A$

$I_B = Q/U = I \sin\varphi$
$I_B = 16{,}3\ A$

$P_{mech} = \eta P$
$P_{mech} = 4{,}25\ kW$

L 12.13

Gleichstromkreis: $R = U/I$
$R = 60\ \Omega$
Wechselstromkreis: $Z = U/I$
$Z = 128\ \Omega$

$X_L = \sqrt{Z^2 - R^2}$
$X_L = 113\ \Omega$

$L = X_L/(2\pi f)$
$L = 0{,}360\ H$

$\cos\varphi = R/Z$
$\cos\varphi = 0{,}469 \quad \varphi = 62{,}0°$

$S = UI$
$S = 414\ V \cdot A$

$P = S \cos\varphi$
$P = 194\ W$

$Q = S \sin\varphi$
$Q = 366\ var$

L 12.14

Ohne Kondensator

$\cos\varphi = R/\sqrt{R^2 + 4\pi^2 f^2 L^2}$
$\cos\varphi = 0{,}232 = 76{,}6°$

$P = U_R^2/R = (U \cos\varphi)^2/R$
$P = 23{,}8\ W$

$S = P/\cos\varphi, \quad Q = P \tan\varphi$
$S = 103\ VA \quad Q = 100\ var$

Mit Kondensator

$\tan\varphi = (\omega L - 1/(\omega C))/R$
$\varphi = -48{,}1° \quad \cos\varphi = 0{,}667$

$I = U \cos\varphi / R$
$I = 1{,}28\ A$

Der Blindwiderstand X wird gleich Null für $C = 1/(\omega^2 L)$,
$C = 6{,}34\ \mu F$

Dann ist $Z = R$, und mit $\cos\varphi = R/Z$ wird $\cos\varphi = 1$ sowie
$S = P = U^2/R$
$S = P = 441\ W$

L 12.15

$P = P_{mech}/\eta$
$P = 1{,}80\ kW$

$S = UI$
$S = 2{,}35\ kV \cdot A$

$Q = \sqrt{S^2 - P^2}$
$Q = 1{,}50\ kvar$

$\cos\varphi = P/S$
$\cos\varphi = 0{,}77$

$C = Q/(\omega U^2)$
$C = 90{,}3\ \mu F$

Nach Kompensation ist $I = P/U$
$I = 7{,}83\ A$

L 12.16

Wenn $\varphi_2 < \varphi_1$, folgt $\cos\varphi_2 > \cos\varphi_1$, und es wird
$C = P(\tan\varphi_1 - \tan\varphi_2)/(\omega U^2)$
$C = 37{,}2\ \mu F$

L 12.17

$\varphi_2 = \text{arc}(\tan\varphi_1 - \omega C U^2/P)$
$\varphi_2 = 15{,}3°$
Damit ist die Bedingung $\cos\varphi_2 = 0{,}965 > 0{,}960$ erfüllt.

L 12.18

$P = E_{el}/t$
$P = 5{,}0\ kW$

$S = UI$
$S = 5{,}88\ kV \cdot A$

$\cos\varphi = P/S$
$\cos\varphi = 0{,}85$

$Q = P\tan\varphi$
$Q = 3{,}10\ kvar$

$I_W = I\cos\varphi$
$I_W = 23{,}8\ A$

$I_B = I\sin\varphi$
$I_B = 14{,}7\ A$

$C = P(\tan\varphi_1 - \tan\varphi_2)/(\omega U^2)$
$C = 150\ \mu F$

L 12.19

Aus $P = I_1^2 R\cos^2\varphi_1 = I_2^2 R\cos^2\varphi_2$ folgt
$I_1^2/I_2^2 = \cos^2\varphi_1/\cos^2\varphi_2 = 0{,}61$;
d. h., die Verluste vermindern sich um 39 %.

14 Schwingungen

L 14.1

$f = z/\Delta t$ $T = 1/f$ $\omega = 2\pi f$
$f = 0{,}5\ Hz$ $T = 2{,}0\ s$ $\omega = 3{,}14\ 1/s$

$v_{max} = y_{max}\omega$ $a_{max} = \omega^2 y_{max}$
$v_{max} = 0{,}157\ m/s$ $a_{max} = 0{,}498\ m/s^2$

L 14.2

$f = \omega/(2\pi)$ $T = 1/f$
$f = 0{,}318\ Hz$ $T = 3{,}14\ s$

$v = \omega y_{max}\cos\omega t$
$v = 0{,}080\ m/s \cdot \cos(2{,}0\ s^{-1} \cdot t)$

$a = -\omega^2 y_{max}\sin\omega t$

$a = -0{,}0064\ m/s^2 \cdot \sin(2{,}0\ s^{-1} \cdot t)$

$t_1 = 1{,}0\ s$: $y_1 = 3{,}64\ cm$, $v_1 = -3{,}33\ cm/s$, $a_1 = -0{,}582\ cm/s^2$

$t_2 = 2{,}0\ s$: $v_2 = -3{,}03\ cm$, $v_2 = -5{,}23\ cm/s$, $a_2 = -0{,}484\ cm/s^2$

Die Werte wiederholen sich jeweils nach der Schwingungsdauer!

L 14.3

$k = mg/\Delta y$
$k = 98{,}1\ N/m$

$f_0 = 1/(2\pi)\sqrt{k/m}$
$f_0 = 2{,}88\ Hz$

$E_S = k y_{max}^2/2$
$E_S = 19{,}6\ mJ$

$v_{max} = y_{max}\sqrt{k/m}$
$v_{max} = 0{,}362\ m/s$

L 14.4

$k = 2W/y_{max}^2$ $T = 2\pi\sqrt{m/k}$
$k = 0{,}80\ kN/m$ $T = 70\ ms$

$E_p = ky^2/2 = Wy^2/y_{max}^2$
$E_p = 0{,}16\ J$

$E_k = W - E_p$
$E_k = 0{,}84\ J$

L 14.5

$J_A = J_S = k'/(2\pi f)^2$
$J_A = 0{,}0253\ kg \cdot m^2$

L 14.6

$f = z/\Delta t$ $J_A = J_S = mr^2/2$
$f = 1{,}2\ Hz$ $J_A = 0{,}012\,5\ kg \cdot m^2$

$k' = \omega^2 J_A = \pi^2 f^2 m d^2/2$
$k' = 0{,}711\ N \cdot m$

L 14.7

$T = 2\pi\sqrt{l/g}$
$T = 7{,}77\ s \approx 8{,}0\ s$

L 14.8

$l = gT^2/(4\pi^2)$
$l = 0{,}994\ m \approx 1{,}0\ m$

L 14.9

Aus $f_0 = \sqrt{mga/J_A}/(2\pi)$ und $J_A = J_S + ma^2$ entsteht
$J_S = ma^2[g/(4\pi^2 f_0^2 a) - 1]$
$J_S = 0{,}039\,8\ kg \cdot m^2 \approx 0{,}040\ kg \cdot m^2$

L 14.10

$y_2/y_1 = c; \quad y_2 = cy_1$
$y_3/y_2 = c = y_3/(cy_1) \quad y_3/y_1 = c^2$ usw. ergibt
$y_{10}/y_1 = c^9 = (y_2/y_1)^9 y_1$
$y_{10} = 22{,}1$ mm

L 14.11

$n_{\text{krit}} = f = 1/(2\pi)\sqrt{k/m}; \quad k = 4\pi^2 n_{\text{krit}}^2 m$
$k = 15{,}8$ kN/m

L 14.12

$L = 1/(4\pi^2 f_{01}^2 C_1)$
$L = 2{,}55$ mH

$f_{02} = 1/(2\pi)\sqrt{1/(LC_2)} = \sqrt{C_1/C_2}\,f_{01}$
$f_{02} = 0{,}707$ MHz $\approx 0{,}71$ MHz

L 14.13

$f_0 = 1/(2\pi\sqrt{LC})$
$f_0 = 1{,}59$ kHz $\approx 1{,}6$ kHz

$I = U/Z$; $Z = R$ bei Resonanz
$I = 3{,}0$ A

$X_C = X_L = 2\pi f_0 L$
$X_C = X_L = 9{,}99\ \Omega \approx 10\ \Omega$

$U_R = IR$
$U_R = U = 60$ V

$U_C = U_L = X_L I$
$U_C = U_L = 30$ V

L 14.14

$C = 1/(4\pi^2 f_0^2 L)$
$C = 10{,}1\ \mu$F

$I = U/Z \quad Z = R$
$I = 0{,}575$ A

$X_C = X_L = 2\pi f_0 L$
$X_C = X_L = 314\ \Omega$

$I_C = I_L = U/X_L$
$I_C = I_L = 0{,}732$ A

Bei 14.13 sind U_C und U_R, bei 14.14 I_C und I_L um 180° phasenverschoben.

L 14.15

$y_m = \sqrt{y_{m1}^2 + y_{m2}^2 + 2y_{m1}y_{m2}\cos\varphi}$

$$\tan\alpha_1 = \frac{y_{m2}\sin\varphi}{y_{m1} + y_{m2}\cos\varphi},$$

daraus Phasenwinkel α_1 gegenüber y_1,

$\alpha_2 = \varphi - \alpha_1$, $y = y_m \sin(\omega t + \alpha_1)$, $\omega = 2\pi f = 2\pi \dfrac{1}{T}$

$|v_m| = \omega y_m$, $|a_m| = \omega^2 y_m$, $f_S = \left|\dfrac{1}{T_2} - \dfrac{1}{T_1}\right|$

$y_m = 19{,}3$ mm, $\alpha_1 = 31{,}5$ °, $\omega = 5{,}03\ \text{s}^{-1}$, $\alpha_2 = 25{,}8°$

$y = 19{,}3\ \text{mm} \cdot \sin(5{,}03\ \text{s}^{-1} \cdot t + 0{,}55\ \text{rad})$

$|v_m| = 0{,}97$ m/s, $|a_m| = 4{,}88\ \text{m/s}^2$, $f_S = 0{,}20$ Hz

15 Wellen

L 15.1

$c = \lambda f \quad \lambda = c/f$
Luft: $\lambda = 21{,}3$ m … 0,017 m
Wasser: $\lambda = 92{,}5$ m … 0,074 m

L 15.2

$f = c/\lambda$
$f = 7{,}69 \cdot 10^{14}$ Hz bzw. $3{,}90 \cdot 10^{14}$ Hz

L 15.3

$\Phi_e = E_{e1}A = E_e \cdot 4\pi r^2$
$\Phi_e = 12{,}6$ W

Wegen $E_e \sim 1/r^2$ gilt
$r_2 = 2{,}0$ m, $E_{e1} = 0{,}25\ \text{W/m}^2$; $r_3 = 4{,}0$ m, $E_{e2} = 0{,}0625\ \text{W/m}^2$.

L 15.4

$c_{\text{stoff}} = c_{\text{Luft}}/n$
Glas: $c \approx 2{,}00 \cdot 10^5$ km/s; Wasser: $c \approx 2{,}26 \cdot 10^5$ km/s

L 15.5

$\varepsilon = \beta' + \gamma'$, $\omega = \beta + \gamma$, $\beta' = \alpha - \beta$, $\gamma' = \delta - \gamma$, $\gamma = \omega - \beta$
$\varepsilon = \alpha - \beta + \delta - \gamma = \alpha + \delta - \omega$; $\sin\beta = \sin\alpha/n$
$\beta = 30{,}26°$, $\gamma = 29{,}74°$; $\sin\delta = n\sin\gamma$
$\delta = 48{,}93°$, $\varepsilon = 38{,}93°$

L 15.6

$\sin\beta = \sin\alpha/n$, $\beta = 34{,}5°$; $\gamma = \alpha - \beta$, $\gamma = 25{,}5°$
$\overline{AB} = d/\cos\beta$, $\overline{AB} = 12{,}1$ mm; $\overline{BC} = \overline{AB}\sin\gamma$, $\overline{BC} = 5{,}2$ mm

L 15.7

Lichtstrahlen treffen unter 45° auf die Kathete, Grenzwinkel der Totalreflexion aus $\sin\alpha_G = 1/n$ ist $\alpha_G = 40{,}2°$. Wegen $\alpha > \alpha_G$ findet Totalreflexion statt, daher beträgt die Gesamtablenkung 180°
(s. Bild L 15.1).

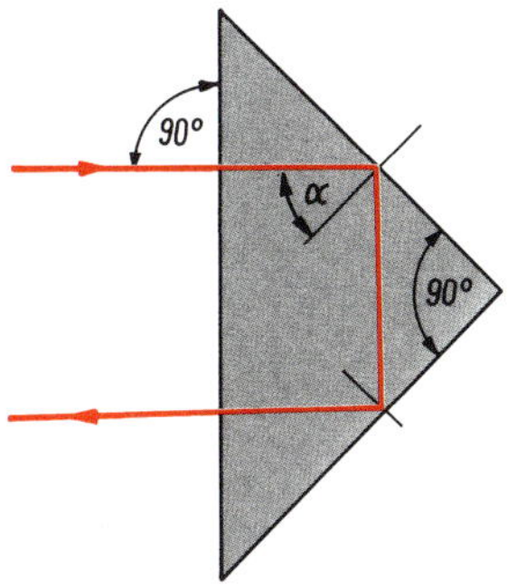

Bild L 15.1: Totalreflexion im rechtwinkligen Prisma

L 15.8

$\sin\beta = \sin\alpha/n$, $\beta = 34{,}7°$; $\gamma = 90° - \beta$, $\gamma = 55{,}3°$
$\sin\alpha_G = 1/n$, $\alpha_G = 41{,}1°$; $\gamma > \alpha_G \rightarrow$ Totalreflexion

L 15.9

$\sin\alpha_n = n\lambda/g$
$\alpha_2 = 11{,}1°$

L 15.10

$\lambda = g\sin\alpha_n/n$
$\lambda = 500$ nm

L 15.11

$B/G = b/g$ und $1/f = 1/g + 1/b$ ergeben
$g = f(B+G)/B$
$g = 128$ mm
$b = gB/G$
$b = 5{,}33$ m

L 15.12

$f_{obj} = st/(v_M f_{ok})$
$f_{obj} = 8{,}0$ mm

L 15.13

$L_J = 10\lg(J/J_0)$
$L_J = 120$ dB

L 15.14

$J = J_0 10^{L/10}$
$J = 0{,}316$ mW/m^2

L 15.15

$L_{ges} = 10\lg(10^{L_1/10} + 10^{L_2/10})$
$L_1 = L_2 = 80$ dB
$L_{ges} = 83$ dB

$L_1 = 80$ dB, $L_2 = 90$ dB
$L_{ges} = 90{,}4$ dB

L 15.16

Aus $L_{ges} = L_1 + 10\lg z$ folgt
$z = 10^{(L_{ges} - L_1)/10}$
$z = 4$

L 15.17

$\Delta\Omega = A/r^2 \approx \pi d_K^2/(4r^2)$
$\Delta\Omega = 0{,}0314$ sr

$\Delta\Phi = E\Delta A \approx E\pi d_K^2/4$
$\Delta\Phi = 10{,}6$ lm

$I = \Delta\Phi/\Delta\Omega$
$I = 338$ cd

L 15.18

Aus $I = I_0\cos\alpha$ folgt mit $I_0 = 1\,000$ cd die Wertetafel

α/°	0	10	20	30	40	50	60	70	80	90
I/cd	1 000	985	940	866	766	643	500	342	174	0

Grafische Darstellung der Lichtstärkeverteilungskurve s. Bild L 15.2.

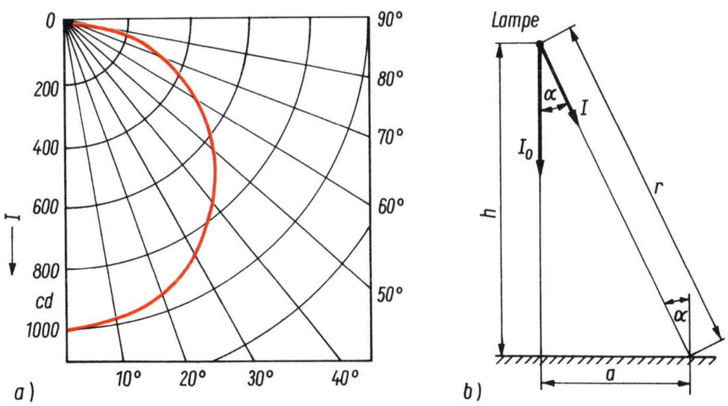

Bild L 15.2: a) Lichtstärkeverteilung; b) Zur Berechnung der Beleuchtungsstärke

Beleuchtungsstärke senkrecht unter der Lampe:
$E_0/\text{lx} = (I_0/\text{cd})/(r^2/\text{m}^2) = (I_0/\text{cd})/(h^2/\text{m}^2)$,
$E_0 = 40$ lx

Beleuchtungsstärke seitlich des Fußpunktes:
1. Schritt: $\tan\alpha = a/h$
$\alpha = 26{,}6°$

2. Schritt: Aus der Kurve für diesen Winkel die zugehörige Lichtstärke I_α entnehmen: $I_\alpha = 890$ cd

3. Schritt: $r^2 = h^2 + a^2$
$r^2 = 31{,}25\ \mathrm{m}^2$
$E/\mathrm{lx} = [(I_\alpha/\mathrm{cd}) \cos \alpha]/(r^2/\mathrm{m}^2)$
$E = 25{,}5$ lx

Speziell für die vorliegende Lichtstärkeverteilung bietet sich noch folgender Lösungsweg an:

Aus $E/\mathrm{lx} = [(I_\alpha/\mathrm{cd}) \cos \alpha]/(r^2/\mathrm{m}^2)$, $I_\alpha = I_0 \cos \alpha$,
$\cos \alpha = h/r$ und $r = \sqrt{h^2 + a^2}$ ergibt sich
$E/\mathrm{lx} = [(I_0/\mathrm{cd})\,(h^2/\mathrm{m}^2)]/[(h^2 + a^2)/\mathrm{m}^2]^2$
$E = 25{,}6$ lx.

L 15.19

$\varphi = \arctan n$
$\varphi = 58{,}8°$

16 Atom- und Kernphysik

L 16.1

$$E = hf = \frac{hc}{\lambda}$$

Grenze zu Infrarot
$\lambda = 790$ nm, $E = 2{,}52 \cdot 10^{-19}$ J $= 1{,}57$ eV

Grenze zu Ultraviolett
$\lambda = 390$ nm, $E = 5{,}10 \cdot 10^{-19}$ J $= 3{,}18$ eV

Die Energiedifferenz ist 1,61 eV

L 16.2

Energie eines Quants $E_1 = \dfrac{hc}{\lambda}$

Anzahl der Quanten $N = \dfrac{E}{E_1} = \dfrac{E\lambda}{hc}$

$E_1 = 8070$ eV $= 8{,}07$ MeV, $N = 7{,}73 \cdot 10^{11}$

L 16.3

$f = E/h \quad \lambda = c/f$
$f = 3{,}22 \cdot 10^{20}$ Hz
$\lambda = 9{,}32 \cdot 10^{-13}$ m

L 16.4

$f_G = W_A/h \quad \lambda_G = c/f_G$
$f_G = 1{,}08 \cdot 10^{15}$ Hz
$\lambda_G = 277$ nm (UV-Licht)

L 16.5

$$E = E_{\mathrm{kin}} + W_A = \frac{1}{2} m_e v^2, \quad \lambda = \frac{hc}{\frac{1}{2} m_e v^2 + W_A}$$

$E = 9{,}04 \cdot 10^{-19}$ J $= 5{,}64$ eV, $\lambda = 219$ nm. Die Strahlung liegt im ultravioletten Bereich.

L 16.6

$m = h/(c\lambda)$
$m = 3{,}75 \cdot 10^{-36}$ kg

L 16.7

$m/m_0 = 1/\sqrt{1 - (v/c)^2}$
$m/m_0 = 1{,}67$

L 16.8

$v = c\sqrt{1 - (m_0/m)^2}$
$v = 0{,}866c = 2{,}60 \cdot 10^5$ km/s

L 16.9

Die Entfernung Laser – Objekt wird vom Laserlicht zwei Mal zurückgelegt, daher

$$s = \frac{1}{2} c\Delta t$$

$s = 18{,}0$ km

L 16.10

$$f = \frac{\Delta E}{h}, \quad \lambda = \frac{hc}{\Delta E}$$

$f = 433$ THz, $\lambda = 693$ nm. Die Strahlung liegt im roten Bereich.

L 16.11

Bestrahlungsstärke $E = \dfrac{P}{A}$, Zeit $t = \dfrac{E}{P}$

$E = 10\ \mathrm{kW/\mu m^2} = 10^{16}\ \mathrm{W/m^2} = 10\ \mathrm{GW/mm^2}$.
In 1 min wird die Energie 600 kJ = 0,167 kW · h abgestrahlt.
In $t = 0{,}010$ h = 6,00 min wird 1,00 kW · h übertragen.

L 16.12

$\lambda_{\min} = \lambda_G = \dfrac{hc}{eU_B}$, $\lambda_G = 4{,}96 \cdot 10^{-11}$ m $= 49{,}6$ pm.

Wegen $\lambda_G = \dfrac{hc}{eU_B} = 1{,}24\ \mathrm{V \cdot \mu m} \cdot \dfrac{1}{U_B}$ ist die Grenzwellenlänge der Röntgenbremsstrahlung umgekehrt proportional zur Beschleunigungsspannung.

Da $f = \frac{c}{\lambda}$, $f_G = \frac{eU_B}{h} = 242\ \frac{\text{PHz}}{\text{V}}\ U_G$ und $E = hf$, ist die Grenzfrequenz und auch die zugehörige Energie eines Röntgenquant proportional zur Beschleunigungsspannung.

L 16.13

$\varepsilon = (Zm_\text{P} + Nm_\text{N} - m_\text{K})c^2/A_\text{K}$
$\varepsilon \approx 7{,}4$ MeV (s. auch Bild 16.15)

L 16.14

$\Delta m = Pt/c^2$
$\Delta m = 1{,}75$ kg

L 16.15

$t = T_{1/2} \ln(A_0/A)/\ln 2$
$t = 97{,}3$ d

L 16.16

$N = AT_{1/2}/\ln 2$
$N = 7{,}8 \cdot 10^{14}$

L 16.17

$A = mN_\text{A} \ln 2/(MT_{1/2})$
$A = 322$ GBq

L 16.18

$d_{1/2} = \ln 2/\mu$
$d_{1/2} = 6{,}3$ cm
$d = \ln(\dot{D}_0/\dot{D})/\mu$
$d = 24$ cm

L 16.19

$H = Q\dot{D}t$
$H_1 = 26$ mSv, $H_2 = 0{,}52$ Sv

L 16.20

$E = m_\text{He}N_\text{A}\Delta m_1 c^2/M_\text{He}$
$E = 1{,}69$ TJ $= 0{,}470$ GW · h

L 16.21

$m = M_\text{U}Pt/(N_\text{A}E_\text{Sp})$
$m = 9{,}6$ t

BILDQUELLENVERZEICHNIS

Actaris Zähler & Systemtechnik GmbH Hameln (12.12a); AEM Anhaltische Elektromotorenwerk Dessau GmbH (12.20); Agilent Technologies Santa Clara (CA) (12.2); Bundeswehr, Marine (15.40); Carl Roth GmbH + Co. KG Karlsruhe (7.7c); Daimler AG Stuttgart (6.39b, 14.8); DLR Köln (3.58); DREWAG Dresden (12.14); Electronicon Kondensatoren Gera (11.7a); ENERCON GmbH Aurich (6.35); Eurocopter Deutschland GmbH (4.18); EuroNCAP (3.56); Fernwasserversorgung Elbaue-Ostharz (3.45); Fraunhofer Entwicklungszentrum für Röntgentechnik EZRT (16.14); GMC-I Gossen-Metrawatt GmbH Nürnberg (12.12b); HAMEG Instruments GmbH Mainhausen (11.20c); HAZET-Werk Remscheid (4.2); IMP-IMBA/ point of view (11.23); Instron Deutschland GmbH Pfungstadt (5.12a); Jochen Horn, Leipzig (6.15); Krummer Kondensatoren GmbH Baldham (11.7b); Mettler-Toledo (Schweiz) GmbH Greifensee (6.23); Optris GmbH Berlin (7.9); PCE Deutschland GmbH Meschede (3.5c); Phoenix Solar AG Sulzemoos (13.9b); Püschner GmbH + Co. KG Microwave-PowerSystems (15.41, 15.42); RWE Power Lingen (16.25); SKET Handel GmbH & Co. KG Magdeburg (2.1); Universität Magdeburg (13.15); Universität Stuttgart, Institut für Aerodynamik und Gasdynamik (6.39a); Volodymyr Glik G&G Lichtshop München (15.7); Welsch & Partner scientific multimedia Tübingen (12.19); Wikipedia (Thermo Scientific) (6.41); Wikipedia (Voltcraft®) (10.23); Wölfel Meßsysteme Software GmbH Höchberg (15.33); ZARM Fallturm-Betriebsgesellschaft mbH Bremen (2.14)

SACHWORTVERZEICHNIS

Vorkommende Größen, Symbole und Einheiten

Kapitel	Größe	Symbol	SI-Einheit
2.	Geschwindigkeit	v	$m \cdot s^{-1}$
	Beschleunigung	a	$m \cdot s^{-2}$
	Frequenz	f	$Hz = s^{-1}$
	Winkel	φ	rad = 1
	Winkelgeschwindigkeit	ω	$rad \cdot s^{-1}$
	Winkelbeschleunigung	α	$rad \cdot s^{-2}$
3.	Masse	m	kg
	Dichte	ϱ	$kg \cdot m^{-3}$
	Kraft	F	$N = kg \cdot m \cdot s^{-2}$
	Richtgröße, Federkonst.	k	$N \cdot m^{-1}$
	Arbeit	W	J
	Energie	E	$J = kg \cdot m^2 \cdot s^{-2}$
	Leistung	P	$W = kg \cdot m^2 \cdot s^{-3}$
	Wirkungsgrad	η	1
	Impuls	p	$N \cdot s = kg \cdot m \cdot s^{-1}$
4.	Drehmoment	M	$N \cdot m$
	Winkelrichtgröße	k'	$N \cdot m$
	Massenträgheitsmoment	J	$kg \cdot m^2$
	Drehimpuls	L	$N \cdot m \cdot s$
5.	Spannung	σ	Pa
	Elastizitätsmodul	E	Pa
	Schubmodul	G	Pa
	Schiebung	γ	rad
6.	Druck	p	Pa
	Oberflächenspannung	σ	$N \cdot m^{-1}$
	Dynamische Viskosität	η	$Pa \cdot s$
	Volumenstrom	$\dot{V}$	$m^3 \cdot s^{-1}$
	REYNOLDS-Zahl	Re	1
7.	Temperatur	T	K
	Ausdehnungskoeffizient	α, β, γ	K^{-1}
	Spezifische Wärmekapazität	c	$J \cdot kg^{-1} \cdot K^{-1}$
	Wärmekapazität	C	$J \cdot K^{-1}$
	Umwandlungswärme	q, r	$J \cdot kg^{-1}$
	Spezifischer Heizwert	H bzw. H'	$J \cdot kg^{-1}$ bzw. $J \cdot m^{-3}$
	Molare Masse	M	$kg \cdot mol^{-1}$
	Innere Energie	U	J
8.	Adiabatenexponent	$\varkappa$	1
	Molare Gaskonstante	R	$J \cdot mol^{-1} \cdot K^{-1}$
	Spez. Gaskonstante	R_S	$J \cdot kg^{-1} \cdot K^{-1}$
9.	Wärmestrom	$\dot{Q}$	$W = J \cdot s^{-1}$
	Wärmewiderstand	R_W	$K \cdot W^{-1}$
	Wärmedurchgangskoeffizient	k	$W \cdot m^{-2} \cdot K^{-1}$
	Wärmeleitfähigkeit	λ	$W \cdot m^{-1} \cdot K^{-1}$
	Wärmeübergangskoeffizient	α	$W \cdot m^{-2} \cdot K^{-1}$
	Wärmestromdichte	q	$W \cdot m^{-2}$
	Luftfeuchte	f	$kg \cdot m^{-3}$
10.	Stromstärke	I	A
	Ladung	Q	$C = A \cdot s$
	Stromdichte	J	$A \cdot m^{-2}$
	Spannung	U	$V = W \cdot A^{-1}$
	Widerstand, elektrischer	R	$\Omega = V \cdot A^{-1}$
	Leitwert	G	$S = \Omega^{-1} = A \cdot V^{-1}$
	Spezifischer Widerstand	ϱ	$\Omega \cdot m$
	Spezifische Leitfähigkeit	γ	$S \cdot m^{-1}$